国家科学技术学术著作出版基金资助出版

高光谱分辨率激光雷达

刘　东　著

科学出版社

北　京

内 容 简 介

高光谱分辨率激光雷达作为一种主动遥感设备，不仅能够获取高精度、高时空分辨率的大气垂直分布信息，还能够昼夜连续观测，具有其他大气探测设备不可替代的优势，对研究气溶胶的来源、传输及演化等机制具有十分重要的科学应用价值。本书系统建立了高光谱分辨率激光雷达的理论体系，并结合多波长偏振高光谱分辨率激光雷达的设计开发过程，详细介绍了系统设计的各项关键技术，对系统的定标、反演及数据应用进行了详细的论述。

本书对从事大气科学研究的科技人员及从事激光雷达相关工程领域研究与设计的科研人员具有重要参考价值，对我国大气激光雷达环境监测事业的发展具有十分积极的作用和良好的社会效益。

图书在版编目（CIP）数据

高光谱分辨率激光雷达 / 刘东著. —北京：科学出版社，2023.9
ISBN 978-7-03-074750-1

Ⅰ. ①高… Ⅱ. ①刘… Ⅲ. ①遥感图像-图像分辨率-激光雷达 Ⅳ. ①TN958.98

中国国家版本馆 CIP 数据核字（2023）第 016143 号

责任编辑：孙伯元 / 责任校对：崔向琳
责任印制：师艳茹 / 封面设计：陈 敬

科学出版社 出版
北京东黄城根北街 16 号
邮政编码：100717
http://www.sciencep.com
北京中科印刷有限公司印刷
科学出版社发行 各地新华书店经销
*
2023 年 9 月第 一 版 开本：720×1000 B5
2023 年 9 月第一次印刷 印张：30 3/4
字数：617 000
定价：**260.00 元**
（如有印装质量问题，我社负责调换）

作 者 简 介

刘东，浙江大学教授、博士生导师，现任浙江大学光电科学与工程学院副院长，极端光学技术与仪器全国重点实验室副主任，中国光学工程学会理事，中国光学学会激光光谱学专委会副主任委员，《大气与环境光学学报》执行副主编，《激光技术》编委会副主任，《光学学报》、《航天返回与遥感》、PhotoniX等期刊编委。担任多个国际/国内学术会议主席/共同主席等。从事光电检测与遥感方面的教学及科研工作，主要研究方向包括环境激光雷达(大气雷达、海洋雷达及星载雷达)、光学元件缺陷检测、极端应用干涉检测等。主持国家重点研发计划项目及课题 2 项、国家自然科学基金项目 3 项，出版教材 2 部、专著 3 部，作为第一作者/通讯作者在 PNAS、PhotoniX、Light: Science & Applications 等期刊上发表学术论文百余篇，授权的国家发明专利实现成果转化 10 余项，国内外学术会议作大会/主旨/邀请报告 60 余次。

序　言

　　浙江大学刘东教授获国家科学技术学术著作出版基金资助，撰写了一部关于高光谱分辨率激光雷达的专著，并邀请我作序。刘东教授团队长期从事高光谱分辨率激光雷达方面的研究，先后自主研发了多台地基、船载高光谱分辨率激光雷达系统，在这一领域具有扎实的研究基础，并取得了较多的科研成果。而目前国内缺少一本较为系统全面的关于高光谱分辨率激光雷达的出版物，因此我也很高兴推荐这本专著。

　　当前，全球面临的气候变化和环境问题日益严重。全球变暖、臭氧层空洞、酸雨频发、物种消失、大气污染等问题对人类社会造成了严重影响，引起了国际范围内的广泛关注。我国作为全球最大的发展中国家，在经济高质量发展的过程中，面临着确保环境资源可持续性发展和提升国家在全球气候治理中的话语权的挑战。为应对这一挑战，提升环境立体监测能力显得尤为重要。

　　在这一背景下，相关的气候及环境监测研究蓬勃发展，各种环境探测技术迅速进步。其中，激光雷达具有主动探测及距离分辨等特点，成功实现了大气、海洋等环境要素的有效探测，为气候变化成因分析、环境污染溯源，以及全球气候模式研究等关键问题提供了重要的数据支撑和分析手段。

　　相较于经典的后向散射激光雷达，高光谱分辨率激光雷达创新性地利用高精度光谱鉴频器对环境回波信号的光谱进行分离，从而实现了对大气气溶胶、云、温度、风场、海洋颗粒物等环境要素的高精度探测。刘东教授团队在高光谱分辨率激光雷达的机理与仿真、仪器与系统开发、数据反演与应用等方面积累了丰富的研究经验，所研发的多套高光谱分辨率激光雷达系统具有信噪比高、可昼夜连续工作、无人值守等特点，能实现大气及海洋颗粒物的高精度昼夜立体探测，为颗粒物科学数据库的建立以及云气溶胶相互作用等科学问题的研究提供了科学的探测手段以及数据支撑。此外，刘东教授团队曾受邀参与2022年北京冬奥会气象保障工作，也受邀前往敦煌遥感辐射定标场开展大气环境监测卫星机载校飞实验，为我国新一代星载高光谱分辨率激光雷达载荷的研发、校验及数据处理算法研究做出了重要贡献。

　　刘东教授在上述研究成果基础上，整理撰写了本部专著，深入浅出地对高光谱分辨率激光雷达进行了全面解读。此专著既包含了激光雷达的原理及其大气遥感背景，又对高光谱分辨率鉴频、系统通用定标方法、数据处理算法等关键技术进行了全面阐述；不仅包含了高光谱分辨率激光雷达的原理与技术层面，还展现了高光谱分辨率激光雷达在多个研究领域中的应用实例；有单波长探测到多波长探测的拓展，更有地基到船载平台及星载平台、大气应用到海洋应用的拓展等。可以看到，高光谱分辨率激光雷达技术所具有的高精度、高时空分辨率、全天候工作等特性，使其成为最新一代星载激光雷达载荷与海洋遥感的重要候选。相信这本专著的出版能为遥感、光学仪器和气候环境研究等领域的科技人员提供重要参考，有效支持我国气候及环境监测技术的研究与发展。

2023 年 9 月于合肥科学岛

前　言

随着经济社会的发展，生态环境问题受到越来越多的关注。超高速的经济发展造成了生态环境的严重污染，不仅危害人们的身体健康，还对气候变化产生了重要影响。对生态环境的重视日渐成为经济发展中不可回避的话题。我国是最大的发展中国家，为了保证环境资源的可持续性发展，提高国家在环境外交中的话语权，必须提升环境立体监测能力。激光雷达作为环境监测的有效手段，对研究环境污染成因、气候变化驱动因子及全球气候预测等重大科学问题都起到了重要的推进作用。

高光谱分辨率激光雷达(high spectral resolution lidar，HSRL)采用单频稳频激光作为光源，并利用高光谱分辨率光谱分析技术对回波信号中的光谱信息进行分析，可以获取气溶胶、温度、风场等环境要素的高精度数据。HSRL 系统中使用的窄线宽、高频率稳定的激光技术，高光谱分辨率的光谱分析技术及微弱信号检测技术等是光学精密检测的核心通用技术，对高精度光电检测系统的开发具有重要的参考价值。同时，HSRL 具有高精度、高时空分辨率特性，特别适用于大范围的环境监测应用需求，成为新一代星载激光雷达及地基激光雷达网络基站激光雷达设备的首选方案。因此，对 HSRL 系统理论体系模型、关键技术难点及数据科学应用的研究具有重大的现实意义和战略价值。

在国家重点研发计划大气污染成因与控制技术研究重点专项项目"基于高光谱分辨率激光雷达的大气气溶胶类型识别关键技术"、国家自然科学基金项目"可用于近红外高光谱分辨率激光雷达探测气溶胶光学特性的视场展宽迈克尔孙干涉仪鉴频器研究"及"基于多纵模激光器的高光谱分辨率激光雷达研究"，以及浙江省杰出青年基金项目"基于三波长偏振高光谱分辨率激光雷达的大气气溶胶光学及微物理特性探测研究"等多个科研项目的支持下，本书作者及团队经过多年研究攻关，在多波长高光谱分辨率激光雷达系统从理论研究到工程开发方面积累了一系列经验。本书旨在向读者介绍高光谱分辨率激光雷达的原理、技术、系统及其在众多领域的延伸和应用，为遥感、光学仪器和环境研究等领域的专业科技人员提供参考。

全书共 11 章，前三章回顾了激光雷达及高光谱分辨率激光雷达遥感探测的基础原理，第 4～7 章分别阐述了高光谱分辨率激光雷达系统的各个单元关键技术及多波长 HSRL 的设计开发理论，第 8 章和第 9 章分别介绍了地基及星载 HSRL 在大气遥感各领域的广泛应用，第 10 章对新颖的多纵模 HSRL 技术进行了阐释，

第 11 章探讨了 HSRL 在海洋遥感中的应用。本书进行了系统的理论分析、详细的系统介绍，列举了丰富的应用实例，汇集了高光谱分辨率激光雷达及其相关领域众多科研成果和教学经验。为便于阅读，本书提供部分彩图的电子版文件，读者可自行扫描前言下方二维码查阅。

在本书编写过程中，得到了中国科学院安徽光学精密机械研究所、中国科学院上海光学精密机械研究所、国家卫星气象中心、中国气象科学研究院、武汉大学、北京大学、兰州大学、西安理工大学、中国海洋大学等多家研究院所与高校专家的多方面指导。浙江大学刘崇教授、吴兰教授、白剑教授、沈亦兵教授、项震副教授等亦给予多方面支持，周雨迪博士、王南朝博士、刘群博士、张凯博士、沈雪博士、张与鹏博士、柯举博士、肖达博士、童奕澄博士、陈斯婕博士、王彬宇博士、王帅博博士、陈非同博士、李蔚泽博士、张敬昕博士、郑卓凡硕士、钟甜芬硕士、杨靖硕士、吴疆硕士、方菁硕士、蒋铖冲硕士、胡先哲硕士、李晓涛硕士、章菡硕士等参与了相关资料的整理、图表的绘制以及文字优化等工作。在此一并表示感谢！

由于作者水平有限，书中难免存在不妥之处，诚请各位读者批评指正。

刘　东

2019 年 9 月于求是园

部分彩图二维码

目　　录

第1章 激光雷达大气遥感基础

激光雷达是一种能够用于大气探测的主动遥感设备，它通过主动发射激光，接收激光与大气相互作用产生的回波信号，进行一系列的信号处理来获取大气相应特性。激光与大气等介质的相互作用是激光雷达遥感的物理基础，本章将主要介绍激光在大气介质中传输时的吸收及散射等特性。

1.1 大气主要成分及分布

地球大气层是指在地球引力作用下聚集在地球周围的空气层。它是地球自然环境的重要组成部分，与人类生存密切相关。地球大气的组成包括体积含量基本不变或相对固定的气体，如氮气(78.084%)、氧气(20.946%)、氩气(0.934%)、二氧化碳和一氧化二氮，以及含量变化很大的气体，如水蒸气、一氧化碳、二氧化硫和臭氧等[1]。

从分布范围来看，地球大气层的顶部可延伸到海拔 2000～3000km。随着高度的变化，大气的状态和特征也会发生显著的变化，在垂直方向上呈现明显的层次分布。最为常用的大气分层方法是按照大气热力结构将大气分为对流层、平流层、中间层、热层等。此外，也可按化学组成将大气分为均质层(均和层)和非均质层(非均和层)，按电磁特性将大气分为电离层和磁层，按压力结构分为气压层和外大气层等。大气分层图如图 1-1 所示[1]。

临近地表、对流运动最显著的大气区域称为对流层，其物质组成主要为氮气、氧气、二氧化碳、甲烷、一氧化二氮和臭氧等。对流层中，气温一般随海拔升高而降低，高度每上升 100m，气温平均降低 0.6～0.65℃。由于对流层受地表影响较大，大气规则的垂直运动和无规则的乱流混合都相当强烈，水汽、尘埃、热量发生交换混合，层内的气象要素如气温、湿度等在水平方向呈现不均匀分布。由于 90%以上的水汽集中在对流层中，所以云、雾、雨、雪等众多天气现象主要发生在对流层。

对流层下部，也称为扰动层或摩擦层，其高度一般是在从地面到海拔约 2km 的范围内。扰动层高度随昼夜和季节的变化而变化，白天扰动层高于夜间扰动层，夏季扰动层一般高于冬季扰动层。在扰动层中，气流受到地面的摩擦，湍流交换尤为明显。通常，随着高度的增加，风速增加，风向偏转。同时，扰动层受地面

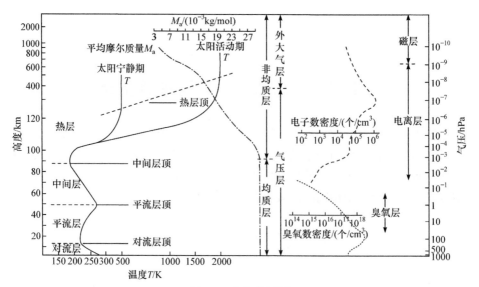

图 1-1 大气分层图

热作用影响较大，温度日变化明显。由于扰动层中水分和粉尘含量高，扰动层经常出现低云、雾和浮尘。中层对流层的范围在海平面以上 2～6km，受地面的影响小于对流层下部，其气流状况基本可以代表整个对流层空气运动的趋势。大气中的大多数云和降水发生在中间对流层。对流层上部从海拔 6km 一直延伸到顶部。在对流层中，对流层上部受地面影响相对最小，常年温度低于 0℃，水汽含量较少，内部的各种云由冰晶和过冷水滴组成。

对流层的上边界称为对流层的顶部。随着高度的增加，对流层顶部的温度不再以相同的速率随海拔的增加而降低，而是缓慢降低或几乎不变，这一特征可以用来确定对流层的高度。在低纬度地区，对流层顶部的温度约为-83℃，在高纬度地区，对流层顶部的温度约为-53℃。对流层的顶部对垂直气流的阻挡作用使上升的水蒸气和尘埃颗粒聚集在其下方，在此区域大气能见度通常较低。对流层顶的高度随纬度和季节的变化而变化：就纬度而言，赤道地区低纬度对流层的平均高度为 17～18km，中纬度对流层的高度为 10～12km，高纬度对流层的高度仅 8～9km；就季节而言，夏季对流层的高度通常比冬季高，例如，南京夏季的对流层厚度可达 17km，冬季仅为 11km[1]。

对流层顶至海拔 50km 的大气层称为平流层。如上所述，对流层顶的气温随高度增加而降低很慢，或者几乎不变化，所以平流层又称为同温层。但是平流层内上下温度也不相同，顶部高温而底部低温，温度分布趋势与对流层内恰好相反。平流层的物质组成主要包括氮气、氧气、臭氧、尘埃、放射性微粒及少量的水汽等。臭氧层能够吸收太阳辐射，保护地球上所有生物免于遭受阳光中强烈紫外线的致命侵袭，而此层的气温之所以会呈现下冷上热的状态，主要是因为臭氧层对太阳辐射的吸收作用[2]。

与对流层不同，平流层中的大气主要为水平运动，对流运动较为微弱。随着太阳辐射的季节变化，平流层大气运动表现出季风候特征[2]。极地地区在夏天会有极昼，所以夏半球的高纬地区比中低纬地区获得更多的日照，同时由于臭氧层吸收了更多的太阳辐射，极地附近的平流层将逐渐变暖，从而进入高压状态。相反，中低纬度的平流层将处于相对低压的状态，除一些特殊情况外，夏季平流层中上部将盛行东风，称为平流层东风。相应地，当冬天来临时，季风将会逆转：极地整天不受太阳照射。因此，高纬度地区的平流层温度将低于中低纬度地区的平流层温度，并进入低压状态，从而产生从中低纬度到高纬度的气流，称为平流层西风。大气平流层中的季风对大气物质输送有重要影响。

平流层顶至海拔 85km 的大气称为中间层，又称为中层。该层的物质组成主要为氮气和氧气，几乎没有臭氧。由于臭氧含量低，能被氮、氧等直接吸收的大部分太阳短波辐射已经被上层大气所吸收，所以中间层温度垂直递减率很大，上部冷、下部暖，对流运动强盛。中间层又称为高空对流层或上对流层，但实际上该层空气稀薄，空气的对流运动强度并不能与对流层相比[1]。在中间层，冬季温度会比夏季温度更高，这是因为冬季时，大气下层的热能会因大规模波动而被输送到此层。夏季中间层顶的气温可能低至−100℃以下，在如此低温条件之下，高纬度地区(50°～65°)的夏季会出现夜光云这种罕见的云。夜光云是一种形成于中间层的云，可能是由细小水滴或冰晶构成，也可能是由尘埃构成，距海平面高度一般为 80km 左右，很薄，颜色为银白色或蓝色，多出现在日出前或黄昏后，太阳与地平线夹角在 6°～15°的位置之时[1]。

从地表到海拔 90km 的区域(包括对流层、平流层和中间层)，大气湍流、对流等活动强盛，各物理、化学成分能够比较均匀地混合，因此也称为均质层。从地表到海拔 60km 区域(包括对流层、平流层和中间层下部)的大气基本上没有被电离，处于中性状态，所以这一层也称为非电离层。大气成分主要集中在海拔 40km 以下的区域(包括对流层和平流层)，这也是大气探测主要关注的区域。

从中间层顶到海平面以上 300～500km 的大气称为热层，也称为热气层或暖层。热层中的大气物质(主要为氧原子)吸收大量波长小于 0.175μm 的太阳紫外辐射，导致热层温度随着高度的增加而迅速升高，温度升高的程度与太阳活动的强度有关。当太阳活动增强时，温度随着海拔的增加而迅速升高，海拔 500km 处的温度可上升到 2000K；当太阳活动减弱时，温度随着海拔的增加而缓慢上升，海拔 500km 处的温度仅为 500K[3]。因此，热层中的温度检测是当今研究的一个热点。由于太阳活动的影响，热层中的化学成分随垂直高度的变化而变化，因此根据化学成分分类，它也属于非均质层[1]。

由于太阳的短波辐射，热层中的大气高度电离，因此所谓的大气电离层即在热层中[3]。热层中有大量自由电子和离子，它们可以改变无线电波的传播速度，引起折射、反射、散射、吸收和退偏。此外，该层中的金属离子层也是激光雷达探测温度和重力波的重要示踪物。

除上述大气成分，大气中常常存在悬浮尘埃、烟尘颗粒、盐粒、水滴、冰晶、花粉、孢子、细菌等固体或液体的微粒。这些微粒悬浮在大气中与大气分子共同构成稳定的混合体系，称为大气气溶胶。大气气溶胶的产生与地表的活动密切相关，因此大部分气溶胶粒子集中在对流层中，少部分也会随着大气运动进入平流层。气溶胶粒子虽然在大气中所占比例很小，但是对大气辐射强迫和气候、天气变化有着重要的影响，同时也是造成大气污染的罪魁祸首之一。因此，气溶胶的观测是目前大气监测的主要目标之一。大气气溶胶粒子直径多为 0.001～100μm，有很多不同的分类，一般研究较多的主要有六大类七种气溶胶粒子，即沙尘气溶胶、碳质气溶胶(包括黑炭和棕炭气溶胶两种)、硫酸盐气溶胶、硝酸盐气溶胶、铵盐气溶胶和海盐气溶胶[4]。大气气溶胶在大气物理化学过程中所起的作用不容忽视，主要体现在以下三个方面。

(1) 大气气溶胶通过散射与吸收太阳辐射对大气辐射强迫产生直接影响。具体来说，气溶胶的直接辐射效应分为两个方面：一方面气溶胶将一部分太阳辐射散射向大气外，对地球的大气起到降温作用；另一方面，气溶胶吸收太阳辐射，对地球大气起到升温作用。

(2) 大气气溶胶通过与云相互作用对大气辐射强迫产生间接影响。纯净大气中的水汽分子凝结成液滴及冰晶是十分困难的。大气气溶胶作为凝结核，可为云滴的形成提供产生和长大的基础。气溶胶-云相互作用导致的间接气候效应也可以分为以下方面：一方面，气溶胶粒子的增多，导致云滴半径减小，可增大云对太阳辐射的反照率，对大气起到降温的作用[5,6]，同时，云滴半径的减小，可延长云的生命周期，从而引起大气辐射强迫变化[7]；另一方面，大气中吸收性气溶胶吸收的太阳辐射向外释放后会对云滴起到加热作用，造成云滴的蒸发，降低云的覆盖率，对大气起到升温的作用[8,9]。

(3) 气溶胶的粒径小而表面积大，较大的比表面积可以为大气环境中的各种化学过程提供良好的反应床，从而影响大气中的各种化学作用。大气环境中各种化学过程产生的化学物质直接或间接影响大气环境乃至人类健康[10]。

1.2　激光在大气中的传输

20 世纪 60 年代以来，激光凭高定向性、高单色性和高光子密度等特点，在

通信、测距、遥感及监测等诸多领域得到广泛应用。激光在大气中的传输问题是
激光无线通信、激光雷达测距、激光雷达大气遥感等应用必须面临的问题。激光
的应用可极大地促进激光在大气中传输特性的理论研究，而理论研究又可推动激
光系统的工程应用进程。激光在大气中传输，通过大气后发生变化主要可以归因
为大气对光的衰减效应、大气对光的偏折效应、大气湍流效应及大气非线性效应
等[11]。本节主要对这些效应中激光雷达大气遥感比较关注的问题进行简要讨论。

1.2.1　大气对光的衰减效应

　　激光在大气中传输时，与大气中的大气分子及气溶胶粒子等相互作用而产生
一系列效应，使光强在传播方向上不断衰减。这虽然一定程度上会影响激光在大
气中的有效传输距离，但同时可以为激光雷达大气遥感提供丰富的信息。如果考
虑平面电磁波在介质中传输的情况，光衰减遵循朗伯-比尔定律(Lambert-Beer
law)[12]，即

$$I(Z) = I_0 \exp\left(-\int_0^Z \alpha(z)\mathrm{d}z\right) \tag{1-1}$$

式中，I_0 为初始光强；$I(Z)$ 为传播到距离 Z 位置的光强；α 为消光系数，与介质
的特性有关，与光强无关。

　　大气介质对光的衰减效应的根源是大气对光的吸收效应和散射效应。大气对
光的吸收效应使部分光辐射能量转变为其他形式的能量(如热能等)而耗散。大气
对光的散射效应则使部分光辐射能量偏离原来的传播方向(辐射能量在空间的重
新分配)[13]。吸收和散射的总效果是使传输光辐射强度在原来的传播方向上衰减。

　　1. 吸收效应

　　大气吸收效应源自大气分子和气溶胶的吸收效应两个方面，对大气温度有重
要影响。当光在大气中传输时，大气介质在光波电场的作用下产生极化，并以入
射光的频率做受迫振动。为了克服大气介质内部阻力，光波要消耗能量，表现为
大气吸收，具体内容将在 1.3 节中展开介绍。大气气溶胶的吸收效应一般不具有
明显的光波波长选择性，而大气分子的吸收效应则具有明显的光波波长选择性。
这将影响到大气遥感激光雷达的激光波长选择。

　　当激光频率等于大气分子固有频率时，就会发生共振吸收，大气分子的吸收
会有一个最大值。因此，大气分子的吸收特性十分依赖于光波的频率，不同的大
气分子吸收光波的方式也不同。大气分子对激光的吸收由分子的吸收光谱特性决
定。大量气体分子的吸收线形成一个连续吸收谱线群，并且仅在几个波长区域吸
收微弱，即所谓的"大气窗口"。为了尽量减小大气分子吸收效应的影响，有必要
选择大气窗口区域的激光波长进行激光雷达大气探测研究。此外，大气分子的选

择性吸收特性，也为激光雷达探测大气中的气体成分提供了理论基础，差分吸收激光雷达和积分路径差分吸收激光雷达就是利用气体分子较窄的吸收带实现气体组分含量探测[14]。

2. 散射效应

激光传输通过大气时，由于大气分子及气溶胶粒子等散射元的作用，会发生散射。纯散射不会引起激光总能量的损耗，但会改变在激光原传输方向上的光能量大小及空间分布，因此也会导致在激光原传输方向上的光强衰减。更重要的一点是，后向散射(与入射光传播方向成 180°夹角方向的散射)是激光雷达进行大气探测的理论基础，这部分内容将在 1.4 节中展开介绍。

大气对光束的散射分为大气分子散射和气溶胶粒子散射。根据激光光束和粒子半径大小的差异，激光通过大气传输时产生的散射主要分为瑞利(Rayleigh)散射和米(Mie)散射。通常将尺寸参数 $x = 2\pi r/\lambda$ 作为判别标准(r 为粒子半径，λ 为入射波长)。当 $x \ll 1$ 时，为瑞利散射；当 $x \approx 1$ 或 $x > 1$ 时，为米散射；当粒子尺寸继续增大($x \gg 1$)时，散射可以采用几何光学的理论处理，有时也称为几何光学散射。1.4 节会详细介绍瑞利散射和米散射。

1.2.2 大气对光的偏折效应

如 1.1 节所述，大气在垂直方向是分层的，大气分子数密度一般随着高度的增加逐渐降低，而大气介质的折射率与大气密度密切相关，因此大气折射率在垂直方向上是不均匀的。此外，由于大气对流运动，气象要素在水平方向的分布也是不均匀的，尤其是在水陆交界面及存在一些天气过程的区域，所以折射率在水平方向上也存在不均匀性。这种折射率的不均匀分布正是海市蜃楼现象出现的原因。一般来说，与垂直方向的不均匀性相比，大气折射率的水平不均匀性通常要小几个数量级[15]。大气折射率的非均匀性导致了激光在大气传输中的折射，这种现象称为大气偏折效应。

研究大气对光的偏折效应需要首先建立大气折射率模型，如目前最公认的Ciddor1996 模型[16]，但实际大气的成分及水汽含量等的差异会导致大气折射率的变化，因此实际的大气折射率是不断波动的。根据我国典型地区冬夏各一天的实测气象数据[17]，海拔 1km 的大气等效折射系数(大气折射率在光线传播方向上的梯度)存在 ± 5%的变化，近地面大气等效折射系数的变化则更大。

大气偏折效应对激光雷达测距和测量角度有一定的影响，当测量精度要求较高时需要进行校正[18]。激光雷达大气探测通常对准天顶方向进行观测，受大气折射影响较小，距离分辨率精度要求一般较低，因此偏折效应对激光雷达大气探测的影响可以忽略。

1.2.3　大气湍流效应

大气的物理性质在不同高度、不同位置都是不一样的，即使同一点的不同时刻，大气也会发生变化，因此大气总处于不停的流动中，从而形成温度、压强、密度、流速、大小等各不相同的气体漩涡。这些气体漩涡处于不停的运动变化之中，它们的运动相互交联、叠加，因此形成随机的湍流运动。

大气湍流引起大气折射率的不断波动，使得光的振幅和相位随机波动。当光束通过这些具有不同折射率的气体漩涡时，将会发生大气湍流效应，如光束的弯曲、漂移和膨胀失真等，导致接收光强度的闪烁和抖动。综上所述，大气湍流对光束的影响可以根据不同的湍流尺度分为三种类型，即光束闪烁效应、光束漂移效应和光束扩展效应。

1. 光束闪烁效应

当在大气中观察目标时，目标光强不断增加和减少的现象称为闪烁。光束闪烁效应是指当光束直径远大于湍流尺度时，光束截面包含多个湍流漩涡，每个漩涡独立地散射和衍射照射在其上的光束部分，导致接收端光强闪烁的现象[19]。

一般认为归一化光强 I（关于 $\langle I \rangle = 1$ 的归一化）的分布 $p_1(I)$ 服从对数正态分布，即

$$p_1(I) = \frac{1}{I}\frac{1}{\sqrt{2\pi\sigma_I^2}}\exp\left(-\frac{\ln I + \sigma_I^2/2}{2\sigma_I^2}\right) \tag{1-2}$$

式中，σ_I^2 为光强 I 的归一化方差。

当归一化光强服从对数正态分布，强湍流条件下光束闪烁概率分布可以用 K 分布来描述，即

$$p_1(I) = \frac{2\alpha^{(\alpha+1)/2}}{\Gamma(\alpha)}I^{(\alpha-1)/2}K_{\alpha-1}\left(2\sqrt{\alpha I}\right) \tag{1-3}$$

式中，$2 < \alpha < 3$；$K_{\alpha-1}$ 为 $\alpha-1$ 阶第二类修正贝塞尔(Bessel)函数；$\Gamma(\alpha)$ 为伽马(Gamma)函数。

在饱和强湍流条件下，用负指数分布来描述光束闪烁概率分布更为合适，即

$$p_1(I) = \exp(-I) \tag{1-4}$$

2. 光束漂移效应

受到大气湍流的干扰，光束在大气中传播一段距离后，其中心位置将在垂直于其传输方向的平面内随机变化。由于大气湍流的不确定性，中心位置的随机移

动距离不能实时模拟，所以光束位移的统计方差一般用来表示光束漂移效应[11]。

将光束视为整体，其平均方向的随机变化就是光束的漂移效应，也就是光束束心的抖动。光束漂移可以用概率分布来描述，由随机行走规律理论分析，轴向光束束心抖动概率分布满足高斯分布[20]，即

$$p(x) = \frac{1}{\sqrt{2\pi}\sigma_x}\exp\left[-\frac{(x-\langle x\rangle)^2}{2\sigma_x^2}\right] \tag{1-5}$$

$$p(y) = \frac{1}{\sqrt{2\pi}\sigma_y}\exp\left[-\frac{(y-\langle y\rangle)^2}{2\sigma_y^2}\right] \tag{1-6}$$

式中，x 为水平方向；y 为垂直方向；$\langle x\rangle$ 和 $\langle y\rangle$ 为轴向位移的均值；σ_x 和 σ_y 为轴向位移的标准差；σ_x^2 和 σ_y^2 为轴向位移的方差。

考虑温度因素对光束漂移效应的影响，近地面折射率随离地高度存在随地表温度变化而变化的梯度，因此垂直地面方向(y 方向)的束心抖动不为 0[21]，即 $\langle y\rangle \neq 0$。在水平方向，一般不存在这一折射率梯度，则 $\langle x\rangle = 0$[22]。因此，总的光束抖动概率分布为[20]

$$p(x,y) = \frac{1}{\sqrt{2\pi}\sigma_x\sigma_y}\exp\left[-\frac{x^2}{2\sigma_x^2}-\frac{(y-p_{\mathrm{sl}})^2}{2\sigma_y^2}\right] \tag{1-7}$$

式中，p_{sl} 为由大气垂直方向折射率梯度导致的束心漂移量。

3. 光束扩展效应

光束扩展效应是指激光雷达接收到的光斑半径发生变化的现象[23]。光束扩展会导致单位面积上光强减弱，可分为短期光束扩展和长期光束扩展。在非常短的单位时间内，接收面上会出现由小湍流漩涡导致的半径为 a_s 的展宽光束斑点，即短期光束扩展。然而，在较长时间内，大尺度湍流将导致光束在某一方向上产生多次随机偏折，所以接收屏上会出现多个半径为 a_s 的光斑。若以曝光时间大于最小单位时间的相机对接收屏上的光斑进行拍摄，则会得到均方半径为 a_l 的扩展斑点，这就称为长期光束扩展。光束扩展如图 1-2 所示。

当湍流较强时，光束破碎成多个子光束，光束抖动明显减弱。这时接收到的光斑短曝光像就不再是单个光斑，而是接收面内随机定位的多个斑点，而长曝光像是模糊了的短曝光像，它们的总直径近似相等。

对于激光雷达系统，各种湍流效应最终以信号幅度起伏(闪烁)的形式干扰其

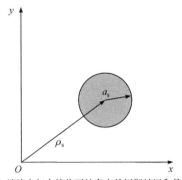
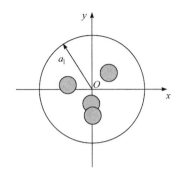

(a) 湍流大气中接收面处光束的短期扩展和偏折　　(b) 湍流大气中接收面处光束抖动的时间序列

图 1-2　光束扩展示意图

正常工作；而对于相干探测激光雷达，由于大气湍流的影响，在探测器表面上信号光与本振光只能部分相干，进而影响相干探测的效率。

1.2.4　大气非线性效应

上述衰减效应、偏折效应及大气湍流效应都属于线性效应，但随着激光能量(或功率)的提高，在辐射与介质的相互作用过程中不仅是介质单方面地改变辐射的性质，介质本身的性质也会改变。当强激光在大气中传输时会出现非线性效应，主要包括热晕效应和击穿效应。

1. 热晕效应

热晕效应是指强激光能量被大气分子和气溶胶吸收，导致大气受热膨胀、局部折射率降低，最终引起高能激光束能量降低、光斑变大、光束畸变的现象。热晕效应主要由光束截面上大气折射率的空间不均匀性所导致，这是由光束截面上光强分布的不均匀性引起的。激光束的强度有两种不均匀性：一种是光束本身的不均匀，如高斯光束的强度由光轴向两侧逐渐减小，因此引起的热晕称为整束热晕；另一种是大气湍流和激光噪声引起的光强随机扰动，这种扰动的尺度相对于激光束尺度较小，因此这种热晕现象也称为小尺度热晕[24]。

通过波动光学法得出的热晕的基本方程为[15]

$$\nabla_{\mathrm{T}}^2 \varphi + 2\mathrm{i}k\frac{\partial \varphi}{\partial z} + k^2\left[\frac{n^2(x,y,z,t)}{n_0^2} - 1\right]\varphi = 0 \tag{1-8}$$

式中，∇_{T}^2 为横向拉普拉斯算子；φ 为慢变化振幅；k 为波束；n_0 为静态光在介质内的折射率；$n(x,y,z,t)$ 为给定折射率。

2. 击穿效应

当正常功率的激光束在大气中传输时，通常只发生吸收和散射过程。但当激光功率超过一定值时，被辐照的空气团将发生强烈的吸收和非线性散射，电子数将急剧增加。由于能量的持续吸收，这一过程得以维持和加强，最终空气团被完全电离并变成等离子体，产生火花和哨声，激光束也被等离子体"截断"，只留下部分能量继续向前传输，这就是击穿效应[25]。击穿的一个重要参数是击穿阈值，它与激光辐射波长、脉冲宽度、光斑直径、气体性质、浓度和颗粒尺寸有关。超强飞秒激光脉冲可以在大气中传输很长的距离，其距离是光束瑞利范围的数倍。这种长距离自导传输和产生超连续谱的特性使得开发一种新的遥感探测系统——白光激光雷达成为可能。白光激光雷达采用飞秒激光作为光源，具有较高的峰值功率。由于其在大气介质中的非线性传输特性，它可以产生超连续谱辐射，同时探测氧、氮、水汽等物质，这也是激光雷达大气探测的研究热点之一[26]。

1.3　大气分子及气溶胶的光吸收特性

1.3.1　光与物质相互作用

光的吸收、色散及散射等本质都是光与物质的相互作用，更确切地说是光波电磁场与物质中的原子、分子相互作用的过程。这一微观过程严格意义上应当用量子论进行讨论，但是经典的电磁场理论也能够对光的吸收、色散现象进行较直观的解释。

在经典电磁场理论中，当光波在介质中传播时，介质中的束缚电子将在光波电磁场的作用下做受迫振动，可以把介质中的原子看作一个个振动电偶极子，振动电偶极子的一部分能量以电磁次波的形式与入射光波叠加形成新的场分布(折射、反射及散射等)，而另一部分能量由于系统的阻尼作用转变为其他形式的能量，损耗的这一部分能量就相当于物质对光波的吸收。

根据洛伦兹(Lorentz)电子论，组成物质的原子由原子核和以弹性力维系的核外束缚电子构成。束缚电子与原子核间的准弹性力为

$$F = -\beta r \tag{1-9}$$

式中，β 相当于力学中的弹性系数；r 为电子离开平衡位置的距离。

若没有阻尼和外力存在，振动电偶极子将做简谐振动，其自由简谐振动的固有频率为 $\omega_0 = \sqrt{\beta/m_e}$，$m_e$ 为电子的质量。实际上，振动电偶极子会不断向周围辐射电磁能量，因此，电偶极子的振动还受到阻力的作用而做减幅阻尼振动。阻尼力的大小 G 与电子运动速度的快慢成正比，即 $G = -g\,\mathrm{d}r/\mathrm{d}t$，$g$ 为与原子系数相关

的系数[27]。

当振幅为 $\tilde{E}_0$、频率为 ω 的光波 $E = \tilde{E}_0 \exp(-\mathrm{i}\omega t)$ 入射到介质中，介质中的束缚电子做受迫振动。若考虑较为稀薄的气体介质，忽略各个电偶极子之间的耦合作用，得到电子的受迫振动方程为

$$m_\mathrm{e}\frac{\mathrm{d}^2 r}{\mathrm{d}t^2} = qE - g\frac{\mathrm{d}r}{\mathrm{d}t} - \beta r \tag{1-10}$$

式中，q 为电子的电荷量；m_e 为电子质量。

对该振动方程求解，可以得到电子的振动位移

$$r(t) = \frac{q}{m_\mathrm{e}}\frac{1}{-\mathrm{i}(\omega_0^2 - \omega^2)\gamma\omega}\tilde{E}_0 \exp(-\mathrm{i}\omega t) \tag{1-11}$$

式中，$\gamma = g/m_\mathrm{e}$ 为阻尼系数。

若在单位体积内有 N 个原子，在入射光电磁场作用下，介质的电极化强度矢量为

$$P = Nqr = \frac{Nq^2}{m_\mathrm{e}}\frac{1}{-\mathrm{i}(\omega_0^2 - \omega^2)\gamma\omega}\tilde{E}_0 \exp(-\mathrm{i}\omega t) \tag{1-12}$$

根据极化强度与电位移矢量的关系得

$$D = \varepsilon_0 E + P = \varepsilon_0 + \frac{Nq^2}{m_\mathrm{e}}\frac{1}{-\mathrm{i}(\omega_0^2 - \omega^2)\gamma\omega},\ \ D = \tilde{\varepsilon}_\mathrm{r}\varepsilon_0 E \tag{1-13}$$

式中，ε_0 为真空介电常数；$\tilde{\varepsilon}_\mathrm{r}$ 为相对介电常数，即

$$\tilde{\varepsilon}_\mathrm{r} = \varepsilon_0\left[1 + \frac{Nq^2}{\varepsilon_0 m_\mathrm{e}}\frac{1}{-\mathrm{i}(\omega_0^2 - \omega^2)\gamma\omega}\right] \tag{1-14}$$

根据麦克斯韦(Maxwell)电磁场理论，介质的折射率 n 与相对介电常数 $\tilde{\varepsilon}_\mathrm{r}$ 满足 $n = \sqrt{\tilde{\varepsilon}_\mathrm{r}\mu_\mathrm{r}}$，而一般非铁磁性物质，$\mu_\mathrm{r} \approx 1$，因此，介质的折射率 n 满足

$$n^2 = 1 + \frac{Nq^2}{\varepsilon_0 m_\mathrm{e}}\frac{1}{-\mathrm{i}(\omega_0^2 - \omega^2)\gamma\omega} \tag{1-15}$$

由于相对介电常数为复数，介质的折射率也为复数 $n = n_\mathrm{r} + \mathrm{i}n_\mathrm{i}$，有

$$\begin{cases} n_\mathrm{r}^2 - n_\mathrm{i}^2 = 1 + \dfrac{Nq^2(\omega_0^2 - \omega^2)}{\varepsilon_0 m_\mathrm{e}\left[(\omega_0^2 - \omega^2)^2 + (\gamma\omega)^2\right]} \\[4mm] 2n_\mathrm{r}n_\mathrm{i} = \dfrac{Nq^2\gamma\omega}{\varepsilon_0 m_\mathrm{e}\left[(\omega_0^2 - \omega^2)^2 + (\gamma\omega)^2\right]} \end{cases} \tag{1-16}$$

在介质中沿 z 方向行进的平面电磁波为

$$
\begin{aligned}
E &= E_0 \exp\left[\mathrm{i}\left(\tilde{k}z - \omega t\right)\right] \\
&= E_0 \exp\left[\mathrm{i}\left(k_0 n z - \omega t\right)\right] \\
&= E_0 \exp(-k_0 n_i z)\exp\left[\mathrm{i}\left(k_0 n_r z - \omega t\right)\right]
\end{aligned}
\tag{1-17}
$$

式中，$k_0 = 2\pi/\lambda_0$ 为光在真空中的波矢。第一个指数项表示平面光波在介质中传播时的吸收损耗。由式(1-16)可以看出，介质的吸收具有波长选择性，当入射光频率远离介质中原子或分子的共振频率 ω_0 时，复折射率的虚部很小，可以认为折射率 n 近似为实数，吸收效应很弱；当入射光频率在共振频率 ω_0 附近时，复折射率中的虚数项会取极大值，产生共振吸收效应。物质原子的共振吸收现象也可以由量子化的原子轨道模型进行量化研究。根据玻尔(Bohr)的原子轨道模型，若上能级的能量为 E_k，下能级的能量为 E_j，只有当入射光子的频率满足 $\omega = (E_k - E_j)/\hbar$ 时[$\hbar$ 为约化普朗克(Planck)常量]，原子才能吸收光子能量，发生共振跃迁。

由介质的复折射率与阻尼系数的关系可知，原子和分子的吸收线是有一定宽度的，而吸收线的宽度与阻尼系数 γ 密切相关。实际上，原子的吸收(或发射)线总是有一定线宽的，不存在理想的单色吸收(或发射)。吸收线宽的增宽，主要是由于外界对原子和分子的影响，以及跃迁过程中能量的损耗，因此跃迁能级间的能量通常略有变化[27]。谱线增宽的因素及线型，将在下面展开讨论，在这里仅对阻尼系数与原子吸收谱线宽度间的联系进行简要的讨论。在入射光频率接近共振频率（$\omega \gg |\Delta\omega| = |\omega_0 - \omega|$）时，复折射率可以近似为

$$
\begin{cases}
(n_r^2 - n_i^2) \approx 1 + \dfrac{Nq^2}{\varepsilon_0 n}\dfrac{2\omega_0\Delta\omega}{\left[4\omega_0^2(\Delta\omega)^2 + (\gamma\omega)^2\right]} \\[4mm]
2n_r n_i \approx \dfrac{Nq^2}{\varepsilon_0 n}\dfrac{\gamma\omega}{\left[4\omega_0^2(\Delta\omega)^2 + (\gamma\omega)^2\right]}
\end{cases}
\tag{1-18}
$$

在 $\omega = \omega_0$ 时，n_i 近似取得极大值 $n_i^{\max}$（$\omega_0 \gg \gamma$）。若计 $\omega = \omega_0 \pm \dfrac{1}{2}\Delta\omega$ 时，n_i 为极大值 $n_i^{\max}$ 的一半(对应的吸收强度为极大值的 $1/e$)，可以近似得到 $\Delta\omega = \gamma$，即谱线线宽基本由电偶极子的阻尼系数决定。

应当注意的是，在上述讨论中，均假定各个电偶极子之间不存在相互影响，对于稀薄气体具有较好的适用性；在固体或液体中，在系统处于周围分子场的相互影响下，原子固有振动频率展宽，使得其吸收谱的宽度有较大加宽。同一种物质，往往也会有许多吸收谱线相互叠加，表现为吸收带的形式，其表现形式较本节分析要复杂许多，在接下来会进一步介绍。

1.3.2　大气分子的吸收

大气中的吸收性气体主要有水汽、二氧化碳、甲烷、臭氧等，大气分子的吸收具有显著的波长选择性。地球辐射分布及大气吸收光谱分布如图 1-3 所示[1]。可见光和近红外波段是到达地面的太阳光谱的主要成分：在可见光区(0.38～0.78μm)，大气分子的吸收很弱，只存在吸收较弱的吸收带；在近红外区(0.78～2.526μm)，部分大气分子，如水汽、二氧化碳及甲烷等的吸收带开始出现。常用的激光雷达波长主要集中在可见光和近红外波段，该波段内激光受大气分子吸收的影响相对较小，因此成为研究大气气溶胶、云及痕量气体的有效手段。

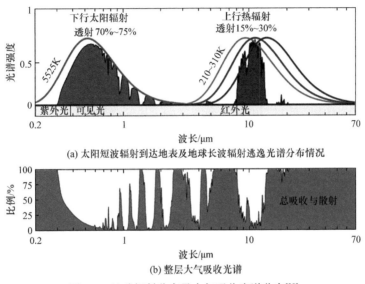

(a) 太阳短波辐射到达地表及地球长波辐射逃逸光谱分布情况

(b) 整层大气吸收光谱

图 1-3　地球辐射分布及大气吸收光谱分布[28]

在不同的大气光学问题中，对分子吸收的处理方式是不同的，主要的处理原则是针对不同的光谱分辨率需求选择合适的计算方案。目前主要有单谱线吸收计算、多谱线的逐线积分和谱带模型计算等方法[29]。激光光源的光谱宽度很窄，一般只占到分子吸收光谱的一小部分或有限条吸收谱线，为解决大气分子吸收问题，在激光遥感应用中要求有较高的光谱分辨率，逐线积分法是处理该类问题的有效方法。对于谱带模型计算方法，不在本书中讨论，有兴趣的读者可以参考相关的文献[28]。

在大气遥感中，经常利用原子的等效吸收截面 σ_a 的概念来描述介质的吸收特性。吸收截面的物理意义是，前向散射光强因粒子的存在被衰减，其衰减量就像受到一部分面积的遮挡，原子的吸收系数可以表示为 $\alpha = N\sigma_a$，N 为原子的数浓度。

　　由 1.3.1 节的讨论可知，对于单根吸收谱线，其中心频率 ω_0 决定了吸收光谱的位置，而吸收谱线一般存在一定的吸收线宽，也就是说，吸收谱线存在一定的线型函数，因此吸收谱线就可以用吸收强度和归一化的吸收线型函数进行描述。分子的吸收截面可以表示为

$$\sigma_a = S(T)f(\nu - \nu_0) \tag{1-19}$$

式中，$S(T)$ 为谱线强度，与温度 T 相关；$f(\nu - \nu_0)$ 为归一化吸收线型函数，这里采用光谱学中惯用的波数($\nu = 1/\lambda$，λ 为激光波长)来表示，ν_0 为中心波长对应的中心波数。

　　通常存在自然增宽、碰撞增宽和多普勒(Doppler)增宽三种谱线增宽[27]，因而无法观测到单色的发射辐射和吸收。

　　自然增宽是指在无任何外界干扰因素的条件下，吸收谱线也有一定的谱线宽度，这是能级平均寿命造成的，它表示处于该能级的全部粒子所停留的平均时间。由测不准原理(uncertainty principle)可知，跃迁吸收的光波并不是单一的频率，而是以某一频率为中心的具有一定自然宽度的谱线。碰撞增宽是吸收分子之间及吸收与非吸收分子之间的相互碰撞的扰动引起辐射的相位发生无规律的变化导致的。这种谱线增宽与撞击的频率、分子密度和平均分子速度有关。自然增宽和碰撞增宽具有相同的谱线函数，可以用洛伦兹线型函数表示，即

$$f_L(\nu - \nu_0) = \frac{1}{\pi} \frac{\gamma_L}{(\nu - \nu_0)^2 + \gamma_L^2} \tag{1-20}$$

式中，γ_L 为谱线增宽的半宽度。相对于碰撞增宽，谱线的自然增宽非常小，由气体分子运动理论可知，碰撞增宽的半宽随气压和温度变化的变化关系为[30]

$$\gamma_L = \gamma_{L0} \frac{p}{p_0} \left(\frac{T_0}{T} \right)^n \tag{1-21}$$

式中，γ_{L0} 为参考气压 p_0 和温度 T_0 下碰撞增宽半宽；指数 n 随分子的类型在 0.5～1 变化。

　　与碰撞增宽不同，多普勒增宽是各种分子和原子之间的热运动速度差异造成的。由分子运动理论可知，当运动状态处于热力学平衡状态时，粒子的运动速度由玻尔兹曼(Boltzmann)分布描述，因此多普勒增宽的线型函数可以用高斯函数形式描述：

$$f_D(\nu - \nu_0) = \sqrt{\frac{\ln 2}{\pi}} \frac{1}{\gamma_D} \exp\left[-\left(\frac{\nu - \nu_0}{\gamma_D} \right)^2 \ln 2 \right] \tag{1-22}$$

式中，γ_D 为多普勒增宽的半宽度，其只与温度和分子种类相关，而与压强无关。

$$\gamma_D = \frac{\nu_0}{c}\sqrt{\frac{2k_BT}{m_{air}}\ln 2} \tag{1-23}$$

式中，m_{air} 为单个空气分子质量；k_B 为玻尔兹曼常数。

在实际大气中碰撞增宽与多普勒增宽效应均存在，实际有效谱线线型由碰撞增宽和多普勒增宽共同决定。也就是说，必须把多普勒增宽效应考虑到增宽谱线上，即综合线型为两种线型的卷积：

$$\begin{aligned}f_V(\nu - \nu_0) &= \int_{-\infty}^{\infty}f_L(\nu' - \nu_0)f_L(\nu - \nu')\mathrm{d}\nu'\\ &= \frac{1}{\gamma_D}\sqrt{\frac{\ln 2}{\pi}}\frac{y}{\pi}\int_{-\infty}^{\infty}\left[\frac{1}{y^2 + (x-t)^2}\exp(-t^2)\right]\mathrm{d}t\end{aligned} \tag{1-24}$$

式中，$x = \sqrt{\ln 2}\,(\nu - \nu_0)/\gamma_D$；$y = \sqrt{\ln 2}\,\gamma_L/\gamma_D$。

该线型函数没有解析的表达式，只能通过数值积分进行计算，在实际应用中受到计算速度的限制，因此，为了简化计算，很多学者也进行了近似处理，这里不再赘述[31]。

各种大气分子都包含大量的吸收谱线，只有准确了解每根谱线的位置、强度和谱线形状，才能准确计算每根谱线的吸收强度，进而通过逐线积分的方式可以得到给定频率间隔内的吸收截面。对于均匀路径，在给定的间隔 $\Delta\nu$ 内若包含 N_L 条分离谱线，则总的吸收截面为

$$\sigma_a = \sum_{j=1}^{N_L}S_j f_j(\nu - \nu_0) \tag{1-25}$$

至于单根吸收谱线的信息，由于大气分子吸收谱线繁多，无论是采用理论计算还是实验测量的方法获得它们的全部谱线参数，都不是一个或者几个研究机构短期内所能完成的。20 世纪 60 年代，美国空军剑桥研究实验室(Air Force Cambridge Research Laboratory，AFCRL) 将七种常用气体分子，即水汽、二氧化碳、臭氧、氧化亚氮、一氧化碳、甲烷和氧气的 11 万条吸收谱线进行了汇编，于 1973 年正式对外开放[32]。随着数据不断扩充，AFCRL 于 1986 年推出高分辨率传输分子吸收光谱数据库(high-resolution transmission molecular absorption database，HITRAN)[33]。经历了多年的研究更新，HITRAN 目前已经推出多个版本，最新版本 HITRAN 2016 包含 39 种气体分子的 1789569 条谱线的逐线参数，并包含有一些微量污染气体的吸收截面数据[30]。

每条吸收谱线包含 19 项参数，其中比较关键的参数有真空中谱线中心位置对

应的波数 v_0、每摩尔分子的吸收谱线强度 S、参考温度 296K，参考气压 1atm[①]时空气的谱线增宽半宽度 γ_{air} 及谱线跃迁中心波数在参考温度 296K 下空气压力增宽造成的谱线位移 δ_{air} 等。

HITRAN 数据的参数都是在参考温度 296K 下得到的数值，在实际应用中，要根据实际的大气状态参数与温度进行订正，谱线的强度应修正为

$$S(T) = S(T_0) \frac{Q(T_0)\exp\left(-\dfrac{E''}{k_B T}\right)\left[1 - \exp\left(-\dfrac{hcv}{k_B T}\right)\right]}{Q(T)\exp\left(-\dfrac{E''}{k_B T_0}\right)\left[1 - \exp\left(-\dfrac{hcv}{k_B T_0}\right)\right]} \tag{1-26}$$

式中，E'' 为低能级对应的能量；Q 为能态对应的局域量子数，可根据 HITRAN 获得；h 为普朗克常量；c 为光速。

采用 Nd:YAG 固体激光器(基频 1064nm、二倍频 532nm、三倍频 355nm 等)的激光雷达系统，其探测主要受到大气水汽和臭氧吸收的影响。二氧化碳差分吸收激光雷达(常选在 1.57μm 或 2.05μm)，除了要考虑二氧化碳的高分辨吸收光谱，还要考虑水汽的吸收效应对二氧化碳探测造成的干扰。

1.3.3　吸收性气溶胶

大气气溶胶的来源十分复杂，种类繁多，对气候变化、云的形成及人类健康都有重要的影响。在气候变化研究中，大气气溶胶对气候的辐射强迫造成了很大的不确定性：一方面，气溶胶粒子吸收和散射太阳辐射和地球的长波辐射，直接影响地-气收支平衡；另一方面，气溶胶可以作为云的凝结核，影响云的形成、云量及云的寿命，间接影响地-气收支平衡。气溶胶整体上对大气层顶具有负的辐射强迫作用，可以部分减缓二氧化碳、甲烷等温室气体造成的温室效应。而具有强烈吸收特性的黑炭气溶胶整体上呈现正的辐射强迫作用，对温室效应具有加速作用，因而受到广泛的关注。联合国政府间气候变化专门委员会第五次评估报告对大气气溶胶等的辐射强迫评估结果如图 1-4 所示[34]。

由 1.3.1 节的分析可知，物质的吸收特性与物质复折射率的虚部相关。气溶胶粒子复折射率的虚部一般都不为零，即一般气溶胶粒子都具有一定的吸收特性。而在这里讨论的吸收性气溶胶，主要是指具有较强吸收特性的气溶胶粒子，如沙尘气溶胶、黑炭气溶胶及有机碳气溶胶等。吸收性气溶胶在空气中会吸收太阳辐射，转化成热量进而加热大气，对气候效应的影响不容忽视，但目前科学界对其辐射强迫效应的评估依据依然存在较大不确定性。

---

① 1atm=1.01325 × 10^5Pa。

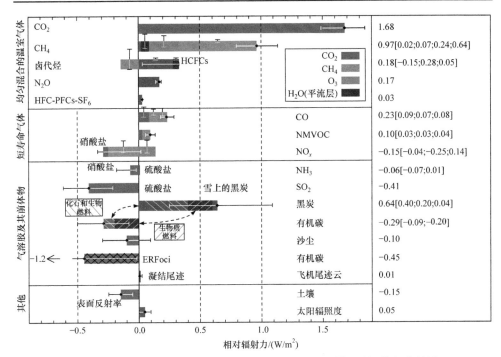

图 1-4　联合国政府间气候变化专门委员会第五次辐射强迫评估报告结果

　　沙尘是对流层气溶胶的主要成分之一[35]。沙尘气溶胶的物理和化学组分较复杂，在空间分布上具有明显的非均一性并且会随时间变化而变化。沙尘气溶胶的吸收特性与其组成成分密切相关，不同种类的矿石成分之间复折射率虚部存在数量级的差异，也使沙尘与地球辐射的相互作用比其他气溶胶更复杂。沙尘既能吸收又能反射太阳和红外辐射，在不同条件(高度和颗粒大小等)下会对气候产生加热或冷却作用，所以对沙尘气溶胶气候强迫的评估仍存在较大的不确定性，甚至其辐射强迫的正负仍然存在不确定性[34]。

　　黑炭气溶胶同样是大气气溶胶中的重要组成部分之一，主要是由含碳物质不完全燃烧产生的不定型碳质，其颗粒尺度范围一般为 $0.01\sim1\mu m$。黑炭气溶胶具有较强的光学吸收特性，其质量吸收系数(每克质量物质对光线衰减的程度)比沙尘气溶胶要大两个数量级。同时，黑炭气溶胶光学吸收波段比温室气体更宽，对可见光和红外辐射均有强烈的吸收作用[36]。

　　德国马克思-普朗克研究所的 Andreae 和匈牙利维斯普雷姆大学的 Gelenscér 在 2006 年讨论了黑炭和棕炭气溶胶的差异，并展开了棕炭气溶胶的研究[37]。与黑炭气溶胶不同，棕炭是由大分子物质组成的有机物，大多是含有高度共轭的芳环，并与含氧、含氮等极性官能团直接相连的高分子量物质，或是腐殖酸类物质。棕炭能够在蓝色可见光区和近紫外光区(200~550nm)对太阳辐射产生较强吸收，且这种吸收随着波长变短而增强。球形棕炭的吸收效率随波长和粒子大小的变化如图 1-5 所示，图中给出了采用米散射理论仿真的球形棕炭的吸收效率(吸收截面与几何截面的比值)随波长和粒子大小变化的变化规律[38]。

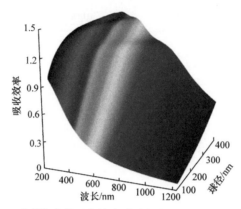

图 1-5　球形棕炭的吸收效率随波长和粒子大小变化的变化

1.4　大气分子及气溶胶的光散射特性

　　光属于电磁波，电磁波在非均匀介质中传输时，由于折射率的非均一性，入射波的波阵面将改变形状，导致电磁波中一部分能量偏移了原来的传播方向，这种现象就称为散射。散射现象的本质是电磁波与介质的相互作用，介质分子在入射电磁场作用下产生感应电极化。在大气散射中，气体分子及气溶胶粒子的正负电荷会发生偏移，从而构成电偶极子、磁偶极子、电四极子等，并在电磁波的激发下做受迫振动，向整个空间发射次生电磁波，即散射辐射。散射效应使得激光在传输方向上的能量重新分布，是使光强衰减的一个因素；同时，大气分子及气溶胶粒子的后向散射也是大气激光雷达遥感的基础。

　　依据 1.2 节提到的大气散射分类，大气分子和气溶胶的粒子尺度一般对应瑞利散射和米散射，下面将对这两类散射分别进行介绍。

1.4.1　大气分子散射

　　对于均匀的大气，每个分子产生的散射不相互独立，各个分子的散射将相互干涉而抵消，仅在入射波方向才有散射辐射。然而，由于大气分子的热运动，分子的浓度总在变化，因此大气不均匀，散射光不能相互抵消而向各方向传播。当介质的不均匀性与时间无关时，散射光频率将不会发生变化，称为弹性散射。当介质中的不均匀性是时间的函数时，介质内部产生宏观的弹性振动，光波与声子相互作用，产生频率的改变，称为非弹性散射。另外，由介质分子内部的振动、转动、跃迁等引起散射光频率发生移动的散射也归类为非弹性散射。

大气分子以氮气和氧气为主，其直径在 0.3nm 左右，相对于 HSRL 中常用的 355nm、532nm 及 1064nm 等激光波长来说，$x \ll 1$，故大气分子的散射属于瑞利散射。严格意义上来说，瑞利散射包括卡巴纳(Cabannes)中心线和纯转动拉曼 (Raman)散射，但不包括振动转动拉曼散射[39]。所以，大气分子的散射包含瑞利散射及振动转动拉曼散射[40,41]，如图 1-6 所示。

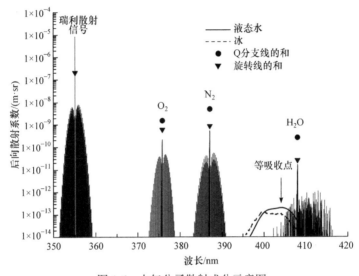

图 1-6　大气分子散射成分示意图

大气分子散射谱的卡巴纳中心线包括一个中心线及两个对称分布的布里渊 (Brillouin)旁瓣。其中，中心线是弹性散射，而布里渊旁瓣是激光与大气的弹性声波相互作用而产生的光散射现象，称为布里渊散射[40]。布里渊散射可分为自发布里渊散射、相干布里渊散射、受激布里渊散射等。大气中的布里渊散射一般为自发布里渊散射，其频移与大气的声速、折射率有关。除了布里渊旁瓣的频移外，散射谱线还存在展宽，即均匀展宽及非均匀展宽，均匀展宽包括了自然展宽和碰撞展宽。如前所述，自然展宽形成的原因是处于激发态的受激原子或分子自发地向低能级跃迁，谱线的自然宽度取决于激发态分子/原子的平均寿命，其展宽幅度 Δv_N 一般在 10MHz 以内。碰撞展宽主要是在高气压区域由分子大量无规则运动而产生的碰撞造成：一方面，气体分子的无规则运动引起的碰撞作用使得发光中的粒子产生能级跃迁而中断发光；另一方面，碰撞使波列发生无规则的相位改变而引起发光粒子寿命缩短。非均匀展宽是运动速度不同的大气分子对光谱造成的展宽，当大气分子被激发，向各方向散射光时，由于其本身处于无规则的热运动之中,与接收器的相对运动引起了多普勒效应,因此接收到的散射光的频率发生了变化,也称为多普勒展宽。

　　紧邻卡巴纳中心线的是纯转动拉曼散射谱的 S 与 S′ 分支,分别对应斯托克斯(Stokes)部分与反斯托克斯(anti-Stokes)部分。纯转动拉曼散射谱产生的原因是大气分子转动能级的分裂,分子的转动能级之间的能级差较小,因此纯转动拉曼散射谱的频移不大[40]。值得注意的是,纯转动拉曼散射的两个分支都是 S 型,这是因为在传统习惯中,转动拉曼散射 ΔJ 的计算均是用较高转动能级的转动量子数减去较低转动能级的转动量子数,除非发生振动转动拉曼散射,否则同一振动能级之间的转动拉曼散射谱均为 S 型[42]。氮气分子的纯转动拉曼散射谱的 S 分支如图 1-7 所示。纯转动拉曼散射各谱线的强度分布与大气温度相关,通过探测纯转动拉曼散射谱强度的分布变化反演大气的温度廓线,这也是拉曼测温激光雷达的基本原理。

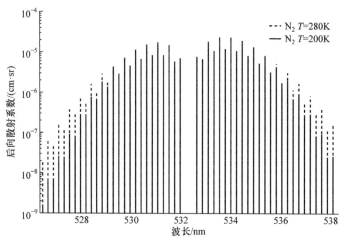

图 1-7　纯转动拉曼散射谱

　　比纯转动拉曼散射线离卡巴纳线更远的是振动转动拉曼散射谱。振动转动拉曼散射谱产生的原因是大气分子的振动能级和转动能级的改变,由于振动能级之间的能级差较大,振转动拉曼散射谱的频移较转动拉曼散射谱大得多。值得注意的是,振动能级 Δυ 的计算是由末态的振动能级数减去初态的振动能级数,与转动能级 ΔJ 的计算不同。当 Δυ=±1, ΔJ = 0 时,对应振转动拉曼散射谱的 Q 分支,当 Δυ=+1, ΔJ = −2 及 Δυ = −1, ΔJ = −2 时,对应振转动拉曼散射的 O 分支;当 Δυ=+1, ΔJ = −2 及 Δυ = −1, ΔJ = −2 时,对应振转动拉曼散射的 S 分支[43]。大气中的氮气和氧气的百分比比较稳定,氮气和氧气的拉曼后向散射系数与大气分子数密度相关,可以作为激光雷达探测大气气溶胶含量的一个参考信号,这也就是拉曼激光雷达探测气溶胶光学特性的基本原理。水汽的拉曼后向散射信号则可以用于大气中水汽含量的测量。

大气分子的散射系数按照散射角 θ 的分布描述为[44]

$$\beta_{\text{sca}}(\theta) = \frac{1}{4\pi} \frac{8\pi^3 (m^2-1)^2}{(n^2+2)N\lambda^4} \frac{3}{4}(1+\cos^2\theta) \qquad (1\text{-}27)$$

式中，θ 为激光入射方向和散射的观察方向之间的角度；m 为介质的折射率；n 为大气分子的折射率，近似为 1，n^2+2 近似为 3；N 为大气分子数量密度；λ 为入射光波长；$(1+\cos^2\theta) \times 3/4$ 也称为散射强度分布的相函数[1]，值得注意的是，此相函数是针对自然光入射的情况，因此，其按照方位角的分布是对称的；$\beta_{\text{sca}}(\theta)$ 为散射角为 θ 时的体散射函数，一般称为散射系数。式(1-27)表明大气分子后向散射系数对激光波长的敏感度 $\varTheta$ 为 4。

在 1.4.2 节中提到，大气分子主要是双原子分子(氮气分子和氧气分子等)，属于各向异性介质，所以大气分子的散射也会造成一定的退偏。考虑到退偏因素，式(1-27)应当改写为[1]

$$\beta_{\text{sca}}(\theta) = \frac{1}{4\pi} \frac{8\pi^3 (m^2-1)^2}{3N\lambda^4} \frac{3}{4(1+2\gamma)} \Big[(1+3\gamma)+(1-\gamma)\cos^2\theta\Big] \qquad (1\text{-}28)$$

式中，γ 与退偏有关。

$$\gamma = \frac{\rho_n}{2-\rho_n} \qquad (1\text{-}29)$$

式中，ρ_n 为退偏因子，与入射光波长有关[44]。对于常用的激光波长，ρ_n 的取值分别为 2.730@1064nm、2.842@532nm、3.010@355nm[44]。式(1-28)相较于式(1-27)能够更加准确地模拟大气分子的后向散射。

如前所述，式(1-27)与式(1-28)均未考虑散射光强按照方位角的分布特性。而对于激光雷达探测技术，脉冲光通常是偏振光，其散射光也与入射光的偏振态有关而存在不同的方位角分布。此时，更一般的散射系数分布式(1-27)可以写为

$$\beta_{\text{sca}}(\zeta) = \frac{1}{4\pi} \frac{8\pi^3 (m^2-1)^2}{3N\lambda^4} \frac{3}{2}\sin^2\zeta \qquad (1\text{-}30)$$

式中，ζ 为散射观察角与入射光偏振方向的夹角，$\sin^2\zeta = 1 - \sin^2\theta\cos^2\varphi$，其中，$\varphi$ 为散射的相位角。

由式(1-28)可知，后向散射对应散射角 $\theta = \pi$，可以得到激光雷达中大气分子的后向散射系数为

$$\beta_{\text{sca}}^{\text{T}}(\lambda) = \beta_{\text{sca}}^{\text{C}}(\lambda) + \beta_{\text{sca}}^{\text{W}}(\lambda) = \frac{9\pi^2}{\lambda^4 N} \frac{(m^2 - 1)^2}{(m^2 + 2)^2} \frac{180 + 28\varepsilon(\lambda)}{180} \tag{1-30}$$

式中，$\varepsilon(\lambda) = [2\gamma(\lambda)]/[9a(\lambda)] = [2\gamma(\lambda)N(m^2 + 2)]/[27\varepsilon_0(m^2 - 1)]$，$\varepsilon_0$ 为真空介电常数；$\beta_{\text{sca}}^{\text{C}}(\lambda)$ 和 $\beta_{\text{sca}}^{\text{W}}(\lambda)$ 分别为卡巴纳线和纯转动拉曼散射的后向散射系数，可表示为

$$\beta_{\text{sca}}^{\text{C}}(\lambda) = \frac{9\pi^2}{\lambda^4 N} \frac{(m^2 - 1)^2}{(m^2 + 2)^2} \frac{180 + 7\varepsilon(\lambda)}{180} \tag{1-31}$$

$$\beta_{\text{sca}}^{\text{W}}(\lambda) = \frac{9\pi^2}{\lambda^4 N} \frac{(m^2 - 1)^2}{(m^2 + 2)^2} \frac{21\varepsilon(\lambda)}{180} \tag{1-32}$$

对于激光雷达探测，往往选取大气窗口内的激光波长作为探测波长，因此，大气分子的消光主要由大气分子的散射效应造成。大气分子的消光系数可以认为是散射系数在整个空间角内的积分：

$$\alpha = \alpha_{\text{sca}} = \int_{4\pi} \beta(\theta, \varphi) \text{d}\Omega = \frac{8\pi^3 (m^2 - 1)^2}{3N\lambda^4} \left(\frac{6 + 3\rho_n}{6 - 7\rho_n} \right) \tag{1-33}$$

式中，角标 sca 为散射引起的消光。定义 $F_k = (6 + 3\rho_n)/(6 - 7\rho_n)$ 为 King 修正因子[44,45]，与入射光的波长有关。关于瑞利散射谱中各个谱线的相对散射强度的计算请参考文献[46]。

在 HSRL 系统中，往往只关注卡巴纳-布里渊(Cabannes-Brillouin)中心线的后向散射信号，无论是卡巴纳主瓣还是布里渊旁瓣，其展宽因素均包括均匀展宽及非均匀展宽。均匀展宽对激光光谱造成的影响可用洛伦兹线型描述，非均匀展宽一般可用高斯线型描述。激光后向散射光谱既存在由压强与自发辐射寿命衰减造成的均匀展宽，又存在由分子热运动造成的非均匀展宽，因此实际的激光回波信号线型是两者的卷积，也称为沃伊特(Voigt)线型。大气分子的卡巴纳后向散射谱，包含了弹性散射中心线和两个对称分布的布里渊散射旁瓣，因此卡巴纳-布里渊中心线包含了三个沃伊特线型，频谱分布十分复杂。

1972 年，Boley 等根据线性化的王-乌伦贝克(Wang-Uhlenbeck，WCU)方程及碰撞算子的特征函数建立了描述气体自发卡巴纳散射谱的 S7 模型[47]，其中的七个参量分别是质量、动量、平动温度、内部温度、平动热通量、内部热通量和压强张量。之后，Tenti 等省略 S7 模型中压强张量的影响获得 S6 模型，从微观的碰撞理论出发，通过求解玻尔兹曼或类玻尔兹曼方程来得到卡巴纳-布里渊散射谱的整体廓线[48]。但是，玻尔兹曼方程的解没有解析形式，只能通过数值求解获得。2003～2005 年，普林斯顿大学的 Pan 通过一系列对大气成分 Ar、Kr、氧气、氮气等散射频谱分布的实验探测，分别以 S7 和 S6 模型进行了数据拟合，经过对比和

研究发现 S6 模型较 S7 模型能够更加准确地描述气体分子间的碰撞机制[49]。

如上所述,玻尔兹曼方程只能通过数值求解获得,导致从 S6 模型中获取有用的相关参数将会变得十分复杂,在实际应用中计算模拟需要占用大量计算资源,所以针对此数值模型提出了各种简化近似方法,其中比较有代表性且精度高的一种方法是 Krueger 提出的对 S6 线型进行泰勒展开形式近似[50]

$$R(v,T,p) \approx R_{std}(v) + (T-T_0)R_T(v) + (p-p_0)R_P(v) + 0.5(T-T_0)^2 R_{TT}(v)$$
$$+ (p-p_0) \times (T-T_0)R_{TP}(v) + 0.5(p-p_0)^2 R_{PP}(v)$$
(1-34)

式中, $R_i(v)$ 为 R 在基准点的取值和 R 的各项导数展开点各项导数; $R(v,T,p)$ 为卡巴纳-布里渊散射谱线型,此处采用 S6 线型近似。使用这种方法,在知道大气的温度与压强的情况下,可以很简便地计算得到 S6 线型,展开点各项系数如图 1-8 所示。求出各项系数之后,只需将压强与温度代入,即可得到对应的 S6 散射谱,相较于数值计算的方法节省了大量时间。除了这种拟合方法之外,梁琨等使用三个沃伊特线型的线性叠加近似来模拟 S6 模型,称为 V3 模型[51]。卡巴纳-布里渊谱包含了中心峰和布里渊散射两部分,其中中心峰的中心频率为激光频率,正反斯托克斯布里渊峰对称地分布在中心峰的左右。由于气体的卡巴纳-布里渊谱中的布里渊散射频移较小,布里渊峰和中心峰混叠在一起,形成一个大包络。

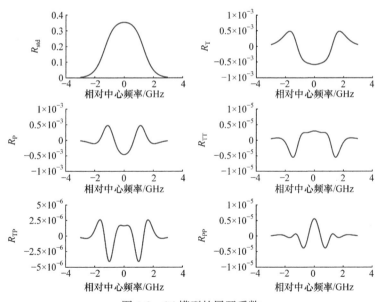

图 1-8　S6 模型的展开系数

从理论上来说,卡巴纳-布里渊谱是中心峰和布里渊散射谱的线性叠加的结果,因而能够分别对二者进行独立的研究。V3 模型中包含三个沃伊特线型,分别表示卡巴纳谱分布中的中心峰和对称的布里渊散射双峰。然而,沃伊特线型无法用解析式表达出来，只能采用数值积分方法获得。为了进一步简化计算，将沃伊特线型简化为高斯线型与洛伦兹线型的叠加[51]：

$$V(v) \approx \rho L(v) + (1-\rho)G(v) \tag{1-35}$$

式中，v 为光谱频率；ρ 为洛伦兹函数的权重，取值 0～1。

1.4.2 气溶胶粒子散射

大气气溶胶粒子相较大气分子，形状多种多样，可以是近乎球形，如液态雾珠，也可以是片状、针状及其他不规则形状。如前所述，对于激光雷达常用的探测波长，大多数气溶胶粒子的大小对应的尺寸参数在 $0.1 < x < 50$，因此，瑞利散射理论不再适用于气溶胶粒子。Mie 通过麦克斯韦方程组得出了均匀的球形粒子散射问题的精确解[52]。为了纪念他，该方法通常被称为米散射理论，下面对其做简要介绍。

假设一偏振光波沿 z 轴传播，电矢量的振动方向在 xOy 平面内，即

$$E = E_0 \exp\left[-\mathrm{i}(kz - \omega t)\right] \tag{1-36}$$

式中，k 为波矢；ω 为角速度；坐标系原点 O 存在一个半径为 r 的均匀球体，入射波照射到粒子上时，会发生散射。

粒子表面存在入射场、透射场及散射场，这些场在粒子表面遵循麦克斯韦方程的边界条件。定义由入射光及散射光构成的平面为散射平面，将入射光和散射光分解为两组正交的偏振分量 $E_0^{\parallel}$、$E_0^{\perp}$，$E_s^{\parallel}$、$E_s^{\perp}$。米散射偏振分量示意图如图 1-9 所示。

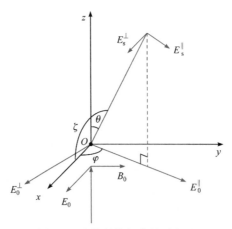

图 1-9　米散射偏振分量示意图

散射场的表达式可以通过边界条件求出，即

$$
\begin{cases}
E_s^{\parallel} = -E_0^{\parallel} \dfrac{\mathrm{i}}{kR} \exp\left[-\mathrm{i}(kR - \omega t)\right] S_2(\theta) \\[3mm]
E_s^{\perp} = -E_0^{\perp} \dfrac{\mathrm{i}}{kR} \exp\left[-\mathrm{i}(kR - \omega t)\right] S_1(\theta)
\end{cases}
\tag{1-37}
$$

式中，θ 为散射角；R 为观察点距离原点的距离；$S_1(\theta)$ 与 $S_2(\theta)$ 为复振幅函数，由反映电场振动和磁场振动对散射影响的米散射参数 a_n 和 b_n 决定，即

$$
\begin{cases}
S_1(\theta) = \displaystyle\sum_{n=1}^{\infty}\left[\dfrac{2n+1}{n(n+1)}\left(a_n \pi_n(\cos\theta) + b_n \tau_n(\cos\theta)\right)\right] \\[4mm]
S_2(\theta) = \displaystyle\sum_{n=1}^{\infty}\left[\dfrac{2n+1}{n(n+1)}\left(b_n \pi_n(\cos\theta) + a_n \tau_n(\cos\theta)\right)\right]
\end{cases}
\tag{1-38}
$$

式中，a_n 和 b_n 又由粒子的复折射率 $m = n_r + \mathrm{i}n_i$ 及尺寸参数 x 决定：

$$
a_n = \frac{\psi_n'(mx)\psi_n(x) - m\psi_n'(x)\psi(mx)}{\psi_n'(mx)\zeta_n(x) - m\xi_n'(x)\psi_n(mx)}
\tag{1-39}
$$

$$
b_n = \frac{m\psi_n'(mx)\psi_n(x) - \psi_n'(x)\psi_n(mx)}{m\psi_n'(mx)\zeta_n(x) - \zeta_n'(x)\psi_n(mx)}
\tag{1-40}
$$

式中，

$$
\psi_n(mx) = \sqrt{\frac{\pi mx}{2}}\, \mathrm{J}_{n+1/2}(mx)
\tag{1-41}
$$

$$
\zeta_n(x) = \sqrt{\frac{\pi x}{2}}\, \mathrm{H}_{n+1/2}^2(x)
\tag{1-42}
$$

式中，$\mathrm{J}_{n+1/2}(mx)$ 和 $\mathrm{H}_{n+1/2}^2(x)$ 分别为半整数阶贝塞尔函数及半整数阶第二类汉克尔函数。

式(1-38)中 π_n 和 τ_n 均与散射角度 θ 有关，即

$$
\begin{cases}
\pi_n(\cos\theta) = \dfrac{1}{\sin\theta} \mathrm{P}_n^1(\cos\theta) \\[3mm]
\tau_n(\cos\theta) = \dfrac{\mathrm{d}}{\mathrm{d}\theta} \mathrm{P}_n^1(\cos\theta)
\end{cases}
\tag{1-43}
$$

式中，$\mathrm{P}_n^m(\cos\theta)$ 为连带勒让德(Legendre)多项式，即 n 阶勒让德多项式 $\mathrm{P}_n(\cos\theta)$ 的 m 次导数。

在激光雷达应用中，关注的是粒子的消光特性和后向散射特性。为了便于描述粒子的散射特性，定义气溶胶粒子的散射效率、消光效率、后向散射效率分别为

$$Q_{sca} = \frac{2}{x^2} \sum_{n=1}^{\infty} (2n+1)\left(|a_n|^2 + |b_n|^2\right) \tag{1-44}$$

$$Q_{ext} = \frac{2}{x^2} \sum_{n=1}^{\infty} (2n+1)\,\mathrm{Re}(a_n + b_n) \tag{1-45}$$

$$Q_b = \frac{1}{x^2} \left| \sum_{n=1}^{\infty} (2n+1)(-1)^n (a_n - b_n) \right|^2 \tag{1-46}$$

式中，$\mathrm{Re}(\cdot)$ 为取复数的实部。

对于具有一定粒径分布的气溶胶粒子群，则可以计算得到其消光系数及后向散射系数分别为

$$\alpha = \int \pi r^2 Q_{ext}(r) f(r) \mathrm{d}r \tag{1-47}$$

$$\beta = \int \pi r^2 Q_b(r) f(r) \mathrm{d}r \tag{1-48}$$

式中，$f(r)$ 为气溶胶粒子的数浓度分布。

对于大气中的气溶胶粒子，由于其尺寸较大(1nm~100μm)，粒子的热运动不明显，主要是受周围空气分子的碰撞，产生无规则的布朗运动，速度大概在 1m/s，引起的多普勒频移在 3MHz 左右[53]。此多普勒频移相较于激光频谱宽度可以忽略不计，因此气溶胶/云粒子的散射几乎不改变入射光的频率。通常情况下，认为米散射的光谱与激光光谱近似相同，其归一化分布可以近似为高斯线型：

$$l(v - v_0) = \frac{1}{\gamma \sqrt{\pi}} \exp\left[-\frac{(v - v_0)^2}{\gamma^2} \right] \tag{1-49}$$

式中，$l(v - v_0)$ 为激光光谱分布；v_0 为激光中心频率；γ 为线型，为最高点 1/e 时对应的频谱半宽度。

气溶胶的后向散射强度是激光雷达探测的目的之一，其与气溶胶粒子的形状、尺寸分布、激光波长及复折射率等相关。一般认为，不同的气溶胶类型，其后向散射系数对激光波长的变化特性存在差异，可以采用波长指数 $\Theta = \ln[(\beta(\lambda_1)/\beta(\lambda_2))/(\lambda_1/\lambda_2)]$ 来表述其波长敏感性，λ_1 和 λ_2 分别表示不同的波长数值，$\beta(\lambda)$ 表示后向散射系数。根据 Liu 等的研究，对流层气溶胶对波长的敏感度 Θ_λ 为 0.65~1.25[54]。

1.4.3　散射光的偏振效应

光波属于横波，其电矢量与磁矢量的振动方向相互垂直，并且均表现出方位性，与纵波截然不同。一般将光波电矢量的振动方向称为其偏振方向。大气气溶胶粒子和大气分子的散射光的偏振方向相对于入射光会发生一定的改变，称为退偏效应。气溶胶粒子的退偏特性一定程度上可反映气溶胶粒子的形状信息，因此，

在激光雷达探测中也得到了广泛的关注。

如 1.4.1 节所述，在大气分子散射中，氮气、氧气分子这种双原子分子的结构中振动和转动能级的转变会造成散射光的频移，产生拉曼散射谱；并且双原子分子的取向变化也会导致散射光的偏振态发生改变，如纯转动拉曼散射的 Q 分支。但纯转动拉曼散射谱的散射光也不一定都与入射光的偏振态正交，卡巴纳中心线两侧的 S 型纯转动拉曼散射的退偏比为 0.75[40,41]。激光雷达的接收系统一般在望远镜后放置一个干涉滤光片以滤除背景光(日光或月光)的干扰，而滤光片同时也会滤除部分纯转动拉曼散射谱，所以对于采用不同带宽干涉滤光片的激光雷达系统，大气分子的退偏比是不同的。并且，纯转动拉曼散射各谱线的相对强度与温度有关，所以即使对于同一激光雷达系统来说，不同温度下，大气分子瑞利散射的退偏比也稍有不同[55]。

气溶胶粒子的种类及尺度的范围跨度很大，对偏振激光脉冲造成的退偏效应不能一概而论。对于球形的气溶胶粒子，由式(1-35)可以得出，垂直和平行分量的散射光强度 I 分别与各自的散射电场复振幅 E 的平方有关，即

$$\begin{cases} I_s^{\perp}(\theta) = \dfrac{I_0^{\perp}}{k^2 R^2} |S_1(\theta)|^2 = \dfrac{I_0^{\perp}}{k^2 R^2} i_1 \\ I_s^{\parallel}(\theta) = \dfrac{I_0^{\parallel}}{k^2 R^2} |S_2(\theta)|^2 = \dfrac{I_0^{\parallel}}{k^2 R^2} i_2 \end{cases} \tag{1-50}$$

可以看出，激光在各个方向的散射具有不同的退偏振特性。而对于激光雷达的后向散射，即 $\theta = 180°$，后向散射光和入射光具有相同的偏振态。对于非球形粒子，一般后向散射光的偏振态与入射光会不同。冰云的粒径一般较大，退偏效应理论上可以通过几何光学近似进行说明[43]。对于大气中广泛存在的云，悬浮海拔的不同导致其相态存在差异。由液态球状水滴组成的水云与由六角形冰晶组成的冰云相比，水云的退偏比明显小很多，所以偏振激光雷达是观测云的有力工具，在大气探测中具有广泛的应用。

1.5　本 章 小 结

本章主要介绍大气主要成分及大气气溶胶的概念，说明大气气溶胶在大气研究中的重要性，对激光在大气中传输的衰减效应、偏折效应、湍流效应和非线性效应分别进行了介绍；重点对大气分子及气溶胶的光吸收特性和光散射特性进行了详细介绍,为了解大气气溶胶探测的意义及激光探测大气的传输过程提供参考。

基于米散射和瑞利散射的原理及其特性,研究者们设计出了米散射激光雷达、拉曼激光雷达及本书重点介绍的高光谱分辨率激光雷达等大气探测激光雷达系

统，后文将对大气探测激光雷达的基本结构和原理进行详细的介绍，分析激光雷达对大气气溶胶、温度、风场等进行观测的方法。

参 考 文 献

[1] 盛裴轩, 毛节泰, 李建国, 等. 大气物理学. 北京: 北京大学出版社, 2003.

[2] 胡永云, 丁峰, 夏炎. 全球变化条件下的平流层大气长期变化趋势. 地球科学进展, 2009, 24(3): 242-251.

[3] 周淑贞, 张如一, 张超. 气象学与气候学. 3 版. 北京: 高等教育出版社, 1997.

[4] 王志立. 典型种类气溶胶的辐射强迫及其气候效应的模拟研究. 北京: 中国气象科学研究院博士学位论文, 2011.

[5] Twomey S. Pollution and the planetary albedo. Atmospheric Environment, 1974, 8(12): 1251-1256.

[6] Twomey S A, Piepgrass M, Wolfe T L. An assessment of the impact of pollution on global cloud albedo. Tellus B, 1984, 36B(5): 356-366.

[7] Albrecht B A. Aerosols, cloud microphysics, and fractional cloudiness. Science, 1989, 245(4923): 1227-1230.

[8] Ackerman A S, Toon O B, Stevens D E, et al. Reduction of tropical cloudiness by soot. Science, 2000, 288(5468): 1042-1047.

[9] Allen R J, Sherwood S C. Aerosol-cloud semi-direct effect and land-sea temperature contrast in a GCM. Geophysical Research Letters, 2010, 37(7): 256-265.

[10] 唐孝炎, 张远航, 邵敏. 大气环境化学. 北京: 高等教育出版社, 2006.

[11] 白林. 激光大气传输理论研究及应用. 北京: 北京邮电大学硕士学位论文, 2008.

[12] Swinehart D. The beer-lambert law. Journal of Chemical Education, 1962, 39(7): 333.

[13] 王元博. 激光大气传输特性及实验研究. 西安: 西安电子科技大学硕士学位论文, 2010.

[14] Browell E V, Ismail S, Grant W B. Differential absorption lidar(DIAL)measurements from air and space. Applied Physics B, 1998, 67(4): 399-410.

[15] 宋正方. 应用大气光学基础. 北京: 气象出版社, 1990.

[16] Ciddor P E. Refractive index of air: New equations for the visible and near infrared. Applied Optics, 1996, 35(9): 1566-1573.

[17] 宋正方, 丁强. 激光测角与测高的大气折射修正. 激光技术, 1988, (2): 8-13.

[18] 石锋, 沙晋明, 张友水, 等. 基于高程分层方法的 HJ-1B CCD2 影像大气校正. 遥感技术与应用, 2011, 26(6): 775-781.

[19] 易湘. 大气激光通信中光强闪烁及其抑制技术的研究. 西安: 西安电子科技大学博士学位论文, 2013.

[20] 张逸新, 迟泽英, 游明俊, 等. 激光大气传输束心抖动概率分布. 光学学报, 1994, (6): 636-641.

[21] Vinogradov V, Kosterin A, Medovikov A, et al. Effect of refraction on propagation of a wave beam in a turbulent medium(atmosphere). Radiophysics and Quantum Electronics, 1985, 28: 850-857.

[22] Fante R L. Electromagnetic beam propagation in turbulent media. Proceedings of the IEEE, 1975, 63(12): 1669-1692.

[23] 饶瑞中. 现代大气光学. 北京: 科学出版社, 2012.

[24] 姚友群. 强激光在大气中传输的热晕效应研究. 西安: 西安电子科技大学硕士学位论文, 2009.

[25] 许祖兵. 激光大气传输特性分析研究. 南京: 南京理工大学硕士学位论文, 2006.

[26] 岳帅英, 林晨, 高军毅. 白光激光雷达的发展与应用. 大气与环境光学学报, 2010, 5(1): 1-13.

[27] 周炳琨, 高以智, 陈倜嵘. 激光原理. 7 版. 北京: 国防工业出版社, 2014.

[28] 黄建平. 物理气候学. 北京: 气象出版社, 2018.

[29] 张华. BCC-RAD 大气辐射传输模式. 北京: 气象出版社, 2016.

[30] Gordon I E, Rothman L S, Hill C, et al. The HITRAN2016 molecular spectroscopic database. Journal of Quantitative Spectroscopy and Radiative Transfer, 2017, 203: 3-69.

[31] Liu Y, Lin J, Huang G, et al. Simple empirical analytical approximation to the Voigt profile. Journal of the Optical Society of America B, 2001, 18(5): 666-672.

[32] Mcclatchey R, Benedict W, Clough S, et al. AFCRL Atmospheric Absorption Line Parameters Compilation. Arlington : Air Force Cambridge Research Lab, 1973.

[33] Rothman L S, Gamache R R, Goldman A, et al. THE HITRAN database: 1986 edition. Applied Optics, 1987, 26(19): 4058.

[34] Stocker T. Climate Change 2013: The Physical Science Basis: Working Group I Contribution to the Fifth Assessment Report of the Intergovernmental Panel on Climate Change. Cambridge: Cambridge University Press, 2014.

[35] Tanaka T Y, Chiba M. A numerical study of the contributions of dust source regions to the global dust budget. Global and Planetary Change, 2006, 52(1): 88-104.

[36] Bergstrom R W, Russell P B, Hignett P. Wavelength dependence of the absorption of black carbon particles: Predictions and results from the TARFOX experiment and implications for the aerosol single scattering albedo. Journal of the Atmospheric Sciences, 2002, 59(3): 567-577.

[37] Andreae M O, Gelencsér A. Black carbon or brown carbon? The nature of light-absorbing carbonaceous aerosols. Atmospheric Chemistry and Physics, 2006, 6(10): 3131-3148.

[38] Alexander D T L, Crozier P A, Anderson J R. Brown carbon spheres in east Asian outflow and their optical properties. Science, 2008, 321(5890): 833-836.

[39] Young A T. Rayleigh scattering. Applied Optics, 1981, 20(4): 533-535.

[40] She C Y. Spectral structure of laser light scattering revisited: Bandwidths of nonresonant scattering lidars. Applied Optics, 2001, 40(27): 4875-4884.

[41] Fraczek M, Behrendt A, Schmitt N. Laser-based air data system for aircraft control using Raman and elastic backscatter for the measurement of temperature, density, pressure, moisture, and particle backscatter coefficient. Applied Optics, 2012, 51(2): 148-166.

[42] Fujii T, Fukuchi T. Laser Remote Sensing. Boca Raton: CRC Press, 2005.

[43] Weitkamp C. Lidar: Range-resolved Optical Remote Sensing of the Atmosphere. Berlin: Springer Science & Business, 2005.

[44] Bucholtz A. Rayleigh-scattering calculations for the terrestrial atmosphere. Applied Optics, 1995, 34(15): 2765-2773.

[45] King L V. On the complex anisotropic molecule in relation to the dispersion and scattering of light.

Proceedings of the Royal Society of London, 1923, 104(726): 333-357.

[46] Miles R B, Lempert W R, Forkey J N. Laser Rayleigh scattering. Measurement Science and Technology, 2001, 12(5): R33-R51.

[47] Boley C, Desai R C, Tenti G. Kinetic models and Brillouin scattering in a molecular gas. Canadian Journal of Physics, 1972, 50(18): 2158-2173.

[48] Tenti G, Boley C, Desai R C. On the kinetic model description of Rayleigh-Brillouin scattering from molecular gases. Canadian Journal of Physics, 1974, 52(4): 285-290.

[49] Pan X G. Coherent Rayleigh-Brillouin Scattering. Ann Arbor: Princeton University, 2003.

[50] Krueger D A, Caldwell L M, Alvarez R J, et al. Self-consistent method for determining vertical profiles of aerosol and atmospheric properties using a high-spectral-resolution Rayleigh-Mie lidar. Journal of Atmospheric and Oceanic Technology, 1993, 10(4): 533-545.

[51] 梁琨, 余寅, 马泳, 等. 气体瑞利布里渊散射的频谱分析模型. 新型工业化, 2012, (6): 41-47.

[52] Mie G. Beiträge zur optik trüber medien, speziell kolloidaler metallösungen. Annalen Der Physik, 1908, 330(3): 377-445.

[53] 赵明, 谢晨波, 钟志庆, 等. 高光谱分辨率激光雷达探测大气透过率. 红外与激光工程, 2016, 45(S1): 83-87.

[54] Liu Z, Voelger P, Sugimoto N. Simulations of the observation of clouds and aerosols with the experimental lidar in space equipment system. Applied Optics, 2000, 39(18): 3120.

[55] Behrendt A, Nakamura T. Calculation of the calibration constant of polarization lidar and its dependency on atmospheric temperature. Optics Express, 2002, 10(16): 805-817.

第2章 激光雷达原理与结构

激光雷达是一种集"光、机、电、算"于一体的主动光学廓线定量遥感工具，具备精细的时间分辨率、优越的方向性和相干性、高的探测精度和实时快速的数据获取等能力，被广泛应用于大气与海洋环境探测、国防和航天航空等领域。大气探测激光雷达可用来探测大气气溶胶和云、污染气体(O_3、SO_2、NO_2)、温室气体(CO_2、CH_4)、大气温度、水汽、风场等。从探测原理上大气探测激光雷达可分为米散射激光雷达、偏振激光雷达、高光谱分辨率激光雷达、拉曼激光雷达、差分吸收激光雷达、共振荧光激光雷达和多普勒激光雷达等。本章主要介绍用于大气探测的激光雷达基本结构、激光雷达方程、弹性散射和非弹性散射激光雷达。

2.1 激光雷达基本结构

典型的大气探测激光雷达系统一般包括发射装置、接收装置及系统之间的协调机构等，图 2-1 给出了典型大气探测激光雷达系统的基本框图。

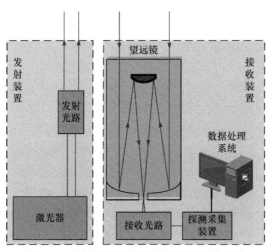

图 2-1 大气探测激光雷达系统结构示意图

2.1.1 发射装置

激光雷达发射装置如图 2-2 所示，由激光器、发射光路及激光频率稳定系统等子系统组成，其中发射光路的构成与激光雷达的探测要求相关，一般包括分束器、起偏晶体、波片、扩束器等。

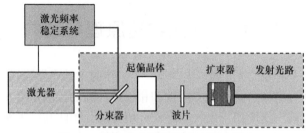

图 2-2　激光雷达发射装置结构示意图

1. 激光器

激光器是发射装置的关键部件。激光雷达系统中激光器的选择主要取决于激光雷达的实际探测目标，在不同的用途下激光器的中心波长、波形、脉冲能量、脉冲宽度、脉冲重复频率会有所不同。

激光与大气相互作用会产生散射、吸收、多普勒效应等，根据不同的相互作用原理，激光雷达采用的激光器会有所不同。米散射激光雷达，一般包括微脉冲、高脉冲激光雷达。微脉冲激光雷达采用高重频、低能量的激光器，对人眼安全，且一般采用固体激光器，使用寿命较长，其劣势在于低能量脉冲可能无法探测到被云层遮挡的高空大气散射信号。高脉冲激光雷达能够探测高空的信号，但劣势在于激光器功耗较大、成本较高，近场信号易饱和。

高光谱分辨率激光雷达利用了气溶胶的后向散射谱与分子瑞利散射谱的谱宽量级不同，使用极窄带光谱鉴频器将二者分离的激光雷达。其发射装置一般采用多波长、低重频、高脉冲能量、窄线宽、频率稳定的激光器，以商业种子注入式 Nd:YAG 固体激光器为主。多波长(355nm、532nm、1064nm)大气探测对于气溶胶类型识别、微物理特性反演具有十分重要的作用(详见本书第 7 章、第 8 章)；高脉冲能量(百毫焦耳量级)是为了使接收装置能够获得足够的能量，增加系统接收信号的信噪比(signal to noise ratio，SNR)，增大雷达系统能够探测到的范围；窄线宽(几十兆赫兹)是为了保证激光波长的单频特性，使得气溶胶散射和分子散射更容易分离开来，提升数据反演精度(详见本书第 3 章)；种子注入技术是使得激光器具有窄线宽、高频率稳定、高脉冲功率特性的一种有效手段[1]；Nd:YAG 固体激光器成熟度高，且设计上具有高效、紧凑、坚固的特点，在大气探测领域应用广泛。

大气风场探测激光雷达，根据测量原理的不同，经历了从 9000~10000nm、2000nm 和 1500nm 的相干探测激光雷达到 1064nm、532nm 和 355nm 的直接探测激光雷达(相关原理详见本书第 3 章)。直接探测的测风激光雷达早期采用的激光器与云-气溶胶探测的基本一致。相干探测激光器包括工作在 10000nm 左右大气窗口的 CO_2 气体激光器，后来逐渐被典型波长为 1000nm 和 2000nm 左右的固体激光器取代。2000nm 的激光工作物质主要是掺杂了 Tm、Ho 的各种氧化物晶体(YAG、YVD、LuAG 等)和氟化物晶体(YLF、YLiF 等)；1500nm 处所使用的材料主要有 Nd:YAG+OPO、OPO 泵浦 Yb:YAG 和掺 Er 玻璃；1000nm 处所使用的有 Nd:YAG[2]。

2. 发射光路

针对不同的探测需求，激光器输出的光束需要经过一定的处理，通常包括对光束的分束、偏振态控制、扩束、频率稳定等。

大气探测激光雷达的发射波长根据实际观测需要可覆盖从紫外到近红外的波段。发射光路可采用二向色镜对不同波长的激光进行分束，之后对分束后的激光再进行处理，最终合束或者分别发射进入大气中。

粒子的退偏效应是指光与非球形粒子相互作用时，散射光的偏振态发生变化的现象，直接反映了粒子的形状等参数。因此，发展偏振激光雷达技术对大气粒子类型识别具有重要意义(详见本书第 6 章)。为了尽可能使发射到大气中的激光具有较高的消光比(激光器发出的初始光束的消光比一般为 1000∶1 左右)，以获得准确的云-气溶胶粒子退偏信息，偏振激光雷达的发射光路需要对发射激光进行偏振控制。一般利用特殊晶体材料(如偏振格兰棱镜)的双折射特性，如图 2-3 所示，当光线垂直于格兰棱镜的端面入射时，o 光和 e 光均不发生偏折，它们在斜面上的入射角就等于棱镜斜面与直角面的夹角 θ。选择 θ 角使得对于 o 光来说入射角大于临界角，发生全反射而被棱镜壁的涂层吸收；对于 e 光来说入射角小于临界角，能够透过，从而射出一束线偏振光(消光比约为 100000∶1)。

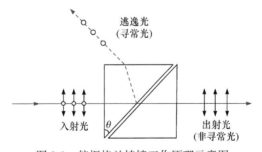

图 2-3　偏振格兰棱镜工作原理示意图

光束质量较好的激光光束一般是基模高斯光束，存在一定的发散角。由于激光雷达接收装置的接收视场角一般较小，为了接收全部激光的能量，避免能量的损失和信噪比的降低，需要降低发射激光的发散角。根据高斯光束的定义，基模高斯光束经过理想光学系统后，腰斑尺寸 ω_0 和远场发散角 θ 的乘积保持恒定不变，即 ω_0 和 θ 之间满足 $\omega_0\theta=\lambda/\pi$，所以激光的扩束实际上也就是为了减小光束的发散角[3]。实际的激光扩束镜可以做成透射式、反射式或者折-反式，其基本工作原理都是相同的:利用一个短焦距的光学系统将高斯光束聚焦以获得较好的腰斑，然后再用长焦距透镜改善其方向性，进而达到扩束的目的。根据不同的目镜类型，激光扩束镜可以分为开普勒式和伽利略式。开普勒式的扩束镜有实焦点，如果激光的能量较大，会造成能量密度太大，破坏望远镜器件，且镜筒长度至少为目镜与物镜焦距之和;相比之下，伽利略式激光扩束镜系统具有结构简单、筒长短、价格低等优点(图2-4)，考虑到实际大气激光雷达探测中接收视场及发射光路空间尺寸的限制[4]，在大气遥感激光雷达中一般采用伽利略式激光扩束镜。

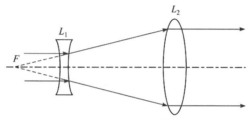

图 2-4　伽利略式激光扩束镜原理图

经过分束、偏振态控制、扩束等一系列的光束处理后，为了保持发射激光频率的稳定性，激光雷达系统根据实际需要还会在发射光路中通过分光镜将少部分能量的激光引入频率稳定系统等中去，具体的激光锁频技术请见本书第4章。

2.1.2　接收装置

激光雷达的接收装置是信号接收、处理的关键单元，激光雷达通过望远镜接收从大气环境中散射或者反射回激光雷达的含有能量、偏振、光谱分布等特性的回波信号，再经过光电探测器转换为电信号，然后通过信号处理，实现一定的分析和判读功能，恢复接收的激光回波中所含有的大气环境关键参数信息。大气探测激光雷达接收装置一般包括望远镜、接收光路、探测器系统、数据处理系统等部分(图2-5)。

1. 望远镜

大气遥感激光雷达往往需要观测到几千米甚至几十千米范围内的激光回波信号，因此需要采用较大口径的望远镜物镜来接收，而大口径的折射物镜无论是在材料的熔制上还是在透镜的加工和安装上都存在困难[5]，所以一般采用反射式望

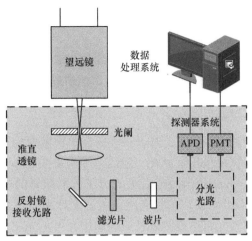

图 2-5　激光雷达接收装置结构示意图

远镜作为接收天线。如图 2-6 所示，牛顿式(Newtonian)反射望远镜、格里高利式(Gregorian)反射望远镜、卡塞格林式(Cassegrainian)反射望远镜是目前为止光学领域应用较多的反射式望远镜，而卡塞格林式反射望远镜以其紧凑的结构设计结合较长焦距的特点受到激光雷达工程师的青睐。

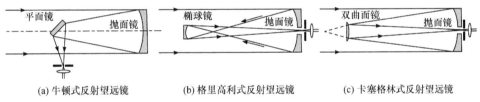

(a) 牛顿式反射望远镜　　　　(b) 格里高利式反射望远镜　　　　(c) 卡塞格林式反射望远镜

图 2-6　激光雷达接收装置望远镜

另外，常见的激光雷达的收发系统结构一般有同轴和离轴两大类。同轴系统中激光光束的轴线和望远镜的轴线是一致的，而离轴系统中两者的轴线不重合，这种设计避免了近场的后向散射光使得光电探测器的信号探测达到饱和，但是其光学效率不如同轴的系统设计。同轴系统中的近场后向散射光问题可以通过光电探测器的门控结构来解决。在接收装置中影响探测效率的几何因素可用激光雷达几何重叠因子来评估[6]。激光雷达收发系统结构是影响重叠因子的主要因素之一，包括激光雷达收发系统结构、接收视场角(由视场光阑大小和望远镜物镜的焦距决定)等，如果光路设计不合理，不仅对整个探测系统的动态范围产生影响，还会增大探测盲区，详见本书第 5 章。

2. 接收光路

被望远镜接收到的光信号还需要根据实际激光雷达后续探测进行光阑的视场

限制，包括滤光片滤除激光回波中的背景和其他干扰，以及偏振分光棱镜对信号光不同偏振态的分离等操作。

对于研究多次散射的激光雷达而言，需要通过改变光阑孔径的大小来获得不同的激光雷达接收视场。通过对云-气溶胶多次散射效应的研究发现，接收视场角大小与激光雷达接收到的多次散射回波信号有很强的关系：当视场角较小时，可以认为接收信号中主要是单次散射信号；当视场角很大时，则接收信号中多次散射信号的干扰不可忽略[7]。因此，对于一般研究单次散射为主的大气激光雷达而言，则需要采用光阑将视场角限制在一定的范围内来抑制多次散射带来的干扰。

对于研究特定波段云-气溶胶或者大气分子散射信号的激光雷达而言(如 2.4 节介绍的拉曼激光雷达)需要在接收光路设置滤光片来滤除非分析波段的光谱信息。同时，大气探测激光雷达观测波长主要集中在可见光波段，也需要设置滤光片来滤除太阳背景光的干扰，尽可能得到单色性较好的激光雷达回波信号。

对于研究大气偏振信息的偏振激光雷达而言，需要在接收光路中设置波片及偏振分光棱镜实现对回波信号偏振态的提取，进而测量云-气溶胶准确的退偏比及其他需要借助偏振信息实现的功能，如本书第 6 章介绍的利用偏振信息实现对光电探测器的增益比定标技术。

对于高光谱分辨率激光雷达而言，还需要在接收光路中设置特定的光谱鉴频器来实现云-气溶胶散射信息的分离，鉴频器的设置与激光器的发射波长并未在图 2-5 标出，相关内容可参考第 3 章。

3. 探测器系统

通过望远镜接收到的信号经过后续接收光路后，会由探测器系统将光信号转化为电信号，再通过后续数据处理系统得到需要的大气参数信息。大气激光雷达的探测器一般采用光电倍增管(photomultiplier tube，PMT)和雪崩光电二极管(avalanche photodiode，APD)。

1) PMT

PMT 是一种内部有电子倍增机构的真空光电管，其内增益极高，由于大气探测激光雷达回波信号极其微弱，探测接收装置需要采用 PMT 等高灵敏度的探测器。如图 2-7 所示，PMT 一般由光窗(faceplate)、光电阴极(photocathode)、聚焦电极(focusing electrode)、电子倍增极(electron multiplier)和阳极(anode)组成。入射光透过光窗照射到光电阴极上，发射出光电子；光电子经电子光学系统加速，聚焦到倍增级上，倍增级将发射出比入射电子更多的二次电子；电子经 n 级倍增级放大，形成放大的阳极电流，在负载电阻上产生放大的信号电流输出[8]。

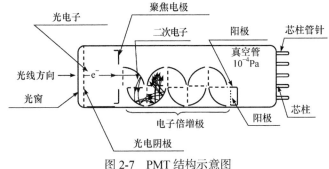

图 2-7　PMT 结构示意图

光窗是入射光的通道，同时也是对光吸收较多的部分，这是因为玻璃对光的吸收与波长有关，波长越短吸收得越多，所以倍增管光谱特性的短波阈值取决于光窗材料[8]。

PMT 通常有侧窗式和端窗式两种结构形式。如图 2-8(a)所示，侧窗式 PMT 是通过管壳的侧面接收入射光，一般使用反射式光电阴极；如图 2-8(b)所示，端窗式 PMT 是通过管壳的端面接收入射光，通常使用半透明的光电阴极。

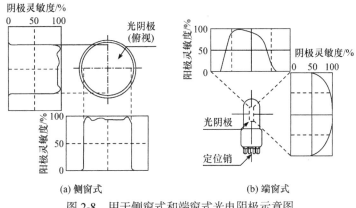

图 2-8　用于侧窗式和端窗式光电阴极示意图

PMT 的主要特性参数有灵敏度、光谱响应范围、响应时间等。不同 PMT 的参数会有所不同，使用时应当根据实际的探测波段，需要的增益大小、探测精度和灵敏度选择合适的 PMT 型号。PMT 的噪声主要来自阴极电流的散粒噪声和各级倍增级的散粒噪声。

虽然 PMT 可探测光谱范围很宽，但可直接响应的波段范围是有限的，为使其探测效率得到充分利用，同时又不造成性能及成本的浪费，需要根据入射光的波长选择合适波段的 PMT，如图 2-9 所示。

除了端窗式和侧窗式的分类，PMT 根据入射光光强的大小及后续光电信号转换方法的不同，又可分为模拟用 PMT 和光子计数用 PMT。前者可探测皮瓦(pW,

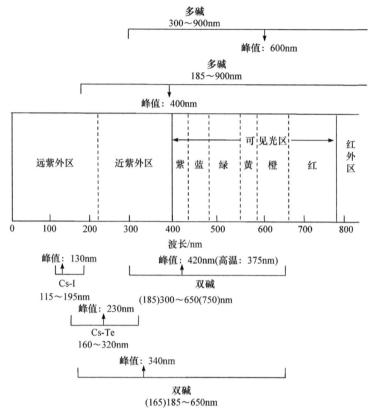

图 2-9　常见 PMT 光谱响应范围及光电阴极材料

10^{-12}W)，至纳瓦(nW，10^{-9}W)量级的光强，后者可探测 0.1 飞瓦(fW，10^{-15}W)～10 皮瓦量级的光强，二者在 10 皮瓦量级光强范围存在交叠部分，因此可以采用数据拼接的技术方案实现较大动态范围的信号探测。

2) APD

APD 是一种高灵敏度、高响应速度的光电探测器。常见的 APD 外形示意图如图 2-10 所示，APD 是利用 PN 结在高反向电压下产生的雪崩效应来工作的，结区内电场极强，光生载流子在这种电场中得到了极大的加速，进而与晶格原子碰撞产生电离，产生更多的电子空穴对。新生成的电子空穴对在强电场的作用下，再次重复这一过程，形成结电流的雪崩效应。

PMT 具有高增益(10^4～10^8)、大光敏区面积、较低的噪声等效功率等特点，但其量子效率较低，大多工作在紫外、可见光等范围中，且容易受到电磁场的干扰。APD 相较于 PMT 具有高量子效率、低功耗、工作频谱范围大、抗磁场干扰性强，不需要高压电源，并具有较宽的动态范围等特点，但其增益较低(10～100)、噪声等效功率较大，APD 的光敏面积与带宽呈负相关，通常所需带宽越大，其光敏面积越小[8]。

图 2-10　常见的 APD 外形示意图

4. 数据处理系统

经过光电探测器探测到的光电信号还需要通过电路放大系统、模数转换采集系统或者光子计数系统记录相应的回波信号数据。

PMT 单管一般输出电流信号,需要外接跨阻放大器实现电流-电压转换(图2-11),再通过数据采集卡的数模采样电路进行数字化采集,最后通过计算机的数据分析软件进一步分析。集成的 PMT 模块一般直接输出电压信号,无须外接电流放大器。模拟探测对应的空间分辨率由激光脉冲宽度、采集卡采样的时间间隔(采样率的倒数)中较大的一项决定,模拟探测的动态范围取决于探测器的饱和入射光强与电路噪声[8]。

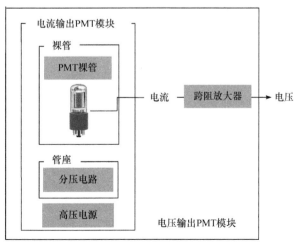

图 2-11　PMT 输出电压信号结构示意图

　　而当接收信号极其微弱时，入射到探测器上的是一个个不连续的光子，PMT输出的电信号将变成离散的脉冲信号，此时采用光子计数的方式进行电信号的转化能够得到较高的信噪比。光子计数技术采用脉冲高度甄别和数字计数技术识别恢复微弱光信号信息。如图 2-12 所示，光子计数系统由探测器(单光子型)、放大器、鉴别电路及计数单元组成。单光子探测器将光子转化为光电子，光电子脉冲经低噪声、高灵敏的放大器进行放大、整形与滤波等处理，放大的信号进入鉴别电路进行阈值甄别去除噪声干扰，留下光信号，最后进入脉冲计数器得到信号的强度信息。

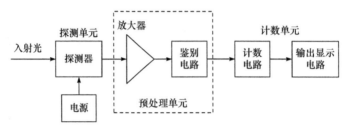

图 2-12　光子计数系统结构示意图

　　无论是模拟探测还是光子计数，为了反演得到需要的大气参量(温湿压廓线、风廓线、大气分子吸收系数、云-气溶胶光学参数等)，还需要借助特定的反演算法对探测到的回波信号进行进一步的处理和分析。

2.2　激光雷达方程

　　激光雷达探测是通过接收发射脉冲激光光束与大气相互作用后的散射回波信号，实现对大气特性的探测反演，激光雷达接收到的回波信号强度与大气测量状态之间的关系是实现高精度探测的关键。激光雷达方程就是描述激光雷达回波信号强度与激光雷达系统参数、几何重叠因子、大气后向散射和消光系数等相关参数关系的方程[9]，其一般的形式可以表示为

$$P(R) = K_0 G(R)\beta(R)T(R) \tag{2-1}$$

式中，$P(R)$ 为激光雷达接收到的距离 R 处回波信号功率，一般由四部分组成：第一个参数 K_0 包含了激光雷达与距离无关的系统参数；第二个参数 $G(R)$ 描述的是激光雷达几何因子，这两个参数基本由激光雷达装置本身的结构参数决定，可以通过自行实验进行测量；第三个参数 $\beta(R)$ 为距离 R 处的后向散射系数；第四个参数 $T(R)$ 为激光从激光雷达发射端到距离 R 处再返回激光雷达的过程中的损耗。$\beta(R)$ 和 $T(R)$ 与大气状态参数有关，原则上是未知参数，是需要激光雷达探测反演的参数。接下来将对每一部分参数进行进一步分析[10]。

2.2.1　系统参数

激光雷达系统参数可以进一步表示为

$$K_0 = P_0 \frac{c\tau}{2} A_0 \eta \qquad (2\text{-}2)$$

式中，P_0 为单个激光脉冲的平均功率；τ 为激光脉冲时间宽度，$E_0 = P_0\tau$ 代表单脉冲能量；c 为光在大气中的传播速度；A_0 为最前端的负责接收后向散射光的望远镜的面积；η 为整个激光雷达系统的整体效率参数，主要包括传输和接受光束经过的器件的光学效率。望远镜面积 A_0 和激光脉冲能量 E_0 是激光雷达系统的主要设计参数，在设计过程中，也会尝试优化系统效率参数 η 以获得最佳的激光回波信号[11]。参考图 2-13，假设从脉冲前沿发出的时刻开始计时，在时刻 t 检测到激光脉冲前沿的返回信号，那么该脉冲前沿在 $R_1 = ct/2$ 处被散射。与此同时，收到的脉冲后沿的信号是在 $R_2 = c(t-\tau)/2$ 被散射返回，$\Delta R = R_1 - R_2$ 就称为散射体积长度，此段长度内的信号同时到达接收装置。

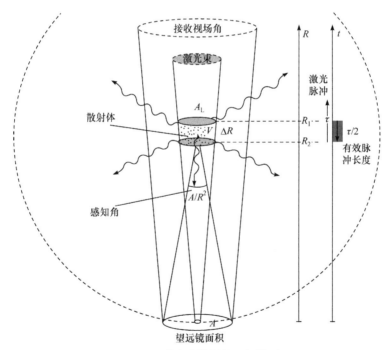

图 2-13　激光束散射的几何模型

2.2.2　几何因子

激光雷达方程中的几何因子可以表示为

$$G(R) = \frac{O(R)}{R^{-2}} \tag{2-3}$$

该因子包含激光光束与接收视场的重叠因子 $O(R)$ 和 R^{-2} 项。假设在距离 R 处发生的为各向同性散射，面积为 A_0 的望远镜接收到的光强 I_c 只是全立体角 4π 内散射光强 I_s 的一部分，I_s 与 I_c 需满足

$$\frac{I_c}{I_s} = \frac{A_0}{4\pi R^2} \tag{2-4}$$

可以认为，立体角 A_0/R^2 是激光雷达在距离 R 处的感知角。而激光雷达方程中由于后向散射系数 $\beta(R)$ 的定义消掉了 4π 这一因子(见 2.2.3 节)。

重叠因子产生的原因是回波信号在到达接收端时，激光雷达望远镜的接收视场有限，后向散射激光信号在一定高度范围内不能全部被望远镜接收，为了表示该因素对回波信号的影响，在激光雷达方程中引入重叠因子 $O(R)$，如图 2-14 所示。在假设激光光斑均匀的情况下，重叠因子的几何意义可以近似表示为，在距离 R 处发射光束和接收视场对应的接收脚斑重叠面积与发射光束在同样距离处光束截面积之比。但是实际上，激光光斑的分布都不是均匀的，大体上呈现高斯分布，此时应该用各高度处对应的重叠面积处光强占总光强的百分比作为重叠因子的值，而不能用面积比。根据重叠因子的定义，可以很容易通过数值解析模拟得到重叠因子，但是在实际操作中由于很多结构参数无法精确测量，激光雷达在调整时也无法达到完全理想的状态，而且不同的收发结构(同轴、离轴)也会导致重叠因子会有所不同，因此数值解析的方法得到的结果与实际情况会有一定的偏差。在实际操作中通常是将望远镜及激光器水平放置，或者在某一个大气完全均匀的天气状况之下，利用回波信号来实验测量重叠因子的值[12]。激光雷达重叠因子可

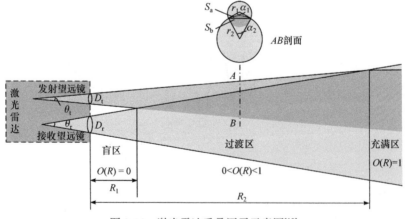

图 2-14　激光雷达重叠因子示意图[13]

以压缩激光雷达回波信号的动态范围，同时，也是阻碍地基激光雷达进行近地面有效观测的一大因素。合理的重叠因子设计和准确的重叠因子标定，是激光雷达系统设计和反演需要考虑的关键问题之一，这部分内容将在第 5 章进一步讨论。

　　假设 $O(R)$ 与探测距离 R 满足如图 2-15 所示的关系，当探测距离较近时(0～1km)，随着距离 R 的增加，重叠因子 $O(R)$ 逐渐增加，发射的激光越来越多地进入望远镜的接收视场，而由于探测距离 R 较小，接收装置望远镜面积占距离为 R 的散射体面积比例较大，R^{-2} 项对于信号强度的衰减程度较弱，因此整体信号强度有上升的趋势。但是随着探测距离的增加，重叠因子 $O(R)$ 基本保持不变，R^{-2} 项导致信号强度开始衰减，在常用的激光雷达探测距离范围中，几何因子的存在会造成信号强度的降低[10]。

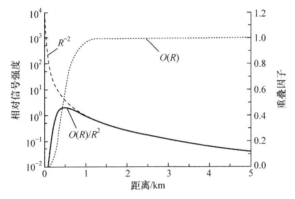

图 2-15　激光雷达接收信号强度与重叠因子的关系

2.2.3　后向散射系数

　　后向散射系数 $\beta(R)$ 是决定激光雷达回波信号强度的主要大气参数之一。后向散射系数是散射系数中散射角为 180° 的特殊情况。令 N_j 表示第 j 类被激光脉冲照射而发生散射的粒子数浓度，$\mathrm{d}\sigma_{j,\mathrm{sca}(\pi,\lambda)}/\mathrm{d}\Omega$ 表示粒子的后向微分散射截面，则后向散射系数可以表示为

$$\beta(R) = \sum_j N_j(R)\frac{\mathrm{d}\sigma_{j,\mathrm{sca}}}{\mathrm{d}\Omega}(\pi) \tag{2-5}$$

由于粒子数密度的单位量纲为 m^{-3}，微分散射截面的单位量纲为 m^2/sr，所以后向散射系数的单位量纲为 $\mathrm{m}^{-1}/\mathrm{sr}$。

　　我们假设散射体里只有一种粒子并且发生的是各向同性散射，那么后向散射系数与各向同性散射截面 σ_{sca} 之间的关系为 $4\pi\beta = N\sigma_{\mathrm{sca}}$。由于散射体积 $V =$

$A_L \Delta R = A_L c\tau / 2$，$A_L$ 为激光束截面面积，在该体积内的所有粒子的散射信号会同时被探测器接收，故被照明体积 V 中粒子的散射信号强度正比于散射体积 V 中所有粒子的散射截面 A_s，即 $A_s = N\sigma_{sca}V$，N 为体积 V 中的粒子数浓度。所以，散射光强 I_s 与入射到散射体积 V 的截面上的光强 I_0 之比即为散射体内全部粒子的散射截面与入射光截面之比，即

$$\frac{I_s}{I_0} = \frac{A_s}{A_L} = \frac{N\sigma_{sca}c\tau}{2} = \frac{4\pi\beta c\tau}{2} \tag{2-6}$$

结合式(2-4)可得

$$\frac{I_c}{I_0} = \frac{A\beta c\tau}{2R^2} \tag{2-7}$$

大气中与激光脉冲相互作用产生后向散射信号的成分包括大气气体分子和气溶胶粒子[14]，因此实际大气后向散射系数包括了两个部分：分子散射部分 $\beta_{mol}(R)$ 和气溶胶散射部分 $\beta_{aer}(R)$。$\beta(R)$ 可以表示为

$$\beta(R) = \beta_{mol}(R) + \beta_{aer}(R) \tag{2-8}$$

分子散射主要来自于氮气分子和氧气分子的散射，由于其与大气分子密度有关，对于地面探测装置而言，分子后向散射强度会随着高度的增加而降低。而气溶胶散射情况下气溶胶粒子成分的复杂性，使得其在时间和空间域上高度可变。气溶胶粒子主要由各种散射体(固体的空气污染颗粒和微小的液体)组成，如硫酸盐、烟尘和有机化合物，较大的矿物粉尘和海盐颗粒，花粉和其他生物材料，以及较大的水凝，如云、雨滴、冰晶、霾、冰雹等[15]。

2.2.4　消光系数

传输过程中的损耗 $T(R)$ 作为激光雷达方程的最后一部分，源于激光从雷达发射端到散射体再回到雷达接收端的过程中由大气吸收和散射所造成的衰减。该衰减程度由大气的消光系数决定，根据朗伯-比尔定律具体表示为

$$T(R) = \exp\left[-2\int_0^R \alpha(r)\mathrm{d}r \right] \tag{2-9}$$

式中，积分项考虑的是从激光雷达到探测距离 R 的路径；系数 2 为往返的传输路径；$\alpha(r)$ 为消光系数。类似于后向散射系数的定义，消光系数主要由粒子数密度 $N_j(R)$ 和消光截面 $\sigma_{j,ext}$ 决定，即

$$\alpha(R) = \sum_j N_j(R)\sigma_{j,ext} \tag{2-10}$$

消光的产生来自于分子和气溶胶粒子对激光光束的散射和吸收，所以消光系

数可以分为四部分来表示，即

$$\alpha(R) = \alpha_{\text{mol,sca}}(R) + \alpha_{\text{mol,abs}}(R) + \alpha_{\text{aer,sca}}(R) + \alpha_{\text{aer,abs}}(R) \tag{2-11}$$

式中，下角标 sca、abs、aer 分别为散射、吸收和气溶胶。综合以上所有参数，可以将激光雷达方程写成如下的形式，即

$$P(R) = P_0 \frac{c\tau}{2} A_0 \eta \frac{O(R)}{R^2} \beta(R) \exp\left[-2\int_0^R \alpha(r)\mathrm{d}r\right] \tag{2-12}$$

这是激光雷达方程的一般形式。尽管不同体制的激光雷达，回波信号方程的形式可能会随着探测目的的改变而发生相应的变化，但总体而言激光雷达方程的基本形式都是相似的。激光雷达进行大气气溶胶光学参数探测的目的，就是获得大气散射系数和消光系数的分布情况。根据瑞利散射原理可得，大气分子的后向散射系数 $\beta_{\text{mol}}(R)$ 和散射消光系数 $\alpha_{\text{mol,sca}}(R)$ 均与大气分子的密度成比例，因此通过探空数据或者模式数据获取观测点上空的大气温度、压强及水汽分布数据即可获得。常用激光雷达的探测波长往往处在大气透过率窗口，$\alpha_{\text{mol,abs}}(R)$ 的影响一般比较小，如在 532nm 波段仅需要考虑臭氧的微弱吸收，在 1064nm 波段仅需要考虑水汽的微弱吸收。然而对于气溶胶散射则相对而言要复杂很多，其中的 $\beta_{\text{aer}}(R)$ [式(2-8)]、$\alpha_{\text{aer,sca}}(R)$ 和 $\alpha_{\text{aer,abs}}(R)$ 都不能用简单的式子来表示，一般将 $\alpha_{\text{aer,sca}}(R)$ 和 $\alpha_{\text{aer,abs}}(R)$ 合为一个参数 $\alpha_{\text{aer}} = \alpha_{\text{aer,sca}} + \alpha_{\text{aer,abs}}$，故激光雷达方程式(2-12)的未知参数剩下 β_{aer} 和 α_{aer}，一个方程两个未知数，要有效求解该方程需要发展有效的数据处理算法。

2.3 弹性散射激光雷达

弹性散射是大气散射信号中的主要部分，包括米散射及大气分子卡巴纳-布里渊散射中心线，因此利用这两种散射的激光雷达得到了普遍应用。米散射激光雷达具有结构简单、技术成熟、探测范围广、可连续工作的优点，能够获得整个对流层和平流层内的大气气溶胶分布。目前，米散射激光雷达已有很多商业化的产品，被广泛地应用到大气气溶胶探测中。为了满足气溶胶三维观测全球化、连续化的需求，典型的弹性散射激光雷达线系统也常常设计成可移动式，并且近年来各国先后建立了区域性的大气气溶胶激光雷达观测网，星载激光雷达也得到了发展应用。而由于对大气分子和粒子散射的区分能力较好及相对较高的信噪比，高光谱分辨率激光雷达也得到了普遍的应用。

2.3.1　基本原理与反演方法

1. 米散射激光雷达

普通的米散射雷达对大气散射回波中的不同信号成分不加区分，即便在大气分子的后向散射和消光特性已知的情况下，米散射激光雷达依旧面临着"一个方程，两个未知数"的欠定问题。为了有效反演得到大气气溶胶的后向散射和消光系数等光学特性参数，目前已经发展了多种反演方法，如斜率法[16]、Klett 反演法[17]和 Fernald 反演法[18]等。

1) 斜率法

斜率法是 Collis 和 Russell 给出的一种在大气气溶胶散射很强且分布均匀的情况下，求解激光雷达方程的反演方法[16]。该方法假设大气在垂直和水平方向上分布均匀，而后向散射系数 β 在整个激光传输路径上与距离无关。

对激光雷达回波信号式(2-12)进行距离校正，并取对数，则激光雷达方程可表示为

$$V(R) = \ln\left[P(R) \cdot R^2 \right] = \ln C\beta - 2\int_0^R \alpha(r)\mathrm{d}r \qquad (2\text{-}13)$$

在不考虑重叠因子的情况下，$C = P_0 \dfrac{c\tau}{2} A_0 \eta$，是与距离无关的系统常数。

对上式两边取微分可得

$$\frac{\mathrm{d}V}{\mathrm{d}R} = \frac{1}{\beta}\frac{\mathrm{d}\beta}{\mathrm{d}R} - 2\alpha \qquad (2\text{-}14)$$

在大气状态均匀的假定下，有 $\mathrm{d}\beta(r)/\mathrm{d}R = 0$，那么就可以由激光雷达回波信号反演得到消光系数，即

$$\alpha(R) = -\frac{1}{2}\frac{\mathrm{d}V}{\mathrm{d}R} \qquad (2\text{-}15)$$

虽然斜率法执行起来比较简单，但在实际情况下，大气中的云和气溶胶粒子对空间尺度的变化非常敏感，难以达到均匀分布的理想状态，因而该方法并没有得到很好应用。

2) Klett 反演法

Klett 反演法是在 Collis 斜率法的基础上，通过假设气溶胶消光系数与后向散射系数之间的关系来求解激光雷达方程的方法[17]。

该方法假设 β 和 α 之间满足关系 $\beta = B\alpha^k$，式中，B 和 k 是与激光雷达波长、气溶胶的折射率及粒径分布有关的系数，对于同一类型的气溶胶，假设 B 和 k 为常数。将该关系代入式(2-14)中可得

$$\frac{\mathrm{d}V}{\mathrm{d}R} = \frac{k}{\alpha}\frac{\mathrm{d}\alpha}{\mathrm{d}R} - 2\alpha \tag{2-16}$$

这是一个典型的伯努利方程,在数学上是可解的。而要得到反演结果,还需要确定解的边界条件,即反演的起始点。根据反演起点选择的不同,求解方法可以分为前向反演法和后向反演法两种。如果选择激光雷达的近端作为反演起点,则可得消光系数的前向反演解为

$$\alpha(R) = \frac{\exp\{[V(R)-V(R_0)]/k\}}{\alpha(R_0)^{-1} - \dfrac{2}{k}\displaystyle\int_{R_0}^{R}\exp\{[V(r)-V(R_0)]/k\}\mathrm{d}r} \tag{2-17}$$

式中,R_0 为反演近端起点的位置。激光雷达回波信号强度随距离增加而衰减,因此式中的分子和分母的值都会随距离的增大而减小,如果在实际计算中分母为零,就会导致消光系数的解无穷大。另外,噪声的存在使得前向求解方法存在较大的不稳定性。而且,选取精确的边界值 $\alpha(R_0)$ 通常也需要辅助的地面测量,造成一定困难。

如果选取距离激光雷达较远的高空信号作为反演起点,则可得消光系数的后向反演解为

$$\alpha(R) = \frac{\exp\{[V(R)-V(R_{\mathrm{m}})]/k\}}{\alpha(R_{\mathrm{m}})^{-1} + \dfrac{2}{k}\displaystyle\int_{R}^{R_{\mathrm{m}}}\exp\{[V(r)-V(R_{\mathrm{m}})]/k\}\mathrm{d}r} \tag{2-18}$$

式中,R_{m} 为探测区域的远端。式中的分子和分母随距离的增大而增大。地基激光雷达的远端为高空大气,成分相对均一、稳定,因此边界值 $\alpha(R_{\mathrm{m}})$ 可通过简单的斜率法确定,即

$$\alpha(R_{\mathrm{m}}) = \frac{1}{2}\frac{V(R_{\mathrm{b}})-V(R_{\mathrm{m}})}{R_{\mathrm{m}}-R_{\mathrm{b}}} \tag{2-19}$$

式中,R_{b} 为 R_{m} 附近的一点,由此可得到参考距离 R_{m} 以内的大气消光系数。与前向反演解相比,后向反演解中参数变化范围比较大,而且对 $\alpha(R_{\mathrm{m}})$ 取值精度的要求也不高。因此后向求解的消光系数更稳定、准确。

Klett 反演法克服了斜率法只能用于均匀大气的限制,在只需要考虑单一大气成分的情况下(如云的探测),该方法较为有效。但该方法解的精度直接依赖消光系数边界值的精度,而用斜率法确定的边界值精度不高,目前也还没有误差更小的计算方法。

3) Fernald 反演法

Fernald 反演法将激光雷达回波信号分为大气分子和气溶胶粒子两部分,回波方程中大气的消光系数和后向散射系数为

$$\alpha(R) = \alpha_{\text{mol}}(R) + \alpha_{\text{aer}}(R) \tag{2-20}$$

$$\beta(R) = \beta_{\text{mol}}(R) + \beta_{\text{aer}}(R) \tag{2-21}$$

因此，激光雷达方程可表示为

$$P(R) = \frac{C}{R^2}\left[\beta_{\text{mol}}(R) + \beta_{\text{aer}}(R)\right]\exp\left\{-2\int_0^R \left[\alpha_{\text{mol}}(r) + \alpha_{\text{aer}}(r)\right]\mathrm{d}r\right\} \tag{2-22}$$

对于大气分子来说，后向散射系数和消光系数之间满足以下关系：

$$S_{\text{mol}} = \frac{\alpha_{\text{mol}}(R)}{\beta_{\text{mol}}(R)} \approx \frac{8\pi}{3} \tag{2-23}$$

与 Klett 方法的思路类似，Fernald 方法依旧需要假定气溶胶消光系数 $\alpha_{\text{aer}}(R)$ 和后向散射系数 $\beta_{\text{aer}}(R)$ 之间的关系。定义气溶胶雷达比 S_{aer} 为一常数，其值等于气溶胶消光系数 $\alpha_{\text{aer}}(R)$ 和后向散射系数 $\beta_{\text{aer}}(R)$ 的比值，即

$$S_{\text{aer}} = \alpha_{\text{aer}}(R)\big/\beta_{\text{aer}}(R) \tag{2-24}$$

那么激光雷达方程可重新表述为

$$\begin{aligned}
&R^2 P(R)\exp\left[-2(S_{\text{aer}} - S_{\text{mol}})\int_0^R \beta_{\text{mol}}(r)\mathrm{d}r\right] \\
&= C\left[\beta_{\text{mol}}(R) + \beta_{\text{aer}}(R)\right]\exp\left\{-2S_{\text{aer}}\int_0^R \left[\beta_{\text{mol}}(r) + \beta_{\text{aer}}(r)\right]\mathrm{d}r\right\}
\end{aligned} \tag{2-25}$$

同样 Fernald 法需要假定一个已知高度 R_c 处对应的后向散射系数为 $\beta(R_c)$，对式(2-25)求解可以得出气溶胶粒子的后向散射系数为

$$\begin{aligned}
&\beta_{\text{aer}}(R) \\
&= -\beta_{\text{mol}}(R) + \frac{P(R)R^2 \exp\left[-2(S_{\text{aer}} - S_{\text{mol}})\int_{R_c}^R \beta_{\text{mol}}(r)\mathrm{d}r\right]}{\dfrac{P(R_c)R_c^2}{\beta(R_c)} - 2S_{\text{aer}}\int_{R_c}^R \left\{P(r)r^2 \exp\left[-2(S_{\text{aer}} - S_{\text{mol}})\int_{R_c}^R \beta_{\text{mol}}(r')\mathrm{d}r'\right]\right\}\mathrm{d}r}
\end{aligned} \tag{2-26}$$

将式(2-26)代入式(2-24)，即可得到气溶胶的消光系数。

式(2-26)是一个数值积分的形式，如果我们定义

$$A(I, I+1) = \{S_{\text{aer}} - S_{\text{mol}}[\beta_{\text{mol}}(I) + \beta_{\text{mol}}(I+1)]\}\Delta R \tag{2-27}$$

来代替指数项用于表示间隔为 ΔR 的相邻数据点之间气溶胶消光的影响，在距离 $R(I+1)$ 处总的后向散射系数(前向反演)可以表示为

$$\beta_{aer}(I+1)+\beta_{mol}(I+1)$$
$$=\frac{X(I+1)\exp[-A(I,I+1)]}{\dfrac{X(I)}{\beta_{aer}(I)+\beta_{mol}(I)}-S_{aer}\{X(I)+X(I+1)\exp[-A(I,I+1)]\}\Delta R} \quad (2\text{-}28)$$

式中，$X(I+1)$ 为在距离 $R(I+1)$ 处的距离平方校正信号。

同样地，在距离 $R(I-1)$ 处的总的后向散射系数(后向反演)可以表示为

$$\beta_{aer}(I-1)+\beta_{mol}(I-1)$$
$$=\frac{X(I-1)\exp[+A(I-1,I)]}{\dfrac{X(I)}{\beta_{aer}(I)+\beta_{mol}(I)}-S_{aer}\{X(I)+X(I-1)\exp[+A(I-1,I)]\}\Delta R} \quad (2\text{-}29)$$

由以上两种解的形式可以看出，前向反演法中，边界值 $\alpha_{aer}(R_c)$ 的选取或者 $\alpha_{mol}(R_c)$、$S_{mol}(R)$ 和 $S_{aer}(R)$ 估算不准时，消光系数可能出现负值或无穷大；同时，对于地基激光雷达来说，由于盲区和重叠因子的影响且气溶胶多聚集于此，稳定的层次很难查找或选取，给前向反演初始值的确定带来了很大的不确定性。因此，对于地基激光雷达来说，前向反演法求解气溶胶消光系数非常不稳定，并且对噪声也很敏感。而后向反演法刚好可以避免这一问题，保证了消光系数解的稳定性。

2. 高光谱分辨率激光雷达

相对于米散射激光雷达，高光谱分辨率激光雷达应用鉴频器对大气中小分子与大颗粒的散射信号进行了区分，从而避免了米散射反演算法中的种种假设。

从图 2-16 可以看出，经过高光谱分辨率鉴频器后，散射信号仅剩部分大气分子的瑞利散射谱，如果知道瑞利散射信号被滤去的比例，则可以反推大气分子散射信号的强度，从而更精确地得到米散射信号的幅值。高光谱分辨率激光雷达详细内容会在第 3 章进行介绍。

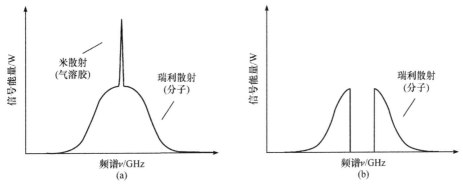

图 2-16　高光谱分辨率鉴频器基本原理

2.3.2　典型仪器

以微脉冲激光雷达网(micro-pulse lidar network，MPLNET)中使用的微脉冲激光雷达(micro-pulse lidar，MPL)作为样例，对米散射激光雷达进行分析。MPL 是一种结构紧凑、人眼安全的雷达系统[19]，它发射波长为 523nm 或 527nm 的低能量、高重复频率的脉冲激光。低能量保证了激光对人眼无害，高重复频率弥补了降低能量对探测范围的影响。MPL 通过测量脉冲发射到接收的飞行时间来确定气溶胶和云的空间位置。为了规范光学结构布局、提高现场服务能力，MPL 从发明到现在经过了多次的改良，逐渐发展成了 MPLNET 中所使用的标准结构，如图 2-17 所示，并在 2004 年实现了产品的商业化[20]。

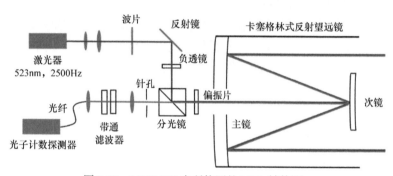

图 2-17　MPLNET 中所使用的 MPL 结构图

如图 2-17 所示，MPLNET 使用的 MPL 通过对发射与接收光束偏振态的改变，巧妙采用了收发同轴设计，倍频 Nd:YLF 激光器发出波长为 523nm 的光，经过口径为 20cm 的卡塞格林望远镜扩束，产生发散角小于 20μrad 的准直激光束，该结构是 MPL 人眼安全的保障。望远镜同时负责接收大气的后向散射信号，其接收视场角在 100μrad 以内。接收信号经望远镜准直后，通过 0.2nm 带宽的带通滤波器滤除信号中的背景光，最终由多模光纤耦合到光子计数探测器上，经过转换得到时间分辨的后向散射回波信号。该系统小巧精致，空间利用率高，适合大规模业务化部署运行。

2.3.3　组网应用

1. 微脉冲激光雷达网

微脉冲激光雷达网是一个由微脉冲激光雷达系统组成的地基联合观测网(雷达站点外观图如图 2-18 所示)，20 世纪 90 年代早期，由美国国家航空航天局(National Aeronautics and Space Administration，NASA)的戈达德太空飞行中心(Goddard Space Flight Center，GSFC)组建。该观测网主要的作用是测量气溶胶和云的垂直结构，以及大气边界层高度。MPLNET 有 56 个站点，大多分布在气溶胶自动观测网络(Aerosol Robotic Network，AERONET)站点中。同时，MPLNET 也是世界气象组织(World Meteorological Organization，WMO)全球大气气溶胶激光雷达观测网(Global Atmosphere Watch Aerosol Lidar Observation Network，GALION)的一部分。

图 2-18　MPLNET 激光雷达站点外观图

　　MPLNET 目前有 V2、V3 两个版本的 Level 1、Level 1.5 和 Level 2 数据产品。Level 1 产品为日间的归一化后向散射系数，垂直分辨率为 30m 或 75m。Level 1.5 产品为 MPLNET 与 AERONET 的协同观测数据，包括 1.5a 和 1.5b 两种。其中 1.5a 主要为气溶胶产品，包括层次平均的雷达比、后向散射系数、消光系数和光学厚度等；1.5b 主要为云产品，包括多层云的高度信息等。GSFC 每晚收集各个站点的数据，并应用相同的算法统一处理，因此 Level 1 和 Level 1.5 产品都近乎可在次日实时获得[21]。Level 2 产品主要是在 1.5a 产品的基础上，剔除了部分不合理的数据，提高了数据质量。目前，MPLNET 已经发展了 Level 3 产品，主要包括昼夜连续的气溶胶后向散射和消光反演产品，也包括气溶胶的光学厚度、大气边界层的高度和多层次的光学特性等[20]。图 2-19 为 MPLNET 网站上给出的 2019 年 7 月 5 日新加坡站点 20km 高度范围的后向散射系数产品示例图。

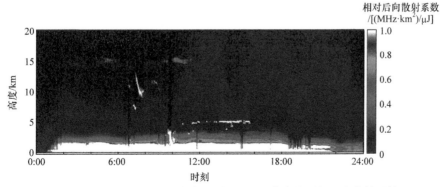

图 2-19　2019 年 7 月 5 日新加坡站点 20km 高度范围的后向散射系数

MPLNET 的数据产品广泛地应用在全球云和气溶胶垂直结构探测、气候变化、空气质量研究、NASA 星载探测器验证、气溶胶模拟和预测等领域。

2. 亚洲沙尘气溶胶激光雷达观测网

2001 年，日本联合中国和韩国组建了亚洲沙尘气溶胶激光雷达观测网(Asian Dust and Aerosol Lidar Observation Network，AD-Net)，用以观测和研究东亚地区的沙尘和污染型气溶胶。目前，AD-Net 的站点已遍布东亚的 20 多个地区[22]，各个站点的数据由日本国立环境研究所(National Institute for Environmental Studies，NIES)统一搜集处理。AD-Net 也是地基的雷达观测网，也属于 GALION 的一部分[23]。

AD-Net 有 13 个站点的标准设备为双波长(532nm 和 1064nm)的偏振-米散射激光雷达。系统的原理框图和实物图如图 2-20 所示[24]。该激光雷达系统使用频率为 10Hz、单发能量为 20mJ 的 Nd:YAG 激光器作为光源，口径为 2000mm 的卡塞格林式望远镜作为接收装置。532nm 通道使用 PMT 作为探测器，1064nm 通道使用 APD 作为探测器。观测网中的这些激光雷达可以进行自动连续观测，每 15min 记录一次垂直分辨率为 6m、时间分辨率为 15min 的激光雷达廓线，因此每天可以获得 96 条廓线。

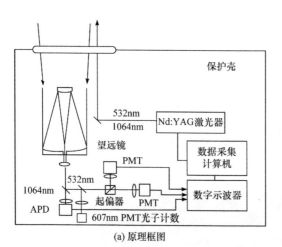

(a) 原理框图　　　　　　　　(b) 实物图

图 2-20　AD-Net 观测网中的激光雷达系统原理框图和实物图

AD-Net 的标准数据产品包括双波长的衰减后向散射系数，532nm 退偏比，532nm 气溶胶的后向散射系数、消光系数和退偏比，混合层(mixed layer，ML)高度，532nm 矿物沙尘和球形气溶胶的消光系数等。如图 2-21 所示为 AD-Net 数据产品网站给出的韩国首尔地区 2019 年 7 月 21 日 21:00 的观测结果，包括 532nm 的退偏比和 532nm/1064nm 的色比。AD-Net 数据产品广泛地用于研究亚洲沙尘气溶胶的产生和传输机制、化学传输模型验证和数据同化等，甚至 AD-Net 观测的污染型气溶胶也可做流行疾病的研究。

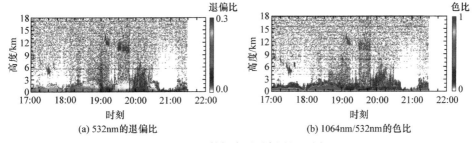

图 2-21　AD-Net 数据产品示例(韩国首尔地区)

　　为了更好地研究气溶胶的光学特性，2009 年以来，AD-Net 先后在六个主要站点的米散射激光雷达中加入了 607nm 的拉曼通道[25]，构成了 $1\alpha + 2\beta + 1\delta$ 的米-拉曼雷达。拉曼通道的加入是解决米散射激光雷达"一个方程两个未知数"欠定问题的一种硬件系统升级，利用 PMT 以光子计数的方式接收拉曼回波信号，可以在无须假设激光雷达比的条件下反演出气溶胶的消光系数，这将在 2.4 节中进行介绍。NIES 通过该系统对四种典型气溶胶组分进行了探测研究，这四种气溶胶为强吸收气溶胶(如黑炭)、非球形气溶胶(如矿物烟尘)、大尺度的球形气溶胶(如海盐)和小尺度、弱吸收的气溶胶(如空气污染性气溶胶)。

　　发展至今，AD-Net 中激光雷达队伍不断壮大，2008 年，日本的边户岬和福冈这两个站点部署了双波长的拉曼激光雷达，2014 年日本筑波站点部署了双波长的高光谱分辨率激光雷达。NIES 还拟将多纵模的 HSRL 加入 AD-Net 中[26]。

2.4　非弹性散射激光雷达

　　非弹性散射激光雷达利用的是散射光中频率改变的能量信号。大致可分为拉曼激光雷达及荧光激光雷达两种，荧光激光雷达大多数用于探测生物气溶胶，应用局面有限。拉曼激光雷达利用的是大气分子对光的非弹性散射。在非弹性散射过程中分子通过与光子交换能量来改变入射光的波长，波长的改变程度由分子内部的固有能级特性决定，因此拉曼激光雷达可以分辨不同种类的大气分子。在过去的几十年中拉曼激光雷达在大气探测领域应用广泛，但由于分子的拉曼散射截面太小，只有瑞利散射的千分之一，因此拉曼激光雷达一般只适用于探测浓度较高、距离较近的大气成分；另外散射截面太小也使得信噪比比较低，这导致很长一段时间里拉曼激光雷达只能在噪声信号相对较弱的夜晚工作。随着高能激光器和窄带探测系统的发展，拉曼激光雷达也实现了在白天工作[10]。

2.4.1 基本原理与反演方法

大气分子对入射光的散射作用包括弹性散射和非弹性散射两种。弹性散射的特点为分子在散射过程中保持转动能级不变，入射光子的波长不发生改变。对于非弹性散射，分子的量子状态发生改变，散射光子会发生频移。如果分子吸收入射光子能量，则散射光子频率降低，波长红移，此种散射过程称为斯托克斯拉曼散射。如果分子通过降低能级将能量传递给光子，则散射光子的频率升高，波长发生蓝移，此种散射过程称为反斯托克斯拉曼散射[10]。

拉曼激光雷达主要运用大气中的氮气、氧气和水汽等大气主要成分气体的拉曼散射光谱来推测大气的相关信息，既可以用来测量大气的温度、湿度等参数，也能用于测量气溶胶后向散射特性，此外拉曼激光雷达也可用于大气污染成分测量。

1. 拉曼激光雷达探测气溶胶光学参数

对于测量大气气溶胶的拉曼激光雷达，常常选择混合均匀且丰度最大的氮气分子的振转拉曼回波信号，并同时将米散射信号也作为数据反演的数据。拉曼激光雷达在系统实现上与米散射激光雷达没有太大区别，只需要选用合适波长的滤光片选取对应的拉曼光谱信号即可。下面介绍拉曼激光雷达反演气溶胶光学参数的原理。根据激光雷达方程并结合拉曼散射的特性，可以得到拉曼激光雷达方程为

$$P(R, \lambda_{Raman}) = \frac{K_0 N_{N_2}(R)}{R^2} \frac{d\sigma_N(\lambda_L, \pi)}{d\Omega} \exp\left\{-\int_{R_0}^{R} [\alpha_m(r, \lambda_L) + \alpha_m(r, \lambda_{Raman})] dr\right\}$$

$$\cdot \exp\left\{-\int_{R_0}^{R} [\alpha_a(r, \lambda_L) + \alpha_a(r, \lambda_{Raman})] dr\right\} \tag{2-30}$$

式中，$P(R, \lambda_{Raman})$ 为接收到的氮气分子拉曼散射回波功率；K_0 为拉曼激光雷达系统常数；$N_{N_2}(R)$ 为距离 R 处氮气分子数密度；$d\sigma_N(\lambda_L, \pi)/d\Omega$ 为氮气分子在 λ_L 激光波长上的拉曼后向散射截面；$\alpha_m(r, \lambda_L)$ 和 $\alpha_m(r, \lambda_{Raman})$ 分别为高度 r 处大气分子在激光波长 λ_L 和拉曼波长 λ_{Raman} 的消光系数；$\alpha_a(r, \lambda_L)$ 和 $\alpha_a(r, \lambda_{Raman})$ 分别为高度 r 处气溶胶在激光波长 λ_L 和拉曼波长 λ_{Raman} 的消光系数；R_0 为激光雷达本身所在高度。式(2-30)中，氮气分子在激光波长 λ_L 上的拉曼后向散射截面认为是已知的，一般通过标准大气模型可以计算得出。气溶胶在激光波长 λ_L 和拉曼波长 λ_{Raman} 的消光系数为待求的未知数，且一般存在 $\alpha_a(r, \lambda_L)/\alpha_a(r, \lambda_{Raman}) = (\lambda_L/\lambda_{Raman})^{-A}$ 的

关系，A 为波长指数，一般在 0~2 变化。大气气溶胶的典型波长指数通常取为1(冰云的波长指数除外，常取 0)。这样式(2-30)中最后就只剩下一个未知数 $\alpha_a(r, \lambda_L)$，可容易被解出。由于从拉曼激光雷达方程已经可以解得气溶胶消光系数，将其代入米散射激光雷达方程中即可得到后向散射系数。同 Fernald 方法一样，虽然此时米散射激光雷达方程只剩下一个未知数，但由于存在难以确定的系统常数，往往还是需要选定标定高度处的后向散射值以助于完成反演。从上述拉曼激光雷达反演大气气溶胶参数的原理可知，其反演大气消光系数只假设了气溶胶不同波长的消光系数与波长的关系，而反演后向散射系数时只依赖于标定高度处的气溶胶后向散射系数。这些都是相对于米散射激光雷达更弱的假设。因此，拉曼激光雷达的反演精度较高，是目前精确遥感大气气溶胶和云的有效方法。但是，一般无云的天气条件下，拉曼散射比米-瑞利散射小了 3~4 个数量级，因此其信噪比一直是制约探测性能的重要因素。

2. 拉曼激光雷达大气污染成分测量

在大气污染气体的探测中，往往要求同时探测多种污染组分。拉曼散射激光雷达具有同一波长探测多种组分的能力，可以在较简单的技术条件下实现多污染组分探测；并且只要在拉曼激光雷达中增加一个氮气分子的接收通道，则其他各种组分的浓度或密度的绝对值都可以从与氮气分子拉曼信号的比较中获得。但受探测灵敏的限制，拉曼激光雷达只能用于工厂或汽车等排放源的探测[27]。

1976 年，Inaba 用拉曼激光雷达对工厂烟囱和汽车尾气排放气体进行探测，得到如图 2-22 所示的拉曼谱[28]。在这两种排放源中，反映在拉曼谱上除了大气的主要成分 N_2、O_2、H_2O 和 CO_2 以外，可以明显地看出排放物中还包括 SO_2、CO、NO_2、CH_4、C_2H_4、H_2CO_3 和 H_2S 等大气污染成分。

在硬件上，Inaba 研制的车载拉曼激光雷达对发电厂烟囱的排放物进行了实际探测[28]。该车载激光雷达采用了 Nd:YAG 激光器，波长为 532nm，单脉冲能量为 14mJ，重复频率为 40Hz。望远镜口径为 500mm。该雷达有两个接收通道，分别是用于探测 SO_2 分子拉曼散射信号的 557nm 通道和用于探测氮气分子拉曼散射信号的 607nm 通道。其探测器采用光子计数的方式。该雷达在累计 1000 个脉冲后，可以将 SO_2 的含量探测出来。

随着科技的发展，共振拉曼技术可以有效地提高拉曼激光雷达的探测能力。

3. 拉曼激光雷达的设计要求

在拉曼激光雷达所接收到的回波信号中，包含有米散射信号、拉曼散射信号、

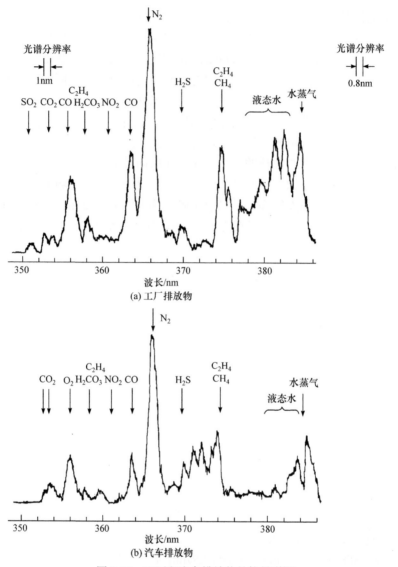

图 2-22　工厂和汽车排放物的拉曼谱[28]

太阳背景光的散射信号等。拉曼散射光谱的强度比瑞利散射光谱低 4～5 个数量级，且米散射信号强度比瑞利散射信号高 1～2 个数量级。基于此，在拉曼激光雷达系统的设计中要保证对拉曼散射信号高透过率的同时，需要保证对米散射信号极高的抑制。拉曼激光雷达系统总的设计原则如下。

（1）为了提高拉曼散射信号的强度，要保证输出光源——激光器具有较高的功率与能量，而且激光雷达的后续接收装置中需要选取对拉曼信号具有高透过率的分光器件。

(2) 为了保证对米信号散射不对拉曼信号产生干扰，在后续分光设计中，拉曼通道中要实现对米散射信号较高的抑制效果，通常需要保证抑制比范围为 $10^7:1\sim 10^9:1$。

2.4.2　典型系统

20 世纪 90 年代，拉曼激光雷达以其多参数测量的优势成为大气研究的有力工具，尤其是湿度测量这一优势使拉曼激光雷达在气象气候研究中发挥了不可替代的作用。多年来，美国、瑞士和德国等国家，相继研制出了高性能的水汽拉曼激光雷达。2005 年，德国气象局研制出了全自动的大气湿度拉曼激光雷达系统 (Raman lidar for atmospheric moisture sensing，RAMSES)。但最初的系统测量的参数有限且只能在夜晚工作。2009 年 10 月，改良过的 RAMSES 实现了全天时、多参数测量，成为大气长期观测的有效工具。2010 年春季以来，RAMSES 已经可以常规测量地面到对流层的水汽廓线、对流层和平流层的温度、355nm 粒子光学特性参数(后向散射系数、消光系数和退偏比)等[29]。

RAMSES 使用三倍频的 Nd:YAG 种子激光器，发射波长为 354.825nm，光束发散角为 0.5mrad，线宽 0.003cm^{-1}，脉冲重复频率为 30Hz，1064nm 脉冲能量 1600mJ，355nm 脉冲能量 450mJ。远场望远镜为内史密斯-卡塞格林式，主镜口径为 790mm，次镜口径为 203mm，接收视场角为 0.2～1mrad。远场信号通过折反镜进入一个九通道的分光元件(图 2-23 中的 i 和 j)内，分光元件入口处放置视场光阑，来调节望远镜远场通道的视场范围。近场望远镜为光纤耦合牛顿望远镜，如图 2-23 中的 h

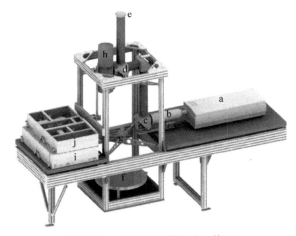

图 2-23　RAMSES 激光雷达装置

a. 激光器；b. 扩束镜；c. 光束控制镜；d. 安装在望远镜次镜架上的发射反射镜；e. 外部耦合窗口；
f. 望远镜主镜；g. 转向镜；h. 近场望远镜；i. 远场分光系统(低级)；j. 远场分光系统(高级)

所示，口径为 200mm，有效焦距为 522mm，视场角为 3.2mrad。近场望远镜主要收集海拔 3km 以下的近场回波信号。RAMSES 的探测器使用的是滨松光子学商贸(中国)有限公司的 PMT，远场通道和近场通道分别选择不同的型号，所有信号都在光子计数模式下同时记录。在空气条件较好的情况下，夜晚和白天可以分别测量到地表上空 15km 和 5km 的水汽廓线。

自主运行是 RAMSES 设计的关键要求。执行自主运行的操作任务主要依赖于测量-执行机(measurement-execution computer，MEC)和系统控制机(systems-control computer，SCC)这两台计算机。MEC 用于控制激光器、带有光子计数器和模数转换器的光电转换装置，以及各种激光雷达组件，其中最重要的是自动光束对准系统，以保持激光束和接收器光轴对准。SCC 作为整个遥感系统的中央控制单元，监控各种外部探测器，如亮度和降水传感器，并从本地激光云高仪收集气象数据和云底高度信息。这样，系统操作可以适应实际观察条件。自主操作要求在不利天气或其他潜在危险操作条件下，确保系统可靠性。传感器套件包括防雷装置、烟雾探测器、容器内不同位置的温度和湿度传感器及用于测量激光脉冲功率的监视器。此外还记录了传感器控制液压舱、不间断电源、数据采集系统的性能、激光冷却器等的状态。所有数据都根据优先级列表进行分组，以便描述 RAMSES 系统的整体性能状态。发生故障时，根据故障原因和优先级，SCC 软件会启动适当的操作。低优先级事件导致测量暂时停止，然后在预定义的时间段后自动重启。优先级较高的错误会导致激光雷达关闭，并通过短信向 RAMSES 人员发送警报。此时所有子系统都响应自动关闭，从而避免危险的系统状态。

2.4.3 组网应用

1. 欧洲气溶胶研究激光雷达网

欧洲气溶胶研究激光雷达观测网(The European Aerosol Research Lidar Network，EARLINET)建立于 2000 年，其目的是建立一个可量化的、全面的、具有统计意义的欧洲大陆气溶胶时空分布数据库，以便长期观测气溶胶、研究气溶胶对气候环境和人类健康的影响[30]。目前 EARLINET 共有 27 个可提供后向散射和消光系数廓线的站点，大部分站点为多波长拉曼激光雷达站点，多波长拉曼激光雷达包含了三个波长分别为 1064nm、532nm 和 355nm 的弹性散射通道和两个激发波长分别为 607nm 和 387nm 的氮气拉曼通道，能够提供 $3\beta+2\alpha$ 的气溶胶光学参数，更有利于气溶胶的分类，并为研究气溶胶粒子的粒径分布、体密度、折射率等微物理特性提供了更加丰富的信息。

EARLINET 有固定的观测时间段，日间阶段为每周一的中午，晚间阶段为周一和周四的晚上,这些常规的系统观测为研究欧洲的气溶胶气候提供了大量数据,利用这些数据也可以进一步地研究撒哈拉沙尘暴、森林火灾、光化学烟雾和火山爆发等这些特殊的偶然事件。另外EARLINET也启动了云与气溶胶激光雷达及红外观测的卫星(cloud-aerosol lidar and infrared pathfinder satellite observations, CALIPSO)联合观测的计划。

由于不同站点的雷达是由不同的机构出于不同的目的而研制的, 因此在观测波长、信号通道、探测范围和误差来源等方面各不相同, 如图2-24所示[31], 这给数据应用和系统提升带来了很大的不便。为了满足气溶胶辐射传输对数据稳定性和准确性的严格需求, EARLINET提出了一系列仪器稳定保障措施和数据质量评价算法, 应用于观测网中的每个站点。

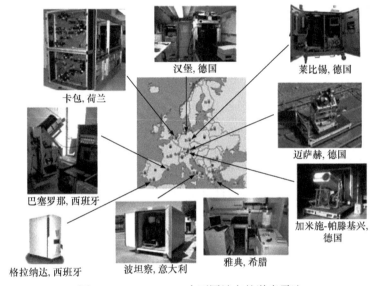

汉堡, 德国

莱比锡, 德国

卡包, 荷兰

迈萨赫, 德国

巴塞罗那, 西班牙

加米施-帕滕基兴,
德国

格拉纳达, 西班牙　　波坦察, 意大利　　雅典, 希腊

图2-24　EARLINET中不同站点的激光雷达

2000年, EARLINET数据中心在德国汉堡的马克思-普朗克研究所成立, 该数据中心主要用来收集各站点的数据, 并为用户提供数据访问权限[31]。EARLINET数据库中有两种数据文件, 一种是后向散射文件(b文件), 包含了气溶胶弹性后向散射系数, 该后向散射系数是利用假设雷达比的方法由弹性散射信号获得的; 另一种是消光系数文件(e文件), 包含了消光系数产品和无需假设雷达比反演出来的后向散射系数产品; 另外高光谱分辨率激光雷达反演得到的消光系数也包含在e文件中。

2. 拉曼和偏振激光雷达网

在过去十九年中, 由于迫切需要易于操作和可以实现气溶胶分类的多波长拉曼偏振激光雷达, 莱布尼茨对流层研究所(Leibniz-Institut für Troposphärenforschung,

TROPOS)与其国际合作者共同开发了一种便携式激光雷达系统,该系统被命名为Polly,可在偏远环境中连续独立运行,并成功部署在了芬兰北部高纬度地区,以及亚马孙盆地热带雨林中温度超过 30℃和相对湿度较高的地区。随着 Polly 系统和测量站点数量的增加,一个独立的国际合作机构网络,即 Polly Net 形成了,并且已经发展成为对全球气溶胶观测工作的又一贡献。芬兰气象研究所、韩国国立环境研究所、葡萄牙埃武拉大学、波兰华沙大学、德国气象局和希腊雅典国家天文台都通过运行 Polly 系统为 Polly Net 作出了积极贡献。目前,Polly Net 在欧洲、亚马孙雨林、智利南部、南非、印度、中国、韩国和大西洋上空的 20 多个地点进行了 Polly 激光雷达测量,可以观察到不同类型的气溶胶和气溶胶混合物。在 Polly Net 中,所有 Polly 系统均采用标准化仪器设计,具有从单波长到多波长系统的不同功能,现在可应用统一校准、质量控制和数据分析。

基于长年的观测,在拉曼和偏振激光雷达网 Polly Net 内得到了全球垂直分辨气溶胶数据集,该数据集覆盖了分布在 63°N～52°S 和 72°W～124°E 的 20 多个测量点 14 年的观测数据。Polly Net 可对云和气溶胶进行七天全天候自动观测。各个位置的特定气溶胶类型(矿物粉尘、烟雾、粉尘-烟雾和其他含尘混合物、城市烟雾和火山灰)可以通过它们的 ngstro 指数、激光雷达比和去极化率来识别。基于55000 多个在 532nm 处自动检索 30min 的粒子后向散射系数剖面,可以得到特定位置的垂直气溶胶分布。此外 Polly Net 还实现了对选定地点测量值的季节性分析,揭示了典型和异常的气溶胶条件及季节性差异。这些研究显示了 Polly Net 支持建立覆盖整个对流层的全球气溶胶气候学的潜力。

2.5　本　章　小　结

本章介绍了大气探测激光雷达的基本结构和原理及大气散射光谱构成。在弹性散射激光雷达方面,介绍了微脉冲激光雷达网、亚洲沙尘气溶胶激光雷达观测网等典型的米散射激光雷达系统,以及斜率法、Klett 反演法和 Fernald 反演法三种米散射激光雷达的经典反演算法,并比较了这几种算法的优缺点。在非弹性散射激光雷达方面,介绍了拉曼激光雷达在探测大气湿度、温度和污染物等方面的基本原理和技术要求;对典型的拉曼激光雷达系统 RAMSES 的硬件装置和测温原理做了简要说明,在此基础上概括了欧洲的气溶胶激光雷达网 EARLINET 及正在建设的 Polly Net 的站点组成和数据文件。为了解激光雷达的探测原理、反演方法和典型系统提供参考。

由于米散射激光雷达反演大气参数的精度有限,拉曼激光雷达受限于探测信号的信噪比,受背景噪声影响大,不适于白天探测,后文介绍的高光谱分辨率激光雷达则利用气溶胶散射谱和大气分子散射谱的谱宽不同，在保证较高信噪比的同时，通过使用滤光器将两者分离开来，从而提高了大气参数的反演精度，相较于米散射激光雷达和拉曼激光雷达具有更高的探测精度及更广的应用范围。

参 考 文 献

[1] 刘东, 杨甬英, 周雨迪, 等. 大气遥感高光谱分辨率激光雷达研究进展. 红外与激光工程, 2015, 44(9): 2535-2546.

[2] 夏海云, 孙东松, 沈法华, 等. 基于双 F-P 标准具的直接探测测风激光雷达. 红外与激光工程, 2006, 35(z3): 273-278.

[3] 夏珉. 激光原理与技术. 北京: 科学出版社, 2016.

[4] 梁铨廷. 物理光学. 3 版. 北京: 电子工业出版社, 2008.

[5] 樊丽娜, 朱爱敏, 刘琳, 等. 激光扩束望远镜的光学设计. 红外, 2007, 28(8): 20-22.

[6] Ulla W, Albert A. Experimental determination of the lidar overlap profile with Raman lidar. Applied Optics, 2002, 41(3): 511-514.

[7] Bissonnette L R, Hutt D L. Multiply scattered aerosol lidar returns: Inversion method and comparison with in situ measurements. Applied Optics, 1995, 34(30): 6959-6975.

[8] 江文杰. 光电技术. 2 版. 北京: 科学出版社, 2014.

[9] 华灯鑫, 宋小全. 先进激光雷达探测技术研究进展. 红外与激光工程, 2008, (s3): 26-32.

[10] Weitkamp C. Lidar, Range-Resolved Optical Remote Sensing of the Atmosphere. Berlin: Springer, 2005.

[11] Povey A C, Grainger R G, Peters D M, et al. Estimation of a lidar's overlap function and its calibration by nonlinear regression. Applied Optics, 2012, 51(21): 5130.

[12] Guerrero-Rascado J L, Costa M J, Bortoli D, et al. Infrared lidar overlap function: An experimental determination. Optics Express, 2010, 18(19): 20350-20359.

[13] 李俊, 龚威, 毛飞跃, 等. 探测武汉上空大气气溶胶的双视场激光雷达. 光学学报, 2013, 33(12): 1-7.

[14] 盛裴轩. 大气物理学. 北京: 北京大学出版社, 2003.

[15] 饶瑞中. 现代大气光学. 北京: 科学出版社, 2012.

[16] Collis R T H, Russell P B. Lidar Measurement of Particles and Gases by Elastic Backscattering and Differential Absorption. Berlin: Springer Berlin Heidelberg, 1976.

[17] Klett J D. Stable analytical inversion solution for processing lidar returns. Applied Optics, 1981, 20(2): 211.

[18] Fernald F G. Analysis of atmospheric lidar observations: Some comments. Applied Optics, 1984, 23(5): 652-653.

[19] Berkoff T, Welton E, Campbell J, et al. The micro-pulse lidar network (MPLNET). Proceedings of Frontiers in Optics, Tucson, 2003.

[20] Berkoff T A, Welton E J, Campbell J R, et al. Observations of aerosols using the micro-pulse lidar network(MPLNET). Geoscience and Remote Sensing Symposium, Anchorage, 2004.

[21] Welton E J, Campbell J R, Berkoff T A, et al. The NASA micro-pulse lidar network (MPLNET):

An overview and recent results. Optica Pura Yaplicada, 2006, 67-72, 39.

[22] Liu Z, Voelger P, Sugimoto N. Simulations of the observation of clouds and aerosols with the experimental lidar in space equipment system. Applied Optics, 2000, 39(18): 3120.

[23] Shimizu A, Sugimoto N, Nishizawa T, et al. The Asian Dust and Aerosol Lidar Observation Network (AD-Net). Optics and Photonics for Energy and the Environment, Leipzig, 2016.

[24] Sugimoto N, Matsui I, Shimizu A, et al. Lidar network observations of tropospheric aerosols. Proceedings SPIE, 2008, 7153(2): 289-301.

[25] Nishizawa T, Sugimoto N, Matsui I, et al. Improvement of NIES lidar network observations by adding Raman scatter measurement function. SPIE Asia-Pacific Remote Sensing, Kyoto, 2012.

[26] Nishizawa T, Sugimoto N, Matsui I, et al. The Asian Dust and Aerosol Lidar Observation Network (AD-NET): Strategy and progress. The European Physical Journal Conference, New York, 2016.

[27] 阎吉祥. 环境监测激光雷达. 北京: 科学出版社, 2001.

[28] Inaba H. Detection of Atoms and Molecules by Raman Scattering and Resonance Fluorescence. Berlin: Springer Berlin Heidelberg, 1976.

[29] Reichardt J, Wandinger U, Klein V, et al. RAMSES: German meteorological service autonomous Raman lidar for water vapor, temperature, aerosol, and cloud measurements. Applied Optics, 2012, 51(34): 8111.

[30] 杨臣华, 梅遂生, 林钧挺. 激光与红外技术手册. 北京: 国防工业出版社, 1990.

[31] Pappalardo G, Amodeo A, Apituley A, et al. EARLINET: Towards an advanced sustainable European aerosol lidar network. Atmospheric Measurement Techniques Discussions, 2014, 7(3): 2929-2980.

第 3 章　高光谱分辨率激光雷达原理

本章将重点介绍气溶胶散射和大气分子散射的光谱特性的基本知识，以及基于大气光谱特性发展起来用于测气溶胶、测温和测风的高光谱分辨率激光雷达。

3.1　高光谱分辨率激光雷达发展历史

1968 年，美国麻省理工学院(Massachusetts Institute of Technology，MIT)的 Fiocco 和 Dewolf 模拟了大气回波信号的频谱分布，并实现其频谱测量，提出可以通过单频激光及法布里-珀罗干涉仪(Fabry-Perot interferometer，FPI)实现气溶胶粒子米散射和大气分子散射在光谱上的分离，从而实现大气中的气溶胶光学特性测量，开启了 HSRL 技术的大门[1]。此后，美国的威斯康星大学麦迪逊分校(University of Wisconsin-Madison，UW-Madison)、科罗拉多州立大学(Colorado State University，CSU)、国家航空航天局、蒙大拿州立大学(Montana State University，MSU)，德国航空航天中心(Deutsches Zentrum für Luft- und Raumfahrt，DLR)、莱布尼茨对流层研究所，以及日本国家环境研究所(National Institute for Environmental Studies，NIES)等单位陆续开展了 HSRL 的相关研究，使 HSRL 技术得到快速发展。

1983 年，Shipley 等利用单频染料激光器作为光源，采用 FPI 作为光谱鉴频器，开发了如图 3-1 所示的第一套用于测量边界层大气气溶胶光学特性的 HSRL 系统[2]。随着激光、光纤等技术的进步，1990 年，Grund 和 Eloranta 将调 Q 种子注入式的倍频 Nd:YAG 激光器应用到该 HSRL 系统中，大大改进了系统探测性能[3]。1994 年，Piironen 和 Eloranta 将碘分子吸收池引入 HSRL 系统，同时利用碘分子吸收池和高光谱分辨率的 FPI 进行光谱鉴频，结果证明碘分子吸收池与 FPI 相比具有更好的光谱分离性能[4]。2001 年，Eloranta 和 Ponsardin 为观测北极地区的大气状况，结合前期研究基础，开发了基于碘分子吸收池的仪器化地基 HSRL 系统——Arctic HSRL 系统，该系统能够通过网络进行数据传输，具有小型化、无人值守等特点[5]。

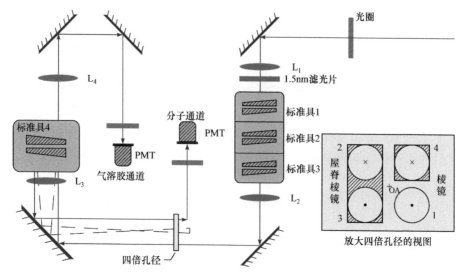

图 3-1　第一套测量边界层大气气溶胶光学特性的 HSRL 系统

　　1983 年，Shimizu 等提出用原子吸收池替代 FPI 鉴频器的想法[6]。1992 年，She 等实验验证了该想法，并利用两个钡原子吸收池搭建了可同时测量大气温度和气溶胶光学特性的双通道 HSRL 系统[7]。但是，在 HSRL 系统中钡原子吸收谱线只能配合体积庞大的染料激光器使用，而且这种光谱鉴频器需要加热到极高的温度才能工作，由于使用条件苛刻，该系统被逐渐淘汰。1996 年，Caldwell 等开发了一套工作于 589nm 的基于碘分子吸收池的 HSRL 系统，由于碘分子吸收池的工作温度较低，温度较钡原子容易控制，使得测量结果更加准确[8]。Hair 等综合之前的工作，以倍频的 Nd:YAG 激光器代替染料激光器作为 HSRL 发射光源，利用碘分子吸收池鉴频器作为光谱鉴频器，开发了工作于 532nm 的 HSRL 系统，用以同时测量大气温度、压强、气溶胶参数和风速[9,10]。在上述多种技术进步的积累下，2008 年，Hair 等报道了在 NASA 兰利研究中心(Langley Research Center, LaRC)研制的机载 HSRL 系统，专门用于气溶胶和云层光学特性的机载测量[11]。该系统主要由一个 1064nm 米散射激光雷达和 532nm 基于碘分子吸收池鉴频器的 HSRL 系统构成，在当时代表了美国在 HSRL 研究方面最成熟的技术和工艺，但是造价极其高昂。同年，DLR 也研制了 532nm 基于碘分子吸收池鉴频器的机载 HSRL 系统，并报道了实验结果[12]。2011 年，Liu 等提出了采用视场展宽迈克耳孙干涉仪(field widened Michelson interferometer，FWMI)作为 HSRL 光谱鉴频器的想法[13]，后来，该想法在 NASA 的机载 HSRL-2 系统中成功实现，该系统的光路结构如图 3-2 所示，之后的文章陆续报道了其实验效果[14,15]。

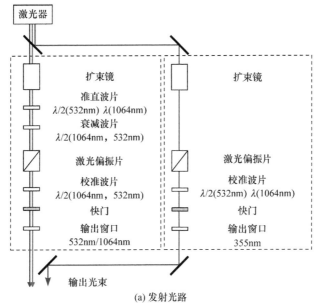

(a) 发射光路

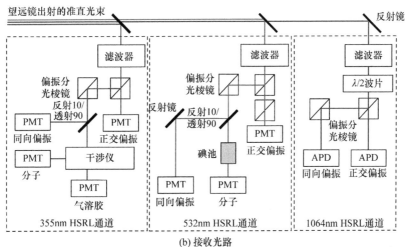

(b) 接收光路

图 3-2 基于 FWMI 的机载双波长 HSRL-2 系统

Noguchi 等在 1988 年提出用铯原子蒸汽鉴频器改进 HSRL 系统[16]。鉴于碘分子吸收池鉴频器具有性能好、使用较为便利等优势，1999 年，Liu 等也开始采用碘分子吸收池作为 HSRL 系统光谱鉴频器，凭借大功率、窄线宽的倍频 Nd:YAG 激光器，实现了平流层的温度和气溶胶后向散射系数探测[17]。2005 年，Imaki 等使用 FPI 开发了工作于紫外波段的 HSRL 系统[18,19]。2010 年，Nishizawa 等综合目前已有的 HSRL 技术，采用 FPI 鉴频器和碘分子吸收池鉴频器研制了一套地基 355nm 和 532nm 双波长 HSRL 系统，并且加入了 1064nm 米散射通道，用于气溶胶多谱段参数的测量[20]。

传统的 FPI 对光的入射角很敏感，这一方面预示着 FPI 必须要求接近平行光入射，另一方面也决定了 FPI 应用时对安装具有很高的要求。为了在一定程度上缓和上述使用限制，MSU 首先采用了共焦的 FPI 作为 HSRL 光谱鉴频器，该系统在一定程度上缓解了干涉仪对角度过于敏感的问题[21]。

国内方面，自从中国科学院大气物理研究所研制成功我国第一台后向散射激光雷达后，我国出现了一大批研究大气气溶胶激光雷达的科研单位，如中国科学院安徽光学精密机械研究所(简称安光所)、中国科学院上海光学精密机械研究所(简称上光所)、西安理工大学、武汉大学、中国海洋大学、兰州大学、中国科技大学等[22,23]。但国内在气溶胶激光雷达方面的研究主要集中在米散射激光雷达和拉曼激光雷达方面，HSRL 系统的研制在我国相对较少。2006 年，西安理工大学报道了基于 FPI 的 HSRL 系统[24]。2008 年，中国海洋大学研制了我国第一台基于碘分子吸收池鉴频器的 HSRL 系统[25,26]。2015 年，安光所也报道了基于碘分子吸收池鉴频器的 HSRL 系统[27,28]，通过观测能初步测算大气透过率。浙江大学在一系列干涉光谱鉴频器——FWMI 的研制基础上报道了国内第一台基于 FWMI 的 HSRL 系统[29-33]。上光所针对其研制的星载 HSRL 系统优化了碘分子吸收池鉴频器的吸收谱线选择[34]。安光所报道了一套用于对流层及平流层底部的气溶胶、温度与风场多功能探测的紫外 HSRL 系统设计，该设计基于 FPI 干涉光谱鉴频器[35]。浙江大学继干涉光谱鉴频器——FWMI 之后报道了基于碘分子吸收池鉴频器的 HSRL 系统研制成果[36-38]。

除了在上述气溶胶和云观测领域的大量研究之外，高光谱分辨率激光雷达在大气风场测量方面也有较多应用。测风 HSRL 系统常见的光谱鉴频器类型与气溶胶 HSRL 系统类似，也主要以法布里-珀罗标准具(Fabry-Perot etalon，FPE)、菲索干涉仪(Fizeau interferometer，FI)、碘分子吸收池为主。

采用干涉仪作为光谱鉴频器的测风 HSRL 探究起步较早：1979 年，Abreu 提出了采用非相干多普勒激光雷达系统测量大气风场(图 3-3)[39]。Chanin 等利用双 FPE 建立了基于分子散射的双边缘技术测风系统，探测 25～60km 的中层大气水平风速一维分量的分布，后来通过添加指向北边的望远镜，首次实现了中层大气水平风速的测量[40,41]。Souprayen 等改进了该激光雷达系统，建立了第二代多普勒激光雷达，探测的范围是整个平流层及对流层顶(8～50km)，在 1994～1997 年，进行了长期的风场测量数据的统计分析，先后建成了单边缘技术和双边缘技术测风激光雷达系统[42,43]。

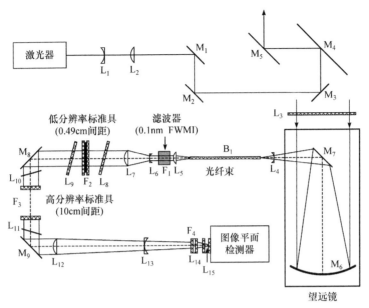

图 3-3　密歇根大学车载多普勒测风激光雷达原理图

Korb 等通过改进单边缘 FPE 测量系统，进行了基于分子和气溶胶测量的双边缘探测技术研究，同时也将测风激光雷达系统由实验室系统研究发展为车载系统研究[44,45]。后来 NASA 经过不断的理论分析和实验验证，将原来的 Zephyr 多普勒测风激光雷达系统转变为基于边缘检测技术的车载 GLOW 系统，实现了大气风场 2~20km 的数据测量[39,46]。

欧洲方面，由欧洲航天局提出了星载激光雷达测风计划——"风神"(Aeolus)计划，该计划是第一个在全球范围内获取地球风廓线的卫星任务，通过实时观测提高数值天气预报和气候预测的准确性，并促进相关领域对与气候变化相关的热带动态和过程的理解。该系统采用 355nm 波长的激光，通过双接收探测器通道，同时采取条纹检测技术(FI 测量气溶胶的米散射信号)和双边缘检测(双边缘 FPE 测量分子的瑞利散射信号)实现高精度的风场测量[47]。Aeolus 已经于 2018 年 8 月 22 日发射成功。

国内，安光所成功研制了一台 1064nm 直接探测测风激光雷达系统[41,48,49]，激光脉冲能量为 500mJ，重复频率 50Hz。该系统利用双边缘 FPE 鉴频，单个 FPE 透过率曲线带宽为 170MHz，双标准具透过率峰值中心间距 200MHz，其测量范围达到 40km，在 8km 范围内，测量精度 0.8~1.8m/s[50-52]。

在采用碘分子吸收池的测风 HSRL 技术基础上，1994 年，Piironen 和 Eloranta 分析了用碘分子吸收池代替 FPE 后的激光雷达探测精度[4]。1997 年，Friedman 采用碘分子吸收池作为单边缘滤波器，首次报道了平流层风速测量分布结果(18~

45km)[53]。中国海洋大学用碘分子吸收池作为测风激光雷达的回波信号鉴频器件[54,55]，成功开展了7km范围的测风实验[56,57]，并研制了国内首台车载激光测风雷达系统，为2008年北京奥运会帆船赛提供服务[58-60]。其激光波长532nm，重复频率10Hz，脉冲能量100mJ，线宽100MHz。在10km以内，测量精度在2.5m/s[61,62]。

第1章在介绍大气主要成分及分布时提到，气溶胶的产生与地表的活动密切相关，大部分气溶胶粒子集中在对流层中，少部分也会随着大气运动进入平流层，因此HSRL对于云及气溶胶的观测绝大部分集中在低层大气，而由于中高层大气(20~100km)的组分主要为氮气、氧气、少量的水汽、臭氧、尘埃、放射性微粒等[63]，HSRL在中高层大气的应用主要集中于基于FPE的风场探测。

前文所提到的Chanin等、Souprayen等、Korb等均采用了基于FPE的HSRL实现中高层大气风场数据的观测，最大探测距离可达到60km。欧洲气象组织在挪威建立了ALOMAR系统，该系统包含瑞利、米散射及拉曼激光雷达，采用四个双边缘FPE(分别用于355nm、532nm、1064nm波段)，主要用于极地地区中高层大气温度和风场数据探测，其视线风速的随机测量误差在49km和80km的高空分别为0.6m/s和10m/s(2h的时间分辨率)[64]。以上中高层大气风场HSRL观测系统主要为地基或者车载平台，欧洲航天局(European Space Agency，ESA)的Aeolus计划搭载的大气激光多普勒设备(atmospheric laser Doppler instrument，ALADIN)为基于FPE和FI的HSRL，其可借助星载观测平台，提供全球风场观测数据，也是目前实现全球中高层大气风场数据观测的唯一设备[47]。

国内方面，中高层大气测风激光雷达发展较晚，研究单位相对较少。中国科学技术大学于2009年研制了一套基于双边缘FPE的车载多普勒测风激光雷达系统，该雷达测量的有效大气风廓线高度范围为8~40km，视线风速的测量误差在10km和40km处分别为1m/s和4m/s[65]。在40km车载多普勒激光雷达的基础上，研究小组通过改变光机扫描机构、扩大望远镜接收口径、提高激光脉冲能量等技术手段，成功研制了60km多普勒激光雷达大气风场探测系统，实现了60km高度大气风场观测，时间分辨率为10~30min，数据采集最小分辨时间为2min，垂直空间分辨率为200~1000m，探测精度分别为 1m/s(15km)、3m/s(30km)、10m/s(60km)[66]。

在测量大气风场以外，HSRL在测量大气温度领域也发挥着不可替代的作用，相较于传统的探空气球测量方法，HSRL可以实时测量整个大气剖面的温度廓线。HSRL测温是基于大气分子散射光谱与大气温度的相关关系，最初利用FPI实施实验[67]，随后，Schwiesow和Lading又提出了使用迈克耳孙干涉仪(Michelson interferometer，MI)测量气温的方案[67]。而在干涉仪测温之外，原子滤波器测温也得到了发展，1983年，Shimizu等提出使用原子蒸汽滤波器进行测温[6]，1992年，She等在HSRL中使用了钡原子吸收滤波器，测量了大气温度[7]，Caldwell等研制了基于碘分子吸收器的测温 HSRL[8]，1998 年，Hair 使用 532nm 的碘分子吸收池进行了测温[68]。2005 年，Hua 等使用 355nm 波段的 FPI 测量了大气温度[69]。2009 年，中国海洋大学的 Liu 等使用单个碘分子吸收池进行了测温，实现了结构上的创新[70]，如图 3-4 所示。

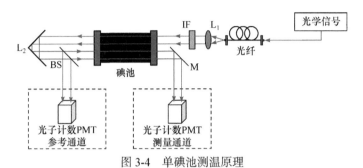

图 3-4 单碘池测温原理

L_1. 凸透镜；L_2. 直角棱镜；M. 平面镜；BS. 分束镜；IF. 干涉滤光片；PMT. 光电倍增管

过去 30 多年，HSRL 技术的发展与演变主要围绕着激光器和光谱鉴频器进行。固体 Nd:YAG 激光器因其优异的性能在激光雷达大气探测中得到了广泛的应用，因此大气探测的波长主要集中在 1064nm/532nm/355nm，相应的光谱鉴频器也主要有碘分子吸收池、FPE、FWMI 等类型。

3.2 大气气溶胶探测 HSRL 系统

本节介绍大气分子与大气中气溶胶/云粒子的散射光谱，可以发现二者的散射光谱分布存在不同，米散射的散射光谱几乎与激光光谱相同，光谱宽度仅为兆赫兹量级[4]。相比之下，大气分子质量较轻、热运动活泼，其散射光谱的展宽在吉赫兹量级。利用气溶胶粒子后向散射与大气分子后向散射频谱分布的不同，可以区分二者，从而实现对气溶胶/云粒子散射的精确探测。

3.2.1 原理与系统结构

用于大气气溶胶光学特性探测的 HSRL 系统中采用窄线宽的激光器作为发射光源，一种典型的原理框图如图 3-5(a)所示，后向散射光通过分光镜与偏振分光棱镜可以分到三个通道中，分别是混合平行通道、混合垂直通道及分子通道。分子通道采用极窄带的光谱鉴频器(如碘分子吸收池)滤除回波中的米散射回波，获得分子散射信号占优的散射回波信号。光谱鉴频器的光谱宽度要求达到吉赫兹量级，从而可以在去除米散射信号的情况下保留部分布里渊散射信号，分子通道的光谱鉴频原理如图 3-5(b)所示。后向散射回波信号的频谱分布如图 3-5(b)绿线所示，其中的尖峰是米散射，而两侧较宽的部分为布里渊散射谱，可以发现，虽然二者光谱宽度差别较大，但是它们的谱线中心重合在一起，给气溶胶的定量探测带来了困难。图 3-5(b)中的紫色曲线为碘分子吸收池透过率曲线，而蓝色填充区域为经过碘分子吸收后的散射光谱，可以发现，此时散射信号仅剩下了部分布里渊散射谱及极小部分的米散射信号，与其他通道激光雷达回波信号方程联立，就可以得到在大气后向散射回波中气溶胶/云粒子散射所占的比例。

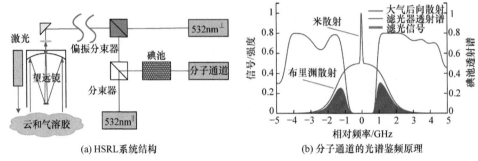

(a) HSRL系统结构　　　　　　　　(b) 分子通道的光谱鉴频原理

图 3-5　HSRL 基本原理框图

根据激光雷达方程，三个通道接收到的功率可估算为

$$P^{M}(z) = \frac{C^{M}O(z)}{(z-z_0)^2}\left[T_m(z)\beta_m^{\parallel}(z) + T_a\beta_a^{\parallel}(z)\right]T^2(z) \tag{3-1}$$

$$P^{\parallel}(z) = \frac{C^{\parallel}O(z)}{(z-z_0)^2}\left[\beta_m^{\parallel}(z) + \beta_a^{\parallel}(z)\right]T^2(z) \tag{3-2}$$

$$P^{\perp}(z) = \frac{C^{\perp}O(z)}{(z-z_0)^2}\left[\beta_m^{\perp}(z) + \beta_a^{\perp}(z)\right]T^2(z) \tag{3-3}$$

式中，C 为系统常数；P 为探测到的能量；上角标 $\parallel$、$\perp$、M 分别为混合平行通道、混合垂直通道、分子通道；β 为后向散射系数；下角标 m 和 a 分别为大气分子散射与粒子散射；$O(z)$ 为几何重叠因子；$z-z_0$ 为激光雷达到探测点的距离；T^2 为激光的双程透过率，即

$$T^2(z) = \exp\left[-2\int_0^r \alpha_m(z') + \alpha_a(z')\mathrm{d}z'\right] \tag{3-4}$$

式中，α 为消光系数；T_m [式(3-1)]为分子通道中光谱鉴频器对分子散射信号的透过率，即

$$T_m(z) = \int F(v')\mathscr{R}(v',T,p)\mathrm{d}v' \tag{3-5}$$

式中，$F(v')$ 为光谱鉴频器的透过率函数；$\mathscr{R}(v,T,p)$ 为卡巴纳-布里渊散射谱分布。

与卡巴纳-布里渊散射谱透过率相似，T_a 为分子通道中光谱鉴频器对米散射信号的透过率，由于米散射信号带宽较窄，一般为激光线宽(几十到几百兆赫兹)，所以通常用滤光器的中心透过率表征 T_a。

通常情况下，超窄带光谱滤光器可以分为两种：一种是利用原子/分子共振吸收特性的吸收池[68]；另一种是利用光束干涉消光的干涉仪[71]。对于原子/分子吸收型光谱鉴频器，钡原子吸收池具有工作温度高、不稳定的特性，而碘分子吸收池的工作温度较低，吸收特性较平稳。碘分子吸收池的另一个优点是，在 532nm 附近，碘分子有很多吸收线，而这一波长正好处于 Nd:YAG 固体激光器的倍频波长，所以碘分子吸收池在大气探测 HSRL 中得到了较广泛的应用。对于干涉光谱鉴频器，如前所述，常见的干涉型光谱鉴频器有 FPI、FWMI 等。然而，FPI 对激光发射频率的稳定性及工作温度的稳定性等要求很高，且接收角很小。FWMI 可以放宽对光束发散角的要求，并且可以进行热补偿设计，对环境温度的变化不敏感，在未来的 HSRL 技术中具有很大的应用前景。

HSRL 发射的激光束在经过大气中分子与气溶胶或云粒子的散射后，部分偏振特性得到了改变。而这个偏振改变的幅度与气溶胶/云粒子的形状有关，所以通过混合垂直通道与混合平行通道，可以得到气溶胶粒子的形状信息，这将在本书的第 6 章进行详细介绍。

3.2.2　数据反演

高光谱分辨率激光雷达通过增加分子通道，将分子的卡巴纳-布里渊散射谱与粒子的米散射信号区分开，从而为激光雷达求解提供新的探测信息，从理论上解决了"一个方程两个未知数"的数学欠定问题。

图 3-6 为单波长 HSRL 系统反演算法流程图。反演算法主要由数据预处理、系统定标、产品反演、反馈及验证四个模块组成。数据预处理模块通过平滑和叠加等方式对系统探测的原始信号进行预处理，为后续的产品反演模块提供高信噪比反演数据支撑。常用的垂直平滑的方法包括滑动窗口平均、小波滤波、经验模态分解滤波、自适应滤波等，这些滤波方法可有效抑制背景噪声的影响[72-74]。系统定标模块用于校正系统常数，包括增益比校正、距离平方校正及重叠因子校正[75]。增益比校正可通过定标实验及瑞利拟合确定，距离平方校正与系统触发和采集的时间差有关，由系统硬件决定。重叠因子是限制激光雷达近场探测的重要参数，其校正一直是数据反演的难点。为此，浙江大学研发了基于迭代的通用反演(iterative-based general determination，IGD)算法，为 HSRL 重叠因子提供了算法和理论保证，详见第 5 章[36]。产品反演模块即反演气溶胶粒子的光学特性，其主要包括退偏比、后向散射系数、光学厚度、消光系数、雷达比等。所得的光学特性结果经过多方数据验证从而指导硬件技术。反演算法和硬件系统互相支撑，对

于系统的升级和优化具有重要意义。

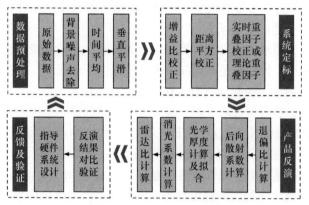

图 3-6　单波长 HSRL 系统反演算法流程图

针对数据产品反演模块，通过对式(3-1)～式(3-4)进行代数运算，可以得到大气中粒子的后向散射系数 β_a、光学厚度 τ，以及消光系数 α_a 分别为

$$\beta_a(z) = \beta_a^\perp(z) + \beta_a^\parallel(z) = \beta_m(z)\left\{\frac{[1+\delta(z)]}{[1+\delta_m]}\frac{[T_m(z)-T_a]\chi(z)}{[1-T_a\chi(z)]}-1\right\} \tag{3-6}$$

$$\tau(z) = -\frac{1}{2}\ln\left\{\frac{[1-T_a\chi(z)][1+\delta_m]B_M^\parallel(z)}{[T_m(z)-T_a]\beta_m(z)}\right\} \tag{3-7}$$

$$\alpha_a(z) = \left[\frac{\partial\tau(z)}{\partial z}-\alpha_m(z)-\alpha_{O_3}(z)\right] \tag{3-8}$$

式中，$\delta(z)$ 与 δ_m 分别为大气退偏比及分子散射信号的退偏比。

$$\delta(z) = B^\perp(z)/B^\parallel(z) = \left[\beta_m^\perp(z)+\beta_a^\perp(z)\right]\Big/\left[\beta_m^\parallel(z)+\beta_a^\parallel(z)\right] \tag{3-9}$$

$$\delta_m(z) = \beta_m^\perp(z)/\beta_m^\parallel(z) \tag{3-10}$$

通常，δ_m 会受到雷达系统的背景光滤光片带宽的影响，但对于一个激光雷达系统来讲可认为是常数[76]。$B^i(z)$ 为距离及重叠因子矫正后的回波信号(i 为 $\perp$)为

$$B^i(z) = \left[P^i(z)(z-z_0)^2\right]\Big/\left[C^iO(z)\right] \tag{3-11}$$

$\chi(z)$ 也称为衰减后向散射系数，即

$$\chi(z) = B^\parallel(z)/B^M(z) \tag{3-12}$$

是混合平行通道和分子通道衰减后向散射系数的比值。$\alpha_{O_3}(z)$ 为臭氧分子的吸收系数，一般在 532nm 波段，需要考虑臭氧分子对激光能量的吸收。

　　由上面的描述可知，HSRL 的反演算法较传统的米散射雷达更加简单，其中应用的假设仅有大气分子密度廓线，相较于米散射雷达所应用的 Fernald 算法，在反演精度上会有较大提升。然而，式(3-8)所采取求导的方式计算消光系数对信号噪声十分敏感，往往需要较高的信噪比才能实现消光系数的精确反演。为了获得高精度的消光系数，浙江大学提出了基于迭代图像重构算法(iterative image reconstruction，IIR)的消光系数反演算法[37]。由于短时间内大气条件相对稳定，反映类似大气条件的激光雷达信号相互关联。迭代图像重构算法利用激光雷达信号的这些特性，在适当的信号噪声假设下，在合理估计激光雷达比的基础上，重构出激光雷达信号"特征"的"图像"。为保证反演结果的准确性，采取迭代正则化的方式不断修改雷达比的数值使得重构信号和原始探测信号的偏差最小。

　　气溶胶后向散射系数与消光系数之间存在线性关系(激光雷达比)，因此可以用气溶胶后向散射系数来约束反演气溶胶消光系数。激光雷达比值的范围一般为 0~100[77]。一旦得到了激光雷达比的正确估计数，气溶胶消光系数可由气溶胶后向散射系数与激光雷达比的乘积进行代数计算。迭代图像重构算法正是基于上述思想来重建激光雷达信号"特征"的"图像"。该方法的特点可概括为两点：①考虑激光雷达信号的关系,利用特征检测方法获得的"特性"；②将数值微分的不适定问题转化成一个适定的激光雷达比的估计问题。

　　激光雷达回波信号的特征识别是激光雷达回波信号处理中最重要的步骤之一，许多反演产品的反演都需要特征层次作为输入。基于米散射激光雷达的特征识别方法已经得到了长足的发展，这些技术往往基于距离平方校正信号或者原始回波信号[78-82]。基于 HSRL 技术在光学特性反演上的先进性，浙江大学发展了基于光学特性的特征识别和气溶胶类型识别算法[38]。特征可定义为任何明显高于预期"晴空"值的增强后向散射信号的扩展和连续区域，其主要包括云、气溶胶及地表回波信息。HSRL 能够精确反演气溶胶后向散射系数 $\beta_a(z)$ ，从而可获得气溶胶后向散射比 $R(z)=\beta_a(z)/\beta_m(z)+1$ 。对于晴空洁净区，理想情况下散射比为 1。考虑到激光雷达信号信噪比的影响，信噪比不足而产生的误差容易导致估计错误和散射比的波动。因此确定晴空区域的阈值应随信噪比动态变化而变化，以防止对气溶胶羽流的错误识别。基于误差传输原理，在反演光学特性的同时也可获得其不确定度。于是将 $R(z)>\eta_{\beta_a}/\beta_m(z)+1$ 的区域定义为特征层次，η_{β_a} 为后向散射系数的反演不确定度，详见 3.2.3 节。

　　迭代图像重构算法仍然采取式(3-6)的形式以反演气溶胶后向散射系数，并通过预估计雷达比以进行信号重构。其基于信号噪声模型及负对数似然估计原理以减小重构信号和实测信号的偏差。已有研究表明，对于在模拟探测模式下工作的光电倍增管，激光雷达信号的噪声是复合泊松噪声[83]。对于光子计数系统，激光雷达信号噪声可采取更简单的泊松噪声[84]。由于气溶胶层的激光雷达比是相对稳定的，因此引入以全变分半范数为惩罚函数的约束激光雷达比的光滑性，算法原理详见文献[37]。

3.2.3 误差分析

对于激光雷达的测量误差，一般考虑系统误差及随机误差。系统误差由系统中元件的加工误差、装配误差及控制误差等引起，如激光器的频率稳定性、光谱鉴频器的温度控制误差等引起的测量误差。随机误差起源于大气回波信号的随机涨浮，这个随机性可能由大气中噪声光源引起，也可能由探测器的内部噪声引起，并且探测器种类的不同会导致主要噪声的种类及表现形式发生变化。

一般来说，考虑到探测器的光谱响应范围，在紫外波段激光雷达系统中，探测器通常采用光电倍增管，而近红外波段激光雷达多采用雪崩光电二极管。PMT和 APD 在可见光波段都有不错的光谱响应，均可应用在可见光波段的激光雷达系统中。光电探测器件的工作模式也有不同，有的工作在光子计数模式，有的工作在模拟采样模式。一般认为，工作在模拟采样模式的激光雷达系统，其信号噪声服从高斯分布，而工作在光子计数模式的激光雷达系统，噪声信号近似服从泊松分布。

以工作在模拟采样模式的 532nm HSRL 为例，可以将探测信号的误差源分为混合平行通道和分子通道衰减后向散射系数的比值的误差、退偏比的误差、光谱鉴频器对卡巴纳-布里渊信号透过率的误差和光谱鉴频器对米散射信号透过率的误差，总的误差可以评估为

$$\eta_{\beta_a} = \sqrt{\left(\eta_{\beta_a}^{\chi}\right)^2 + \left(\eta_{\beta_a}^{\delta}\right)^2 + \left(\eta_{\beta_a}^{T_m}\right)^2 + \left(\eta_{\beta_a}^{T_a}\right)^2} \tag{3-13}$$

式中，$\eta_{\beta_a}^i$ 为大气粒子后向散射系数的相对误差。上角标 χ、δ、T_m 和 T_a 表明了误差的来源。其中，χ、δ 这两项测量主要与随机误差有关，因为回波信号中均存在由光电转换器件引起的随机误差。而 T_m 和 T_a 不仅与随机误差有关还与系统误差有关，因为散射信号透过分子通道的透过率由激光的频率、光谱鉴频器的线型决定，不仅可能存在定标误差也存在锁频等引起的随机误差。式(3-13)中右侧各项可详细写为

$$\begin{aligned}
\left(\eta_{\beta_a}^{\chi}\right)^2 &= \left(\frac{R_b}{R_b - 1}\right)^2 \left[1 + \frac{T_a(1 + \delta_m)R_b}{(1+\delta)(T_m - T_a)}\right]^2 \frac{1}{\mathrm{SNR}_{\|\&M}^2} \\
&= \left(\frac{R_b}{R_b - 1}\right)^2 \left[1 + \frac{(1 + \delta_m)R_b}{(1+\delta)(\mathrm{SDR} - 1)}\right]^2 \frac{1}{\mathrm{SNR}_{\|\&M}^2}
\end{aligned} \tag{3-14}$$

$$\left(\eta_{\beta_a}^{\delta}\right)^2 = \left(\frac{R_b}{R_b - 1}\right)^2 \left(\frac{\delta}{1+\delta}\right)^2 \frac{1}{\mathrm{SNR}_{\parallel \& \perp}^2} \tag{3-15}$$

$$\left(\eta_{\beta_a}^{T_m}\right)^2 = \left(\frac{\partial \beta_a}{\beta_a \partial T_m} \Delta T_m\right)^2 = \left[\frac{R_b}{(R_b - 1)(T_m - T_a)}\right]^2 (\Delta T_m)^2 \tag{3-16}$$

$$\left(\eta_{\beta_a}^{T_a}\right)^2 = \left(\frac{\partial \beta_a}{\beta_a \partial f_a} \Delta T_a\right)^2 = \left[\frac{R_b(1+\delta_m)}{(T_m - T_a)(1+\delta_a)}\right]^2 (\Delta T_a)^2 \tag{3-17}$$

式中，

$$\begin{cases} \dfrac{1}{\mathrm{SNR}_{\parallel \& M}^2} = \dfrac{1}{\mathrm{SNR}_{\parallel}^2} + \dfrac{1}{\mathrm{SNR}_M^2} \\[2mm] \dfrac{1}{\mathrm{SNR}_{\parallel \& \perp}^2} = \dfrac{1}{\mathrm{SNR}_{\parallel}^2} + \dfrac{1}{\mathrm{SNR}_{\perp}^2} \end{cases} \tag{3-18}$$

$$R_b = \frac{\beta_a + \beta_m}{\beta_m(z)} \tag{3-19}$$

$$\mathrm{SDR} = T_m / T_a \tag{3-20}$$

式中，SNR_i 为各个通道的信噪比；$R_b(z)$ 为后向散射比，即总后向散射系数与大气分子后向散射系数的比值，这个比值表征了大气中云或气溶胶的负载浓度；SDR 为光谱鉴频器对分子散射信号与对米散射信号的透过率的比值，是表征光谱鉴频器性能的参数。

相似地，大气光学厚度的绝对误差可表示为

$$\sigma_\tau = \sqrt{\left(\sigma_\tau^{\chi}\right)^2 + \left(\sigma_\tau^{B^M}\right)^2 + \left(\sigma_\tau^{T_a}\right)^2 + \left(\sigma_\tau^{T_m}\right)^2} \tag{3-21}$$

式中，

$$\left(\sigma_\tau^{\chi}\right)^2 = \left(\frac{\partial \tau}{\partial \chi} \Delta \chi\right)^2 = \frac{1}{4}\left(\frac{\chi T_a}{1 - \chi T_a}\right)^2 \frac{1}{\mathrm{SNR}_{\parallel \& M}^2} \tag{3-22}$$

$$\left(\sigma_\tau^{B^M}\right)^2 = \left(\frac{\partial \tau}{\partial B_M^{\parallel}} \Delta B_M^{\parallel}\right)^2 = \frac{1}{4}\frac{1}{\mathrm{SNR}_M^2} \tag{3-23}$$

$$\left(\sigma_\tau^{T_m}\right)^2 = \left(\frac{\partial \tau}{\partial T_m} \Delta T_m\right)^2 = \frac{1}{4}\left(\frac{\Delta T_m}{T_m - T_a}\right)^2 \tag{3-24}$$

$$\left(\sigma_\tau^{T_a}\right)^2 = \left(\frac{\partial \tau}{\partial T_a} \Delta T_a\right)^2 = \frac{1}{4}\left[\frac{(R_b - 1)(1+\delta_m)}{(T_m - T_a)(1+\delta_a)}\right]^2 (\Delta T_a)^2 \tag{3-25}$$

　　大气气溶胶的消光系数是光学厚度的微分，在实际的计算过程中，常常采用差分去代替微分，所以粒子消光系数的误差可写为

$$\left(\sigma_{\alpha_p}\right)^2 = \frac{\left[\sigma_{\tau(z+\Delta z/2)}\right]^2 + \left[\sigma_{\tau(z-\Delta z/2)}\right]^2}{(\Delta z)^2} \tag{3-26}$$

式中，Δz 为距离分辨率。

　　除了上述内容以外，在 HSRL 的反演过程中，必不可少的是辅助大气参量，包括大气温度及大气压强，这两者同样会影响 HSRL 的反演精度，这两个参数一方面会改变大气分子的散射光谱，另一方面也会改变大气分子的数量密度。如果对大气温度 T 和大气压强 p 求导，可以得到二者引起的后向散射系数相对误差分别为

$$\eta_{\beta_a}^T = \frac{\delta_{\beta_a}^T}{\beta_a} = \left(\frac{R_b}{R_b - 1} \cdot \frac{\partial T_m / \partial T}{T_m - T_a} - \frac{1}{T}\right) \cdot \delta_T \tag{3-27}$$

$$\eta_{\beta_a}^p = \frac{\delta_{\beta_a}^p}{\beta_a} = \left(\frac{R_b}{R_b - 1} \cdot \frac{\partial T_m / \partial p}{T_m - T_a} + \frac{1}{p}\right) \cdot \delta_p \tag{3-28}$$

将两者合成可得

$$\eta_{\beta_a} = \frac{\delta_{\beta_a}}{\beta_a} = \sqrt{\left(\eta_{\beta_a}^T\right)^2 + \left(\eta_{\beta_a}^p\right)^2} \tag{3-29}$$

同理可得类似的消光系数绝对误差，具体公式可参考文献[85]，实际的探测过程中，大气压强通常比较稳定，而大气温度变化多端，如图 3-7 所示。

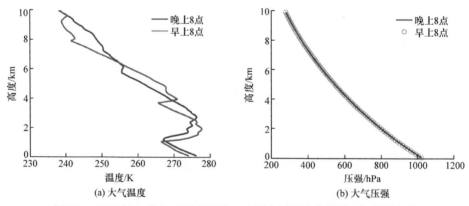

(a) 大气温度　　　　　　　　　　　　(b) 大气压强

图 3-7　2017 年 1 月 30 日杭州早晚 8 点的大气温度变化及大气压强变化

　　在图 3-7 中，可以看到大气温度变化剧烈且出现了逆温层，因此如果在反演过程中没有准确的大气参数，会对气溶胶的反演产生较大影响。如果使用前一天

晚上的大气廓线对第二天早晨的气溶胶散射回波进行反演，则误差评估结果如图 3-8 所示。

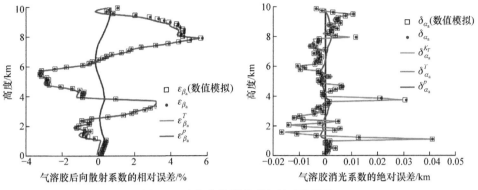

图 3-8　大气参数误差引起的反演误差

3.3　大气温度探测 HSRL 系统

大气温度是空气分子平均动能大小的宏观表现，它表征了大气的宏观物理状态，决定了大气的热力过程和动力过程，是大气科学研究的基础，因此是气象要素中最为重要的一项。

对流层大气温度一般随高度增加而降低，但在有些条件下，某些气层的温度会随高度增加而增加，这些气层称为逆温层。逆温层是稳定的层结，它对上下空气的对流起着削弱抑制的作用。特别是低空的逆温层，使得悬浮在大气中的烟尘、杂质与有害气体难以上升扩散，降低了大气能见度与空气质量。同时，大气逆温层的存在对于 HSRL 探测气溶胶的消光系数误差具有重大影响[85]，因此，获得实时准确的大气温度廓线对于提高 HSRL 的反演精度具有重要意义。

3.3.1　原理与系统结构

3.2.2 节已经说明卡巴纳-布里渊散射谱与大气温度及压强有关，而卡巴纳-布里渊散射谱通过光谱鉴频器的透过率 f_m 又与散射谱的线型相关，所以可以通过对卡巴纳-布里渊透过率的测量，实现对大气温度的探测。

而式(3-1)~式(3-4)中，除了 $F(v')$ 以外，β_m 及 α_m 也受到大气温度的影响，所以如果只用分子通道的信号进行大气温度的反演，求解是不适定的。如果采用两个透过率不同的光谱鉴频器进行滤光，则可以得到两路分子信号，进而可以实现对大气温度的反演。以基于碘分子吸收池的测温 HSRL 系统为例，Hair 等使用两个不同温度的碘分子吸收池构建 HSRL 系统，同时进行了大气温度和气溶胶光学特性的测量[9,10]，系统框图如图 3-9(a)所示。两个碘分子吸收池的温度和压强存在差异，因此，其透过率曲线具有不同的吸收宽度，如图 3-9(b)所示，通过两路接收到信号的比值即可以反演大气分子后向散射卡巴纳频谱的展宽，进而得到大气温度的探测结果。

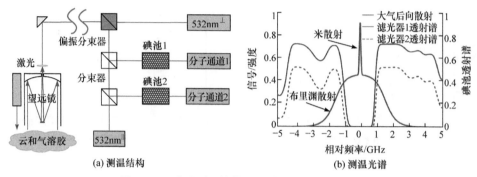

图 3-9　双碘池测温结构和双碘池测温光谱分布

　　考虑到双碘池结构的接收系统比较复杂，而且需要对两套碘分子吸收池进行温控和定标，Liu 等设计了使用单碘池进行大气温度测量的 HSRL 系统[70]，如图 3-10 所示，两种方法异曲同工，都是采用不同的光谱鉴频器透过率对同一个卡巴纳-布里渊谱进行滤光，只不过是单碘池测温 HSRL 结构利用光路的巧妙设计让其中一路信号两次通过碘分子吸收池，从而实现光路的重复利用，使用单个碘池可产生两个不同的吸收谱线。然而，基于单碘池的测温 HSRL 系统设计自由度较小，两个吸收谱线的线型相差不大，导致两个谱线对卡巴纳-布里渊谱变化的灵敏度较低，因而测温的灵敏度也较低。相比之下，双碘池的测温 HSRL 结构可以通过设定两个碘池之间存在较大的温差，获得两个线型差异较大的吸收谱，达到较高的测温灵敏度。

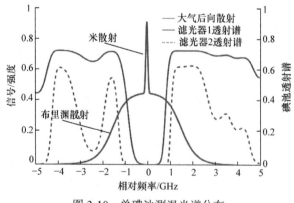

图 3-10　单碘池测温光谱分布

　　除了基于碘分子吸收池的 HSRL 进行大气温度探测以外，干涉光谱鉴频器同样可以用于设计测温 HSRL。由于干涉光谱鉴频器的光谱通过率设计自由度更高，理论上可以实现更高的测温灵敏度。但是，干涉光谱鉴频器对大气气溶胶米散射信号的透过率抑制比较低，在测量对流层的大气温度时，会受到大气气溶胶负载变化的影响，因此需要对气溶胶散射信号的串扰进行矫正。日本福井大学提出采用基于三个 FP 的测温 HSRL 系统结构，利用一个 FP 对另两个分子通道信号中的气溶胶参与信号进行矫正，提高了温度测量的精度[69]。

3.3.2　反演方法

　　基于双光谱鉴频器的测温 HSRL 系统反演方法基本都是类似的，这里仅以双碘池测温结构为例，说明 HSRL 测量大气温度的反演方法。由激光雷达方程可知两个分子通道的光电探测器接收到的信号分别为

$$P_1(z) = \frac{C_1 O(z)}{(z - z_0)^2} \Big[f_{1,m}(z)\beta_m(z) + f_{1,a}\beta_a(z) \Big] T^2(z) \tag{3-30}$$

$$P_2(z) = \frac{C_2 O(z)}{(z - z_0)^2} \Big[f_{2,m}(z)\beta_m(z) + f_{2,a}\beta_a(z) \Big] T^2(z) \tag{3-31}$$

式中，下角标 $i = 1, 2$ 为两个不同的通道；C_i 为通道的系统常数；$f_{i,m}(z)$ 为分子通道里光谱鉴频器对卡巴纳-布里渊信号的透过率；$f_{i,a}(z)$ 为分子通道里光谱鉴频器对米散射信号的透过率。

　　通常采用碘分子吸收池的 HSRL 系统，当碘分子吸收池的光谱抑制比较高时，可以认为碘池将所有的米散射信号已经滤除，即式(3-30)和式(3-31)中 $f_{1,a}$ 与 $f_{2,a}$ 近似为 0。将两个通道的信号做比，可以得到

$$R_{tem} = \frac{P_1^M(z)}{P_2^M(z)} = \frac{C_1^M f_{1,m}(z)}{C_2^M f_{2,m}(z)} \tag{3-32}$$

　　由式(3-32)可知，当知道两个通道的系统常数和两个通道的能量比值 R_{tem} 的时候，则可以根据其反推海拔 z 处的大气温度。

　　通常为了简化计算，应用泰勒展开对卡巴纳-布里渊线型(S6 线型)简化，此内容已在第 2 章介绍。这里应用泰勒展开将 $f_{i,m}$ 展开为大气温度与大气压强的函数，则式(3-32)可以写为

$$R_{tem} = \frac{C_1^M f_{1,m}(z)}{C_2^M f_{2,m}(z)}$$

$$= \frac{C_1^M \left\{ \begin{array}{l} U_{0,1}(v) + [T(z) - T_{0,1}]U_{T,1} + [p(z) - p_{0,1}]U_{p,1} + 0.5[T(z) - T_{0,1}]^2 U_{TT,1} \\ + [p(z) - p_{0,1}] \times [T(z) - T_{0,1}]U_{Tp,1} + 0.5[p(z) - p_{0,1}]^2 U_{pp,1} \end{array} \right\}}{C_2^M \left\{ \begin{array}{l} U_{0,2}(v) + [T(z) - T_{0,2}]U_{T,2} + [p(z) - p_{0,2}]U_{p,2} + 0.5[T(z) - T_{0,2}]^2 U_{TT,2} \\ + [p(z) - p_{0,2}] \times [T(z) - T_{0,2}]U_{Tp,2} + 0.5[p(z) - p_{0,2}]^2 U_{pp,2} \end{array} \right\}}$$

$$(3\text{-}33)$$

式中，U_i 为 $f_{i,m}$ 泰勒展开的各项系数；$f_{i,m}$ 可以通过与 S6 线型的泰勒展开项 [式(1-34)]乘积的积分获得，即

$$U_i = \int F(v') \mathscr{R}_i(v', T, p) \mathrm{d}v' \qquad (3\text{-}34)$$

实践证明，式(3-34)所示的 $f_{i,m}$ 的二阶泰勒展开近似可以很好地模拟大气分子散射信号的透过率，与使用 S6 模型计算的大气分子后向散射信号透过碘池的透过率几乎一致，绝对偏差不大于 1.5×10^{-4}，图 3-11 中给出了 $f_{i,m}$ 的二阶泰勒展开近似与实际值的偏差随大气温度和压强变化的变化[85]。

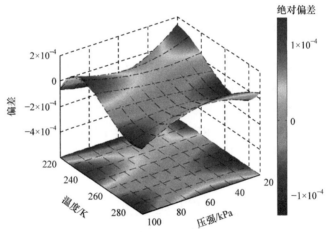

图 3-11　$f_{i,m}$ 的泰勒展开与实际值的偏差

将式(3-33)整理可得

$$\begin{aligned} &\left(C_1^M U_{TT,1} - R_{\text{tem}} C_2^M U_{TT,2} \right)(T - T_0)^2 \\ &+ 2\left[\left(C_1^M U_{T,1} - R_{\text{tem}} C_2^M U_{T,2} \right) + (p - p_0)\left(C_1^M U_{Tp,1} - R_{\text{tem}} C_2^M U_{Tp,2} \right) \right](T - T_0) \\ &+ 2\left(C_1^M U_{0,1} - R_{\text{tem}} C_2^M U_{0,2} \right) + 2(p - p_0)\left(C_1^M U_{p,1} - R_{\text{tem}} C_2^M U_{p,2} \right) \\ &+ (p - p_0)^2 \left(C_1^M U_{pp,1} - R_{\text{tem}} C_2^M U_{pp,2} \right) = 0 \end{aligned} \qquad (3\text{-}35)$$

可以发现，这是一个关于大气温度 T 的一元二次方程，可以写成一般表达式：

$$a(T-T_0)^2 + b(T-T_0) + c = 0 \tag{3-36}$$

式 中 ， $a = (C_1^M U_{TT,1} - R_{\text{tem}} C_2^M U_{TT,2})$ ； $b = 2\Big[(C_1^M U_{T,1} - R_{\text{tem}} C_2^M U_{T,2}) + (p - p_0)$ $(C_1^M U_{Tp,1} - R_{\text{tem}} C_2^M U_{Tp,2})\Big]$ ； $c = 2(C_1^M U_{0,1} - R_{\text{tem}} C_2^M U_{0,2}) + 2(p - p_0)(C_1^M U_{p,1} - R_{\text{tem}} C_2^M U_{p,2}) +$ $(p - p_0)^2 (C_1^M U_{pp,1} - R_{\text{tem}} C_2^M U_{pp,2})$ 。然而，$f_{1,\text{m}}$ 与 $f_{2,\text{m}}$ 不仅仅是大气温度的函数，也与大气压强 p 有关。只有大气压强已知时，才可以通过解此一元二次方程得到对应的大气温度 T。

对于大气压强廓线的确定，在实际求解中有两种解决方法。一种方法是使用大气模型，因为压强的分布相对稳定，实际的大气压强与模型相差不会太大。另一种方法是使用流体静力学方程通过起始点的温度压强逐点向上空递推[86]，对于激光雷达来说，是从激光雷达测量的数据最低处的温度和压强一直向上递推，从而获得整个垂直高度的压强和温度廓线。由流体静力学方程及理想气体状态方程可得

$$\frac{\mathrm{d}p}{p} = -\frac{g}{R_{\mathrm{d}} T} \mathrm{d}z \tag{3-37}$$

假设我们知道 $z = z_1$ 处的压强与温度，则 $z = z_2$ 处的大气压强为

$$p_2 = p_1 \exp\left(-\frac{1}{R_{\mathrm{d}}} \int_{z_1}^{z_2} \frac{g}{T} \mathrm{d}z\right) \tag{3-38}$$

进一步，假设 z_1 到 z_x 处大气温度变化不大，则可由式(3-38)得

$$p_2 = p_1 \exp\left(-\frac{1}{R_{\mathrm{d}}} \frac{g}{T_{z_1}} \Delta z\right) \tag{3-39}$$

从而得到 $z = z_2 = z_1 + \Delta z$ 处的大气压强。将此过程重复，从而得到整个大气的温度与压强的垂直廓线。

3.4　大气风场探测 HSRL 系统

上述章节中对大气激光雷达后向散射回波信号的频谱分布分析，只考虑了大气分子本身的无规则热运动造成的频谱展宽，未考虑大气粒子的定向运动对激光雷达回波信号频谱分布的影响。大气分子和气溶胶粒子会在大气风场的作用下，发生定向的漂移运动，这将导致激光雷达回波信号发生多普勒频移，频移量的大小与风速的大小近似成正比，检测回波信号的多普勒频移就可以实现对大气风场的探测。实际上，大气的垂直运动一般是比较微弱的，对激光雷达回波信号的影

响比较小[87]，而水平运动的风场才是关注的重点。本节将针对测风激光雷达的基本结构、数据反演、误差分析等内容进行介绍。

3.4.1 测风的 HSRL 结构

假设大气风速为 V，在接收视场方向的径向分量为 $V_r = V\cos\theta$，θ 为风场方向与望远镜视向的夹角(图 3-12)，则激光后向散射光的多普勒频移 $\Delta\nu$ 可表示为

$$\Delta\nu = \frac{2V_r}{\lambda} = \frac{2V\cos\theta}{\lambda} \tag{3-40}$$

通过检测后向散射回波相对于发射激光频率的频移量，就可以实现径向风速的测量。根据频移量探测机制的差异，多普勒测风激光雷达主要可以分为两大类：相干探测与非相干探测。

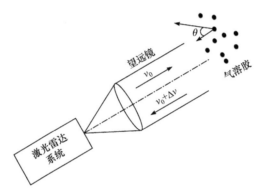

图 3-12　激光多普勒测风原理示意图

相干探测多普勒测风激光雷达的发展要稍早于非相干探测多普勒测风激光雷达。早在 1970 年，Huffaker 研制出了世界第一台探测气溶胶的连续 CO_2 相干激光雷达系统[88]，实现了 35km 处径向风速的探测，成为多普勒测风激光雷达发展历程中的一个标志性事件。相干多普勒测风激光雷达主要原理是：激光在大气中传输的回波信号与系统本征光信号通过光混频器产生差频频率信号，当本征光信号的频率等于发射激光的频率时，差频频率信号大小即等于回波信号的多普勒频移，通过测量差频信号可以计算径向风速大小。

基于非相干条纹成像技术利用光谱分辨率高的干涉仪将气溶胶或者分子散射光谱分成多个光谱通道[89]，多普勒频移使干涉条纹发生移动，测量干涉光谱峰值的移动量得到多普勒频移量，从而反演出风速。常用的干涉仪有 FPI、FI、MI 及马赫-曾德尔干涉仪(Mach-Zehnder interferometer，MZI)等。基于 FPI 的条纹成像技术，信号光经过准直后进入 FPI 系统，成环形干涉条纹，同一干涉级不同频率的回波信号干涉条纹直径不同，从干涉条纹光谱直径的变化就可以求得多普勒频

移量，反演出风速。FI 相比 FPI 而言具有线性条纹等实际优点，因此在条纹测风技术中得到了广泛应用，如 Aelous 的载荷 ALADIN 就采用 FI 作为光谱鉴频器。

基于非相干边缘检测技术的测风激光雷达对激光的线宽、频率稳定性要求很高，受制于激光器的发展，在 20 世纪 80 年代初才发展起来。1979 年，Abreu 提出采用边缘检测多普勒激光雷达系统测量大气风场[39]，此后边缘检测多普勒测风技术开始蓬勃发展。非相干多普勒测风激光雷达主要原理是：利用窄带的光谱鉴频器(干涉仪或者碘分子等分子/原子吸收池)，把激光雷达后向散射回波信号的多普勒频移转换为信号强度的变化，即频率的微小变化转换成较强的信号强度的变化进而来测定风速。

非相干边缘检测测风激光雷达技术，主要可以分为单边缘鉴频技术和双边缘鉴频技术，采用的光谱鉴频器与气溶胶探测和大气温度探测 HSRL 采用的光谱鉴频器类似，需要具有较高的光谱分辨本领，因此非相干边缘检测测风激光雷达也是属于 HSRL 的一种。

1. 单边缘鉴频技术

单边缘鉴频技术采用单个光谱鉴频器透过率曲线的陡峭边沿对激光雷达回波信号的多普勒频移进行鉴别,图 3-13 给出了基于单边缘鉴频技术的测风 HSRL 系统原理图和谱线图。一般基于单边缘鉴频技术的测风激光雷达信号采用两通道检测：一个通道检测经过光谱鉴频器后的信号，为测量通道；另一个通道直接探测不经过光谱鉴频器的光信号，为能量参考通道。如图 3-13(b)所示，激光发射频率 v_L 被锁定在 FPI 透过率曲线的陡峭边缘上，由于斜率比较大，微小的多普勒频移产生的气溶胶后向散射信号的频移会造成 FPI 透过信号强弱的改变。由于对发射激光的频率进行了"锁频"，其发生的频率抖动和漂移不明显，通过与参考通道的信号的比较，可以建立多普勒频移与两个通道接收的光子数之间的关系，进而可

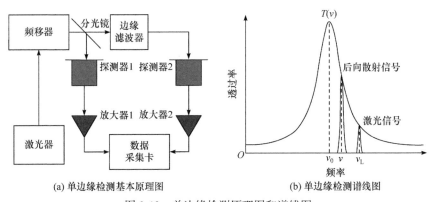

(a) 单边缘检测基本原理图　　　　(b) 单边缘检测谱线图

图 3-13　单边缘检测原理图和谱线图

以反演出径向风速的大小和方向。

大气气溶胶后向散射信号的频谱形式与发射激光的频谱近似相同(实际略有展宽), 入射到干涉仪的信号光谱函数可以表达为高斯函数, 即

$$f(v)=\sqrt{\frac{4\ln 2}{\pi \Delta v_{\mathrm{L}}^{2}}}\mathrm{e}^{-\frac{4\ln 2}{\Delta v_{\mathrm{L}}^{2}}v^{2}} \tag{3-41}$$

式中, Δv_{L} 为发射激光的谱宽; v 为后向散射信号的频率。

通过 FPI 的出射光是入射光和 FPI 透过率函数 $h(v-v_0)$ 的卷积, 即

$$I(v)=I_0\int_{-\infty}^{+\infty}f(v)h(v-v_0)\mathrm{d}v \tag{3-42}$$

式中, I_0 为入射光的光强, 定义光谱鉴频器的频率灵敏度为单位频率漂移引起的信号透过率的相对变化, 即

$$\theta_v = \frac{1}{I(v)}\frac{\mathrm{d}I(v)}{\mathrm{d}v}=\frac{1}{T(v)}\frac{\mathrm{d}T(v)}{\mathrm{d}v} \tag{3-43}$$

式中,

$$T(v)=\int_{-\infty}^{+\infty}f(v)h(v-v_0)\mathrm{d}v \tag{3-44}$$

激光雷达的探测包括发射与接收的双向过程, 因此后向散射也就发生了两次多普勒频移。根据后向散射多普勒频移和速度之间的关系有

$$v_{\mathrm{d}}=\frac{2v}{c}v_0=\frac{2v}{\lambda} \tag{3-45}$$

式中, v_{d} 为多普勒频移; v 为粒子径向速度。于是, 可得 FPI 的速度灵敏度为

$$\theta_v=\frac{2}{\lambda T(v)}\frac{\mathrm{d}T(v)}{\mathrm{d}v} \tag{3-46}$$

其物理意义为单位速度变化所引起的信号在通过鉴频器透过率的相对变化, 其由 FPI 自身的系统参数决定, 被探测粒子的径向速度为

$$v=\frac{\lambda}{2}\left(\frac{I_{\mathrm{r}}}{I_{\mathrm{r}0}}-\frac{I_{\mathrm{L}}}{I_{\mathrm{L}0}}\right)\left[\frac{\mathrm{d}T(v)}{\mathrm{d}v}\right]^{-1} \tag{3-47}$$

式中, I_{r}、$I_{\mathrm{r}0}$ 为大气气溶胶后向散射信号经过干涉仪的入射光强和出射光强; I_{L}、$I_{\mathrm{L}0}$ 为发射激光经过干涉仪的入射光强和出射光强。

2. 双边缘鉴频技术

双边缘鉴频技术承袭了单边缘技术的基本优点，又具备新的性能，它使用两个中心透过率有小的频移的FPI(图 3-14)，当散射回波信号存在多普勒频移时，两个 FPI 的透射信号大小会产生相反的变化趋势：一个边缘滤光器的透射信号增大(减小)，另一个性能相同的边缘滤光器对应的信号变化大小近似相等，符号相反。相对于单边缘鉴频技术而言，信号变化增倍，虽然信号分束一定程度上降低了信噪比，但其测量灵敏度仍比单边缘高。

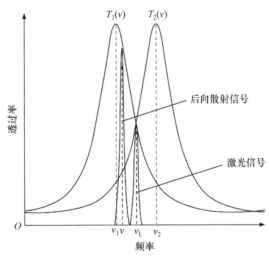

图 3-14   FPI 双边缘测量原理

将激光频率锁定在两个透过率曲线的交点位置附近。边缘 1 中心频率是 v_1，边缘 2 的中心频率为 v_2。决定上述两个透过率函数峰峰间距的参数是两个 FPI 的腔长差值。根据实际测风 HSRL 的需要，这个间距通常是非常小的。两个 FPI 透过率函数峰峰间距 $\Delta v_{\text{spacing}}$ 与腔长差 Δd 之间的关系为

$$\Delta v_{\text{spacing}} = \frac{c}{v_0} \frac{\Delta d}{d_{\text{m}}} \tag{3-48}$$

式中，d_{m} 为平均腔长，考虑到微小的腔长差 Δd 与腔长 d 数量级相差较大，所以这里的平均腔长可以理解为决定自由光谱范围的腔长值。

在后向散射过程中，风导致激光束发生了多普勒频移，边缘 1 所测得的信号强度为

$$I_1 = c_1[I_A \tau_1 (v_1 + \Delta v) + I_R (v_1 + \Delta v) f_1 R_T] \tag{3-49}$$

式中，c_1 为校准常数；I_A 为气溶胶信号；τ_1 为气溶胶在边缘 1 的透过率；$v_1 + \Delta v$

为气溶胶后向散射和分子散射的峰值频率；I_R 为瑞利光谱的回应值；f_1 为当瑞利谱线和边缘滤光器峰值对齐时，边缘 1 上测得瑞利光谱成分，即边缘方程和大气在温度 T 时瑞利散射的卷积；R_T 为瑞利光谱积分值。

同理可得，在边缘 2 时，激光频率锁定在 $-v_2$ 处，边缘 2 测得信号强度为

$$I_2 = c_2[I_A\tau_2(-v_2 + \Delta v) + I_R(v_2 - \Delta v)f_2R_T] \tag{3-50}$$

式中，c_2 为校准常数；其他字母含义同上。

经过后续的校正等步骤，由式(3-49)与式(3-50)得出两者光强信号的比值为

$$\frac{I_1}{I_2} = \frac{\tau_1(v_1 + \Delta v)}{\tau_2(-v_2 + \Delta v)} \tag{3-51}$$

通过式(3-51)可以计算出相应的多普勒频移，如使用 FPI 为边缘滤光器时，式(3-51)可以通过二次方程基本解法得到 Δv。

3.4.2 数据反演

本节主要介绍基于 FPI 双边缘鉴频技术的测风 HSRL 的数据反演方法。相较于气溶胶散射信号，分子瑞利散射信号频谱宽度较大，约为吉赫兹量级。因此在含有气溶胶信号的测量中，宽带的分子后向散射信号对较小的频移量并不敏感，而只是作为一个缓慢变化的背景。当气溶胶散射信号较弱，瑞利信号不可忽略时，由式(3-49)和式(3-50)可知，定义回波信号在透过两个边缘滤波器的微小变化量为[90]

$$\Delta I_1' = \frac{I_1}{c_1I_A} - \tau_1(v_1) = \tau_1(v_1 + \Delta v) - \tau_1(v_1) + \frac{f_1R_T}{I_A}I_R(v_1 + \Delta v) \tag{3-52}$$

$$\Delta I_2' = \frac{I_2}{c_2I_A} - \tau_2(-v_2) = \tau_2(-v_2 + \Delta v) - \tau_2(-v_2) + \frac{f_2R_T}{I_A}I_R(v_2 - \Delta v) \tag{3-53}$$

由式(3-52)和式(3-53)可得

$$\begin{aligned}\Delta I_T' = \Delta I_1' + \Delta I_2' &= \tau_1(v_1 + \Delta v) - \tau_1(v_1) \\ &+ \tau_2(-v_2 + \Delta v) - \tau_2(-v_2) + \frac{R_T}{I_A}[f_1I_R(v_1 + \Delta v) + f_2I_R(v_2 - \Delta v)] \\ &= \Delta\tau_1 + \Delta\tau_2 + c^*\frac{R_T}{I_A}\end{aligned} \tag{3-54}$$

式中，$\Delta\tau_1 = \tau_1(v_1 + \Delta v) - \tau_1(v_1)$；$\Delta\tau_2 = \tau_2(-v_2 + \Delta v) - \tau_2(-v_2)$；$c^* = f_1I_R(v_1 + \Delta v) + f_2I_R(v_2 - \Delta v)$。

对一个相对瑞利散射更宽的能量检测通道，有

$$I_{EM} = c_3(I_A + R_T) \text{或者} R_T = \frac{I_{EM}}{c_3} - I_A \tag{3-55}$$

式中，c_3 为校准常数。

进而可以得到

$$\frac{I_1}{c_1 I_A} - \tau_1(\nu_1) + \frac{I_2}{c_2 I_A} - \tau_2(-\nu_2) = \Delta\tau_1 + \Delta\tau_2 + c^* \left(\frac{\dfrac{I_{EM}}{c_3} - I_A}{I_A} \right) \tag{3-56}$$

进而可以解得气溶胶散射信号为

$$I_A = \frac{\dfrac{I_1}{c_1} + \dfrac{I_2}{c_2} - \dfrac{c^* I_{EM}}{c_3}}{\tau_1(\nu_1) + \tau_2(-\nu_2) - c^* + (\Delta\tau_1 + \Delta\tau_2)} \tag{3-57}$$

给出气溶胶信号和瑞利成分的形式解，可以用来对测量信号进行瑞利散射影响的校正。如前所述，与激光线宽相比，气溶胶信号的多普勒展宽很小，故测量到的气溶胶光谱宽度和波形与激光相同。因此，在存在视线风速时，一个小频率变化，在干涉仪上测得的气溶胶信号变化很大，而分子瑞利散射信号对小频移并不敏感。对于频移量较小的多普勒频移近似有 $\Delta\tau_1 = -\Delta\tau_2$，校正瑞利散射对信号 I_1 的影响后得

$$I_{1c} = \frac{I_1}{c_1} - R_T f_1 I_R(\nu_1 + \Delta\nu) = I_A \tau_1(\nu_1 + \Delta\nu) \tag{3-58}$$

同理，对信号 I_2 进行瑞利校正，得

$$I_{2c} = \frac{I_2}{c_2} - R_T f_2 I_R(\nu_2 - \Delta\nu) = I_A \tau_2(-\nu_2 + \Delta\nu) \tag{3-59}$$

由式(3-58)和式(3-59)可得

$$\frac{I_{1c}}{I_{2c}} = \frac{\tau_1(\nu_1 + \Delta\nu)}{\tau_2(-\nu_2 + \Delta\nu)} \tag{3-60}$$

从式(3-60)中可以解得多普勒频移，如果使用干涉仪作为边缘滤光器，方程是二次方程，从二次方程基本解法求取。针对多普勒频移较大的情况，我们使用迭代法。迭代过程一直进行到多普勒频移值收敛于某一点，在多普勒频移达到干涉仪宽度的 0～0.95 倍时，二次迭代的最大误差小于 0.05%。

3.4.3　误差分析

测风激光雷达系统径向风速的测量误差为[90]

$$\varepsilon_\nu = \frac{1}{(S/N)\Theta} \tag{3-61}$$

式中，$\varTheta$ 为双边缘测风灵敏度，表示单位风速引起的信号比值的相对变化量；S/N 为双边缘测量中的信噪比，定义为

$$\frac{1}{S/N} = \left[\frac{1}{(S/N)_1^2} + \frac{1}{(S/N)_2^2} \right]^{1/2} \tag{3-62}$$

式中，$(S/N)_1$ 和 $(S/N)_2$ 分别为两个通道的信噪比。

为了计算灵敏度，令 $F = I_{1c}/I_{2c}$ ，由式(3-64)可得

$$\frac{1}{F}\frac{\mathrm{d}F}{\mathrm{d}\nu} = \frac{1}{\tau_1}\frac{\mathrm{d}\tau_1}{\mathrm{d}\nu} - \frac{1}{\tau_2}\frac{\mathrm{d}\tau_2}{\mathrm{d}\nu} \tag{3-63}$$

因为双边缘鉴频器在测量的相交区域斜率相反，故双边缘测量的灵敏度是各个鉴频器测量灵敏度的绝对值之和。

FPI 作为鉴频系统的主要器件，其参数选择的合理性直接影响到系统探测分析的灵敏度及信噪比等关键参数。FPI 的主要参数为自由光谱范围、精细度及半高全宽，后文的误差项分析也主要针对 FPI 的主要参数。这里我们先给出参数的表达式。

自由光谱范围(free spectral range，FSR)定义为

$$\mathrm{FSR} = \frac{c}{2nd} \tag{3-64}$$

式中，c 为光在真空中的速度；n 为 FPI 的腔内折射率；d 为 FPI 的腔长。对于理想情况下的 FPI 面型、表面粗糙度及平行度，精细度仅为反射率 r 的函数，此时的精细度也可以表示为反射精细度，即

$$F_r = \frac{\pi\sqrt{r}}{1-r} \tag{3-65}$$

半高全宽(full width at half maxima，FWHM)描述的是透过率函数的谱线宽度，其数学上可以用自由光谱范围和精细度表示，即

$$F_r = \frac{\mathrm{FSR}}{\mathrm{FWHM}} \tag{3-66}$$

对于自由光谱范围的分析，根据 FPI 透过率函数的表达式可知，该透过率函数在频域上具有一定的周期性，描述这个周期性大小的参数称为自由光谱范围，如果周期太小，分子散射信号由于其吉赫兹量级的频谱分布会延伸到邻级的透过率函数分布，造成邻级干涉信号之间的干扰，同时由于后向散射信号是通过散射频谱与透过率函数之间的卷积求得，自由光谱范围过小的话，存在一定范围内的散射频率不能被单个透过率函数包含进去，造成信号强度降低(图 3-15)。再加上在一定风速的情况下，分子后向散射频谱中心会发生一定的频移，对于 50m/s 的

风速范围，会引起 600MHz 的动态频移范围，根据公式 $\Delta v_m = v_0 \left(\dfrac{32kT\ln 2}{mc^2} \right)^{1/2}$（$k$ 为玻尔兹曼常量；T 为温度；m 为单个干空气的质量)，可以得出在探测高度为 10km 时，$\Delta v_m = 3.36$GHz，再根据高斯函数的分布规律可以得到分子后向散射频谱 99.73%的谱线分布在 2.92Δv_m 的范围内，所以 FSR>2.92Δv_m，再加上风速动态范围，我们这里选取 FSR=12GHz。根据腔长和 FSR 的关系可以得到，腔长值为 12.5mm。这里 FSR 的值也不能选取得过大。首先 FSR 过大即需求较小的干涉仪腔长值，会带来较大的加工难度。同时，FSR 过大，如果追求较窄的半高全宽提高线性度，必然要求较大的有效精细度，这样会降低透过率函数的峰值，降低系统的信噪比。

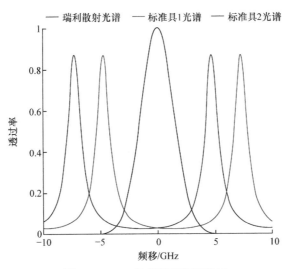

图 3-15　FSR 和峰峰间距示意图

　　而对于半高全宽和精细度的选取，由于我们确定了自由光谱范围的值，所以二者之间存在式(3-66)所示的线性关系。这样只需要分析精细度的取值就可以起到控制变量的目的进而进行误差分析。

　　影响有效精细度展宽的主要因素包括反射面与绝对平面的球面偏差、表面粗糙度及不平行度。对于表面粗糙度，可以假设其近似满足高斯分布，表面粗糙度引起的误差主要体现在腔长的变化上；理想的 FPI 是两块平行平板构成，实际加工的过程中，可能存在 FPI 边缘与中心之间存在一定的偏差，如反射面与实验室绝对平面的倾斜偏差，可以假设该倾斜满足一定的密度概率函数分布。经过简单的计算分析可知，表面粗糙程度越大，不平行度越大，FPI 的峰值透过率越低，有效精细度越差。

　　实际的激光光束都存在一定的发散角。虽然，光束斜入射不会影响峰值透过率和谱线宽度，但是有一定发散角的光入射 FPI 时，不仅会影响峰值透过率，还会影响谱线宽度。对于发散光束入射的情况，FPI 的透过率函数可以表示为

$$h(v, F_r) = \frac{\int_0^{2\pi} \mathrm{d}\varphi \int_0^{\theta_M} h_1(v, F_r, \theta) \sin\theta \mathrm{d}\theta}{\int_0^{2\pi} \mathrm{d}\varphi \int_0^{\theta_M} \sin\theta \mathrm{d}\theta} \tag{3-67}$$

式中，θ_M 为发散角；分母部分 $\int_0^{2\pi} \mathrm{d}\varphi \int_0^{\theta_M} \sin\theta \mathrm{d}\theta$ 为光束发散立体角的计算公式。

　　在信号散粒噪声极限下，忽略探测器本身的噪声，此时两个通道的信噪比仅与干涉仪透过率函数、接收光子数、探测累积脉冲数有关。为了分析激光发散角对测量误差的影响，假设探测高度为 10km，激光脉冲能量为 100mJ，单脉冲接收信号光子数约 1000 个，根据不同发散角对干涉仪透过率函数的影响，得到不同发散角下的测量灵敏度和测量误差如图 3-16 所示。

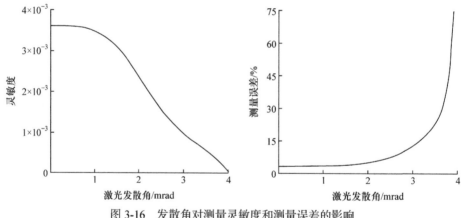

图 3-16　发散角对测量灵敏度和测量误差的影响

　　可以看出，当激光发散角增大时，速度灵敏度呈现递减状态，并且当激光发散角超过 1mrad，速度灵敏度下降很快。风速测量误差随着激光发散角的增大而增大，当激光发散角从 1mrad 增至 3mrad 时，由激光发散角引起的测量误差相对于系统总的测量误差从 3.3%增加到 14%。

　　FPI 腔内介质的折射率会影响透过率函数的曲线，并且微小的折射率改变会给透过率函数带来明显的变化，腔内折射率的变化主要与腔内当前的温度有关。不同的介质与温度的变化关系会有所不同。当腔内介质为空气的时候，折射率与温度之间的关系为[91]

$$\left(\frac{\partial n}{\partial T}\right)_{P=1.01325\times10^5 \mathrm{Pa}} = (n_0 - 1)(3.8753\times10^{-3} - 2.8374\times10^{-5}T) \tag{3-68}$$

式中，n_0 为海平面的空气折射率，数值上约为 1.000277；T 为腔内温度，根据上述温度对压强的影响，得到温度改变量对透过率函数的影响曲线(图 3-17)。

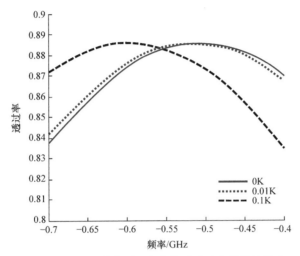

图 3-17 自由光谱范围温度变化对透过率函数的影响

由图 3-17 可以看出，当温度发生改变时，透过率函数中心位置会发生一定的频移，温度变化越大，频移量越大，温度改变 0.001K 时，产生 1MHz 的频移，相当于带来 0.1775m/s 风速的测量误差；温度变化 0.01K，产生 10MHz 频率漂移，带来 1.775m/s 风速的误差，如果对风速测量误差的精度要求达到 0.1m/s，就需要控制 FPI 的温度变化小于 0.001K。温度控制精度达到 0.001K，在工程实践上比较难以实现，对硬件设备提出了较高的要求。在考虑成本的情况下，目前较多测风激光雷达装置在温控系统部分采用了加入一个锁频通道的方法。根据之前透过率函数可以知道，对于双通道的 FPI 透过率函数，温度变化对两个通道的频移量的影响是相同的，但是二者之间的峰间距是不随腔内温度变化而变化的，我们通过在两通道之中增加一个半高全宽及自由光谱范围完全相同的第三个通道(图 3-18)，由于锁频通道与其他两个通道之间有相交的地方，所以当温度变化引起双通道透过率峰值中心发生频移时，我们可以通过锁频通道检测到双通道的信号变化，分析出双通道的温度漂移，得到温度漂移之后可以微调入射激光的频率，进而再次将入射激光的频率固定在双通道的交点处，实现在有克服温度漂移条件下的准确风场测量。

之前的分析是假设介质为空气，空气折射率随温度变化的变化较大，如果可以将腔内抽成真空，并且填充一种随温度变化介质折射率变化不明显的材料，这样也可以降低温度控制精度的要求。

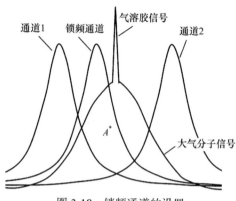

图 3-18　锁频通道的设置

除了腔内温度，测量的风速大小本身也会给测量误差带来一定的影响。假设 $E(v)$ 为风速为 v 时的误差，$E(0)$ 为风速为 0 时的误差，定义 $E_r(v)$ 为风速为 v 的条件下得到的相对风速测量误差：

$$E_r(v) = \frac{E(v) - E(0)}{E(0)} \tag{3-69}$$

在系统参数固定在 10km 的情况下，不同的视线风速会给测量结果带来一定的误差，如图 3-19 所示，在风速达到 50m/s 的时候，相对风速偏差达到了 0.05，所以在给定测量精度的要求下，测量风速的范围会受到一定的限制。而纵向比较，在不同的探测高度下，高度越高测量误差越大，且都大于零风速时的风速测量误

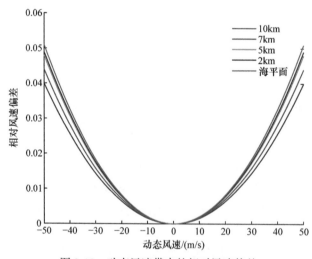

图 3-19　动态风速带来的相对风速偏差

差。对于风速动态范围造成的误差，我们同样可以通过理论公式的计算进行修正，从而降低由于风速本身过大带来的误差。

3.5　本章小结

本章介绍了 HSRL 的发展历史，简要概括了国内外 HSRL 的研究现状及 HSRL 在测气溶胶、测温、测风领域的应用情况。HSRL 技术的发展主要与激光器和光谱鉴频器的发展有关。目前用于大气探测的 HSRL 波长主要为 1064nm/532nm/355nm，相应的光谱鉴频器也主要有碘分子吸收池、FPE、FWMI 等类型。本章详细介绍了 HSRL 用于气溶胶探测、温度探测及风场探测的基本原理、常见系统结构、数据反演及误差分析算法。HSRL 对气溶胶的测量是利用气溶胶粒子与大气分子后向散射频谱分布不同的特点，通过气溶胶与分子散射谱的分离，实现对气溶胶粒子散射的精确探测；对温度的测量是基于大气分子散射光谱与大气温度的相关关系，实现对大气温度廓线的探测；对风场的测量则是利用多普勒频移大小与风速大小之间的相关性，通过鉴频器分析频移量实现对大气风场廓线的探测。

参 考 文 献

[1] Fiocco G, Dewolf J B. Frequency spectrum of laser echoes from atmospheric constituents and determination of the aerosol content of air. Journal of the Atmospheric Sciences, 1968, 25(3): 488-496.

[2] Shipley S T, Tracy D H, Eloranta E W, et al. High spectral resolution lidar to measure optical scattering properties of atmospheric aerosols. 1: Theory and instrumentation. Applied Optics, 1983, 22(23): 3716-3724.

[3] Grund C J, Eloranta E W. University of Wisconsin high spectral resolution lidar. Optical Engineering, 1991, 30(1): 6-12, 17.

[4] Piironen P, Eloranta E W. Demonstration of a high-spectral-resolution lidar based on an iodine absorption filter. Optics Letters, 1994, 19(3): 234-236.

[5] Eloranta E, Ponsardin P E D S A. A high spectral resolution lidar designed for unattended operation in the arctic. Optical Remote Sensing, Coeur d'Alene, 2001.

[6] Shimizu H, Lee S A, She C Y. High spectral resolution lidar system with atomic blocking filters for measuring atmospheric parameters. Applied Optics, 1983, 22(9): 1373-1381.

[7] She C Y, Alvarez R J, Caldwell L M, et al. High-spectral-resolution Rayleigh-Mie lidar measurement of aerosol and atmospheric profiles. Optics Letters, 1992, 17(7): 541.

[8] Caldwell L M, Hair J W, Krueger D A, et al. High-spectral-resolution lidar using an iodine vapor filter at 589nm. SPIE's 1996 International Symposium on Optical Science, Engineering, and Instrumentation, 1996, 6: 6.

[9] Hair J W, Caldwell L M, Krueger D A, et al. High-spectral-resolution lidar with iodine-vapor filters: Measurement of atmospheric-state and aerosol profiles. Applied Optics, 2001, 40(30): 5280.

[10] Hair J W, Caldwell L M, Krueger D A, et al. High-spectral-resolution lidar for measuring aerosol and atmospheric state parameters using an iodine vapor filter at 532nm. Conference on Space Processing of Materials, Denver, 1996.

[11] Hair J W, Hostetler C A, Cook A L, et al. Airborne high spectral resolution lidar for profiling aerosol optical properties. Applied Optics, 2008, 47(36): 6734-6752.

[12] Esselborn M, Wirth M, Fix A, et al. Airborne high spectral resolution lidar for measuring aerosol extinction and backscatter coefficients. Applied Optics, 2008, 47(3): 346-358.

[13] Liu D, Hostetler C, Miller I, et al. Modeling of a tilted pressure-tuned field-widened Michelson interferometer for application in high spectral resolution lidar. Conference on Space Processing of Materials, Denver, 2011.

[14] Burton S P, Hair J W, Kahnert M, et al. Observations of the spectral dependence of particle depolarization ratio of aerosols using NASA Langley airborne high spectral resolution lidar. Atmospheric Chemistry and Physics, 2015, 15(23): 13453-13473.

[15] Burton S P, Hostetler C A, Cook A L, et al. Calibration of a high spectral resolution lidar using a Michelson interferometer, with data examples from ORACLES. Applied Optics, 2018, 57(21): 6061.

[16] Noguchi K, Sugimoto N, Shimizu H. High spectral resolution lidar using cesium vapor blocking filter: Measurement of the Mie/Rayleigh scattering ratio. The 4th International Laser Radar Conference, San Candido, 1988.

[17] Liu Z, Matsui I, Sugimoto N. High-spectral-resolution lidar using an iodine absorption filter for atmospheric measurements. Optical Engineering, 1999, 38(10): 1661-1670, 1610.

[18] Imaki M, Takegoshi Y, Kobayashi T. Ultraviolet high-spectral-resolution lidar with Fabry-Perot filter for accurate measurement of extinction and lidar ratio. Japanese Journal of Applied Physics, 2005, 44(5A): 3063-3067.

[19] Imaki M, Kobayashi T. Ultraviolet high-spectral-resolution Doppler lidar for measuring wind field and aerosol optical properties. Applied Optics, 2005, 44(28): 6023-6030.

[20] Nishizawa T, Sugimoto N, Matsui I. Development of a dual-wavelength high-spectral-resolution lidar. Lidar Remote Sensing for Environmental Monitoring XI, Denver, 2010.

[21] Hoffman D S, Repasky K S, Reagan J A, et al. Development of a high spectral resolution lidar based on confocal Fabry-Perot spectral filters. Applied Optics, 2012, 51(25): 6233.

[22] 周军, 胡欢陵, 龚知本. Lidar observations of Mt. Pinatubo cloud over Hefei. Chinese Science Bulletin, 1993, 38(16): 1373.

[23] 刘东, 杨甬英, 周雨迪, 等. 大气遥感高光谱分辨率激光雷达研究进展. 红外与激光工程, 2015, 44(9): 2535-2546.

[24] Liu J, Hua D X, Li Y. Development of a high-spectral-resolution lidar for accurate profiling of the urban aerosol spatial variations. Journal of Physics: Conference Series, 2006, 48: 745-749.

[25] 宋小全, 郭金家, 闫召爱, 等. 大气气溶胶光学参数的高光谱分辨率激光雷达探测研究. 自然科学进展, 2008, 18(9): 1009-1015.

[26] Guo J J, Yan Z A, Song-Hua W U, et al. Low level atmospheric temperature measurement with high spectral resolution lidar. Journal of Optoelectronics Laser, 2008, 19(1): 66-69.

[27] Zhao M, Xie C B, Zhong Z Q, et al. Development of high spectral resolution lidar system for measuring aerosol and cloud. Journal of the Optical Society of Korea, 2015, 19(6): 695-699.

[28] 赵明, 谢晨波, 钟志庆, 等. 高光谱分辨率激光雷达探测大气透过率. 红外与激光工程, 2016, 45(5): 76-80.

[29] Cheng Z, Liu D, Yang Y, et al. Interferometric filters for spectral discrimination in high-spectral-resolution lidar: Performance comparisons between Fabry-Perot interferometer and field-widened Michelson interferometer. Applied Optics, 2013, 52(32): 7838-7850.

[30] Liu D, Yang Y, Cheng Z, et al. Retrieval and analysis of a polarized high-spectral-resolution lidar for profiling aerosol optical properties. Optics Express, 2013, 21(11): 13084-13093.

[31] Cheng Z, Liu D, Luo J, et al. Effects of spectral discrimination in high-spectral-resolution lidar on the retrieval errors for atmospheric aerosol optical properties. Applied Optics, 2014, 53(20): 4386-4397.

[32] Cheng Z, Liu D, Luo J, et al. Field-widened Michelson interferometer for spectral discrimination in high-spectral-resolution lidar: The oretical framework. Optics Express, 2015, 23(9): 12117-12134.

[33] Cheng Z, Liu D, Zhang Y, et al. Field-widened Michelson interferometer for spectral discrimination in high-spectral-resolution lidar: Practical development. Optics Express, 2016, 24(7): 7232-7245.

[34] Dong J F, Liu J Q, Bi D C, et al. Optimal iodne absorption line applied or spaceborne high spectral resolution lidar. Applied Optics, 2018, 57(19): 5413-5419.

[35] Shen F H, Xie C B, Qiu C G, et al. Fabry-Perot etalon-based ultraviolet trifrequency high-spectral-resolution lidar for wind, temperature, and aerosol measurements from 0.2 to 35 km altitude. Applied Optics, 2018, 57(31): 9328-9340.

[36] Shen X, Wang N, Veselovskii I, et al. Development of ZJU high-spectral-resolution lidar for aerosol and cloud: Calibration of overlap function. Journal of Quantitative Spectroscopy and Radiative Transfer, 2020, 257: 107338.

[37] Xiao D, Wang N, Shen X, et al. Development of ZJU high-spectral-resolution lidar for aerosol and cloud: Extinction retrieval. Remote Sensing, 2020, 12(18): 3047.

[38] Wang N, Shen X, Xiao D, et al. Development of ZJU high-spectral-resolution lidar for aerosol and cloud: Feature detection and classification. Journal of Quantitative Spectroscopy and Radiative Transfer, 2021, 261: 107513.

[39] Abreu V J. Wind measurements from an orbital platform using a lidar system with incoherent detection: An analysis. Applied Optics, 1979, 18(17): 2992-2997.

[40] Chanin M L, Garnier A, Hauchecorne A, et al. A Doppler lidar for measuring winds in the middle atmosphere. Geophysical Research Letters, 2013, 16(11): 1273-1276.

[41] Chi R, Sun D, Zhong Z, et al. Analysis of the direct detection wind lidar with a dual Fabry-Perot etalon. Optical Technologies for Atmospheric, Ocean, & Environmental Studies, 2005, 5823: 140-147.

[42] Souprayen C, Garnier A, Hertzog A. Rayleigh-Mie Doppler wind lidar for atmospheric measurements. II. Mie scattering effect, theory, and calibration. Applied Optics, 1999, 38(12): 2422-2431.

[43] Souprayen C, Garnier A, Hertzog A, et al. Rayleigh-Mie Doppler wind lidar for atmospheric measurements. I. Instrumental setup, validation, and first climatological results. Applied Optics, 1999, 38(12): 2410.

[44] Flesia C, Korb C L. Theory of the double-edge molecular technique for Doppler lidar wind measurement. Applied Optics, 1999, 38(3): 432-440.

[45] Korb C L, Gentry B M, Weng C Y. Edge technique: Theory and application to the lidar measurement of atmospheric wind. Applied Optics, 1992, 31(21): 4202.

[46] Yoe A J G, Raja M K R V, Hardesty R M, et al. Ground winds 2000 field campaign: Demonstration of new Doppler lidar technology and wind lidar data intercomparison. Lidar Remote Sensing for Industry & Environment Monitoring III, 2003, 4893: 327-336.

[47] Durand Y, Chinal E, Endemann M, et al. ALADIN airborne demonstrator: A Doppler wind lidar to prepare ESA's ADM-Aeolus explorer mission-art. Proceedings of SPIE - The International Society for Optical Engineering, 2006, 6296: 62921.

[48] Garnier A, Chanin M L. Description of a Doppler Rayleigh LIDAR for measuring winds in the middle atmosphere. Applied Physics B, 1992, 55(1): 35-40.

[49] 唐磊, 舒志峰, 董吉辉, 等. Mobile Rayleigh Doppler wind lidar based on double-edge technique. Chinese Optics Letters, 2010, 8(8): 726-731.

[50] Xia H Y, Sun D S, Yang Y H, et al. Fabry-Perot interferometer based Mie Doppler lidar for low tropospheric wind observation. Applied Optics, 2007, 46(29): 7120-7131.

[51] 王邦新, 沈法华, 孙东松, 等. 直接探测多普勒激光雷达的光束扫描和风场测量. 红外与激光工程, 2007, 36(1): 69-72.

[52] 王国成, 孙东松, 杜洪亮, 等. 基于法布里-珀罗标准具的 532nm 多普勒测风激光雷达系统设计和分析. 强激光与粒子束, 2011, 23(4): 949-953.

[53] Friedman J S, Tepley C A, Castleberg P A, et al. Middle-atmospheric Doppler lidar using an iodine-vapor edge filter. Optics Letters, 1997, 22(21): 1648-1650.

[54] Liu Z S, Chen W B, Hair J W, et al. Proposed ground-based incoherent Doppler lidar with iodine filter discriminator for atmospheric wind profiling. Conference on Space Processing of Materials, Denver, 1996.

[55] Liu Z S, Wu D, Liu J T, et al. Low-altitude atmospheric wind measurement from the combined Mie and Rayleigh backscattering by Doppler lidar with an iodine filter. Applied Optics, 2002, 41(33): 7079-7086.

[56] Liu Z, Na Z, Wang R, et al. Doppler wind lidar data acquisition system and data analysis by empirical mode decomposition method. Optical Engineering, 2007, 46(2): 026001.

[57] Wu S, Liu Z, Liu B. Automatic laser frequency stabilization to iodine absorption line. Optics & Lasers in Engineering, 2007, 45(4): 530-536.

[58] Guo J, Song X, Liu Z, et al. Meteorological visibility measurements by a micro pulsed lidar during the 2006 Qingdao International Sailing Regatta. International Conference on Environmental

Science & Information Application Technology, Wuhan, 2009.

[59] Liu Z, Wu S, Liu B. Seed injection and frequency-locked Nd:YAG laser for direct detection wind lidar. Optics & Laser Technology, 2007, 39(3): 541-545.

[60] 朱金山, 陈玉宝, 闫召爱, 等. Rlationship between the aerosol scattering ratio and temperature of atmosphere and the sensitivity of a Doppler wind lidar with iodine filter. Chinese Optics Letters, 2008, 6(6): 449-453.

[61] Liu Z, Wang Z, Wu S, et al. Fine-measuring technique and application for sea surface wind by mobile Doppler wind lidar. Optical Engineering, 2009, 48(6): 066002.

[62] Wang Z J, Liu Z S, Liu L P, et al. Iodine-filter-based mobile Doppler lidar to make continuous and full-azimuth-scanned wind measurements: Data acquisition and analysis system, data retrieval methods, and error analysis. Applied Optics, 2010, 49(36): 6960-6978.

[63] 盛裴轩. 大气物理学. 北京: 北京大学出版社, 2013.

[64] Zahn U V, Cossart G V, Fiedler J, et al. The ALOMAR Rayleigh/Mie/Raman lidar: Objectives, configuration, and performance. Annales Geophysicae, 2000, 18(7): 815-833.

[65] 王国成, 窦贤康, 夏海云, 等. 中高层大气瑞利多普勒测风激光雷达性能分析(英文). 红外与激光工程, 2012, (9): 109-115.

[66] 唐磊, 蒋杉, 李梓霖, 等. 瑞利测风激光雷达系统性能改进与中高层大气风场观测. 中国激光, 2016, (7): 263-272.

[67] Schwiesow R L, Lading L. Temperature profiling by Rayleigh-scattering lidar. Applied Optics, 1981, 20(11): 1972-1979.

[68] Hair J W. A high spectral resolution lidar at 532nm for simultaneous measurement of atmospheric state and aerosol profiles using iodine vapor filters. Fort Collins: Colorado State University, 1998.

[69] Hua D X, Uchida M, Kobayashi T. Ultraviolet Rayleigh-Mie lidar with Mie-scattering correction by Fabry-Perot etalons for temperature profiling of the troposphere. Applied Optics, 2005, 44(7): 1305.

[70] Liu Z S, Bi D C, Song X Q, et al. Iodine-filter-based high spectral resolution lidar for atmospheric temperature measurements. Optics Letters, 2009, 34(18): 2712-2714.

[71] Liu D, Hostetler C, Miller I, et al. System analysis of a tilted field-widened Michelson interferometer for high spectral resolution lidar. Optics Express, 2012, 20(2): 1406-1420.

[72] Zhou Z, Hua D, Wang Y, et al. Improvement of the signal to noise ratio of lidar echo signal based on wavelet de-noising technique. Optics and Laser in Engineering, 2013, 51(8): 961-966.

[73] Li M, Jiang L H, Xiong X L. A novel EMD selecting thresholding method based on multiple iteration for denoising LIDAR signal. Optical Review, 2015, 22(3): 477-482.

[74] Song Y, Zhou Y, Liu P, et al. Research on an adaptive filter for the Mie lidar signal. Applied Optics, 2019, 58(1): 62-68.

[75] D'amico G, Amodeo A, Mattis I, et al. EARLINET single calculus chain-technical-Part 1: Pre-processing of raw lidar data. Atmospheric Measurement Techniques, 2016, 8(10): 10387-10428.

[76] Behrendt A, Nakamura T. Calculation of the calibration constant of polarization lidar and its dependency on atmospheric temperature. Optics Express, 2002, 10(16): 805.

[77] Marais W J, Holz R E, Hu Y H, et al. Approach to simultaneously denoise and invert backscatter

and extinction from photon-limited atmospheric lidar observations. Applied Optics, 2016, 55(29): 8316-8334.

[78] Mao F, Gong W, Logan T. Linear segmentation algorithm for detecting layer boundary with lidar. Optics Express, 2013, 21: 26876-26887.

[79] Mao F, Gong W, Zhu Z. Simple multiscale algorithm for layer detection with lidar. Applied Optics, 2011, 50: 6591-6598.

[80] Mao F, Li J, Li C, et al. Nonlinear physical segmentation algorithm for determining the layer boundary from lidar signal. Optics Express, 2015, 23: A1589.

[81] Mao F, Pan Z, Wang W, et al. Iterative method for determining boundaries and lidar ratio of permeable layer of a space lidar. Journal of Quantitative Spectroscopy and Radiative Transfer, 2018, 218: 125-130.

[82] Zhao C, Wang Y, Wang Q, et al. A new cloud and aerosol layer detection method based on micropulse lidar measurements. Journal of Geophysical Research: Atmospheres, 2014, 119(11): 6788-6802.

[83] Liu Z, Sugimoto N. Simulation study for cloud detection with space lidars by use of analog detection photomultiplier tubes. Applied Optics, 2002, 41(9): 1750-1759.

[84] Liu Z, Hunt W, Vaughan M, et al. Estimating random errors due to shot noise in backscatter lidar observations. Applied Optics, 2006, 45(18): 4437-4447.

[85] Zhang Y P, Liu D, Zheng Z, et al. Effects of auxiliary atmospheric state parameters on the aerosol optical properties retrieval errors of high-spectral-resolution lidar. Applied Optics, 2018, 57(10): 2627-2637.

[86] 闫召爱. 基于碘分子滤波器的大气测温激光雷达的研究. 青岛: 中国海洋大学硕士学位论文, 2007.

[87] Dewolf J B, Fiocco G. Frequency spectrum of laser echoes from atmospheric constituents and determination of the aerosol content of air. Journal of the Atmospheric Sciences, 1968, 25(3): 488-496.

[88] Huffaker R M. Laser Doppler detection systems for gas velocity measurement. Applied Optics, 1970, 9(5): 1026.

[89] 汪丽, 谭林秋, 李仕春, 等. 基于 Mach-Zehnder 干涉仪条纹成像技术的多普勒测风激光雷达鉴频系统研究及仿真. 量子电子学报, 2013, 30(1): 98-102.

[90] Liu Z, Voelger P, Sugimoto N. Simulations of the observation of clouds and aerosols with the experimental lidar in space equipment system. Applied Optics, 2000, 39(18): 3120-3137.

[91] 毕海霞, 吴东. Fabry-Perot 干涉仪的温度变化以及回波发散角对双边缘激光测风的影响. 中国海洋大学学报(自然科学版), 2006, (s2): 136-140.

第4章　高光谱分辨率激光雷达光谱鉴频器

相较于一般激光雷达，高光谱分辨率激光雷达对后向散射信号的精细光谱分析提出了更高的要求。光谱鉴频器作为 HSRL 系统中的核心器件，是光谱上精细地区分气溶胶米散射信号与大气分子卡巴纳散射信号的关键所在。目前可用作 HSRL 光谱鉴频器的器件按照工作原理主要可以分为原子/分子吸收型和干涉型两大类：以碘分子吸收池为代表的原子/分子吸收型光谱鉴频器，利用原子/分子的特征吸收谱线来实现窄带的光谱吸收，以滤除气溶胶散射回波信号；以法布里-珀罗干涉仪和视场展宽迈克耳孙干涉仪等为代表的干涉型光谱鉴频器，则基于光学干涉相长相消的原理，通过对干涉光程差的设计实现对特定波长大气回波信号中气溶胶米散射信号的抑制，达到气溶胶和大气分子散射信号分离的目的。原子/分子吸收型光谱鉴频器和干涉型光谱鉴频器各有长处和特点，在 HSRL 系统中均得到了广泛应用。本章以两类典型的光谱鉴频器为例，对 HSRL 中的光谱鉴频器进行详细介绍，并比较不同类型光谱鉴频器之间的特点。本章还对光谱鉴频器与激光发射频率相匹配的锁频技术进行了介绍。

4.1　原子/分子吸收型光谱鉴频器

原子/分子吸收型光谱鉴频器的工作原理，是利用各类原子或分子气体的本征吸收谱线实现对气溶胶米散射信号的抑制。由于原子/分子的本征吸收谱线都是由其自身的能级结构决定的，因此一般情况下谱线的中心波长位置不会移动，只是吸收率会随着外界条件(温度、压强、粒子浓度等)的变化而改变。She 等于 1992 年利用两个钡原子吸收池作为鉴频器，搭建了 HSRL 测量气溶胶消光系数及温度[1]，拉开了原子/分子吸收型光谱鉴频器在 HSRL 中应用的序幕。但是，钡原子需要加热到极高的温度才可以发挥作用，所以鉴频器整体的系统稳定性较差，钡原子吸收池也就被逐渐淘汰。1994 年，Piironen 和 Eloranta 首次演示了基于碘分子吸收池的 HSRL[2]；1996 年，Caldwell 和 Hair 等研发了一套工作于 589nm 波段的 HSRL 系统，之后又将工作波段由 589nm 转移至 532nm[3,4]。之后许多学者也纷纷效仿，用碘分子吸收池来搭建 HSRL 系统。碘分子吸收池在较为成熟的 Nd:YAG 激光器的二倍频波段 532nm 有多条吸收谱线，且具有滤光性能好、工作环境要求不高、系统稳定高等多种优势，逐渐成为目前最为理想的分子吸收型光谱鉴频器。2008 年，美国国家航空航天局与欧洲航天局分别报道了基于碘分子吸收池的机载 HSRL 实验，也为未来的星载 HSRL 应用奠定了一定基础[5,6]。

4.1.1 碘分子吸收池简介

碘分子吸收池在 532nm 波段有多条吸收谱线，且各条谱线都有比较明显的特征，易于区分。图 4-1 为碘分子吸收池 1109 线[7]的典型光谱透过率曲线(曲线所对应的碘池长度为 20cm，内部气压为 0.85Torr①，温度为 45℃)。从图中可以看出，碘分子吸收池的吸收谱线非常接近矩形，其吸收峰底的半高全宽约 2GHz，其对米散射信号的抑制能力非常强，几乎可以将气溶胶信号完全抑制掉。目前碘分子吸收谱线形状主要依靠实验测量得到，已有较为准确的测量结果[8]。

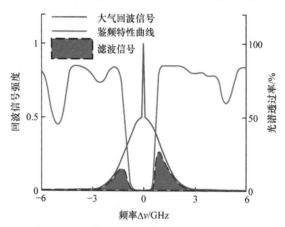

图 4-1　碘分子吸收池典型光谱透过率曲线

碘分子吸收池的透过率主要与碘分子吸收池的长度、池内气压及温度相关，而池内气压主要由碘池中的最低温度决定，通常为了便于控制，碘池中部会有一个长管突起，称为碘指，通过控制碘指温度来控制池内气压。当碘分子吸收池长度为 20cm 时，气溶胶信号透过率及大气分子信号透过率随池内气压及温度变化的变化如图 4-2 所示。从图 4-2(a)中可以看出，碘池内的气压越大，对米散射信号的抑制越强，但是同时对大气分子后向散射信号的透过率也在降低，可能会造成接收到回波信号的信噪比降低。相比碘池内气压而言，碘池温度对分子散射信号透过率的影响要小很多，如图 4-2(b)所示。此外，碘分子吸收池对气溶胶信号及分子信号的抑制总是同时增大或者减少，因此实际情况中需要在抑制比和信噪比之间取舍。但是，相比于干涉型光谱鉴频器而言，碘分子吸收池具有非常高的气溶胶抑制比，并且图中大部分情况下对米散射信号的

---

① 1Torr=1.33322 × 10²Pa。

抑制效果是令人满意的。使用 Forkey 等的仿真程序[8]，通过计算可知，当池内压强为 0.85Torr，碘池长度为 20cm 时，米散射信号的透过率在 10^{-6} 量级，忽略分子散射信号通道中的气溶胶信号串扰对反演结果的影响几乎可以忽略不计，因此实际中在保证一定抑制比的前提下，应该努力提高信噪比，从而获得精度较高的反演结果。

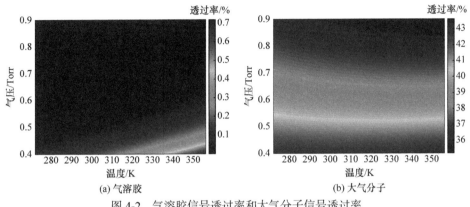

图 4-2　气溶胶信号透过率和大气分子信号透过率

综上所述，以碘分子池为代表的分子吸收池滤波器有以下特点。

(1) 鉴频曲线非常接近矩形，对米散射信号的抑制能力强，实际中可以基本忽略该通道中米散射信号带来的影响。

(2) 简单易用，安装方便，对光路对准要求低，工作特性稳定，对外界环境要求不高。

(3) 碘分子吸收谱线的中心波段处的激光光源技术发展成熟，但是对光源的频率稳定性要求较高，且必须为单纵模、窄线宽。

(4) 只能在碘分子吸收谱线对应的特定波长下工作，无法将工作波长调谐至其他波段。

因此，虽然碘分子吸收池一般只用于 532nm 波段 HSRL 系统，但是碘分子对气溶胶信号的抑制能力非常出色，并且吸收谱线接近矩形，工作特性也非常稳定，可以说是迄今为止在 532nm 波段应用最好的光谱鉴频器。

4.1.2　碘分子吸收池的基本原理与建模

碘分子对光的吸收原理是基于能级间的吸收跃迁(图 4-3)。作为双原子分子，由于两个原子间的间距差别，碘分子在同一电子能级中具有不同的振动能级，即使是同一振动能级，又因为分子绕其重心的转动，对应不同的转动能级。当碘分子发生能级跃迁时，吸收的光的频率由碘分子的振转能级之间的能量差决定。

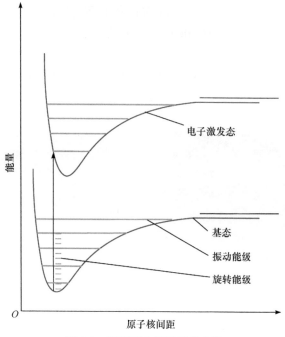

图 4-3　双原子分子能级分布[9]

在 Nd:YAG 激光器的二倍频带附近，仅有三个能级之间的跃迁会吸收此频率带的光波，分别是束缚态 $X\left({}^{1}\Sigma_{g}^{+}\right)$ 与 $B\left({}^{3}\Pi_{0^{+}u}\right)$ 及非束缚态 ${}^{1}\Pi_{u}$。束缚态 $B \leftarrow X$ 之间的跃迁才会造成分立的吸收线，束缚态到非束缚态之间的跃迁 ${}^{1}\Pi_{u} \leftarrow X$ 会产生连续的背景吸收谱，${}^{1}\Pi_{u} \leftarrow B$ 之间的跃迁吸收对应的波长不在 532nm 附近。计算幅值归一化吸收谱时仅考虑 $B \leftarrow X$ 之间的跃迁。每个吸收峰的具体位置的计算与 X 能级下的转动量子数、振动量子数及 B 能级下的振动量子数有关[10]。

碘分子吸收谱的模拟计算基于最基本的朗伯-比尔定律，即

$$\frac{I(\overline{\nu})}{I_{0}(\overline{\nu})} = \exp\left[-\Gamma_{i} g_{i}(\overline{\nu}) l\right] \tag{4-1}$$

式中，$I(\overline{\nu})$ 和 $I_{0}(\overline{\nu})$ 分别为频率为 $\overline{\nu}$ 的透射光和入射光的强度；l 为吸收池的腔长；Γ_{i} 为积分吸收系数；$g_{i}(\overline{\nu})$ 为归一化线型。

Γ_{i} 是表征第 i 个吸收峰的吸收强度的量[10]：

$$\Gamma_{i} = \frac{8\pi^{3}}{3hc}\overline{\nu}_{i}\left(\frac{g'}{g''}\right)\left(\frac{S_{J',J''}}{2J''+1}\right)\frac{N_{\nu'',J''}}{g_{ns}}\left|\mu_{e}(\overline{R})\right|^{2}\left|\langle\nu''(J'')|\nu'(J')\rangle\right|^{2} \tag{4-2}$$

式中，h 为普朗克常量；c 为光速；$\overline{\nu}_{i}$ 为跃迁的平均频率；g'/g'' 为上下电子能

级的简并比；$S_{J',J''}$ 为 Hoénl-London 旋转线强度因子；g_{ns} 为核自旋退化程度；$\mu_e(\bar{R})$ 为平均电子跃迁强度；$\left|\left\langle v''(J'')|v'(J')\right\rangle\right|^2$ 为跃迁的 Franck-Condon 因子。除了处于转动量子数 J''、振动量子数 v'' 的基态碘分子的个数 $N_{v'',J''}$ 及吸收峰的频率 $\bar{v}_i$ 是变量，其余符号均为原子物理中涉及的常量，这些常量仅与碘分子的构造有关，不受外界条件干扰，由文献[11]可得到。而 $N_{v'',J''}$ 由碘池的温度、压强及玻尔兹曼分布律决定。碘池中总的碘分子密度可以由理想气体状态方程得出，即

$$N_{\text{total}} = \frac{p_{I2}}{k_B T_{I2}} \tag{4-3}$$

式中，p_{I2} 与 T_{I2} 分别为碘池的压强与温度；$N_{v'',J''}$ 占 N_{total} 的比例由波尔兹曼分布律决定，即

$$\text{percent}_{v'',J''} = \frac{\exp\left(-\varepsilon_{v'',J''}/k_B T\right)}{\sum_{v''}\sum_{J''}\exp\left(-\varepsilon_{v'',J''}/k_B T\right)} \tag{4-4}$$

由式(4-4)可以看到，不同的温度下，不同振转能级的碘分子所占的比例有所不同。

归一化线型 $g_i(\bar{v})$ 表征了每个吸收峰被展宽的程度，由三个因素造成：①自然展宽；②压力展宽(碰撞展宽)；③热展宽(多普勒展宽)。自然展宽的量级仅有 1MHz 左右，多数情况下可以忽略；对于常用的碘分子吸收池，压强一般较小，压力展宽的频谱展宽量级一般在 10MHz 量级，而与之相对应的是，热展宽的量级在几百兆赫兹。如前所述，自然展宽与压力展宽的线型为洛伦兹线型，而热展宽的线型为高斯线型，两者卷积为沃伊特线型，此线型的计算十分复杂，考虑到热展宽效应远大于压力展宽效应的影响，所以在模拟计算中仅考虑热展宽，有

$$g_i(\bar{v}) = \frac{2}{\Delta\bar{v}_i}\sqrt{\frac{\ln 2}{\pi}}\exp\left[-4\ln 2\left(\frac{\bar{v}-\bar{v}_i}{\Delta\bar{v}_i}\right)2\right] \tag{4-5}$$

式中，$\Delta\bar{v}_i$ 为高斯线型的半高全宽，与热力学温度 T、碘分子的单个分子质量 m、吸收峰的中心频率 $\bar{v}_i$ 有关，即

$$\Delta\bar{v}_i = \bar{v}_i\sqrt{\frac{8k_B T\ln 2}{m}} \tag{4-6}$$

在式(4-1)中给出的是单个吸收峰的吸收谱，当考虑所有 n 个吸收峰对某一频率点的透过率的影响时，透过率函数可以表示为

$$\frac{I(\bar{v})}{I_0(\bar{v})} = \exp\left[-l\sum_{i=1}^{n}\Gamma_i g_i(\bar{v})\right] \tag{4-7}$$

Forkey 等详细论述了幅值归一化碘吸收谱模型的计算[8]，碘池温度 80℃、碘池气压 0.7Torr、碘池长度为 25.28cm 时，归一化透过率模型如图 4-4 所示，图中标注的数字为各个主吸收线的位置，此编号主要是参考 Gerstenkorn 和 Luc 的工作[7]。

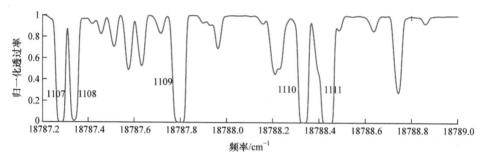

图 4-4 碘分子吸收池鉴频器的归一化透过率模型

归一化吸收谱仅考虑了从束缚态 $X\left({}^{1}\Sigma_{g}^{+}\right)$ 到束缚态 $B\left({}^{3}\Pi_{0^{+}u}\right)$ 的跃迁，而实际上，碘分子吸收谱还存在有束缚态 $X\left({}^{1}\Sigma_{g}^{+}\right)$ 跃迁到非束缚态 ${}^{1}\Pi_{u}$ 的背景吸收，即在没有吸收线的光谱位置，仍存在对激光能量的吸收，这个吸收强度可以用背景吸收率这一参数表示。另外，对于实际的碘分子吸收池还要考虑端窗玻璃的透过率，那么对于碘分子吸收池的背景透过率可以定义为

$$T_{\text{background}}=\frac{I}{I_0}=G\exp(-\sigma N_{\text{total}}l) \tag{4-8}$$

式中，G 为碘池两端玻璃的透过率；σ 为吸收截面面积；I_0 为入射光功率；I 为出射光功率；l 为碘池长度。碘池的绝对透过率 T_{absolute} 和归一化透过率谱 $T_{\text{normalized}}$ 的关系是

$$T_{\text{absolute}}=T_{\text{normalized}}\cdot T_{\text{background}} \tag{4-9}$$

Tellinghuisen 对碘分子吸收池的背景吸收展开了广泛的理论研究[11]，得到了不同波段碘分子吸收池的背景透过率参数——摩尔吸收系数 ε，其与背景通过率之间的关系为

$$T_{\text{background}}=\frac{I}{I_0}=10^{-\varepsilon l\text{Con}} \tag{4-10}$$

式中，Con 为碘分子蒸汽浓度。对比式(4-8)和式(4-10)，可以得到吸收截面和摩尔吸收系数之间的关系为 $\sigma=\varepsilon/N_A/\lg(e)$，$N_A$ 为阿伏伽德罗常量。摩尔吸收系数 ε 随入射光波长变化而缓慢变化。一般我们关注的吸收谱范围很窄，可以视其为常数。在文献[11]列表中，530nm 波长光的背景吸收率是 106L/(mol·cm)，540nm 波

长光的背景吸收率是 81L/(mol·cm)。对应的 530nm 的吸收截面为 $4.054 \times 10^{-23} m^2$，540nm 的吸收截面为 $3.098 \times 10^{-23} m^2$。进行线性插值，可以得到 532nm 处碘分子吸收池的吸收截面为 $3.863 \times 10^{-23} m^2$。

Hair 曾对激光雷达中使用的碘分子吸收池的背景吸收率做过实验研究[10]，对自己测量的背景透过率和碘分子数 N_{total} 的关系曲线进行了拟合，拟合得到碘分子吸收池在 532.26nm 附近背景吸收截面为 $\sigma = 3.7435 \times 10^{-23} m^2$，与根据 Tellinghuisen 的列表得到的插值 $3.863 \times 10^{-23} m^2$ 比较吻合。

4.1.3　基于碘分子吸收池的 HSRL 实例

鉴于气溶胶在地球辐射强迫作用中的重要影响，美国、欧洲以及中国等多家科研单位都在发展各自的星载高光谱分辨率激光雷达系统[5,6,12]。作为星载 HSRL 的前期验证，机载 HSRL 实验是其中必要的一环，NASA 与 ESA 均进行了数年的机载 HSRL 实验。参照 ESA 的机载 HSRL 系统[5]，可以简要说明基于碘池的 HSRL 系统运作方式。ESA 的 HSRL 系统搭载在"猎鹰 20"无人机上，激光重频为 100Hz，并采用了往返经过碘池的方法增加碘池的吸收率，其接收光路系统如图 4-5 所示。可以看到，通过望远镜接收到的后向散射信号首先经过偏振分光棱镜(polarization beam splitter，PBS)，垂直偏振光被 PMT_3 接收，平行偏振光经过一个分光镜，一部分被 PMT_1 接收，而另一部分经过 PBS 被反射，并第一次经过碘池及 1/4 波片，之后被平面镜反射再次经过 1/4 波片，偏振态产生了 90° 的改变，反射光经过碘池及透射 PBS，最终被 PMT_2 接收，在这个系统里面，通过对偏振态的利用及光路上的巧妙设计，实现了两次通过碘池，从而在提高对米散射信号抑制比的同时避免了对瑞利散射信号的过度吸收。

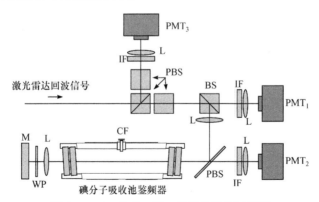

图 4-5　ESA 机载 HSRL 的接收系统示意图

CF. 碘池的冷指；PBS. 偏振分光棱镜；BS. 分光镜；IF. 干涉滤光片；PMT. 光电倍增管；L. 透镜；
WP. 1/4 波片；M. 反射镜

ESA 的 HSRL 系统采用的碘分子吸收池长度为 190mm，由于光路经过了往返，所以其等效长度为 380mm。图 4-5 中的 CF 是碘池的冷指，这是整个碘池中温度最低的地方，根据气固平衡状态方程，整个碘池的碘蒸汽压由冷指决定。ESA 的机载系统中碘分子鉴频器使用了 1109 吸收线，在每个 PMT 前都装有一个干涉滤光片来过滤掉天空的背景光。除此之外，碘池两侧的玻璃都做了倾斜设计并镀有增透膜层，从而避免玻璃表面的反射光对信号的影响。为了避免碘蒸汽冷凝在碘池内壁，碘池的温度控制在碘指温度 5℃以上，并且碘池两端都有另外的玻璃窗来避免碘池端面温度过低。

4.2　法布里-珀罗干涉仪鉴频器

原子/分子吸收型光谱鉴频器通常具有较高的气溶胶米散射信号抑制比，且对光路对准和光线入射角要求并不敏感，因此在 HSRL 系统中得到了广泛应用。尽管原子/分子吸收型光谱鉴频器有诸多优点，但是其最大的不足在于吸收峰的波长是固定的，无法满足任意波段 HSRL 系统的设计要求，因而大大限制了其应用范围。干涉型光谱鉴频器基于光波干涉的原理，通过对光程差的设计实现对特定波长信号中米散射信号的抑制，从而达到气溶胶米散射信号和大气分子卡巴纳散射信号分离的目的。

4.2.1　法布里-珀罗干涉仪基本原理

FPI 的工作原理是基于多光束干涉理论，图 4-6 为理想 FPI 工作原理示意图。FPI 主要由两块平行放置的平面玻璃板组成，两板的内表面镀有反射膜，反射膜

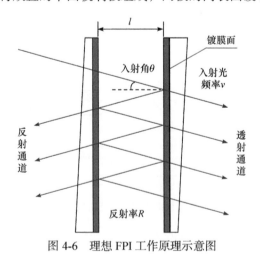

图 4-6　理想 FPI 工作原理示意图

的反射率及镀膜面的平行程度与干涉光谱鉴频器的鉴频效果直接相关,需要根据需求精确设计。对于常用的透射式 FPI,为了避免没有镀膜的表面产生的反射光的干扰,两玻璃板的透射面与反射面间通常保留一个小楔角。当两个玻璃板之间的距离为固定值时,FPI 也可称为法布里-珀罗标准具。

在激光雷达的应用中,FPI 主要用于光学频域中分析和处理回波信号,其透过率曲线特性对于 HSRL 的应用十分重要,相较于双光路干涉的干涉仪而言,FPI 具有更加锐利的透过率曲线。FPI 的透过率与反射率函数特性均可用来进行光谱分离,应用方式略有差异,但均是根据透过率曲线的特点实现激光雷达后向散射回波信号的频谱分辨[13,14],下面以 FPI 透过率曲线为例介绍其作为 HSRL 鉴频器的工作原理。

根据多光束干涉理论[15],FPI 光谱透过率函数为艾里(Airy)函数,在忽略 FPI 反射面衬底和镀膜面的相位变化的前提下,对入射角为 θ (入射光与干涉仪反射表面法线的夹角)、频率为 ν 的入射光而言,FPI 的透过率函数为[16,17]

$$F_T(\theta,\nu) = 1 - \frac{2R(1-\cos\delta)}{1+R^2-2R\cos\delta} = \frac{1-R}{1+R}\left[1 + 2\sum_{k=1}^{\infty} R^k \cos(k\delta)\right] \tag{4-11}$$

理想情况下 FPI 光谱透过率函数曲线如图 4-7(a)所示,同理,还可以得到 FPI 的反射率函数为[图 4-7(b)]

$$F_R(\theta,\nu) = \frac{2R(1-\cos\delta)}{1+R^2-2R\cos\delta} = 1 - \frac{1-R}{1+R}\left[1 + 2\sum_{k=1}^{\infty} R^k \cos(k\delta)\right] \tag{4-12}$$

式中, R 为对应波长的镀膜面的反射率;不考虑任何损耗的情况下,FPI 的峰值透过率应当为 1; δ 为相位差,是入射角和光频率的函数,假设 l 为 FPI 的腔长, n 为腔内折射率, c 为真空中的光速,则 δ 表示为

$$\delta(\theta,\nu) = \frac{4\pi nl}{c}\cos\theta\nu \tag{4-13}$$

式(4-13)可以改写成

$$\delta(\theta,\nu) = \delta(\theta,\nu_0) + \frac{4\pi nl\cos\theta}{c}(\nu - \nu_0) \tag{4-14}$$

且有

$$\delta(\theta,\nu_0) = \delta(0,\nu_0) + \frac{4\pi nl(\cos\theta - 1)}{c}\nu_0 \tag{4-15}$$

综合式(4-14)和式(4-15)可得

$$\delta(\theta,\nu) = \delta(0,\nu_0) + \frac{4\pi nl}{c}(\nu\cos\theta - \nu_0) \tag{4-16}$$

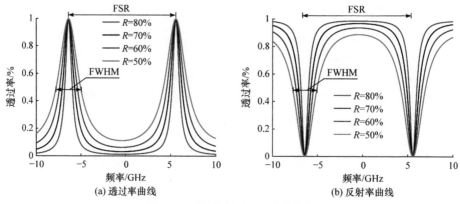

图 4-7　理想情况下 FPI 光谱曲线

考虑到入射角通常来说非常小，利用小角近似 $\cos\theta \approx 1 - \theta^2/2$ 来简化式(4-16)，并忽略高阶项 $\sim \theta^2(v-v_0)/c$ 可得

$$\delta(\theta,v) \approx \delta(0,v_0) + \frac{4\pi nl}{c}(v-v_0) - \frac{2\pi nl v_0 \theta^2}{c} \tag{4-17}$$

由式(4-11)和式(4-12)可知，当 δ 变化为 2π 时，光谱函数曲线特性保持不变，因此 $F_T(\theta,v)$ 和 $F_R(\theta,v)$ 均可视为周期函数，周期大小与 θ 有关，定义当 $\theta=0$ 时的函数周期为 FPI 的自由光谱范围，则

$$\text{FSR} = \frac{c}{2nl} \tag{4-18}$$

另外，FPI 透过函数半高全宽为

$$\text{FWHM} \equiv \frac{\text{FSR}}{\pi} \arccos\left[1 - \frac{(1-R)^2}{2R} \right] \tag{4-19}$$

4.2.2　FPI 在 HSRL 中的光谱透过率建模评估

FPI 用于 HSRL 光谱鉴频的示意图如图 4-8 所示，由于 FPI 具有透过特性互补的反射和透射两路通道，这里仅画出了反射通道(抑制气溶胶信号)的例子。其中，点线为归一化后向散射信号光谱，虚线为 FPI 的光谱透过率函数，实线为通过 FPI 鉴频后的信号光谱。从图 4-8 直观来看，设计 FPI 时需要保证其透射曲线的宽度能包含米散射的尖峰，这样才能最大限度地抑制气溶胶回波。故在设计 FPI 光谱鉴频器时需要重点关注其分子信号透过率 T_m 和光谱分离比 SDR。

为了简化分析，HSRL 系统中接收的大气后向散射回波频谱中的气溶胶米散射和大气分子卡巴纳散射可以分别用高斯函数近似[18]，即

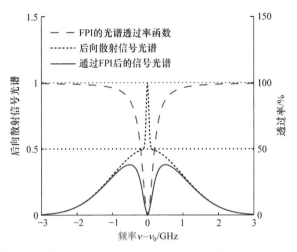

图 4-8　FPI 用于 HSRL 光谱鉴频示意图

$$S_i(\nu - \nu_0) = \exp[-(\nu - \nu_0)^2 / \gamma_i^2] / \gamma_i \sqrt{\pi} \tag{4-20}$$

式中，γ_i 为散射谱下降到最大值 $1/e$ 处的谱宽，下标 $i = \mathrm{a,m}$ 分别表示气溶胶 $i = \mathrm{a}$ 和分子 $i = \mathrm{m}$ 后向散射信号。现在可以得到以 θ 角入射 FPI 的光的局部透过率为

$$\ell_i(\theta) = \int_{-\infty}^{\infty} S_i(\nu - \nu_0) F(\nu - \nu_0, \theta) \mathrm{d}\nu \bigg/ \int_{-\infty}^{\infty} S_i(\nu - \nu_0) \mathrm{d}\nu \tag{4-21}$$

将式(4-11)和式(4-20)代入式(4-21)可以得到 FPI 在 HSRL 中的局部透过率为

$$\ell_i(\theta) = 1 - \frac{1-R}{1+R}\left[1 + 2\sum_{k=1}^{\infty} R^k \exp\left(-\frac{k^2 \pi^2 \gamma_i^2}{\mathrm{FSR}^2}\right)\cos\left(k\frac{\pi\nu_0}{\mathrm{FSR}}\theta^2\right)\right] \tag{4-22}$$

在全发散角范围内的总体透过率 T_i 是其在发散范围内各个入射角上透射率的双重积分，即

$$T_i = \int_{-\pi}^{\pi} \mathrm{d}\varphi \int_0^{f\theta_{\mathrm{d}}} \ell_{\mathrm{mapi}}(\rho,\varphi)\rho\mathrm{d}\rho / \pi f^2 \theta_{\mathrm{d}}^2 \tag{4-23}$$

式中，θ_{d} 为入射光的半发散角；f 为聚焦透镜焦距；$\ell_{\mathrm{mapi}}(\rho,\varphi)$ 为一个映射函数且可以表示为

$$\ell_{\mathrm{mapi}}(\rho,\varphi) = \ell_i\left\{\arccos\left[\frac{2f\cos^2\theta_{\mathrm{t}} - \rho\sin(2\theta_{\mathrm{t}})\cos\varphi}{2\sqrt{f^2 + \rho^2}\cos\theta_{\mathrm{t}}}\right]\right\} \tag{4-24}$$

SDR 的定义即可计算出干涉仪的 SDR，这为干涉仪的具体参数设计提供了指导。

将式(4-22)代入式(4-23)可得 FPI 全局透过函数为

$$T_i = 1 - \frac{1-R}{1+R}\left[1 + 2\sum_{k=1}^{\infty} R^k \exp\left(-\frac{k^2\pi^2\gamma_i^2}{\mathrm{FSR}^2}\right)\mathrm{sinc}\left(k\frac{\theta_\mathrm{d}^2\nu_0}{\mathrm{FSR}}\right)\right] \tag{4-25}$$

式中，θ_d 为入射光束的半发射角。如果 FPI 本身存在波前误差 ΔW，则对应的透过率变为

$$T_i(\Delta W) = 1 - \frac{1-R}{1+R}\left[1 + 2\sum_{k=1}^{\infty} R^k \exp\left(-\frac{k^2\pi^2\gamma_i^2}{\mathrm{FSR}^2}\right)\cos\left(k\frac{4\pi n\Delta W\nu_0}{c}\right)\right] \tag{4-26}$$

类似地，如果考虑 FPI 频率和激光频率的锁定误差 $\Delta\nu_\mathrm{L}$，则相应的透过率变为

$$T_i(\Delta\nu_\mathrm{L}) = 1 - \frac{1-R}{1+R}\left[1 + 2\sum_{k=1}^{\infty} R^k \exp\left(-\frac{k^2\pi^2\gamma_i^2}{\mathrm{FSR}^2}\right)\cos\left(k\frac{2\pi\Delta\nu_\mathrm{L}}{\mathrm{FSR}}\right)\right] \tag{4-27}$$

4.2.3　HSRL 系统中 FPI 的优化设计

由式(4-27)可以看出 FPI 透过率函数主要取决于 FPI 基板的镀膜反射率 R 和 FPI 的自由光谱范围 FSR，这两个参数选定以后可唯一确定 FPI 的光学结构参数。图 4-9(a)~(c)分别是 FPI 在 532nm 波段的分子透过率、气溶胶透过率、SDR 随着 FPI 镀膜反射率及 FSR 变化的变化规律。从图 4-9(a)可以看到，分子透过率的等高线从左上角到右下角逐渐增大，这表明，FPI 的基板反射率越大且 FSR 越小，越有助于实现更大的分子透过率。然而，从图 4-9(b)可以看到，FPI 基板反射率越大，FSR 越小会导致气溶胶透过率越大，也就意味着对气溶胶信号的抑制能力减弱。根据 HSRL 理论模型指出，光谱鉴频器应当保证较高的大气分子信号透过率和较大的 SDR。从图 4-9(c)所示的 SDR 分布来看，实现较高的 SDR 需要较小的镀膜反射率和较大的 FSR，刚好与实现较高的大气分子信号透过率的要求相反。显然，需要一种折中的设计方法在实现高 SDR 和高大气分子信号透过率之间进行权衡。

为了更好地评估鉴频器性能，这里采用的一种权衡策略是定义性能评价函数 (performance evaluation function，PEF)，即

$$\mathrm{PEF} = T_\mathrm{m}^p \cdot \mathrm{SDR} \tag{4-28}$$

鉴频器设计时通过优化选取其设计参数最大化该评价函数。式中，权重因子 p 为大气分子信号透过率(信噪比)在鉴频器设计中所占的考能比例,依赖于 HSRL 的目标应用；T_m 为大气分子散射信号通过光谱鉴频器后的透射率。例如，若测量大气主要位于低海拔，则由 HSRL 模型可知实现大的 SDR 是有益的[16,17]，这时可以取稍小的 p，如 $p=2$；若目标应用主要在较高的大气，如观测卷云，则较大的分子透过率是很重要的，这时应该使用较大的权重因子，如 $p=4$。该评价函数本

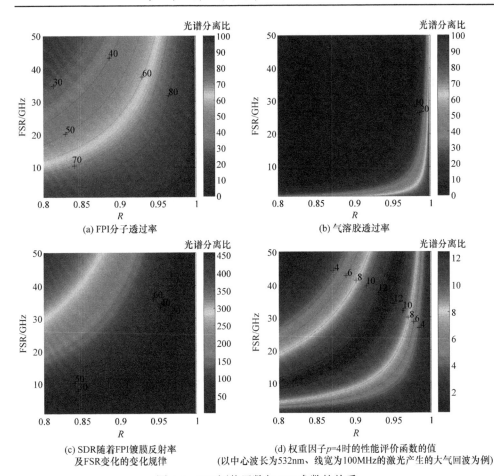

图 4-9　FPI 评价函数与 FPI 参数的关系

质上是出于对 SDR 和分子透过率变化相对比例的权衡。由于 SDR 的量级通常在几十到几百之间，而分子信号透过率一般小于 1，它们在数量级上并不等同。所以在选择 FPI 设计参数时，要更多关注数量较小的分子信号透过率的变化比例(如为了追求 SDR 增大 1/3 而导致分子信号透过率减小 1/2 是极不合理的，尤其是在 SDR 较大之时)。所以，一般取权重因子 $p=4$ 时更能顾及对分子透过率的重视程度，有利于对高空微弱回波信号的探测。图 4-9(d)给出了采用权重因子 $p=4$ 时的评价函数的值，可以看到，在该图中间区域的参数带内均能使得评价函数值接近最大。然而，在确定 FPI 设计参数时也应该考虑到实际加工制造的难度。一方面，应该注意到过大的反射率镀膜在实际制造时代价更大，另一方面，如果 FSR 太小会使 FPI 两块基板之间的间隔太大，不利于鉴频器稳定工作。最终，FPI 可以选择基板镀膜反射率 0.91 及 FSR 为 13GHz 的光学结构参数作为参考，这是一个既能充分权衡分子透过率和 SDR，又方便实际制造和稳定运行的设计。这时对应的分子信号透过率约为 78.69%，SDR 约为 26，对 FPI 鉴频器而言是非常理想的结果。

4.2.4　FPI(FPE)在 HSRL 系统中的典型应用

在 HSRL 中的 FPI 光谱鉴频器，按照工作方式可分为扫描式 FPI 和固定式 FPE。1971 年，Fiocco 等首次将 FPI 用于激光雷达中，对大气温度等参数进行了测量[19]。扫描式 FPI 与后面提出的几种器件相比，在测量原理上有较大的不同。扫描式 FPI 在 HSRL 中是作为光谱仪使用的，对接收到的大气后向散射信号进行波长扫描，从而得到信号的光谱图，再利用分子散射光谱模型计算得到后向散射中分子散射信号的强度，从而可以得到气溶胶散射信号的光谱强度。

固定式 FPE 与扫描式 FPI 不同，它通过将光谱鉴频器的中心谐振频率锁定在某一固定的波长上，从而达到光谱鉴频所需的测量目的，这种鉴频方式在 HSRL 中得到了较多的应用。相关的研究进展已经在 3.1 节中介绍，下面主要介绍几种 FPI(FPE)在气溶胶遥感 HSRL 中的典型系统。

基于 FPI 的 HSRL 接收器示意图如图 4-10 所示。回波信号经望远镜收集后先通过前置滤光片抑制背景辐射光的干扰，然后再用一个窄带 FPI，使得大部分的米散射信号及部分的卡巴纳散射信号通过该干涉仪，由光电倍增管 PMT$_1$ 接收，该通道称为气溶胶通道，剩余的卡巴纳散射信号则被 FPI 反射回来，由 PMT$_2$ 接收，该通道称为分子通道。

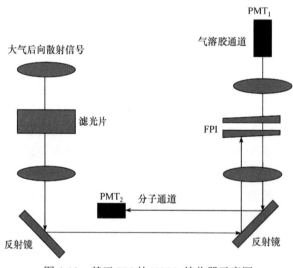

图 4-10　基于 FPI 的 HSRL 接收器示意图

除了采用上面所述的平板结构 FPI 作为 HSRL 鉴频器之外，Hoffman 等还利用共焦 FPI 成功搭建了 HSRL 系统，其结构示意图如图 4-11 所示[20]。该系统的工作原理与平板 FPI 构成的 HSRL 系统类似，系统中用于探测的激光波长分别为 532nm 和 1064nm，经合束器(BC₁)与回波信号合成的 1064nm 激光则用于系统锁频。接收到的回波信号中，中心波长为 532nm 的米散射信号与少部分的瑞利散射信号透过共焦 FPI，由 PMT₃ 接收，因此该通道为气溶胶通道。而剩余的回波信号则被干涉仪反射，由 PMT₂ 接收，故该通道为分子通道。共焦 FPI 采用了两面共焦凹面镜，相对于平板 FPI 而言，共焦 FPI 可以使得多个空间模式的光同时在干涉仪中产生共振，在一定程度上解决了平板 FPI 对角度失调过于敏感的问题[21]。

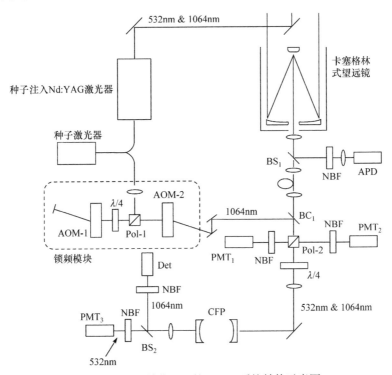

图 4-11　基于共焦 FPI 的 HSRL 系统结构示意图

FPI 的优点在于鉴频器的中心波长可调，所以对激光器波长的限制较少。并且，若 FPI 对一个波长能够产生共振，在不考虑反射相位项影响的前提下，对该波长的二次、三次谐波也同样可以产生共振，因此该结构适合用于实现多波长探测。但同时 FPI 还存在很多缺点，如其光路较为复杂，接收视场角较小，中心谐振波长受周边环境压力、温度变化的影响较大等，并且 FPI 不能够充分地滤除大气中的气溶胶产生的米散射信号[2]。

4.2.5　其他多光束干涉仪在 HSRL 中的应用

对激光光谱进行高精细度研究最常用的仪器是带有平面或共焦镜的 FPI。在准单色光照明的情况下，形成了艾里斑，该图形可以认为是多光束干涉所能得到的最优条纹图。而 FI 则可以理解为一个厚度在镜面上呈线性变化的平面 FPI，因其相邻的条纹形成一个频率尺度，它在空间和频谱上都是线性的，相比 FPI 的圆条纹来说，其条纹随频率变化的变化关系更易获取。并且，由于二者均为多光束干涉，FI 的频谱分辨能力基本能与 FPI 相当，后文将对这两者的性能进行详细分析。

1. 多光束 FI 原理

多光束 FI 的基本光路结构如图 4-12 所示[22]。假设反射镜很薄，在反射时没有相位变化。以干涉仪的顶点 O 为原点，以干涉仪其中一个反射面作为 y 轴，建立直角坐标系，入射光束与 x 轴呈入射角 θ 射入干涉仪，在坐标 (x,y) 处检测到干涉后的光场强度为 $P(x,y)$。任意两束干涉光束之间的光程差可以简单地通过将相应的波前传播到点 $P(x,y)$ 来计算。一个简单的三角函数计算表明，光束多次反射后的波前 W_n 和光束直接传输的波前 W_0 在 $P(x,y)$ 处的相位差 δ_n 为

$$\begin{aligned}
\delta_n &= N_n P - N_0 P \\
&= y\sin\theta - x\cos\theta + x\cos(\theta - 2n\alpha) - y\sin(\theta - 2n\alpha)
\end{aligned} \tag{4-29}$$

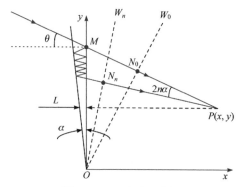

图 4-12　FI 光路示意图

显然，y 与干涉仪的厚度 $L(y)$ 间存在关系 $y = L/\tan\alpha$，那么该干涉条纹可以根据干涉仪的几何参数 (x,L,α,θ) 及光场强度确定，其中，L 为 P 位置对应的光楔厚度；α 为光楔楔角；θ 为光束相对于光学后表面的入射角。假设入射光场振幅为 E_0，那么干涉光场振幅可表示为

$$E[L(y)] = E_0 \sum_{n=0}^{N} r^{2n} \exp(\mathrm{i}k\delta_n) \tag{4-30}$$

式中，r 为反射面的反射系数。由于 α 一般在 10urad 量级，发生干涉时的 n 通常不会高于 100，所以可以用泰勒展开的方式对式(4-29)做简化，即

$$\begin{cases} \sin(n\alpha) \approx n\alpha - \left[(n\alpha)^3/6\right] + O(n\alpha)^5 \\ \cos(n\alpha) \approx 1 - \left[(n\alpha)^2/2\right] + O(n\alpha)^4 \\ 1/\tan(n\alpha) \approx (1/\alpha) - (\alpha^3/3) + O(\alpha)^3 \end{cases} \tag{4-31}$$

保留到 α^2 项，其他高次项忽略，可得

$$\delta_n = 2n\alpha x(\sin\theta - n\alpha\cos\theta) \tag{4-32}$$

式(4-32)与文献中推导的 $x = 0$，即干涉仪出射后表面干涉条纹相位差式相符[23]；也与 $\theta=0$ 时文献推导式相符[24]。值得注意的一点是，当 $\alpha = 0$ 时，式(4-32)即成为 FPI 的条纹极值条件：

$$2L\cos\theta = m\lambda \tag{4-33}$$

因此，只要 α 相关项小到可以忽略，条纹的形状就与相应的 FPI 中的条纹形状相同，多光束的 FI 与 FPI 的区别即在此。

2. 多光束 FI 应用

正如第 3 章介绍，FPI 是测量大气风速常见的光谱鉴频器，其双边缘测风的技术在直接探测多普勒激光雷达中得到了广泛的应用。而与之结构类似的 FI 相比 FPI 而言具有线性条纹等实际优点，更适合用于条纹成像测风激光雷达中。因此，1999 年，ESA 为其星载测风激光雷达计划开发了 FI 条纹成像技术；McKay 对其进行了理论上的研究[25,26]，并在大气激光多普勒设备上成功运行[27]。

ALADIN 的有效载荷包含一台多普勒测风激光雷达，工作在 355nm，其光路配置如图 4-13 所示。该多普勒测风激光雷达包含两台光谱鉴频器，其中，FI 用于测量气溶胶和云粒子的窄带米散射信号，而双边缘的 FPI 用于测量分子的宽带瑞利散射信号。这是第一台星载测风激光雷达及第一台空间高光谱分辨率激光雷达。

与 FPI 的圆形非线性间距条纹相比，FI 具有线性等间距条纹的特点，可直接利用 CCD 测量干涉条纹的移动直接计算风速，操作简便，结构稳定。然而，在光谱分辨率提高的情况下，非对称条纹的出现、透过率峰值幅值的降低及二次条纹

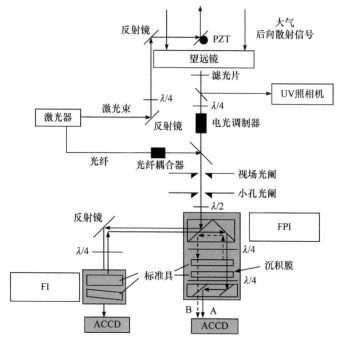

图 4-13　ALADIN 测风激光雷达光路配置

的出现使 FI 的可用性受到影响。在一定条件下，FI 会产生不对称的、轻微偏离理想位置的二次菲索条纹，从而减小主极大值的振幅。这种偏移对于光谱频率对准时可能影响不大，但非对称性使得曲线拟合问题更加复杂，二次条纹也代表了主极大值处的信号能量损失。知道给定的干涉仪参数是会产生类似于 FPI 的条纹，还是会产生难度更大的菲索条纹，将是很有用的。Koppelmann 和 Krebs 提出了快速判断菲索楔是产生类似理想艾里形状的简单条纹，还是产生更复杂的菲索条纹的标准[28]。

　　如图 4-12 所示，两反射面间的夹角为 α，借鉴 FPI 中反射精细度的概念，$F_r = \pi \sqrt{R}/(1-R)$，R 为对应波长的镀膜面的反射率，Koppelmann 提出 FI 的条纹形状可以用形状因子 s 来表征：

$$s = (m_0 \alpha^2)^{1/3} F_r \tag{4-34}$$

式中，m_0 为干涉仪的条纹数，与任意参考点处的间隙 h_0 有关，$m_0 = 2h_0/\lambda$。具有相同形状因子的菲索条纹具有相似的形状。Koppelmann 推断：如果 $s \leqslant 0.6$ 时，这种 FI 的条纹形状将接近理想的艾里形；当 s 值大于该值时，将出现非对称性和二次菲索条纹[28]。如图 4-14 所示，图中为三个 s 值在光线正入射下的计算条纹。对于 $s = 0.5$，条纹形状与艾里理想值相似，幅值与相同尺寸和精细程度的理想 FPI 相差不大；对于 $s=1.0$，不对称性开始明显，透过率降低，出现二次条纹；对于 $s=2.0$，条纹不对称、次极大值和透过率的降低是非常明显的。Koppelmann 形状因子的研究意义在于当试图通过增加光学间隙、精细程度来提高光谱分辨能力时，将导致 FI 具有相对复杂的条纹结构特征从而不适用于光谱分辨，因此需要对其进行适当权衡，在提高光谱鉴频能力的同时降低二次条纹等因素的干扰。

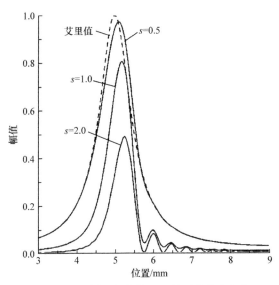

图 4-14　不同 s 在光线正入射下的菲索条纹

　　反射率、光学间隙和楔角的一个简单条件揭示了一组干涉仪参数是产生简单的艾里条纹还是复杂的菲索条纹。这些表达式为 FI 的参数确定提供了一个简单的过程，以提供所需的自由光谱范围和光谱分辨率。Koppelmann 形状因子 s 可以确定菲索干涉仪是会产生类似理想的艾里条纹，还是会产生更复杂的菲索条纹。但如果入射光与正常光偏移一个小角度，类似理想艾里条纹的 Koppelmann 上限 $s=0.6$ 可以扩展到 $s=1.0$。Langenbeck 提出的一个方程 $F_r\alpha/2^{1/4}$ 给出最接近理想艾里条纹的最优倾角[29]。图 4-15 给出入射光以兰根贝克角(Langenbeck angle)射入 FI 时，FI 产生的干涉条纹相比无倾斜入射时，不对称性和展宽效果都有极大改善，允许将条纹的结构扩展到更高分辨率的情况。

　　以上研究表明，采用大间隙、低精细度、倾斜入射的多光束 FI 优化设计，可以获得足够的分辨率，仅略低于同等尺寸和反射率的 FPI。但相比光谱鉴频器 FPI 而言，多光束 FI 的视场角比同等尺寸和反射率的 FPI 接收视场角小一半，当与其他光学系统相结合时，非常不利于工程开发[26]。

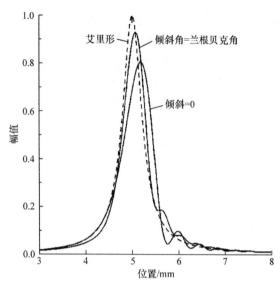

图 4-15　s =1.0 时，无倾斜与倾斜角满足兰根贝克角条件下的菲索条纹

4.3　视场展宽迈克耳孙干涉仪鉴频器

2012 年，NASA 的 Liu 等提出一种适用于 HSRL 技术的新型光谱鉴频器——FWMI[30,31]，通过对传统 MI 的特殊设计，一定程度上缓解了干涉型光谱鉴频器的鉴频性能对接收角度十分敏感的问题，降低了 HSRL 技术的应用难度，在 HSRL 系统中具有较好的应用前景。

4.3.1　视场展宽迈克耳孙干涉仪理论模型

传统 MI 的一臂中常带有补偿板来弥补不同波长的光通过分光板次数不同引起的光程差。这一折射率补偿的思想随后被沿用到风成像干涉仪中，启发形成了广角 MI 的设计，即通过在干涉臂中引入经过特殊选择设计的玻璃材料来实现折射率补偿，从而减缓光程差随入射角度变化的变化[32]。而 FWMI 正是受到风成像干涉仪设计的启发，利用折射率补偿的方法设计出在一定接收角范围内光程差变化不敏感的 MI，作为干涉光谱鉴频器用于 HSRL 当中。

对于普通的干涉光谱鉴频器（如 FPI），视场角变化所造成的光程差改变量极大影响了其对激光雷达后向散射回波信号的鉴频能力。不难看出，FWMI 这一设计相对于 FPI 的优势在于，在一定接收视场角内 FWMI 两臂的光程差变化缓慢，即代表着更大立体角内的接收光束能够被有效利用，从而提高其接收回波信号能力，对于高光谱分辨率激光雷达回波信号信噪比提升具有很大意义。特别地，根据瑞利散射定理，大气分子散射信号的强度与波长 4 次方近似成反比，因此理论上 1064nm 发射激光的大气分子散射回波信号强度只有 355nm 激光回波信号强度的 1/81。在近红外波段(如 1064nm)的高光谱分辨率激光雷达研究中，FWMI 具有更大的接收视场角，这意味着有更强大的信号接收与鉴频能力，因而 FWMI 作为干涉光谱鉴频器在近红外波段 HSRL 中显得更有竞争力。

1. FWMI 基本结构

FWMI 与普通 MI 一样，都是基于双光路干涉原理的干涉仪组件，图 4-16 给出了 FWMI 的基本光学结构[32]。该干涉仪的主体包括一块立方分光棱镜，两块玻璃补偿柱和空气间隔。干涉仪的其中一条干涉臂由连接在立方分光棱镜任一出射面上的玻璃补偿柱构成，并在玻璃末端镀上一层全反膜形成反射平面(透镜 2)，因此称为玻璃臂；另一条干涉臂则同时由连接在立方分光棱镜上的玻璃补偿柱和空气间隙构成，并在空气间隙的末端装配有高反镜(透镜 1)，称为混合臂。混合臂中的玻璃补偿柱，主要是为了补偿温度变化对光程差的影响，因而这种结构也被称为混合臂结构。在温度控制较好的条件下，为了精简结构，有时也可将混合臂上的玻璃补偿柱去除，通常将这种结构称为纯空气臂结构。

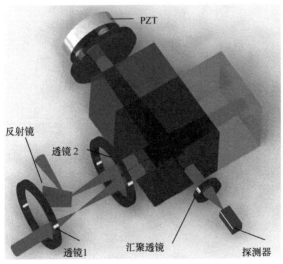

图 4-16　FWMI 的基本光学结构

FWMI 中采用的锆钛酸铅压电陶瓷[Pb(Zr$_{1-x}$Ti$_x$)O$_3$，PZT]是一种精密调谐结构，PZT 在 HSRL 系统应用中通过微小位移实时调节 FWMI 的光程差使得 FWMI

的透过率曲线谷底位置与发射激光波长一致，以达到较好的滤波效果，是 FWMI 锁频的核心器件。此外，除了采用 PZT 进行干涉仪光程差的调节之外，另外一种设计思路则是固定式的锁频方式，主要通过改变空气隙的气压进而改变混合臂空气隙的折射率，实现改变干涉仪光程差的调节[30]。这两种方式在实现原理上基本相同，仅在光程调谐方式上略做工程性的改动。下文将以 PZT 调谐的 FWMI 为例对其设计和应用作详细介绍。

2. FWMI 视场展宽设计

FWMI 的光路结构如图 4-17 所示，假设一光线以任一角度 θ 射入 FWMI，根据几何光学理论可以得到干涉仪光程差(optical path difference，OPD)和入射角 θ 的关系为[32]

$$OPD(\theta) = 2(n_1 d_1 \cos\theta_1 - n_2 d_2 \cos\theta_2 - n_3 d_3 \cos\theta_3) \tag{4-35}$$

式中，n_k、d_k($k=1,2,3$)为对应干涉臂的折射率、臂长；θ_k($k=1,2,3$)为光线在不同材料分界面的出射角。

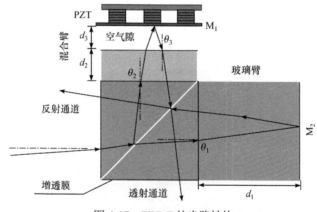

图 4-17　FWMI 的光路结构

根据光线折射的 Snell 法则，光程差可以用光线射入干涉仪时的入射角 θ 的正弦函数来表示，即

$$OPD(\theta) = 2\left[n_1 d_1 \left(1 - \frac{\sin^2\theta}{n_1^2}\right)^{1/2} - n_2 d_2 \left(1 - \frac{\sin^2\theta}{n_2^2}\right)^{1/2} - n_3 d_3 \left(1 - \frac{\sin^2\theta}{n_3^2}\right)^{1/2} \right] \tag{4-36}$$

由此可以看出，对于入射光而言，光程差不仅与干涉仪本身结构参数(如干涉臂参数的折射率、臂长等)有关，光束入射到干涉仪表面的角度不同，同样也会改变光程差的大小。视场展宽设计的目的，正是使 OPD 在入射角度 θ 的变化时保持

较小的改变量，以期在发散光束入射 FWMI 时，偏离入射光束中心的光线尽量保持与中心光线具有相近的 OPD。首先，可以将这一问题简化为一数学模型：假设具有发散角 θ_d 的光束入射到干涉仪上，其中心光线的入射角设为 θ_t(正入射时即为 0)，那么光线入射角 θ 将在[$\theta_t - \theta_d$，$\theta_t + \theta_d$]变化。将中心光线对应的光程差 OPD(θ_t)设为干涉仪的固有光程差(fixed optical path difference，FOPD)，固有光程差表示为

$$\text{OPD}(\theta_t) = 2\left[n_1 d_1 \left(1 - \frac{\sin^2 \theta_t}{n_1^2} \right)^{1/2} - n_2 d_2 \left(1 - \frac{\sin^2 \theta_t}{n_2^2} \right)^{1/2} - n_3 d_3 \left(1 - \frac{\sin^2 \theta_t}{n_3^2} \right)^{1/2} \right] \quad (4\text{-}37)$$

将式(4-37)在 $\sin^2 \theta_t$ 处做泰勒展开，展开式为

$$\begin{aligned}
\text{OPD}(\theta) = \text{OPD}(\theta_t) &+ \omega(\theta_t)\left(\sin^2 \theta - \sin^2 \theta_t \right) \\
&+ \psi(\theta_t)\left(\sin^2 \theta - \sin^2 \theta_t \right)^2 + O\left[\left(\sin^2 \theta - \sin^2 \theta_t \right) \right]
\end{aligned} \quad (4\text{-}38)$$

式中，$O[\cdot]$ 为高阶泰勒展开项；$\omega(\theta_t)$ 和 $\psi(\theta_t)$ 分别为 OPD(θ)对 $\sin^2 \theta_t$ 的一阶导数和二阶导数，有

$$\begin{cases}
\omega(\theta_t) = -\left(\dfrac{d_1}{\sqrt{n_1^2 - \sin^2 \theta_t}} - \dfrac{d_2}{\sqrt{n_2^2 - \sin^2 \theta_t}} - \dfrac{d_3}{\sqrt{n_3^2 - \sin^2 \theta_t}} \right) \\
\psi(\theta_t) = -\dfrac{1}{4}\left[\dfrac{d_1}{\left(n_1^2 - \sin^2 \theta_t \right)^{3/2}} - \dfrac{d_2}{\left(n_2^2 - \sin^2 \theta_t \right)^{3/2}} - \dfrac{d_3}{\left(n_3^2 - \sin^2 \theta_t \right)^{3/2}} \right]
\end{cases} \quad (4\text{-}39)$$

式中，如果将 $\omega(\theta_t)$ 设为 0，这时角度 θ 的变化仅影响 $\left(\sin^2 \theta - \sin^2 \theta_t \right)^2$ 及更高阶的小量，一般入射干涉仪的光束发散角都比较小，对入射角的变化即可视为不敏感。从而得到视场展宽条件为

$$\omega(\theta_t) = -\left(\frac{d_1}{\sqrt{n_1^2 - \sin^2 \theta_t}} - \frac{d_2}{\sqrt{n_2^2 - \sin^2 \theta_t}} - \frac{d_3}{\sqrt{n_3^2 - \sin^2 \theta_t}} \right) = 0 \quad (4\text{-}40)$$

图 4-18 展示了经过视场展宽设计的 FWMI 与普通 MI 的 OPD 随入射角度 θ 变化的变化关系。图中的 OPD 变化量是相对于中心入射光线，也就是相对于固有光程差 FOPD 而言的变化量。其中，点划线对应普通 MI 的 OPD 随光束入射角变化的变化特性，实线和虚线则是经过视场展宽设计后的 FWMI 的 OPD 随光束入射角变化的变化特性，不同的是虚线对应的是先前提出的类似于风成像仪广角迈克耳孙干涉仪(wide-angle Michelson interferometer，WAMI)中的设计方式，即中心

光线正入射时的情况（$\theta_t = 0$），而实线对应于新提出的 FWMI 设计方式，即中心光线为斜入射时的情况（$\theta_t = 1.5°$）。当光束入射角达到 3.5°时，普通 MI 的 OPD 变化在数十波长量级，而对于 FWMI 来说，不论是正入射还是倾斜入射时的设计，其 OPD 的变化均小于 1/10 波长，由此可见，视场展宽设计在拓宽干涉光谱鉴频器接收视场角方面的效果相当显著。

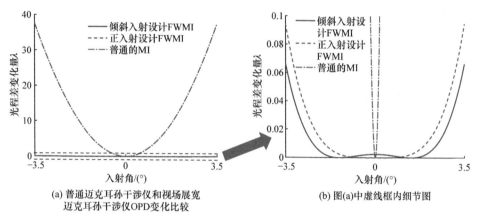

(a) 普通迈克耳孙干涉仪和视场展宽　　　　　　　(b) 图(a)中虚线框内细节图
迈克耳孙干涉仪OPD变化比较

图 4-18　引入视场展宽设计后干涉仪光程差变化情况

虽然同为视场展宽设计，针对主光线斜入射设计的 FWMI 相对于正入射设计的 FWMI 具有更好的视场展宽效果。由图 4-18(b)中的曲线可以看出，针对主光线斜入射设计的 FWMI 意味着 OPD 相对于某倾斜角的一阶微分为 0，与此同时 OPD 的变化在其对称角度亦达到最小。尽管这种设计的 FWMI 在光线正入射时 OPD 变化不是最缓慢的，但是中间可以接受的 OPD 变化量小范围的波动间接上拓宽了 OPD 变化的平缓区域，进而实现了更好的视场展宽效果，是对正入射设计的 FWMI 的一种优化。

3. FWMI 热补偿设计

如上文所述，视场展宽设计对于 FWMI 的 OPD 具有一定的特殊需要，因此也意味着干涉仪本身参数变化引起的 OPD 变化也需要严格的控制，即固有光程差随外界环境改变也应当具有一定的保持稳定状态的能力。温度对玻璃的长度和折射率的影响是造成干涉仪固有光程差变化的主要因素，为了最小化固有光程差随温度改变的变化量，设计思路与视场展宽设计类似，令 OPD 对温度 T 一阶偏导数为 0，可得

$$\frac{\partial \text{OPD}(\theta_{\text{t}})}{\partial T} = 2 \left\{ \begin{array}{l} \left[\alpha_1 d_1 \left(n_1^2 - \sin^2 \theta_{\text{t}} \right)^{1/2} + \beta_1 n_1 d_1 \left(n_1^2 - \sin^2 \theta_{\text{t}} \right)^{-1/2} \right] \\ - \left[\alpha_2 d_2 \left(n_2^2 - \sin^2 \theta_{\text{t}} \right)^{1/2} + \beta_2 n_2 d_2 \left(n_2^2 - \sin^2 \theta_{\text{t}} \right)^{-1/2} \right] \\ - \left[\alpha_3 d_3 \left(n_3^2 - \sin^2 \theta_{\text{t}} \right)^{1/2} + \beta_3 n_3 d_3 \left(n_3^2 - \sin^2 \theta_{\text{t}} \right)^{-1/2} \right] \end{array} \right\} = 0 \qquad (4\text{-}41)$$

式中，$\alpha_k = \dfrac{\partial d_k / \partial T}{d_k}$ （$k=1,2,3$）为对应材料的热膨胀系数；$\beta_k = \partial n_k / \partial T$（$k=1,2,3$）为对应材料折射率的温度系数。

经过热补偿设计的 FWMI，随温度变化的变化较小，具有较好的热稳定性能。显然地，对于热补偿的 FWMI 设计来说，需要同时满足式(4-36)、式(4-40)和式(4-41)，在玻璃材料选定后，干涉臂的折射率、热膨胀系数等参数就已经确定了，混合臂设计的 FWMI 有三个可调节的臂长变量 d_k（$k=1,2,3$），因此，三个方程确定三个未知量，可以求解出对应的三个干涉臂长，FWMI 的结构参数也就设计出来了。

4.3.2　FWMI 在 HSRL 中的光谱透过率建模评估

FWMI 作为干涉型光谱鉴频器，通过抑制特定谱宽的信号并使其他信号通过来实现高光谱分辨率的滤波效果。为了能定量评价 FWMI 作为 HSRL 光谱鉴频器的性能，首先需要选择合适的指标作为性能评估的依据。根据第 3 章误差分析相关内容可以了解到，对于 HSRL 系统，SDR 和分子通道透过率 T_{m} 是对 HSRL 光谱鉴频器比较合适的鉴频性能评价因子。SDR 是光谱鉴频器对米散射信号和瑞利散射信号分离程度的量化体现，而 T_{m} 又是分子散射信号透过能力的量化数值，两个参数都直接影响 HSRL 反演精度。而想要得到这两个重要参数，必须对干涉仪的透过率函数进行推导。得到干涉仪透过率函数，也就为设计 FWMI 具体参数提供了理论指导。

首先 FWMI 本身是双光束干涉仪，双光束干涉强度表达式为

$$F(\nu, \theta) = I_1 + I_2 + 2\sqrt{I_1 I_2} \cos[2\pi \nu \times \text{OPD}(\theta)/c] \qquad (4\text{-}42)$$

式中，I_1、I_2 为在 FWMI 输出端相干叠加的两束光强；c 为光速；$\text{OPD}(\theta)$ 见式(4-37)。从式(4-37)不难得出，双光束干涉仪对不同角度入射光的透过率是不同的。FWMI 通过视场展宽设计能将这种角度依赖性降至最低。理论上，希望用锁频调谐装置谐调 FWMI 的光程差使之满足相消干涉条件，即

$$\text{OPD}(\theta_{\text{t}}) = \left(m + \frac{1}{2} \right) c / \nu_0 \qquad (4\text{-}43)$$

式中，m 为任意整数；ν_0 为发射激光的中心频率。据此，式(4-42)可以重写为

$$F(\nu - \nu_0, \theta) = I_1 + I_2 + 2\sqrt{I_1 I_2} \cos\left[2\pi(\nu - \nu_0)\frac{\text{OPD}(\theta)}{c} + 2\pi\nu_0 \frac{\Delta\text{OPD}(\theta)}{c} \right] \quad (4\text{-}44)$$

式中，用 $\nu_0 + \Delta\nu$ 和 $\text{OPD}(\theta_t) + \Delta\text{OPD}(\theta)$ 替代 ν 和 $\text{OPD}(\theta)$，并忽略高阶小量 $2\pi\nu_0 \dfrac{\Delta\text{OPD}(\theta)}{c}$，可以得到简化的透过 FWMI 的干涉光强随频率与角度变化的函数，即

$$F(\nu - \nu_0, \theta) = I_1 + I_2 - 2\sqrt{I_1 I_2} \cos[2\pi(\nu - \nu_0)/\text{FSR}(\theta_t) + \Delta\phi(\theta)] \quad (4\text{-}45)$$

式中，$\Delta\phi(\theta) = 2\pi\nu_0 \times \Delta\text{OPD}(\theta)/c$ 是因为入射角偏差而引起的相位差；$\text{FSR}(\theta_t) = c/\text{OPD}(\theta_t)$ 称为 FWMI 的自由光谱范围。可见，式(4-45)将 FWMI 透过率函数分成了三个部分：与干涉光强相关的部分、与光谱频率相关的部分及与入射角相关的部分。后面将可见，这三部分形成了方便的模型接口便于分类融合任何的模型参数。

将式(4-45)和式(4-20)代入式(4-21)中，可以得到以 θ 角入射 FWMI 的光的局部透过光强为

$$\iota_i(\theta) = I_1 + I_2 - 2\sqrt{I_1 I_2} \exp\left[-\left(\frac{\pi\gamma_i}{\text{FSR}(\theta_t)} \right)^2 \right] \cos[\Delta\phi(\theta)] \quad (4\text{-}46)$$

FWMI 在全发散角范围内的总体透过率 T_i 是其在发散范围内各个入射角上透射率的双重积分，即

$$T_i = \int_{-\pi}^{\pi} \mathrm{d}\varphi \int_0^{f\theta_d} \iota_{\text{mapi}}(\rho, \varphi) \rho \mathrm{d}\rho / \pi f^2 \theta_d^2 \quad (4\text{-}47)$$

式中，θ_d 为入射光的半发散角；f 为所使用的汇聚透镜焦距；$\iota_{\text{mapi}}(\rho, \varphi)$ 为一个映射函数，可以参考图 4-19，将倾斜入射时的极坐标表示成 (ρ, φ) 与光线进入 FWMI 的实际入射角 θ 相联系起来，表示成

$$\iota_{\text{mapi}}(\rho, \varphi) = \iota_i \left\{ \arccos\left[\frac{2f\cos^2\theta_t - \rho\sin(2\theta_t)\cos\varphi}{2\sqrt{f^2 + \rho^2}\cos\theta_t} \right] \right\} \quad (4\text{-}48)$$

式(4-47)与式(4-48)就是广义的 FWMI 综合透过率的评估表达式。以此为基础，按照光谱分离比 SDR 的定义即可计算出 FWMI 的 SDR，也为 FWMI 的具体参数设计提供了指导。需要指出，从物理意义上来说，FWMI 的透过率特性不应该与使用的汇聚透镜有关。事实上，尽管式(4-47)与式(4-48)中包含透镜焦距这一参数，但实际计算时发现式(4-47)的积分结果是与透镜焦距 f 无关的。这从侧面也反映了该方法的正确性和自洽性。

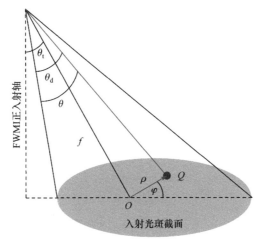

图 4-19　FWMI 倾斜入射时透过率表达式推导示意图

4.3.3　HSRL 系统中 FWMI 的优化设计

1. 固有光程差的确定

如前文所述,为了设计 FWMI,首先需要确定其 FOPD。而 FOPD 直接决定了 FWMI 的自由光谱范围,因此该参数的确立必须考虑到 HSRL 中光谱分离的具体要求,即考虑 FOPD 与 SDR 及 T_m 之间的关系。假设大气分子与气溶胶粒子的回波频谱均为高斯分布,且不考虑实际的加工使用条件对 FWMI 鉴频特性的破坏(这时 FWMI 处于最佳工作状态),这时可以将其对大气分子和气溶胶粒子的散射信号的透过率代入式(4-47)与式(4-48)进行简化,简化后的透过率表达式为[17]

$$T_i = \frac{1}{2} - \frac{1}{2}\exp\left[-\frac{\pi^2\gamma_i^2}{(c/\mathrm{FOPD})^2}\right] \tag{4-49}$$

式中, γ_i ($i = \mathrm{a,m}$)分别为气溶胶米散射谱宽及大气分子卡巴纳散射谱宽。根据标准大气模型计算,对于工作在 532nm 的 HSRL 而言,大气分子后向散射谱在 1~10km 的谱宽在 1.3~1.5GHz。不失一般性,设计 532nm 波段工作的 FWMI 时,可以取瑞利散射谱宽 γ_m =1.4GHz,气溶胶米散射谱宽 γ_a =0.05GHz(谱宽 100MHz 的脉冲激光的对应值)。由式(4-49)可以确定 FWMI 的分子信号透过率 T_m 和 SDR 随着 FOPD 变化的变化关系,如图 4-20 所示。

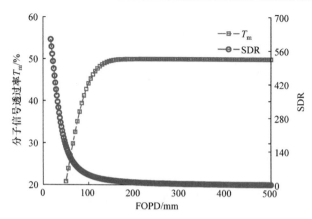

图 4-20　FWMI 的 SDR 和分子信号透过率随着 FOPD 变化的变化关系

由图 4-20 可以看出，FWMI 的分子信号透过率 T_m 和 SDR 随着 FOPD 的变化具有相反的变化趋势，需要选择合适的 FOPD，才能同时保证良好的信噪比与鉴频效果。根据第 3 章误差传递理论可知，反演精度与 T_m 和 SDR 均呈正相关的关系，然而，二者本身存在相互制约的关系，一个参数的增大伴随着另一个参数的下降。因此，为了保证较高的反演精度，必须权衡 FOPD 的数值同时保证较高的分子信号信噪比(较高的 T_m)和良好的鉴频效果(较高的 SDR)。根据第 3 章中对 HSRL 模型分析可知，追求最高的 SDR 并无必要，应该在追求较高的分子信号透过率的基础上保证适当的 SDR。注意到 FOPD 大于 150mm 之后分子信号透过率几乎不再变化，而 SDR 则急剧下降，因此 FOPD 应该小于 150mm。最终可以选择 FOPD 为 100mm，这时 SDR 为 322，分子信号透过率为 44%，均为非常好的设计结果。由于分子信号的谱宽十分接近 FWMI 的自由光谱范围，通常一旦 FOPD 确定之后，FWMI 分子信号透过率在各类缺陷的影响下变化不大。实际缺陷对 FWMI 性能的影响将唯独体现在 SDR 的降低。这里，选择 100mm 作为 FWMI 的 FOPD 充分保证了较大的 SDR，为 FWMI 在实际加工时的容差分配留足了余量。

2. FWMI 结构参数设计

确定 FOPD 后即可根据式(4-36)、式(4-40)及式(4-41)选择 FWMI 的玻璃材料并确定各干涉臂的长度。这里将展示设计混合臂和纯空气臂两种不同的 FWMI 结构，混合臂结构的 FWMI 是按图 4-16 所示的采用玻璃和空气间隔作为补偿臂，补偿臂中含有两种结构和两个折射率参数，因此称为混合臂。混合臂结构 FWMI 拥有三个可调节的臂长变量 d_k ($k=1,2,3$)，所以能够同时满足视场展宽与热补偿两个条件，在不考虑加工难度、误差等实际因素情况下，显然是更为理想的鉴频器选择。而纯空气臂结构的 FWMI 是仅采用空气间隔作为补偿臂，补偿臂中只含有一种结构和一个折射率参数，干涉仪整体只有两个可调节的臂长变量 d_k（$k=1,2$），难以同时满足三个方程的约束，一般只考虑满足视场展宽的设计要求，抛弃热补偿条件，在使用中加入温控系统或者调谐锁频机构对 FWMI 的谐振工作点进行精密控制，从而补偿环境变化的影响。

对于混合臂结构 FWMI 的设计，在选择玻璃材料后，可以通过求解式(4-36)、式(4-40)和式(4-41)得到三个结构参数 (d_1,d_2,d_3)；对于纯空气臂结构 FWMI 的设计，由于其设计自由度更小，难以同时实现热补偿的设计，故只考虑视场展宽约束和 FOPD 约束，即式(4-36)和式(4-40)，同样可以得到对应干涉臂臂长的设计参数 (d_1,d_2)。此外，设计时还需要注意选择玻璃材料的一些实际限制，如玻璃材料的成品率、加工难度、需要的材料长度等，如有些折射率高的玻璃材料，材质较软，不易加工，那么可以选择兼顾折射率和材质的玻璃材料。

表 4-1 给出了 5 种针对 532nm 波段的典型 FWMI 设计方案，在这些设计中让光束以 1.5°倾斜入射。混合臂结构 FWMI 的设计结果用 H*表示，其中 H1 具有最短臂长，H2 具有最好视场展宽效果，H3 具有最好的热稳定性。纯空气臂结构 FWMI 设计结果用 P*表示，其中 P1 同时具有最短臂长和大视场展宽角，P2 在所有可能的纯空气结构 FWMI 中具有最好的热稳定性。如图 4-21(b)和(d)所示分别为混合臂和纯空气臂两种 FWMI 设计下的热补偿效果展示，其中，图 4-21(b)表示的是混合臂的热稳定性能，对于 0.5℃的环境温度变化，其 OPD 改变量维持在 $10^{-3}\lambda$ 量级以下；而图 4-21(d)表示的是纯空气臂结构的 FWMI，在温度变化 1℃时 OPD 变化可达到近 5λ。即便是热稳定最好的纯空气臂设计，OPD 变化也在 λ 量级。这一结果进一步说明，对于纯空气臂的 FWMI 结构，对其工作环境往往需要精密的温控或频率调谐系统才能保证良好的工作性能。

表 4-1　采用肖特玻璃库在 532nm 波段对几种典型的 FWMI 设计方案

| 序号 | 材料 | | 长度/mm | | |
	玻璃臂	混合臂	玻璃臂	混合臂	
H1	N-SF66	空气　P-SF68	53.2230	19.1608	16.7970
H2	N-PK52A	空气　N-SF66	87.2380	13.6854	86.2420
H3	N-LASF46A	空气　SF57	91.4330	16.3548	58.4220
P1	P-SF68	空气　—	32.7670	16.2143	—
P2	N-SF66	空气　—	35.1860	18.1622	—

　　为了直观地表现这些设计的特点，图 4-21 给出了它们的 OPD 随着入射角和环境温度偏移的变化关系。从图 4-21(a)和(c)可见，两种结构的 FWMI 在角度变化 $-5°\sim5°$ 的范围内都能达到较好的视场展宽效果，它们的 OPD 变化均小于 0.3λ。而对比图 4-21(b)和(d)可知，混合臂结构的 FWMI 具有极好的热稳定性，在温度变化 1℃时，它们的 OPD 改变不足 $10^{-3}\lambda$，而纯空气结构的 FWMI 在相同温度变化时，OPD 变化到达了近 5λ。因此可以对上述五种 FWMI 设计方案进行简单小结：在理想条件下，混合臂结构 FWMI 和纯空气臂结构 FWMI 都具有极好的视场展宽效果，且两者展宽效果基本一致。但是混合结构 FWMI 在温度敏感性上相对纯空气 FWMI 弱很多，因此在能够达到高精度加工的前提下，混合结构 FWMI 具有温度稳定性的优势。

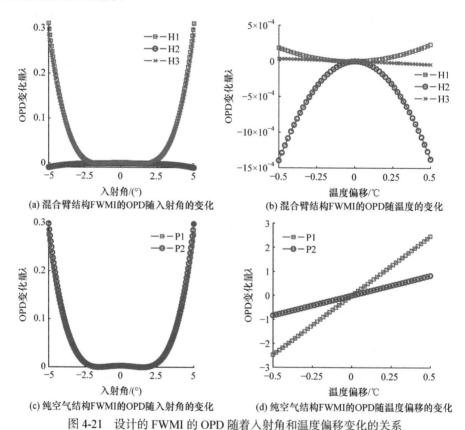

(a) 混合臂结构FWMI的OPD随入射角的变化　　　(b) 混合臂结构FWMI的OPD随温度的变化

(c) 纯空气结构FWMI的OPD随入射角的变化　　　(d) 纯空气结构FWMI的OPD随温度偏移的变化

图 4-21　设计的 FWMI 的 OPD 随着入射角和温度偏移变化的关系

3. FWMI 的加工及装调容差评估

1) FWMI 加工容差评估

在确定了 FWMI 结构参数之后，还需要评估其相关参数的加工容差预算，这样才能为干涉仪的实际制造提供依据。FWMI 实际加工误差及使用条件对于鉴频性能影响建模详细过程可以参考文献[33]，下面我们直接呈现具体的建模评估结果。以表 4-1 提到的 H1 和 P2 设计为例进行性能评估。图 4-22 是对 FWMI 玻璃臂加工误差、累积波前误差及增透膜容差评估的结果。其中图 4-22(a)、(b)给出了 FWMI 的 SDR 随玻璃长度偏差变化的变化；图 4-22(c)给出了 FWMI 的 SDR 随累积波前误差变化的变化；图 4-22(d)给出了 FWMI 的 SDR 随增透膜透过率变化的变化。从图 4-22(a)和(b)可以直观地看到，无论采用哪种 FWMI 结构，均需要将玻璃长度加工精度控制在 0.01mm 以内，这时能保证 FWMI 的 SDR 不低于 250，这对目前的玻璃加工技术而言并不算挑战。图 4-22(c)给出了三种在 FWMI 中常见的累积波前误差(倾斜波前、离焦波前和随机波前)对 FWMI 光谱分离特性的影响。不难发现，对应不同波前误差的曲线几乎重叠在一起，从而验证了预测的 FWMI 光谱特性与特定波前误差形状无关，而只与波前误差的均方根(root-mean-square，RMS)的数值相关。从该图也可见，波前误差对 FWMI 的光谱分离性能影响很大，需要将 FWMI 的累积波前误差控制在 0.01λ 以下才能保证 100 以上的 SDR。这要求在FWMI 的光学元件加工及装调过程中对玻璃面型、安装应力等方面做出精细的考

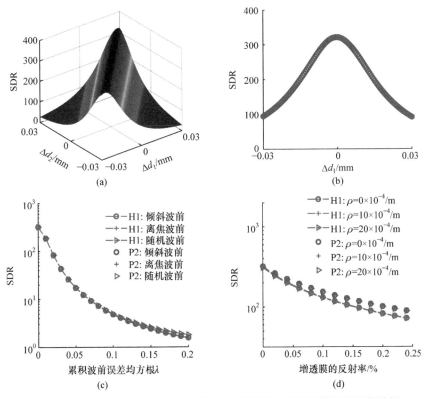

图 4-22　FWMI 玻璃臂加工误差、累积波前误差以及增透膜容差评估结果

虑和控制；图 4-22(d)中画出的三条曲线分别考虑了在三种不同玻璃的吸收系数下，SDR 随增透膜反射率变化的变化关系。可见，FWMI 增透膜镀膜的质量也是影响其光谱分离性能的重要因素之一，一般要求镀增透膜时其反射率应该低于0.05%才能不显著地降低 SDR。

2) FWMI 在使用中的装调控制容差评估

在完成固有光程差及结构参数理论值计算之后，FWMI 已经完成理论上的初步加工设计。但是在实际使用过程中，存在诸多降低其光谱分离性能的因素，如入射光束发散角、温度变化、干涉仪频率漂移等。这里同样以表 4-1 中的 H1 和P2 设计为例，对这些使用过程中可能导致 FWMI 光谱性能恶化的因素进行分析，以指导 FWMI 的实际使用。

尽管 FWMI 经过了特殊设计，但其视场展宽与温度补偿的实际容差范围在使用前应当被精确评估，从而保证 FWMI 能够在常规条件下使用。图 4-23(a)为 SDR与入射光束半发散角的关系。可见，混合结构 FWMI 和纯空气结构 FWMI 具有相似的视场展宽性能，正如已经在图 4-20 中所直观见到的。此外，注意 FWMI 的SDR 在半发散角小于 1°时非常稳定，几乎不随发散角的变大而降低。在实际使用过程中可以将入射光的半发散角控制在 0.5°，这样既能工作在 FWMI 视场展宽的范围之内且留一定的余量，又比较容易实现。由于视场展宽特性是 FWMI 与普通迈克耳孙干涉仪的本质区别，所以在下面的讨论中，将默认入射光的半发散角为0.5°，以使分析结果更具有实际意义。图 4-23(b)显示了 H1 和 P2 两种 FWMI 设计的 SDR 随着使用温度变化而变化的趋势。由于两种结构 FWMI 具有不同的热展宽性能，混合结构 FWMI 的 SDR 在温度变化 0.5℃范围内基本上保持不变，而纯空气结构 FWMI 的 SDR 迅速减小到 1 左右。因此，纯空气结构 FWMI 在使用时应该对温度做到精密的控制(优于 0.01℃)，而使用混合结构 FWMI 时对温度控制要求低得多。

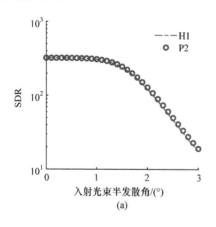
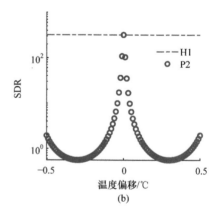

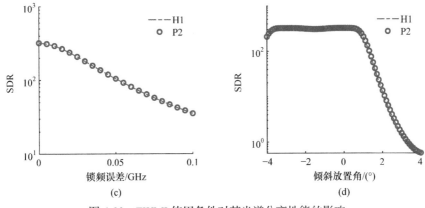

图 4-23　FWMI 使用条件对其光谱分离性能的影响

HSRL 中光谱鉴频器与激光器中心频率的锁定是一项关键技术。频率锁定的精度也直接决定着 FWMI 光谱分离的性能。图 4-23(c)给出了 FWMI 性能同锁频误差的关系。可以看到，两种结构的 FWMI 均对频率锁定误差具有一致的敏感程度，随着锁频误差的增大，FWMI 的光谱分离性能显著降低。例如，0.03GHz 的锁频误差让 FWMI 的 SDR 值从理想最高值下降到 182 左右(近 40%的性能下降)。该曲线对 FWMI 频率锁定系统提出了基本的要求。

另外一个值得讨论的问题是 FWMI 的倾斜放置角，它决定了入射光线的发散角范围。如前所指出，在设计 FWMI 时预先选定了 1.5°的倾斜放置角。然而，在实际过程中不可避免地会引入放置误差。图 4-23(d)显示了倾斜放置角对 FWMI 光谱分离比的影响。可以看到，FWMI 对该角度在一定范围内的误差并不敏感。这表明 FWMI 在使用时对放置调整精度的要求较松散。但也要注意到，过大的倾斜角误差也会引起 FWMI 光谱分离能力的下降。这是因为 FWMI 的 OPD 变化曲线只在 0°和确定的倾斜角处存在极值，使用角度过度偏离极值区域会显著造成 SDR 降低。由此可见，虽然在设计 FWMI 时预先设定了倾斜放置角，但在实际使用过程中并不一定要严格按照设计时的角度放置 FWMI。

4.3.4　FWMI 在 HSRL 的应用实例

如前文所述，FWMI 的设计思想就是从风成像干涉仪的 WAMI 中借鉴过来的。从根本上讲，FWMI 就是经过倾斜角优化设计之后的 WAMI。但是 WAMI 主要应用于被动测风系统，本质上不属于激光雷达范畴，因此在此不做过多展开。

FWMI 作为一种极具潜力的 HSRL 系统鉴频器，从理论设计框架的提出到实际在 HSRL 系统中的应用也只用了短短几年。2018 年，Burton 等介绍了 355nm FWMI 在 2016 年机载实验的实际应用[34]。NASA 第一代机载 HSRL 系统主要由一个 1064nm 的米散射激光雷达和一个 532nm 的基于碘分子鉴频器的 HSRL 系统构成[6]，而在第二代机载 HSRL 系统中，增加了 FWMI 作为 355nm 通道的光谱鉴频器的 HSRL 系统，NASA 二代 HSRL 系统新增的核心器件就是如图 4-24 所示的气压调谐 355nm FWMI。

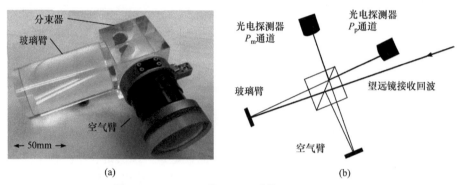

图 4-24　NASA 二代 HSRL 系统 355nm FWMI

采用气压调谐方式的 FWMI 可以有效避免引入 PZT 调谐 OPD 时所带来的微小振动，因而足以保证整个干涉光谱鉴频器可在较为恶劣的使用环境如船载、机载 HSRL 系统中长时间稳定工作。从图 4-24(b) 的光路图中不难发现，这是一种典型的纯空气臂结构的视场展宽设计。系统采用的是双光路接收系统，入射回波信号光并非正入射至干涉仪，而是以倾斜的一个角度入射，出射通道分为 P_m 通道 (主要接收分子散射信号) 和 P_p 通道 (主要接收米散射信号)。利用设计好的光程差配合气压调谐装置使 P_m 通道恰好处于干涉相消状态，即可以滤除大部分米散射展宽信号而使卡巴纳展宽信号顺利通过。相对地，P_p 通道则处于干涉相长状态，可以同时使米散射展宽信号与卡巴纳展宽信号通过，如图 4-25 所示。同时干涉仪的分光棱镜做到尽可能的 50/50，就能实现两个通道通过的卡巴纳信号强度相

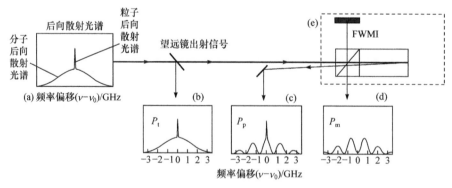

图 4-25　355nm HSRL 系统各通道接收信号[35]

等，为后续反演提供便利。

在干涉仪理想状态下应当是 P_m 通道的米散射信号完全被抑制，但是实际上的锁频误差、FWMI 本身的加工误差及干涉仪环境的变化等都会导致 P_m 通道中不可避免地存在米散射信号。相同地，P_p 通道中也必然存在卡巴纳散射信号。

由此可以得到双通道信号可以表示为

$$\frac{P_m(r)}{g_m} = \frac{1}{r^2}[A\beta_m^{\parallel}(r) + B\beta_p^{\parallel}(r)]T(r)^2 \tag{4-50}$$

$$\frac{P_p(r)}{g_p} = \frac{1}{r^2}[C\beta_m^{\parallel}(r) + D\beta_p^{\parallel}(r)]T(r)^2 \tag{4-51}$$

式中，$P_i(r)$ 为获得的两个通道得到的信号强度，$i = m,p$ 分别为分子通道及气溶胶通道；g_i 为两个通道各自的效率因子，单个通道所有的损耗都由 g_i 体现；r 为探测距离；β 为后向散射系数；$T(r)$ 则是对于双通道雷达方程的指数项的简化，$T(r)^2 = \exp\left\{-2\int_0^r [\alpha_m(r') + \alpha_p(r')]\mathrm{d}r'\right\}$；系数 A、B、C、D 则分别为两个接收通道中分子回波信号及气溶胶回波信号所占比例的系数因子，同时应当满足 $A + C = B + D = 1$。

此时反演得到大气参数只需要知道 D/B 的值即可。而 D/B 值定义的是气溶胶通道中米信号与分子通道中米信号的比值。这与前面章节所提及的 SDR 概念本质相同，只是 SDR 是针对分子通道单个通道内 T_m 与 T_p 进行对比，而 D/B 值则是在两个通道之间米信号的对比。两者本质上都是表征干涉光谱鉴频器分光性能的指标，与 SDR 一样，D/B 值越大则表示分光性能越好。下面给出 SDR 与 D/B 值之间的关系。

根据 SDR 的定义，有

$$\mathrm{SDR} = \frac{T_m}{T_p} = \frac{A}{B} \tag{4-52}$$

假设 $A = C = 0.5$，因而 D/B 值可以表示为

$$\frac{D}{B} = \frac{1-B}{B} = \frac{2A-B}{B} = 2\mathrm{SDR} - 1 \tag{4-53}$$

经过上式的简单推导，可以更好地理解 D/B 值的物理意义，此时只需要能够确定 D/B 值就能够推导得到气溶胶后向散射系数 β_p 及消光系数 α_p。关于 D/B 值的确定主要有两种方式。一种是将发射系统的种子光注入 FWMI 中，直接测试没有回波信号的两个通道信号，由于没有大气回波信号，通过两个通道信号比值即可得到 D/B 值。这种方法的优势显而易见，就是可以实时获得 D/B 值。但是需要

注意的是，种子光在探测器光敏面的区域无法与大气回波信号的区域重合，可能会产生探测器不同光敏面的区域响应误差，进而导致 D/B 值的定标误差。另一种方法则是直接根据实际的回波信号来反推 D/B 值。这是一种相对更加准确的 D/B 值定标方式，但是这种方式需要探测区域存在较强的气溶胶，只要回波信号没有超过量程达到饱和状态，就能求解出 D/B 值。结合式(4-50)～式(4-52)可以得到

$$\frac{D}{B} = \frac{P_p(r_c)r_c^2/g_p - C\beta_m^{\parallel}(r_c)T(r_c)^2}{P_m(r_c)r_c^2/g_m - A\beta_m^{\parallel}(r_c)T(r_c)^2} \tag{4-54}$$

式中，r_c 为较强气溶胶所在的距离。从 D/B 表达式中可以发现分子与分母的第二项相对于第一项较小，因而可以将其近似为两个通道的矫正信号之比。但是在实际情况中，又不能这样简单处理，否则会引入较大的 D/B 误差。因为对于分子可以近似为气溶胶通道的矫正信号，但是分母的第二项存在 $A\beta_m^{\parallel}$ 相比于气溶胶信号无法完全去掉。尤其当 FWMI 处在较为理想状态，D/B 值越大时，也就意味着分子通道的米散射抑制得越好，在气溶胶强反射时，分母越不能近似成为简单的矫正信号。由此可以得到 D/B 值更为准确的反演式为

$$P_m r_c^2 \frac{g_p}{g_m} \approx \frac{B}{D} P_p r_c^2 + A g_p \beta_m^{\parallel} T^2 \tag{4-55}$$

即 D/B 值与矫正信号的斜率倒数有关，可以通过矫正信号分布图(图 4-26)求得较为准确的 D/B 值。

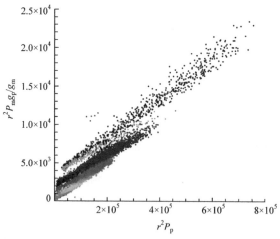

图 4-26　根据 NASA 于 2016 年 9 月 16 日实验中所得到的强回波信号拟合的斜率

所以可以通过回波信号得到 D/B 值，从而可以求出 B 与 D 系数的具体值。之后将 B、D 代入可得

$$\alpha_{\mathrm{p}}(r) = -\frac{1}{2}\frac{\partial}{\partial r}\ln\left\{\frac{r^2}{\beta_{\mathrm{m}}^{\parallel}(r)}[DP_{\mathrm{m}}(r) - B\frac{g_{\mathrm{m}}}{g_{\mathrm{p}}}P_{\mathrm{p}}(r)]\right\} - \alpha_{\mathrm{m}}(r) \tag{4-56}$$

式中，$\beta_{\mathrm{m}}^{\parallel}(r)$ 为分子卡巴纳展宽平行信号的后向散射系数；$\alpha_{\mathrm{m}}(r)$ 为分子信号的消光系数，均可由大气模型计算得到，因此，气溶胶的后向散射系数反演表达式为

$$\beta_{\mathrm{p}}(r) = \frac{\beta_{\mathrm{m}}(r)}{1+\delta_{\mathrm{m}}}\left\{\left[\frac{A\frac{g_{\mathrm{m}}P_{\mathrm{p}}(r)}{g_{\mathrm{p}}P_{\mathrm{m}}(r)} - C + (AD - BC)\frac{g_{\mathrm{m}}P_{\perp}(r)}{g_{\perp}P_{\mathrm{m}}(r)}}{D - B\frac{g_{\mathrm{m}}P_{\mathrm{p}}(r)}{g_{\mathrm{p}}P_{\mathrm{m}}(r)}}\right] - \delta_{\mathrm{m}}\right\} \tag{4-57}$$

式中，$P_{\perp}(r)$ 与 $g_{\perp}$ 分别为退偏通道的信号强度及效率因子；δ_{m} 为分子通道退偏比，可由理论模型计算得到。到此为止，实现了利用 FWMI 反演得到气溶胶最重要的后向散射系数和消光系数，进一步推导可以得到所有其他的大气参数。

4.3.5　其他双光束干涉仪在 HSRL 中的应用

MZI 与 MI 同属于双光束干涉仪的一种，其鉴频机理与 MI 基本相同，且同样可做视场展宽设计，亦是一种极具潜力的光谱鉴频器。由于 MZI 通常都为双通道输出的特点，在使用方式上与 FWMI 略有不同，因此本节重点对 MZI 区别于 FWMI 的结构、原理和主要应用做简要介绍。

1. MZI 的结构和基本原理

MZI 典型光路如图 4-27 所示，主光束垂直入射至分束器，之后分成两路等强度光束，两路独立的光束再经过各自的光路之后分别入射至分束器，输出形成两路干涉光路。假设 MZI 中两个分束镜的透反比均为严格的 50∶50，可以得到两个信号接收通道的光谱透过率曲线 $T_1(\nu)$ 和 $T_2(\nu)$ 分别为

$$\begin{cases} T_1(\nu) = \sin^2(\pi\nu\Delta) = \dfrac{1}{2}[1 + \cos(2\pi\nu\Delta)] \\[2mm] T_2(\nu) = \cos^2(\pi\nu\Delta) = \dfrac{1}{2}[1 - \cos(2\pi\nu\Delta)] \end{cases} \tag{4-58}$$

式中，ν 为入射至 MZI 的信号光的频率($\nu=c/\lambda$)；Δ 为 MZI 的两路干涉臂之间的光程差。MZI 相比 MI 的优势在于，能较为容易地实现同时接收两个干涉通道的信息，且这两个通道与原光路不相互干扰。这种双通道接收的优势体现在，可以同时获得两路通道透过率的差信号，即

$$\Delta T = T_1(\nu) - T_2(\nu) = \cos(2\pi\nu\Delta) \tag{4-59}$$

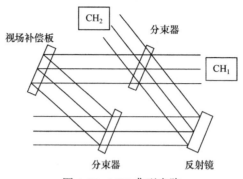

图 4-27　MZI 典型光路

与 MI 类似，MZI 同样也可以进行视场展宽设计[36,37]，基本的设计思想与前面介绍的 FWMI 类似，主要通过在干涉臂中加入经过设计的补偿臂实现视场展宽。

如图 4-27 所示，以其中一面反射镜的后表面作为反射面，那么该反射镜片本身即可作为视场展宽的补偿板，通过特殊设计反射镜的折射率 n 和厚度 t，降低 MZI 的光程差随入射光线视场角变化的变化。如图 4-28 所示，图 4-28(a)表示光线以一定偏角 θ 入射时，双光束干涉的准零程差位置。由于该点并不代表双光束干涉光程差为零，只是我们以此作为光程差的衡量标准，相当于视场展宽迈克耳孙干涉仪的固有光程差概念，因此称为准零程差(quasi-zero path difference，QZPD)。图 4-28(b)表示光线偏离 θ 角 $\Delta\theta$ 入射时的光程差 OPD。M_1(图 4-28 内只给出了马赫-曾德尔干涉仪部分结构，M_1 未出现)与 M_2 分别为干涉仪两臂的反射镜，假设 M_1' 为反射镜 M_1 在另一干涉臂的位置投射，可以实际推导出光程差式，从而得出视场展宽条件。

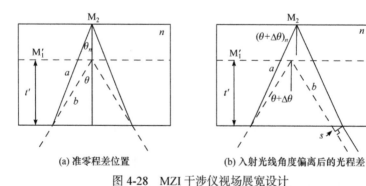

(a) 准零程差位置　　　　　　　　(b) 入射光线角度偏离后的光程差

图 4-28　MZI 干涉仪视场展宽设计

假设光线射入反射镜后表面时的角度为 θ_n，第一反射镜表面 M_1 在 M_2 内成像位置如图虚线所示，距离反射镜 M_2 前表面为 t'，反射镜 M_2 厚度为 t。根据几何关系 $t\tan\theta_n = t'\tan\theta$ 和 Snell 法则联立可得

$$t' = \frac{t}{n} \frac{\cos\theta}{\sqrt{1-\sin^2\theta/n^2}} \qquad (4\text{-}60)$$

那么，准零程差位置的光程差 QZP 为

$$\text{QZP} = 2na - 2b = 2n\left(\frac{t}{\cos\theta_n}\right) - 2\left(\frac{t'}{\cos\theta}\right) = \frac{2(n^2-1)t}{\sqrt{n^2-\sin^2\theta}} \qquad (4\text{-}61)$$

假设光束以一定视场角 $\Delta\theta$ 入射，那么光程差可表示为

$$\text{OPD} = 2na - 2b - s = 2t\left(\sqrt{n^2-\sin^2(\theta+\Delta\theta)} - \frac{\cos\theta\cos(\theta+\Delta\theta)}{\sqrt{n^2-\sin^2\theta}}\right) \qquad (4\text{-}62)$$

显然，由视场角引起的光程差改变量为

$$\text{OPD} - \text{QZP} \approx t\frac{(n^2-1)\sin^2\theta}{(n^2-\sin^2\theta)^{3/2}}\Delta\theta^2 + O(\Delta\theta^3) \qquad (4\text{-}63)$$

可见，由于视场角很小，可以忽略 $O(\Delta\theta^3)$ 及更高阶项的影响，只需 $\Delta\theta^2$ 的系数等于零，即可以实现视场展宽设计，那么视场展宽条件可表示为

$$t\frac{(n^2-1)\sin^2\theta}{(n^2-\sin^2\theta)^{3/2}} = 0 \qquad (4\text{-}64)$$

经过视场展宽设计的 MZI 拥有了更大的视场接收角，两个通道信号的干涉对比度得到明显提升，从而有效提高了信号的信噪比，也提升了 MZI 在测风等应用中的灵敏度/精度。

MZI 两路干涉光路完全分离的特点也使光纤 MZI 成为可能，目前基于半光纤、全光纤的 MZI 测风激光雷达也于近些年被提出，相比于传统结构的 MZI，光纤 MZI 具有更小的体积以及更好的系统稳定性，具有较大的应用潜力。

2. MZI 的应用

MZI 可以用于观测大气气溶胶的后向散射系数和消光系数等。2015 年，Bruneau 等发表了基于 355nm MZI 的高光谱分辨率机载激光雷达的实验进展[38]。在实验中，核心器件 MZI 设计也是基于熔融石英与空气臂，具体光路原理及 MZI 实物图如图 4-29 所示。其中棱镜 P_1 下表面镀了一层 50：50 的分光膜(实际上存在一定的偏振性，其中垂直偏振反射率为 57%，平行偏振反射率为 46%)。光线进入 P_1 之后分成透射和反射两路光束，其中一路穿过 P_3 棱镜，而另一路则是在空气隙中穿过，之后再由 P_4 将两束光反射回 P_1 并最终实现干涉输出。气臂中插入 1/4 波片，以提供相位正交的四个输出通道。整个接收系统中光的收集、注入和光纤内部传输的累积效率为 50%，干涉仪的两个输出端口由沃拉斯顿偏振器分成四

个通道，通过透镜聚焦在四个探测器上，焦距为 80mm，直径为 20mm。MZI 光学部件和探测器安装在一个 40cm×18cm×12cm 的盒子中，而整个实验盒可以实现 0.1℃的温控要求。

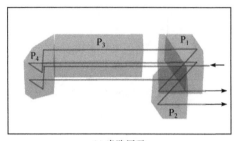
(a) 光路原理

(b) 实物图

图 4-29　机载 MZI

与传统的干涉光谱鉴频器不同，利用 MZI 不需要使干涉仪中心频率与激光发射频率相匹配，只需要保证发射光源及接收模块自身频率的稳定性即可。这种实现方式远比动态调节两者的方式更可靠。具体原理及推导如下，I_a 为接收到的大气回波信号；I_m 为大气分子回波信号；I_p 为气溶胶回波信号，三者之间的关系为

$$I_a = \frac{1}{R_\beta} I_m + \frac{R_\beta - 1}{R_\beta} I_p \tag{4-65}$$

式中，$R_\beta = \dfrac{\beta_p + \beta_m}{\beta_m}$ 为大气的后向散射比，β_x 表示后向散射系数(下标 p 为气溶胶，m 为大气分子)，可得

$$M_a = \frac{1}{R_\beta} M_m + \frac{R_\beta - 1}{R_\beta} M_p \tag{4-66}$$

式中，M_a 可以看作分别由大气分子 M_m 和气溶胶 M_p 增宽对对比度变化的贡献，M_m 和 M_p 具体表达式为

$$\begin{cases} M_m = \exp(-\pi^2 \gamma_m^2 \iota^2) \\ M_p = \exp(-\pi^2 \gamma_p^2 \iota^2) \end{cases} \tag{4-67}$$

式中，γ_m 和 γ_p 分别为大气分子回波信号卡巴纳展宽与气溶胶米散射展宽；ι 为 MZI 两干涉臂的 OPD。由于 γ_m 大于 γ_p，因此由式(4-67)可知 M_m 小于 M_p。而 M_a 整体与后向散射比有关，不难得到 M_a 介于 M_m 和 M_p 两者之间的结论。

经过对四通道信号的收集，可以确定回波信号的中心波数，同时相位 φ 是可以通过四路信号确定的一个固定的值，MZI 测风原理正是基于此。此外，四通道 MZI 还可以帮助获得准确的对比度系数和后向散射比，这也是进行后续气溶胶大气参数反演的关键。为了计算得到后向散射比，需要对下面两个量 Q_1 和 Q_2 进行计算，即

$$\begin{cases} Q_1 = \dfrac{S_1 - (a_1/a_3)S_3}{M_3 S_1 + (a_1/a_3)M_1 S_3} = M_a \sin\varphi \\ Q_2 = \dfrac{S_2 - (a_2/a_4)S_4}{M_4 S_2 + (a_2/a_4)M_2 S_4} = M_a \cos\varphi \end{cases} \tag{4-68}$$

式中，$a_i\,(i=1,2,3,4)$ 表示各个通道固有干扰调制系数。同时可以根据式(4-68)得到相位 φ 的具体值为

$$\varphi = \arctan\frac{Q_1}{Q_2} \tag{4-69}$$

因此可得

$$R_\beta = \frac{M_p - M_m}{M_p - (Q_1^{\,2} + Q_2^{\,2})^{1/2}} \tag{4-70}$$

至此，我们得到了最为关键的后向散射比 R_β，后续气溶胶相关大气参数可以通过大气模型反演得到。气溶胶的后向散射系数表达式及其标准差表示为

$$\begin{cases} \beta_p = \beta_m (R_\beta - 1) \\ \varepsilon_{\beta_p} = \beta_m \varepsilon_{R_\beta} \end{cases} \tag{4-71}$$

式中，β_m 可根据温度和气压代入大气模型计算得到较为准确的值。

总的消光系数也可以从总的距离矫正信号中推导出来，即

$$S_r = \left(\sum_{i=1}^{N_c} S_i \right) r^2 \tag{4-72}$$

式中，N_c 为探测通道的总个数，而

$$S_r = k_{inst} R_\beta \beta_m \exp\left(-2\int_{r'=0}^{r} \alpha \mathrm{d}r' \right) \tag{4-73}$$

式中，r 为激光雷达的探测距离；k_{inst} 为与多普勒频移及后向散射比无关的系统常数。因此可以继续推导得到后向散射系数为

$$\beta_p(r + \delta r / 2) \approx \frac{1}{2\delta r}\left[\frac{R_\beta(r + \delta r) - R_\beta(r)}{R_\beta(r)} + \frac{\beta_m(r + \delta r) - \beta_m(r)}{\beta_m(r)} - \frac{S_r(r + \delta r) - S_r(r)}{S_r(r)} \right]$$

$$\tag{4-74}$$

式中，δr 为距离分辨率；最终气溶胶的消光系数 α_p 可由总的消光系数得到，即

$$\alpha_p = \alpha - \frac{8\pi}{3}\beta_m \tag{4-75}$$

MZI 与 FWMI 作为目前被应用于 HSRL 的较为相似的干涉光谱鉴频器，两者具有较多相似点也有各自的特点。相似之处在于两者都是干涉光谱鉴频器，两者的透过率函数均为周期性三角函数，因而理论上两种干涉型光谱鉴频器均通过匹配激光的纵模间隔与干涉仪的自由光谱范围，可以实现多纵模高光谱分辨率激光雷达应用。MZI 相对于 FWMI 的显著优势在于，在多个接收通道的干涉鉴频系统中，MZI 的接收通道与入射通道是相互隔离的，并不会产生相互的信号串扰，因而可以通过透过率互补的多个通道较为精准地测量出多普勒频移，是更为理想的测风领域的鉴频器。而 FWMI 则具有更紧凑的设计结构及更稳定的鉴频性能，同时 FWMI 实现稳频调节的难度小于 MZI，是现阶段更为合适的气溶胶测量的鉴频器。两种干涉型光谱鉴频器具有巨大的应用潜力，获得越来越多的关注。

4.4　干涉光谱鉴频器的性能对比

从 1983 年美国威斯康星大学开发了首套高光谱分辨率激光雷达系统至今，HSRL 技术经过了三十多年的发展[39,40]，多种光谱鉴频器也已经被开发应用。如前所述，各种常见的光谱鉴频器各有优势和劣势。

相比 FWMI 与 FPI 这类干涉光谱鉴频器，以碘分子吸收池为代表的原子/分子吸收型鉴频器具有许多优点。首先，碘分子吸收池鉴频器能提供非常高的气溶胶散射抑制作用，对米散射信号的抑制比高达 30～40dB，即使在多云的情况下也同样可以实现精确探测。同时，碘分子吸收池的鉴频特性非常稳定，并且其透射特性不依赖于机械准直或入射光的角分布，可以较为方便地获得非常广的气溶胶散射抑制动态范围。但碘分子吸收池鉴频器对激光波长的要求较为苛刻，目前可利用的激光波长非常少，大部分常用的激光波长都没有合适的吸收峰，从而在一定程度上限制了原子/分子吸收型鉴频器的发展。由于碘分子吸收池鉴频器的优缺点已经非常明显，在 532nm HSRL 系统中具有干涉型光谱鉴频器不可替代的性能优势，但在其他常见波段，如 355nm HSRL 系统和 1064nm HSRL 系统，则必须使用干涉型光谱鉴频器，因此这里将不再赘述其与干涉型光谱鉴频器的性能比较。

FWMI 和 FPI 同为干涉型光谱鉴频器，相比原子/分子鉴频器而言，其对米散射信号的抑制效果有限，因此在反演时还需要进行一定的修正[41]，但是该类鉴频器可以针对任意激光波长进行设计，对激光器的限制较少，是实现多波长 HSRL

系统[42]的关键。但是不同的干涉光谱鉴频器在 HSRL 中的光谱滤光性能的实际表现存在差异,在 HSRL 中如何选择合适的干涉光谱鉴频器也是多波长 HSRL 设计需要考虑的问题。下面将主要从 FWMI 和 FPI 两种光谱鉴频器的特性出发,对不同光谱鉴频器在 HSRL 中的性能表现进行对比分析,以期为多波长 HSRL 系统的设计提供指导[16]。FWMI 与 FPI 的对比结果,可以代表性地作为双光束干涉仪与多光束干涉仪、视场展宽设计的干涉仪与普通干涉仪的典型对比结果。

4.4.1　FWMI 与 FPI 的光谱鉴频曲线

作为干涉光谱鉴频器中的两种典型代表,FWMI 和 FPI 在 HSRL 中的光谱鉴频性能的比较是一个有趣的话题。图 4-30 将 FWMI 和 FPI 在 HSRL 中同回波信号的作用效果对比地画在了一起,以进行直观的比较。首先可以明显地看到,FPI 相比于 FWMI 具有更大的信号透过率(如图中的蓝色曲线和洋红色曲线所示)。但 FWMI 相比于 FPI 具有更平滑的透过率曲线,因此可以更彻底地抑制气溶胶散射。前文已给出 FPI 和 FWMI 的设计实例,本小节将在此基础上做出补充对二者光谱鉴频性能进行定量比较。

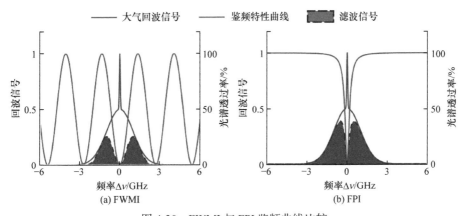

图 4-30　FWMI 与 FPI 鉴频曲线比较

4.4.2　FWMI 与 FPI 光谱鉴频性能比较

为了能客观地比较 FWMI 和 FPI 的光谱分离性能,首先需要定义一致的评判标准。4.2.2 节的 FPI 的设计实例中已经给出性能评估函数 PEF 的定义,并指出其能够作为光谱鉴频器的性能量化指标。4.2.3 节还根据权重因子 $p = 4$ 时 PEF 值给出了最优化的 FPI 结构参数,如表 4-2 所示。本节以该实例中的 FPI 结构参数及表 4-1 所示的 H1-FWMI 结构参数作为具体研究对象,以 PEF、SDR、T_m 和 T_a 作为评判标准,综合地对比 FWMI 和 FPI 作为 HSRL 光谱鉴频器的性能。

表 4-2　FPI 结构参数

参数	数值
自由光谱范围/GHz	13
镀膜反射率	0.91
谱线的半高全宽/MHz	390.5
标准具间隙/mm	11.538
分子信号透过率 T_m /%	78.69
气溶胶信号透过率 T_a /%	3
SDR	26.2

1. 光谱鉴频能力

表 4-2 给出的 FPI 设计结果基本上是在 532nm 波段最优的设计结果之一。可以看到，在这种设计下其大气分子信号透过率为 78.69%，这是一个较为令人满意的结果，但 SDR 只有 26.2，处于相对较低的水平。而这还只是纯粹从理论最优的角度考虑来看的。实际制作出来的 FPI 会由各种缺陷导致 SDR 更低，事实上，从目前报道的基于 FPI 的 HSRL 系统来看，其 SDR 基本上均低于 10[16]。而从 4.3.3 节可知，理论上 FWMI 能够获得高达 300 左右的 SDR，而其大气分子信号透过率为 46.48%，也是一个可以接受的水平。可见，FPI 在光谱鉴频方面的能力远远低于 FWMI，这直接体现在其很低的光谱分离比上。FWMI 透过率上虽略低于 FPI，但事实上，光谱分离能力只能由鉴频器本身决定，而透过率的不足却可以通过加大激光功率、扩大望远镜口径等方式弥补。因此，FPI 光谱分离能力的不足是无法解决的，这是由其尖锐的透过率曲线决定的。

2. 视场展宽能力

视场展宽设计是 FWMI 的核心，实现了视场展宽之后的 FWMI 是否在视场特性方面优于 FPI，尚需要定量的讨论。接下来将基于 4.2.1 节和 4.2.3 节提出的 FPI 与 FWMI 的理论框架探讨在不同视场角 θ_d 情况下 FPI 和 FWMI 的光谱鉴频能力。图 4-31(a)是 FPI 与 FWMI 的大气分子信号透过率及气溶胶信号透过率与入射光发散角的关系，而图 4-31(b)和(c)则分别为 SDR、PEF 与入射光发散角的关系。从图 4-31(a)中可以明显看出，FWMI 因其特殊的视场展宽设计，透过率在发散角从 0°～2°变化时基本保持不变。而对于 FPI，气溶胶信号透过率随着发散角增加急剧增加，如发散角从 0°变化到 0.5°时对应的气溶胶信号的透过率从 3%上升到 90%。实际上，当视场角大于 0.2°时，FPI 的 SDR 将下降到 1 从而不再具有光谱鉴频能力, 如图 4-31(b)所示。相反的是, 即使在视场角为 4°时, FWMI 的 SDR 仍然高达 100。两者的性能差异也在图 4-31(c)中的 PEF 值上体现得很明显。根据上述分析可以看到, FPI 工作时要求入射光几乎为平行光(一般发散角应该小于0.05°)。而激光雷达回波的发散角受到望远镜视场光阑及准直透镜的限制。为了保证较小的回波发散角, 需要保证准直后的回波光斑具有较大的口径, 这进一步要求 FPI 的有效孔径也要加大。而制造大口径的 FPI 无论在工艺和稳定性方面都不是最佳选择, 从而造成恶性循环, 最终制作的 FPI 难以有较高的 SDR。FWMI 有接近 2°的可用视场, 因此不需要很大的入射口径, 从而保证 FWMI 可以做的比较小巧且使用时对齐精度要求较低。

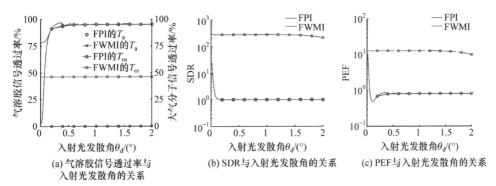

(a) 气溶胶信号透过率与
入射光发散角的关系

(b) SDR与入射光发散角的关系

(c) PEF与入射光发散角的关系

图 4-31　FWMI 与 FPI 视场展宽能力对比

3. 累积波前误差影响

干涉仪受波前误差的影响非常大, 而控制波前误差则对干涉仪的加工和装调提出了一定的要求。因此, 比较 FPI 和 FWMI 对累积波前误差的敏感度对两种干涉仪的设计制造具有重要的意义。图 4-32 给出了针对不同类型的累积波前误差计算的 FPI 和 FWMI 的鉴频性能分析结果, 图 4-32(a)和(b)为 FPI 和 FWMI 的气溶胶/大气分子信号透过率变化, 图 4-32(c)和(d)分别为两种鉴频器 SDR 和 PEF 的变化。从图 4-32 可以看出, 同之前阐明的 FWMI 的特性类似, FPI 也只受累积波前误差 RMS 影响而与累积波前误差的特定分布无关。因此, 在实际机械加工中可以仅考虑减少累积波前误差的 RMS 而不需要过度考虑波前误差的具体分布。如图 4-32(a)所示, FPI 的大气分子信号透过率直到累积波前误差的 RMS 达到 0.2λ才会有较大的变化, 而气溶胶信号透过率则会迅速增加且在累积波前误差达 RMS达到 0.05λ 时就达到了最大。从图 4-32(b)中则可以看出, FWMI 的大气分子信号透过率对波前误差并不敏感, 而且气溶胶信号透过率随累积波前误差增加而上升的趋势也较 FPI 更慢。因此 FPI 的鉴频性能对光学元件的表面缺陷更为敏感一些, 尤其是在累积波前误差并不太大的条件下。在图 4-32(c)中可以更直观地看到, FPI

的 SDR 在累积波前误差 RMS 达到 0.02λ 时，几乎直线下降到了无法接受的水平。相反地，FWMI 的 SDR 的下降更为平稳，并且总是优于 FPI。而在综合评价两种鉴频器鉴频性能的综合指标 PEF 中，一开始 FWMI 的 PEF 要比 FPI 高，但在累积波前误差达到一定值后 FPI 的 PEF 实现了反超。但实际上，这个时候因为波前误差太大，两种干涉仪均失去了光谱分离能力。图 4-32(c)中 FPI 与 FWMI 的 PEF 曲线的交叉点对应的累积波前误差约 0.06λ，故而可以得出这样一个结论：如果能够实现将累积波前误差控制在较小的值(通常情况下，建议其 RMS 小于 0.05λ)，那么在 HSRL 系统中应用 FWMI 将更优于 FPI。否则，两种鉴频器都不会具有较好的光谱分离性能。

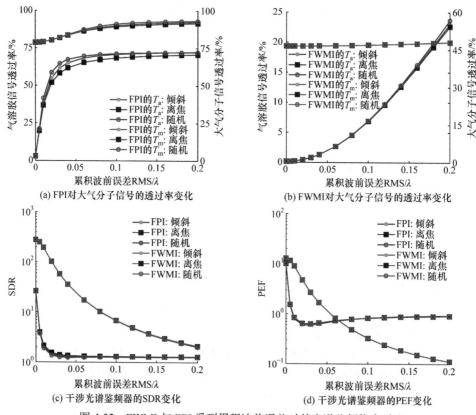

图 4-32　FWMI 与 FPI 受到累积波前误差时其光谱鉴频能力对比

4. 对锁频精度的要求

图 4-33 分别显示了 FPI 和 FWMI 的大气分子信号透过率和气溶胶信号透过率、SDR 及 PEF 随锁频误差的变化关系。从图 4-33(a)中可以看出，无论是 FPI 还

是 FWMI，锁频误差在 0~0.1GHz 大气分子信号透过率都十分稳定。然而，FPI 的气溶胶信号透过率随着锁频误差的增大而上升，且相比于 FWMI 而言上升得更为迅速，这表明 FPI 对气溶胶的抑制能力会在存在锁定误差时急剧恶化。除此之外，图 4-33(b) 和 (c) 表明 FWMI 的 SDR 和 PEF 相比于 FPI 而言对锁频误差更为敏感一些。但这并不意味着 FWMI 比 FPI 需要更为精确的锁频精度，因为 FWMI 的 SDR 和 PEF 在锁频误差小于 0.1GHz 时始终优于 FPI。目前，采用精密的光电伺服锁频系统可以使锁频误差小于 20MHz。综上可知，采用 FWMI 作为 HSRL 光谱鉴频器时，对锁定系统的锁定精度要求更低一些，且在同等锁定精度时 FWMI 具有更好的光谱分离性能。

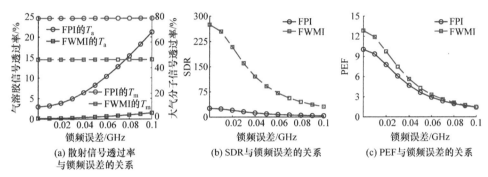

(a) 散射信号透过率
与锁频误差的关系　　(b) SDR 与锁频误差的关系　　(c) PEF 与锁频误差的关系

图 4-33　FWMI 与 FPI 对锁频精度的要求对比

本节在 FWMI 透过率理论模型上构建了 FPI 透过率理论模型，定量比较了 FWMI 和 FPI 作为干涉光谱鉴频器时的性能优劣。结论表明，FWMI 不但具有更好的光谱分离能力，而且在视场角、对制造缺陷的容限及对频率锁定的要求等方面相比于 FPI 更低。

4.5　锁　频　技　术

在大气气溶胶探测 HSRL 系统中，为了实现光谱鉴频器对激光雷达后向散射回波信号的米散射信号和瑞利散射信号的有效区分，需要使得光谱鉴频器的谐振频率 (透过率谷底/峰值) 与发射激光的中心频率相吻合。对于碘分子吸收池等原子/分子吸收鉴频器及 FPE 等透过率曲线稳定的光谱鉴频器，需要对发射激光进行稳频，使之与光谱鉴频器的透过率曲线一致；而对于 FWMI 或者 FPI 等便于调谐的干涉光谱鉴频器，需要对光谱鉴频器本身进行频率调节，以实现与激光中心频率保持一致。

4.5.1　HSRL 中的激光器锁频技术

1. 基于原子/分子吸收型的 HSRL 激光锁频技术

以 HSRL 中最常用的原子/分子吸收型碘分子吸收池为例进行说明，碘分子的透过率曲线边沿比较陡峭，可以根据碘分子吸收池透过率边沿对不同频率光的透过率差异，实现对激光的频率漂移测量，基于这一特性可以实现对激光的主动稳频，通常在 HSRL 中希望激光器的中心频率位于透过率曲线的谷底。目前直接采用碘分子吸收线边缘进行激光频率锁定的技术主要有两种[42,43]：一是利用两个声光调制器(acousto-optic modulator，AOM)分别将出射激光频率锁定到碘池吸收谱线左右边沿的位置，然后通过调节激光器的频率将两个 AOM 信号的强度比值维持在某一个值，从而达到锁频的目的；二是首先通过扫描得到目标吸收线整体的形状，利用一个 AOM 将激光频率调制到某透过率曲线边沿位置，同时监测未调制和调制的激光透过碘池出射的激光能量比值，根据碘池的实际透过率来确定此时激光器的输出频率，作为参考调整激光器的频率从而达到主动稳频的目的。

图 4-34 给出了两台 HSRL 系统中基于 AOM 的主动稳频装置示意图，分别采用了双 AOM[42]与单 AOM[43]稳频结构。在图 4-34(a)中，将两个 AOM 进行如此设置从而形成两束反向等量移频的衍射光，确保以对称角度经过碘池后由两个相同的光探测器接收；而在图 4-34(b)中，单个 AOM 的一级衍射光经过碘池后被探测，未发生移频的零级衍射光作为参考光强。

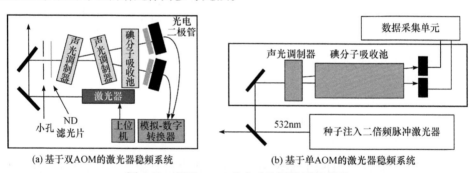

(a) 基于双AOM的激光器稳频系统　　　　　(b) 基于单AOM的激光器稳频系统

图 4-34　基于 AOM 的主动稳频装置示意图

以碘分子吸收池 1109 线为例作为说明，这两种方案的锁频点位置示意图如图 4-35 所示。双 AOM 稳频方法利用了碘分子吸收谱线两个边沿中心，当频率发生偏移时两个探测器所输出的信号强度变化方向相反，因此作差后对激光频率变化的灵敏度较高，但是由于用到了两个 AOM，因此整体系统成本较高；而单 AOM 稳频方法由于只依靠碘线单边的斜率，灵敏度相对较低，但是只用到了一个 AOM，相对来说成本较低。

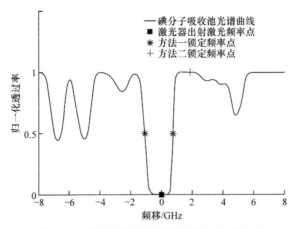

图 4-35　碘分子吸收池锁频常用方法工作点

除了以上利用原子/分子的吸收线边缘特性的两种锁频方法之外，还有一种方法可以实现将锁频点设置于吸收线谷底，且不需要使用 AOM 进行移频调制。此种方法称为抖动锁定法，通过令激光频率按特定的调制频率抖动再射入碘分子吸收池，探测到的出射光信号经过解调，其幅度随频率变化的变化规律遵循原子/分子透射率曲线的一次导数光谱，根据一次导数光谱在原透过率光谱谷底处调制灵敏度最大的特性实现频率锁定[44]。此方法的具体实现如图 4-36(a)所示，图中的激光器类型为种子注入调 Q 激光器，腔长控制器(cavity length controller，CLC)负责接收调 Q 信号、碘池透射信号及调 Q 腔输出的部分信号，并将一个抖动电压加到激光器谐振腔端面的压电反射镜上，则输出激光的频率会发生相应的抖动，令碘池出射光的幅度依照吸收谱线产生相应变化，探测器所接收的出射信号可表示为

$$S = S_0 A(\nu - \nu_0 + \delta \sin \omega_m t) \qquad (4\text{-}76)$$

式中，S_0 为未透射碘池情况下的输出信号幅度；A 为归一化碘池吸收谱；ν_0 为谱线中心频率；δ 为调制深度；ω_m 为抖动频率；t 为时间。式(4-76)又可泰勒展开为

$$
\begin{aligned}
S &= S_0 \left[A(\nu - \nu_0) + \sum_{n=1}^{\infty} \frac{\delta^n \sin^n(\omega_m t)}{n!} \frac{\mathrm{d}^n(\nu - \nu_0)}{\mathrm{d}\nu^n} \right] \\
&= S_0 \left\{ \left[A(\nu - \nu_0) + \frac{\delta^2}{4} \frac{\mathrm{d}^2(\nu - \nu_0)}{\mathrm{d}\nu^2} + \frac{\delta^4}{64} \frac{\mathrm{d}^4(\nu - \nu_0)}{\mathrm{d}\nu^4} + \cdots \right] \right. \\
&\quad \left. + \sin(\omega_m t) \left[\delta \frac{\mathrm{d}(\nu - \nu_0)}{\mathrm{d}\nu} + \frac{\delta^3}{8} \frac{\mathrm{d}^3(\nu - \nu_0)}{\mathrm{d}\nu^3} + \frac{\delta^5}{192} \frac{\mathrm{d}^5(\nu - \nu_0)}{\mathrm{d}\nu^5} + \cdots \right] \right.
\end{aligned}
$$

$$+\cos 2(\omega_m t)\left[-\frac{\delta^2}{4}\frac{\mathrm{d}^2(\nu-\nu_0)}{\mathrm{d}\nu^2}-\frac{\delta^4}{48}\frac{\mathrm{d}^4(\nu-\nu_0)}{\mathrm{d}\nu^4}+\cdots\right]$$

$$+\sin 3(\omega_m t)\left[-\frac{\delta^3}{24}\frac{\mathrm{d}^3(\nu-\nu_0)}{\mathrm{d}\nu^3}-\frac{\delta^5}{384}\frac{\mathrm{d}^5(\nu-\nu_0)}{\mathrm{d}\nu^5}+\cdots\right]+\cdots\Bigg\}$$

$$(4\text{-}77)$$

由式(4-77)可知，探测器输出的信号中一次谐频项的系数主要由碘吸收谱的一阶导数决定。据此，接收碘池的出射光后，再用调制激光的射频信号进行锁相解调，即可得到一个近似为碘吸收谱线的一阶导数谱，如图 4-36(b)所示[44]，并且不需要使用 AOM 移频即可将激光频率锁定在原透过率曲线谷底上。此外与锁频灵敏度相关的锁频点处斜率还可通过改变调制深度与调制频率控制。

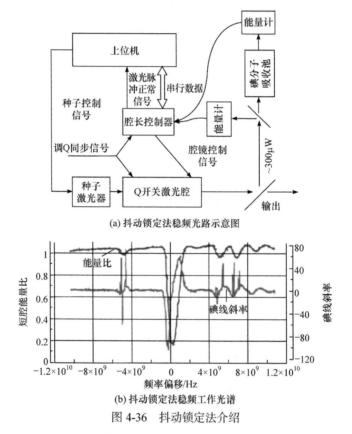

(a) 抖动锁定法稳频光路示意图

(b) 抖动锁定法稳频工作光谱

图 4-36　抖动锁定法介绍

2. 基于 FPE 的 HSRL 激光锁频技术

由于 FPE 对入射视场角的要求十分苛刻，需要入射光束具有非常小的发散角且对光路准直的要求极高。因此，FPE 在 HSRL 中只用于回波信号较强的短波波段，如 355nm 波段，其他波段探测到的回波信号强度较弱，FPE 的光子效率较低，均不太适用。并且，FPE 本身不可调谐，在 HSRL 系统中对激光器频率稳定性的要求极高，所以目前国内外采用 FPE 作为光谱鉴频器的系统极为少见。接下来主要介绍 PDH(Pound-Drever-Hall)法[45]，这是一种基于 FPE 的激光器锁频技术。

由 Pound、Drever 与 Hall 提出及发展的 PDH 法本质上结合了光相位调制及拍频探测的思想，开辟了调制稳频技术。PDH 法光路如图 4-37 所示。

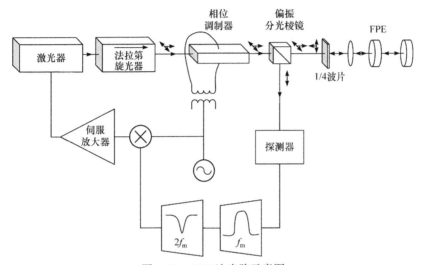

图 4-37　PDH 法光路示意图

首先将激光的输出进行外部调相，再射入参考的 FPE。将其反射回来的光束收集后用滤波器保留调制频率 f_m 分量并滤除二阶谐频分量后用 f_m 解调即得到误差信号。简要理论分析如下。

首先假设单频激光光场表示 $E = E_0 \sin \omega_c t$ 即无任何展宽，经过调相后，有

$$E = E_0 \sin(\omega_c t + \delta \sin \omega_m t) \tag{4-78}$$

式中，δ 为调制深度；ω_c 为激光的角频率；ω_m 为调制频率。这里应用到贝塞尔函数性质为

$$e^{j\delta \sin \omega_m t} = \sum_{n=-\infty}^{\infty} J_n(\delta) e^{jn\omega_m t} \tag{4-79}$$

式中，J_n 为 n 阶贝塞尔函数。

根据式(4-79)可以得到调制光表示形式为

$$
\begin{aligned}
E &= \mathrm{Im}\{E_0 \mathrm{e}^{\mathrm{j}\omega_c t + \mathrm{j}\delta\sin\omega_m t}\} \\
&= \mathrm{Im}\left\{E_0 \sum_{n=-\infty}^{\infty} \mathrm{J}_n(\delta)\mathrm{e}^{\mathrm{j}(\omega_c + n\omega_m)t}\right\} \\
&= E_0 \sum_{n=-\infty}^{\infty} \mathrm{J}_n(\delta)\sin(\omega_c + n\omega_m)t \\
&= E_0\left[\mathrm{J}_0(\delta)\sin\omega_c t + \sum_{n=1}^{\infty}\mathrm{J}_n(\delta)\sin(\omega_c + n\omega_m)t\right. \\
&\quad \left. + \sum_{n=1}^{\infty}(-1)^n \mathrm{J}_n(\delta)\sin(\omega_c - n\omega_m)t\right]
\end{aligned}
\tag{4-80}
$$

可见调相光在频域表示为基频光附加了一系列以调制频率为间距的边带。这里采用的是一个较低的调制深度，因此主要考虑基频两边的一阶边带。若用 T 表示频率参考器件的光场幅度透过/反射率，则经过吸收后光场表示为

$$
\begin{aligned}
E \approx E_0[&T(\omega)\mathrm{J}_0(\delta)\sin\omega_c t \\
&+ T(\omega + \omega_m)\mathrm{J}_1(\delta)\sin(\omega_c + \omega_m)t \\
&+ T(\omega - \omega_m)\mathrm{J}_{-1}(\delta)\sin(\omega_c - \omega_m)t]
\end{aligned}
\tag{4-81}
$$

换算到光强度后表示为

$$
\begin{aligned}
I = \{E_0[&T(\omega)\mathrm{J}_0(\delta)\sin\omega_c t \\
&+ T(\omega + \omega_m)\mathrm{J}_1(\delta)\sin(\omega_c + \omega_m)t \\
&+ T(\omega - \omega_m)\mathrm{J}_{-1}(\delta)\sin(\omega_c - \omega_m)t]\}^2
\end{aligned}
\tag{4-82}
$$

这样的光由探测器接收后将式(4-82)展开，可知各种频率分量会产生拍频现象，而由于探测器的灵敏度有限，无法探测拍频包络线中的光场信号，因此探测器所输出的只有拍频频率信号。得到在经过带通滤波器后只留下调制频率 ω_m 分量，因此信号表示为

$$
\begin{aligned}
S = 2E_0^2 \sin\omega_m t[&T(\omega - \omega_m)T(\omega)\mathrm{J}_{-1}(\delta)\mathrm{J}_0(\delta) \\
&+ T(\omega + \omega_m)T(\omega)\mathrm{J}_1(\delta)\mathrm{J}_0(\delta)]
\end{aligned}
\tag{4-83}
$$

将此信号混频解调后所得到的直流信号即为误差信号，从而可得到控制信号作用于激光器的 PZT 上就可以实现稳频，且利用这种拍频方式所得到的误差信号在参考器件峰值频率处过零点，从而提升了稳频的确定性。另外，可以通过调整调制频率与调制深度来控制灵敏度与锁频范围。

4.5.2　干涉光谱鉴频器锁频技术

对于干涉光谱鉴频器而言，频率稳定性是决定其工作性能的关键因素。由于干涉仪的 OPD 的变化敏感程度在光波长量级，因此温度的波动、微小的振动及气

流变化等因素均会让干涉仪的谐振频率时刻处于一定的漂移状态。与激光器稳频类似，对抗这种干扰传统的办法是采用高精度的温控和隔震措施，尽可能地提高干涉仪的稳定性，这种被动的稳频方式具有极高的工程实现难度。另外，对于 HSRL 技术来说，由于激光器本身的频率也会有一定的漂移，被动的稳频方法很难满足干涉器件与激光器频率"锁定"的要求，难免产生对齐误差，导致 HSRL 工作性能下降。

因此，相比激光器而言，干涉光谱鉴频器更需要一种主动的频率调节方式，一方面可降低对长期环境控制的工程需求，另一方面可以保证鉴频器与激光器实现长时间的自动频率对齐。在干涉测量、全息成像等领域，有时也需要将干涉仪的频率稳定到光源频率上，保证长时间检测的精度和成像的稳定性。为此，相关领域的研究人员提出了对 FPI 进行调节的 PDH 法[45]、相位补偿法、楔板分光法等，对 HSRL 系统中的锁频技术均有一定的参考价值。考虑到如楔板分光法、动镜倾斜法等均需改变干涉仪内部器件，目前尚未有成功集成到 HSRL 系统中的应用，本小节主要讨论 HSRL 系统中常用的两种干涉光谱鉴频器的锁频技术，从鉴频曲线的形状划分，透射曲线锐利的 FPI 通常可以直接锁定曲线中心频率点或者利用 PDH 法锁频；对于透射曲线平缓的 FWMI，浙江大学开发了一种最优化多谐波外差锁定的方法，这是一种在 PDH 思路基础上提出的方法，可将其成功应用到 FWMI 中[46]。

1. FPI 干涉光谱鉴频器的锁频技术

由于 FPI 的光谱鉴频曲线十分陡峭，精细度较高，可以采用类似于碘分子吸收池激光锁频的方法，直接将 FPI 谐振频率的变化转化为其透过光强度的变化，实现 FPI 的频率锁定。直接锁定的方法虽然简便易实现，但是也易受到激光能量波动等因素的影响，因此 HSRL 系统中多用调制激光的方式对干涉仪进行频率锁定，既能消除激光能量波动的影响，又可以增大误差信号的线性范围，进而增强干涉仪谐振频率中心处的锁频效果。若把前文激光稳频技术中提及的 PDH 法中实时反馈的频率误差信号进行处理，转化为控制信号来校正 FPI 腔长，即可实现对 FPI 的锁频。

日本国立环境研究所研制了一台同时工作于 355nm 和 532nm 的多波长 HSRL 系统，用于检测亚洲沙尘和空气污染气溶胶参数[42]。系统结构如图 4-38 所示，系统采用了两层结构：第一层放置 532nm 波长的基于碘吸收池的偏振 HSRL 和 1064nm 波长的偏振米散射激光雷达，第二层为基于 FPI 的 355nm 波段的 HSRL 系统。这里我们主要介绍该紫外 HSRL 系统中的 FPI 干涉光谱鉴频器的锁频技术。

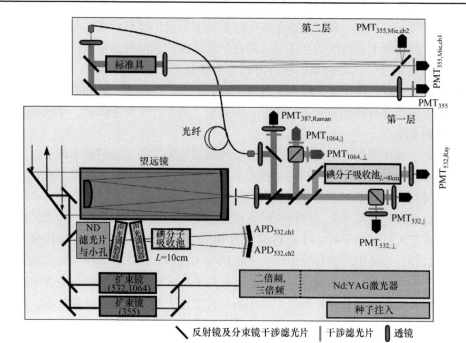

图 4-38　多波长 HSRL 系统结构示意图

　　为了使得干涉仪的谐振频率调到激光 355nm 波长的输出上，该系统采用带孔的反射镜将通过 FPI 的回波信号分成两部分，这两部分的信号比值和 FPI 的谐振频率具有一一对应关系，只要预先标定好该关系确定合适的锁定点，即可采用反馈控制使 FPI 的谐振频率锁定到激光中心波长上，如图 4-39 所示。

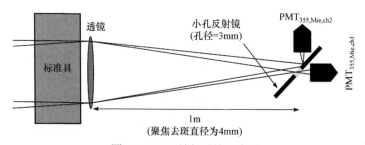

图 4-39　FPI 锁频系统示意图

　　FPI 的输出信号通过一个焦距为 1m 的透镜进行聚焦，焦点的直径为 4mm，在焦点处倾斜放置一个带有孔径为 3mm 的小孔反射镜。$PMT_{355,Mie,ch1}$ 负责探测穿过反射镜小孔的聚焦光束的能量，$PMT_{355,Mie,ch2}$ 负责探测被反射镜反射的激光光束的能量。

为了验证实验的合理性，科研人员对反射镜上位于焦点处的干涉条纹及两个探测器测量信号随着干涉仪腔内压强变化的变化关系进行了仿真模拟，结果如图 4-40、图 4-41 所示。由于该实验装置控制了腔内的温度不变，故条纹样式将会随着压强变化而产生周期性的明暗变化，干涉仪的输出信号总和 $P_{total} = P_{hole} + P_{mirror}$ 也会随着压强的变化产生周期性的变化，每个探测器探测到的信号 P_{hole}、P_{mirror} 和 P_{total} 都存在各自的一个最大值和最小值。在一定的周期范围内(-5～5hPa)，P_{hole}/P_{mirror} 随着气压的增加单调减小，这表明可以通过监测 P_{hole} 和 P_{mirror} 的大小并适当调整干涉仪腔内气压的大小来稳定二者的比值，从而实现 FPI 谐振频率的锁定。

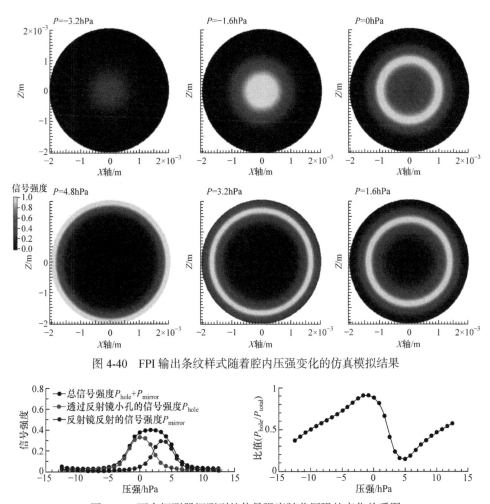

图 4-40　FPI 输出条纹样式随着腔内压强变化的仿真模拟结果

图 4-41　两个探测器探测到的信号强度随着压强的变化关系图

2012 年，Hoffman 等研制了以共焦 FPI 为光谱鉴频器的 HSRL 系统，并提出了一种简便稳定的 FPI 锁定方法[20]。整个 HSRL 系统的光路如图 4-11 所示，FPI 光谱鉴频器工作在 532nm 波长，以其基频光 1064nm 作为干涉仪的锁频信号波长，在接收系统中利用分束器将不同波长的光束分开，以避免锁频光对激光回波信号接收的影响。锁频系统的核心光路布局如图 4-11 虚线框内所示，首先从种子激光器中分离出 10%的 1064nm 基频连续光，用于将共焦 FPI 的谐振频率锁定在激光发射器上。这束偏振光从种子激光器中射出，经过准直，然后入射到偏振分束器(Pol-1)上后被反射，反射后的光束经过 1/4 波片($\lambda/4$)变成圆偏光后进入 AOM-1，经过 AOM-1 后光束能量多转移至其一级衍射光中，经由一个特定角度放置的反射镜反射后，该光束会再次通过 AOM-1。由于正弦的调制信号加载于 AOM-1 上，两次通过声光调制器后的激光频率将被正弦调制，同时，由于声光调制器的移频特性，将产生 2 倍声波频率的频移。再次通过 $\lambda/4$ 波片的激光变成与原来正交的线偏振光，直接透过 PBS 后经过 AOM-2，AOM-2 将 AOM-1 产生的中心频率的频移移回原始发射激光频率，但保留 AOM-1 产生的正弦调制。被正弦调制后的 1064nm 激光直接射入干涉仪中用于产生锁频误差信号。

由于入射激光的频率被正弦调制，其在干涉仪中的传输过程依赖于 FPI 的光强透过率与频率变化关系。一旦激光频率或干涉仪的固有频率存在相对变化，干涉仪出射的信号光强将会被影响，以此作为误差信号来控制 FPI 固有频率与激光频率的相对稳定。误差信号如图 4-42 所示。第一行中图(左图、右图)表示调制后的连续光锁定激光光源在腔长等于(短于、长于)FPI 腔谐振条件下的光强透过率；第二行图显示锁定激光源调制后的频率，是稳定不变的；第三行图显示了对应第一行图中不同腔长下的光强透过率乘以用于调谐锁定的激光调制信号。对这个信号进行几个周期的积分，得到的平均信号如第三行图中的虚线所示。这条虚线代表了用来修正 FPI 腔长以保持谐振状态的误差信号。第一行图显示了 FPI 腔在传输一半周期正弦调频的激光信号时的光强透过率。图左、中、右为 FPI 腔长度小于、等于、大于谐振条件下时的传输情况。第二行图展示了用于创建调频的函数发生器的电压信号的半个周期，即半个周期内的出射激光被调制的频率。第三行图显示的是由光电探测器测量的腔体传输信号，乘以用于产生调频光的电压信号。对多个周期的相乘信号进行积分，得到如图底一行虚线所示的误差信号。当腔长小于、等于和大于共焦 FPI 谐振条件时，会分别产生正、零和负误差信号。该误差信号被处理后控制 PZT 调整共焦 FPI 的腔长，以保持腔谐振状态。经测试，在几分钟的时间内，腔体对 1064nm 参考光的频率锁定将 532nm 信号光强变化的均方根误差限制到 0.28%。由于腔体是探测到频偏后主动控制，可以确保腔内光共振于种子激光的波长，从而很大程度上削减了微小的环境温度和压力变化的干扰。

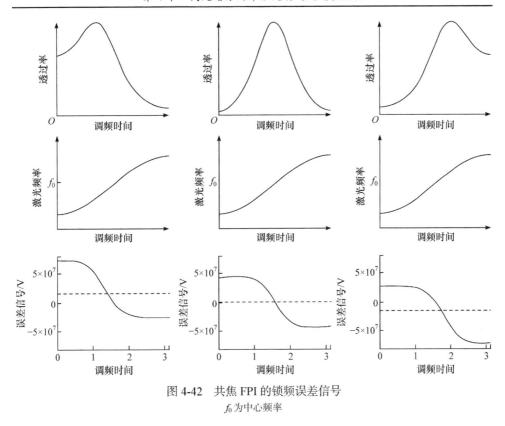

图 4-42　共焦 FPI 的锁频误差信号

f_0 为中心频率

共焦 FPI 的调制锁频与前文提及的 PDH 法均经过光相位调制，但在信号探测方式上不尽相同。共焦 FPI 的调制锁频只需在时间上对探测信号做积分(实际上会受到探测器探测带宽的限制)，再观察误差信号积分值(或均值)的偏差判断干涉仪谐振频率与激光器中心频率的偏离程度；PDH 法使用了拍频探测的思想，将拍频后的一阶谐频分量滤波后进行光强探测，利用这种拍频方式所得到的误差信号在参考器件峰值频率处过零点，从而提升了稳频的确定性。

2. FWMI 干涉光谱鉴频器的锁频技术

对于 FPI 而言，由于它们一般具有较高的条纹精细度，透射曲线十分陡峭，实现高灵敏度的锁定较为容易。对于双光束干涉仪(如 MI 或者 MZI)而言，其透射曲线并不尖锐(尤其是对于 HSRL 中的光谱鉴频器，为了能与大气展宽谱相匹配，其自由光谱范围一般在吉赫兹量级，而锁频灵敏度往往要求在兆赫兹量级)，导致要精确锁定 FWMI 并不容易，常规锁定 FPI 的方式很难直接移植使用。

在前文提及的激光稳频领域中，PDH 法作为一种重要的调制锁定方法，对锁定 FWMI 有很好的参考价值。然而，在这种方法中，只有一阶频带对误差信号的产生有贡献，而大部分能量都来自于无用的零阶分量。因此，当激光波长稳定时，需要使用高精细 FP 腔或超精细原子光谱作为频率参考，以提高响应。即便如此，有用的信号也只能在谐振点附近的小范围内实现。由于这些原因，PDH 方法没有与低精细干涉仪(如 MI)协同应用的实例。为此，浙江大学提出了一种用于 FWMI 的最优化多谐波外差(optimal multi-harmonics heterodyning，OMHH)技术[46]。多谐波外差的方法可以看作是一种广义的 PDH 方法，累积多个谐波拍频所得到的误差信息从而弥补 FWMI 精细度的不足。OMHH 技术可以克服 FWMI 的低精密度带来的锁定困难，同时在不影响干涉仪工作性能的前提下，具有良好的锁定精度和锁定采集范围。

OMHH 技术的原理如图 4-43 所示[46]。该锁频系统同样利用从种子激光器分束出的一小部分连续光作为锁频信号。首先该连续激光通过电光相位调制器(electro-optic phase modulator，EOM)，再经过激光扩束器扩束后又通过分光棱镜进入 FWMI 主体；经过 FWMI 主体后的激光信号会产生两路输出，其中反射回来的信号经过分光棱镜再次反射后，被汇聚到光电探测器 1(PD$_1$)上；而透过 FWMI 主体的信号则被汇聚到光电探测器 2(PD$_2$)上。这里，PD$_1$ 为高速交流耦合光电二极管用来接收激光调制后的外差信号，而 PD$_2$ 为普通的光电二极管，用于检测锁定结果。如果 FWMI 处于频率锁定状态，则 PD$_2$ 将接收到干涉输出的极值。PD$_1$ 的电信号及驱动电光调制器的驱动信号一并送入自制的同相正交解调电路系统，该系统将生成一个与 FWMI 频率漂移相关的误差信号，通过控制系统误差信号生成反馈控制量，控制 FWMI 主体的 PZT 控制器，通过 PZT 控制器微调 FWMI 的空气臂长度使其谐振频率与激光中心频率保持锁定。这样，整个过程形成了一个

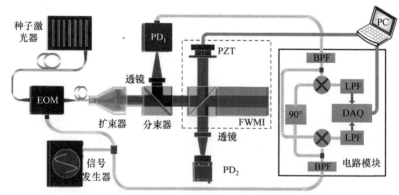

图 4-43 最优化多谐波外差技术光路示意图

EOM. 电光相位调制器；PZT. 压电陶瓷；PD. 光电探测器；LPF. 低通滤波器；DAQ. 数据采集系统；PC：上位机；BPF：常通滤波器

光电闭环反馈控制系统。通过建立合适的频率锁定点，即可以将 FWMI 频率锁定到目标位置。这是整个最优化多谐波外差锁定方法的基本思路。

多谐波外差技术思路与前面提及的 PDH 技术思路类似，都是利用调频激光边带之间的拍频现象来得到一个可控性较好、在锁频点处灵敏度较高的误差信号谱。下面进行数学角度的定量解释。

设系统中所用到的参考激光表示为 $E_1(t) = E_0 \mathrm{e}^{\mathrm{i}\omega_0 t}$，其中 E_0 为激光光场幅度；ω_0 为激光频率，则经过 EOM 调制后其光场表达式为

$$E_2(t) = E_0 \mathrm{e}^{\mathrm{i}(\omega_0 t + M \sin \omega_m t)} = E_0 \sum_{n=-\infty}^{\infty} \mathrm{J}_n(M) \mathrm{e}^{\mathrm{i}(\omega_0 + n\omega_m)t} \tag{4-84}$$

式(4-84)对调制光进行了贝塞尔展开，M 为调制深度；ω_m 为调制频率；J_n 为 n 阶贝塞尔函数，这里光场的频域分布为以 ω_0 为中心、以 ω_m 为间隔的无穷多个频率脉冲，且幅度与对应阶数的贝塞尔函数相关。

FWMI 的光强透过函数为

$$T_1(\omega) = I_1 + I_2 + 2\sqrt{I_1 I_2} \cos\left[\frac{2\pi(\omega - \omega_0 - \Delta\omega)}{\omega_{\mathrm{FSR}}}\right] \tag{4-85}$$

式中，I_1、I_2 分别为发生干涉的两束光的光强；ω_{FSR} 为换算成角频率的 FWMI 自由光谱范围；$\Delta\omega$ 为 FWMI 所发生的频率偏移量，于是接下来得到 FWMI 的幅度透过函数为

$$T_{\mathrm{E}}(\omega) = \sqrt{T_1(\omega)} \tag{4-86}$$

因此，经过 FWMI 后光场变为

$$E_3(t) = E_0 \sum_{n=-\infty}^{\infty} T_{\mathrm{E}}(\omega_0 + n\omega_m) \mathrm{J}_n(M) \mathrm{e}^{\mathrm{i}(\omega_0 + n\omega_m)t} \tag{4-87}$$

由于 OMHH 方法加入了除一阶之外的其他边带的考量，因此在下文分析中不再近似表示调制光场。从 FWMI 中出射的光被 PD1 探测，所输出的信号正比于光强度，于是有

$$S(t) \propto \left[\mathrm{Re}(E_3)\right]^2 = E_0^2 \left[\sum_{n=-\infty}^{\infty} T_{\mathrm{E}}(\omega_0 + n\omega_m) \mathrm{J}_n(M) \cos(\omega_0 + n\omega_m)t\right]^2 \tag{4-88}$$

将式(4-88)展开后即为所有频率分量两两拍频的形式，因此所输出的信号包含 ω_m、$2\omega_m$、$3\omega_m$ … 等一系列谐波，经过图 4-43 中电路模块的带通滤波器后只留下了一阶调制频率项，即

$$S_{\omega_m}(t) \propto 2E_0^2 \cos\omega_m t \sum_{n=-\infty}^{\infty} T(\omega + n\omega_m) T\left[\omega + (n+1)\omega_m\right] \mathrm{J}_n(M) \mathrm{J}_{n+1}(M) \tag{4-89}$$

之后经过双平衡混频器后低通滤波得到直流误差信号，即

$$S_e \propto E_0^2 \sum_{n=-\infty}^{\infty} T(\omega + n\omega_{\mathrm{m}}) T[\omega + (n+1)\omega_{\mathrm{m}}] \mathrm{J}_n(M) \mathrm{J}_{n+1}(M) \tag{4-90}$$

利用 PID 系统将与漂移程度相关的误差信号转化为控制信号反馈到 PZT 来调整干涉仪臂长，令透射曲线产生与干涉仪漂移方向相反、激光器漂移方向相同的适当频移从而进行校正，由此实现了对干涉仪的自动锁定。由于本方案利用多次谐波，因此在调制频率 ω_{m} 与 FSR 的调制比 $R_{\mathrm{m}} = \omega_{\mathrm{m}}/\omega_{\mathrm{FSR}}$ 及调制深度 M 的选择方面比较灵活，利用仿真可以根据需要对这两项进行合适调整。图 4-44 为根据式(4-90)，采用不同的调制比 R_{m} 与调制深度 M 时所仿真出的误差信号。

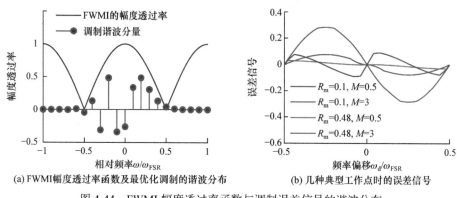

(a) FWMI幅度透过率函数及最优化调制的谐波分布　(b) 几种典型工作点时的误差信号

图 4-44　FWMI 幅度透过率函数与调制误差信号的谐波分布

在此基础上分别对误差信号灵敏度及幅值进行仿真，根据迈克耳孙干涉仪光谱特性及其误差信号谱特点，进行误差信号谱中心频率点的灵敏度及误差信号幅值 R_{m} 与 M 变化的数值评估。仿真结果如图 4-45 所示。

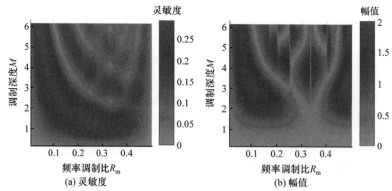

(a) 灵敏度　(b) 幅值

图 4-45　误差信号灵敏度和误差信号幅值随频率调制比 R_{m} 和调制深度 M 的关系

对图 4-45 进行分析，选择 0.1 的频率调制比及 3 的调制深度可同时满足灵敏

度与幅度的要求，根据此设置最终得到实验中采集的误差信号如图 4-46 所示，图(a)显示为误差信号与频率失锁量之间的关系定标；图(b)显示在开启锁定后通过轻敲干涉仪人为地引入干扰时误差信号输出；图(c)为开启锁定前后的干涉仪输出光强，所记录的是 PD$_2$ 信号。综合以上，在锁频系统正常运转 1h 以上的情况下仍可得到 1.2nm(换算成频率约 13.5MHz)的稳定度，说明多谐波外差优化提升了锁频的可控性，提高了稳定低精密度干涉仪的实际效果。

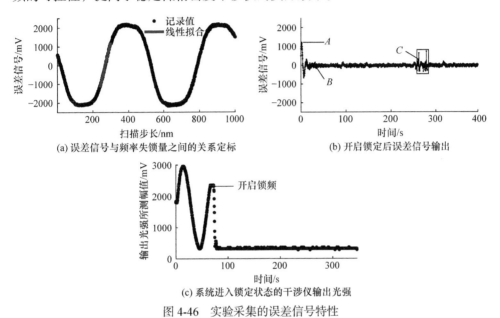

(a) 误差信号与频率失锁量之间的关系定标　　　(b) 开启锁定后误差信号输出

(c) 系统进入锁定状态的干涉仪输出光强

图 4-46　实验采集的误差信号特性

参 考 文 献

[1] She C Y, Alvarez R J, Caldwell L M, et al. High-spectral-resolution Rayleigh–Mie lidar measurement of aerosol and atmospheric profiles. Optics Letters, 1992, 17(7): 541.

[2] Piironen P, Eloranta E W. Demonstration of a high-spectral-resolution lidar based on an iodine absorption filter. Optics Letters, 1994, 19(3): 234-236.

[3] Caldwell L M, Hair J W, Krueger D A, et al. High-spectral-resolution lidar using an iodine vapor filter at 589nm. Proceeding of SPIE-The International Society for Optical Engineering, Denver, 1996.

[4] Hair J W, Caldwell L M, Krueger D A, et al. High-spectral-resolution lidar for measuring aerosol and atmospheric state parameters using an iodine vapor filter at 532nm. Proceeding of SPIE-The International Society for Optical Engineering, Denver, 1996.

[5] Esselborn M, Wirth M, Fix A, et al. Airborne high spectral resolution lidar for measuring aerosol extinction and backscatter coefficients. Applied Optics, 2008, 47(3): 346-358.

[6] Hair J W, Hostetler C A, Cook A L, et al. Airborne high spectral resolution lidar for profiling aerosol

optical properties. Applied Optics, 2008, 47(36): 6734-6752.

[7] Gerstenkorn S, Luc P. Atlas Du Spectre D'absorption De La Molecule D'iode 14800-20000cm^{-1}. Paris: Centre National de La Recherche Scientifique, 1978.

[8] Forkey J N, Lempert W R, Miles R B. Corrected and calibrated I_2 absorption model at frequency-doubled Nd:YAG laser wavelengths. Applied Optics, 1997, 36(27): 6729.

[9] Donald A M, John D S. Electronic spectra contain electronic, vibrational, and rotational information. https://chem.libretexts.org/Bookshelves/Physical_and_Theoretical_Chemistry_Textbook_Maps/Map%3A_Physical_Chemistry_(McQuarrie_and_Simon)/13%3A_Molecular_Spectroscop y/13.06%3A_Electronic_Spectra_Contain_Electronic%2C_Vibrational%2C_and_Rotational_Inf ormation[2022-9-3].

[10] Hair J W. A high spectral resolution lidar at 532nm for simultaneous measurement of atmospheric state and aerosol profiles using iodine vapor filters. Ann Arbor: Colorado State University, 1998.

[11] Tellinghuisen J. Transition strengths in the visible-infrared absorption spectrum of I2. The Journal of Chemical Physics, 1982, 76(10): 4736-4744.

[12] Liu D, Zheng Z, Chen W, et al. Performance estimation of space-borne high-spectral-resolution lidar for cloud and aerosol optical properties at 532nm. Optics Express, 2019, 27(8): A481-A494.

[13] Shipley S T, Tracy D H, Eloranta E W, et al. High spectral resolution lidar to measure optical scattering properties of atmospheric aerosols1: Theory and instrumentation. Applied Optics, 1983, 22(23): 3716-3724.

[14] Nishizawa T, Sugimoto N, Matsui I. Development of a dual-wavelength high-spectral-resolution lidar. Proceedings of SPIE - The International Society for Optical Engineering, 2010, 7860(3): 9.

[15] 梁铨廷. 物理光学. 3 版. 北京: 电子工业出版社, 2008.

[16] Cheng Z, Liu D, Yang Y, et al. Interferometric filters for spectral discrimination in high-spectral-resolution lidar: Performance comparisons between Fabry-Perot interferometer and field-widened Michelson interferometer. Applied Optics, 2013, 52(32): 7838-7850.

[17] Cheng Z, Liu D, Luo J, et al. Field-widened Michelson interferometer for spectral discrimination in high-spectral-resolution lidar: Theoretical framework. Optics Express, 2015, 23(9): 12117.

[18] Bruneau D. Mach-Zehnder interferometer as a spectral analyzer for molecular Doppler wind lidar. Applied Optics, 2001, 40(3): 391-399.

[19] Fiocco G, Benedettimichelangeli G, Maischberger K, et al. Measurement of temperature and aerosol to molecule ratio in the troposphere by optical radar. Nature, 1971, 229(3): 78-79.

[20] Hoffman D S, Repasky K S, Reagan J A, et al. Development of a high spectral resolution lidar based on confocal Fabry-Perot spectral filters. Applied Optics, 2012, 51(25): 6233.

[21] 刘东, 杨甬英, 周雨迪, 等. 大气遥感高光谱分辨率激光雷达研究进展. 红外与激光工程, 2015, 44(9): 2535-2546.

[22] Lauranto H M, Salomaa R R E, Kajava T T. Fizeau interferometer in spectral measurements. Journal of the Optical Society of America B, 1993, 10(10): 1980-1989.

[23] Born M, Wolf E. Principles of Optics. Cambridge: Cambridge Uniresity Press, 2001.

[24] Tolansky S. Multiple Beam Interferometry of Surfaces and Films. New York: Dorer Publications, 1948.

[25] McKay J A. Modeling of direct detection Doppler wind lidar. II. The fringe imaging technique. Applied Optics, 1998, 37(27): 6487-6493.

[26] McKay J A. Assessment of a multibeam Fizeau wedge interferometer for Doppler wind lidar. Applied Optics, 2002, 41(9): 1760-1767.

[27] Reitebuch O, Lemmerz C, Nagel E, et al. The airborne demonstrator for the direct-detection Doppler wind lidar ALADIN on ADM-Aeolus: I instrument design and comparison to satellite instrument. Journal of Atmospheric & Oceanic Technology, 2009, 26: 2501-2515.

[28] Koppelmann G, Krebs K. Mehrstrahlinterferenzen in konvergentem licht. Zeitschrift Für Physik, 1960, 158(2): 172-180.

[29] Langenbeck P. Fizeau interferometer-fringe sharpening. Applied Optics, 1970, 9(9): 2053.

[30] Liu D, Hostetler C, Cook A, et al. Modeling of a field-widened Michelson interferometric filter for application in a high spectral resolution lidar. 2011 International Conference on Optical Instruments and Technology: Optical Systems and Modern Optoelectronic Instruments, Beijing, 2011.

[31] Liu D, Hostetler C, Miller I, et al. System analysis of a tilted field-widened Michelson interferometer for high spectral resolution lidar. Optics Express, 2012, 20(2): 1406-1420.

[32] Cheng Z, Liu D, Luo J, et al. Field-widened Michelson interferometer for spectral discrimination in high-spectral-resolution lidar: Theoretical framework. Optics Express, 2015, 23(9): 12117-12134.

[33] 成中涛. 基于视场展宽迈克耳孙干涉仪的高光谱分辨率激光雷达. 杭州: 浙江大学博士学位论文, 2017.

[34] Burton S P, Hostetler C A, Cook A L, et al. Calibration of a high spectral resolution lidar using a Michelson interferometer, with data examples from ORACLES. Applied Optics, 2018, 57(21): 6061-6075.

[35] Seaman S T, Cook A L, Scola S J, et al. Performance characterization of a pressure-tuned wide angle Michelson interferometric spectral filter for high spectral resolution lidar. Lidar Remote Sensing for Environmental Monitoring X Ⅴ, San Diego, 2015.

[36] Nan H S, Gao F, Huang B, et al. Field-compensated tunable Mach-Zehnder interferometer for a multi-mode high-spectral-resolution lidar in the application of aerosol measurements. The Sixth International Conference on Optical and Photonic Engineering, Bellingham, 2018.

[37] Smith J A, Chu X Z. Investigation of a field-widened Mach-Zehnder receiver to extend Fe Doppler lidar wind measurements from the thermosphere to the ground. Applied Optics, 2016, 55(6): 1366-1380.

[38] Bruneau D, Pelon J, Blouzon F, et al. 355-nm high spectral resolution airborne lidar LNG: System description and first results. Applied Optics, 2015, 54(29): 8776-8785.

[39] Sroga J T, Eloranta E W, Shipley S T, et al. High spectral resolution lidar to measure optical scattering properties of atmospheric aerosols. 2: Calibration and data analysis. Applied Optics, 1983, 22(23): 3725-3732.

[40] Shipley S T, Tracy D H, Eloranta E W, et al. High spectral resolution lidar to measure optical scattering properties of atmospheric aerosols. 1: Theory and instrumentation. Applied Optics,

1983, 22(23): 3716-3724.

[41] Liu D, Yang Y, Cheng Z, et al. Retrieval and analysis of a polarized high-spectral-resolution lidar for profiling aerosol optical properties. Optics Express, 2013, 21(11): 13084-13093.

[42] Nishizawa T, Sugimoto N, Matsui I. Development of a dual-wavelength high-spectral-resolution lidar. SPIE Asia-Pacific Remote Sensing, Incheon, 2010.

[43] Liu Z, Matsui I, Sugimoto N. High-spectral-resolution lidar using an iodine absorption filter for atmospheric measurements. Optical Engineering, 1999, 38(10): 1661-1670.

[44] Lawson M, Eloranta E. Dither cavity length controller with iodine locking. The European Physical Journal Conferences, 2016, 119: 06003.

[45] Drever R W P, Hall J L, Kowalski F V, et al. Laser phase and frequency stabilization using an optical-resonator. Applied Physics B-Photophysics and Laser Chemistry, 1983, 31(2): 97-105.

[46] Cheng Z, Liu D, Zhou Y, et al. Frequency locking of a field-widened Michelson interferometer based on optimal multi-harmonics heterodyning. Optics Letters, 2016, 41(17): 3916-3919.

第5章　高光谱分辨率激光雷达重叠因子

激光雷达系统的重叠因子是影响激光雷达大气遥感的重要因素之一，它描述了回波信号与接收系统的耦合效率随距离变化的变化过程[1]。激光雷达系统的重叠因子主要由发射系统与接收系统决定，高光谱分辨率激光雷达与其他类型激光雷达在收发系统设计上没有明显不同，故在本章当中不进行严格的区分。在一个发射系统与接收系统光轴平行的激光雷达系统中，随着距离的增加，重叠因子从0逐渐增加到1，随后保持为1不变。如果重叠因子评估不准确，则通过反演测出的大气光学特性也将存在较大误差。此时人们通常会舍去重叠因子小于1区域内的近场数据，而只选取重叠因子恒为1的远场数据。然而，对于地基激光雷达，被舍去的近场数据通常位于人们最感兴趣的区域内，因此，求解重叠因子对准确反演大气参数具有重要作用。

5.1　重叠因子简介

大气遥感激光雷达系统分为发射和接收两个部分，它的基本结构如图 5-1 所示。激光器发出的脉冲光经准直扩束后，进入大气，经过大气衰减和散射的回波

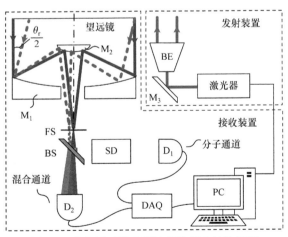

图 5-1　大气遥感激光雷达系统基本结构框图

M_1. 主镜；M_2. 副镜；M_3. 反射镜；BE. 扩束镜；FS. 视场光阑；BS. 分束器；SD. 光谱鉴频器；
D_1、D_2. 探测器；DAQ. 数据采集装置；PC. 计算机

信号携带了大气的光学特性信息，该回波信号被望远镜接收并经过一系列光学系统后，由数据探测系统进行采集记录。采集记录的大气回波信号数据经过一系列的数据处理后，即可获得被遥感大气的性质。

重叠因子与激光雷达收发系统结构密切相关。激光雷达接收系统通常采用卡塞格林式望远镜，因为该结构具有口径大、镜筒短、无色差、使用光谱范围宽、退偏效应小等优点。如图 5-1 所示，卡塞格林式望远镜的物镜包括一对主镜和副镜，视场光阑位于望远镜物镜后焦面处，其尺寸决定了望远镜物方视场的大小：实线光束表示正入射的平行光，通过望远镜后汇聚于光阑中央；而虚线光束表示视场角为 $\theta_r/2$ 的平行光，其刚好聚焦于光阑边缘。如果物方倾斜角大于 $\theta_r/2$，则入射光将会汇聚在光阑之外，从而不能被光阑后面的探测系统接收。如果视场光阑的直径为 a，望远镜物镜的有效焦距为 f，则该临界角 $\theta_r = 2\arctan(a/2f)$，即称为接收视场角。而发射激光覆盖的大气区域为发射视场。激光雷达方程假设所有入射到望远镜接收面上的光线全部能够被接收，然而接收视场和发射视场在空间上的不匹配，将导致部分入射到望远镜面上的光线不满足接收视场角条件，如图 5-2 所示。因此，科学家应用重叠因子对数据进行修正，以避免该误差对大气参数反演的影响。

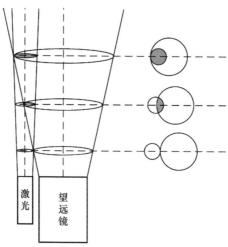

图 5-2　大气遥感激光雷达系统基本结构框图

目前科学家已经发展了多种方法计算重叠因子，主要包括理论建模法[2-12]和实验定标法[1,13-19]，两者各有优劣。理论建模法首先建立激光雷达系统模型，根据激光雷达的系统参数，从理论上预测重叠因子；实验定标法则通过对接收数据进行处理得到重叠因子。前者需要得到精确的系统参数(如激光束光强分布、误差角等)，这些参数可能很难准确得到，但由于可以分析不同系统参数对重叠因子的影响，其对激光雷达的设计过程具有定量的指导意义；后者的计算结果则会因为假设了一定的实验条件而产生误差，但在一定程度上反映了真实的重叠情况。

5.2　理论建模法获取重叠因子

在建模法中，约束法[2-4]用来估算重叠因子，光线追迹法[5,6]和解析法[7-12]用来精确计算重叠因子。约束法可以大致约束重叠因子，但精确度较低。光线追迹法可以通过求出每一条后向散射光线经过光学系统成像在探测器上的位置，计算任意实验条件下的重叠因子，但其算法比较复杂[20]。解析法将接收系统简化为一个透镜和一个视场光阑，利用几何光学原理计算重叠因子，该方法在计算速度上具有较大的优势，得到了广泛的应用。本节主要对解析建模的方法展开介绍。

5.2.1　激光雷达重叠因子建模分析

激光雷达中发射激光和光学接收系统的几何关系模型如图 5-3 所示，绿色实线表示发射激光束，红色大圆和小圆分别表示望远镜主镜和副镜位置。由于望远镜镜筒长度一般远远小于要探测的大气距望远镜的距离，因此可将望远镜主镜和副镜近似看成在同一水平面上。以望远镜主镜面的圆心为原点 $O(0,0,0)$，望远镜光轴为 z 轴，望远镜的探测方向为正方向建立 xyz 坐标系。激光束直径为 D_t 时的截面圆心 O 在 $z=0$ 平面上的投影为 Q'，将向量 $\overrightarrow{OQ'}$ 定义为 y 轴的正方向，根据坐标系右手定则可以得到 x 轴正方向。D_r、D_r' 分别为望远镜主镜和副镜的直径，D_t 为发射激光束初始直径，d_0 为激光光轴与望远镜光轴的间距，θ_t 和 θ_r 分别为激光束发散角和望远镜接收视场角，l 为发射面与接收面之间的间距。距接收平面距

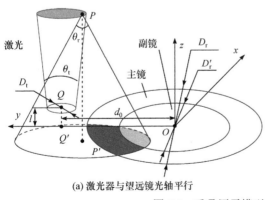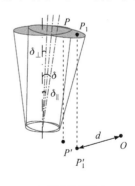

(a) 激光器与望远镜光轴平行　　　　　　(b) 误差角的影响

图 5-3　重叠因子模型

离为 $z\,(z>l)$ 处的激光束截面半径为 $r_{\mathrm{t}}=[D_{\mathrm{t}}+(z-l)\theta_{\mathrm{t}}]/2$，该截面上任一散射点的坐标记为 (x,y,z)，满足 $x^2+(y-d_0)^2\leqslant r_{\mathrm{t}}^2$。以 P 点为顶点，望远镜接收视场角 θ_{r} 为顶角作一个圆锥，被圆锥面包裹的后向散射光与 z 轴的夹角小于 $\theta_{\mathrm{r}}/2$，这些光束只要能够入射到望远镜的有效接收面积内，就能够被望远镜有效接收到达探测器。

如图 5-3(a)所示，深蓝色区域对应的后向散射光能够被望远镜接收，浅蓝色区域则表示信号被副镜挡掉的后向散射信号。深蓝色区域面积与望远镜有效接收面积的比值，记为单点耦合效率，其物理意义为实际能够被接收的光与激光雷达方程假设能够被接收光的比值，即

$$\xi(x,y)=\frac{A(r_{\mathrm{c}},r_{\mathrm{r}};d)-A(r_{\mathrm{c}},r_{\mathrm{r}}';d)}{\pi(r_{\mathrm{r}}^2-r_{\mathrm{r}}'^2)}\tag{5-1}$$

式中，$A(r_{\mathrm{c}},r_{\mathrm{r}};d)$ 和 $A(r_{\mathrm{c}},r_{\mathrm{r}}';d)$ 分别为圆锥底面与望远镜主镜和副镜的重叠面积[7]；$r_{\mathrm{c}}=\theta_{\mathrm{r}}z/2$ 为圆锥底面半径；$r_{\mathrm{r}}=D_{\mathrm{r}}/2$ 为望远镜主镜半径；$r_{\mathrm{r}}'=D_{\mathrm{r}}'/2$ 为望远镜副镜半径；d 为间距 $\overline{OP'}$ 的长度。

受机械结构的影响，激光器光轴与望远镜光轴之间可能会存在一个夹角，称为误差角 δ [7]，如图 5-3(b)所示。以 $x=0$ 平面为参考面，误差角垂直、平行于这个平面的分量分别为 $\delta_{\perp}$、$\delta_{\parallel}$，规定它们的正方向为右手螺旋方向，即分别从 y 轴和 x 轴的正半轴向原点看，逆时针方向为正。由于误差角的出现，激光截面上任一点 $P(x,y,z)$ 会旋转到 $P_{\mathrm{l}}[x+z\delta_{\perp},y-z\delta_{\parallel},z+(y-d_0)\delta_{\parallel}-x\delta_{\perp}]$，其在 $z=0$ 截面上的投影坐标也从 $P'(x,y,0)$ 变为了 $P_{\mathrm{l}}'(x+\delta_{\perp}z,y-\delta_{\parallel}z,0)$。此时，参数 d 不再等于 $\overline{OP'}$ 的长度，而变为 $\overline{OP_{\mathrm{l}}'}$，即

$$d=\sqrt{(x+\delta_{\perp}z)^2+(y-\delta_{\parallel}z)^2}\tag{5-2}$$

假设误差角为毫弧度量级，则 z 轴方向上的误差 $(y-d_0)\delta_{\parallel}-x\delta_{\perp}$ 近似为毫米量级，远小于探测尺度，因此 P_{l} 的光强几乎不发生改变，该方向上的误差可以忽略不计。

对单点耦合效率在整个激光束截面上进行积分，可以得到重叠因子为

$$O(z)=\frac{\iint_{x^2+y^2\leqslant r_{\mathrm{t}}^2}\xi(x,y)I(x,y)\mathrm{d}x\mathrm{d}y}{\iint_{x^2+y^2\leqslant r_{\mathrm{t}}^2}I(x,y)\mathrm{d}x\mathrm{d}y}\tag{5-3}$$

式中，$I(x,y)$ 为激光束截面上的光强分布；$\iint$ 为面积分符号；r_{t} 为激光束截面半径。

5.2.2　典型激光雷达结构的重叠因子分析

激光雷达按照发射/接收系统的相对位置主要分为离轴、同轴两大类结构。望

远镜接收光轴与激光器激光发射光轴相互平行但不重合的系统为离轴结构，如图 5-4(a)所示[9]，激光直接发射进入大气，其散射光被望远镜接收。望远镜光轴与激光器光轴平行且重合则为同轴结构，其中又可根据激光是从望远镜前方还是后方出射，将其分为同轴前置和同轴后置两种结构。前者如图 5-4(b)所示[8]，激光经过两次反射，从副镜前方出射；后者如图 5-4(c)所示[21]，激光经过反射进入望远镜，经望远镜扩束后出射。离轴和同轴两类结构各有优劣：离轴结构容易搭建，但很难保证发射与接收光轴的平行；同轴结构更容易保持收发轴平行，但很容易在近场产生强散射光，从而产生伪信号甚至损坏探测器[22-23]。

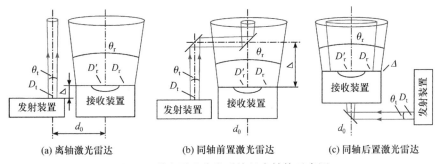

(a) 离轴激光雷达   (b) 同轴前置激光雷达   (c) 同轴后置激光雷达

图 5-4   激光雷达收发系统基本结构示意图

　　根据上述理论模型可以对这三种典型激光雷达结构的重叠因子进行分析，表 5-1 给出了仿真中所使用的激光雷达系统参数，各参数的含义可以参照图 5-4。三种激光雷达系统结构的重叠因子如图 5-5 所示。定义"完全重叠点"为重叠因子刚刚达到 1 的位置，"完全不重叠点"为重叠因子刚刚大于 0 的位置，盲区为距离比"完全不重叠点"近的区域，过渡区为"完全不重叠点"与"完全重叠点"之间的区域。由图 5-5 可以看出，离轴结构的"完全重叠点"在 1.5km 附近，"完全不重叠点"在 0.2km 附近。而两种同轴激光雷达的重叠因子的"完全重叠点"在 0.6km 附近，"完全不重叠点"在 0.1km 附近。这说明离轴结构的过渡区和盲区的范围均大于两种同轴激光雷达。显然，过渡区的范围越小，重叠因子的定标精度对反演数据的影响范围就越小。因此，同轴激光雷达可以被用来获得 0.6~1.5km 不受重叠因子影响的准确数据。同时，盲区内回波信号为 0，即使通过重叠因子修正也无法得到有效信号。因此，同轴激光雷达对盲区范围的抑制能够增强激光雷达的近场探测能力。另外，两种同轴激光雷达重叠因子的"完全重叠点"和"完全不重叠点"几乎相同，但它们的重叠因子形状略有不同，这是因为同轴后置结构通过望远镜的扩束改变了激光束初始直径、发射角和光强分布。

表 5-1　仿真所用的激光雷达系统参数

参数	离轴	同轴前置	同轴后置
激光强度分布	均匀	均匀	均匀
激光束初始直径 D_t /mm	60	60	5
激光发散角 θ_t /mrad	0.2	0.2	0.2
望远镜主镜直径 D_r /mm	300	300	300
望远镜副镜直径 D_r' /mm	100	100	100
望远镜接收视场角 θ_r /mrad	0.7	0.7	0.7
光轴间距 d_0 /mm	250	0	0
发射面与接收面水平间距 l /mm	100	100	100
垂直误差角 $\delta_\perp$ /mrad	0.01	0.01	0.01
平行误差角 $\delta_\parallel$ /mrad	0.01	0.01	0.01
望远镜放大倍数 M	—	—	36

图 5-5 中的三条重叠因子曲线主要由激光雷达收发系统结构决定，事实上激光雷达中任一参数的变化都会影响重叠因子。因此，本小节将以表 5-1 中的激光雷达参数为基础，分别改变各个系统参数，全面分析每个参数对重叠因子的影响，进而为激光雷达的设计过程提供定量的指导意见。

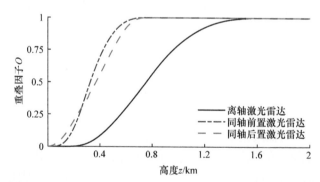

图 5-5　离轴、同轴前置和同轴后置激光雷达重叠因子仿真图

1. 激光束初始直径 D_t

图 5-6 为激光束初始直径 D_t 对重叠因子的影响仿真图。从图 5-6 可以看到，相同距离情况下，较小的 D_t 在近场拥有较小的重叠因子，而在远场拥有较大的重叠因子，且对远场重叠因子的影响比近场大。这是因为 D_t 越小，激光束空间分布越小。这导致激光束截面上距望远镜光轴较近一侧散射点的单点耦合效率 $\xi(x, y)$

更小，而较远一侧的散射点的单点耦合效率 $\xi(x,y)$ 更大。在近场时，距望远镜光轴较近一侧的散射点的单点耦合效率 $\xi(x,y)$ 改变更明显，因此通过积分得到的重叠因子较小；反之，在远场，距望远镜光轴较远一侧的散射点单点耦合效率 $\xi(x,y)$ 增大更加显著，因而重叠因子较大。激光直径对同轴后置激光雷达的影响最大，这是因为该种结构放大了激光直径。

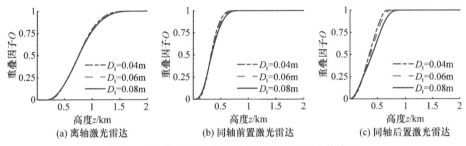

图 5-6 激光束初始直径对重叠因子的影响仿真图

2. 激光发射角 θ_t

激光发射角 θ_t 对重叠因子的影响仿真结果如图 5-7 所示。可以看到，较小的 θ_t 在近场拥有较小的重叠因子，而在远场拥有较大的重叠因子，且"完全重叠点"附近的区域受 θ_t 的影响相对较大。这种现象与图 5-7 中 D_t 影响重叠因子的原因一致，都与激光束的空间分布密切相关。对比图 5-7 中三种激光雷达结构可以发现，θ_t 对离轴和同轴前置激光雷达的影响比同轴后置激光雷达的影响稍大。这是因为同轴后置结构中望远镜对激光束的扩束作用降低了发射角的影响。

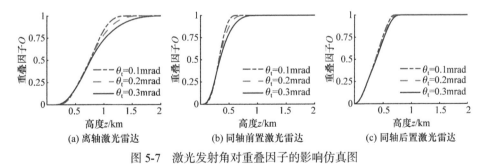

图 5-7 激光发射角对重叠因子的影响仿真图

3. 望远镜主镜直径 D_r

受望远镜主镜直径 D_r 对重叠因子的影响情况如图 5-8 所示。对于图 5-8(a)所示的离轴激光雷达，在 0.7km 之前，D_r 越小则重叠因子越小，而在 0.7～2km 之间，D_r 越小重叠因子却越大。这是因为较小的 D_r 和收发系统的非对称性，在近场使回波信号更难进入望远镜，而在远场使单点耦合效率更早达到1。对于图 5-8(b) 和(c)的同轴激光雷达来说，由于收发系统光轴重合，根据式(5-1)可知望远镜有效面积的减小导致单点耦合效率在相同距离上更大，故较小的 D_r 在相同距离上始终拥有较大的重叠因子。

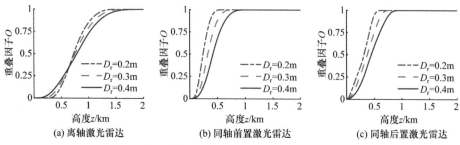

图 5-8 望远镜主镜直径对重叠因子的影响仿真图

4. 望远镜接收视场角 θ_r

望远镜接收视场角 θ_r 对重叠因子的影响仿真结果见图 5-9。可以很明显地看到，在相同距离上，重叠因子随 θ_r 的增大而增大。根据 5.2.1 节的理论，较大的 θ_r 能够增大接收视场，得到较强的回波信号，从而增大单点耦合效率 $\xi(x,y)$ 和由其积分得到的重叠因子 $G(z)$。

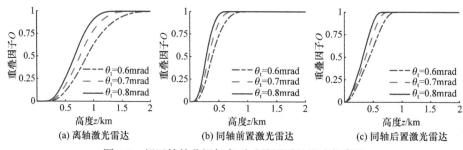

图 5-9 望远镜接收视场角对重叠因子的影响仿真图

5. 光轴间距 d_0

光轴间距 d_0 对重叠因子的影响十分显著，如图 5-10 所示。对于离轴激光雷达，越小的 d_0 对应的重叠因子盲区越小。而同轴激光雷达作为离轴激光雷达 $d_0=0$ 的特殊情况，其在相同距离上拥有最大的重叠因子。这在 5.2.1 节的基础上，进一步说明了同轴激光雷达在减小过渡区和盲区范围方面的优势。

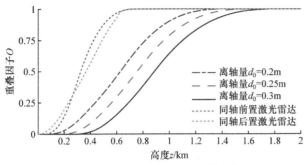

图 5-10　光轴间距对重叠因子的影响仿真图

6. 误差角 $\delta_{\parallel}$ 和 $\delta_{\perp}$

图 5-11 展示了误差角对重叠因子的影响。如图 5-11(a) 所示，对于离轴激光雷达，平行误差角 $\delta_{\parallel}$ 主要使过渡区和充满区范围发生改变，而垂直误差角 $\delta_{\perp}$ 的存在则降低了重叠因子的大小。这是因为 $\delta_{\parallel}$ 和 $\delta_{\perp}$ 令激光束偏转的方向不同，后者破坏了激光雷达的对称性，导致重叠因子无法增长到达 1。而对于同轴激光雷达，在误差角增大的过程中，重叠因子始终在降低。这是因为同轴结构具有中心对称的特性，任何破坏中心对称的行为都将导致重叠因子的降低。但是如图 5-11(b) 所示，对于同轴前置结构，合适的误差角会令近场回波信号被副镜遮挡的比例下降，反而导致近场区域的重叠因子略微增大。同时，对于同轴激光雷达，$\delta_{\perp} = x\,\mathrm{mrad}$、$\delta_{\parallel} = y\,\mathrm{mrad}$ 与 $\delta_{\perp} = y\,\mathrm{mrad}$、$\delta_{\parallel} = x\,\mathrm{mrad}$ 对应的重叠因子相同，因此蓝色虚线与青色实线重合。

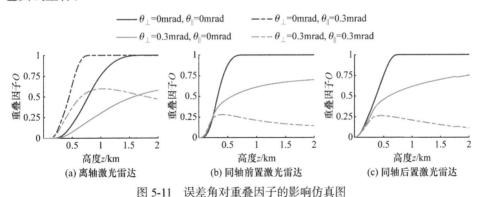

图 5-11　误差角对重叠因子的影响仿真图

5.3　实验定标法获取重叠因子

激光雷达重叠因子的理论分析模型为分析重叠因子提供了有利的分析工具，

但对于实际的激光雷达系统，要确定其重叠因子往往需要根据实验进行测定。实验测重叠因子的方法根据是否需要假设大气参数可以分为两大类：第一类方法通常会假设大气水平均匀，或者大气参数满足某一特定的条件函数；第二类方法则避免对大气参数进行建设，其实现的形式较多，如利用多项式拟合、外加的标定设备，或者外加一个大视场接收系统等。

5.3.1 假设大气状态类方法

1. 水平探测

Sasano 等在 1979 年提出了一种激光雷达重叠因子定标的方法[13]，该方法假设大气对激光的衰减很小，大气透过率在探测范围内为 1，且水平近似均匀。将激光雷达水平探测，后向散射系数 $\beta(z)$ 可看作常数。由激光雷达方程，可以得到重叠因子为

$$O(z) = \frac{P(z)z^2}{P(z_0)z_0^2} \tag{5-4}$$

式中，参考点 z_0 为足够大的远场距离，满足 $O(z_0) = 1$；z 为高度。

Sasano 法对大气洁净的假定在实验中往往难以满足，Tomine 进一步发展了 Sasano 法，去除了大气绝对干净的假定，依旧假设大气水平均匀。将激光雷达水平探测中的消光系数 $\alpha(z)$ 和后向散射系数 $\beta(z)$ 均看作不随距离变化的常数，那么在重叠因子为 1 的远场可以通过斜率法[24]求出消光系数 α，因此，激光雷达系统的重叠因子可写为

$$O(z) = \exp\left\{2\alpha \times (z - z_0) + \ln\left[P(z)z^2\right] - \ln\left[P(z_0)z_0^2\right]\right\} \tag{5-5}$$

式中，参考点 z_0 为足够大的远场距离，满足 $O(z_0) = 1$。

实际上，即使在水平方向上大气也难以满足绝对均匀分布的假定，只会在一定程度上满足相对均匀分布，因而 Tomine 方法对重叠因子标定的精确度依赖于参考点 z_0 的选择。如果 z_0 恰好位于大气参数波动较大的区域内，则会引入较大误差。因此，在假设大气水平相对均匀的前提下，Dho 等提出使用线性拟合法避免对 z_0 的直接选取[10]。激光雷达水平探测时，对激光雷达方程两边取对数可以得到

$$\ln\left[P(z)z^2\right] - \ln O(z) = -2\alpha z + \ln(C\beta) \tag{5-6}$$

其中，α 为消光系数；β 为后向散射系数；C 为系统常数。

对于均匀大气，式(5-6)可以看作 $y = ax + b$ 的线性函数形式，a 和 b 分别对应于 -2α 和 $\ln(C\beta)$，x 和 y 分别对应于 z 和 $\ln\left[P(z)z^2\right] - \ln O(z)$。通过对远场大气

的 x 和 y 做线性拟合[此时 $G(z) \approx 1$]，求出 a 和 b 的值。随后，将 a 和 b 代入式(5-6)，进而可以求出近场的重叠因子。

2. 假设激光雷达比不变

Wandinger 和 Ansmann[16]基于拉曼激光雷达系统提出了一种重叠因子的反演方法，除假设气溶胶激光雷达比与距离无关外无需其他严格的假设条件。该重叠因子反演方法的基本原理是根据拉曼激光雷达能够在未经校正重叠因子的情况下进行后向散射系数的反演，但 Klett 反演法在反演后向散射系数时会受到重叠因子的影响，通过迭代可以计算反演出重叠因子。事实上，在 HSRL 中同样可以在未经重叠因子校正的情况下，反演出气溶胶后向散射系数。因而，此种重叠因子反演方法可以无障碍地应用于 HSRL 中[25]。下面以 HSRL 为例，说明其测量原理，假设气溶胶激光雷达与距离无关，则可以得到

$$\beta_{\mathrm{HSRL}} + \beta_{\mathrm{m}} \propto O(z)^{-1} \times P(z) \tag{5-7}$$

$$\beta_{\mathrm{Klett}} + \beta_{\mathrm{m}} \propto P(z) \tag{5-8}$$

式中，β_{HSRL} 为 HSRL 所反演得到的气溶胶后向散射系数；β_{Klett} 为 Klett 法所反演得到的气溶胶后向散射系数；β_{m} 为大气分子后向散射系数。β_{HSRL} 与 β_{Klett} 的差别可以用于校正反演重叠因子，可由如下变换得

$$\frac{\beta_{\mathrm{HSRL}} - \beta_{\mathrm{Klett}}}{\beta_{\mathrm{HSRL}} + \beta_{\mathrm{m}}} = \frac{P(z)O^{-1}(z) - P(z)}{P(z)O^{-1}(z)} = 1 - O(z) \tag{5-9}$$

然而，直接利用式(5-9)校正得到的重叠因子结果较不稳定，一种更好的方式是将 Klett 法与 HSRL 所反演的后向散射系数相对误差迭代校正激光雷达回波信号，即

$$\Delta O^i(z) = \frac{\beta_{\mathrm{HSRL}}(z) - \beta_{\mathrm{Klett}}^i(z)}{\beta_{\mathrm{HSRL}}(z) + \beta_{\mathrm{m}}(z)} \tag{5-10}$$

$$P^{i+1}(z) = P^i(z) \times [1 + \Delta O^i(z)] \tag{5-11}$$

一般而言，经过数十次迭代校正后，迭代流程能够消除重叠因子对 Klett 法反演后向散射系数的影响，最终重叠因子为

$$O(z) = \frac{P^1(z)}{P^{\mathrm{end}}(z)} \tag{5-12}$$

5.3.2　无须假设大气参数类方法

1. 多项式拟合

基于 5.3.1 节中介绍的重叠因子线性拟合[10]技术，使用多项式拟合[26]代替线

性拟合进一步弱化了对大气参数的假设，即无须假设任何大气参数。重叠因子可写为

$$O(z) = \exp\left\{ \ln\left[P(z)z^2 \right] - \sum_{n=0}^{N} A_n z^n \right\} \tag{5-13}$$

式中，$\sum_{n=0}^{N} A_n z^n = \ln C + \ln \beta(z) - 2\int_0^z \alpha(z')\mathrm{d}z'$ 为远场区域$[\ln O(z) \approx 0]$的多项式拟合结果。将该多项式拟合结果推广到近场，通过式(5-13)即可求出系统重叠因子。在理论上，这种方法可以精确地利用雷达信号获取重叠因子，且不用假设任何大气参数。但是在实际的应用中，多项式拟合存在一定的风险，如欠拟合和过拟合，可能导致较大的重叠因子定标误差。

2. 双视场激光雷达

Eloranta 曾提出，在 HSRL 中可采用两个不同的接收系统，即双视场激光雷达，对同一区域进行测量，利用不同接收视场角所对应的重叠因子盲区与过渡区域的最大高度之间的差异，进而相互比对并反演出重叠因子[27]。

为了更一般化地说明，不妨假设双视场激光雷达所探测同一区域的激光雷达回波信号分别为

$$P_1(z) = \frac{C}{z^2} \cdot O_{\mathrm{I}}(z) \cdot \beta(z) \cdot \exp\left[-2\int_{z_0}^z \alpha(z)\mathrm{d}z \right] \tag{5-14}$$

$$P_2(z) = \frac{C}{z^2} \cdot O_{\mathrm{II}}(z) \cdot \beta(z) \cdot \exp\left[-2\int_{z_0}^z \alpha(z)\mathrm{d}z \right] \tag{5-15}$$

式中，$P_1(z)$ 为接收系统 1 所接收的回波信号功率；$P_2(z)$ 为接收系统 2 所接收的回波信号功率；$O_{\mathrm{I}}(z)$ 与 $O_{\mathrm{II}}(z)$ 则分别为两个接收系统所对应的重叠因子，假设 $O_{\mathrm{I}}(z)$ 为所求的重叠因子，那么易得

$$O_{\mathrm{I}}(z) = O_{\mathrm{II}}(z) \cdot \frac{P_1(z)}{P_2(z)} \tag{5-16}$$

在式(5-16)中，还有一个未知参量 $O_{\mathrm{II}}(z)$ 尚未求得。可以通过特殊的系统设计，如增大接收系统 2 的视场角或减小发射光轴与接收系统之间的间距等方式，使得探测高度位于接收系统 1 的过渡区时，已经在探测系统 2 的"完全重叠点"之上了(图 5-12)。因此可以看作 $O_{\mathrm{II}}(z) = 1$，式(5-16)可以改写成更为简单的形式，能够通过双视场系统接收的回波信号之比直接反演出重叠因子，即

$$O_{\mathrm{I}}(z) = P_1(z)/P_2(z) \tag{5-17}$$

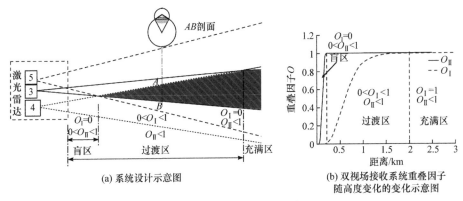

(a) 系统设计示意图

(b) 双视场接收系统重叠因子
随高度变化的变化示意图

图 5-12   双视场激光雷达示意图

5.3.3   实验结果

1. 水平测量

激光雷达水平测量重叠因子是目前实验定标重叠因子的主流方法，具有实验过程简单、假设合理性强等优点。本小节基于一套可旋转的大气米散射激光雷达系统在浙江省杭州市西湖区浙江大学玉泉校区 2014 年 7 月 27 日晚上的实验结果，验证了 5.3.1 节和 5.3.2 节中描述的方法，实验所用米散射激光雷达系统的具体参数如表 5-2 所示。

表 5-2   实验所用的米散射激光雷达系统参数

参数	数值
激光波长/nm	532
激光能量/mJ	30
激光光束直径 D_t /mm	24
接收系统总光学效率/%	8
激光发散角 θ_t /mrad	0.113
望远镜主镜直径 D_r /mm	280
望远镜副镜直径 D_r' /mm	95.25
望远镜接收视场角 θ_r /mrad	4.2
光轴间距 d_0 /mm	208.5
发射面与接收面水平间距 l /mm	10
垂直误差角 $\delta_\perp$ /mrad	1.5
平行误差角 $\delta_\parallel$ /mrad	0

利用 Tomine 法、线性拟合法和多项式拟合法得到的系统重叠因子定标结果如图5-13所示,这里在数据预处理中对单脉冲回波信号进行了500次平均。Tomine法利用相隔40m的两个参考点获得的重叠因子相差较大,这进一步说明了Tomine法对参考点的依赖性,不准确的参考点会带来较大误差。多项式拟合法,采用不同的拟合阶数会产生不同的计算结果。从图中可以发现,线性拟合法与理论模型的吻合程度最高,这一方面说明了线性拟合法具有较好的反演结果,另一方面也验证了理论模型的正确性。实验与理论之间的误差可能由大气参数的波动导致,说明了这三种实验法均对大气水平均匀有较高要求,多项式拟合也无法消除大气水平不均匀的影响。

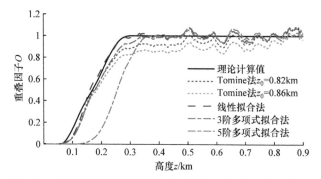

图 5-13　理论计算的重叠因子与实验数据反演得到的重叠因子

2. 竖直测量

天顶/准天顶方向观测 HSRL 系统重叠因子定标的首要问题在于:气溶胶在不同高度上的负载情况往往并不均匀,因此大部分需要对大气状态进行假设的重叠因子反演方法都无法直接适用于天顶方向观测 HSRL 系统。然而,边界层以下的气溶胶经过充分混合往往性质较为相似,雷达比变化并不明显,因此假设激光雷达比不变的迭代法可以应用于这种情况。而在无须假设大气状况的重叠因子反演方法中,双视场激光雷达的系统结构和反演流程都简单,只需要增添简单的子接收系统就可以很方便地反演出重叠因子。因此,本小节分别使用假设激光雷达比的迭代法和双视场法对垂直观察的 HSRL 系统的重叠因子进行反演。

下面以浙江省杭州市西湖区浙江大学玉泉校区 2019 年 10 月 28 日,532nm 基于碘分子吸收池的 HSRL 系统所测得的数据为例,进行两种方法重叠因子反演的比对验证。以其中某个时刻的测量数据作为范例,说明两种方法反演重叠因子的流程(图5-14)。图5-14(a)对应的是双视场法,采用了不同视场的辅助接收系统和主接收系统测量同一区域的回波信号,并将两者作比,即可通过式(5-17)直接反演得到重叠因子。图5-14(b)则是基于 Klett 法的迭代法,图中还展示了通过式(5-11)进行多次迭代校正所对应的后向散射系数 β_{IGD}，经过数十次迭代校正后，Klett 法与 HSRL 所反演的后向散射系数将会保持一致，将迭代校正后的回波信号与原始信号作比，即可通过式(5-12)反演得到重叠因子。此处进行 Klett 法反演时，所假设的雷达比为 40sr。

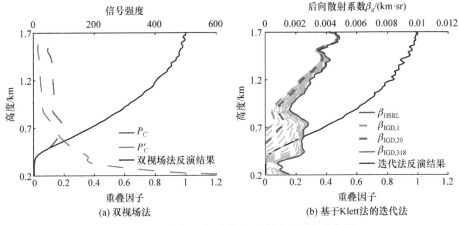

图 5-14　双视场法与迭代法重叠因子反演示意图

　　将该段实验时间获得的 100 条廓线(约 3.3h)同时进行双视场法和迭代法的重叠因子反演，反演结果如图 5-15 所示。图中的黑色实线是通过迭代方法获得的平均重叠因子廓线，误差带表示三个标准差。红色实线是双视场法的平均重叠因子廓线。迭代法与双视场法反演出的重叠因子的平均相对误差值为 4.56%，两种方法反演出的重叠因子显示出良好的一致性。另外，通过迭代法计算出的重叠函数的平均标准差为 0.0177，表明迭代法在实际应用中具有很强的鲁棒性。由于双视场法没有假定的大气参数，因此可以视为准确的实时重叠因子。而对于迭代法而

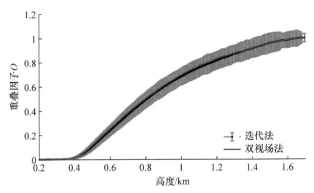

图 5-15　双视场法和迭代法的重叠因子反演结果

言，如果气溶胶组分较为复杂，导致雷达比并不完全一致时，就会有一定的反演误差，但一般情况下两者的相对偏差不会太大。通过比较从这两种方法计算的实时重叠因子，可以排除光轴和大气环境变化的影响。

需要指出的是，重度负载的气溶胶和云的多次散射效应会直接影响两种方法的反演效果，当光学厚度超过 1 时，对于重叠因子的定标效果会迅速恶化。通常情况下垂直观测 HSRL 重叠因子的定标，是在无云天气或气溶胶负载较轻的情况下进行的。

5.4　无盲区激光雷达系统设计

激光雷达盲区是指重叠因子为 0 的区域，在这一区域内，大气的后向散射光无法进入接收系统，或者因为后续光学系统的限制，不能抵达探测器，从而导致数据缺失。激光雷达的盲区由收发光学系统决定，其中发射系统实现对激光的整形、扩束，并发射向大气，而接收系统则负责接收大气的后向散射信号。不理想的收发系统除存在较大盲区外，还存在因重叠因子过小导致的弱信号区和过长的过渡区，这都将影响数据反演的精度。因此，设计构建无盲区/低盲区的激光雷达系统，对提高雷达探测范围及探测精度都有着至关重要的作用。本节将对比几种常见收发系统，分析并设计一种无盲区激光雷达收发系统——基于离轴非球面反射式望远镜(off-axis aspheric reflective telescope，OART)的收发系统[28]。

5.4.1　系统对比

在激光雷达的光束发射系统中，一般激光器输出的激光光斑较小而发散角很大，所以必须使用光学系统对其进行准直扩束。透射式扩束镜因其体积小、便于安装集成等特点，成为发射系统中的首选。而对于接收系统，不仅要求其口径足够大来提高回波信号的信噪比，还需有足够长的焦距可以方便地控制接收视场，此外系统长度也不宜过长，反射式望远镜可以很好地满足上述要求。激光雷达接收的回波信号是能量信号，对于光学系统像差要求较低。相比于为实现高成像质量而设计的多镜反射系统，两镜反射式望远镜(如卡塞格林式望远镜)因其设计及制造简单，便于安装与调试，且偏振串扰小等优点，在激光雷达接收系统中得到了广泛应用。

经 5.2.2 节分析可知，激光雷达收发系统根据光轴位置不同，可以分为离轴收发系统与同轴收发系统。首先以透射式扩束系统与反射式望远镜构建的激光雷达收发系统为例，进行简单的回顾，系统结构如图 5-16(a)、(b)所示，其中深色和浅色分别代表发射激光和激光雷达回波信号。图 5-16(a)为离轴收发系统，准直的激光从望远镜的一侧以发散角 θ_t 入射到大气中，同轴反射式望远镜收集发散角小于其视场角 θ_r 的后向散射光。由于在发射光路和接收光路之间存在水平光轴间距 d，所以会产生大范围的探测盲区。图 5-16(b)为更加广泛采用的同轴前置收发系统。借助反射镜，激光从望远镜副镜前发射，从而消除了光轴间距。在这种情况下，盲区的范围会极大减小。然而，由于同轴望远镜副镜位于主镜之前，在近地面位置发散角小于 θ_r 的后向散射信号会被副镜遮挡，仍然会产生激光雷达盲区。而采用同轴后置结构，使用同轴反射式望远镜同时作为扩束镜物镜与接收望远镜，则必然会造成望远镜副镜将大量发射激光直接反射，造成能量损失及探测系统损坏。虽然可以使用光学系统将发射激光整形为环形光束，但这种方式设计十分复杂，且无法避免接收时望远镜副镜遮挡所带来的影响。

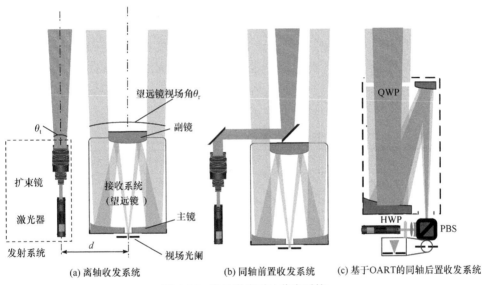

图 5-16　常见激光雷达收发系统

　　为了完全消除激光雷达盲区，可以采用离轴非球面反射式望远镜来构建后置同轴收发系统，实现收发光路的完全共路，如图 5-16(c)所示。发射探测激光时，OART 与目镜组合，实现对发射激光的准直扩束；接收后向散射信号时，OART 作为物镜直接进行信号接收，将信号光汇聚至视场光阑来控制接收视场角。为了提高能量的利用率，系统中的分光棱镜使用偏振分光棱镜，并且在望远镜主镜前与激光器后分别增加 $\lambda/4$ 波片(quarter-wave plate，QWP)与 $\lambda/2$ 波片(half-wave plate，HWP)。这样，发射激光经过 $\lambda/2$ 波片调整为 S 光被偏振分光棱镜反射，并被 $\lambda/4$ 波片转化为圆偏振光入射大气；大气的散射信号经过 $\lambda/4$ 波片则转化为 P 光，直接透过偏振分光棱镜到达后续探测系统。使用 OART 代替同轴反射望远镜构建收发系统具有一些明显的优点。首先，结合透镜组的 OART 可以在没有实焦点和后向反射光的情况下准直发射激光。避免使用同轴望远镜用作扩束器造成的中心光束能量损失或需要光束整形系统等问题。其次，这种收发系统消除了光轴间距和副镜遮拦，因此接收信号时没有盲区。最后，OART 与同轴望远镜相比，相同的主镜尺寸具有更大的有效面积，从而增强了回波信号。

　　为了评估三种收发系统的性能，计算了其重叠因子和回波信号的相对强度，相关参数如表 5-3 所示，其中同轴望远镜参考 MEADE LX90。这三种系统结构仅在望远镜和收发系统的相对位置上有所不同，其他参数均一致，计算结果如图 5-17 所示。对于离轴收发系统，其盲区超过 1km，这将导致大量近地面数据缺失。而同轴前置收发系统则拥有更好的性能，重叠因子在 2km 时可以达到 1，盲区范围也缩小到 100m。但是，这种收发系统的为副镜被遮挡，回波信号在 100～400m 过弱，这将显著增加雷达系统的数据反演误差。而基于 OART 的后置同轴收发系统，则可以完全消除盲区，扩展探测范围。从动态范围角度考虑，使用同轴收发系统会增加系统探测器动态范围的负担，这也是缩小盲区无法避免的代价。但是使用离轴望远镜的结构相比于前轴同轴结构，其最强信号强度没有明显增大，因此这种结构对实现激光雷达无盲区探测是完全可行的。

表 5-3　三种收发系统结构参数

参数	离轴	同轴前置	基于 OART 的同轴后置
扩束比	7	7	7
扩束后激光光斑直径/mm	49	49	49
激光发散角 θ_t /mrad	0.07	0.07	0.07
望远镜主镜直径 D_r /mm	200	200	200
望远镜副镜直径 D_r' /mm	75	75	—
望远镜接收视场角 θ_r /mrad	0.15	0.15	0.15
光轴间距 d_0 /mm	300	0	0

5.4.2　离轴非球面反射式望远镜设计

　　离轴光学系统通常是从同轴结构演变而来的，因此设计离轴反射式望远镜的第一步是确定其同轴形式的初始结构。卡塞格林式望远镜具有系统长度短、光谱范围宽、偏振串扰小的优点，故选择这种望远镜作为初始结构。图 5-18(a) 给出了经典卡塞格林式望远镜的光路图，焦点和主镜之间的距离 Δ 是影响副镜尺寸和形状的重要参数。在作为发射系统使用时，望远镜物镜需要与目镜配合作为扩束器。由于激光雷达系统所使用的激光功率都较高，扩束过程不应产生实焦点，据此，

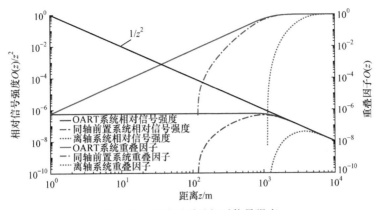

图 5-17 重叠因子及相对信号强度

目镜需设计为负透镜(组)。对于目镜需保证其主平面位于透镜组外部，这样可以减小整体光路的长度。为了使收发系统易于制造并获得更好的性能，Δ 确定为 100mm，初始结构的焦距设置为 2800mm，这些关键参数在后续设计过程中将不再改变。同轴初始结构的有效孔径应覆盖离轴系统的全口径，因此主镜直径设计为 600mm，初始结构参数很容易根据基本的两镜反射式望远镜设计公式得到[29]。

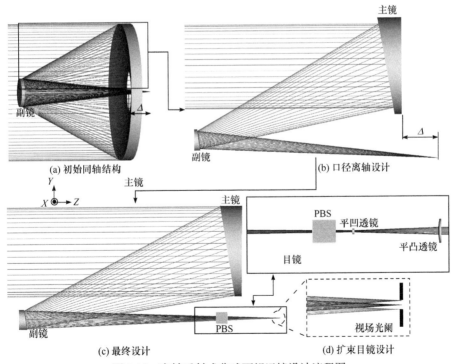

图 5-18 离轴反射式非球面望远镜设计流程图

在获得初始结构后，按照表 5-3 中 OART 参数对其进行进一步优化设计，首先将口径设置为离轴状态，并将大小修改为 200m，结果如图 5-18(b)所示。考虑到雷达系统许多光学元件均对入射角有严格的要求，望远镜两侧的主光线之间的夹角给接收系统和探测系统中的器件组装带来了困难。另外，这种结构还降低了后续光学元件的使用效率，不利于雷达系统的小型化。为了改善这一状况，需调整主镜的倾斜角，然后根据系统视场角优化整个望远镜参数。在本设计中选取的视场角为 0.15mrad，主要优化函数是均方根波前像差和光斑半径。重复进行主镜倾斜角度调整和参数优化，直到望远镜两侧主光线平行并且系统像差在可接受范围内，同时也应该考虑偏振分光棱镜引入的附加像差，最终设计结果及详细参数如图 5-18(c)及表 5-4 所示。图 5-18(d)为设计的由两个商用球面透镜组成的目镜组，其参数如表 5-5 所示。镜组焦距为−400mm，主平面位于平凹透镜的左侧，距离为 300mm，因此整个系统(目镜与望远镜组合)可实现七倍的扩束，并且系统长度很短。准直后，RMS 波前误差优于 0.05λ(λ=532nm)，完全满足激光雷达的要求。如果应用更复杂的透镜组或非球面透镜[30,31]，则可以获得更好的结果。

表 5-4　离轴反射式望远镜参数

参数	主镜	副镜
直径/mm	202	44
Y 轴离轴量/mm	200	49.4
曲率半径/mm	1200	314.438
圆锥系数/unit	−0.820	−0.449
X 轴倾斜角/(°)	0.508	0
厚度/mm	−476.471	—

表 5-5　目镜组设计参数

表面	直径/mm	曲率/mm	厚度/mm	玻璃
1	25.4	无限大	3.3	N-BK7
2	—	−64.40	91.20	
3	6	无限大	2	N-BK7
4	—	12.4	—	

5.4.3　离轴反射式望远镜实验

经过分析，发现以离轴反射式望远镜为核心构建的收发系统，可以从理论上完全消除盲区，从而有效地扩展激光雷达的探测范围。为验证系统的实际功能，加工了铝制 OART 样机进行实验。因为较大口径离轴非球面加工、检测及装调仍有一定难度[32-34]，故对设计尺寸进行了缩放，主镜口径修改为 90mm，其他形状参数都进行等比例缩小。利用组装的离轴反射式望远镜构建米雷达系统，使用光电倍增管作为探测器，于 2018 年 6 月 17 日晚在浙江省杭州市西湖区浙江大学玉泉校区进行重叠因子测量实验，系统结构仍如图 5-16(c)所示。

　　实验通过调整视场光阑的大小来达到控制信号强度的目的。选取了大小不同的两个典型视场角(0.8mrad 及 0.32mrad)采集回波信号，使用 5.3.2 节中介绍的多项式拟合方法进行数据处理，得到系统实测重叠因子。同时，根据系统设计参数，使用 5.2 节的理论重叠因子模型对系统的重叠因子进行估算，最终对比结果如图 5-19 所示。从实验结果可以看出，该系统可有效抑制激光雷达的盲区，将有效探测距离降低至 30m，并且实验结果与理论建模符合较好。

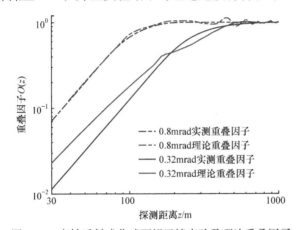

图 5-19　离轴反射式非球面望远镜实验及理论重叠因子

　　然而在 30m 及更近的位置，回波信号会存在一个极强的信号峰，导致无法对更低的区域进行探测。这主要是由于加工的离轴非球面表面粗糙度较大，会产生很强的散射光直接照射探测器。一般情况下，铝制离轴非球面表面粗糙度为 10nm，这一量级的表面粗糙度导致的散射光能量占入射光能量的 3%～4%。虽然系统中的 $\lambda/4$ 波片放置于主镜之前，主镜与副镜产生的散射光(S 光)都大部分可以被抑制而无法到达探测器；但是，探测激光有效高的能量，被抑制后的能量相对于回波信号来说仍不可忽略。此外，分光棱镜的表面反射光、散射光等也会有部分直接到达探测器，引发较强的信号。这些杂散光会导致探测器信号直接饱和甚至损坏探测器，并引起后续信号的非线性，从而导致在近地面 30～40m 区域难以得到有效信号。针对这种情况，可以通过提高器件性能，以及更复杂的光学系统设计来进行优化，达到进一步压缩激光雷达盲区的目的。

参 考 文 献

[1] Povey A C, Grainger R G, Peters D M, et al. Estimation of a lidar's overlap function and its calibration by nonlinear regression. Applied Optics, 2012, 51(21): 5130-5143.

[2] 汪少林, 曹开法, 胡顺星, 等. 对激光雷达几何因子的分析与测量. 激光技术, 2008, 32(2): 147-150.

[3] 王青梅, 张以谟. 气象激光雷达的发展现状. 气象科技, 2006, 34(3): 246-249.

[4] 张改霞, 张寅超, 陶宗明, 等. 激光雷达几何重叠因子及其对气溶胶探测的影响. 量子电子学报, 2005, 22(2): 299-304.

[5] Velotta R, Bartoli B, Capobianco R, et al. Analysis of the receiver response in lidar measurements. Applied Optics, 1998, 37(30): 6999-7007.

[6] Berezhnyy I. A combined diffraction and geometrical optics approach for lidar overlap function computation. Optics and Lasers in Engineering, 2009, 47(7-8): 855-859.

[7] Halldorsson T, Langerholc J. Geometrical form factors for the lidar function. Applied Optics, 1978, 17(2): 240-244.

[8] Harms J, Lahmann W, Weitkamp C. Geometrical compression of lidar return signals. Applied Optics, 1978, 17(7): 1131-1135.

[9] Harms J. Lidar return signals for coaxial and noncoaxial systems with central obstruction. Applied Optics, 1979, 18(10): 1559-1566.

[10] Dho S W, Park Y J, Kong H J. Application of geometrical form factor in differential absorption lidar measurement. Optical Review, 1997, 4(4): 521-526.

[11] Kuze H, Kinjo H, Sakurada Y, et al. Field-of-view dependence of lidar signals by use of Newtonian and Cassegrainian telescopes. Applied Optics, 1998, 37(15): 3128-3132.

[12] Stelmaszczyk K, Dell'aglio M, Chudzyński S, et al. Analytical function for lidar geometrical compression form-factor calculations. Applied Optics, 2005, 44(7): 1323-1331.

[13] Sasano Y, Shimizu H, Takeuchi N, et al. Geometrical form factor in the laser radar equation: An experimental determination. Applied Optics, 1979, 18(23): 3908-3910.

[14] Tomine K, Hirayama C, Michimoto K, et al. Experimental determination of the crossover function in the laser radar equation for days with a light mist. Applied Optics, 1989, 28(12): 2194-2195.

[15] Dho S W, Park Y J, Kong H J. Experimental determination of a geometric form factor in a lidar equation for an inhomogeneous atmosphere. Applied Optics, 1997, 36(24): 6009-6010.

[16] Wandinger U, Ansmann A. Experimental determination of the lidar overlap profile with Raman lidar. Applied Optics, 2002, 41(3): 511-514.

[17] Adam M, Kovalev V A, Wold C, et al. Application of the Kano-Hamilton multiangle inversion method in clear atmospheres. Journal of Atmospheric and Oceanic Technology, 2007, 24(12): 2014-2028.

[18] Vande H J, Coupland J, Foo M H, et al. Determination of overlap in lidar systems. Applied Optics, 2011, 50(30): 5791-5797.

[19] Biavati G, Donfrancesco G D, Cairo F, et al. Correction scheme for close-range lidar returns. Applied Optics, 2011, 50(30): 5872-5882.

[20] Gong W, Mao F, Li J. OFLID: Simple method of overlap factor calculation with laser intensity distribution for biaxial lidar. Optics Communications, 2011, 284(12): 2966-2971.

[21] Eloranta E E. High Spectral Resolution Lidar. New York: Springer, 2005.

[22] Spinhirne J D. Micro pulse lidar. IEEE Transactions on Geoscience and Remote Sensing, 1993, 31(1): 48-55.

[23] Hwang I H, Lokos S, Kim J. Micropulse lidar for aerosol and cloud measurement. Environmental Sensing III, Munich, 1997.

[24] Collis R, Russell P. Lidar Measurement of Particles and Gases by Elastic Backscattering and Differential Absorption, Laser Monitoring of the Atmosphere. Berlin: Springer, 1976.

[25] Shen X, Wang N, Veselovskii I, et al. Development of ZJU high-spectral-resolution lidar for aerosol and cloud: Calibration of overlap function. Journal of Quantitative Spectroscopy and Radiative Transfer, 2020, 257: 107338.

[26] Sang W D, Young J P, Hong J K. Experimental determination of a geometric form factor in a lidar equation for an inhomogeneous atmosphere. Applied Optics, 1997, 36(24): 2.

[27] Eloranta E. High spectral resolution lidar measurements of atmospheric extinction: Progress and challenges. 2014 IEEE Aerospace Conference, Big Sky, 2014.

[28] Zang Z, Shen X, Zheng Z, et al. Design of a high-spectral-resolution lidar for atmospheric temperature measurement down to the near ground. Applied Optics, 2019, 58(35): 9651-9661.

[29] 潘君骅. 光学非球面的设计、加工与检验. 苏州: 苏州大学出版社, 1994.

[30] Liu D, Shi T, Zhang L, et al. Reverse optimization reconstruction of aspheric figure error in a non-null interferometer. Applied Optics, 2014, 53(24): 5538-5546.

[31] 师途, 杨甬英, 张磊, 等. 非球面光学元件的面形检测技术. 中国光学, 2014, (1): 29-49.

[32] Liu D, Zhou Y, Bai J, et al. Aspheric and free-form surfaces test with non-null sub-aperture stitching. SPIE/COS Photonics Asia, Beijing, 2016.

[33] Zang Z, Liu D, Bai J, et al. Misalignment correction for free-form surface in non-null interferometric testing. Optics Communications, 2019, 437: 204-213.

[34] Zang Z, Bai J, Liu D, et al. Interferometric measurement of freeform surfaces using irregular subaperture stitching. Measurement Science and Technology, 2020, 31(5): 055202.

第6章 高光谱分辨率激光雷达的气溶胶 退偏振测量

光是一种电磁波,在大气中传播时会与大气成分发生折射、吸收、散射等相互作用。当激光与非球形大气粒子相互作用时,后向散射光的偏振态会发生变化,产生退偏效应。光的偏振特性在大气遥感中具有十分重要的应用,根据大气回波信号,偏振激光雷达反演得到的粒子退偏比能够用来分辨大气中的球形粒子和非球形粒子,故退偏比常被应用于气溶胶的类型识别及云的热力学相态识别[1]。不仅如此,退偏比也可用于识别对流层的边界层[2,3],以及从形态学上区分极地平流层云与其他种类云[4]。同时,退偏比还可以用于研究沙尘的长距离传输特性[5]。因此,偏振激光雷达在气溶胶类型识别、微物理反演及质量浓度反演中起到不可替代的重要作用[6]。

6.1 大气及云-气溶胶退偏振成因

激光雷达向大气中发射激光,激光与大气中的分子、气溶胶、云等粒子发生相互作用,使得光信号在传播方向、强度、频率、偏振、相位等方面发生变化。激光雷达通过检测这些变化,并结合预先计算的理论模型,反演得到大气信息。基本的单通道激光雷达主要检测光信号的强度变化,能够得到气溶胶及云层是否存在,以及高度等信息。通过增加激光的偏振特性测量,构成偏振激光雷达,可以识别云的相态(冰云和水云)[7]、气溶胶粒子表面形状等重要信息。

光是一种横波,电场和磁场始终在垂直于光前进方向的平面内振动。光与物质相互作用时,起主导作用的通常是电场[8]。偏振定义了光波的电场随时间变化的振动方式。根据光的偏振特性,一般可以将其分为非偏振光、完全偏振光和部分偏振光。非偏振光往往可以认为是由两束强度相同的正交偏振光组成,但是这两束光之间不存在任何的相位关系。完全偏振光是椭圆偏振光。线偏振光和圆偏振光均是椭圆偏振光的特殊情况。所谓椭圆偏振光,是指逆着光的前进方向朝光源看去,随着光的前进,电矢量的振动轨迹呈现出一个椭圆。而部分偏振光则是由非偏振光和完全偏振光混合得到的,使得光电场矢量整体在某一个方向比例更大,而垂直方向则更少。反射和散射过程往往对入射光中正交偏振分量的光学效率或相位改变不同，偏振光几乎始终伴随着反射和散射过程。故物体表面结构、纹理的差异均会影响反射光和/或散射光的偏振态[9]。通过测量反射光或者散射光的偏振特性，就可以得到物体的表面形貌信息。因此偏振光在遥感中得到广泛应用。

偏振激光雷达发射的线偏振光与大气中的散射体相互作用，当散射体为均匀球形粒子时，其后向散射光依然是线偏振光，且光场电矢量的振动方向与入射光相同；当散射粒子为非球形时，其后向散射光为部分偏振光，且偏振状态与粒子的形状直接相关[10]，如图 6-1 所示。

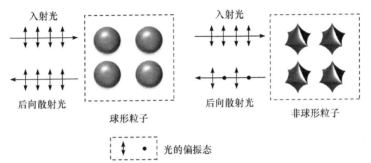

图 6-1　不同形状粒子散射后发生退偏效应示意图

大气中的气溶胶粒子一般比较复杂，形状各异，从不同程度上呈现一定的非球形特征[11]。有学者研究表明，沙尘气溶胶粒子一般呈现为柱状、椭圆形和板状等[12]，冰晶粒子通常呈现为子弹形、六棱柱状、空心柱状、靴状等[10]。为了模拟非球形粒子的散射特性，目前常用的气溶胶粒子形状近似模型有椭球、圆柱及四棱柱等[10,13]，如图 6-2 所示。

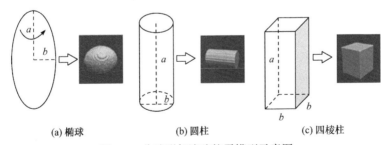

(a) 椭球　　　　　　　(b) 圆柱　　　　　　　(c) 四棱柱

图 6-2　非球形气溶胶粒子模型示意图

偏振激光雷达能够根据回波信号偏振态的变化来分辨大气中的球形粒子和非球形粒子，因此，偏振激光雷达最初被广泛应用于识别大气中云的热力学相态(水云/冰云)[14,15]。Sassen 等利用偏振激光雷达对不同形态云的退偏特性进行了研究，发现水云的退偏比一般小于 0.15，卷云的退偏比在 0.5 左右，而混合相态云的退偏比则在两者之间[16]。随后，偏振激光雷达逐渐被广泛应用于大气气溶胶类型识别和微物理特性的反演。Sugimoto 等利用偏振激光雷达对北京地区沙尘暴进行了长时间连续观测[17]。David 等设计了用于探测沙尘和火山灰所形成的凝结核的紫外偏振激光雷达[18]。总而言之，偏振激光雷达在气溶胶类型识别、微物理反演及质量浓度反演中起到不可替代的重要作用[6]。

6.2　偏振激光雷达的基本结构

Scholand 等于 1971 年研制出了世界首台偏振激光雷达[15]。在历经 40 多年的发展后，偏振激光雷达已经演化出了各种不同的结构。本节按照发射激光偏振态对偏振激光雷达进行分类，并介绍了典型的偏振激光雷达结构及其应用。

6.2.1　线偏振激光雷达

线偏振激光雷达基本结构如图 6-3 所示，激光由激光器出射并准直扩束后，首先经过起偏器，得到高消光比的线偏振光(若激光器出射光的消光比足够高且偏振态稳定，则无须添加起偏器)，发射激光经过大气散射后形成后向散射回波信号，

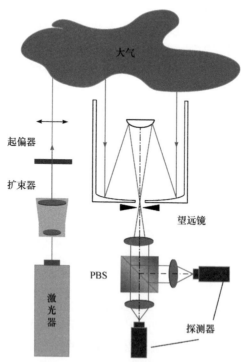

图 6-3　线偏振激光雷达基本结构图

散射过程可能改变光信号的偏振态，使其由完全的偏振光转变为部分偏振光，在接收系统中被偏振分光棱镜分成两路，一路被 PBS 透射(称为平行通道)，一路被 PBS 反射(称为垂直通道)，最终两路通道的信号被两个不同的光电探测器接收。

为了表征散射粒子的退偏能力，Gimmestad 提出了"退偏参数"的概念[19]。使用退偏参数 d 来表征散射粒子的退偏能力，它表示后向散射回波信号中非偏振光占光总强度的比例，d 的取值范围是 $0\sim1$，当 $d=0$ 时表示没有发生退偏；当 $d=1$ 时则表示入射线偏振光全部变为非偏振光。一般情况下，激光雷达的散射信号均被认为是非相干的[20,21]，根据退偏参数 d 的定义，可得

$$d = \frac{I_{\text{unpol}}}{I_{\text{pol}} + I_{\text{unpol}}} \tag{6-1}$$

式中，I_{pol} 和 I_{unpol} 分别为回波信号中完全偏振分量和非偏振分量的能量强度。根据辐射传输理论[22]，散射过程可由一个 4×4 的米勒矩阵表示，米勒矩阵也是唯一能够完全表征大气散射过程偏振性质的数学表达方式。退偏发生在散射过程中，造成入射光由完全偏振光变成部分偏振光。假设大气中的粒子均表现为随机朝向且宏观各向同性，其米勒矩阵表现为[19,23]

$$\boldsymbol{M}_A = \begin{bmatrix} 1 & 0 & 0 & 0 \\ 0 & 1-d & 0 & 0 \\ 0 & 0 & d-1 & 0 \\ 0 & 0 & 0 & 2d-1 \end{bmatrix} \tag{6-2}$$

假设发射光是平行的线偏振光(其平行于 PBS 的入射面)，后向散射信号经过 PBS 后，透射通道和反射通道的能量分别为 I_T 和 I_R，则

$$\begin{cases} I_R = \dfrac{1}{2} I_{\text{unpol}} \\ I_T = I_{\text{pol}} + \dfrac{1}{2} I_{\text{unpol}} \end{cases} \tag{6-3}$$

而目前最常见的偏振激光雷达为双通道的激光雷达[24,25]，其经典的雷达方程为[15]

$$\begin{cases} P_\perp = P_0 \dfrac{c\tau}{2} A r^{-2} \beta_\perp \exp\left(-2\int_0^r \alpha \, dr'\right) \\ P_\parallel = P_0 \dfrac{c\tau}{2} A r^{-2} \beta_\parallel \exp\left(-2\int_0^r \alpha \, dr'\right) \end{cases} \tag{6-4}$$

式中，P 为系统在距离 r 处的后向散射回波信号功率；P_0 为发射脉冲的平均功率；$c\tau/2$ 为激光雷达空间分辨率；A 为望远镜的接收面积；β 为大气后向散射系数；

α 为大气消光系数；下标 ⊥ 与 ‖ 分别为上述各参量的垂直与平行分量(平行分量‖的方向表示与发射激光偏振矢量方向一致)。根据退偏比 δ 的定义[26]，可得

$$\delta = \frac{\beta_\perp}{\beta_\parallel} = \frac{P_\perp}{P_\parallel} \tag{6-5}$$

结合式(6-1)、式(6-3)与式(6-5)，易得到退偏参数 d 和退偏比 δ 的关系表达式为

$$d = \frac{2\delta}{1+\delta} \tag{6-6}$$

6.2.2　圆偏振激光雷达

对于圆偏振激光雷达，其发射激光为圆偏振光，其中改变激光偏振态最重要的光学器件为 1/4 波片。其通常的结构是在发射光路中增加一个 1/4 波片，使线偏振光变为圆偏振光(左旋/右旋)出射，并在接收光路的 PBS 之后加上一个 1/4 波片使退偏后的回波转换为线偏振光进行探测，如图 6-4 所示。

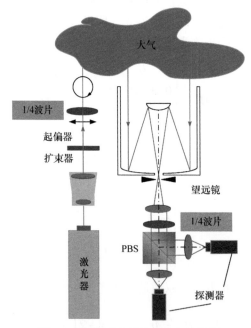

图 6-4　圆偏振激光雷达基本结构图

圆偏振激光雷达与线偏振激光雷达的原理类似，根据式(6-1)可以看出，d 直接表示线偏振光的退偏比例，而 $1-d$ 表示线偏振光的保偏比。对于圆偏振光，该保偏的比变为 $1-2d$，这意味着 $2d$ 为退偏比，是线偏振光退偏比的 2 倍，参

照式(6-6)可以得到圆偏振激光雷达退偏参数 d' 和退偏比 δ 的关系为

$$d' = 2d = \frac{4\delta}{1+\delta} \tag{6-7}$$

Hu 等在使用圆偏振激光雷达鉴别球形与非球形粒子时指出[27]，对于随机朝向的大气粒子，其米勒矩阵可以表示为

$$\boldsymbol{M}'_A = \begin{bmatrix} P_{11} & P_{12} & 0 & 0 \\ P_{31} & P_{22} & 0 & 0 \\ 0 & 0 & P_{33} & P_{34} \\ 0 & 0 & -P_{33} & P_{44} \end{bmatrix} \tag{6-8}$$

式中，P_{ij} 此时代表大气粒子米勒矩阵中不同相位的元素[28]。Hu 等通过使用斯托克斯矢量蒙特卡罗(Monte Carlo, MC)辐射传输模型对线偏振激光雷达与圆偏振激光雷达在有多次散射情况下对球形与非球形粒子的区分效果进行了评估[27]，结果显示即使存在大气多次散射效应，由于米勒矩阵中 P_{44} 元素的不同，圆偏振激光雷达依然可以较为清晰地区分球形和非球形粒子。当发射光是左旋偏振光的时候，非球形粒子后向散射信号几乎仍是左旋偏振光，然而球形粒子的后向散射信号几乎是右旋偏振光。而线偏振激光雷达会因为多次散射效应无法正确区分两种粒子，进而也无法正确区分冰云与水云。因此，圆偏振激光雷达在有多次散射存在的情况下对大气中球形粒子与非球形粒子的区分有着重要的意义。

6.2.3　线、圆偏振结合激光雷达

线、圆偏振结合激光雷达，主要是指通过旋转发射光路前的 1/4 波片或者其他改变激光偏振相位的器件使得系统可以按照一定频率交替发射线偏振光与圆偏振光的偏振激光雷达。本节以美国太平洋西北国家实验室(Pacific Northwest National Laboratory，PNNL)Flynn 等研制的线、圆偏振结合激光雷达为例进行阐述[23]，该系统结构如图 6-5 所示。

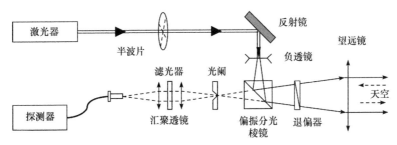

图 6-5　美国太平洋西北国家实验室偏振激光雷达系统结构图

首先激光器发射 532nm 的线偏振光,通过其后的半波片实现对线偏振光偏振矢量方向的调整,接着经由一个反射镜改变光路方向并经过一个负透镜(负透镜焦点与望远镜焦点重合)。然后,略微发散的光束通过 PBS 的反射后经过一个液晶相位调制器,其可控制偏振光相位的延迟量。在该系统中,液晶相位调制器的相位延迟量为 0 或 1/4 波长,其相位延迟的变化频率与发射激光频率保持同步(2.5kHz)。当液晶相位调制器的相位延迟量为 0 时,系统发射垂直方向的偏振光(相对于 PBS 入射面),经过大气散射后,回波信号中非退偏光仍是垂直偏振光,经过 PBS 反射,而回波信号中退偏光透过 PBS,最终被光电探测器所接收,此时得到了所探测大气发生退偏的后向散射光,探测器得到的信号由斯托克斯矢量-米勒矩阵理论[29]可得

$$S_1 = \begin{bmatrix} d/2 & d/2 & 0 & 0 \end{bmatrix}^{\mathrm{T}} \tag{6-9}$$

当液晶相位调制器的调制相位为 1/4 波长时,其快轴方向与 PBS 的入射面成 45°,假设系统最终发射左旋圆偏振光。经过大气散射后,回波信号中非退偏部分变为右旋偏振光,而在此经过液晶相位调制器后变为平行偏振光,从而透过 PBS,最终被光电探测器所接收,此时得到了所探测大气未发生退偏的后向散射光。探测器得到的信号由斯托克斯矢量-米勒矩阵理论可得

$$S_2 = \begin{bmatrix} 1-d & 1-d & 0 & 0 \end{bmatrix}^{\mathrm{T}} \tag{6-10}$$

结合式(6-9)与式(6-10),可以反演大气退偏参数 d 为

$$d = \frac{2S_1[1]/S_2[1]}{1 + 2S_1[1]/S_2[1]} \tag{6-11}$$

该种线、圆偏振结合激光雷达通过线、圆偏振光的交替发射,并配合使用 PBS,使得后向散射光最终都通过一个通道被光电探测器接收。因此,该种系统结构最大的优点是可避免普通偏振激光雷达中增益比定标的需求。但是,缺点也很明显,即一个通道无法同时得到所探测大气的偏振信息[30],需要两发激光脉冲才能得到大气完整的退偏信息。假如大气状态变化较快,退偏比的探测结果则会出现无法估量的误差。

6.2.4 典型的偏振激光雷达介绍

1. MPL

微脉冲激光雷达的概念最早于 1993 由戈达德太空飞行中心的 Spinhirne 提出[31]。MPL 系统一般由低能量(几至几十微焦)、高重频(2~10kHz)的固态二极管激光器(长寿命)作为发射源,其主要特点为人眼安全、低发射能量与结构紧凑。MPL 基

本的结构与普通的米散射激光雷达差异不大，如图 6-6 所示，两者最大的区别在于 MPL 在数据采集部分添加了光子计数模块。一般的偏振米散射雷达会采用模拟计数(analog counting，AC)模式，但由于 MPL 系统发射光的单脉冲能量较低，因此导致回波信号的信噪比也较低。为了解决该问题，MPL 采用了光子计数(photon counting，PC)的模式[32]。PC 模式可对单位时间内通过光电探测器中光子脉冲个数进行统计，能有效提升该系统探测大气回波信号的灵敏度与信噪比。

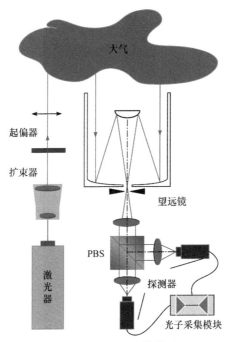

图 6-6　MPL 基本结构图

目前常用的 MPL 通过光子计数采集的方式来测量大气的退偏效应，弥补了 MPL 单脉冲能量较低的缺点，有效地提升了大气退偏效应探测的精度。由于 MPL 具有寿命较长、价格较低的优点，目前已经被应用于大范围的组网观测。其中最为典型的组网就是微脉冲激光雷达网[33]。MPLNET 于 2000 年由美国 NASA 创建。其主要的科学目标是全天候观测气溶胶和云的垂直结构，并为地球观测系统(earth observing system，EOS)的卫星传感器和相关的气溶胶建模工作提供地面验证[34]。该观测网目前在全球一共有 53 个站点，每个站点都配备了 MPL。MPLNET 使用的 MPL 均为 Sigma Space 公司生产。图 6-7 为该公司生产一种典型 MPL 的实物图。其主要参数如表 6-1 所示。

图 6-7　Sigma Space 公司 MPL 的实物图

表 6-1　MPL 系统主要参数

主要参数	数值(型号)
激光中心波长/nm	532
激光能量/μJ	6～8
重复频率/Hz	2500
累计平均时间/min	1～15
望远镜口径/mm	178
探测距离/km	0.25～25
距离分辨率/m	5, 15, 30, 75 (可选)
人眼安全	ANSI Z136.1 2000, IEC 60825
泵浦源使用寿命/h	>10000
尺寸/mm	300 × 350 × 850
质量/kg	27

　　由于 MPL 具有人眼安全、长寿命、低成本与便于移动与安装等优点,所以目前已经成为最常用的云与气溶胶观测的激光雷达设备之一。

2. CPL

　　云偏振激光雷达(cloud polarization lidar, CPL)是由 Massimo 等研制出的一台小型化、自动化的偏振激光雷达[35]。CPL 主要用于研究云内部呈六边形定向冰晶粒子的分布及变化情况。图 6-8 为 CPL 的系统结构图,该系统通过计算机控制发射光路 1/4 波片的旋转方向,使得发射光在线偏振光与圆偏振光之间切换,即该波片的快轴与入射激光偏振面的夹角是 0° 或 45°。另外，在接收系统中通过计算机逻辑门编码控制三个堆砌铁电体(ferroelectric，FE)池的旋转方向以实现对接收光整体相位的改变(注意接收光路中各个 FE 均可认为是方向可电控的 1/4 波片)。该系统结构特别之处在于，在 FE 池后使用了三个 PBS，当偏振光通过第一个 PBS 后被分为垂直与水平偏振光，两种类型光分别再通过一个同样型号的 PBS 后才被各自对应的光电探测器接收。其中，P 与 S 分别代表平行与垂直偏振状态，这样的结构设计可有效减少平行通道中垂直偏振分量的串扰，反之亦然[36]。

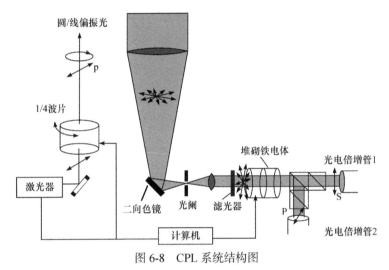

图 6-8　CPL 系统结构图

CPL 系统的主要参数见表 6-2。

表 6-2　CPL 系统主要参数

主要参数	数值(型号)
激光中心波长/nm	532
激光能量/mJ	400
重复频率/Hz	20
望远镜口径/mm	80
望远镜焦距/mm	300
接收视场角/mrad	0.6
干涉滤光片带宽/nm	0.19
FE 池	LV1300-OEM-UV-QWPs

续表

主要参数	数值(型号)
PMT	Hamamatsu R4124
采集卡	Licel GmbH, 12(模拟)
距离分辨率/m	7.5

　　CPL 系统通过上述设计不仅能有效减小偏振串扰[37]，还能有效确定云观测的后向散射光的斯托克斯矢量，对研究云内部定向冰晶粒子的分布与变化有着重要的意义。

3. POLIS-6

　　便携激光雷达系统-6(portable lidar system-6，POLIS-6)[38]是在便携激光雷达系统(portable lidar system，POLIS)[39]基础上研发的升级系统，两套系统均由慕尼黑大学的 Volker 负责组织研发。POLIS-6 是一台拥有双发射波长(532nm、355nm)和 6 个接收通道(355s，355p，387，532s，532p，607)的偏振-拉曼激光雷达。其在 POLIS 的基础上减少了发射激光偏振态不确定性与旋转对准误差带来的影响[38]，图 6-9 为 POLIS-6 的实物图。

(a) 45°旋转状态　　　　　(b) 0°旋转状态　　　　　(c) −45°旋转状态

图 6-9　POLIS-6 使用 ±45° 定标法进行定标的状态图

　　POLIS-6 相比上一代 POLIS 主要的硬件结构提升如下所述。如图 6-9 所示，激光器直接安装在刚性可伸缩镜筒上，没有任何多余发射光学器件，从而避免由某些不理想光学器件导致发射光中混入椭圆偏振光。根据相机模块的反馈控制高精度、稳定的双轴倾斜安装座以实现对激光指向性的调整；系统在采用 ±45° 定标法(详见 6.5 节中的介绍)时未使用半波片而采用精密机械旋转控制 PBS 朝向以定标增益比[37]，该机械结构可以将激光矢量与 PBS 入射面的夹角控制在 0.5°以内，这样可有效减少半波片性质不理想与对准偏失角引入的误差。

另外，POLIS-6 内部接收光路结构如图 6-10 所示。接收望远镜粗调旋转结构位于图像的底部，由红色圆圈表示，它可旋转实现 PBS 入射面相对于激光矢量的角度粗调(图 6-9)。绿色圆圈表示精调旋转结构，可旋转实现 PBS 入射面相对于激光矢量的角度精调。探测器模块为图中右侧和顶部突出的部分。

图 6-10　POLIS-6 接收光路结构实物图

该系统使用 532nm 与 355nm 两种波长分别对洁净大气进行了退偏比的测量，结果显示两种波长的实验数值与理论数值偏差分别仅为 0.0012 与 0.0005。

POLIS-6 系统的主要参数见表 6-3。

表 6-3　POLIS-6 系统主要参数

主要参数	数值(型号)
激光中心波长/nm	355, 532
激光能量/mJ	50, 27
重复频率/Hz	10
脉宽/ns	4~6
激光发散角/mrad	<0.5
望远镜口径/mm	175
望远镜焦距/mm	1200
接收视场角/mrad	±2.5(可调)
探测通道/nm	355s, 355p, 387 532s, 532p, 607

主要参数	数值(型号)
干涉滤光片(波长/nm，带宽/nm)	354.6 (s, p), 1.10
	386.7, 0.52
	532.04 (s, p), 0.97
	607.54, 1.38
线偏振片(波长/nm，型号，消光比)	355, XP-38, 6.4 × 10⁻⁴
	532nm, XP-40HT, 2 × 10⁻⁴
数据采集卡	6 × Licel TR 40-160
距离分辨率/m	3.75

续表

POLIS-6 对机械加工提出了极为严格的要求，系统各个旋转结构均是通过带有角度刻度的超精加工圆形法兰进行刚性连接，而且设计者对影响偏振激光雷达精度的主要因素[14]进行考虑并在设计上进行了改进，可有效提升系统偏振探测的精度。

6.3　偏振激光雷达系统理论模型

6.3.1　偏振光学的数学法则

1. 琼斯矢量与琼斯矩阵

琼斯法(Jones calculus)[40]由琼斯矩阵与琼斯矢量组成，是一种描述偏振光学和偏振光学器件的理论，琼斯矢量表示方法为

$$\boldsymbol{E} = \begin{bmatrix} E_x \\ E_y \end{bmatrix} = \begin{bmatrix} E_{0x}\exp(\mathrm{i}\delta_x) \\ E_{0y}\exp(\mathrm{i}\delta_y) \end{bmatrix} = \frac{E_{0x}}{\sqrt{E_{0x}^2 + E_{0y}^2}} \begin{bmatrix} 1 \\ a\exp(\delta) \end{bmatrix} \tag{6-12}$$

式中，$\boldsymbol{E}$ 为任意时刻光矢量；E_x 与 E_y 为 $\boldsymbol{E}$ 分解的正交分量；E_{0x} 和 E_{0y} 分别为两个正交分量的振幅；δ_x 和 δ_y 分别为对应的相位；$a = E_{0y}/E_{0x}$，$\delta = \delta_y - \delta_x$。

如图 6-11 所示，当一束偏振光经过偏振器件后，假设入射光的偏振矢量为 $\boldsymbol{J}_\mathrm{i} = \begin{bmatrix} A_1 & B_1 \end{bmatrix}^\mathrm{T}$，出射光的偏振矢量为 $\boldsymbol{J}_\mathrm{e} = \begin{bmatrix} A_2 & B_2 \end{bmatrix}^\mathrm{T}$，两者的关系可以表示为

$$\begin{bmatrix} A_2 \\ B_2 \end{bmatrix} = \begin{bmatrix} g_{11} & g_{12} \\ g_{21} & g_{22} \end{bmatrix} \begin{bmatrix} A_1 \\ B_1 \end{bmatrix} \tag{6-13}$$

式中，g_{11}、g_{12}、g_{21} 与 g_{22} 均为与偏振器件相关的常数。同样式(6-13)用矩阵形

式可以表示为

$$J_e = JJ_i \tag{6-14}$$

式中，矩阵 J 为该器件的琼斯矩阵，即

$$J = \begin{bmatrix} g_{11} & g_{12} \\ g_{21} & g_{22} \end{bmatrix} \tag{6-15}$$

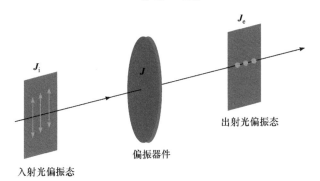

图 6-11　偏振器件对入射光偏振态的改变

2. 斯托克斯矢量与米勒矩阵

斯托克斯矢量和米勒矩阵被统称为米勒法(Mueller calculus)[40]。斯托克斯矢量包含四个参数，由式(6-12)及斯托克斯矢量的定义，分别可以表示为

$$\begin{cases} S_0 = E_{0x}^2 + E_{0y}^2 \\ S_1 = E_{0x}^2 - E_{0y}^2 \\ S_2 = 2E_{0x}E_{0y}\cos\delta \\ S_3 = 2E_{0x}E_{0y}\sin\delta \end{cases} \tag{6-16}$$

式中，S_0、S_1、S_2、S_3 的物理含义分别为总光强度；x 轴方向线偏振光分量，45°方向线偏振光分量，右旋圆偏振光分量；$\delta = \delta_y - \delta_x$，当 $\sin(\delta_y - \delta_x) > 0$ 时，表示右旋偏振光，即观察方向对着光源时，电场矢量末端尾迹沿着顺时针方向进行旋转[41,42]；对于更一般的情况，S_0 表示的是总光强，包含了偏振光和非偏振光两部分，因此有

$$S_0^2 \geqslant S_1^2 + S_2^2 + S_3^2 \tag{6-17}$$

斯托克斯矢量的每个参数的量纲均为光强的量纲，因此都是实数。事实上，对于部分或者非偏振光式(6-17)取不等号，只有完全的偏振光，式(6-17)才取等号。将斯托克斯元素构成一个列向量，得到斯托克斯矢量为

$$\boldsymbol{S} = [S_0 \quad S_1 \quad S_2 \quad S_3]^{\mathrm{T}} \tag{6-18}$$

假设入射光和出射光的偏振态分别由斯托克斯矢量 $\boldsymbol{S}_i$ 和 $\boldsymbol{S}_i'$ 表示，如果偏振器件对入射光偏振态的变化是线性的，那么可以用一个 4×4 的米勒矩阵 $\boldsymbol{M}$ 表征光学元件的偏振特性，描述偏振光通过该偏振器件的变化，即

$$\boldsymbol{S}_i' = \boldsymbol{M}\boldsymbol{S}_i \tag{6-19}$$

式中，

$$\boldsymbol{M} = \begin{bmatrix} m_{00} & m_{01} & m_{02} & m_{03} \\ m_{10} & m_{11} & m_{12} & m_{13} \\ m_{20} & m_{21} & m_{22} & m_{23} \\ m_{30} & m_{31} & m_{32} & m_{33} \end{bmatrix} \tag{6-20}$$

琼斯矢量和斯托克斯矢量都是描述偏振光的常用工具，分别对应着琼斯矩阵和米勒矩阵。琼斯法和米勒法作为偏振光学中最常用的两种数学表示方式，存在各自的优点和缺点。琼斯理论适用于光学设计和理论分析，它包含了光的相位信息，因此能够表征光的干涉。然而，琼斯理论只能描述偏振光，无法表征非偏振光和部分偏振光[43]。米勒理论与光强度直接相关，因此实验测量中常使用。另外，米勒理论包含了退偏特征，因此可以描述偏振光、部分偏振光和非偏振光。米勒理论中没有光的相位信息，所以不能用于描述光的干涉过程。任何一个琼斯矩阵都对应相应的、有物理意义的偏振器件，然而米勒矩阵存在信息冗余[44]，故并非每个米勒矩阵都对应真实的偏振器件。也就是说，每个琼斯矩阵都有相对应的米勒矩阵，但是每个米勒矩阵不一定有相对应的琼斯矩阵[45]。琼斯矩阵 $\boldsymbol{J}$ 与其相对应的米勒矩阵 $\boldsymbol{M}$ 可由

$$\boldsymbol{M} = \boldsymbol{A}(\boldsymbol{J} \otimes \boldsymbol{J}^*)\boldsymbol{A}^{-1} \tag{6-21}$$

计算得到，其中 $\otimes$ 代表克罗内克积，矩阵 $\boldsymbol{A}$ 代表

$$\boldsymbol{A} = \begin{bmatrix} 1 & 0 & 0 & 1 \\ 1 & 0 & 0 & -1 \\ 0 & 1 & 1 & 0 \\ 0 & i & -i & 0 \end{bmatrix} \tag{6-22}$$

3. 米勒矩阵的极化分解

如上文所述，米勒矩阵表征了光信号偏振态的变化。当光与物质相互作用时，其偏振态很可能会发生以下几种改变：①改变正交偏振分量的振幅/强度差，如偏振效率器(diattenuator)；②改变两正交偏振分量的相位差，如相位延迟器(retarder)；③改变两正交光场的方向，如旋转器(rotator)；④从偏振光退偏为非偏振光，如退

偏器(depolarizer)。米勒矩阵能够表征偏振器件的偏振效率差、相位延迟差和退偏等偏振性质。

根据 Lu-Chipman 极化分解法则[46]，一个米勒矩阵可以分解为三个子矩阵的乘积，这三个子矩阵分别表示偏振效率器、相位延迟器及退偏器。

$$M = M_{dep}M_{ret}M_{dia} \tag{6-23}$$

式中，M_{dia} 为偏振效率器；M_{ret} 为相位延迟器；M_{dep} 为退偏器。

4. 偏振光学参考坐标系的数学形式

琼斯矢量和斯托克斯矢量在定义过程中，均是以光传播方向作为 z 轴，并在垂直于光传播方向的平面上建立相互正交的 x 轴和 y 轴，符合右手坐标系，如图 6-12 所示。光的电场矢量 E 在 x 轴和 y 轴上的分量构成了琼斯矢量，即

$$J = \begin{bmatrix} E_x \\ E_y \end{bmatrix} \tag{6-24}$$

为了方便对比，假设光的电场矢量 E 与 x 轴夹角为 45°，式(6-24)可归一化为

$$J_1 = \frac{\sqrt{2}}{2}\begin{bmatrix} 1 \\ 1 \end{bmatrix} \tag{6-25}$$

保持电场矢量 E 不变，将选定的参考系 x_1 轴与 y_1 轴逆时针旋转 45° 变为 x_2 轴与 y_2 轴，且 x_2 轴与电场矢量 E 的方向平行，如图 6-12 所示，此时归一化的琼斯矢量由式(6-25)变为

$$J_2 = \begin{bmatrix} 1 \\ 0 \end{bmatrix} \tag{6-26}$$

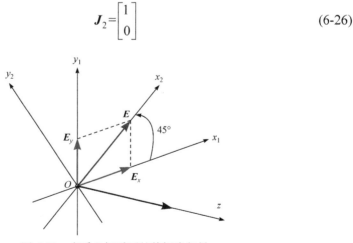

图 6-12　右手坐标系下的偏振光矢量

　　显然，琼斯矢量 $\boldsymbol{J}_1$ 和 $\boldsymbol{J}_2$ 表征的偏振态都是电场矢量 $\boldsymbol{E}$ ，然而它们的数学形式却完全不同，本质原因就在于它们参考的坐标系不同，容易判断，上述结论对于斯托克斯矢量同样成立。

　　米勒矩阵(琼斯矩阵)是表达入射光斯托克斯矢量(琼斯矢量)到出射光斯托克斯矢量(琼斯矢量)线性变化的数学表达形式，它表征了偏振器件对光偏振态的改变。在实验中，通过测量入射光和出射光的斯托克斯矢量反演得到米勒矩阵，如图 6-13 所示，入射光的斯托克斯矢量是 $\boldsymbol{S}_1$ ，其参考的坐标系为 x_1y_1z ，偏振器件 Q 的米勒矩阵为 $\boldsymbol{M}$ ，即

$$\boldsymbol{S}_1' = \boldsymbol{M}\boldsymbol{S}_1 \tag{6-27}$$

成立。在本节中，坐标系 x_1y_1z 称为米勒矩阵 $\boldsymbol{M}$ 的定义坐标系。偏振器件保持不变，若入射光的定义坐标系发生改变，那么该器件的米勒矩阵也将随之变化。偏振器件可以有无数个定义坐标系，可能得到无数个米勒矩阵。

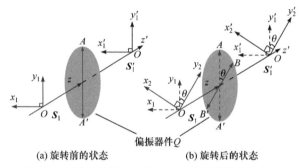

(a) 旋转前的状态　　　　　(b) 旋转后的状态

图 6-13　透射式偏振器件米勒矩阵及其定义坐标系

　　偏振器件往往不是中心旋转对称的，即偏振器件相对于入射光偏振态处于不同朝向时，其表现出的偏振性质也将不同，典型的如半波片、1/4 波片等。因此，偏振器件往往存在主轴或者本征偏振方向等，如图 6-13 中的粉色轴 AA' 所示。本征偏振态的光线入射到光学元件后，出射光偏振态与入射光相同，只是在整体强度或者相位(整体相位，而不是正交偏振分量的相对相位)上发生变化。偏振光学元件与其本征偏振态在数学上满足

$$\boldsymbol{M}\boldsymbol{S} = \eta\boldsymbol{S} \tag{6-28}$$

式中，系统常数 η 称为本征值。同样，$\boldsymbol{M}$ 也可以替换为琼斯矩阵，$\boldsymbol{S}$ 替换为琼斯矢量，依旧存在上述关系。

　　如图 6-12 所示，琼斯矢量 $\boldsymbol{J}_1$ 变换到的琼斯矢量 $\boldsymbol{J}_2$ ，可以通过琼斯矢量坐标系旋转矩阵 $\boldsymbol{R}_J(\theta)$ ，即

$$\boldsymbol{J}_2 = \boldsymbol{R}_J(\theta)\boldsymbol{J}_1 \tag{6-29}$$

且

$$R_J(\theta) = \begin{bmatrix} \cos\theta & \sin\theta \\ -\sin\theta & \cos\theta \end{bmatrix} \tag{6-30}$$

式中，旋转角度 θ 的定义方式遵循 Muller-Nebraska 法则[43]，即朝光源方向看去(在图 6-12 中是沿着 z 轴的反方向)，逆时针旋转方向的角度为正角。对应的斯托克斯矢量参考坐标系矩阵为

$$R(\theta) = \begin{bmatrix} 1 & 0 & 0 & 0 \\ 0 & \cos(2\theta) & \sin(2\theta) & 0 \\ 0 & -\sin(2\theta) & \cos(2\theta) & 0 \\ 0 & 0 & 0 & 1 \end{bmatrix} \tag{6-31}$$

　　光学元件的旋转矩阵可以分为透射式元件与反射式光学元件。首先是透射式元件，如图 6-13(a)所示，器件 Q 能够将入射光 S_1 转变为 S_1'，倘若将光学元件旋转 θ 角度得到如图 6-13(b)所示的方向，如式(6-29)所示，米勒矩阵 M 相对于入射光的定义坐标系也随之而旋转相同的角度。入射光只有在参考坐标系 x_1y_1z 中，其斯托克斯矢量才是 S_1。然而，器件 Q 发生了旋转，导致 x_1y_1z 不再是米勒矩阵 M 关于器件 Q 的定义坐标系，因此米勒矩阵 M 无法正确表达旋转后器件 Q 的偏振性质，MS_1 也不能正确地表达出射光的偏振态。只有得到入射光偏振态在米勒矩阵 M 的定义坐标系下的斯托克斯矢量形式，才能将其与矩阵 M 相乘。因此，需要如式(6-29)进行坐标系变换以完成该操作。入射光在旋转后坐标系 x_2y_2z 中的斯托克斯矢量为

$$S_2 = R(\theta)S_1 \tag{6-32}$$

经过器件 Q 后，出射光的斯托克斯矢量 S_2' 为

$$S_2' = MS_2 = MR(\theta)S_1 \tag{6-33}$$

　　需要特别强调的是，式(6-33)计算得到的斯托克斯矢量 S_2' 的坐标系是按照器件 Q 旋转后的坐标系。而实际要得到在原参考坐标系 $x_1'y_1'z'$ 下的数学表达形式，因此还需要再反方向进行一次旋转。显然，从坐标系 $x_2'y_2'z'$ 到坐标系 $x_1'y_1'z'$，需要旋转的角度为 $-\theta$。可得

$$S_3 = R(-\theta)S_2' = R(-\theta)MR(\theta)S_1 \tag{6-34}$$

式中，S_3 为出射光偏振态在坐标系 $x_1'y_1'z'$ 中的斯托克斯矢量。对比式(6-27)与式(6-34)可以得到偏振器件旋转后在原参考坐标系 x_1y_1z 下的米勒矩阵为

$$M_\theta = R(-\theta)MR(\theta) \tag{6-35}$$

对于 M_θ，其定义坐标系仍是最初的 x_1y_1z。

反射式光学元件与透射式光学元件最大的差异在于，入射光与出射光的光波前进方向发生了改变，如图 6-14 所示。

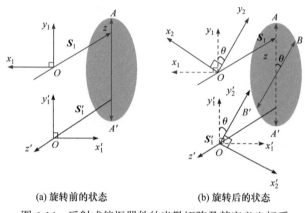

(a) 旋转前的状态　　　　　　　　(b) 旋转后的状态

图 6-14　反射式偏振器件的米勒矩阵及其定义坐标系

反射式光学元件计算过程与上文提到的透射式器件类似，然而，在对出射光的斯托克斯矢量进行坐标变换时,情况有所不同,如图 6-14(b)所示。将坐标系 $x_2'y_2'z'$ 旋转为 $x_1'y_1'z'$ 所需的角度是 θ 而不再是图 6-13 中的 $-\theta$。主要是因为反射光的光波前进方向相对于入射光来说发生了改变。因此，旋转的偏振器件 Q 在 x_1y_1z 作为参考坐标系时的米勒矩阵为[47]

$$M(\theta) = R(\theta)MR(\theta) \tag{6-36}$$

6.3.2　基于米勒理论的偏振激光雷达数学模型

典型偏振激光雷达的基本结构如图 6-15 所示，整个系统可以分为激光器、发射模块、接收模块、偏振分光模块及探测器模块，各个模块内所有光学元件的偏振特性可以由一个米勒矩阵表征。按照图 6-15 中的光路所示，可以得到

$$I_S = K_S M_S M_C M_O M_A M_E I_L \tag{6-37}$$

式中，I_L 为激光器出射激光的斯托克斯矢量；M_E 为发射部分的米勒矩阵；M_A 为大气的米勒矩阵；M_O 为接收部分的米勒矩阵；M_C 为校准器件的米勒矩阵；M_S 为偏振分光模块的米勒矩阵；下标 $S = R, T$ 分别为偏振分光棱镜(器件 12)的反射通道和透射通道；标量常数 K_S 为探测器模块的增益，且 $K_S = \dfrac{\eta_R}{\eta_T}$；$I_S$ 为探测器接收到的斯托克斯矢量。下文按照偏振激光雷达中光的传播路径对每个模块的偏振特性进行介绍。

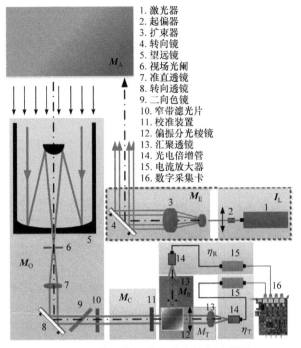

1. 激光器
2. 起偏器
3. 扩束器
4. 转向镜
5. 望远镜
6. 视场光阑
7. 准直透镜
8. 转向透镜
9. 二向色镜
10. 窄带滤光片
11. 校准装置
12. 偏振分光棱镜
13. 汇聚透镜
14. 光电倍增管
15. 电流放大器
16. 数字采集卡

图 6-15　典型偏振激光雷达基本示意图

1. 激光器

激光器出射激光的斯托克斯矢量可以表示为

$$I_1 = \begin{bmatrix} i_i & q_i & u_i & v_i \end{bmatrix}^{\mathrm{T}} \tag{6-38}$$

倘若出射激光为线偏振光，且消光比为 σ_{L}，则式(6-38)可以表示为

$$I_1 = I_0 \begin{bmatrix} 1 & \dfrac{\sigma_{\mathrm{L}} - 1}{\sigma_{\mathrm{L}} + 1} & 0 & 0 \end{bmatrix}^{\mathrm{T}} \tag{6-39}$$

式中，I_0 为发射激光强度。若线偏振光的电矢量振动方向与 PBS 入射面存在夹角 α，则需要利用旋转矩阵 $R(-\alpha)$ 将斯托克斯矢量进行旋转变换。因此，发射激光的斯托克斯矢量可表示为

$$I_{\mathrm{L}} = R(-\alpha)I_1 = I_0 \begin{bmatrix} 1 & 0 & 0 & 0 \\ 0 & \cos 2\alpha & -\sin 2\alpha & 0 \\ 0 & \sin 2\alpha & \cos 2\alpha & 0 \\ 0 & 0 & 0 & 1 \end{bmatrix} \begin{bmatrix} 1 \\ \dfrac{\sigma_{\mathrm{L}} - 1}{\sigma_{\mathrm{L}} + 1} \\ 0 \\ 0 \end{bmatrix} \tag{6-40}$$

2. 发射模块

发射模块一般由激光器、起偏器、扩束镜、转向镜等光学元件组成。米勒矩阵能够表征偏振器件包括偏振效率差、相位延迟差及退偏在内的偏振性质。一般情况下，退偏往往是由散射过程引起的。对于光滑的光学元件，可以认为不会造成退偏[40]。因此，可认为光学元件的基本偏振性质主要包含偏振效率差和相位延迟差，不包含退偏。偏振片的琼斯矩阵为

$$\boldsymbol{J}_{\mathrm{dia}} = \begin{bmatrix} t_{\mathrm{p}} & 0 \\ 0 & t_{\mathrm{s}} \end{bmatrix} \tag{6-41}$$

式中，t_{p} 和 t_{s} 分别为偏振片对平行偏振光和垂直偏振光的透过系数。将式(6-41)代入式(6-21)，即可得到偏振片的米勒矩阵为

$$\boldsymbol{M}_{\mathrm{dia}} = \frac{1}{2} \begin{bmatrix} T_{\mathrm{p}}+T_{\mathrm{s}} & T_{\mathrm{p}}-T_{\mathrm{s}} & 0 & 0 \\ T_{\mathrm{p}}-T_{\mathrm{s}} & T_{\mathrm{p}}+T_{\mathrm{s}} & 0 & 0 \\ 0 & 0 & 2\sqrt{T_{\mathrm{p}}T_{\mathrm{s}}} & 0 \\ 0 & 0 & 0 & 2\sqrt{T_{\mathrm{p}}T_{\mathrm{s}}} \end{bmatrix} \tag{6-42}$$

式中，$T_{\mathrm{p}} = t_{\mathrm{p}}^2$ 与 $T_{\mathrm{s}} = t_{\mathrm{s}}^2$ 分别为偏振片对平行偏振光和垂直偏振光的透过率。另外，根据偏振效率差的定义[40]，式(6-42)可以表示为

$$\boldsymbol{M}_{\mathrm{dia}} = T_{\mathrm{E}} \begin{bmatrix} 1 & D_{\mathrm{E}} & 0 & 0 \\ D_{\mathrm{E}} & 1 & 0 & 0 \\ 0 & 0 & Z_{\mathrm{E}} & 0 \\ 0 & 0 & 0 & Z_{\mathrm{E}} \end{bmatrix} \tag{6-43}$$

式中，$T_{\mathrm{E}} = (T_{\mathrm{p}}+T_{\mathrm{s}})/2$ 为平均透过率，即偏振片对非偏振光的光学效率；$D_{\mathrm{E}} = (T_{\mathrm{p}}-T_{\mathrm{s}})/(T_{\mathrm{p}}+T_{\mathrm{s}})$ 与 $Z_{\mathrm{E}} = 2\sqrt{T_{\mathrm{p}}T_{\mathrm{s}}}/(T_{\mathrm{p}}+T_{\mathrm{s}})$ 为偏振效率差。相位延迟片[47]的米勒矩阵可表示为

$$\boldsymbol{M}_{\mathrm{ret}} = \begin{bmatrix} 1 & 0 & 0 & 0 \\ 0 & 1 & 0 & 0 \\ 0 & 0 & \cos\varDelta_{\mathrm{E}} & \sin\varDelta_{\mathrm{E}} \\ 0 & 0 & -\sin\varDelta_{\mathrm{E}} & \cos\varDelta_{\mathrm{E}} \end{bmatrix} \tag{6-44}$$

式中，$\varDelta_{\mathrm{E}}$ 为相位延迟片对平行偏振光和垂直偏振光的相位延迟差，且式(6-44)假设相位延迟片的快轴平行于参考坐标系的 x 轴(该参考系 x 轴平行于激光偏振矢量方向)。根据米勒矩阵的 Lu-Chipman 分解[47]，整个发射模块的米勒矩阵为

$$M_E = M_{ret}M_{dia} = T_E \begin{bmatrix} 1 & D_E & 0 & 0 \\ D_E & 1 & 0 & 0 \\ 0 & 0 & Z_E\cos\Delta_E & Z_E\sin\Delta_E \\ 0 & 0 & -Z_E\sin\Delta_E & Z_E\cos\Delta_E \end{bmatrix} \tag{6-45}$$

式(6-45)假设了偏振片和相位延迟片的本征偏振方向与偏振激光雷达系统参考平面平行[40]。事实上，发射模块的本征偏振方向很可能与系统参考平面之间存在夹角 β，故发射模块的米勒矩阵为

$$M_E = R(-\beta)M_E R(\beta) \tag{6-46}$$

式中，$R(\beta)$ 能够将斯托克斯矢量的参考坐标系旋转角度 β。

3. 大气散射

对于大气中的随机朝向且镜像对称粒子，其对后向散射光偏振态的作用可由式(6-2)来表征，其中 d 为大气退偏参数。

4. 接收模块

偏振激光雷达接收模块一般包括望远镜、视场光阑、转向透镜、二向色镜、窄带滤光片等光学元件。与发射模块类似，也假设接收模块的偏振特性只包含偏振效率差和相位延迟差，忽略其退偏效应。故可直接得到接收模块的米勒矩阵为

$$M_O = T_O \begin{bmatrix} 1 & D_O & 0 & 0 \\ D_O & 1 & 0 & 0 \\ 0 & 0 & Z_O\cos\Delta_O & Z_O\sin\Delta_O \\ 0 & 0 & -Z_O\sin\Delta_O & Z_O\cos\Delta_O \end{bmatrix} \tag{6-47}$$

式中，T_O 为接收模块整体对非偏振光的平均透过率；D_O 为偏振效率差；Δ_O 为相位延迟差。同样考虑其本征偏振方向与系统参考平面之间可能存在夹角 γ，故接收模块的米勒矩阵为

$$M_O = R(-\gamma)M_O R(\gamma) \tag{6-48}$$

式中，$R(\gamma)$ 能够将斯托克斯矢量的参考坐标系旋转角度 γ。

5. 偏振分光模块

偏振激光雷达中常用的偏振分析器为 PBS。由于 PBS 存在两个通道，即透射通道和反射通道，因此需要用两个米勒矩阵才能表征 PBS 的偏振特性。对于理想的 PBS，即其透射通道和反射通道的消光比均为无穷大，那么该 PBS 也是理想的

起偏器，其透射通道和反射通道的米勒矩阵分别为

$$M_\text{T} = 0.5 \times \begin{bmatrix} 1 & 1 & 0 & 0 \\ 1 & 1 & 0 & 0 \\ 0 & 0 & 0 & 0 \\ 0 & 0 & 0 & 0 \end{bmatrix} \tag{6-49}$$

及

$$M_\text{R} = 0.5 \times \begin{bmatrix} 1 & -1 & 0 & 0 \\ -1 & 1 & 0 & 0 \\ 0 & 0 & 0 & 0 \\ 0 & 0 & 0 & 0 \end{bmatrix} \tag{6-50}$$

然而，商用 PBS 的消光比有限，其透射通道的消光比一般大于 1000，而反射通道的消光比一般来说只有 100 左右。两通道消光比的差异由 PBS 自身光学原理导致。另外，PBS 的偏振特性易受光线入射角的影响[48]，一般允许的入射角范围为 $-2° \sim 2°$。一般来说，实际中 PBS 透射通道的米勒矩阵 M_T 为

$$M_\text{T} = T_\text{T} \begin{bmatrix} 1 & D_\text{T} & 0 & 0 \\ D_\text{T} & 1 & 0 & 0 \\ 0 & 0 & Z_\text{T}\cos\varDelta_\text{T} & Z_\text{T}\sin\varDelta_\text{T} \\ 0 & 0 & -Z_\text{T}\sin\varDelta_\text{T} & Z_\text{T}\cos\varDelta_\text{T} \end{bmatrix} \tag{6-51}$$

式中，$T_\text{T} = \left(T_\text{T}^\text{p} + T_\text{T}^\text{s} \right)\big/ 2$；$D_\text{T} = \left(T_\text{T}^\text{p} - T_\text{T}^\text{s} \right)\big/\left(T_\text{T}^\text{p} + T_\text{T}^\text{s} \right)$；$\varDelta_\text{T} = \varphi_\text{T}^\text{p} - \varphi_\text{T}^\text{s}$ 为 PBS 透射通道对平行偏振光和垂直偏振光的相位延迟差；φ_T^i，$i = \text{p,s}$，φ_T^i 为 PBS 透射通道对平行与垂直偏振光的相位延迟，$Z_\text{T} = 2\sqrt{T_\text{T}^\text{p} T_\text{T}^\text{s}}\big/\left(T_\text{T}^\text{p} + T_\text{T}^\text{s} \right) = \sqrt{1 - D_\text{T}^2}$。反射通道的米勒矩阵 M_R 同理可得

$$M_\text{R} = T_\text{R} \begin{bmatrix} 1 & -D_\text{R} & 0 & 0 \\ -D_\text{R} & 1 & 0 & 0 \\ 0 & 0 & Z_\text{R}\cos\varDelta_\text{R} & Z_\text{R}\sin\varDelta_\text{R} \\ 0 & 0 & -Z_\text{R}\sin\varDelta_\text{R} & Z_\text{R}\cos\varDelta_\text{R} \end{bmatrix} \tag{6-52}$$

式中，$T_\text{R} = \left(T_\text{R}^\text{p} + T_\text{R}^\text{s} \right)\big/ 2$；$D_\text{R} = \left(T_\text{R}^\text{s} - T_\text{R}^\text{p} \right)\big/\left(T_\text{R}^\text{s} + T_\text{R}^\text{p} \right)$；$\varDelta_\text{R} = \varphi_\text{R}^\text{p} - \varphi_\text{R}^\text{s}$；$Z_\text{R} = \sqrt{1 - D_\text{R}^2}$。

6. 探测器模块

探测器模块主要包括 PBS 后(不含 PBS)的一些器件，如汇聚透镜等光学元件，以及光电倍增管。光信号经过 PBS 后，不管是反射通道还是透射通道，其偏振态

均已确定，且 PBS 后再无偏振分析器件。因此只需要考虑探测器模块对光信号的透过率，以及光电转换系数和放大系数。在偏振激光雷达中，将上述参数统称为增益系数。将 PBS 反射通道和透射通道的探测器模块由各自的增益系数表征，分别是 K_R 和 K_T。另外，考虑到探测器只能获取光信号的强度信息，即斯托克斯矢量的第一个元素，也可以将探测器模块用矩阵表示为

$$\boldsymbol{M}_{DR} = \begin{bmatrix} K_R & 0 & 0 & 0 \\ 0 & 0 & 0 & 0 \\ 0 & 0 & 0 & 0 \\ 0 & 0 & 0 & 0 \end{bmatrix} \tag{6-53}$$

及

$$\boldsymbol{M}_{DT} = \begin{bmatrix} K_T & 0 & 0 & 0 \\ 0 & 0 & 0 & 0 \\ 0 & 0 & 0 & 0 \\ 0 & 0 & 0 & 0 \end{bmatrix} \tag{6-54}$$

式中，$\boldsymbol{M}_{DR}$ 和 $\boldsymbol{M}_{DT}$ 分别为探测器模块中反射通道和透射通道的矩阵。

上文按照光信号在偏振激光雷达系统中的传递顺序，依次分析了各个模块的偏振特性。将各个模块的米勒矩阵代入式(6-37)，可得

$$\boldsymbol{I}_S = \boldsymbol{I}_S(K_S, T_S, D_S, \phi_S, D_O, \Delta_O, \gamma, d, D_E, \Delta_E, \beta, \sigma_L, \alpha) \tag{6-55}$$

式中，下标 $S = T, R$ 分别为 PBS 透射通道和反射通道。鉴于 K_S 和 T_S 为标量，并不是米勒矩阵或者斯托克斯矢量的元素，因此可以将式(6-55)修改为

$$\boldsymbol{I}_S = K_S T_S \boldsymbol{I}_S(D_S, \phi_S, D_O, \Delta_O, \gamma, d, D_E, \Delta_E, \beta, \sigma_L, \alpha) \tag{6-56}$$

式中，$T_S(S = R, T)$ 为 PBS 两个出射通道对非偏振光的光学效率；K_S 为 PBS 之后(不包含 PBS)所有光电器件的光电增益系数，定义它们的乘积为偏振激光雷达系统的增益系数，即

$$\eta_S = K_S T_S \tag{6-57}$$

6.4　高精度偏振激光雷达关键器件

在偏振激光雷达中，激光雷达系统对光束偏振态的干扰是影响偏振探测精度的关键。通过采用高消光比的起偏棱镜，可以保证发射激光的线偏振纯度；而在接收系统中，望远镜及偏振分光器件等不可或缺的光学器件，其偏振特性对后向散射光的偏振态的探测具有重要的影响。本节将对偏振激光雷达中关键器件——

望远镜[49]、PBS 的偏振性质[50]进行研究。

6.4.1　接收望远镜的偏振性质研究

对于激光雷达的接收系统来说，其中一个很重要的部分就是望远镜。由激光雷达方程[51]可知，其他条件不变的情况下，激光雷达回波信号强度与望远镜的有效面积成正比，但是大口径折射式望远镜的加工难度较大，成本高于同等口径的反射式望远镜。因此，大多数的激光雷达使用的都是反射式望远镜，目前反射式望远镜最常使用的两种形式是牛顿式望远镜和卡塞格林式望远镜，本小节对望远镜的偏振分析也是基于这两种望远镜[49]。

1. 理论基础

为定量地分析望远镜非理想偏振性质对偏振激光雷达的影响，需要建立起望远镜米勒矩阵与大气退偏参数之间的关系式。对于一个典型线偏振系统，根据 6.3 节中所介绍，其数学理论模型为

$$I_{SL} = M_S M_O' M_W M_A M_E I_E \tag{6-58}$$

式中，M_W 及 M_O' 分别为望远镜及除望远镜外接收模块的米勒矩阵；$M_S(S = R, T)$ 为 PBS 的米勒矩阵；I_R 和 I_T 则分别为 PBS 反射通道和透射通道光的斯托克斯矢量。这里为了研究望远镜非理想偏振性质对偏振激光雷达的影响，单独把望远镜从接收模块中独立出来，并且假设除望远镜外其他系统参数均理想，故发射激光的斯托克斯矢量为

$$I_E = [1 \quad 1 \quad 0 \quad 0]^T \tag{6-59}$$

对于随机朝向的大气粒子，其后向散射的米勒矩阵如式(6-2)所示。假设望远镜的米勒矩阵为

$$M_W = \begin{bmatrix} m_{11} & m_{12} & m_{13} & m_{14} \\ m_{21} & m_{22} & m_{23} & m_{24} \\ m_{31} & m_{32} & m_{33} & m_{34} \\ m_{41} & m_{42} & m_{43} & m_{44} \end{bmatrix} \tag{6-60}$$

同时，假设 PBS 也为理想的器件，故其反射通道和透射通道的米勒矩阵分别如式(6-49)与式(6-50)所示，将式(6-2)、式(6-46)、式(6-48)～式(6-50)、式(6-59)、式(6-60)联立，可以得到大气退偏参数 d_L^* 的反演结果为

$$d_L^* = \frac{2I_R}{I_R + I_T} = 1 - \frac{m_{21} + m_{22} - dm_{22}}{m_{11} + m_{12} - dm_{12}} \tag{6-61}$$

式中，I_R 与 I_T 为斯托克斯矢量的第一个元素，为标量。假如望远镜的米勒矩阵是

理想的，那么反演得到的大气退偏参数 d_L^* 将等于真实的大气退偏参数 d 。可以定义因望远镜非理想偏振性质导致大气退偏参数的相对测量误差为

$$\Phi_L = \frac{\left|d - d_L^*\right|}{d} \times 100\%$$ (6-62)

除了线偏振激光雷达，圆偏振激光雷达目前也被用于大气遥感。圆偏振激光雷达是在线偏振激光雷达的基础上，于发射光路末端及接收光路 PBS 之前各放置一个同样朝向的 1/4 波片[19]，故圆偏振激光雷达光路的数学模型可以表示为

$$I_{SC} = M_S M_Q M_O' M_W M_A M_E I_E$$ (6-63)

式中，M_Q 为 1/4 波片的米勒矩阵。类似于线偏振激光雷达的计算过程，圆偏振激光雷达得到的大气退偏参数 d_C^* 可以表示为

$$d_C^* = \frac{I_R}{I_R + I_T} = \frac{1}{2} - \frac{m_{41} + m_{44} - 2dm_{44}}{2m_{11} + 2m_{14} - 4dm_{14}}$$ (6-64)

类似地，可以定义圆偏振激光雷达大气退偏参数的测量误差为

$$\Phi_C = \frac{\left|d - d_C^*\right|}{d} \times 100\%$$ (6-65)

对比式(6-61)和式(6-64)可以发现，大气退偏参数 d_L^* 和 d_C^* 与米勒矩阵中的不同元素有关。这表明，望远镜非理想偏振性质对线偏振激光雷达和圆偏振激光雷达具有不同的影响。

2. 接收望远镜偏振矩阵

根据米勒矩阵的分解串联原则[52]，望远镜的米勒矩阵 M_W 可以拆解为主镜的米勒矩阵 M_P 和副镜的米勒矩阵 M_F 的串联，即

$$M_W = M_F M_P$$ (6-66)

由于望远镜的通光口径较大，光线入射到望远镜的位置点不同，得到的反射角不同，因此望远镜对光线偏振态的改变也不同，对于一个大通光口径的二次曲面，其米勒矩阵 M_{con} 应该是由无数个米勒矩阵 M^i 叠加形成的。也就是说，曲面上不同的点对应不同的米勒矩阵 M^i，这些米勒矩阵相互独立，各自描述了二次曲面某一个点元对入射光偏振态的作用。激光雷达后向散射回波信号属于非相干信号[20]，由米勒矩阵的并联分解原则可得[53]

$$M_{con} = \sum_{i=1}^{N} \rho_i M^i$$ (6-67)

式中，ρ_i 为各个点元接收的光信号强度占全部光信号的比重。

　　下面将以牛顿望远镜为例介绍其米勒矩阵的计算过程，牛顿式望远镜结构示意图如图 6-16 所示，其主镜是抛物曲面，副镜是平面。每条入射光线用一个空间矢量表征，如图中 AB 或 DE 所示，依次经过主镜和副镜，最后出射。在主镜建立直角坐标系，主镜的中心顶点作为坐标系原点。根据抛物面的解析表达式，容易得到主镜上每个点的法向矢量。再结合入射光的空间矢量，由余弦法即可算出入射角 θ 及反射光线的空间矢量。镀膜材料的折射率用 N 表示，由菲涅耳公式可计算出垂直偏振光和平行偏振光的反射系数分别为

$$r_{\mathrm{p}} = \frac{N^2\cos\theta - \sqrt{N^2 - \sin^2\theta}}{N^2\cos\theta + \sqrt{N^2 - \sin^2\theta}} \tag{6-68}$$

和

$$r_{\mathrm{s}} = \frac{\cos\theta - \sqrt{N^2 - \sin^2\theta}}{\cos\theta + \sqrt{N^2 - \sin^2\theta}} \tag{6-69}$$

从而可以得到反射过程的琼斯矩阵为

$$\boldsymbol{J} = \begin{bmatrix} r_{\mathrm{p}} & 0 \\ 0 & r_{\mathrm{s}} \end{bmatrix} \tag{6-70}$$

将式(6-70)代入式(6-21)即可得到主镜的米勒矩阵，即

$$\boldsymbol{M}_{\mathrm{P}}^{i} = \boldsymbol{A}(\boldsymbol{J} \otimes \boldsymbol{J}^{*})\boldsymbol{A}^{-1} \tag{6-71}$$

同理也可以得到副镜的米勒矩阵 $\boldsymbol{M}_{\mathrm{F}}^{i}$。

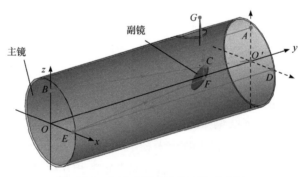

图 6-16　牛顿式望远镜的结构示意图

　　根据米勒矩阵的串联分解原理，望远镜对整条光线 ABCG 偏振态的作用应该由主镜和副镜米勒矩阵的乘积即 $\boldsymbol{M}_{\mathrm{W}}^{i} = \boldsymbol{M}_{\mathrm{F}}^{i}\boldsymbol{M}_{\mathrm{P}}^{i}$ 表征。通常，米勒矩阵需要在同样定义的坐标系才能表达正确的物理含义，然而由式(6-68)与式(6-71)计算得到主镜

与副镜的米勒矩阵，即 $\boldsymbol{M}_P^i$ 和 $\boldsymbol{M}_F^i$，其坐标系很可能不相同，故它们直接的乘积不能得到望远镜的米勒矩阵，即 $\boldsymbol{M}_W^i \neq \boldsymbol{M}_F^i \boldsymbol{M}_P^i$。

如图 6-16 所示，入射面 ABC 与副镜的入射面 BCG 均位于平面 $O'OZ$，此时 $\boldsymbol{M}_P^i$ 和 $\boldsymbol{M}_F^i$ 可以直接相乘。而对于入射面 DEF 与副镜的入射面 EFG 不在一个平面内，此时 $\boldsymbol{M}_P^i$ 和 $\boldsymbol{M}_F^i$ 不能直接相乘。主镜出射光就是副镜入射光，两个定义坐标系的 z 轴是同一条直线，可以通过坐标系旋转矩阵 $\boldsymbol{R}(\theta)$，使得 $\boldsymbol{M}_P^i$ 和 $\boldsymbol{M}_F^i$ 旋转后的矩阵相互平行。假设主镜入射面 DEF 与副镜的入射面 EFG 的夹角为 θ_{ps}，此时，假如主镜与副镜的米勒矩阵相乘，则主镜出射光 EF 需要被旋转 θ_{ps}。需要指出的是，主镜入射面与副镜入射面之间的夹角 θ_{ps} 也是入射点空间位置的函数，因此 θ_{ps} 应该写为 θ_{ps}^i，可以得到

$$\boldsymbol{M}_W^i = \boldsymbol{M}_S^i \boldsymbol{R}(\theta_{ps}^i) \boldsymbol{M}_P^i \tag{6-72}$$

需要注意的是，式(6-72)中米勒矩阵 $\boldsymbol{M}_W^i$ 入射光定义坐标系为平行于主镜的入射面（ABC 或 DEF）。

对于望远镜入射光斯托克斯矢量的定义坐标系来说，也可能与米勒矩阵 $\boldsymbol{M}_W^i$ 的入射光定义坐标系不平行。本节选择平面 BOO' 作为参考平面。显然，充满主镜的平行光入射到主镜后，其入射面各不相同。假设主镜入射光束形成的平面（此处称为入射面）与系统参考平面的夹角为 θ_{gp}，故对于入射面 ABC（光线 AB），$\theta_{gp}=0$，而对于入射面 DEF（光线 DE），$\theta_{gp}=90°$。因此，AB 的斯托克斯矢量可以直接与主镜的米勒矩阵相乘得到光线 BC 的斯托克斯矢量。然而光线 DE 的斯托克斯矢量（与 AB 的斯托克斯矢量是完全一致的，都是相对于系统参考平面 BOO' 得到的）需要先旋转 θ_{gp}。不同的光线有多个夹角 θ_{gp}^i，故式(6-72)可修改为

$$\boldsymbol{M}_W^i = \boldsymbol{M}_F^i \boldsymbol{R}(\theta_{ps}^i) \boldsymbol{M}_P^i \boldsymbol{R}(\theta_{gp}^i) \tag{6-73}$$

式中，$\boldsymbol{M}_W^i$ 的入射光定义坐标系就是系统参考坐标系。然而，望远镜出射光需要转换回到最初定义的系统坐标系，因此式(6-73)可变为

$$\boldsymbol{M}_W^i = \boldsymbol{R}(-\theta_{gp}^i) \boldsymbol{R}(\theta_{ps}^i) \boldsymbol{M}_F^i(0) \boldsymbol{R}(\theta_{ps}^i) \boldsymbol{M}_P^i(0) \boldsymbol{R}(\theta_{gp}^i) \tag{6-74}$$

式中符号的选择需要注意，反射过程光线的方向发生了改变，而且是发生连续两次反射过程[40,49]。本节的分析严格遵守 Muller-Nebraska 法则[41,42]，旋转角度定义为朝着光源方向，逆时针旋转为正角度。那么根据米勒矩阵的并联分解原则，可以得到该望远镜的米勒矩阵为

$$\boldsymbol{M}_{tel} = \sum \boldsymbol{M}_W^i \tag{6-75}$$

根据上文的分析，本节计算一个牛顿式望远镜的米勒矩阵，表 6-4 是一款商用牛顿式望远镜的参数。以该望远镜为例，假设其镀铝膜，在 532nm 波长时折射率为 $n = 0.728 - 5.66\mathrm{i}$。

表 6-4　牛顿式望远镜的系统参数　　　　　　　　　　（单位：mm）

主要参数	数值
望远镜主镜直径	279
望远镜焦距	1400
望远镜副镜直径	64
遮拦直径	75
主镜顶点到副镜中心点之间的距离	1080

根据式(6-74)和式(6-75)计算得到该商用牛顿式望远镜的米勒矩阵为

$$M_{\mathrm{tel}}^{\mathrm{Newton}} = \begin{bmatrix} 1 & -0.0302 & 0 & 0 \\ -0.0302 & 0.9997 & 0 & 0 \\ 0 & 0 & 0.9701 & 0.2384 \\ 0 & 0 & -0.2384 & 0.9698 \end{bmatrix} \tag{6-76}$$

需要指出的地方是，式(6-76)中米勒矩阵所有元素相对于第一个元素都进行了归一化。考虑到仿真过程的计算误差及有限的追迹光线数量，将式(6-76)右上角和左下角的四个元素设置为 0。

另外一种望远镜是卡塞格林式望远镜，如图 6-17 所示，其由一个抛物面的主镜和一个双曲面的副镜组成。这里仿真采用的具体参数如表 6-5 所示，同样也先考虑镀铝膜，可以得出其米勒矩阵为

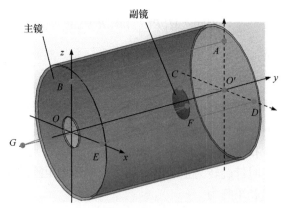

图 6-17　卡塞格林式望远镜结构示意图

$$M_{\text{tel}}^{\text{Cassegrain}} = \begin{bmatrix} 1 & -4.50 \times 10^{-6} & 0 & 0 \\ -4.50 \times 10^{-6} & 0.9999 & 0 & 0 \\ 0 & 0 & 0.9999 & 3.50 \times 10^{-5} \\ 0 & 0 & -3.50 \times 10^{-5} & 0.9999 \end{bmatrix} \quad (6\text{-}77)$$

表 6-5　卡塞格林式望远镜的系统参数　　　　　　　　（单位：mm）

主要参数	数值
系统焦距	2800
望远镜主镜直径	279
望远镜焦距	558
望远镜副镜直径	70.25
遮拦直径	95
副镜到顶点的半径 r	338.5
主镜顶点到副镜中心点之间的距离	421.5

由式(6-76)和式(6-77)可以看出，牛顿式望远镜的偏振效率差为 0.0302，相位延迟差约为13.8°，而卡塞格林式望远镜的偏振效率差为 4.50×10^{-6}，相位延迟差约为0.002°。卡塞格林式望远镜偏振效率差和相位延迟差都远小于牛顿式望远镜。

3. 不同朝向望远镜偏振性质

上面提到的两种望远镜在结构上有明显的区别，卡塞格林式望远镜关于中心对称，而牛顿式望远镜不满足中心对称。定义牛顿望远镜的朝向为主镜中心对称轴和副镜法线矢量的平面，如图 6-16 所示，平面 BOO' 表示牛顿式望远镜的朝向。假设入射偏振光的电场振动方向平行于平面 BOO'。将望远镜绕主镜中心对称轴旋转，分析不同朝向望远镜对偏振探测的影响。仿真的情况是激光波长为 532nm 时激光雷达用不同形式望远镜的计算结果。如图 6-18 所示，两个望远镜均镀铝膜，大气退偏参数 d 在 0.001~1 变化。显然，由图 6-18(a)可以发现，牛顿式望远镜的偏振特性与其朝向有关。当其朝向与入射光的电场矢量振动方向平行或者垂直时，望远镜非理想偏振性质导致的大气退偏参数测量误差最小。因此在使用牛顿式望远镜时应该使其朝向角保持为 0° 或者 90°。如图 6-18(b)所示，卡塞格林式望远镜的中心对称性使得其偏振特性与朝向无关。

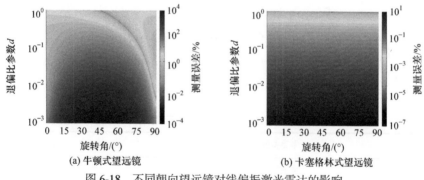

图 6-18　不同朝向望远镜对线偏振激光雷达的影响

4. 不同 *F#*望远镜偏振性质

在实际应用中，不同偏振光的激光雷达系统要求的望远镜 *F#*是不同的，本节对不同 *F#*的望远镜对偏振激光雷达的影响进行了分析。假设使用的激光波长为 532nm，大气的退偏参数 d=0.1。计算结果如图 6-19 所示，随着 *F#*的变大，望远镜非理想偏振性质对线偏振和圆偏振激光雷达的影响均逐渐减小。望远镜 *F#*越大，入射光越接近正入射，反射过程导致平行偏振光和垂直偏振光的差异就越小。

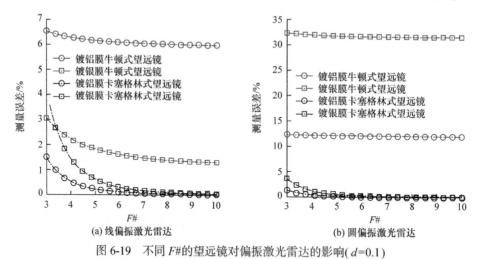

图 6-19　不同 *F#*的望远镜对偏振激光雷达的影响（ d=0.1）

5. 不同接收视场角望远镜的偏振性质

根据常见激光雷达的望远镜视场角大小，本节计算了 0～10mrad 视场角望远镜的偏振特性。假设大气退偏参数 d=0.1，发射激光波长为 532nm，分别计算了两种望远镜镀铝和镀银的退偏特性，结果如图 6-20 所示。

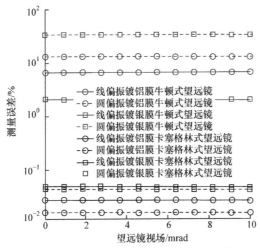

图 6-20　不同视场角望远镜的偏振性质

计算结果表明，牛顿式望远镜视场角由 0mrad 增大到 10mrad 的过程中，测得的大气退偏参数相对误差变化幅度小于 0.5%，而且卡塞格林式望远镜的变化幅度更是小于 0.01%，这表明望远镜的偏振特性随视场角变化的变化非常不明显。需要指出的是，这是首次通过严格的数学计算得出的结果。

6. 不同结构形式望远镜的偏振性质比较

根据前面对各种条件下望远镜偏振性质的分析，本节将对四种常见的望远镜进行比较，从而为不同激光雷达系统选择合适的接收望远镜提供参考。这四种望远镜分别是镀铝膜的牛顿式望远镜、镀银膜的牛顿式望远镜、镀铝膜的卡塞格林式望远镜及镀银膜的卡塞格林式望远镜。牛顿式望远镜的朝向均平行于入射线偏振光的电场矢量振动方向，所有望远镜的接收视场角均假定为 0mrad，即光线平行入射。牛顿式望远镜与卡塞格林式望远镜系统参数如表 6-4 和表 6-5 所示。考虑的入射光光谱范围为 300～1200nm。以大气退偏参数反演相对误差为标准，对上述四种望远镜的偏振特性进行对比分析。

1) 镀铝膜的牛顿式望远镜

如图 6-21 所示，本节计算了镀铝膜的牛顿式望远镜对线偏振和圆偏振激光雷达的影响，可以明显地看出镀铝膜的牛顿式望远镜对两种偏振激光雷达均有较大的影响。如图 6-21(a)所示，在 750～1000nm 波段，采用镀铝膜牛顿式望远镜导致退偏参数探测系统误差明显加大。对比图 6-21(a)和(b)可以看出，在圆偏振光偏振激光雷达采用镀铝膜牛顿式望远镜时，退偏参数探测的系统误差要比线偏振光激光雷达在同样情况下大得多。

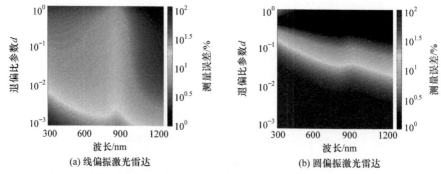

图 6-21　镀铝膜牛顿式望远镜的非理想偏振性质对不同激光雷达的影响

2) 镀银膜的牛顿式望远镜

当镀膜材料变为金属银时,结果如图 6-22 所示,当入射光波长在 300～350nm 区域时,镀银膜牛顿式望远镜的相对误差明显增大,原因是在该波段银的折射率有一个明显变化。另外,在圆偏振激光雷达中,大气退偏参数 $d = 0.5$ 时,大气退偏参数的探测误差会存在一个极小值。实际上,对于所有的圆偏振激光雷达,这个极小值均会出现。本质原因在于,随机朝向粒子的大气后向散射米勒矩阵,如式(6-2)所示,对入射光中线偏振成分和圆偏振成分的响应系数不同,具体可以从数学和物理两个方面来进一步解释这个现象。

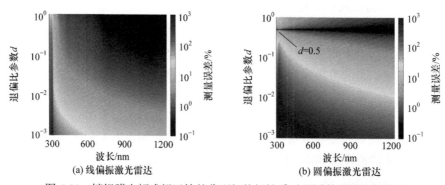

图 6-22　镀银膜牛顿式望远镜的非理想偏振性质对不同激光雷达的影响

首先从数学层面来看,式(6-2)最后一个元素中大气退偏参数 d 前面的系数是 2。将 $d = 0.5$ 代入式(6-64)容易发现,此时测量误差 d_C^* 的表达式中望远镜米勒矩阵的元素 m_{14} 和 m_{44} 被消去,因而,此时测量误差 d_C^* 与这两个元素无关。这导致望远镜的非理想偏振性质对圆偏振激光雷达的影响明显减小。从物理层面来看,当大气退偏参数 $d = 0.5$ 时,大气能够将发射的圆偏振光完全退化为非偏振光。此时望远镜接收到的回波信号是非偏振光,导致望远镜非理想偏振性质的影响显著减小。这与线偏振激光雷达完全不同。在线偏振激光雷达中,$d = 1$ 时才表示大气是完全退偏的。

3) 卡塞格林式望远镜

将镀铝与镀银两种卡塞格林式望远镜一起作比较。如图 6-23 所示,分别分析了这两种望远镜对线偏振激光雷达和圆偏振光激光雷达的影响。总体来看,卡塞格林式望远镜对偏振激光雷达的影响随波长的加长而减小。另外,在线偏振和圆偏振激光雷达中,卡塞格林式望远镜的测量误差非常接近,其原因是卡塞格林式望远镜满足中心旋转对称性。

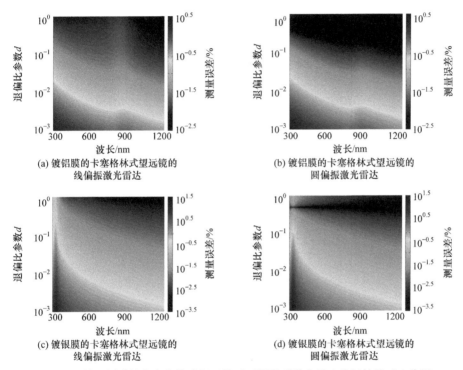

图 6-23   镀不同膜的卡塞格林式望远镜对不同类型激光雷达偏振特性对比分析

4) 不同偏振激光配搭最佳望远选择

Nd:YAG 激光器在激光雷达中被广泛使用,原因在于 Nd:YAG 激光器具有高增益、低阈值、量子效率高、低热效应及稳定的输出脉冲激光能量等诸多优点。考虑到 Nd:YAG 激光器主要的输出波长为 1064nm、532nm(二倍频)及 355nm(三倍频),分别针对这三个波长的线偏振和圆偏振激光雷达,选择最优的望远镜,结果如图 6-24 所示。如前面对图 6-22 的解释,大气退偏参数 $d=0.5$ 时会导致圆偏振激光的测量误差出现极小值。由图 6-24 中比较结果容易发现,卡塞格林式望远镜比牛顿式望远镜具有明显优势。在 355nm 波段,镀铝膜的卡塞格林式望远镜在线偏振和圆偏振激光雷达中都是更好的选择。在 532nm 波长的圆偏振激光雷达中,

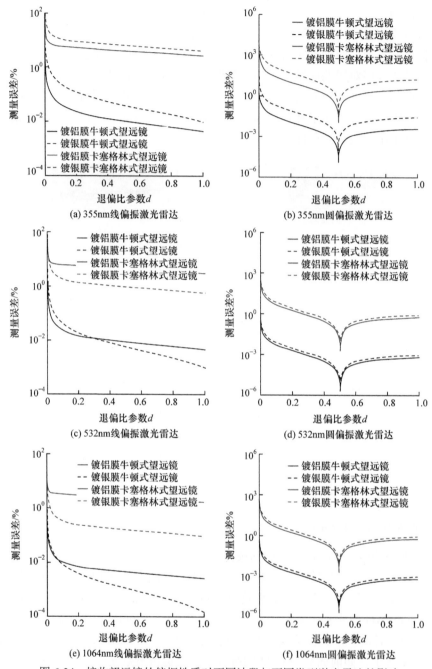

图 6-24　接收望远镜的偏振性质对不同波段与不同类型激光雷达的影响

镀铝膜的卡塞格林式望远镜依然具有微弱的优势。对于 532nm 的线偏振激光雷达,当 $d > 0.3$ 时镀银膜的卡塞格林式望远镜引入的偏振测量误差更小。对于 1064nm 线

偏振激光雷达，采用镀银膜的卡塞格林式望远镜导致的退偏参数探测系统误差最小。而对于 1064nm 的圆偏振激光雷达，卡塞格林式望远镜镀铝膜存在微弱优势。因此，为了使偏振激光雷达的系统误差尽可能小，本节为各种偏振激光雷达选择了最优的望远镜类型，具体如表 6-6 所示。

表 6-6　针对不同偏振激光雷达系统的最优望远镜类型

波长	线偏振激光雷达	圆偏振激光雷达
355nm	镀铝膜的卡塞格林式望远镜	镀铝膜的卡塞格林式望远镜
532nm	镀铝膜的卡塞格林式望远镜	镀铝膜的卡塞格林式望远镜
1064nm	镀银膜的卡塞格林式望远镜	镀铝膜的卡塞格林式望远镜

6.4.2　高精度偏振分光模块

偏振分光棱镜是偏振激光雷达系统中的关键光学元件，其主要功能是分离回波信号中不同的偏振分量，如图 6-25 所示。回波信号入射到 PBS，其中垂直偏振分量(s 光)的强度为 I_s，平行偏振分量(p 光)的强度为 I_p(垂直偏振和平行偏振均相对于 PBS 入射面，即图中的 xOz 平面)，经 PBS 分离后被两个探测器接收，得到的信号强度分别是 I_R 和 I_T。PBS 两个出射通道信号的强度比，即 I_R/I_T，可以计算出偏振激光雷达的退偏比。然而，由于所有的光学器件都不是完美的，因此实际上 PBS 并不能将 p 光和 s 光完全地分离，部分 p 光会进入反射通道(p 光的反射率 $R_p>0$)，而部分 s 光会进入透射通道(s 光的透射率 $T_s>0$)，导致测得的强度比 I_R/I_T 往往不等于回波信号中正交偏振分量的强度比 I_s/I_p，这就是偏振串扰对系统的性能造成影响[54-56]。

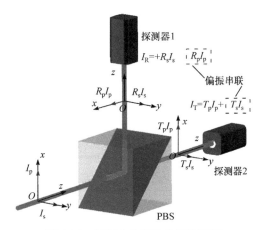

图 6-25　偏振分光模块分光原理图

1. 理论计算

当一束光入射到 PBS 后，其反射通道和透射通道探测器记录的强度比为

$$\frac{I_{\text{R}}^{\text{a}}}{I_{\text{T}}^{\text{a}}} = \frac{K_{\text{R}}(I_p R_p + I_s R_s)}{K_{\text{T}}(I_p T_p + I_s T_s)} \tag{6-78}$$

式中，I_s 和 I_p 分别为入射光中 s 光和 p 光的光强，其比值为 $V_0 = I_s/I_p$；R_i 和 T_i 分别为 PBS 对偏振光（$i = p$ 为 p 光，$i = s$ 为 s 光）的反射系数和透射系数；K_{R} 和 K_{T} 分别为反射通道和透射通道的增益系数，其比值为增益比 $G = K_{\text{R}}/K_{\text{T}}$（详见 6.5 节）。偏振分光模块的最终目的是从测得的强度比中反演得到入射光中 s 光与 p 光的比值 V_0。此处定义 R_p 与 R_s 分别为 PBS 对 p 光与 s 光的反射率；T_p 与 T_s 分别为 PBS 对 p 光与 s 光的透过率（以上四个参数一般由 PBS 生产商标出，属于已知量），对于理想的 PBS，有 $T_p = R_s = 1$，$T_s = R_p = 0$，代入式(6-78)可以发现，反射通道和透射通道的强度比等于 GV_0。显然，如果两通道探测器的增益比 G 不等于 1，将会造成测量误差。因此需要先对偏振分光模块进行增益比定标，采用 6.5.1 节中提到 $\Delta 45°$ 定标法，定标得到反射通道与透射通道出射光的强度比为 $G(R_s + R_p)/(T_s + T_p)$。结合式(6-78)，采用定标增益比后的两通道强度比为

$$V_{\text{a}} = \frac{I_{\text{R}}^{\text{a}}}{I_{\text{T}}^{\text{a}}} \frac{T_s + T_p}{G(R_s + R_p)} = \frac{R_p + V_0 R_s}{T_p + V_0 T_s} \frac{T_s + T_p}{R_s + R_p} \tag{6-79}$$

由式(6-79)可得目前抑制偏振串扰可通过提高偏振分光模块整体的消光来实现，其中较为简单的方法如图 6-26 所示[50]，在 PBS 的透射通道和反射通道各增加一个偏振片来增加偏振分光模块的消光比，该方法简便、体积小，可以提前设

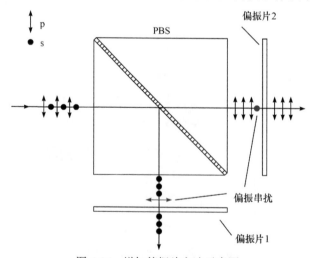

图 6-26　增加偏振片方法示意图

计好偏振分光模块整体需求的消光比，最后将两片偏振片分别胶合在 PBS 的两个出射通道，这样模块的整合度、可靠度都会大大地增加。下文将通过严谨的数学计算证明偏振分光误差与消光比的关系。

设所添加偏振片的极大透过率和极小透过率(入射光的偏振方向与偏振片的透光轴平行即极大透过率，垂直则为极小透过率)分别为 $T_{\max}$ 和 $T_{\min}$，则消光比为 $\sigma = T_{\max}/T_{\min}$。添加偏振片后，反射通道和透射通道探测器记录的强度比为

$$\frac{I_{\mathrm{R}}^{\mathrm{b}}}{I_{\mathrm{T}}^{\mathrm{b}}} = \frac{K_{\mathrm{R}}(I_{\mathrm{p}}R_{\mathrm{p}}T_{\min} + I_{s}R_{s}T_{\max})}{K_{\mathrm{T}}(I_{\mathrm{p}}T_{\mathrm{p}}T_{\max} + I_{s}T_{s}T_{\min})} \tag{6-80}$$

同样，首先通过增益比定标，消除两通道探测器不同造成的影响，得到反射通道和透射通道出射光的光强比为 $G \times (R_{s}\sigma + R_{\mathrm{p}})/(T_{s} + T_{\mathrm{p}}\sigma)$。结合式(6-80)可以得到消除了增益比影响的反演强度比 V_{b} 为

$$V_{\mathrm{b}} = \frac{I_{\mathrm{R}}^{\mathrm{b}}}{I_{\mathrm{T}}^{\mathrm{b}}} \frac{T_{s} + T_{\mathrm{p}}\sigma}{G(R_{s}\sigma + R_{\mathrm{p}})} = \frac{R_{\mathrm{p}} + V_{0}R_{s}\sigma}{T_{\mathrm{p}}\sigma + V_{0}T_{s}} \frac{T_{s} + T_{\mathrm{p}}\sigma}{R_{s}\sigma + R_{\mathrm{p}}} \tag{6-81}$$

为了便于计算和比较，将前面提到的 V_{0} 及反演强度比 V_{a} 和 V_{b} 都换算成分贝(dB)，即

$$\begin{cases} \overline{V}_{0} = 10\lg V_{0} \\ \overline{V}_{\mathrm{a}} = 10\lg V_{\mathrm{a}} \\ \overline{V}_{\mathrm{b}} = 10\lg V_{\mathrm{b}} \end{cases} \tag{6-82}$$

定义偏振分光误差 $\varPhi$ 为

$$\varPhi_{i} = \left| \frac{\overline{V}_{i} - \overline{V}_{0}}{\overline{V}_{0}} \right| \times 100\% \tag{6-83}$$

式中，$\overline{V}_{i}$ 为偏振分光模块测得的反演强度比，下标 $i = a$ 为仅由 PBS 构成的偏振分光模块，$i = b$ 为由 PBS 和偏振片构成的偏振分光模块。结合式(6-81)~式(6-83)，由 PBS 和偏振片构成的偏振分光模块的偏振分光误差为

$$\varPhi_{\mathrm{b}} = \left| \frac{\lg\left(\dfrac{1 + V_{0}\sigma_{\mathrm{R}}}{V_{0} + V_{0}\sigma_{\mathrm{R}}} \dfrac{1 + \sigma_{\mathrm{T}}}{V_{0} + \sigma_{\mathrm{T}}} \right)}{\lg V_{0}} \right| \times 100\% \tag{6-84}$$

式中，σ_{R} 和 σ_{T} 分别为该偏振分光模块反射通道和透射通道的消光比，且 $\sigma_{\mathrm{R}} = \sigma R_{s}/R_{\mathrm{p}}$；$\sigma_{\mathrm{T}} = \sigma T_{\mathrm{p}}/T_{s}$。

将式(6-84)中的 $\varPhi_{\mathrm{b}}$ 对 σ_{R} 求偏导，可以发现结果均为负数，这表明偏振分光模

块的消光比越大，偏振分光误差越小。因此，只要所添加偏振片的消光比 σ 大于 1，便能够增大该偏振分光模块两个出射通道的消光比，进而减小偏振分光误差，提高偏振分光精度。所添加偏振片的消光比越大，偏振分光精度越高。

2. 仿真验证

选择目前常用商用 PBS 的参数进行仿真，假设 $T_p=0.96$，$R_p=1-T_p$，$R_s=0.999$，$T_s=1-R_s$，所添加偏振片的消光比为 $\sigma=1000$。

图 6-27(a)显示出了多个偏振分光模块的反演强度比随入射光偏振态变化的变化曲线。当入射光中 s 光与 p 光的强度接近时(入射光强度比 $\overline{V}_0$ 在 0dB 附近)，各个偏振分光模块的反演强度比几乎都等于入射光强度比 $\overline{V}_0$。随着 s 光与 p 光光强差异的增大，不同偏振分光模块的反演强度比出现较大差异：对于理想的 PBS，它能够完全分开入射光中的 s 光和 p 光，不存在偏振串扰，故其反演强度比始终等于入射光强度比 $\overline{V}_0$，仿真结果是一条斜率为 1 的直线；然而实际中 PBS 存在偏振串扰，输出的偏振光强度比无法真实地表征入射光的偏振状态，其反演强度比明显偏离 $\overline{V}_0$；在 PBS 出射通道添加偏振片后，其反演强度比则非常接近 $\overline{V}_0$。

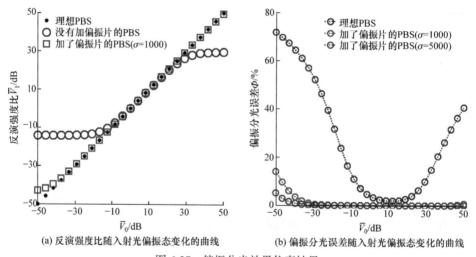

(a) 反演强度比随入射光偏振态变化的曲线　　　(b) 偏振分光误差随入射光偏振态变化的曲线

图 6-27　偏振分光效果仿真结果

图 6-27(b)显示出了偏振分光误差随入射光偏振态变化的变化曲线。观察可发现，添加偏振片后，偏振分光误差明显降低；添加偏振片的消光比越大，偏振分光误差越小。该仿真结果与式(6-84)的理论计算结果完全一致。从图 6-27(b)中还可以看出，入射光中 s 光与 p 光的强度相差越悬殊，即入射光强度比 $\overline{V}_0$ 越远离 0dB，偏振分光误差越大。实际上，在偏振激光雷达中，为了提高探测精度，其发射激光往往是高消光比的线偏振光(消光比达到 2×10^5)，且偏振方向与 PBS 偏振

面尽可能对齐(平行或者垂直)，因此回波信号中 s 光与 p 光的强度相差很大。如果仅通过商用 PBS 进行偏振分光，将导致较大的测量误差。因此，在 PBS 出射通道添加对应的偏振片，能够显著减小偏振分光误差，对提高偏振激光雷达的探测精度有重要意义。

3. 实验验证

上文通过理论计算和仿真分析，证明在 PBS 的反射通道和透射通道添加偏振片可以显著提高系统的偏振分光精度。为进一步验证该方法的可行性，进行了实验测试。实验系统示意图如图 6-28 所示，图 6-29 为实验装置图。激光从激光器出射，经准直扩束之后，入射到格兰-泰勒偏振晶体，产生高消光比的线偏振光。通过旋转半波片，改变线偏振光的偏振方向与 PBS 偏振面的夹角，进而改变入射光中 s 光与 p 光的强度比 $\bar{V}_0$。

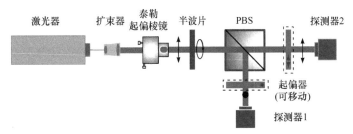

图 6-28　偏振分光测量实验系统示意图

图 6-29　偏振分光测量实验装置图

首先，测量仅由 PBS 构成的偏振分光模块。利用位于 PBS 之前的半波片执行Δ45°(详见 6.5 节)定标法，完成系统增益比定标过程。继续旋转半波片，使得反射通道中探测器 1 的强度最小。此时 PBS 的入射光的偏振方向与 PBS 偏振面基本平行，入射光中 s 光的比例最小，即入射光强度比 $\bar{V}_0$ 最小。记录此时两个探测器的强度值。以此为起始零点，以固定角度间隔旋转半波片，记录半波片的角度刻度值 $\theta_i(0° \leqslant \theta_i \leqslant 45°)$ 及探测器 1 和探测器 2 的强度值。当半波片旋转45° 之后，入射光由 p 光变为 s 光，入射光强度比 $\bar{V}_0$ 达到最大值。

在 PBS 的反射通道和透射通道各插入一片偏振片，并将反射通道偏振片的透光轴调整至垂直偏振方向，将透射通道偏振片的透光轴调整至平行偏振方向。首先进行增益比定标，然后以相同角度间隔 $\theta_i(0 \leqslant \theta_i \leqslant 45°)$ 旋转半波片，分别记录两个通道探测器的强度。

最后将整个偏振分光模块移出光路，在半波片和探测器之间加入一个可旋转的格兰-泰勒偏振棱镜，如图 6-30 所示。当半波片位于每一个角度 $\theta_i(0 \leqslant \theta_i \leqslant 45°)$ 时，旋转该格兰-泰勒偏振棱镜，记录探测器的最大光强 $I_{\max}$ 和最小光强 $I_{\min}$，得到半波片处于 θ_i 时出射光的消光比 $\sigma_i' = I_{\max}/I_{\min}$。实验发现，半波片出射光的消光比 σ_i' 会随着半波片旋转角 θ_i 的变化而波动，因此需要分别计算半波片处于每个角度 θ_i 时出射光(偏振分光模块的入射光)的强度比

$$\bar{V}_0 = 10\lg\left[\frac{1 - \dfrac{\sigma_i' - 1}{\sigma_i' + 1}\cos(4\theta_i)}{1 + \dfrac{\sigma_i' - 1}{\sigma_i' + 1}\cos(4\theta_i)}\right] \tag{6-85}$$

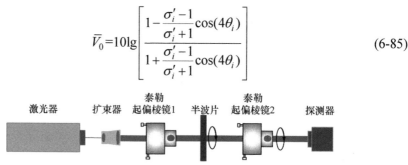

图 6-30　入射光强度比的测量系统示意图

由式(6-85)可以得到入射光强度比 $\bar{V}_0$ 随半波片角度 θ_i 变化的变化曲线，如图 6-31(a)所示。鉴于格兰-泰勒偏振棱镜的消光比极高(可达到 2×10^5)，将其测得的入射光强度比 $\bar{V}_0$ 作为参考值，其他测量结果与之比较，从而得到偏振分光误差。图 6-31(a)和(b)分别示出了半波片旋转时，测得的反演强度比和偏振分光误差的变化曲线。对比图 6-27 和图 6-31 可以发现，仿真结果和实验数据基本符合。当半波片的角度位于 22.5°附近时，入射光中 s 光的强度与 p 光的强度相当，各偏振分光模块测得的反演强度比几乎一致，偏振分光误差较小；当半波片位于 0°时，入射光是高消光比的 p 光，由式(6-85)计算得到入射光的强度比 $\bar{V}_0$ 约等于-47.5dB，而 PBS 和新设计的偏振分光模块测得的反演强度比分别为-20.3dB 和-40.7dB，

其偏振分光误差分别为 57.3%和 14.3%；当半波片旋转至 45°时，入射光是高消光比的 s 光，由式(6-85)计算得到入射光的强度比 $\overline{V}_0$ 约等于 47.8dB，PBS 和已添加偏振片的 PBS 测得的反演强度比分别为 40.4dB 和 43.7dB，偏振分光误差分别为 15.5%和 8.6%。更重要的是，该实验结果还表明图 6-26 所示的偏振分光模块反射通道的消光比约为 11748(40.7dB)，而透射通道的消光比则约为 23442(43.7dB)。因探测器对微弱信号的响应限制，实际的消光比应该大于上述数值。

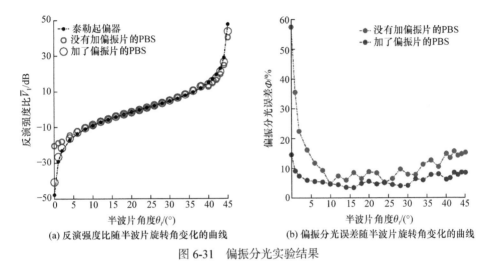

(a) 反演强度比随半波片旋转角变化的曲线　　(b) 偏振分光误差随半波片旋转角变化的曲线

图 6-31　偏振分光实验结果

上述实验结果充分表明，在 PBS 出射通道添加偏振片，可以显著提高偏振分光精度。

6.5　高精度偏振激光雷达增益比定标技术

上文已经提及增益比定标是计算退偏比前重要的定标工作，准确定标增益比对提高偏振激光雷达的探测精度有重要的意义，本节将介绍多种偏振激光雷达增益比定标技术。

如图 6-32 所示，回波信号垂直分量 $P_\perp$ 与平行分量 $P_\parallel$ 相对于 PBS 入射面在经坐标(其中 x 轴表示与 PBS 入射面平行的方向)旋转变换后可分解为

$$\begin{cases} P_s(\theta) = P_\perp \cos^2 \theta + P_\parallel \sin^2 \theta \\ P_p(\theta) = P_\perp \sin^2 \theta + P_\parallel \cos^2 \theta \end{cases} \tag{6-86}$$

式中，下标 s、p 分别为与 PBS 入射面垂直方向、平行方向；θ 为激光偏振矢量与 PBS 入射面存在的夹角(此处称为对准偏失角)。

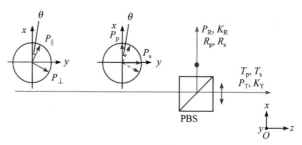

图 6-32　偏振激光雷达回波信号示意图

由于实际的 PBS 存在偏振串扰，经过 PBS 后反射通道与透射通道探测到的功率 P_R 、 P_T 分别可表示为

$$\begin{cases} P_R(\theta) = [P_P(\theta)R_P + P_S(\theta)R_S]K_R \\ P_T(\theta) = [P_P(\theta)T_P + P_S(\theta)T_S]K_T \end{cases} \tag{6-87}$$

式中， K_R 与 K_T 分别为反射通道与透射通道的增益系数。根据式(6-87)可得增益比 G (6.4.2 节已经有所提及)与实际测量退偏比 $\delta^*(\theta)$ ，即

$$G = \frac{K_R}{K_T} \tag{6-88}$$

$$\delta^*(\theta) = \frac{P_R(\theta)}{P_T(\theta)} = \frac{\left[1+\delta\tan^2\theta\right]R_P + \left[\tan^2\theta+\delta\right]R_S}{\left[1+\delta\tan^2\theta\right]T_P + \left[\tan^2\theta+\delta\right]T_S}G \tag{6-89}$$

由式(6-86)~式(6-89)可得，在计算退偏比之前必须完成增益比 G 的定标，而增益比定标的误差会给退偏比的计算结果造成影响[57]。接下来介绍几种常用的增益比定标方法。

6.5.1　不同增益比定标法

1. 洁净大气分子法

洁净大气分子法[58]是一种假定高空中只存在大气分子(无气溶胶与云)的情况，通过对比系统探测实际洁净大气退偏比与洁净大气理论退偏比以完成增益比定标的方法。洁净大气退偏比的计算公式为

$$\delta_{mol} = \frac{\beta_\perp^m}{\beta_\parallel^m} \tag{6-90}$$

式中， $\beta_\perp^m$ 与 $\beta_\parallel^m$ 分别为大气分子后向散射系数的垂直分量与水平分量。实验中，选择较为洁净且高度为 r_c 的大气区域，此时可认为只有大气分子存在。需要注意的是，洁净大气分子法一般来说并不考虑对准偏失角与偏振串扰的影响($\theta=0°$、

$R_s = T_p = 1$、$R_p = T_s = 0$），所以由式(6-89)可求解增益比 G 为

$$G = \frac{\delta^*}{\delta_{mol}} \qquad (6\text{-}91)$$

式中，δ_{mol} 与 δ^* 分别为高度为 r_c 处实际测量大气分子退偏比与理论大气分子的退偏比。δ_{mol} 可以根据大气散射理论[59]计算得到，但是该理论值并不固定。大气分子散射主要由瑞利散射与振动拉曼散射(该散射强度很小，可忽略不计)组成，其中瑞利散射主要由纯转动拉曼线与中心卡巴纳线组成[60]。在瑞利散射光谱结构中，卡巴纳线属于多普勒展宽的中央峰，纯转动拉曼线分布在卡巴纳线的两侧，属于边带[61]，纯转动拉曼线造成的退偏效果比卡巴纳线大得多。当使用不同带宽(bandwidth，BW)的滤光片，δ_{mol} 取值范围为 0.00363～0.0143[59]。如果激光雷达系统中滤光片的 BW 较窄(BW<0.3nm@532nm)，δ_{mol} =0.00363。反之，如果滤光片的 BW 较宽(BW=15nm@532nm)，δ_{mol} =0.0143。

　　洁净大气分子法操作比较方便，且不需要在系统光路中添加其他器件，该定标法在 20 世纪 80～90 年代使用较为广泛，但其缺点也很明显，主要体现在以下方面：真正洁净的大气很少存在，若选取的定标区域存在气溶胶或云，定标结果将会产生较大误差；当滤光片 BW 的范围在 1～15nm 时，无法准确评估纯转动拉曼线在大气分子散射中所占的比例，可能导致洁净大气理论退偏比计算不准，造成定标误差。另外，需要注意的是，洁净大气分子法一般适用于激光波长小于 550nm 的激光雷达，对于探测波长大于 800nm 的激光雷达，由于瑞利散射强度较小，使用该定标方法易造成较大的定标误差[23]。因此，该方法目前很少被采用。

2. +45° 法

　　+45° 法[62,63]是一种将半波片置于接收光路中(一般置于 PBS 前)，通过单方向(顺/逆时针均可)旋转半波片以完成增益比定标的方法。需要特别说明的是，接下来的几种方法都基于两个基本假设：半波片的性质是理想的；定标时大气状态不发生改变。+45° 法除了基于以上两个基本假设之外，还需要增加另外两个假设：①不存在对准偏失角；②不存在偏振串扰。

　　如图 6-33(a)所示，首先将半波片放置于 PBS 上游光路中，此时认为激光偏振矢量与 PBS 入射面平行。

　　此时不考虑对准偏失角和偏振串扰的影响，式(6-87)可简化为

$$\begin{cases} P_R(0°) = P_s(0°)K_R \\ P_T(0°) = P_p(0°)K_T \end{cases} \qquad (6\text{-}92)$$

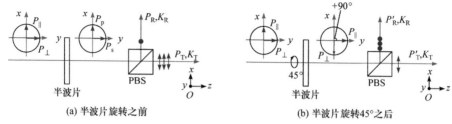

(a) 半波片旋转之前　　　　　　　　　　　(b) 半波片旋转45°之后

图 6-33　+45°法原理图

然后将半波片绕光轴顺时针旋转45°(逆时针类似)，使得激光偏振矢量与 PBS 入射面呈 +90°，如图 6-33(b)所示，式(6-92)变为

$$\begin{cases} P'_R(90°) = P_s(90°)K_R \\ P'_T(90°) = P_p(90°)K_T \end{cases} \tag{6-93}$$

此时增益比可以表示为[64]

$$G = \frac{P_R(0°)}{P'_T(90°)} \tag{6-94}$$

该方法优点为操作较简便，缺点为忽略了对准偏失角和偏振串扰的影响，易引入对准角误差与偏振串扰误差[58]。

3. ±45° 法

+45° 法[39]是一种将半波片置于接收光路中，通过旋转两次半波片(相对于初始位置，分别旋转 +22.5° 与 −22.5°)以完成增益比定标的方法。±45° 法在 +45° 法的基础上同时考虑了对准偏失角和偏振串扰的影响。

如图 6-34 所示，将一个半波片放置在 PBS 上游的光路中，假设此时激光偏振矢量与 PBS 入射面存在初始对准偏失角 θ_{init}，θ_h 为人为定量引入的对准偏失角。

半波片旋转之后由式(6-89)可得

$$\delta^*(\theta_{init} + \theta_h) = \frac{P_R(\theta_{init} + \theta_h)}{P_T(\theta_{init} + \theta_h)} = \frac{\left[1 + \delta\tan^2(\theta_{init} + \theta_h)\right]R_p + \left[\tan^2(\theta_{init} + \theta_h) + \delta\right]R_s}{\left[1 + \delta\tan^2(\theta_{init} + \theta_h)\right]T_p + \left[\tan^2(\theta_{init} + \theta_h) + \delta\right]T_s}G$$

$$\tag{6-95}$$

为了减小初始对准偏失角 θ_{init} 的影响，±45° 法采用连续两次旋转半波片的方式，第一次使半波片相对于初始位置绕光轴顺时针旋转 +22.5°，第二次在第一次旋转的基础上使半波片绕光轴逆时针旋转 −45°，即相对于初始位置绕光轴逆时针旋转 −22.5°，分别使得激光偏振矢量与 PBS 入射面呈 +45° 与 −45°，此时增益比 G 可表示为

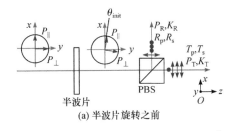

(a) 半波片旋转之前

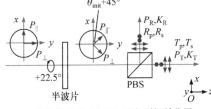

(b) 半波片旋转+22.5°之后(相对初始位置)

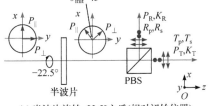

(c) 半波片旋转−22.5°之后(相对初始位置)

图 6-34　±45° 法原理图

$$G = \frac{T_P + T_S}{R_P + R_S} \sqrt{\delta^*(\theta_{\text{init}} + 45°)\delta^*(\theta_{\text{init}} - 45°)} \tag{6-96}$$

由式(6-96)可以看出 ±45° 法考虑了 PBS 偏振串扰误差，但无法完全消除对准角误差的影响，且该方法通过求解几何平均数以减小系统误差。事实证明，±45° 法的误差来源与信噪比关系不大[39]，根据计算，当 θ_{init}=1° 时，G 的相对误差可以控制在 5% 以内[65]。±45° 法操作较为简便且精度较高，目前已经被多通道激光雷达系统(multichannel lidar system，MULIS)、POLIS 等高精度偏振激光雷达系统用于增益比的定标[39]。其缺点为无法消除对准角误差。

4. Δ45° 法

Δ45°[66]法是一种将半波片置于接收光路中，通过单方向(顺/逆时针均可)旋转 45° 半波片以完成增益比定标的方法(其与 +45° 法的操作方法一样，但计算方式不同，且无须进行初始 0° 角搜寻)。

如图 6-35 所示，将一个半波片置于 PBS 的上游光路中，假设此时激光偏振矢量与 PBS 入射面存在初始对准偏失角。半波片旋转之前由式(6-87)可得

$$\begin{cases} P_R(\theta_{\text{init}}) = \left\{ \left[P_s \sin^2(\theta_{\text{init}}) + P_p \cos^2(\theta_{\text{init}}) \right] R_p + \left[P_s \cos^2(\theta_{\text{init}}) + P_p \sin^2(\theta_{\text{init}}) \right] R_s \right\} K_R \\ P_T(\theta_{\text{init}}) = \left\{ \left[P_s \sin^2(\theta_{\text{init}}) + P_p \cos^2(\theta_{\text{init}}) \right] T_p + \left[P_s \cos^2(\theta_{\text{init}}) + P_p \sin^2(\theta_{\text{init}}) \right] T_s \right\} K_T \end{cases}$$

$$\tag{6-97}$$

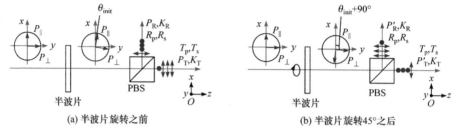

(a) 半波片旋转之前   (b) 半波片旋转45°之后

图 6-35 $\Delta 45°$ 法原理图

将半波片绕光轴顺时针旋转45°(逆时针类似),使得激光偏振矢量与 PBS 入射面呈 +90°,如图 6-35(b)所示,旋转之后式(6-97)可表示为

$$
\begin{cases}
P'_R(\theta_{init}+90°) = \left\{ \left[P_s\cos^2(\theta_{init}+90°)+P_p\sin^2(\theta_{init}+90°) \right]R_p \right. \\
\qquad\qquad\qquad \left. + \left[P_s\sin^2(\theta_{init}+90°)+P_p\cos^2(\theta_{init}+90°) \right]R_s \right\}K_R \\
P'_T(\theta_{init}+90°) = \left\{ \left[P_s\cos^2(\theta_{init}+90°)+P_p\sin^2(\theta_{init}+90°) \right]T_p \right. \\
\qquad\qquad\qquad \left. + \left[P_s\sin^2(\theta_{init}+90°)+P_p\cos^2(\theta_{init}+90°) \right]T_s \right\}K_T
\end{cases}
\tag{6-98}
$$

此时增益比可以表示为

$$
G = \frac{P_R(\theta_{init})+P'_R(\theta_{init}+90°)}{P_T(\theta_{init})+P'_T(\theta_{init}+90°)}\frac{T_p+T_s}{R_p+R_s}
\tag{6-99}
$$

式中,$P_T(\theta_{init})$、$P_R(\theta_{init})$、$P'_T(\theta_{init}+90°)$ 与 $P'_R(\theta_{init}+90°)$ 可认为是已知量,通过式(6-99)可以明显看出,$\Delta 45°$ 法不仅消除了对准角误差,同时也减少了偏振串扰误差。不仅如此,激光偏振矢量初始朝向可以是任意角度,这减少了旋转半波片前需要调整半波片快轴朝向的步骤。$\Delta 45°$ 法在提升定标速度的同时还保证了定标精度。其缺点为无法排除大气状态变化的影响。

5. 旋转拟合法

旋转拟合法是一种将半波片置于接收光路中,通过多次旋转半波片,采用非线性最小二乘法拟合同时反演增益比、退偏比及初始对准偏失角 θ_{init} 以完成增益比定标的方法。该方法由 Alvarez 等提出[54]。

如图 6-36 所示,将一个半波片放置于 PBS 上游的光路中,假设此时激光偏振矢量与 PBS 入射面存在初始对准偏失角 θ_{init}。

如果人为控制半波片相对于其初始光轴位置旋转 $\theta_{h,j}/2$,可获得一系列由人为定量引入的对准偏失角 $\theta_{h,j}$。则由式(6-95)可得

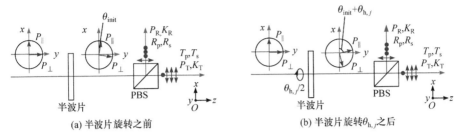

图 6-36　旋转拟合法原理图

$$\delta^*(\theta_{\mathrm{init}}+\theta_{\mathrm{h},j})=\frac{P_{\mathrm{R}}(\theta_{\mathrm{init}}+\theta_{\mathrm{h},j})}{P_{\mathrm{T}}(\theta_{\mathrm{init}}+\theta_{\mathrm{h},j})}$$

$$=\frac{\left[1+\delta\tan^2(\theta_{\mathrm{init}}+\theta_{\mathrm{h},j})\right]R_{\mathrm{p}}+\left[\tan^2(\theta_{\mathrm{init}}+\theta_{\mathrm{h},j})+\delta\right]R_{\mathrm{s}}}{\left[1+\delta\tan^2(\theta_{\mathrm{init}}+\theta_{\mathrm{h},j})\right]T_{\mathrm{p}}+\left[\tan^2(\theta_{\mathrm{init}}+\theta_{\mathrm{h},j})+\delta\right]T_{\mathrm{s}}}G \qquad (6\text{-}100)$$

式中，j 为第 j 次旋转半波片。观察式(6-100)，由于 $\delta^*(\theta_{\mathrm{init}}+\theta_{\mathrm{h},j})$、$\theta_{\mathrm{h},j}$、$R_{\mathrm{p}}$、$R_{\mathrm{s}}$、$T_{\mathrm{p}}$、$T_{\mathrm{s}}$ 可认为是已知量，因此式(6-100)中只有三个未知量：增益比 G、初始对准偏失角 θ_{init} 及理论退偏比 δ。此时一个方程无法求解三个未知数，但多次旋转半波片可得到多个方程，采用非线性最小二乘法对该方程组进行求解，可解出三个未知数。需要注意的是，该方法要求至少需要得到三个方程，即 $j\geqslant3$。

旋转拟合法的优点非常明显，其可一次性反演出增益比、对准偏失角和理论退偏比三个未知量，并且不需要像洁净大气分子法那样需要知道先验大气分子退偏比 δ_{mol}，从理论上来说，该方法也不需要选择洁净的大气区域进行探测。但是，旋转拟合法需要多次旋转半波片，耗时较长，适用于相对稳定的大气环境下。当大气环境变化较剧烈时，该方法可能会引入因大气状态改变而带来的误差。

6. 退偏器法

退偏器法[67]是一种通过在光路中添加光学元件将系统接收的回波信号转换为非偏振光以完成增益比定标的方法。其利用两路探测通道信号强度之比进行定标，由式(6-89)可求解增益比 G 为

$$G=\frac{P_{\mathrm{R}}}{P_{\mathrm{T}}} \qquad (6\text{-}101)$$

其中较为典型的例子是正交偏振云气溶胶激光雷达(cloud aerosol lidar with orthogonal polarization，CALIOP)利用退偏器产生的非退偏光信号来进行增益比定标。具体操作步骤为在 PBS 上游光路放置一个可移动的退偏器，系统定标时将其置于光路中，定标结束后移出光路，如图 6-37 所示。CALIOP 采用该方法在夜间

轨道时对系统进行增益比定标，并利用洁净大气分子法进行了验证[68]。

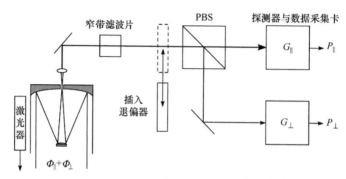

图 6-37　CALIOP 使用退偏器定标原理图

　　理想退偏器是一种能把偏振光转换为非偏振光的光学器件，使用该方法可实现快速且较为精确的增益比定标，最重要的是该方法可以进行实时定标，能排除大气参数[58]改变造成的影响。但是，目前的商用退偏器还难以实现完全的退偏，退偏器法的定标存在误差。理论上来说，若退偏器能产生理想的非偏振光，那么该定标方法将会是一种最实用、快速且简便的方法。

6.5.2　增益比定标实验

　　用于实验的系统是浙江大学自行研制的 3D 扫描高精度偏振激光雷达(简称3D 偏振雷达)，系统结构如图 6-38 所示。该系统主要由激光发射模块、望远接收模块、定标模块、偏振分光模块、光电转换模块、数据采集分析模块和三维转台模块组成。

　　图 6-38 中，退偏器只有在使用退偏器法定标时才会插入系统光路中，其余的时候系统并不需要该光学器件。

　　为了减少线偏振度误差，实验系统在出射光路中添加了起偏棱镜，使得出射激光的消光比达到了 $2 \times 10^5 : 1$。为了减少偏振串扰误差，实验系统采用了 PBS 与偏振片胶合的结构，使得 $T_p : T_s$ ($R_s : R_p$)>30000：1。因此，本节暂不讨论线偏振度误差与偏振串扰误差，只讨论对准误差对增益比造成的影响。另外，由于洁净大气分子法定标误差较大，本节实验主要对比 +45° 法、±45° 法、Δ45° 法、旋转拟合法与退偏器法五种方法在不同对准偏失角(对准角误差)情况下对增益比定标的影响。

　　为保证实验有较高的信噪比，实验时间选在夜间。同时，为了减少大气变化带来的影响，采取水平方向(俯仰角为 0°)探测。在完成系统光轴校准后，使用电动旋转电机(精度为 0.005°)调整半波片到激光偏振矢量与 PBS 入射面平行的位置

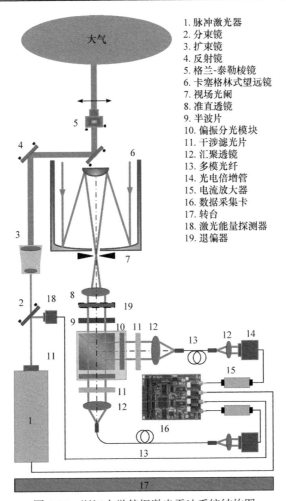

1. 脉冲激光器
2. 分束镜
3. 扩束镜
4. 反射镜
5. 格兰-泰勒棱镜
6. 卡塞格林式望远镜
7. 视场光阑
8. 准直透镜
9. 半波片
10. 偏振分光模块
11. 干涉滤光片
12. 汇聚透镜
13. 多模光纤
14. 光电倍增管
15. 电流放大器
16. 数据采集卡
17. 转台
18. 激光能量探测器
19. 退偏器

图 6-38　浙江大学偏振激光雷达系统结构图

(通过平均 200 发信号并目测透射通道功率最大时即可)，此时半波片的角度为初始 $0°$。为了表述方便，下文在人为定量引入对准偏失角 θ_h 时，未将初始对准偏失角 θ_{init} 表示在实际总的对准偏失角中，但实际上每个对准偏失角都包含了初始对准偏失角 θ_{init}（θ_{init} 属于未知量）。然后，以 $\theta_h = 0°$（实际对准偏失角为 $\theta_{init} + 0°$）作为零点，使用电动旋转电机旋转半波片。一般来说，在实际操作过程中对准偏失角不会超过 $15°$[55]，但为了实验的完整性，本节将对准偏失角的讨论扩大至 $45°$。

　　 $+45°$ 法、$\pm45°$ 法、$\Delta45°$ 法与旋转拟合法均以 $2.5°$ 为间隔旋转半波片得到 $\theta_h = -45° \sim 67.5°$ 情况下共 46 组原始回波信号。通过对上述数据进行处理，$+45°$ 法、$\pm45°$ 法、$\Delta45°$ 法与旋转拟合法四种方法均选择 $5°$ 为间隔，选取 θ_h 的范围为 $-45° \sim +45°$（每组数据两个角度在半波片旋转前后相差 $45°$），计算后一共可获得

19 组增益比数据。

退偏器法在开始实验之前，需要在系统光路中添加退偏器，如图 6-38 所示，退偏器是非理想的，为了观察其至少一个周期的变化，退偏器法以10°为间隔转半波片得到 $\theta_h = -80° \sim 100°$ 情况下共 19 组原始回波信号，通过对上述数据进行处理，计算后一共可获得 19 组增益比数据。

表 6-7 是当 $\theta_h = 0°$ 时，五种增益比方法的定标结果。

表 6-7　五种增益比方法的定标结果

定标方法	+45°法	±45°法	Δ45°法	旋转拟合法	退偏器法
定标 结果	1.2185± 0.1379	1.2679± 0.1518	1.2676± 0.1524	1.2716± 0.0250	1.1977± 0.1483

观察表 6-7 可以发现，当没有对准偏失角时，±45°法、Δ45°法与旋转拟合法定标的结果较为接近，可以认为上述三种方法在 $\theta_h = 0°$ 时最接近真实值。因此，令上述三种方法在 $\theta_h = 0°$ 时测得增益比的平均值为真实值，并绘制出如图 6-39 所示的五种定标方法的相对误差随对准偏失角变化的变化曲线。

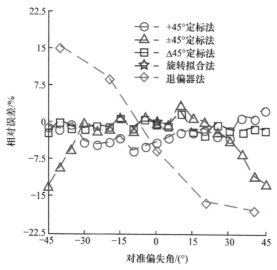

图 6-39　五种定标方法相对误差随对准偏失角变化的变化曲线

1. +45°、±45°、Δ45°法

如图 6-39 所示，当 $|\theta_h| < 15°$ 时，±45°法与Δ45°法的定标结果相近，相对误差也较小，而 +45° 即使不存在对准偏失角时，与上述两种方法的定标结果也存在较大差异，相对误差可达 4%。当 $|\theta_h| > 15°$ 时，+45°法与Δ45°法的定标结果总

体保持稳定，而 ±45° 法的定标结果随对准偏失角的增大而变得越不稳定，相对误差急剧增大，甚至高达 12.93%。+45° 法出现这样误差分布的原因主要在于其计算前后两次测量数据的几何平均，而 Δ45° 法则是在 +45° 法的基础上计算前后两次测量数据的算术平均。下文将通过具体理论分析来解释 +45° 法出现上述现象的原因。

　　±45° 法出现这样误差的主要原因在于其在计算前后两次测量数据的几何平均，而 Δ45° 法则是在 +45° 法的基础上计算前后两次测量数据的算术平均。这样的差异导致两种方法定标结果的计算方式不同。这里用经典的误差传递理论对 Δ45° 法进行误差分析[66]，为了标注方便起见，令式(6-99)中的 $P_R(\theta_{\text{init}})$、$P_R'(\theta_{\text{init}}+90°)$、$P_T(\theta_{\text{init}})$ 与 $P_T'(\theta_{\text{init}}+90°)$ 分别为 P_R^a、P_R^b、P_T^a 与 P_T^b，可得

$$\delta_1^2 = \left(\frac{\Delta G_{\Delta45°}}{G_{\Delta45°}}\right)^2 = \left(\frac{\partial G}{G\partial P_R^a}\right)^2 (\Delta P_R^a)^2 + \left(\frac{\partial G}{G\partial P_R^b}\right)^2 (\Delta P_R^b)^2$$
$$+ \left(\frac{\partial G}{G\partial P_T^a}\right)^2 (\Delta P_T^a)^2 + \left(\frac{\partial G}{G\partial P_T^b}\right)^2 (\Delta P_T^b)^2 \qquad (6\text{-}102)$$
$$= \frac{(\Delta P_R^a)^2 + (\Delta P_R^b)^2}{(P_R^a + P_R^b)^2} + \frac{(\Delta P_T^a)^2 + (\Delta P_T^b)^2}{(P_T^a + P_T^b)^2}$$

式中，δ_1 为 Δ45° 法定标结果的相对误差；ΔP_S^n（$S=\text{R,T}$ 且 $n=\text{a,b}$）为各个测量值的不确定度(标准差)。同理，对 ±45° 法的式(6-96)进行不确定度分析，可得

$$\delta_2^2 = \left(\frac{\Delta G_{+45°}}{G_{+45°}}\right)^2 = \frac{1}{4}\left(\frac{\Delta P_R^a}{P_R^a}\right)^2 + \frac{1}{4}\left(\frac{\Delta P_R^b}{P_R^b}\right)^2 + \frac{1}{4}\left(\frac{\Delta P_T^a}{P_T^a}\right)^2 + \frac{1}{4}\left(\frac{\Delta P_T^b}{P_T^b}\right)^2 \qquad (6\text{-}103)$$

式中，δ_2 为 ±45° 法定标结果的相对误差。激光雷达中光子计数的信号可以认为服从泊松分布[69]，因此统计误差等于信号平均值的均方根，即 $\Delta I = \sqrt{I}$，因此式(6-102)与式(6-103)可变为

$$\begin{cases} \delta_1^2 = \dfrac{1}{P_R^a + P_R^b} + \dfrac{1}{P_T^a + P_T^b} \\[2mm] \delta_2^2 = \dfrac{1}{4P_R^a} + \dfrac{1}{4P_R^b} + \dfrac{1}{4P_T^a} + \dfrac{1}{4P_T^b} \end{cases} \qquad (6\text{-}104)$$

δ_1^2 与 δ_2^2 做差可得

$$\delta_1^2 - \delta_2^2 = \frac{-(P_R^a - P_R^b)^2}{4P_R^a P_R^b (P_R^a + P_R^b)} + \frac{-(P_T^a - P_T^b)^2}{4P_T^a P_T^b (P_T^a + P_T^b)} \qquad (6\text{-}105)$$

由式(6-105)可观察出，$\delta_1^2 \leqslant \delta_2^2$，即 Δ45° 法的不确定度小于等于 ±45° 法。事

实上，根据实验结果 ±45° 法在对准偏失角较大的情况下，定标的增益比廓线的振荡幅度的确要大于 Δ45° 法，这也解释了图 6-39 中 ±45° 法在对准偏失角较大的情况下，误差远大于 Δ45° 法的原因。

2. 旋转拟合法

考虑到实际过程中对准偏失角的误差不会超过15°，选择 $|\theta_h| \leqslant 15°$ 的 13 组数据（$\theta_{h,j} = 0°, \pm2.5°, \pm5°, \cdots, \pm15°$）进行数据拟合，计算结果如图 6-40 所示，其中圆圈代表在不同 θ_h 情况下的 $\delta^*(\theta)$。由式(6-100)可知，求解增益比 G、初始对准偏失角 θ_{init} 及理论退偏比 δ 三个未知数的方程组属于非线性最小二乘法问题。求解之前需要对 G、θ_{init}、δ 三个未知数的初始值进行预测。为了得到最佳初始预测值，如图 6-40 所示，可以发现 $\delta^*(\theta_{init} + \theta_{h,j})$ 与 $\theta_{h,j}$ 之间的关系(圆圈)可以近似用一个二次多项式来表示[54]，以人为定量引入对准偏失角 $\theta_{h,j}$ 为自变量，实际测量退偏比 $\delta^*(\theta_{init} + \theta_{h,j})$ 为应变量构建如下二次多项式，即

$$\delta^* = A_0 + A_1\theta_{h,j} + A_2\theta_{h,j}^2 \tag{6-106}$$

式中，A_0、A_1、A_2 均为二次多项式系数。拟合结果如图 6-40 中粗虚线所示，该二次多项式的最小值即代表初始对准偏失角 θ_{init}，计算结果 $\theta_{init} = -A_1/(2 \times A_2) = -0.35°$，该值可作为 θ_{init} 的最佳初始预测值。接着，将 $\theta_{init} = -0.35°$ 代入式(6-100)并使用非线性最小二乘法求解方程组，求得增益比 $G=1.2716$。

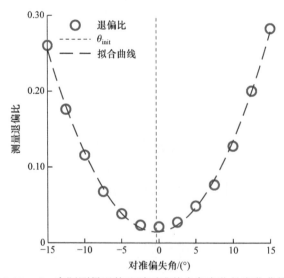

图 6-40　　θ_{init} 实际测量退偏比随对准偏失角变化的变化曲线图

3. 退偏器法

退偏器法在开始实验之前，需要在系统光路中添加退偏器，如图 6-37 所示，首先，将一个商用退偏器插入准直透镜的下游光路，调整半波片使得激光偏振矢量与 PBS 入射面平行。然后，旋转半波片根据式(6-101)计算得到在 19 组(以10°为间隔，范围为–80°～100°)不同 θ_h 情况下的增益比，计算结果如图 6-41 所示。

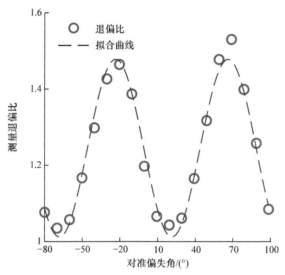

图 6-41　退偏器法增益比定标结果

图 6-41 中圆圈代表在半波片不同角度的情况下计算的增益比，观察各圆圈的分布情况，可知其较为符合余弦曲线分布规律。故以半波片旋转角度 φ ($\theta_h = 2\varphi$) 为自变量，增益比 G 为应变量构建如下余弦函数多项式，即

$$G = B_0 \cos(B_1\varphi + B_2) + B_3 \tag{6-107}$$

式中，B_0、B_1、B_2、B_3 均为余弦函数多项式的系数。多项式拟合曲线的结果如图 6-41 中虚线所示。从理论来说，假如回波信号经过退偏器变为完全的非偏振光，那么无论如何改变半波片的角度都无法改变非偏振光的状态。换句话说，旋转半波片并不会影响增益比的数值，增益比定标的结果应该表征为一条平行于 x 轴的直线，而并非像图 6-41 中那样表现为余弦的分布情况。导致该问题出现的原因是目前商用的退偏器无法将偏振光完全转化为非偏振光，回波信号在经过退偏器之后仍包含一部分的偏振光。罗敬以激光为光源，在测试退偏器退偏效果时，发现测试结果也类似图 6-41 中余弦分布的情况[70]，这说明即使在对准偏失角为0°的情况下，增益比定标结果仍会受到该部分偏振光的影响。

需要注意的是，退偏器法测量的数据中只有五组数据符合对准偏失角在 –45°～

45°，所以该种方法在图 6-39 中只标有五个点。退偏器法在 $\theta_h = 0°$ 时，相对误差为 5.6%。这说明即使在对准偏失角为 0° 的情况下，增益比定标结果仍会受到该部分偏振光的影响。

4. 讨论

通过对实验结果的分析，可得知 ±45° 法、Δ45° 法与旋转拟合法定标结果最为准确，这与前文的理论分析一致。但是 ±45° 法在对准偏失角较大的情况下误差较大。旋转拟合法定标耗时较长，操作烦琐，只适用于相对稳定的大气环境下。相比之下，Δ45° 法操作更为简便，定标结果不受对准偏失角的影响，而且也无须进行初始 0° 角的搜寻，优势明显。但是，Δ45° 法也无法排除大气状态变化的影响，相比之下，只有退偏器法同时具有操作简便、可排除大气状态变化影响的能力，而且也不存在多次旋转半波片会增加角度积累误差的问题，但目前商用退偏器仍无法产生完全的退偏光，这会引入新的误差，且难以评估。综上所述，建议偏振激光雷达研究人员在一般情况下采用 Δ45° 法定标，在有高精度退偏器的情况下采用退偏器法定标。

6.6　ZJU 偏振激光雷达系统介绍

6.6.1　3D 扫描偏振激光雷达系统

1. 3D 扫描偏振激光雷达系统

浙江大学自行研制的 3D 扫描高精度偏振激光雷达系统[70]，结构图如图 6-38 所示。

激光发射模块中添加了格兰激光棱镜，使得出射激光的消光比达到了 2×10^5：1，可避免受到发射光路中光学元件非理想偏振性质的影响。

光学接收模块只包含接收望远镜和准直透镜，这最大限度上避免了接收模块的非理想偏振性质。根据 6.4.1 节的分析结论，采用的望远镜是镀铝膜的卡塞格林式望远镜。根据式(6-77)计算的米勒矩阵可知，其中偏振效率差只有 4.5×10^{-6}，相位延迟误差为 0.002°。另外，卡塞格林式望远镜和准直透镜都满足中心旋转对称，因此旋转角度 $\gamma = 0°$。当大气退偏参数 $d = 0.02$ 时，该望远镜造成偏振激光雷达的相对测量误差小于 0.1%。因此接收模块的非理想偏振性质可以忽略。

定标模块采用的是一片高质量的真零级半波片。由一个精密旋转电机负责旋转该半波片，其旋转误差小于 0.05°，满足旋转精度的要求。通过消光法，可将对准偏失角压缩到不超过 ±2°。

偏振分光模块中采用了 PBS 与偏振片胶合的结构，$T_p : T_s > 30000 : 1$，$R_s : R_p > 30000 : 1$，能有效地减少偏振串扰。

另外，为了便于系统集成，通过多模光纤将回波信号传输至 PMT。而且，光纤传输的方式非常有利于更换损坏的 PMT，无须重新对准光路[33]。更重要的是，多模光纤还具有扰模特性[71]。根据激光雷达回波信号角分布模型[72]，不同高度回波信号光斑照射到 PMT 光敏面时的功率分布不同，造成系统增益系数可能随高度变化而变化。若回波信号首先经过多模光纤，其功率分布因被扰模而变得非常均匀，使得增益系数不随高度变化而变化[71,73,74]。

3D 偏振雷达系统的主要参数如表 6-8 所示。

表 6-8　3D 偏振雷达主要参数

主要参数	数值
激光中心波长/nm	532
激光能量/mJ	5
重复频率/Hz	10
脉冲宽度/ns	8
望远镜主镜直径/mm	210
接收视场角/mrad	1(可调)
望远镜焦距/mm	2000
干涉滤光片带宽/nm	3
距离分辨率/m	7.5

2. 3D 扫描高精度偏振激光雷达典型探测实例

3D 偏振雷达在杭州市(120.2°E, 30.3°N)连续降雪的天气后,于 2018 年 1 月 28 号晚进行实验观测,地表温度大约为–5℃。首先使用 Δ45° 法对系统进行了增益比定标,结果如图 6-42 所示。可以发现大气回波信号比较平滑,得到的增益比廓线也几乎垂直。鉴于 1.5～2.5km 信号的信噪比和均匀性较好,对该范围内增益比廓线进行平均,得到系统增益比为 1.67。3D 偏振雷达如图 6-43 所示。

定标完成后,系统于 1 月 28 号进行了长时间的连续观测,望远镜的倾斜角度为 26°,退偏比结果如图 6-44 所示。在图 6-44 的黑色虚线框范围内,出现了一段退偏比非常低的区域。选择了其中一段廓线,时间点为 21:30,如图 6-45 所示。图 6-45(a)是两正交偏振通道叠加 1000 发脉冲激光后经距离修正的回波信号,而图 6-45(b)是对应的退偏比廓线。可以发现,在 300～1200m 距离范围内出现一段较为平滑的区域,计算得到该范围内的平均退偏比为 0.0088。

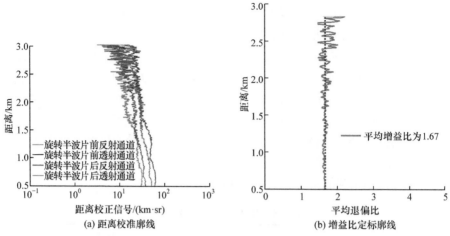

(a) 距离校准廓线　　　　　　　　　(b) 增益比定标廓线

图 6-42　增益比定标结果

图 6-43　3D 扫描高精度偏振激光雷达实物图

接下来计算得到干净大气的理论退偏比约为 0.0083[59]，如图 6-46 中点 A 所示。显然，实验结果非常接近理论值。

为了排除该探测结果属于随机结果，完成探测后立即以测量时半波片的朝向角为起点，通过精密旋转电机转动半波片，得到不同对准偏失角条件下大气退偏比的探测结果。根据偏振光学的基本原理，垂直偏振通道和平行偏振通道的光强之比 V_c 与半波片旋转角度 θ 的变化关系应该满足以下关系，即

$$V_c(\theta) = \frac{I_R(\theta)}{I_T(\theta)} = \frac{1 - \cos(4\theta)(1-d)}{1 + \cos(4\theta)(1-d)} \tag{6-108}$$

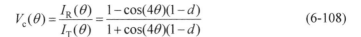

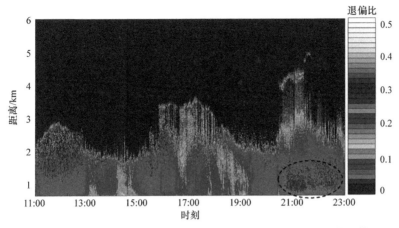

图 6-44 系统于 2018 年 1 月 28 号在杭州市进行连续观测的退偏比结果

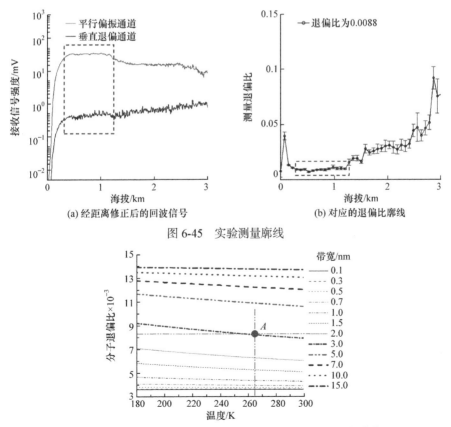

(a) 经距离修正后的回波信号   (b) 对应的退偏比廓线

图 6-45 实验测量廓线

图 6-46 干净大气退偏比随温度和滤光片带宽变化的变化曲线

实测曲线与理论曲线的对比如图 6-47 所示，其中半波片处于每个朝向角时，叠加的激光脉冲数均为 1000。需要说明的是，理论曲线是将标准测量时半波片的朝向设为 0°，起始的退偏比设为 0.0088。另外，图 6-47 中七个测量比值的计算区间是完全相同的，即图 6-45 中虚线框中所示的区间。显然，理论结果与实验结果非常吻合：随着半波片的旋转，对准偏失角增大，测得的退偏比也增大。至此可以确定，本次实验结果是可信的。进而可以判断，该偏振激光雷达系统测得的退偏比能够突破 0.01。需要强调的是，偏振激光雷达获得低于 0.01 的退偏比是非常困难的[75]，而图 6-47 中有三次测量结果均小于 0.01。这充分证明，该系统对偏振信号的影响极小，能够实现高精度的大气退偏测量。

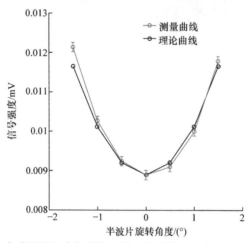

图 6-47　实验测得的大气退偏比随半波片旋转角度变化的变化曲线

6.6.2　偏振 I_2 HSRL 系统

1. 偏振 I_2 HSRL 系统

浙江大学自行研制的偏振 I_2 HSRL 系统结构如图 6-48 所示(简称 ZJU HSRL)，其主要由激光发射模块、光学接收模块、数据采集分析模块与锁频模块组成。系统实物图如图 6-49 所示。

发射模块中的脉冲激光器首先发射 532nm 的激光，经过扩束镜及格兰-泰勒起偏棱镜后，通过 45° 反射镜指向天顶角方向发射，通过调节可调镜架和望远镜支架使得发射光路光轴与接收系统望远镜严格平行。如果发射激光的光轴由于振动、环境温度变化等因素而发生变化，需要暂停 HSRL 系统工作重新进行调节。其中添加了格兰-泰勒起偏棱镜，该器件提高了激光的线偏振度，可避免受到发射光路中光学元件非理想偏振性质的影响。另外，通过旋转半波片可以调节激光的出射能量，以适应不同的气溶胶负载状况。

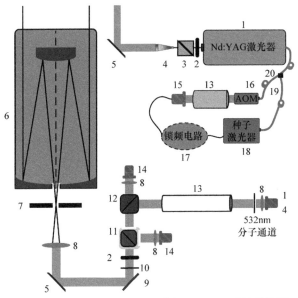

1. 脉冲激光器
2. 半波片
3. 格兰-泰勒起偏棱镜
4. 扩束镜
5. 反射镜
6. 卡塞格林式望远镜
7. 视场光阑
8. 准直透镜
9. 二向色镜
10. 干涉滤光片
11. 偏振分光模块
12. 分光棱镜
13. 碘分子吸收池
14. 光电倍增管
15. 光电二极管
16. 声光调制器
17. 锁频电路
18. 种子激光器
19. 光纤
20. 光纤分束器

图 6-48　偏振 I_2 HSRL 系统结构图

图 6-49　偏振 I_2 HSRL 系统实物图

接收模块中的主接收望远镜是一个镀铝膜的卡塞格林式望远镜，望远镜口径为 280mm，F# 为 10。接收的后向散射光通过一个可变视场光阑，其大小为 0.5～10mm。在正常使用情况下，主接收望远镜的视场角设置为 0.36mrad。后向散射回波通过一个带宽为 0.3nm 的干涉滤光片，干涉滤光片的峰值光学透过率为 90.9%。接着经过一个偏振分光模块，结构类似于 6.6.1 节中 3D 偏振雷达内部的偏振分光模块，用于将后向散射光中的不同偏振成分分离成平行偏振光与垂直偏振光，并且保证出射光具有足够高的消光比(>10000∶1)，以减小偏振串扰。平行偏振光被一个 90∶10 的分光棱镜分成了两个通道：较强的一路通道透过一个经恒温加热装置进行温度控制的碘分子吸收池，此时回波信号中只包含大气分子后向散射的成分，称为大气分子通道；较弱的一路通道则称为平行通道。

偏振 I_2 HSRL 系统的主要参数如表 6-9 所示。

表 6-9　偏振 I_2 HSRL 系统主要参数

主要参数	数值
激光中心波长/nm	532
激光能量/mJ	100
重复频率/Hz	25
激光发散角/mrad	<0.1
望远镜主镜直径/mm	280
接收视场角/mrad	0.36 (可调)
干涉滤光片带宽/nm	0.3
距离分辨率/m	7.5
探测距离/km	0.2～20

2. 偏振 I_2 HSRL 系统数据反演与实例

相较于普通米散射激光雷达，HSRL 不需严格的假设即可实现光学特性的精确反演。相关光学特性的反演公式已经在 3.3 节中详细描述，此处不再赘述。能反演气溶胶退偏比是偏振 HSRL 相较于普通米散射激光雷达的一个巨大的优势。由普通米散射偏振激光雷达比获得的退偏比包含了大气分子和气溶胶粒子的退偏信息，而 HSRL 获得的气溶胶退偏比则直接反映气溶胶粒子的退偏特性[76]，气溶胶退偏比表示为

$$\delta_a = \frac{R\delta(\delta_m+1)-\delta_m(\delta+1)}{R(\delta_m+1)-(\delta+1)} \tag{6-109}$$

式中，R 为气溶胶粒子的散射比，其定义为总后向散射系数与大气分子后向散射系数之比；δ_m 为大气分子退偏比；δ 为退偏比。

如图 6-50 所示为 ZJU HSRL 的典型气溶胶观测案例。实验地点为浙江省杭州市(30°16′ N，120°07′ E)，实验时间为北京时间 2019 年 3 月 31 日。由图 6-50 可知，当日存在两层气溶胶，边界层高度为 1.5km 附近。边界层以下的气溶胶层次较为稳定，气溶胶退偏比结果较为稳定，范围在 0.05～0.09。2～2.5km 处有一层较为均匀的悬浮层气溶胶，其气溶胶退偏比变化范围为 0.02～0.05。所观测的气溶胶退偏比的数值范围也与历史文献结果符合一致。

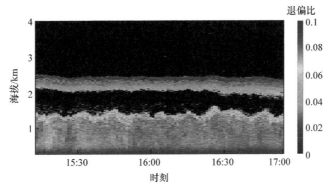

图 6-50　气溶胶退偏比探测结果

图 6-51 所示为北京时间 2019 年 5 月 7 日在浙江省舟山市(29°53′ N，122°24′ E)利用 ZJU HSRL 探测大气气溶胶得到的气溶胶退偏比结果。该日天气状况较为复杂，在 1.2km 以下为大气边界层，4km 附近有悬浮层气溶胶，气溶胶层以上到 10km可以观测到云信号。边界层气溶胶层较为均匀，气溶胶退偏比为 0.03～0.08。3.3～4km 处悬浮的气溶胶层，其气溶胶退偏比较大，数值范围在 0.1～0.2。4km 以上

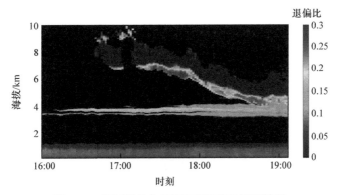

图 6-51　浙江省舟山市气溶胶退偏比探测结果

云层的退偏比分为两个明显不同的范围，根据不同退偏比的数值范围可进行云相态的识别。

图 6-52 所示为北京时间 2020 年 10 月 31 日在北京市延庆区(40°28′N，115°97′E)利用 ZJU HSRL 探测大气气溶胶所得的气溶胶退偏比结果。该日边界层较高，在2~2.4km，边界层内气溶胶较为均匀，当日的空气质量较差，PM10 数值较高，为北京地区的雾霾重度污染时期。气溶胶退偏比数值在 0.3~0.33，可证明此次雾霾事件中颗粒物非球形特性明显，其退偏比结果与历史文献沙尘气溶胶数值范围一致。

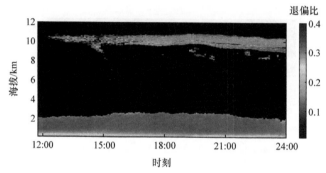

图 6-52　北京市延庆区气溶胶退偏比探测结果

图6-53所示为北京时间2020年12月6日在北京市海淀区(39.99 °N，116.32 °E)利用 ZJU HSRL 探测大气气溶胶所得的气溶胶退偏比结果。该日的天气状况比较复杂，在 0:00~5:15 边界层内存在云，其高度低至 1.4km，该时间范围内气溶胶退偏比为 0.055~0.8。随后云层消散，边界层高度保持在 2.3~2.4km，边界层内气溶胶退偏比减低到 0.02~0.03。在 15:00 左右，边界层内气溶胶分为退偏比明显差异的两个层次，底层退偏比较大最高可达 0.1，上层气溶胶退偏比仍保持在0.02~0.03。在 21:30 之后，边界层高度逐渐减低至 1.15km，底层气溶胶的退偏比

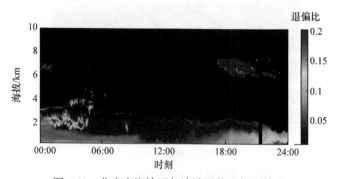

图 6-53　北京市海淀区气溶胶退偏比探测结果

也持续增大, 最大数值可达 0.18。根据当日空气质量指数, 该日午后 PM$_{2.5}$ 数值开始暴涨直至 7 日凌晨, PM$_{2.5}$ 数值也正解释了该日退偏比的变化原因。

图 6-54 所示为不同类型气溶胶退偏比仿真结果和观测结果示意图,图 6-54(a)展示了污染沙尘气溶胶(polluted dust aerosol)、海洋气溶胶(marine aerosol)、城市气溶胶(urban aerosol)的退偏比仿真结果, 图 6-54(b)展示了三种类型气溶胶的实验观测结果。图中方块的中间线代表中位数, 两边依次为上下四分位数和上下边界值, 图 6-54(b)中的加号代表异常数值。仿真数据基于气溶胶超椭球物理模型[77,78]和不变嵌入 T-矩阵电磁散射数值技术[79,80]获得。实验观测结果来源于浙江大学自主研发的 ZJU HSRL, 其中城市气溶胶数据的观测地点为浙江省杭州市, 海洋气溶胶及污染沙尘气溶胶数据的观测地点为浙江省舟山市。由图 6-54 可知, 三类气溶胶的仿真结果与实验测量结果高度吻合。三类气溶胶的退偏比具有较大的区分度, 污染沙尘气溶胶退偏比数值较大, 在 0.1 以上; 海洋气溶胶和城市气溶胶的退偏比均小于 0.1, 但海洋气溶胶的范围更大。结果充分表明偏振高光谱分辨率激光雷达对于气溶胶类型识别具有重要意义。

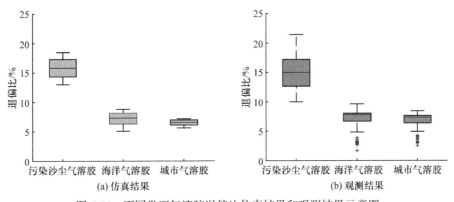

图 6-54　不同类型气溶胶退偏比仿真结果和观测结果示意图

6.7　本　章　小　结

本章首先概述了大气及云-气溶胶退偏振产生的原因,并介绍了偏振激光雷达的基本应用。其次, 根据发射激光偏振态的不同, 将偏振激光雷达分为三种结构类型并介绍了现存的三种典型激光雷达的结构与应用。接着, 基于斯托克斯矢量-米勒矩阵理论, 建立了偏振激光雷达系统理论模型, 并利用该理论模型对系统中的关键器件——望远镜及其相关性质进行了分析, 也为各种偏振激光雷达提供了望远镜最优的类型选择。同时, 也对系统中另一大关键器件——偏振分光模块进行了分析, 该模块采用 PBS 与线偏振片胶合的形式有效减小偏振串扰。然后, 介绍了现存多种偏振激光雷达增益比定标技术，从理论与实践两个角度分析了上述各增益比定标技术的优缺点。最后，介绍了浙江大学自行研制的 3D 扫描高精度偏振激光雷达系统与 I_2 HSRL 系统，这两套系统能有效实现大气粒子高精度退偏比的探测。

参 考 文 献

[1] Sassen K, Benson S. A midlatitude cirrus cloud climatology from the facility for atmospheric remote sensing. Part II: Microphysical properties derived from lidar depolarization. Journal of the Atmospheric Sciences, 2001, 58(15): 2103-2112.

[2] Gobbi G P, Barnaba F, Giorgi R, et al. Altitude-resolved properties of a Saharan dust event over the mediterranean. Atmospheric Environment, 2000, 34(29): 5119-5127.

[3] Murayama T, Sugimoto N, Uno I, et al. Ground-based network observation of Asian dust events of april 1998 in East Asia. Journal of Geophysical Research Atmospheres, 2001, 106(D16): 18345-18359.

[4] Poole L R, Mccormick M P, Kent G S, et al. Dual-polarization airborne lidar observations of polar stratospheric cloud evolution. Geophysical Research Letters, 2013, 17(4): 389-392.

[5] Haarig M, Ansmann A, Althausen D, et al. Triple-wavelength depolarization-ratio profiling of Saharan dust over Barbados during SALTRACE in 2013 and 2014. Atmospheric Chemistry & Physics, 2017, 17(17): 1-43.

[6] Belegante L, Bravo-Aranda J A, Freudenthaler V, et al. Experimental techniques for the calibration of lidar depolarization channels in EARLINET. Atmospheric Measurement Techniques, 2017, 11(2): 1-37.

[7] Sassen K. The polarization lidar technique for cloud research: A review and current assessment. Bulletin of the American Meteorological Society, 1992, 72(12): 1848-1866.

[8] 梁铨廷. 物理光学-修订本. 北京: 机械工业出版社, 1987.

[9] 张颖, 赵慧洁, 程宣, 等. 偏振测试技术及其在遥感中的应用分析. 电子测量技术, 2009, 32(4): 1-4.

[10] 鲁雷雷.激光雷达探测大气气溶胶雷达比和退偏比相关性分析及仿真研究. 西安: 西安理工大学硕士论文, 2017.

[11] 胡碧君, 段锦, 战俊彤, 等. 柱状粒子光偏振特性的仿真研究. 光学与光电技术, 2017, 15(5): 10-14.

[12] Kalashnikova O V, Sokolik I N. Modeling the radiative properties of nonspherical soil-derived mineral aerosols. Journal of Quantitative Spectroscopy & Radiative Transfer, 2004, 87(2): 137-166.

[13] 张小林. 沙尘气溶胶粒子模型的线退偏比特性. 光学学报, 2016, 36(8): 280-285.

[14] Sassen K. Polarization in lidar: A review. Proceedings of SPIE: The International Society for Optical Engineering, 2003, 102: 151-160.

[15] Schotland R M, Sassen K, Stone R. Observations by lidar of linear depolarization ratios for hydrometeors. Journal of Applied Meteorology, 1971, 10(5): 1011-1017.

[16] Sassen K, Zhao H, Dodd G C. Simulated polarization diversity lidar returns from water and precipitating mixed phase clouds. Applied Optics, 1992, 31(15): 2914-2923.

[17] Sugimoto N, Uno I, Nishikawa M, et al. Record heavy Asian dust in Beijing in 2002: Observations and model analysis of recent events. Geophysical Research Letters, 2003, 30(16): 87-104.

[18] David G, Thomas B, Dupart Y, et al. UV polarization lidar for remote sensing new particles formation in the atmosphere. Optics Express, 2014, 22(S3): A1009.

[19] Gimmestad G G. Reexamination of depolarization in lidar measurements. Applied Optics, 2008, 47(21): 3795-3802.

[20] Hayman M. Optical theory for the advancement of polarization lidar. Boulder: University of Colorado at Boulder, 2011.

[21] Born M, Wolf E. Principles of Optics: Electromagnetic Theory of Propagation, Interference and Diffraction of Light. Oxford: Pergamon Press, 2000.

[22] Hulst H C, van de Hulst H. Light Scattering by Small Particles. New York: Courier Corporation, 1957.

[23] Flynn C J, Albert M, Yunhui Z, et al. Novel polarization-sensitive micropulse lidar measurement technique. Optics Express, 2007, 15(6): 2785-2790.

[24] Sassen K. Advances in polarization diversity lidar for cloud remote sensing. Proceedings of the IEEE, 1994, 82(12): 1907-1914.

[25] Qiu J, Xia H, Shangguan M, et al. Micro-pulse polarization lidar at 1.5μm using a single superconducting nanowire single-photon detector. Optics Letters, 2017, 42(21): 4454-4457.

[26] Cairo F, Donfrancesco G D, Adriani A, et al. Comparison of various linear depolarization parameters measured by lidar. Applied Optics, 1999, 38(21): 4425.

[27] Hu Y X, Yang P, Lin B, et al. Discriminating between spherical and non-spherical scatterers with lidar using circular polarization: A theoretical study. Journal of Quantitative Spectroscopy & Radiative Transfer, 2003, 79(2): 757-764.

[28] Mishchenko M I, Sassen K. Depolarization of lidar returns by small ice crystals: An application to contrails. Geophysical Research Letters, 25(3): 309-312.

[29] Bravo-Aranda J A, Livio B, Freudenthaler V, et al. Assessment of lidar depolarization uncertainty by means of a polarimetric lidar simulator. Atmospheric Measurement Techniques Discussions, 2016, 9(10): 4935-4953.

[30] Eloranta E, Piironen P. Depolarization measurements with the high spectral resolution lidar. The 7th International Laser Radar Conference, Sendai, 1996.

[31] Spinhirne J D. Micro pulse lidar. IEEE Transactions on Geoscience & Remote Sensing, 1993, 31(1): 48-55.

[32] 付毅宾, 王煜, 张天舒, 等. 模拟与光子计数融合的激光雷达信号采集系统设计. 中国激光, 2015, 42(8): 210-218.

[33] Berkoff T A, Welton E J, Campbell J R, et al. Observations of aerosols using the micro-pulse lidar network (MPLNET). IEEE International Geoscience & Remote Sensing Symposium, Anchorage, 2004.

[34] Berkoff T A, Welton E J, Campbell J R, et al. Investigation of overlap correction techniques for

the micro-pulse lidar network (MPLNET). IEEE International Geoscience & Remote Sensing Symposium, Toulouse, 2003.

[35] Massimo D G, Edgar V, Olivier R, et al. Use of polarimetric lidar for the study of oriented ice plates in clouds. Applied Optics, 2006, 45(20): 4878-4887.

[36] Esselborn M, Wirth M, Fix A, et al. Airborne high spectral resolution lidar for measuring aerosol extinction and backscatter coefficients. Applied Optics, 2008, 47(3): 346-358.

[37] Freudenthaler V. About the effects of polarising optics on lidar signals and the Δ90 calibration. Atmospheric Measurement Techniques, 2016, 9(9): 1-82.

[38] Freudenthaler V, Seefeldner M, Grob S, et al. Accuracy of linear depolarisation ratios in clean air ranges measured with POLIS-6 at 355 and 532nm. European Physical Journal Web of Conferences, New York, 2016.

[39] Freudenthaler V, Esselborn M, Wiegner M, et al. Depolarization ratio profiling at several wavelengths in pure Saharan dust during SAMUM 2006. Tellus Series B-chemical & Physical Meteorology, 2009, 61(1): 165-179.

[40] Bass M, Decusatis C, Enoch J, et al. Handbook of Optics, Third Edition Volume I: Geometrical and Physical Optics, Polarized Light, Components and Instruments. New York: McGraw-Hill, 2009.

[41] Muller R H. Definitions and conventions in ellipsometry. Surface Science, 1969, 16: 14-33.

[42] Hauge P, Muller R H, Smith C. Conventions and formulas for using the Mueller-Stokes calculus in ellipsometry. Surface Science, 1980, 96(1-3): 81-107.

[43] Ramachandran G, Usha D A R, Saandeep N S, et al. Polarized light. Pramana, 1995, 45(4): 319-326.

[44] Goldstein D. Polarized Light. Jos Angeles: Marcel Dekker, 2003.

[45] Anderson D G, Barakat R. Necessary and sufficient conditions for a Mueller matrix to be derivable from a Jones matrix. JOSA A, 1994, 11(8): 2305-2319.

[46] Lu S Y, Chipman R A. Interpretation of Mueller matrices based on polar decomposition. JOSA A, 1996, 13(5): 1106-1113.

[47] Perez J, Ossikovski R. Polarized Light and the Mueller Matrix Approach. Boca Raton: CRC Press, 2016.

[48] Pezzaniti J L, Chipman R A. Angular dependence of polarizing beam-splitter cubes. Applied Optics, 1994, 33(10): 1916-1929.

[49] Luo J, Liu D, Huang Z, et al. Polarization properties of receiving telescopes in atmospheric remote sensing polarization lidars. Applied Optics, 2017, 56(24): 6837.

[50] 罗敬, 刘东, 徐沛拓, 等. 基于偏振分光棱镜的高精度偏振分光系统. 中国激光, 2016, 43(12): 239-245.

[51] Weitkamp C. Lidar, Range-Resolved Optical Remote Sensing of the Atmosphere. Berlin: Springer, 2005.

[52] Mcpeak K M, Jayanti S V, Kress S J P, et al. Plasmonic films can easily be better: Rules and recipes. Acs Photonics, 2015, 2(3): 326-333.

[53] Gil J J, San José I, Ossikovski R. Serial-parallel decompositions of Mueller matrices. Journal of

the Optical Society of America. A. Optics, Image Science and Vision, 2013, 30(1): 32-50.

[54] Alvarez J M, Vaughan M A, Hostetler C A, et al. Calibration technique for polarization-sensitive lidars. Journal of Atmospheric and Oceanic Technology, 2006, 23(5): 683-699.

[55] 陈洪芳, 丁雪梅, 钟志. 偏振分光镜分光性能非理想对激光外差干涉非线性误差的影响. 中国激光, 2006, 33(11): 1562-1566.

[56] Bo L, Zhien W. Improved calibration method for depolarization lidar measurement. Optics Express, 2013, 21(12): 14583-14590.

[57] Luo J, Liu D, Wang B, et al. Effects of a nonideal half-wave plate on the gain ratio calibration measurements in polarization lidars. Aplied Optics, 2017, 56(29): 8100.

[58] Chepfer H, Brogniez G, Sauvage L, et al. Remote sensing of cirrus radiative parameters during EUCREX'94. Case study of 17 April 1994. Part II: microphysical models. Monthly Weather Review, 1999, 127(4): 504.

[59] Andreas B, Takuji N. Calculation of the calibration constant of polarization lidar and its dependency on atmospheric temperature. Optics Express, 2002, 10(16): 805-817.

[60] Young A T. Rayleigh scattering. Physics Today, 1982, 35(1): 42-48.

[61] She C Y. Spectral structure of laser light scattering revisited: Bandwidths of nonresonant scattering lidars. Applied Optics, 2001, 40(27): 4875-4884.

[62] Matthew M G, Dennis H, William H, et al. Cloud physics lidar: Instrument description and initial measurement results. Applied Optics, 2002, 41(18): 3725-3734.

[63] Spinhirne J D, Hansen M Z, Caudill L O. Cloud top remote sensing by airborne lidar. Applied Optics, 1982, 21(9): 1564-1571.

[64] 刘东. 偏振-米激光雷达的研制和大气边界层的激光雷达探测. 合肥: 中国科学院安徽光学精密机械研究所博士学位论文, 2005.

[65] 何芸. 基于偏振激光雷达和 CALIPSO 对武汉上空沙尘气溶胶的观测研究. 武汉: 武汉大学博士学位论文, 2015.

[66] Luo J, Liu D, Bi L, et al. Rotating a half-wave plate by 45°: An ideal calibration method for the gain ratio in polarization lidars. Optics Communications, 2018, 407: 361-366.

[67] Hunt W H, Winker D M, Vaughan M A, et al. CALIPSO lidar description and performance assessment. Journal of Atmospheric & Oceanic Technology, 2008, 26(7): 1214-1228.

[68] Powell K A, Hostetler C A, Vaughan M A, et al. CALIPSO lidar calibration algorithms. Part I: Nighttime 532 nm parallel channel and 532 nm perpendicular channel. Journal of Atmospheric & Oceanic Technology, 2009, 26(10): 2015-2033.

[69] D'amico G, Amodeo A, Mattis I, et al. EARLINET single calculus chain-technical-Part 1: Pre-processing of raw lidar data. Atmospheric Measurement Techniques, 2016, 9(2): 491.

[70] 罗敬. 高精度偏振激光雷达关键技术及系统研究. 杭州: 浙江大学博士学位论文, 2018.

[71] Grund C J, Eloranta E W. Fiber-optic scrambler reduces the bandpass range dependence of Fabry-Perot etalons used for spectral analysis of lidar backscatter. Applied Optics, 1991, 30(19): 2668-2670.

[72] Luo J, Liu D, Zhang Y, et al. Design of the interferometric spectral discrimination filters for a three-wavelength high-spectral-resolution lidar. Optics Express, 2016, 24(24): 27622-27636.

[73] Simeonov V, Larcheveque G, Quaglia P, et al. Influence of the photomultiplier tube spatial uniformity on lidar signals. Applied Optics, 1999, 38(24): 5186-5190.

[74] Freudenthaler V. Effects of spatially inhomogeneous photomultiplier sensitivity on lidar signals and remedies. The 22nd Internation Laser Radar Conference, Matera, 2004.

[75] Hayman M, Spuler S, Morley B. Polarization lidar observations of backscatter phase matrices from oriented ice crystals and rain. Optics Express, 2014, 22(14): 16976-16990.

[76] Hair J W, Hostetler C A, Cook A L, et al. Airborne high spectral resolution lidar for profiling aerosol optical properties. Applied Optics, 2008, 47(36): 6734-6752.

[77] Lin W, Bi L, Dubovik O. Assessing super-spheroids in modelling the scattering matrices of dust aerosols. Journal of Geophysical Research Atmospheres, 2018, 123(24): 913-917, 943.

[78] Bi L, Lin W, Liu D, et al. Assessing the depolarization capabilities of nonspherical particles in a super-ellipsoidal shape space. Optics Express, 2018, 26(2): 1726.

[79] Bi L, Yang P, Kattawar G W, et al. Efficient implementation of the invariant imbedding T-matrix method and the separation of variables method applied to large nonspherical inhomogeneous particles. Journal of Quantitative Spectroscopy Radiative Transfer, 2012, 116: 169-183.

[80] Bi L, Yang P. Accurate simulation of the optical properties of atmospheric ice crystals with the invariant imbedding T-matrix method. Journal of Quantitative Spectroscopy Radiative Transfer, 2014, 138: 17-35.

第7章　多波长高光谱分辨率激光雷达

大气气溶胶来源复杂、粒径分布广泛，不同类型的气溶胶与不同波长的激光相互作用所表现的光学特性(如偏振、后向散射等)存在较大的差异，因此多波长激光雷达的探测信息中蕴含气溶胶的粒径大小等有效信息，在气溶胶的类型识别、微物理特性反演中具有十分重要的应用。本章详细介绍大气气溶胶探测多波长高光谱分辨率激光雷达的优势、关键器件设计方案及典型系统。

7.1　多波长激光雷达气溶胶探测

不同类型的气溶胶与不同波长的激光相互作用所表现的光学特性存在较大差异，而光学特性由气溶胶粒子的微物理特性决定。本节从气溶胶微物理特性(粒径分布)出发，阐述多波长激光雷达探测大气气溶胶的意义，并分析不同波长下激光雷达回波信号的特点。

7.1.1　大气气溶胶粒径分布特点

如前所述，气溶胶是大气的重要组成部分，尽管气溶胶在大气中的含量并不高，但是其不但可通过直接/间接效应影响地球辐射，而且对环境、区域降水等具有重要的影响。不同类型的气溶胶存在不同的气溶胶粒径分布(aerosol particle size distribution，APSD)，对辐射强迫的影响也不相同。对气溶胶的类型进行有效识别或者进一步探测气溶胶的微物理特性[1,2]，可以进一步量化气溶胶的直接/间接辐射强迫、环境效应及对降水等天气系统的影响。气溶胶粒子的尺度分布横跨几个数量级，一般来说可以分为三个典型的粒径模态，特点如表 7-1 所示[3]。

表 7-1　大气气溶胶粒径分布模态

分离模态	半径/μm	状态	特点
核模态	<0.05	变化很快，最不稳定	通过聚合等变化转变成为积聚模态，作为积聚模态主要粒子来源之一
积聚模态	0.05~2	最稳定，可以通过湿沉降来移除	污染环境的主要颗粒物
粗模态	>2	有一段滞留时间，可以通过干湿沉降来移除	通过沙尘暴等天气进行远距离传输

　　大气粒子的光学后向散射和消光特性是由其微物理特性决定的，这为反演其微物理特性参数提供理论可能性。气溶胶粒径分布是非常重要的微物理特性，可以直接表征气溶胶的大部分光学及辐射特性。

　　气溶胶粒子的粒径分布，常常采用气溶胶粒子的数浓度谱分布 $n(r)$ 进行表征[3]。$n(r)$ 反映气溶胶粒子的数浓度随粒径变化的分布情况，对单位体积内全部粒子进行积分可以得到单位体积内粒子总数浓度，即

$$N = \int_{r_{\min}}^{r_{\max}} n(r)\mathrm{d}r \tag{7-1}$$

式中，$r_{\min}$ 与 $r_{\max}$ 分别为粒子最小半径与最大半径。

　　类似于粒子总数浓度，我们还可以获得粒子表面积浓度为[4]

$$N_{\mathrm{A}} = 4\pi \int_{r_{\min}}^{r_{\max}} n(r)r^2\mathrm{d}r \tag{7-2}$$

粒子体积浓度为

$$N_{\mathrm{V}} = \frac{4\pi}{3} \int_{r_{\min}}^{r_{\max}} n(r)r^3\mathrm{d}r \tag{7-3}$$

有效半径为

$$r_{\mathrm{eff}} = \frac{\displaystyle\int_{r_{\min}}^{r_{\max}} n(r)r^3\mathrm{d}r}{\displaystyle\int_{r_{\min}}^{r_{\max}} n(r)r^2\mathrm{d}r} \tag{7-4}$$

　　实际上，气溶胶粒子的数浓度谱分布较为复杂，实际应用中常常采用数学模型进行参数化，常用的数学模型包括伽马分布和对数正态分布等。

　　1. 伽马分布

　　伽马分布可以表示为

$$\frac{\mathrm{d}N}{\mathrm{d}r} = br^{\chi}\mathrm{e}^{-dr^{\varsigma}} \tag{7-5}$$

式中，b、d、χ、ς 为表述气溶胶类型的分布参数，均为正常数。伽马分布可以对半径尺度较小的气溶胶粒子进行较为精确的描述，而对于半径尺度较大且复杂的气溶胶粒子的描述有一定的局限性。

　　2. 对数正态分布

　　对数正态分布模型是最常用的气溶胶粒径分析统计模型，单峰对数正态分布可以表示为

$$n(r) = \frac{\mathrm{d}N}{\mathrm{d}r} = \frac{N}{\sqrt{2\pi}r\ln\sigma}\mathrm{e}^{\left[-\frac{1}{2}\left(\frac{\ln r - \ln r_{\mathrm{m}}}{\ln \sigma}\right)^2\right]} \tag{7-6}$$

式中，r_{m} 为模式半径；σ 为模式宽度。气溶胶的粒径分布往往不止一个模态，因此可以用多模态对数正态分布来表征完整的气溶胶粒子谱分布，即

$$n(r) = \sum_{i=1}^{I} \frac{N_i}{\sqrt{2\pi}r\ln\sigma_i}\exp\left[-\frac{1}{2}\left(\frac{\ln r - \ln r_{\mathrm{m}}}{\ln \sigma}\right)^2\right] \tag{7-7}$$

式中，I 为粒径分布的模态数，一般为 1~3；N_i 为第 i 个模态的粒子数浓度。

7.1.2 气溶胶探测光学特性仿真

基于米散射理论，当激光的波长与气溶胶粒子的粒径相当时，气溶胶粒子的散射特性具有极大值，也就是说，激光雷达对与发射激光波长相近的气溶胶粒子具有较强的响应。而如上所述，气溶胶粒子的粒径分布十分广泛，横跨几个数量级，因此采用多波长激光雷达才能实现对不同粒径分布的气溶胶的高效探测。

不同类型的气溶胶，不仅在形状、复折射率上有差异，其粒径分布的统计特征也会存在差异。因此，不同气溶胶在不同波长的消光系数/后向散射系数也不相同，其光学特性表现出对波长的依赖性。对于单波长激光雷达，仅能获取单波段的光学特性参数，难以反演气溶胶粒子谱分布等微物理特性，不能完全满足研究气溶胶-云-辐射相互作用的需求。多波长激光雷达可以获取气溶胶的多波段光学特性廓线(如后向散射系数 β、消光系数 α、退偏比 δ 等)，进而反演 Ångström 波长指数、色比、谱退偏比等高阶光学特性。在此基础上，能够实现气溶胶的类型识别，甚至进一步实现云和气溶胶的微物理特性(如粒子数浓度、粒径分布、复折射率等)的反演[4,5]。

气溶胶粒子的散射特性依赖于入射光的波长，这为多波长激光雷达反演气溶胶的粒径分布提供理论基础[6]。对于球形粒子，若考虑其粒径分布为单峰的对数正态分布[式(7-6)]，那么其光学特性可以采用米散射理论进行仿真建模。一般在多波长激光雷达中采用技术较为成熟的 Nd:YAG 激光器作为光源，常用的探测波长为 1064nm、532nm 和 355nm 等。表 7-2 为仿真时所用的各参数为非变量时的取值，对应的不同波段下气溶胶雷达比随气溶胶有效半径和折射率变化的变化情况如图 7-1 所示。图 7-1(a)~(c)为 355nm 波段激光雷达比随气溶胶有效半径(effective radius，EFR)、折射率实部(real refractive index，RRI)、折射率虚部(imaginary refractive index，IRI)变化的变化情况，图 7-1(d)~(f)为 532nm 波段激光雷达比随气溶胶有效半径、折射率实部、折射率虚部变化的变化情况，图 7-1(g)~(i)为 1064nm 波段激光雷达比随气溶胶有效半径、折射率实部、折射率虚部变化的变化情况。

表 7-2　仿真参数设计

参数	数值
数浓度 N/cm^{-1}	1101
模式宽度 Ω	1.48
有效半径 $r_{\mathrm{EFR}}/\mu\mathrm{m}$	0.12
复折射率实部 m_{RRI}	1.47
复折射率虚部 m_{IRI}	0.03

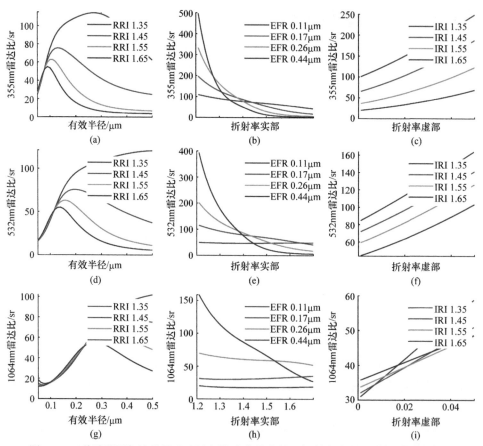

图 7-1　三种波段下气溶胶雷达比随气溶胶有效半径和折射率变化的变化情况示意图

　　以 355nm 为例说明各参数对应关系。图 7-1(a)为 355nm 波段取不同折射率实部时,雷达比随着有效半径变化的变化情况。其中蓝、橙、黄、紫线分别代表折射率实部为 1.35、1.45、1.55、1.65 的情况。雷达比随着有效半径的变化呈现先增大后减小的趋势,折射率实部越大,达到峰值雷达比的有效半径越小;图 7-1(b)为

355nm 波段取不同有效半径时，雷达比随着折射率实部变化的变化情况。蓝、橙、黄、紫线分别对应气溶胶有效半径为 0.11μm、0.17μm、0.26μm、0.44μm。雷达比随着折射率实部的增大呈现减小的趋势，有效半径越小，其变化越平缓。图 7-1(c)为 355nm 波段取折射率实部时，雷达比随着折射率虚部变化的变化情况。其中蓝、橙、黄、紫线分别代表折射率实部为 1.35、1.45、1.55、1.65 的情况。雷达比与折射率虚部呈现正相关的特性，折射率实部越小，雷达比数值越高，其变化越快。对于 532nm 及 1064nm 波段，各参数之间的变化趋势与 355nm 波段大致相同。

7.1.3　回波信号强度与波长的关系

由 1.2.1 节所述，在紫外、可见和近红外波段激光波长比粒子半径大得多时，即 $r \ll \lambda/2\pi$，产生的散射为瑞利散射，散射机理是基于这类微小粒子的多普勒展宽，且展宽依赖于温度变化。大气分子的散射属于瑞利散射，激光雷达探测到的瑞利散射信号取决于探测区域的大气分子数目、激光波长、大气温度和气压。

由 1.4.1 节所述，单个大气分子的总的后向散射系数 β_m^T 可表示为

$$\beta_m^T(r,\lambda) = \beta_m^C(r,\lambda) + \beta_m^W(r,\lambda) = N(r)\frac{9\pi^2}{\lambda^4 N^2}\frac{(n^2-1)^2}{(n^2+2)^2}\frac{180+28\varepsilon(\lambda)}{180} \qquad (7\text{-}8)$$

式中，$\beta_m^C(z,\lambda)$ 和 $\beta_m^W(z,\lambda)$ 分别为卡巴纳线和纯转动拉曼散射的后向散射系数，即

$$\beta_m^C(r,\lambda) = N(r)\frac{9\pi^2}{\lambda^4 N^2}\frac{(n^2-1)^2}{(n^2+2)^2}\frac{180+7\varepsilon(\lambda)}{180} \qquad (7\text{-}9)$$

$$\beta_m^W(r,\lambda) = N(r)\frac{9\pi^2}{\lambda^4 N^2}\frac{(n^2-1)^2}{(n^2+2)^2}\frac{21\varepsilon(\lambda)}{180} \qquad (7\text{-}10)$$

对于 HSRL，其后向散射系数主要考虑中心卡巴纳线的影响。因此，大气分子的后向散射信号与激光波长的 4 次方成反比，激光波长越短，其后向散射信号越强，故紫外、可见光波段的后向散射信号远大于红外波段。

而正如 1.4.2 节所述，米散射体粒子的尺寸参数 $x = 2\pi r/\lambda$ $(0.1 < x < 50)$。米散射的散射截面较大，故散射强度也相对较大，并且米散射具有较为明显的方向性，散射在光线向前的方向比向后的方向更强。相比于大气分子瑞利散射，气溶胶粒子米散射信号散射强度较大，频谱展宽更小。

7.1.4　回波信号谱宽与波长的关系

大气分子后向散射激光的光谱分布主要由发射激光的光谱分布和多普勒展宽

效应决定[7]。如 1.4.1 节所述，大气分子卡巴纳线后向散射的光谱分布可以采用 S6 模型进行更加准确的描述[8]，但是 S6 模型不存在显式的解析表达，为简化计算，这里从高斯模型[9,10]分布近似的角度来简单说明不同波长激光雷达回波信号频谱展宽的特点。

常压下的气体分子速度一维分布可以近似为麦克斯韦速率分布[7]：

$$\frac{\mathrm{d}N}{\mathrm{d}v} = N\sqrt{\frac{\bar{m}}{2\pi kT}}\exp\left(-\frac{\bar{m}v^2}{2kT}\right) \tag{7-11}$$

式中，$\bar{m}$ 为平均分子质量；v 为分子运动速度；k 为玻尔兹曼常量；T 为大气温度。由于多普勒效应，当激光入射到运动的大气分子上时，其回波信号的频率(波数)会发生多普勒频移。

$$\sigma_B = \sigma_0\left(1 + \frac{2v}{c}\right) \tag{7-12}$$

式中，σ_B 为后向散射光的波数；c 为光速；σ_0 为发射激光的波数。忽略布里渊散射、风湍流及发射激光线宽的影响，大气分子后向散射的功率归一化光谱分布可以近似为高斯分布[9]：

$$\frac{1}{N_m}\frac{\mathrm{d}N_m(\sigma)}{\mathrm{d}\sigma} = \sqrt{\frac{\bar{m}c^2}{8\pi\sigma_0^2 kT}}\exp\left[-\frac{\bar{m}c^2}{8\pi\sigma_0^2 kT}(\sigma - \sigma_0)^2\right] \tag{7-13}$$

式中，N_m 为大气分子后向散射的总的光子数。实际上，在不忽略激光发射谱线宽度的情况下，大气分子后向散射激光光束的光谱分布可以由式(7-13)与激光发射光束光谱的卷积获得[7]，这里不再赘述。由式(7-13)可以看出，当入射的激光波长增大时，即 σ_0 减小，所得的大气分子散射谱宽减小，反之谱宽增大。相较于大气分子后向散射谱宽的展宽，米散射信号的谱宽与发射激光谱宽几乎相同，HSRL 也正是利用大气分子散射和米散射谱宽的差异进行光谱分离。

结合 7.1.3 节的讨论，近红外(1064nm)HSRL 系统相较短波波段的 HSRL，其大气分子散射回波信号的强度更低、频谱分布更加集中，不同波长下大气分子后向散射频谱归一化分布示意图如图 7-2 所示。因此，近红外 HSRL 相对于可见光及紫外 HSRL 系统的技术难度更大。

(1) 大气分子频谱宽度相对较窄，要更好地将其与气溶胶散射信号进行分离，对激光器、光谱滤光器及系统的锁频等均有更高的要求。

(2) 大气分子散射信号相对更弱，对探测器的性能及干涉光谱滤光器的光学效率有更高的要求。

(3) 与大气分子散射回波相对更弱不同的是，气溶胶的米散射回波信号强度可能与 532nm 时的回波信号强度在同一量级，对探测器的动态范围及光谱滤光器的鉴频性能有更高的要求。

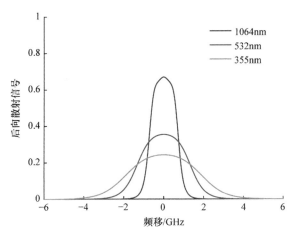

图 7-2 不同波长下大气分子后向散射频谱归一化分布示意图

7.2 多波长高光谱分辨率激光雷达关键器件

第 4 章已经有所提及，相较于普通米散射激光雷达，HSRL 需要采用极窄带的光谱鉴频器对大气分子散射回波信号与气溶胶粒子散射回波信号进行区分探测。而光谱鉴频器作为 HSRL 系统的核心器件，是在光谱上精细地区分气溶胶散射信号与大气分子散射信号的关键。HSRL 中常用的光谱鉴频器主要有原子/分子吸收型光谱鉴频器和干涉型光谱鉴频器两大类[11]。虽然原子/分子吸收型滤波器[12-14]具有稳定的性能和对气溶胶散射信号的高抑制比，且对入射角度变化不敏感，但是，原子/分子吸收型光谱鉴频器利用的是分子间能级跃迁产生的窄带吸收谱，可利用的光学波长较为有限，往往只能应用在特定的波长，如碘分子吸收池一般应用在 532nm HSRL 系统中。对于多波长 HSRL 系统，1064nm 和 355nm 波长情况下，目前并未发现合适的原子/分子吸收池可以作为有效的光谱鉴频器。而典型的干涉光谱鉴频器(interferometric spectral discrimination，ISD)滤光器，如 FWMI[15] 和 FPI[7,16]，可以在任何激光波长下使用。因此，对于多波长的 HSRL 系统，目前采用干涉型光谱鉴频器是一种较为合适的选择。本节将采用基于反演误差预测的 MC 仿真对多波长 HSRL 鉴频器参数进行优化设计。考虑到干涉型光谱鉴频器对光线的入射角度较为敏感，很难利用回波信号强度实现精确的 MC 仿真。因此，为更好地实现多波长 HSRL 鉴频器参数的优化设计，首先需要对激光雷达回波信号角度分布进行数学建模，然后以该模型为基础实现对多波长 HSRL 鉴频器参数优化设计的 MC 仿真。该方法可以在任意多波长的 HSRL 鉴频器中使用，能为多波长 HSRL 系统中 ISD 的设计提供理论指导。

7.2.1　高光谱分辨率激光雷达分子通道接收光路分析

在建模之前，首先需要对 HSRL 分子通道的光路进行分析。在 HSRL 系统中[12,17]，接收系统由混合通道和分子通道组成，混合通道本质上是米散射激光雷达，分子通道中存在光谱鉴频器。通常，激光雷达后向散射信号以标准激光雷达方程的形式表示。但是，分子通道的情况不同，原因是 ISD 的透射率在很大程度上取决于光线的入射角[18]。激光雷达接收光路原理图如图 7-3 所示，根据几何关系有

$$\int_0^{\omega_f} \xi_f(\theta_f)\theta_f \mathrm{d}\theta_f = \int_0^{\omega_t} \xi_t(\theta_t)\theta_t \mathrm{d}\theta_t \tag{7-14}$$

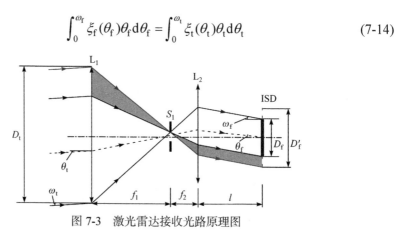

图 7-3　激光雷达接收光路原理图

图 7-3 中，D_t 和 D_f 分别为望远镜和 ISD 的通光孔径；L_1 和 L_2 分别为望远镜的物镜和目镜。式(7-14)中，ξ_f 为入射在 ISD 上的回波信号的角度分布；ξ_t 为望远镜接收回波信号的角度分布；θ_f（$0 \leqslant \theta_f \leqslant \omega_f$）和 θ_t（$0 \leqslant \theta_t \leqslant \omega_t$）分别为 ISD 和望远镜的入射角；$\omega_f$ 和 ω_t 分别为 ISD 和望远镜的接收半角。根据式(7-14)，从望远镜接收回波信号的角度分布中可以获得入射在 ISD 上回波信号的角度分布。

然而，当 ISD 的通光孔径 D_f 太小时，望远镜接收的部分回波信号无法到达 ISD，如图 7-3 中的阴影区域所示。结果导致一部分分子通道中的回波信号损失，望远镜接收的回波信号强度与 ISD 上的回波信号强度不同。这种差异使得式(7-14)无法成立并且很难表征到达 ISD 回波信号的角度分布。实际上，如果 ISD 是望远镜通过准直透镜所成的图像，则可以确保望远镜接收到的所有光线都照射在 ISD 上。在这种情况下式(7-14)要求 ISD 通光孔径 D_f 达到最小值。

　　由于接收望远镜的接收视场角(field of view，FOV)通常非常小，采用高斯光学分析图 7-3 中的光路。根据 Smith-Helmholtz 不变量[19]，可得

$$D_t \theta_t = D_f \theta_f \tag{7-15}$$

根据式(7-14)和式(7-15)可得

$$\xi_f(\theta_f) = \left(\frac{D_f}{D_t}\right)^2 \xi_t\left(\frac{D_f}{D_t}\theta_f\right) \tag{7-16}$$

因此，一旦获得望远镜接收到回波信号的角度分布 ξ_t，就很容易表征入射在 ISD 上回波信号的角度分布 ξ_f。

　　注意，只有干涉光束之间具有特定的 OPD，ISD 才能实现良好的光谱鉴别能力[20]。如前所述，ISD 中干涉光束的 OPD 与光线的入射角密切相关，当光线入射角太大时，对应光线的 OPD 不再满足特定 OPD 的条件，此时对应的入射光线将成为背景噪声。因此只有当入射光线在某个接收角范围内才能获得良好的光谱鉴频性能。由第 4 章的分析可知，FWMI 相较于 FPI 具有更大的接收角，根据式(7-15)可以发现，对于一定的接收望远镜的通光孔径和 FOV，FWMI 的通光孔径可以远小于 FPI 的通光孔径。较小的通光口径，一方面可以使 ISD 的加工达到更好的面形，另一方面也可以保证系统的紧凑性。

　　在前文对分子通道接收光路的分析基础上，本节对望远镜接收回波信号的角度分布进行分析。图 7-4 为同轴激光雷达接收回波信号示意图。望远镜的接收视场角为 $2\omega_t$，只有在该视场范围内的回波信号才可能会被望远镜接收。发射激光从望远镜中心出射，散射信号都是从发射激光路径中的散射截面中产生的，当选取任意距离 r 处的散射截面，该散射截面内每一个散射点都可以看作散射信号的子光源。然而，由于望远镜视场角的限制，只有在 $2\omega_t$ 角度范围内的散射光才可能会被望远镜接收。除散射角度需要符合要求，还要求散射光能够落在望远镜的通光口径范围内。因此，本节在 $(-\omega_t, \omega_t)$ 范围内将散射截面向望远镜主镜做投影。由于望远镜视场角 $2\omega_t$ 足够小，可以认为散射截面内每一个散射点发出的充满 $2\omega_t$ 范围内的散射光的角分布是均匀的。因此，任意高度的散射截面在望远镜主镜上投影的光强分布与入射角 θ_t 和方位角 φ_t 均无关，即来自同一个散射截面的投影光强分布是均匀相同的，都等于该散射截面的光强分布。为得到望远镜接收回波信号的角度分布，只需要计算出散射截面投影与望远镜主镜的重叠面积。需要注意的是，在卡塞格林式和牛顿式等反射式望远镜中，由于副镜的存在，主镜中心的回波信号被阻挡，因此在计算重叠面积时需要考虑副镜的影响。另外，发射激光通常是高斯分布，因此散射截面内各个散射点的光强也可认为近似满足高斯分布。由高度 r 处散射截面的后向散射光，在入射角 θ_t 和方位角 φ_t 的投影通过望远镜的

透过率 $\zeta_t(r,\theta_t,\varphi_t)$ 为

$$\zeta_t(r,\theta_t,\varphi_t) = \frac{\displaystyle\iint_{A_o(r,\theta_t,\varphi_t)} \rho(x,y,r)\mathrm{d}x\mathrm{d}y}{\displaystyle\iint_{A_p(r)} \rho(x,y,r)\mathrm{d}x\mathrm{d}y} \tag{7-17}$$

式中，$\rho(x,y,r)$ 为散射截面光强的分布；A_o 为散射截面投影与望远镜主镜的有效重叠面积(排除副镜影响)，显然，A_o 与高度 r、入射角 θ_t 有关，而对于同轴激光雷达 A_o 与方位角 φ_t 无关；A_p 为散射截面的总面积，显然它只取决于高度 r 及发射激光的固有性质。正如前面提到的，由于望远镜视场角很小，可以认为散射光在 $(-\omega_t,\omega_t)$ 范围内的光强分布是均匀的，因此透过率 $\xi_t(r,\theta_t,\varphi_t)$ 可表示望远镜接收回波信号的角度分布。

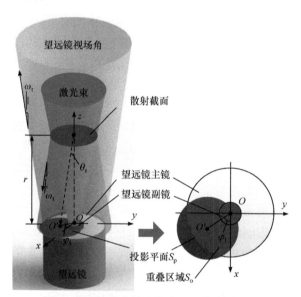

图 7-4　同轴激光雷达接收回波信号示意图

　　如图 7-4 所示，在同轴激光雷达系统中，重叠区域的面积与方位角 φ_t 无关。假设望远镜主镜和副镜的直径分别为 280mm 和 90mm，发射激光为基模高斯光束，束腰直径为 30mm，发散角为 0.1mrad(全角)。望远镜在同轴激光雷达中接收回波信号的角度分布，如图 7-5(a)所示。由于副镜的影响，0～0.6km 处的回波信号被完全遮挡。随着入射角 θ_t 和海拔 r 的增加，望远镜可以接收越来越多的回波信号。但是，每个高度都有一个临界角 θ_0，如图 7-5(a)所示粉红色的曲线。只要入射角 θ_t 大于临界角 θ_0，投影平面就会完全与望远镜的主镜分离，导致重叠区域的面积等于零。因此，即使接收望远镜的半 FOV 从临界角 θ_0 开始增大，当前高

度回波信号的强度也将保持不变。此外，临界角 θ_0 相对于海拔的增加而减小，这使得望远镜接收的回波信号将会逐渐集中到正入射。

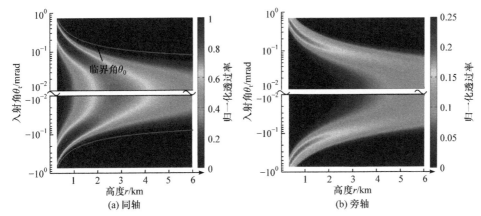

图 7-5　望远镜在同轴激光雷达和旁轴激光雷达中接收后向散射信号的角度分布

然而，在旁轴激光雷达系统中，重叠区域的面积会受到方位角 φ_t 影响。将其与同轴激光雷达系统中回波信号的角度分布进行比较，旁轴激光雷达系统中回波信号的角度分布可表示为

$$\xi_t^b(r,\theta_t) = \frac{1}{2\pi}\int_0^{2\pi}\xi_t(r,\theta_t,\varphi_t)\mathrm{d}\varphi_t \tag{7-18}$$

采用与上文同样的系统参数，并假设发射激光与望远镜光轴之间的间距为 0.3m，计算得到该旁轴激光雷达中，望远镜接收回波信号的角度分布如图 7-5(b) 所示。与图 7-5(a)比较容易发现，在同样的参数下，旁轴激光雷达系统的回波信号在较近的距离时，通过望远镜的透过率要小于同轴激光雷达系统。

7.2.2　高光谱分辨率激光雷达回波信号角度分布数学模型

根据望远镜接收回波信号的角度分布方程的推导过程，同理，入射在 ISD 上回波信号的角度分布 ξ_f 可以通过望远镜接收回波信号的角度分布 ξ_t 推导出。结合式(7-16)与式(7-17)，可以得到通过望远镜和 ISD 回波信号的光学效率为

$$T_i^{\text{total}}(r,\theta_f) = T_i(\theta_f)\left(\frac{D_f}{D_t}\right)^2\xi_t\left(r,\frac{D_f}{D_t}\theta_f\right) \tag{7-19}$$

式中，$T_i(\theta_f)$ 为 ISD 的透过率，其高度依赖于光线的入射角；下标 $i=\text{m}$ 和 $i=\text{a}$ 分别为大气分子后向散射信号和气溶胶后向散射信号；注意，式(7-19)中方位角 φ_t 对方程中角分布 ξ_t 的影响可以被忽略，因为 ISD 的透过率 $T_i(\theta_f)$ 并不依赖于方位角 φ_t。根据式(7-19)，可以得到在海拔 r 处通过望远镜和 ISD 总回波信号的比例为

$$R_i^{\text{HSRL}}(r) = \int_0^{\omega_f} T_i^{\text{total}}(r,\theta_f)\theta_f \mathrm{d}\theta_f \Big/ \int_0^{\omega_f} \theta_f \mathrm{d}\theta_f \tag{7-20}$$

式中，ω_f 为 ISD 的接收角(半角)，其与望远镜的接收 FOV 相关；$R_i^{\text{HSRL}}(r)$ 为望远镜接收视场角 $2\omega_t$ 内散射信号的比例，其可由探测器在分子通道中记录，不包括系统常数中所包含的光学效率。为得到具有后向散射信号角分布的激光雷达方程，需要标准激光雷达方程作为参考，即

$$P(r) = P_0 \frac{c\tau}{2} A\eta \frac{O(r)}{r^2} \beta(r)T(r) \tag{7-21}$$

式中，P_0 和 τ 分别为发射激光脉冲的平均功率和脉宽；A 为望远镜的有效接收面积；η 为系统效率；$O(r)$ 为重叠因子；$\beta(r)$ 为该距离处的后向散射系数；$T(r)$ 为双程透过率，代表激光雷达发射和回波在途中损失的能量。

为清楚地表示方程式中每一项的物理意义，式(7-21)可以修改为

$$P(r) = 4\pi \frac{P_0\beta(r)c\tau}{2} \frac{O(r)A}{4\pi r^2} \eta T(r) \tag{7-22}$$

从式(7-22)可以看出，标准激光雷达方程可以分为三个部分。根据后向散射系数 $\beta(r)$ 的定义，单位立体角的散射信号强度为 $P_0\beta(r)c\tau/2$。因此，式(7-22)中的第一项 $4\pi P_0\beta(r)c\tau/2$ 为立体角 4π 的散射信号强度。作为激光雷达中的接收天线，望远镜只能接收这些散射信号中微小的一部分。望远镜接收的散射信号与立体角 4π 的总散射信号之比为 $O(r)A/4\pi r^2$，$O(r)A$ 为由重叠因子函数 $O(r)$ 和望远镜构成的有效接收区域，$4\pi r^2$ 为散射信号分布的总面积。$\eta T(r)$ 为激光雷达系统和大气的总光学效率。

参考式(7-22)，可以建立 HSRL 回波信号角度分布数学模型，即分子通道后向散射信号角分布的激光雷达方程为

$$P(r) = \Phi \frac{P_0\beta(r)c\tau}{2} R_i^{\text{HSRL}}(r)\eta T(r) \tag{7-23}$$

式中，Φ 为 4π；$R_i^{\text{HSRL}}(r)$ 为 $\dfrac{O(r)A}{4\pi r^2}$。到目前为止，可以准确地获得分子通道中的激光雷达信号，接下来多波长 HSRL 鉴频器参数将基于该激光雷达模型进行设计。

7.2.3 多波长高光谱分辨率激光雷达光谱鉴频器设计

在进行参数优化设计之前，还需要确定光谱鉴频器的评价指标。根据 HSRL 的误差分析理论，ISD[20,21]具有两个重要的参数：分子散射信号透过率 T_m 和 SDR。从 HSRL 误差理论可以看出，分子散射信号透过率 T_m 和 SDR 越大，HSRL 的探测精度越高。然而，ISD 的分子透射率 T_m 和 SDR 随着其设计参数的变化表现出相反

的变化趋势, 即要得到较大的 T_m 则 SDR 就会较小, 反之亦然[21]。因此, 在设计 ISD 时, 必须采取折中的方案来平衡这两个参数。在第 4 章中, 通过引入类似 $(T_m)^p \cdot$ SDR 的评价函数[21], 对 FWMI 和 FPI 的性能进行初步分析比较。然而, 对于上述评价函数中的加权因子 p , 其值取决于许多方面, 如大气条件、探测范围、HSRL 系统中各种装置的性质等。因此, 很难用严格的数学定义来确定该评价函数。此外, 对于多波长 HSRL, 如何合理选择不同波长的加权因子 p 也存在许多困难。大气分子散射信号强度与发射激光波长的 4 次方成反比, 而气溶胶散射信号的强度对激光波长的依赖相对较弱[22-24]。结果, 激光波长的变化导致加权因子 p[21]的大气散射比不同。另外, 分子后向散射光谱的带宽对 ISD 的分子透过率 T_m 和 SDR 值有显著影响, 其与激光波长有相关性[25]。作为 HSRL 系统中最关键的部件之一, ISD 可以改变分子散射信号透射率 T_m 和 SDR , 这就会导致 HSRL 对气溶胶光学特性的反演误差呈现出不同的分布。

综上所述, 可以利用 HSRL 光学特性的反演误差作为评价指标, 这对 FWMI 和 FPI 的参数进行最优设计是最直接有效的。

1. 系统参数和大气模型的建立

本节以地基同轴 HSRL 系统的设计为例, 其探测范围为 0.6～6km, 垂直分辨率为 0.1km。接收望远镜主镜的通光孔径为 280mm, 其 FOV 为 0.37mrad。根据浙江大学的仿真结果[15,26], FWMI 的有效接收角设为 0.009mrad, FPI 设为 0.0007mrad。根据式(7-15), 可得到 FWMI 和 FPI 所需的通光孔径分别为 12mm 和 150mm。该 HSRL 系统中采用 Nd:YAG 激光器作为激光光源, 其提供三种输出激光波长: 1064nm、532nm 和 355nm。表 7-3 为 HSRL 系统 ISD 设计的主要参数。

表 7-3　HSRL 系统 ISD 设计的主要参数

主要参数	数值		
激光波长/nm	355	532	1064
激光能量/mJ	120	300	625
激光重复频率/Hz	20		
激光带宽/MHz	100		
激光发散角/mrad	0.5		
激光光斑直径/mm	6		
扩束镜倍率	5×		
望远镜主镜孔径/mm	280		
望远镜副镜孔径/mm	90		

| | | 续表 |
主要参数	数值		
望远镜视场角/mrad		0.37	
滤波器带宽/nm	0.3	0.1	0.3
总光学效率(不包括鉴频器和探测器)	0.3	0.5	0.5
探测器量子效率	0.32	0.29	0.36
背景光辐射 /[W/(m²·sr·nm)]	0.28	0.46	0.19

　　首先以 1064nm HSRL 的设计为例, 其使用的大气模型如图 7-6 所示, 其组成包括基于美国标准大气模型的大气分子[22,23]、大气边界层气溶胶[27]、背景噪声、沙尘气溶胶[24]等。大气边界层气溶胶低于 1.2km, 沙尘高度为 3~5km。从图 7-6(b)可以看出, 气溶胶最大的散射比 $R_a = (\beta_a + \beta_m)/\beta_m = 220$, 平行偏振态下气溶胶最大的散射比为 196, 这是由散射信号的特征引起的。由前面的分析可知, 与波长为 532nm 和 355nm 的分子散射信号相比, 波长为 1064nm 的分子散射信号的强度要小很多, 而气溶胶散射信号的变化相对较小。为简化计算, 假设气溶胶后向散射的波长依赖于 λ^{-1} [24]。

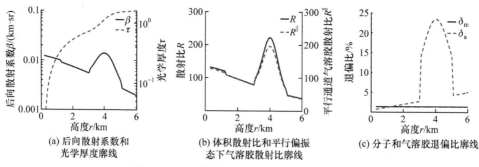

(a) 后向散射系数和　　　(b) 体积散射比和平行偏振　　(c) 分子和气溶胶退偏比廓线
光学厚度廓线　　　　　　态下气溶胶散射比廓线

图 7-6　　用于仿真 1064nm 理论的大气模型

　　以下的仿真将后向散射系数 β 的相对反演误差作为评价指标来设计 ISD。每条回波信号廓线由 1000 发脉冲叠加并平均获得, 每 50 个廓线作为一个统计样本。然后, 计算后向散射系数的均方根误差的廓线(假设大气模型为真实值)。在仿真中, ISD 分子信号透射率 T_m 和气溶胶信号透射率 T_a 校准的相对不确定度分别为 1%和 5%。另外, 仿真信号已加入噪声信号(正态分布的随机数), 其标准差等于信号组成(后向散射信号加背景噪声)的平方根。

2. 基于 MC 仿真对 FWMI 和 FPI 的参数设计

　　基于7.1.1节与7.1.2节建立的 HSRL 回波信号角度分布数学模型,可对 FWMI

与 FPI 进行 MC 仿真。需要注意的是，该仿真假设 FWMI 是理想的器件。如上文所述，FWMI 的通光孔径为 12mm。HSRL 的反演误差依赖于 FWMI 的光谱鉴别性能(分子信号透射率 T_m 和 SDR)[21]。实际上，T_m 和 SDR 的大小主要由 FWMI 的自由光谱范围决定。增大 FSR 会使得 SDR 变大，但 T_m 会变小[20]。如图 7-7(a)所示，FSR 取三种不同值的情况下，得到基于 FWMI 的三组后向散射系数反演误差廓线，其分别由数字 1、2 和 3 表示，其反演误差随着海拔、FSR 的变化而变化。由图 7-7(a)可得，曲线 2 对应的后向散射系数相对反演误差的 RMS 为 0.8%，而曲线 1 中为 1.1%，曲线 3 中为 1.45%。因此，相比于另外两种情况，FSR 取 3GHz 的时候反演误差最小。

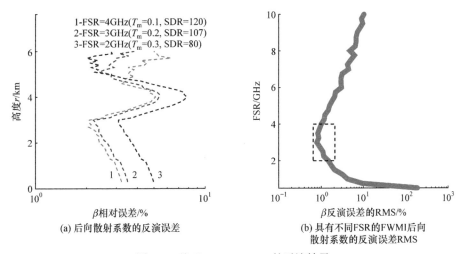

(a) 后向散射系数的反演误差　　　　　(b) 具有不同FSR的FWMI后向
　　　　　　　　　　　　　　　　　散射系数的反演误差RMS

图 7-7　基于 FWMI HSRL 的反演结果

通过选择更多 FSR 进行仿真，可以得到更多误差廓线。仿真结果如图 7-7(b) 所示。当 FSR 接近 0 时，后向散射系数的反演误差急剧增加。这是 FWMI 中 SDR 显著降低引起的，FSR 的增加可以提供更大的 SDR ，因此反演误差会降低。然而，分子信号透射率 T_m 相对于 SDR 却呈现出相反的变化趋势。因此，当 SDR 上升到某种程度上得到较小的 T_m 时，反演误差会有所增加。原因是较小的 T_m 能够降低回波信号强度，导致信噪比降低。显然，就当前的大气模型和 HSRL 系统来说，FSR 取值为 2～4GHz，反演误差的 RMS 小于 1.5%，都是可以接受的。

接下来对 FPI 进行优化设计，仿真采用的通光孔径为 150mm。FPI 光谱鉴别性能主要取决于膜层的反射率 R 和 FSR[20]。因此，当 FPI 作为 HSRL 系统中的 ISD 时，需要确定 R 和 FSR。与 FWMI 仿真过程类似，误差 RMS 如图 7-8 所示。其中后向散射系数相对误差 RMS 超过 10% 的部分被设置为 10%。显然，深蓝色区域对应的 FPI 参数 R 和 FSR 的取值是较好的。一般情况下，可以选择 A 点，其

中 $R = 0.75$，FSR $= 25\text{GHz}$，产生的后向散射系数相对误差 RMS 约为 3.6%。

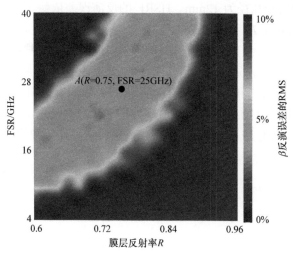

图 7-8　在不同的 R 和 FSR 取值下，FPI 后向散射系数反演误差 RMS

3. 基于不同大气条件下对 FWMI 和 FPI 的参数设计

FWMI 和 FPI 合适的设计参数可以分别从图 7-7(b) 和图 7-8 中找到。然而，这些结果都是基于图 7-6 中的大气模型。实际上，HSRL 的反演精度将受到平行偏振态下气溶胶散射比的影响[28]。因此，需要考虑不同气溶胶负载情况下 FWMI 和 FPI 的设计。在图 7-6 的基础上，改变气溶胶后向散射比以产生连续变化的大气条件。在不同大气条件下，得到类似图 7-7(b) 和图 7-8 中所示的结果。FWMI 和 FPI 的模拟设计结果分别如图 7-9(a) 和 (b) 所示。在图 7-9(a) 中，横坐标代表不同大气条件下平行偏振态下气溶胶后向散射比，为更好地对比仿真结果并为 FWMI 寻找合适的设计参数，所有大于 10% 的 RMS 被人为设置为 10%。显然，位于由虚线标记区域中的 FSR 是较优的选择。在这种情况下，大气变化对 HSRL 性能的影响最低。一般来说，选择 FSR$=1.5\text{GHz}$，其对应的大气分子后向散射信号的透过率 $T_\text{m} =0.42$，SDR $=62$。注意，如图 7-7(a) 所示，在同样平行偏振态下气溶胶散射比的情况下，FSR$=1.5\text{GHz}$ 时后向散射系数误差 RMS 明显大于 FSR$=3\text{GHz}$ 时的误差 RMS。实际上，FSR$=1.5\text{GHz}$ 不可能在不同大气条件下都实现最小的反演误差。但是，FSR$=1.5\text{GHz}$ 对于不同的气溶胶后向散射比来说是一个不错的选择，它可以使基于 FWMI 的 HSRL 在多种变化气溶胶载荷下保持良好(但可能不是最佳的选择)的性能。因此，对于工作在 1064nm 的 HSRL 中的 FWMI，最佳的 FSR 应该设计为 1.5GHz。

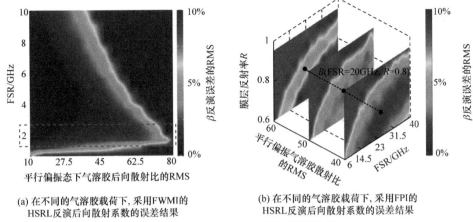

(a) 在不同的气溶胶载荷下, 采用 FWMI 的 HSRL 反演后向散射系数的误差结果

(b) 在不同的气溶胶载荷下, 采用 FPI 的 HSRL 反演后向散射系数的误差结果

图 7-9 FWMI 和 FPI 的模拟设计结果

如前文所述, FPI 的光谱鉴别性能依赖于 FSR 和 R。图 7-9(b) 中有三个变量。类似地, 如图 7-9(b) 所示, 基于 FPI 的 HSRL, 当 FSR 和 R 的取值在蓝色区域内时, 系统对大气的变化不敏感。一般情况下, 可以选择点 B, 其中 $R=0.8$, FSR = 20GHz, 对应的 $T_m = 0.24$ 和 SDR = 65。

4. 多波长 HSRL 系统 FWMI 和 FPI 的最佳参数设计与对比

上文已经确定在 1064nm HSRL 系统中 FWMI 和 FPI 的最佳设计参数。选择上文所提及的参数对 FWMI 和 FPI 的 HSRL 进行设计, 后向散射反演误差在图 7-10 中以圆圈的形式表示, 可以发现 FWMI(无缺陷) 和 FPI(无缺陷) 两条曲线中反演误差随着平行气溶胶散射比的增加而增加。

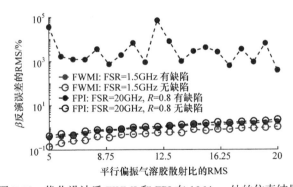

图 7-10 优化设计后 FWMI 和 FPI 在 1064nm 处的仿真结果

在之前的仿真中, FWMI 和 FPI 都假定是理想的, 未考虑加工、装调等缺陷。实际上, FWMI 的光谱鉴别能力可能受累积波前误差、锁频误差、抗反射涂层缺

陷等因素影响[20,26]。FPI 的性能可能受累积波前误差、锁频误差、涂层吸收等影响[20]。为更全面地比较 FWMI 和 FPI 的性能，假设两个 ISD，累积波前误差的RMS 为 0.01，锁频误差为 10MHz；FWMI 的抗反射涂层缺陷为 0.1%，FPI 涂层的吸收率为 0.5%[26]。新的仿真如图 7-10 点状曲线所示。基于 FWMI 的 HSRL，由缺陷导致反演误差的增量非常小，这表明 FWMI 在有缺陷的情况下，性能依旧稳定。然而，理想 FPI 反演误差与非理想 FPI 的反演误差之间存在较大差异。如图 7-10 中蓝色虚线所示，FPI 对缺陷非常敏感，以至于反演误差变得不稳定，这表明具有缺陷的 FPI 光谱辨别能力较差。

　　图 7-11 是对于多波长 HSRL 采用优化设计的 FWMI 与 FPI 作为光谱鉴频器后，得到的后向散射系数反演误差对比图。根据表 7-3 中所列出的 HSRL 系统参数，对波长为 532nm 和 355nm 的系统进行与波长为 1064nm 系统类似的仿真设计。532nm 的设计仿真结果如图 7-11(a)所示，355nm 的仿真结果如图 7-11(b)所示。当鉴频器存在缺陷时，对比图 7-11 与图 7-10 中的结果，不难发现，存在缺陷的 FPI 在 532nm 与 355nm 的 HSRL 系统中仍比存在缺陷的 FWMI 表现得更敏感。需要注意的是，如图 7-11(b)所示，当波长为 355nm 时，FPI 与 FWMI 的性能较为接近。

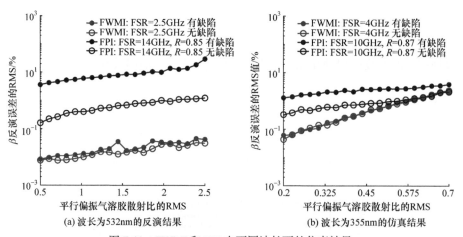

图 7-11　FWMI 和 FPI 在不同波长下的仿真结果

　　相比之下，具有相同缺陷的 FWMI 的性能要远远好于 FPI，特别是在 1064nm 和 532nm 波长的 HSRL 系统中。此外，在仿真中，FWMI 的通光孔径仅为 12mm，而 FPI 的通光孔径为 150mm。综上所述，可以得出这样的结论：在多波长 HSRL 中，FWMI 拥有比 FPI 更好的光谱鉴别性能。

7.3 多波长激光雷达典型系统介绍

多波长激光雷达能够探测多个波段的粒子光学后向散射和吸收特性，探测能力强，是研究云气溶胶微物理特性的重要遥感工具。本节将介绍几个典型的多波长激光雷达系统：浙江大学近红外-可见双波长偏振 HSRL 系统、美国国家航空航天局机载三波长 HSRL-2 系统[29,30]和德国莱布尼茨对流层研究所多波长偏振拉曼系统 Polly^{XT}[31]。

7.3.1 浙江大学近红外-可见双波长偏振高光谱分辨率激光雷达

浙江大学研制出一台近红外-可见双波长偏振 HSRL 系统，该系统利用高光谱分辨技术，可探测 532nm/1064nm 的光学后向散射和消光系数。双波长偏振 HSRL 系统由发射系统、接收采集系统两个子系统组成,在两个波段均设有偏振探测通道。其中，532nm 波段的通道采取碘分子吸收池为光谱鉴频器，1064nm 波段的通道采用视场展宽迈克耳孙干涉仪作为光谱鉴频器[26,32,33]。系统的实物图如图 7-12 所示，整个激光雷达装置置于一个可移动的实验方舱内，系统的光路原理如图 7-13 所示。

(a) 实验方舱   (b) 系统实物图

图 7-12 近红外-可见双波长 HSRL 系统

1. 发射系统

激光器出射的激光首先通过一个楔板分光，能量较弱的反射光经过中性滤光片衰减光强，通过 CCD 监测激光器发射激光的指向稳定性。一般而言，MOPA 激光器的光束指向稳定性<10μrad。透射的强光通过二向色镜将 532nm 与 1064nm 的激光分束，两束激光经过两路发射通道出射。在每个发射通道，激光经过扩束器扩束及格兰偏振棱镜后，通过 45°反射镜指向天顶角方向发射，通过调节可调镜架和望远镜支架使得发射光路光轴与接收系统望远镜严格平行，如果发射激光的

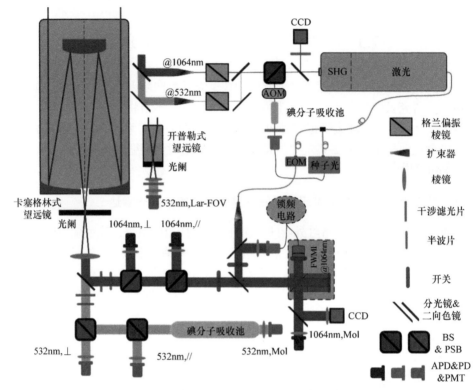

图 7-13　近红外-可见光双波长 HSRL 系统光路原理图

光轴由于振动、环境温度变化等因素而发生变化，需要暂停 HSRL 系统工作进行重新调节。通过半波片旋转发射光的偏振态，再透过一个格兰棱镜和扩束器后出射。这样设计的目的是：①保证激光的完全线偏振出射，减小反射镜反射带来的退偏影响；②通过旋转半波片可以调节激光的出射能量，以适应不同的气溶胶负载状况。扩束器通过 ZYGO 干涉仪进行准直调试以确保出射激光发散角满足望远镜全部接收需求。

2. 接收采集系统

近红外-可见光双波长 HSRL 系统共有七个接收通道，其中 532nm 和 1064nm 分别为四个和三个。接收光路的主接收望远镜是一个卡塞格林式望远镜，望远镜口径为 280mm，F 数为 10。接收的后向散射光通过一个可变光阑，其大小可从 0.5mm 变化至 10mm。在正常使用情况下，主接收望远镜的视场角设置为 0.357mrad，对应可变光阑 1mm。接收光被二向色镜分束，透射过二向色镜的 532nm 后向散射光紧接着透过一个谱宽为 0.3nm 的 532nm 窄带滤光片，窄带滤光片的峰值光学透过率为 90.9%。而后一个偏振分光棱镜用于将后向散射光中的不同偏振成分分离成平行通道和垂直通道。垂直通道经过偏振分光棱镜直接由探测器接收。平行通道被一个 90∶10 的分光棱镜分成两个通道：较强的一路通道透过一个经恒温加热装置进行温度控制的碘分子吸收池，此时回波信号中只包含大气分子后向散射的成分，故又被称为大气分子信号通道；较弱的一路通道则是平行通道。被二向色镜反射的 1064nm 回波做类似光路处理，同样通过一个带宽为 3nm 的干涉滤光片滤除背景噪声，然后被偏振分光棱镜分离成平行偏振光和垂直偏振光，平行偏振光被一个 90∶10 的分光棱镜分成两个通道：较强的一路通道透过与激光频率锁定后的 FWMI，此时回波信号中大部分为大气分子后向散射的成分，故又称为大气分子信号通道；较弱的一路通道则是平行通道。

接收光路的副接收望远镜是一个伽利略式望远镜，望远镜口径为 50mm，F 数为 4，正常使用情况下视场角为 1mrad。副望远镜与主望远镜之间的主要区别在于，副望远镜的视场角要大于主望远镜，且副望远镜的光轴距发射光路光轴的距离非常小，使得副望远镜的重叠因子过渡区高度非常低，故而可以利用副望远镜的探测信号作为参考，比对校正主接收望远镜的重叠因子，该通道又称为米散射通道。

数据采集系统由光电倍增管、雪崩光电二极管、数据采集卡(data acquisition card，DAC)及工控机组成。系统共含有四个 PMT 与三个 APD 作为光电探测器，将接收到的光信号转变为电信号之后被数据采集卡采集记录。四个 PMT 分别接收 532nm 的大气分子与气溶胶后向散射信号、532nm 的大气分子与气溶胶后向散射退偏信号、532nm 的大气分子后向散射信号及用于重叠因子定标的大视场 532nm 的大气分子与气溶胶后向散射信号，其型号为 HAMAMATSU 公司的 R7518，在 410nm 其阴极灵敏度达到 85mA/W；三个 APD 分别接收 1064nm 的大气分子与气溶胶后向散射信号、1064nm 的大气分子与气溶胶后向散射退偏信号，以及 1064nm 的大气分子后向散射信号，其型号为 Excelitas 公司的 Helix-954-200；数据采集卡采用北京阿尔泰科技的四通道高速数据采集卡 PCI8540，采样速率为 20MHz，位数为 14bit。表 7-4 为近红外-可见光双波长 HSRL 系统的参数。

表 7-4　近红外-可见光双波长 HSRL 系统参数

参数		数值
激光器	波长/nm	532/1064(同步)
	脉冲能量/mJ	300/625
	重复频率/Hz	10
	发散角/mrad	<0.1
	脉宽/ns	10

续表

参数		数值
卡塞格林式望远镜	口径/mm	280
	焦距/mm	2800
	视场角/mrad	0.357
伽利略式望远镜	口径/mm	50
	焦距/mm	200
	视场角/mrad	1
PMT(HAMAMATSU R7518)	光阴极面积/mm	8×24
	阴极辐射灵敏度/(mA/W)	85@410nm
APD(Excelitas Helix-954-200)	光阴极面积/mm	0.5
	模块响应度/(kV/W)	360@1060nm
数据采集卡(PCI8504)	采样频率/MHz	20
	信号输入量程/mV	± 1000

3. 典型案例

为研究海盐气溶胶的光学特性，2019 年 4 月，浙江大学双波长偏振高光谱分辨率激光雷达实验观测方舱被运输至浙江省舟山市朱家尖岛(29°53′N, 122°24′E)进行外场观测实验。双波长 HSRL 系统在舟山进行长时间的连续观测，获取多种天气状态下的大气气溶胶-云观测结果。图 7-14 所示为 2019 年 4 月 15 日至 2019 年 5 月 9 日于舟山观测的气溶胶后向散射系数示意图，激光雷达有效探测距离为 0.2～10km。

图 7-14　2019 年气溶胶后向散射系数长时间观测结果

图 7-15 为激光雷达在舟山观测的一个典型案例(2019 年 5 月 6 日)。图 7-15(a)～(f)分别为激光雷达各通道采集的原始信号，数据对应的时间分辨率为 1min(600 发激光脉冲)，距离分辨率仍保持为原始采样的分辨率 7.5m。该段时间 0.2～10km 的

大气包含较为丰富的层次信息：1.5km 以下是一层较稳定的气溶胶层，又称为大气边界层；16:00 在 3～4km 处观测到退偏信号较大的薄层，且退偏通道强度随着时间增加逐渐加强；15:00 开始在 5km 以上逐渐开始出现云层，17:00 之后云底高度逐渐降低。

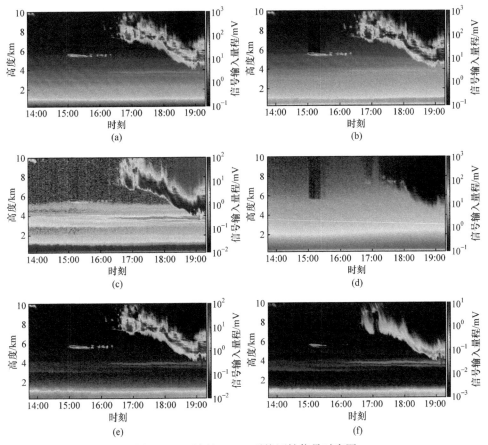

图 7-15 双波长 HSRL 系统原始信号时序图
(a) 大视场 532nm 米散射接收通道；(b)～(d) 532nm HSRL 平行偏振、垂直偏振与分子信号通道；
(e)、(f) 1064nm HSRL 平行偏振与垂直偏振通道

图 7-16(a)所示为 532nm 激光雷达回波单廓线随海拔变化的示意图,图中所示信号已经进行背景噪声与系统增益比校正。在 5～6km 处存在较强的云层，平行偏振通道信号幅值显著增强，而分子信号通道中的信号仍表现出随距离增加而衰减的特征，表明激光中心频率锁定在碘分子吸收池吸收线的谷底，分子信号通道中的粒子后向散射信号得到较好的抑制。如图 7-16(b)所示为 1064nm 的回波信号廓线，其与 532nm 的回波信号观测到层次结构具有很好的一致性。

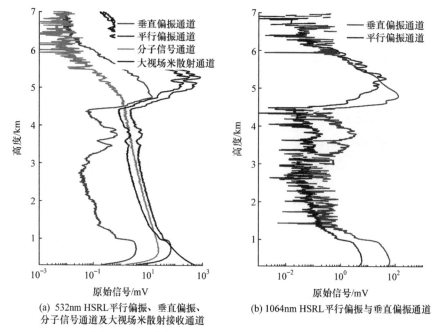

(a) 532nm HSRL平行偏振、垂直偏振、
分子信号通道及大视场米散射接收通道

(b) 1064nm HSRL平行偏振与垂直偏振通道

图 7-16　双波长 HSRL 系统回波信号距离分布廓线

根据 HSRL 反演算法处理激光雷达回波信号得到气溶胶光学特性参数反演结果的时序图如图 7-17 所示。在 1km 以下为大气边界层气溶胶，该层次气溶胶较

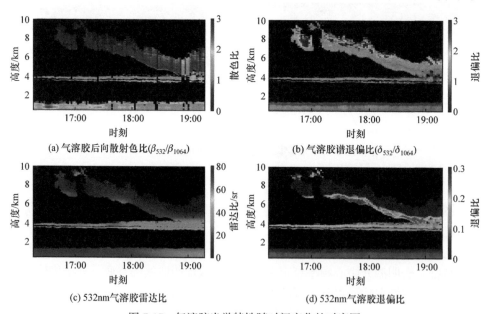

(a) 气溶胶后向散射色比(β_{532}/β_{1064})

(b) 气溶胶谱退偏比($\delta_{532}/\delta_{1064}$)

(c) 532nm气溶胶雷达比

(d) 532nm气溶胶退偏比

图 7-17　气溶胶光学特性随时间变化的时序图

为均匀，1km 处气溶胶后向散射系数和退偏比均有明显的突降，为大气边界层顶——气溶胶浓度明显降低，激光雷达回波信号存在急剧变化，信号变化梯度存在极大值。边界层气溶胶的雷达比范围为 20~46sr，退偏比为 0.03~0.08，谱退偏比($\delta_{532}/\delta_{1064}$)在 0.7~1.1；3.3~4km 处有悬浮的气溶胶层，气溶胶的雷达比范围为 40~80sr，退偏比为 0.1~0.2，后向散射色比(β_{532}/β_{1064})为 1.2~2，谱退偏比为 0.9~1.7。由获得的光学特性结果可获得气溶胶类型识别等高阶数据产品，详细内容见第 8 章。

7.3.2　美国国家航空航天局机械三波长高光谱分辨率激光雷达

NASA 兰利研究中心研制出世界上首台机载双波长高光谱分辨率激光雷达——HSRL-2[30,34]。HSRL-2 是未来气溶胶云生态系统(aerosol cloud ecosystem，ACE)任务激光雷达的机载原型[29]，其实物图如图 7-18 所示[35]。HSRL-2 是机载 HSRL-1[12] 的发展和改进，两个系统在 532nm 和 1064nm 波段具有相同的探测能力，但 HSRL-2 增设 355nm 探测通道[34]。HSRL-2 利用 HSRL 技术探测 355nm 和 532nm 波段的后向散射系数和消光系数，并利用标准的后向散射技术探测 1064nm 的后向散射系数。532nm 采用碘分子池作为光谱鉴频器，1064nm 采用视场展宽迈克耳孙干涉仪作为光谱鉴频器。此外，HSRL-2 在三个波段均设有偏振测量通道，可以探测三个波长的退偏比。

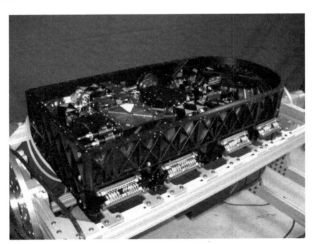

图 7-18　HSRL-2 实物图

1. 发射系统

图 7-19(a)为 HSRL-2 系统光路原理图[34]。Nd: YAG 激光器出射的三个波段的激光束分束为两路进行准直和扩束，最终一起入射到大气。两个发射通道具有类

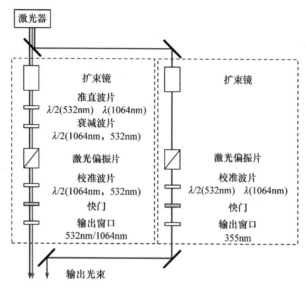

(a) 发射光路

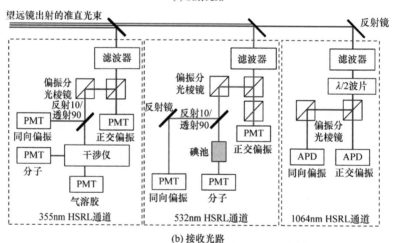

(b) 接收光路

图 7-19　HSRL-2 系统光路原理图

似光路，其主要光学元件为扩束器、格兰激光棱镜、定标波片、光开关及输出窗口。激光束先经过扩束镜扩束以减小激光发散角，然后经过格兰棱镜以确保出射激光的偏振纯度，再依次经过定标波片、光开关和输出窗口入射到大气。355nm激光束单独经过一路发射通道，532nm 和 1064nm 激光束保持为单一光束，在同一发射通道进行扩束。532nm 和 1064nm 激光束离开激光器后具有不同的偏振态，所以在激光扩束之后使用共对准波片来调整两个波长的偏振态，防止经过格兰棱镜时，激光束的偏振态引起某一个波长透射能量显著衰减。格兰棱镜的作用在于提高激光器的偏振纯度。由于 532nm 为可见光波段，考虑低空飞行时人眼安全的问题，在共对准波片之后利用衰减片以衰减 532nm 光束能量。两个通道均存在通道定标波片，该波片可进行机动校准，一方面是调节发射激光的偏振态与接收系统中的偏振分光棱镜光轴方向一致，另一方面以此来进行接收通道增益比定标。增益比定标通过相对于偏振分光棱镜光轴旋转半波片 45°，使得两个通道在无云部分测量接收到偏振态相同的散射光能量。355nm 激光束在经过输出窗口后经过两个 45°高反镜，与其余两个波段光束一同出射。

2. 接收采集系统

HSRL-2 共有九个通道的回波信号，其中 355nm、532nm 和 1064nm 波段分别有 4 个、3 个和 2 个，图 7-19(b)为 HSRL-2 接收光路示意图。望远镜的接收视场角为 1mrad，从望远镜接收的准直光束通过二向色镜依次分为三个波段，分别进入三个接收子系统。在各个接收子系统中，激光束首先经过一个干涉滤光器 (1064nm)或者干涉滤光器和标准具的组合(532nm 和 355nm)以消除背景散射光。干涉滤光器的谱宽分别为 0.4nm(3.5cm^{-1})@1064nm，0.03nm(1.1cm^{-1})@532nm，0.045nm(3.6cm^{-1})@355nm。这些滤光片的谱宽非常窄，能够滤除旋转拉曼散射边带引起的后向散射信号(N_2 的纯转动拉曼边带始于 11.9cm^{-1}，O_2 的纯转动拉曼边带始于 14.4cm$^{-1[36]}$)。如上文所述，激光器出射的 532nm 和 1064nm 具有不同的偏振态，在同一发射通道由共对准波片调节偏振态后出射，故在 1064nm 通道内含有一个半波片，用于校正接收系统中的偏振误差。该半波片在安装过程中设置，在正常的操作过程中不旋转。随后，激光束由偏振分光棱镜分为同向偏振通道(Co-pol)和正交偏振通道(X-pol)。由于偏振分光棱镜在透射方向上的消光比大于反射方向上的消光比，所以在偏振分光器的反射光路中都设有第二个偏振分光棱镜以进一步提高同向偏振通道信号的消光比。532nm 通道在偏振分光棱镜的透射通道上也设有一个偏振分光棱镜。在 HSRL-2 系统中，测量的偏振通道的消光比具体如表 7-5 所示。经过 PBS 之后，1064nm 通道的光直接由雪崩光电二极管接收。532nm 的透射激光由光电倍增管接收为正交偏振通道，而反射激光通过一个分束比 1∶9 的分光棱镜分为两路，透射激光经过一个碘分子池后由 PMT 探测得到平行分子通道[12]，反射激光由 PMT 直接接收为同向偏振通道。在 355nm 接收通道，偏振分光器透射光束由 PMT 直接接收为正交偏振通道，反射光束经过分束比 1∶9 的分光棱镜，反射光由 PMT 直接接收得到同向偏振通道，而透射光经过一个迈克耳孙干涉仪分成两路，透射光为具有少量分子散射信号的气溶胶通道，反射光为其互补通道，即具有少量气溶胶散射信号的分子通道。HSRL-2 系统参数见表 7-5。

表 7-5　HSRL-2 系统参数

参数		数值
激光器	波长/nm	355/532/1064(同步)
	脉冲能量/mJ	30/13/36
	重复频率/Hz	200
望远镜	视场角/mrad	1
带宽(半高全宽)	1064nm 波段	0.4nm(3.5cm^{-1})
	532nm 波段	0.03nm(1.1cm^{-1})
	355nm 波段	0.045nm(3.6cm^{-1})
偏振消光比	Co-pol@355nm	300 : 1
	X-pol@355nm	431 : 1
	其他	>1000 : 1

3. 典型案例

HSRL-2 参与 2012 年 7 月在美国能源部(Department of Energy，DOE)双柱气溶胶项目(two column aerosol project，TCAP)，并开展多次机载实验观测[29,37]。搭载于 NASA 的 B-200 国王航空飞机上的 HSRL-2 可以获得多个波长的粒子光学特性，在此基础上通过反演算法获得气溶胶粒子的微物理特性参数。共同进行机载实验的还有 DOE 的湾流一号(Gulfstream-1，G-1)飞机，其上搭载着多台可以获得的粒子尺寸参数的原位测量仪器。图 7-20 所示为 TCAP 期间 B-200 国王航空飞机的飞行轨迹[29]。HSRL-2 在 2012 年 7 月 7 日～30 日的 11 天内进行工作并采集数据。每次飞行过程，B-200 飞行 3.5～4h。

图 7-21 为 2012 年 7 月 17 日 HSRL-2 的测量实例，图中(a)～(e)分别为气溶胶消光系数(532nm)、气溶胶雷达比(532nm)、气溶胶雷达比(355nm)、消光系数的 Ångström 波长指数(532nm/355nm)、后向散射相关的 Ångström 波长指数(532nm/355nm)[29]。数据的时间分辨率为 10s，距离分辨率为 150m。由图可知，大多数气溶胶粒子聚集于 3km 以下，在飞行的一小段时间里，遇到高达 5km 的气溶胶羽流。在整个飞行过程中，消光系数较为均匀，数值保持相对稳定。海洋上空的光学厚度在 355nm 波段时一般在 0.3～0.45，在 532nm 波段时在 0.2～0.25。消光相关的 Ångström 波长指数平均为 1.2～1.7。后向散射系数相关的 Ångström 波长指数表现出不均匀的片状结构，其值在 1 和 2.5 之间变化。355nm 波段和 532nm 波段处的激光雷达比在污染层中平均在 50sr 和 70sr 之间变化。355nm 波段的激光雷达比数值与 532nm 波段的结果相似或数值略低。海洋表面附近的 Ångström 波长指数和激光雷达比值没有显著下降，这表明海洋颗粒对海洋边界层的总气溶胶负载没有显著贡献。

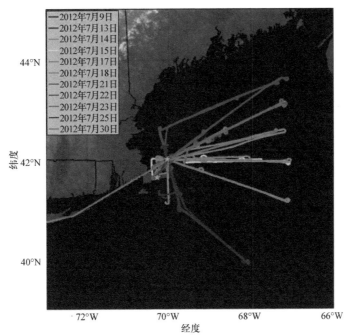

图 7-20 2012 年 TCAP 期间 B-200 国王航空飞机的飞行轨迹

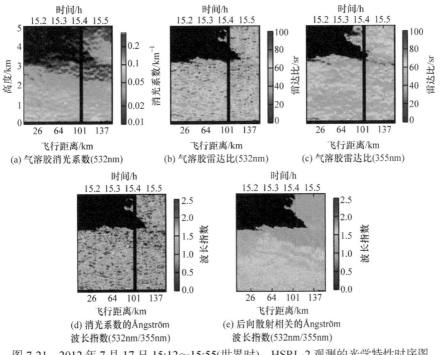

(a) 气溶胶消光系数(532nm)   (b) 气溶胶雷达比(532nm)   (c) 气溶胶雷达比(355nm)

(d) 消光系数的 Ångström
波长指数(532nm/355nm)   (e) 后向散射相关的 Ångström
波长指数(532nm/355nm)

图 7-21 2012 年 7 月 17 日 15:12～15:55(世界时)，HSRL-2 观测的光学特性时序图

每幅图的时间分辨率均为 10s，距离分辨率为 150m

　　图 7-22 所示为 16：00～16：05(世界时)共 5min 时间的观测结果图[29]。对 5min 的观测数据进行光学特性反演，获得共 20 组的 $3\beta+2\alpha$ 廓线结果，其垂直分辨率为 150m，如图 7-22 依次为气溶胶消光系数(532nm)、气溶胶雷达比(532nm)、气溶胶雷达比(355nm)、消光系数的 Ångström 波长指数(532nm/355nm)、后向散射相关的 Ångström 波长指数(532nm/355nm)。基于光学特性的反演结果，可以获得气

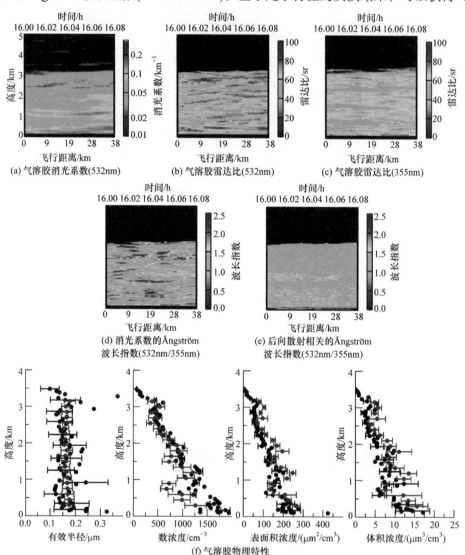

图 7-22　气溶胶光学特性时序图；HSRL-2(红色)和 G-1 原位测量(黑色)
获得的气溶胶微物理特性参数

HSRL-2 的测量时间为 2012 年 7 月 17 日 16：00～16：05，原位测量时间为 15：45～15：56。
反演结果的距离分辨率为 150m。数据的误差线表示 1 个标准偏差

溶胶的微物理特性。该观测案例中共可生成近 1150 万个独立的解，根据微物理特性算法中使用的数学和物理约束，选择和接受 2000 个解。然后，利用这 2000 个解获得最终的气溶胶微物理特性参数，图 7-22 给出了用 5min 光学特性数据反演得到的微物理特性参数，依次为有效半径、数浓度、表面积浓度和体积浓度。由图 7-22 可知，有效半径并不随高度变化显著变化，其数值大约为 0.2μm，这是城市气溶胶或烟雾的特征[38]。数浓度、表面积浓度和体积浓度随着高度的增加逐渐减小，表明气溶胶负载随着高度的增加逐渐减小。图中红线数据为原位仪器的数据结果。原位仪器搭载于 G-1 飞机，其盘旋中心距 HSRL-2 约 2km。原位探测的采样体积明显小于激光雷达的采样体积。HSRL-2 观测和反演结果在一个标准偏差内与原位测量结果基本一致。

7.3.3　德国莱布尼茨对流层研究所多波长偏振拉曼激光雷达

　　TROPOS 自 2003 年起开始研发便捷式激光雷达(Polly)[31]，自那以后，逐步升级和开发出其他更多的 Polly 系列的激光雷达系统。Polly 系统安置在一个户外方舱中，能够通过互联网远程访问进行控制和自动采集。所有的 Polly 系列激光雷达组成 PollyNET 激光雷达观测网络。自 2006 年以来，两台能够获得 355nm、532nm 和 1064nm 的气溶胶后向散射系数及 355nm 和 532nm 的消光系数的多波长拉曼偏振激光雷达系统(Polly^{XT})由 TROPOS 和芬兰气象研究所(Finnish Meteorological Institute，FMI)合作开发，其系统实物图如图 7-23 所示[31]。经过十

图 7-23　拉曼激光雷达系统 Polly^{XT} 方舱

1. 激光器；2. 激光电源；3. 扩束器；4. 接收器望远镜；5. 七通道接收器；6. 光电倍增管冷却装置电源；
7. 计算机；8. 不间断电源；9. 空调；10. 室外温度和雨水传感器；11. 顶盖

多年的发展，PollyNET 网络成员不断升级更新，本节将介绍 PollyNET 中具有典型代表意义的多波长偏振拉曼激光雷达系统 Polly^{XT}_OCEANET，其光路结构如图 7-24 所示[39]。

1. 发射系统

Polly^{XT}_OCEANET 的光路结构如图 7-24 所示，上部显示系统的俯视图，下部显示系统的前视图。发射光路部分用 E 来表示。激光头(E1)出射重频为 10Hz 的 1064nm 的脉冲光，激光束依次通过外部二次和三次谐波发生器(SHG、THG，图 7-24 中 E2)产生 532nm 和 355nm 光束。三个波长的出射激光能量分别为 180mJ@1064nm、10mJ@532nm、60mJ@355nm。在工作过程中，系统可对激光器的输出功率进行严格的实时监测，不但通过内部传感器记录激光功率，而且使用外部功率计(E2a)单独测量紫外波段能量，以便连续观察转换效率，便于之后的质量控制。

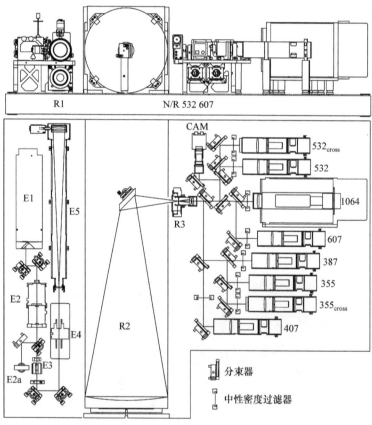

图 7-24　Polly^{XT}_OCEANET 光路结构图

E1. 激光头；E2. 外部二次和三次谐波发生器；E2a. 外部功率计；E3. 半波片和一个布儒斯特切割角的格兰棱镜；
E4. 外部开关；E5. 扩束镜；R1. 折射望远镜；R2. 牛顿望远镜；R3. 退偏校准装置

E3 位置设有一个半波片和以布儒斯特角度切割的格兰激光棱镜,半波片用于调节出射激光偏振态与接收系统一致,格兰激光棱镜用于提高出射激光的偏振纯度。随后激光束通过两个 45°放置的二向色镜,激光方向调整向上。E4 处设置一个额外的快门,由改进的 FURUNO 舰船雷达控制,在飞机飞越时阻止激光出射。最后,在激光入射到大气之前,利用扩束镜(E5)将直径 6mm 的光束扩大为 45mm,使得出射的激光发散角控制在 0.2mrad(全角)以内。

2. 接收采集系统

Polly^{XT}_OCEANET 系统共有九个信号接收通道和一个触发式照相机(CAM)监控通道,包括三个拉曼通道(387nm、407nm、607nm)。接收系统主要由一个主镜直径为 300mm 的牛顿望远镜(R2)和接收光路组成。望远镜的视场角为 1mrad,由望远镜接收的光束首先经过安装在针孔前面的退偏校准装置 R3,针孔的直径为 0.9mm。回波光束经过透镜对准直后,由二向色镜按波长进行分离进入到各接收通道。系统可以测量三个波段的后向散射系数,以及 355nm 和 532nm 波段的消光系数。除此之外,系统设有偏振通道,可以探测 355nm 和 532nm 波段的偏振信息(355$_{cross}$,532$_{cross}$),并设有水汽探测通道(407nm)和氮气分子探测通道(387nm,607nm)。触发式照相机作用波长为 532nm,其成像照片一方面用作实时监控,另一方面储存以用于系统的性能分析。触发式照相机和其他所有接收通道都配备可滤除背景干扰的滤波器。每个光电倍增管前面均设有平凸透镜,用于将主镜的图像投影到光电阴极上,以便减小光电阴极灵敏度不均匀性对不同高度信号探测的影响。Polly^{XT}_OCEANET 的光学装置安装在一个重量减轻的碳纤维光学板上,整个板倾斜 5°放置以避免水平朝向冰晶的镜面反射。

为满足 Polly^{XT}_OCEANET 的近地面探测要求,在离出射激光束轴线 120mm 的距离处增设有一个单独的 50mm 折射望远镜(R1)。折射望远镜的视场角为 2.2mrad,可以实现近距观测,能够将整个系统受重叠因子影响的高度降低到 120m。近距探测可独立用于激光雷达数据分析,一方面可作为数据质量控制,另一方面有助于远距离接收视场的重叠因子的确定。折射望远镜由焦距为 250mm 的消色差棱镜(Thorlabs,AC508-250-A)组成,由一根 550μm 的光纤作为视场光阑并进行能量传输。

Polly^{XT}_OCEANET 所有通道都是以光子计数的形式进行数据采集。采集系统的采样频率为 800MHz,其距离分辨率为 7.5m。除 1064nm 通道,其他通道均采用滨松的小型光电倍增管模块(P10721-110)。在 1064nm 通道,探测器型号为滨松的 R3236,探测采集系统排列紧凑。表 7-6 为 Polly^{XT}_OCEANET 系统参数。

表 7-6 Polly^{XT}_OCEANET 系统参数

参数		数值
激光器	波长/nm	355/532/1064(同步)
	脉冲能量/mJ	60/110/180
	发散角/mrad	<0.2
望远镜	牛顿望远镜视场角/mrad	1
	折射望远镜视场角/mrad	2.2
信号采集系统	频率/MHz	800
	通道数	8
	分辨率/m	7.5

3. 典型实例

图 7-25 为 Polly^{XT}_OCEANET 系统探测的光学特性参数示意图[39]。实验数据来源于 2013 年 5 月德国研究船 METEOR 从加勒比瓜德罗普岛到佛得角明德洛岛进行的大西洋巡航运动。Polly^{XT}_OCEANET 在巡航期间持续运行，以研究撒哈拉粉尘向西输送到中美洲的过程[40]。图 7-25 所示为 2013 年 5 月 9 日在距离西非海岸约 3000km 处(14.5°N,44.1°W)观测到的一股撒哈拉尘流。该尘流层高度从 1.7km 高度延伸到 3.4km，最大消光系数在 355nm 和 532nm 波段分别为 80M/m 和 75M/m。沙尘层的气溶胶光学厚度在 532nm 波段为 0.07±0.01。Polly 激光雷达能够以非常高的距离分辨率测量三个波长的光学特性。图 7-25(a)所示为三个波段的后向散射系数，相应的与后向散射相关的 Ångström 波长指数如图 7-25(d)中粗蓝色和红色曲线。图 7-25(b)所示为 355nm 和 532nm 波段气溶胶消光系数，图 7-25(d)中蓝

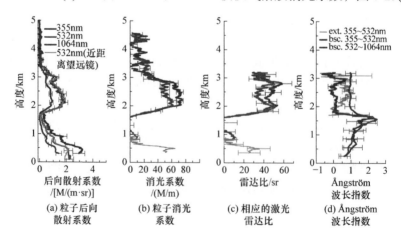

(a) 粒子后向散射系数　　(b) 粒子消光系数　　(c) 相应的激光雷达比　　(d) Ångström 波长指数

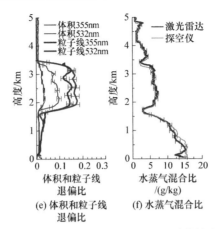

图 7-25 Polly^{XT}_OCEANET 系统探测的光学特性参数示意图

色细曲线为相应的消光相关的 Ångström 波长指数。根据 355nm 和 532nm 波段的后向散射系数和消光系数，可以计算激光雷达比[图 7-25(c)]。图 7-25(e)为 355nm 和 532nm 波段的体积退偏比和粒子线退偏比。

在 2~3km 高度的沙尘层中，激光雷达比的数值范围为(50±5)sr(355nm)和 39±5sr(532nm)，气溶胶线退偏比在两个波段分别为 0.16±0.02(355nm)和 0.175±0.01(532nm)，消光系数有关的 Ångström 波长指数为 0.65±0.2。相关研究表明纯的撒哈拉沙尘的与消光系数有关的 Ångström 波长指数范围为 0±0.2[41]，这表明该尘流层为混有生物质燃烧气溶胶的老尘流。由于尘埃粒子形状不规则，不同波长下与形状相关的光学效应也不同。后向散射相关(355nm/532nm)的 Ångström 波长指数数值为–0.01±0.17，结合其他光学特性参数可发现，沙尘中混有相当大的烟雾颗粒。图 7-25(f)为水蒸气混合比，在 2~3km 这段范围段，水蒸气混合比基本恒定，表明该尘流层混合状态较好，层次十分均匀[39]。

近地表层是一层包含沙尘(湍流向下混合和沉积)、老化烟雾和海洋气溶胶的混合层。在该混合层中，球形粒子(海洋气溶胶和烟雾粒子)占主导地位，1km 高度以下的气溶胶退偏比数值小于 0.05。同时，近地表层的激光雷达比值相对较低，数值为(20±10)sr，Ångström 波长指数数值在 1 附近，数值符合海洋气溶胶的范围。在最低的 500m 处，蒸气混合比几乎与高度无关，同时 532nm 的后向散射系数(远近视场)数值也基本稳定，表明混合层气溶胶较为均匀。随着高度的升高，由于干燥的自由对流层与潮湿的边界层空气混合，蒸气混合比逐渐降低。

7.4 本 章 小 结

本章针对大气气溶胶来源丰富、粒径范围广泛的特点，介绍多波长高光谱分辨率激光雷达在气溶胶探测中的重要应用。不同类型的气溶胶与不同波长的激光相互作用时所表现的光学特性的差异性使得多波长激光雷达在气溶胶类型识别及气溶胶粒径分布研究中具有独特优势。本章从分子通道光路分析、回波信号角度建模、多波长 HSRL 鉴频器设计等方面详细介绍大气气溶胶探测多波长高光谱分辨率激光雷达的关键器件的优化设计，为多波长 HSRL 系统的设计与研制提供充足的理论支持。本章最后一节详细介绍了浙江大学、美国国家航空航天局、德国莱布尼茨对流层研究所等单位的多波长激光雷达典型系统，并结合实例充分体现多波长激光雷达系统的探测能力。

参 考 文 献

[1] Pérez-Ramírez D, Whiteman D N, Veselovskii I, et al. Effects of systematic and random errors on the retrieval of particle microphysical properties from multi wavelength liar measurements using inversion with regularization. Atmospheric Measurement Techniques, 2013, 6(11): 3039-3054.

[2] 腾恩江, 胡伟. 中国四城市空气中粗细颗粒物元素组成特征. 中国环境科学, 1999, 19(3): 238-242.

[3] 杜洋. 多波长激光雷达颗粒物质量浓度探测方法适用范围分析. 西安: 西安理工大学硕士学位论文, 2017.

[4] Müller D, Wandinger U, Ansmann A. Microphysical particle parameters from extinction and backscatter lidar data by inversion with regularization: Theory. Applied Optics, 1999, 38(12): 2346-2357.

[5] Liu D, Yang Y, Zhang Y, et al. Pattern recognition model for aerosol classification with atmospheric backscatter lidars: Principles and simulations. Journal of Applied Remote Sensing, 2015, 9(1): 096006.

[6] Jagodnicka A K, Tadeusz S, Grzegorz K, et al. Particle size distribution retrieval from multiwavelength lidar signals for droplet aerosol. Applied Optics, 2009, 48(4): 8.

[7] Shipley S T, Tracy D H, Eloranta E W, et al. High spectral resolution lidar to measure optical scattering properties of atmospheric aerosols. 1: Theory and instrumentation. Applied Optics, 1983, 22(23): 3716-3724.

[8] Miles R B, Lempert W R, Forkey J N. Laser Rayleigh scattering. Measurement Science Technology, 2001, 12(5): 33-51.

[9] Bruneau D. Fringe-imaging Mach-Zehnder interferometer as a spectral analyzer for molecular Doppler wind lidar. Applied Optics, 2002, 41(3): 503-510.

[10] Bing Y L, Michael E, Martin W, et al. Influence of molecular scattering models on aerosol optical properties measured by high spectral resolution lidar. Applied Optics, 2009, 48(27): 5143-5154.

[11] Luo J, Liu D, Zhang Y, et al. Design of the interferometric spectral discrimination filters for a three-wavelength high-spectral-resolution lidar. Optics Express, 2016, 24(24): 27622-27636.

[12] Hair J W, Hostetler C A, Cook A L, et al. Airborne high spectral resolution lidar for profiling aerosol optical properties. Applied Optics, 2008, 47(36): 6734-6752.

[13] She C Y, Alvarez R J, Caldwell L M, et al. High-spectral-resolution Rayleigh-Mie lidar

measurement of aerosol and atmospheric profiles. Applied Physics B, 1992, 55(2): 154-158.

[14] Piironen P, Eloranta E W. Demonstration of a high-spectral-resolution lidar based on a iodine absorption filter. Optics Letters, 1994, 19(3): 234.

[15] Dong L, Chris H, Ian M, et al. System analysis of a tilted field-widened Michelson interferometer for high spectral resolution lidar. Optics Express, 2012, 20(2): 1406-1420.

[16] Hoffman D S, Repasky K S, Reagan J A, et al. Development of a high spectral resolution lidar based on confocal Fabry-Perot spectral filters. Applied Optics, 2012, 51(25): 6233-6244.

[17] Cheng Z, Liu D, Luo J, et al. Effects of spectral discrimination in high-spectral-resolution lidar on the retrieval errors for atmospheric aerosol optical properties. Applied Optics, 2014, 53(20): 4386.

[18] Cheng Z, Liu D, Yang Y, et al. Interferometric filters for spectral discrimination in high-spectral-resolution lidar: Performance comparisons between Fabry-Perot interferometer and field-widened Michelson interferometer. Applied Optics, 2013, 52(32): 7838-7850.

[19] Born M, Wolf E. Principles of Optics: Electromagnetic Theory of Propagation, Interference and Diffraction of Light. Cambridge: Cambridge University Press, 1999.

[20] Cheng Z T, Liu D, Yang Y Y, et al. Interferometric filters for spectral discrimination in high-spectral-resolution lidar: Performance comparisons between Fabry-Perot interferometer and field-widened Michelson interferometer. Applied Optics, 2013, 52(32): 7838-7850.

[21] Cheng Z T, Liu D, Luo J, et al. Effects of spectral discrimination in high-spectral-resolution lidar on the retrieval errors for atmospheric aerosol optical properties. Applied Optics, 2014, 53(20): 4386.

[22] Center N G D. US standard atmosphere(1976). Planetary and Space Science, 1992, 40(4): 553-554.

[23] Bucholtz A. Rayleigh-scattering calculations for the terrestrial atmosphere. Applied Optics, 1995, 34(5): 2765-2773.

[24] Liu Z, Voelger P, Sugimoto N. Simulations of the observation of clouds and aerosols with the experimental lidar in space equipment system. Applied Optics, 2000, 39(18): 3120-3137.

[25] Zhang Y P, Liu D, Yang Y Y, et al. Spectrum filter performance analysis on near-infrared high-spectral-resolution lidar. Chinese Journal of Lasers, 2016, 43(4): 0414004.

[26] Cheng Z T, Liu D, Luo J, et al. Field-widened Michelson interferometer for spectral discrimination in high-spectral-resolution lidar: Theoretical framework. Optics Express, 2015, 23(9): 12117-12134.

[27] Spinhirne J D. Micro pulse lidar. IEEE Transactions on Geoscience & Remote Sensing, 1993, 31(1): 48-55.

[28] Liu D, Yang Y Y, Cheng Z T, et al. Retrieval and analysis of a polarized high-spectral-resolution lidar for profiling aerosol optical properties. Optics Express, 2013, 21(11): 13084-13093.

[29] Müller D, Hostetler C A, Ferrare R A, et al. Airborne Multiwavelength high spectral resolution lidar (HSRL-2) observations during TCAP 2012: Vertical profiles of optical and microphysical properties of a smoke/urban haze plume over the northeastern coast of the US. Atmospheric Measurement Techniques, 2014, 7(10): 3487-3496.

[30] Sawamura P, Moore R H, Burton S P, et al. HSRL-2 aerosol optical measurements and microphysical retrievals vs. airborne in situ measurements during DISCOVER-AQ 2013: An intercomparison study. Atmospheric Chemistry and Physics, 2017, 17(11): 7229-7243.

[31] Althausen D, Engelmann R, Baars H, et al. Portable Raman lidar Polly[XT] for automated profiling of aerosol backscatter, extinction, and depolarization. Journal of Atmospheric Oceanic Technology, 2009, 26(11): 2366-2378.

[32] Cheng Z T, Liu D, Zhang Y P, et al. Generalized high-spectral-resolution lidar technique with a multimode laser for aerosol remote sensing. Optics Express, 2017, 25(2): 979-993.

[33] Cheng Z T, Liu D, Zhou Y D, et al. Frequency locking of a field-widened Michelson interferometer based on optimal multi-harmonics heterodyning. Optics Letters, 2016, 41(17): 3916-3919.

[34] Burton S P, Hair J W, Kahnert M, et al. Observations of the spectral dependence of linear particle depolarization ratio of aerosols using NASA Langley airborne high spectral resolution lidar. Atmospheric Chemistry and Physics, 2015, 15(23): 13453-13473.

[35] Hair J W, Berg L, Shinozuka Y, et al. A13K-0336: Airborne multi-wavelength high spectral resolution lidar for process studies and assessment of future satellite remote sensing concepts. AGU Fall Meeting Abstracts, San Francisco, 2012.

[36] Behrendt A, Nakamura T. Calculation of the calibration constant of polarization lidar and its dependency on atmospheric temperature. Optics Express, 2002, 10(16): 805-817.

[37] Berg L K, Fast J D, Barnard J C, et al. The two-column aerosol project: Phase I overview and impact of elevated aerosol layers on aerosol optical depth. Journal of Geophysical Research Atmospheres, 2015, 121(1): 336-361.

[38] Müller D, Mattis I, Ansmann A, et al. Multiwavelength Raman lidar observations of particle growth during long-range transport of forest-fire smoke in the free troposphere. Geophysical Research Letters, 2007, 34(5): L05803.

[39] Engelmann R, Kanitz T, Baars H, et al. EARLINET Raman lidar Polly[XT]: The next generation. Atmospheric Measurement Techniques Discussions, 2015, 8(7): 7737-7780.

[40] Kanitz T, Engelmann R, Heinold B, et al. Tracking the Saharan air layer with shipborne lidar across the tropical Atlantic. Geophysical Research Letters, 2014: 41(1): 40.

[41] Tesche M, Ansmann A, Muller D, et al. Vertically resolved separation of dust and smoke over Cape Verde using multiwavelength Raman and polarization lidars during Saharan mineral dust experiment 2008. Journal of Geophysical Research Atmospheres, 2009, 114: 13202.

第8章　高光谱分辨率激光雷达遥感应用

　　1963 年，Fiocco 和 Smullin 利用基于红宝石激光器的激光雷达对高空气溶胶进行了探测[1]。相较于传统的电磁波、微波雷达，激光雷达将光波作为发射源，波长较短的光波可以与大气中的物质发生相互作用，使得探测尺寸较小的气溶胶粒子成为可能。激光雷达能够获得气溶胶的垂直分布信息，成为探测大气边界层时空演变最为有效的手段。经过几十年的发展，激光雷达，尤其是多波长激光雷达在气溶胶和云的光学特性及微物理特性探测方面表现出巨大的优势。本章主要介绍激光雷达在大气遥感中的几个典型应用：大气边界层高度识别、大气气溶胶类型识别、大气气溶胶的微物理特性反演和水云的光学和微物理特性反演等。

8.1　大气边界层高度识别

8.1.1　大气边界层的定义

　　大气边界层(atmospheric boundary layer，ABL)，又称为行星边界层(planetary boundary layer，PBL)，主要是指靠近下垫表面的对流层底部，其直接受地球表面的影响，对地表强迫力(包括摩擦力、蒸发蒸腾作用、热传导和污染物排放等)的响应时间一般不大于 1h。大气边界层内湍流的产生影响大气运动的各种形式和大气边界层各种气象要素的时空分布，大气边界层在整个大气演变过程中扮演着重要的角色，对天气、气候和水循环有着重要的影响，控制着地球表面与自由大气之间的能量、热量、水汽及各种天然的和人为的物质之间的交换。因此，研究大气边界层对于空气质量预报、工农业生产、导航安全等都具有非常重要的意义。

　　在大气边界层的各类特性中，大气边界层高度(planetary boundary layer height，PBLH)在气候模型中是一个非常重要的参数，其具有较大的时空变化特征，一般在几百米到几千米的范围。大气边界层高度决定了地表排放物可以扩散的体积及边界层中湍流的时间尺度，在预测大气中物质和能量流动时有着非常重要的作用，是大气扩散模型中一个非常重要的参数[2]。大气边界层高度对于预测大气层当中的物质流动及能量流动都具有非常显著的意义。大气边界层会随着太阳辐射、地表地貌及天气等因素的变化而变化，其时间变化具有明显的日变化特征，因此，对大气边界层的全天时观测十分重要。

图 8-1 所示为典型的陆地大气边界层结构及时间演化特征示意图。在陆地上方，大气边界层结构主要由混合层、稳定边界层(stable boundary layer，SBL)和残余层(residual layer，RL)三大结构循环组成。白天，太阳升起并加热地面，地面热空气上升，云顶冷空气下沉，形成对流。随着太阳的升高，混合层逐渐增厚，在傍晚达到最高。在日落前半个小时，混合层的湍流强度迅速衰减，其所包含剩余的水汽、热量和污染物等物质成为残余层。日落之后，残余层的底部与地面接触受到冷却，转化为厚度逐渐增大的稳定边界层。白天边界层内气层是强不稳定层结，大气边界层顶部常有夹卷层(entrainment zone)覆盖，也称为逆温层。卷夹层如同一层顶盖，是边界层和自由大气的过渡区，将边界层与大气层隔离开来。

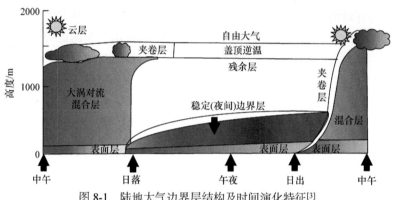

图 8-1　陆地大气边界层结构及时间演化特征[3]

8.1.2　大气边界层的主要探测手段

由 8.1.1 节所述，在大气边界层与上部的自由大气的交界处存在一个逆温层，气象上将该温度逆变高度定义为大气边界层高度。该逆温层阻碍了自由大气与对流层底部之间的对流运动，导致在这一区域内的湿度、气溶胶浓度等气象参数比自由大气当中高出了几个数量级。目前在大气边界层高度探测当中，普遍采用气象参数突变的原理来确定当前大气边界层的高度。根据所采用原理的不同，目前的探测手段主要可分为直接探测及遥感探测两类。

直接探测是目前大多数学者广泛采用的探测大气边界层高度的手段，通常采用的平台有飞机、系留气球、气象塔等。直接探测基于无线电探空仪，可获得精细的气象要素廓线，包括温度、湿度、风速、气压等气象要素廓线，进而反演估算出大气边界层的高度信息。在直接探测中，最常用的两种方法是位温梯度法及相对湿度梯度法。位温梯度法是根据探空仪获得的位温数据判断边界层顶高度，位温梯度的极大值处便是大气边界层高度[4]。相对湿度梯度法与位温梯度法相似，一般认为相对湿度梯度最小处为大气边界层高度。这两种方法应用简单，并且可以相互验证，具有广泛的应用。但是，直接探测分析只能在特定的时间段进行数据采集,仪器的日常运作需要耗费大量的人力、物力和财力,无法实现全天时观测。

为了改善直接探测的局限性,遥感探测分析在大气探测与预报当中发挥着越来越重要的作用。与直接探测分析不同,遥感探测分析不直接接触目标介质,而是在一定距离外感知这些物质的物理化学特性及时空分布情况。遥感探测分析可以实现低成本、远距离的探测分析,在大气边界层高度探测当中得到了越来越多的应用。遥感探测可以得到诸如温湿度、风速、气溶胶浓度等大气参量的信息,进而反演得到大气边界层的高度,探测工具主要包括微波辐射计、声雷达、激光雷达等。其中,激光雷达作为一种主动遥感仪器,可获得大气气溶胶垂直分布信息,在大气边界层和气溶胶探测上具有独特的优势,具有可操作性强、可连续观测及时空分辨率高等优点,受到了众多科研工作者的关注。

8.1.3　基于激光雷达的大气边界层高度识别方法

逆温层将大量的气溶胶粒子束缚在边界层内,而在逆温层上部的自由大气中,气溶胶粒子浓度很低,因此在边界层顶的位置气溶胶的浓度会发生突变。激光雷达回波信号会随着气溶胶浓度的突变而快速地衰减。在不考虑近地面云层和多气溶胶层等复杂天气状况,激光雷达可以利用回波信号中的突变位置获得大气边界层高度。目前,有很多基于激光雷达信号的方法用于大气边界层高度的反演,比较常见的有梯度法(gradient method,GM)[5,6]、曲线拟合法(curve fitting method,CFM)[6,7]、小波协方差法(wavelet covariance transform method,WCT)[8,9]、标准偏差法(standard deviation method,STD)[10]等。鉴于图像处理算法已经相当成熟,近年来也有科研人员尝试将激光雷达时序观测信号当作图像信号进行处理,经过不断探索与创新,一些二维图像的算法也被应用到大气边界层高度的识别研究中,如图像边缘检测法[11]、图像分类法[12,13]等。

1. 梯度法

激光雷达回波信号在大气边界层高度的位置会发生突变,因此激光雷达回波信号梯度最大的位置就表征了大气边界层高度。梯度法就是直接利用激光雷达回波信号的一阶导数来确定大气边界层高度,即

$$\mathrm{Gra}(z) = -\mathrm{d}X(z)/\mathrm{d}z \tag{8-1}$$

式中,$\mathrm{Gra}(z)$ 为距离校正信号的负导数值;$X(z)$ 为激光雷达回波信号的距离平方校正信号;z 为回波信号对应的高度。那么,在不考虑云层和多气溶胶层等复杂天气状况下,理论上只要确定梯度值最大的高度位置,就可以确定大气边界层的高度。

梯度法原理简单，实现也相对容易，在边界层高度反演中得到了非常广泛的应用。但是，其对噪声信号非常敏感，因此在进行梯度法反演时一般会先对信号进行平滑滤波。在背景噪声较严重时，或者存在多云、多气溶胶层等复杂大气结构情况下，还需要人工设定阈值，才能得到较准确的边界层高度。由于大气实际情况复杂，梯度法获取的结果不稳定，难以实现自动化探测。总体来说，梯度法适用于激光雷达回波信噪比高、无须自动化观测的情况。

2. 曲线拟合法

曲线拟合法是根据大气边界层的垂直结构特点，利用一条理想的回波信号廓线来拟合实际激光雷达回波信号，使得二者之间的均方根差最小，从而得到大气边界层的高度信息。相较于其他方法而言，曲线拟合法利用了回波信号整体廓线而不是信号单点之间的相互关系。拟合函数定义为

$$D(z) = \frac{D_\mathrm{m} + D_\mathrm{u}}{2} - \frac{D_\mathrm{m} - D_\mathrm{u}}{2} \mathrm{erf}\left(\frac{z - z_\mathrm{m}}{s}\right) \tag{8-2}$$

式中，D_m 为 $X(z)$ 在混合层当中的平均信号强度；D_u 为 $X(z)$ 在混合层以上自由大气当中的平均信号强度；z_m 为混合层高度，即为大气边界层高度；s 为一个与卷夹层厚度相关的量，其一般情况下是整个卷夹层厚度的 1/2.77[14]；erf() 为误差函数，其定义为

$$\mathrm{erf}(a) = \frac{2}{\pi} \int_0^a \exp(-y^2) \mathrm{d}y \tag{8-3}$$

通过 D_m、D_u、z_m 和 s 这四个参数将 $D(z)$ 与 $X(z)$ 进行拟合，使得二者偏差的均方根差最小。曲线拟合法相比于梯度法具有更好的鲁棒性，并且特别适合处理稳定缓变的激光雷达信号。曲线拟合法的提取结果较为稳定，受大气状况和背景的影响相对较少。但是，$D(z)$ 是高度理想化的廓线，因此当大气结构变得复杂时，曲线拟合法的误差也会随之变大。同时，由于拟合参数较多，曲线拟合法的反演速度也相对较慢。

3. 小波协方差法

小波协方差法是基于对激光雷达回波信号进行小波协方差变换获得大气边界层高度的一种方法。小波协方差变换可以检测信号当中的阶跃变化，其利用 Haar 小波作为母函数，整体变换可以表示为

$$W(a,b) = \frac{1}{a} \int_{z_\mathrm{b}}^{z_\mathrm{t}} X(z) h\left(\frac{z - b}{a}\right) \mathrm{d}z \tag{8-4}$$

式中，z_b 和 z_t 分别为小波变换范围的底部与顶部；a 为小波函数的空间尺度(也称为小波函数的扩张)，其一般情况下为激光雷达空间分辨率 Δz 的整数倍；b 为 Haar 函数中心所在的位置，$h\left(\dfrac{z-b}{a}\right)$ 为小波母函数，其定义为

$$h\left(\frac{z-b}{a}\right)=\begin{cases} -1, & b-\dfrac{a}{2} \leqslant z \leqslant b \\ 1, & b < z \leqslant b+\dfrac{a}{2} \\ 0, & 其他 \end{cases} \tag{8-5}$$

小波协方差变换实际上是对小波函数和距离平方校正后信号相似性的一种测量，由于 Haar 小波函数有一个陡峭的边沿，所以 $W(a,b)$ 越大，$X(z)$ 与 Haar 函数相似程度越大，即信号的阶跃性质越明显，$W(a,b)$ 取得最大值时，Haar 小波函数中心高度 b 即对应边界层顶高度，而小波振幅 a 对应实际夹卷层的厚度[15]。

小波协方差法与梯度法的原理十分类似，只是将梯度法的作用范围由两个数据点扩展到多个数据点，从而减小噪声信号的干扰，使结果曲线更加平滑，因此小波协方差法也可以看作是梯度法的一种扩展。对于大气情况比较简单的情况，小波空间尺度因子 a 的选择并不重要，但是在大气状况较为复杂时，其选择会对结果造成较大的影响，并且通常尺度因子 a 是通过实验及经验得到的。

4. 标准偏差法

标准偏差法是利用一定高度范围内，数据测量的离散程度来提取大气边界层高度，定义激光雷达回波信号的标准偏差为

$$\text{Std}(z)=\left\{\frac{1}{N}\sum_{i=1}^{N}\left[X(z)-\overline{X(z)}\right]^2\right\}^{1/2} \tag{8-6}$$

式中，N 为选择窗口的大小；$\overline{X(z)}$ 为窗口内距离平方校准信号的平均值。标准偏差 $\text{Std}(z)$ 反映了高度 z 处 $X(z)$ 的离散情况，$\text{Std}(z)$ 数值越大，$X(z)$ 离散越大，即变化越剧烈，故 $\text{Std}(z)$ 取得最大值的高度即大气边界层的高度。类似于梯度法，标准偏差算法也易受到 $X(z)$ 数据自身噪声和气溶胶层结构的干扰，并且窗口 N 的选择对结果也存在较大的影响。

5. 图像分类法

以上介绍的几种方法都建立在激光雷达单廓线回波信号之上，这些方法在简

单的大气状况下能够较为准确地得到大气边界层高度。近年来，基于图像分类的边界层高度计算方法得到很好的发展[12]。不同种类的颗粒物分布在不同的垂直高度上，在边界层以内主要为气溶胶颗粒，而边界层以上主要为大气分子。图像分类法以两种不同波长的后向散射系数建立样本序列，通过分类模型对样本序列进行分类，最后结合梯度法以获得边界层高度。定义样本序列为

$$Y(z) = \left[AB_{532}(z), AB_{1064}(z) \right] \tag{8-7}$$

式中，$AB_{532}(z)$ 为高度 z 处的衰减后向散射系数(532nm)；$AB_{1064}(z)$ 为高度 z 处的衰减后向散射系数(1064nm)。聚类模型通过随机选择两个中心点(u_1，u_2)，通过式(8-8)计算采样序列中每个采样点的所属类别，即

$$c(z) = \mathrm{argmin} \parallel X(z) - u_j \parallel^2 \tag{8-8}$$

式中，$c(z)$ 为该采样点的所属类别；u_j 为

$$u_j = \frac{\sum_{i=1}^{m} 1\{c(i) = j\} x(i)}{\sum_{i=1}^{m} 1\{c(i) = j\}} \tag{8-9}$$

此时，样本序列被分成了两个类别，即大气分子与气溶胶分子，分别对应高度大于边界层和小于边界层。与 $c(z)$ 对应的分层序列 $f(z)$ 如式(8-10)所示，即

$$f(z) = \begin{cases} 1, & z < \mathrm{ABLH} \\ 2, & z > \mathrm{ABLH} \end{cases} \tag{8-10}$$

式中，ABLH 为大气边界层高度。结合梯度法对 $f(z)$ 进行梯度运算，梯度最大值处对应的 z 为边界层顶高度。

图像分类算法将计算梯度的问题转化为图像分类的问题，基于图像分类算法，可以避免噪声对梯度造成的影响，获得真实可靠的边界层顶高度。同时，基于图像分类，可以有效解决多气溶胶层复杂天气状况的边界层计算准确性问题，具有重大意义。但是，该方法也有一定缺陷，它不适用于包含云或者沙尘的天气条件，因为云或者沙尘会被误分类为边界层。因此，适用范围更广，精度更高的算法还有待进一步研究。

8.1.4 基于激光雷达的大气边界层高度识别实验

为了比较上述几种边界层反演方法的性能，本节以斜率法、小波协方差法及拟合法为例，通过仿真和实测数据来检验三种方法的反演精度和稳定性。

利用式(8-2)对大气回波信号进行模拟，具体选用的参数为 $D_m = 6000\mathrm{m}$ ，$D_u =$

20m ， s=100m，对应的 $z_\mathrm{m} = 855\mathrm{m}$ 。仿真的回波信号廓线的基本形状如图 8-2(a) 所示，由于干扰层次发生在离回波信号主体结构较远的位置，因此对于大气边界层高度的反演结果的影响较小。

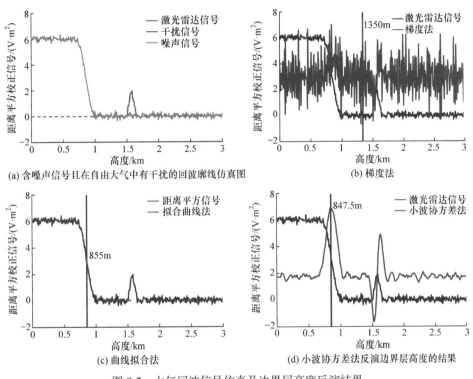

图 8-2　大气回波信号仿真及边界层高度反演结果

由图 8-2 可知，梯度法所得的大气边界层高度为 1350m，曲线拟合法的结果为 855m，小波协方差的反演结果为 847.5m。从结果中可以看出梯度数值受噪声的影响十分严重，波动很大，因而得到的边界层顶的结果存在较大误差。而曲线拟合法及小波协方差法均可以得到较为准确的反演结果。

图 8-3 所示为利用浙江大学自行研制的基于碘分子吸收池的 HSRL 探测的实验结果，实验时间为 2018 年 1 月 9 日 14:30～1 月 10 日 8:30。分别利用梯度法、小波协方差法和曲线拟合法进行大气边界层高度计算(图 8-3)。由图 8-3 可知，实验期间天气晴朗，云量较少。除了 20:30～22:00 这段时间，梯度法和小波协方差法的结果在很长的时间内吻合得非常好。而曲线拟合法的结果在该段时间内与其余两种算法存在较大的偏差。在 20:30～22:00 左右的时间里，三种方法均出现或多或少的偏差，主要由大气中层次增多引起。其中，曲线拟合法出现较大的偏差，

但其整体变化较为稳定；梯度法在这段时间内基本无法获得正确结果，其反演结果受其他层次干扰较大；而小波协方差法在大部分时间内均能够获得较为稳定的结果。

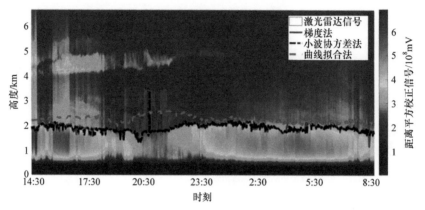

图 8-3　边界层高度反演结果

　　同时，由小波协方差法的反演结果可以看出，边界层高度在傍晚时分开始有下降的趋势，并且于 8:00 左右达到一个最小值；之后由于风力变大，整体大气变得更为洁净，大气边界层高度上升；在清晨时分，风力渐小，大气边界层的高度也在缓步下降。这一变化趋势与大气边界层的变化规律相符，从而很好地验证了激光雷达在大气边界层探测应用中的有效性和可靠性。

　　上述分析均未考虑云层和多气溶胶层对识别边界层高度的影响，然而在边界层外的多气溶胶层和云层等因素影响下，后向散射信号单廓线变得复杂，出现多个信号局部最大值，常用的激光雷达大气边界层高度识别方法已经不能识别到真正的边界层高度。在有云的情况下，云上边缘处的激光雷达后向散射信号的强衰减与边界层顶部的类似，导致基于激光雷达方法确定的高度是否为真实的边界层高度是模棱两可的[16]。因此，对于基于激光雷达后向散射数据反演边界层高度，考虑边界层外多气溶胶层和云层的影响至关重要。Zhong 等提出了初始化最大限制高度和限制范围(maximum limited height initialization and range restriction, MLHI-RR)的方法来消除多气溶胶层和云层的影响，以提高识别边界层高度的准确度[17]。该方法包含两步：初始化最大限制高度(maximum limited height，MLH)和设置高度限制范围(range restriction，RR)。初始化最大限制高度是对前 N 条激光雷达距离平方信号(range-corrected signal，RCS)限制高度，图 8-4 是在多气溶胶层和云层情况下初始化最大限制高度的流程图，包括五个主要的步骤：①判断是否存在云层；②若存在云层，判断云层在边界层内还是边界层外；③若不存在云层，判断为多气溶胶层还是单气溶胶层；④根据四种判断结果，初始化最大限制高度；⑤判断前 N 条 RCS 的 MLH 是否初始成功。

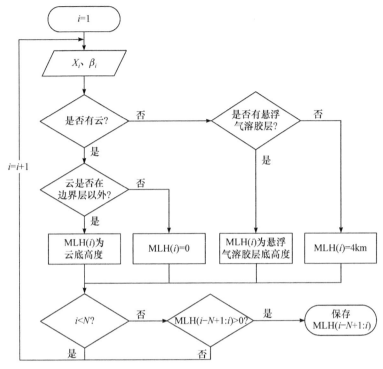

图 8-4　在多气溶胶层和云层情况下初始化最大限制高度流程图

　　成功初始化前 N 条 RCS 的 MLH 后，接下来是确定识别高度范围。在该步骤运用了两次平均的思想和窗口移动法，两次平均包括对多种方法识别的一条单廓线的边界层高度进行平均和前后两条廓线的边界层高度进行平均，即对方法结果和时间结果进行平均。移动窗口法为第 n 条廓线的 RR 都是前 N 条廓线的边界层高度的平均值加上识别范围 Z，可表达为

$$RR(n) = \begin{cases} \dfrac{\sum\limits_{i=0}^{i=N} \mathrm{ABLH}_2(i)}{N} \pm Z, & n \leqslant N \\[3mm] \dfrac{\sum\limits_{i=n-N}^{i=n-1} \mathrm{ABLH}(i)}{N} \pm Z, & n > N \end{cases} \tag{8-11}$$

　　确定识别高度范围的流程图如图 8-5 所示，该流程图包含三个主要步骤：①四种激光雷达方法在 MLH 下，识别前 N 条 RCS 的边界层高度，每条 RCS 都有 4 个 PBLH_1；②移除错误点后，对 PBLH_1 进行平均，得到 PBLH_2；③RR 为前

N 个 PBLH$_2$ 的平均值±Z。根据式(8-11)，当 $n \le N$ ，前 N 条 RCS 的 RR 是一样的；当 $n > N$ ，用过移动平均法来获得 RR。

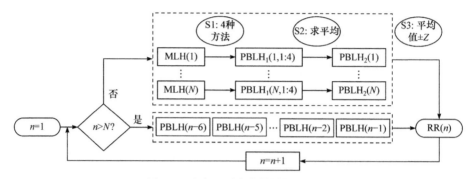

图 8-5　确定识别高度范围的流程图

　　下面分析边界层高度的连续变化，以清楚地显示所提出的 MLHI-RR 技术，并进一步测试其在多气溶胶层和云层存在的情况下提高识别边界层高度准确率的能力。激光雷达数据均来自威斯康星大学的公开数据。RCS 每 30s 进行平均，相应边界层高度的时间间隔为 30s。由于夜间稳定的边界层高度通常比激光雷达盲区低，研究只集中在边界层高度在激光雷达盲区以上的时间段。通常，探空气球确定的边界层高度可作为其他方法获得边界层高度的标准[18]。

　　第一个案例是在有悬浮层条件下识别边界层高度，如图 8-6 所示。在 2017 年 8 月 23 日 6:00～18:00，近地层气溶胶的高度大约在 1km，在 2～4km 有一层明显的悬浮层气溶胶。在图 8-6 中橙色正方形为探空气球所确定的边界层高度。在没有使用 MLHI-RR 技术时，四种方法均不能准确识别出边界层高度。在使用了 MLHI-RR 技术之后，四种方法均能准确识别到边界层高度。比对结果说明 MLHI-RR 可以消除悬浮层气溶胶的影响。更进一步，在 MLHI-RR 技术下四种方法均能用于识别边界层高度。

　　图 8-7 是在 2017 年 8 月 25～26 日 21:00～6:00 观测到的有云层和多气溶胶层的情况。在 23:30 和 5:30 由探空气球确定的边界层高度为 0.7950km 和 0.7875km。在没有限制的情况下，四种方法均识别到云层或者悬浮层气溶胶的边缘，不能正确识别到真正的边界层高度。在 MLHI-RR 技术下，梯度法、小波协方差法和标准偏差法均能识别到边界层高度。结果表明虽然云层和悬浮层气溶胶同时存在，但 MLHI-RR 能消除它们的影响，获得准确的边界层高度。然而曲线拟合法不适合在有云情况下识别边界层高度。

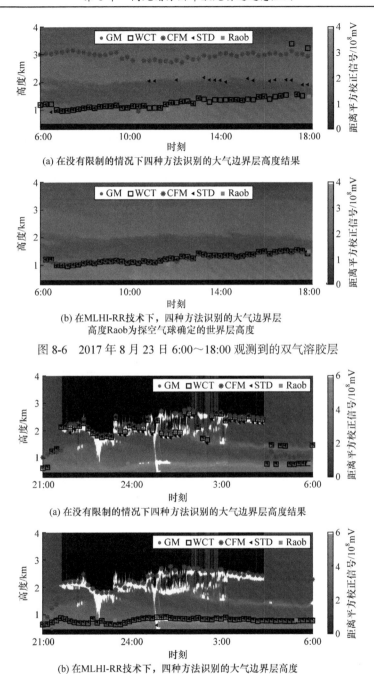

(a) 在没有限制的情况下四种方法识别的大气边界层高度结果

(b) 在MLHI-RR技术下，四种方法识别的大气边界层
高度Raob为探空气球确定的世界层高度

图 8-6　2017 年 8 月 23 日 6:00～18:00 观测到的双气溶胶层

(a) 在没有限制的情况下四种方法识别的大气边界层高度结果

(b) 在MLHI-RR技术下，四种方法识别的大气边界层高度

图 8-7　2017 年 8 月 25～26 日 21:00～6:00 观测到的多气溶胶层和云层

8.2　大气气溶胶类型识别

气溶胶是影响气候变化和空气质量的重要因素,不同类型的气溶胶,其形状、复折射率及粒径大小存在差异,对辐射强迫的贡献也就存在差异。识别气溶胶的类型,对其来源进行区分,可以为改善空气质量提供理论指导。因此,气溶胶的类型识别不仅对气溶胶的气候效应研究具有重要科学意义,也可以为环境监测提供重要的参考。目前,气溶胶的类型识别研究主要采用离线/在线采样分析的方法,虽然采样分析可以对气溶胶的组分等进行较准确的测量,但是也容易破坏气溶胶本身的结构、组分信息,更重要的是难以做到实时和大范围的持续性监测[19]。

基于遥感观测手段的气溶胶监测,可以快速获取大范围的气溶胶分布信息,相较于采样分析可以节省大量的人力物力。遥感观测可以分为被动遥感观测和主动遥感观测。

被动遥感观测可以获得气溶胶多波段的光学厚度等观测信息,从而对不同气溶胶类型进行区分。Omar 等用 K-mean 聚类方法分析由 AERONET 数据库提供的 26 个气溶胶光学特性,获得了六种不同气溶胶的聚类[20]。Verma 等在 2015 年针对印度 Jaipur 地区 AERONET 地基站点,结合站点观测数据的统计分析、气候学模型分析和沙尘传输轨迹回溯三种手段,得到了该站点不同时期的五种气溶胶样本,最终给出适合该站点的 500nm 的气溶胶光学厚度 τ 和 Ångström 指数阈值的分类方法[21]。但是,被动遥感往往仅能获取气溶胶的积分光学特性,而不具备距离分辨的能力,无法实现对多层气溶胶的有效观测,而且不能实现昼夜连续观测。

主动遥感观测主要是基于激光雷达的光学探测手段,对气溶胶的光学性质及其垂直剖面进行精细探测,具有高时空分辨率的监测和识别气溶胶的能力。其中,HSRL 可以在不假设气溶胶激光雷达比的情况下,独立获取气溶胶消光系数和后向散射系数,这样可以获取更加高精度和丰富的气溶胶光学特性参数,为实现气溶胶类型识别提供了更加有利的观测数据[19,22]。

8.2.1　大气气溶胶的光学特性

如前所述,不同类型的气溶胶,其微物理特性会存在差异,而气溶胶的微物理特性决定了其光学特性。因此,不同类型的气溶胶,其光学特性也就会存在差异,这是激光雷达对气溶胶进行类型识别的基础。本小节将介绍常见的可用于气溶胶类型识别的气溶胶光学特性参数。

HSRL 系统相较于普通米散射激光雷达,可以直接探测气溶胶的后向散射系数和消光系数,进而可以直接探测得到气溶胶的雷达比。气溶胶的后向散射系数、消光系数与气溶胶层次的数浓度直接相关,而激光雷达比则与气溶胶的浓度无关,是更能反映气溶胶类型的光学特性。如前所述,气溶胶类型识别研究往往需要利用多波长激光雷达,这里介绍几个与气溶胶浓度无关的多波长光学特性参量。

Ångström 指数常用来描述气溶胶的光学厚度、消光系数或后向散射系数的波长依赖性,是描述气溶胶粒子尺寸大小的重要参数[23]。不同气溶胶成分的后向散射系数与消光系数并没有很明显的差异,故在气溶胶探测与分类中常采用后向散射系数衍生的 Ångström 指数进行研究[22],即

$$a_\beta = -\frac{\ln(\beta_a^{\lambda_1}/\beta_a^{\lambda_2})}{\ln(\lambda_1/\lambda_2)} \tag{8-12}$$

式中,β_a^λ 为在波长 λ 处的气溶胶后向散射系数;$C_a^{\lambda_1,\lambda_2} = \beta_a^{\lambda_1}/\beta_a^{\lambda_2}$ 为后向散射色比。气溶胶粒子的退偏振比往往与气溶胶粒子的形状有关,而不同波长的气溶胶退偏振比的变化,也反映了气溶胶粒子的形状、大小的特征。因此,谱退偏比,即两个不同波长的退偏比之比,也在气溶胶的类型识别中具有重要作用,即

$$R_a^{\lambda_1,\lambda_2} = \delta_a^{\lambda_1}/\delta_a^{\lambda_2} \tag{8-13}$$

常见的基本的气溶胶类型主要包括四类:沙尘气溶胶、海洋气溶胶、城市气溶胶和烟尘气溶胶,它们来源不同而且在光学特性上表现出了显著的差异[24]。虽然在不同的气溶胶分类中,会考虑更多的气溶胶粒子类型,但基本上都是这四类气溶胶的延伸,因此,下面主要对这四类基本气溶胶的特性作简要的说明。

1. 沙尘气溶胶

沙尘主要来源于沙漠和半干旱的陆地表面,它经过短距离或长距离的输送,可在全球范围内传播。与其他气溶胶相比,沙尘气溶胶最重要的特点是它的非球形和大尺寸。非球形导致它具有较大的退偏比,纯沙尘在 532nm 波长下退偏比一般处于 30%～35%,当沙尘气溶胶与其他种类气溶胶混合时,退偏比会下降到 20%～35%[22]。而大尺寸则使它在不同波长上表现近乎中性,如后向散射色比接近 1。沙尘气溶胶的激光雷达比受多种因素影响,2000～2002 年,Papayannis 等在欧洲观测到的沙尘雷达比范围在 20～100sr[25];相比之下,在撒哈拉矿物质沙尘实验中摩洛哥源区测得的激光雷达比值在三个波段下(355nm、532nm 和 1064nm)稳定在 (55±10)sr[26]。

2. 海洋气溶胶

海洋气溶胶主要分布在海洋表层的海洋边界层(通常高为 500～1000m),是一种吸湿性气溶胶,其主要成分是海盐。海洋气溶胶颗粒相对较大,其形态与相对

湿度有关,因此退偏比与相对湿度变化表现出一定的相关性,但数值较小(<10%)。海洋气溶胶吸收很弱,且折射率的实部也较小,其激光雷达比(15~30sr)也较小。因此,就其光学性质而言,海洋气溶胶可以与其他气溶胶类型很好地区别开来[27],但其与水云相似的光散射性质会导致在海洋边界层进行云-气溶胶识别时容易与云混淆。

干净的海洋气溶胶在大陆和人类活动频繁的海岸线附近很难被观测到,因此即使在海域附近观察到的气溶胶,也往往需要考虑是否是海洋气溶胶与人为污染的混合物。

3. 城市气溶胶

城市气溶胶主要是指一些高度工业化地区产生的人为污染。化石燃料燃烧和交通排放的气体在大气中通过一系列反应会转化成气溶胶颗粒,因此这种类型的气溶胶尺寸较小,以硫酸盐颗粒为主,同时含有烟灰、硝酸盐、铵和有机碳[28]。小尺寸导致了它们的光学特性具有较强的波长依赖性,色比在 1.5~2.5(532nm/1064nm),并且退偏比也不会太大,在 1%~9%[22]。碳含量决定了城市气溶胶的吸收特性,进而决定了城市气溶胶的激光雷达比,其典型值为 50~70sr[27,29,30]。

4. 烟尘气溶胶

烟尘或生物质燃烧气溶胶主要产生于燃烧事件,燃烧方式对气溶胶的烟粒大小、释放量及光学性能有很大的影响。在燃烧的火焰中可以观察到更小、吸收能力更强的颗粒,而闷烧的火焰则会释放出更大、吸收能力较弱的颗粒。此外,烟尘粒子在运输过程中也常常会产生物理化学变化而改变自身的光学性质。Amiridis 等分析了南欧 2001~2004 年由野火产生的烟尘气溶胶的激光雷达和太阳光度计的观测数据,结果表明当烟龄从 5 天增加到 17 天时,激光雷达比从 45sr 增大到 80~100sr。烟尘粒子的退偏比则在 2%~9%[28]。

8.2.2　基于多波长激光雷达的气溶胶类型识别方法

基于激光雷达的气溶胶类型识别,是利用不同类型气溶胶光学特性的聚类分布实现对气溶胶类型的识别。基于决策树算法的气溶胶类型识别,就是使用气溶胶的不同光学特性参数阈值,实现气溶胶的类型识别。CALIOP 便是采用决策树算法实现对气溶胶类型的识别[31]。CALIOP 是双波长偏振米散射激光雷达,其气溶胶分类算法在不同版本中略有差别,但都是根据气溶胶不同特性的阈值最终实现气溶胶的类型识别。需要说明的是,CALIOP 可以获取的光学特性参数比较有限,仅靠光学特性难以实现对多类气溶胶的有效区分,因此在 CALIOP 气溶胶分类算法中除了使用 532nm 积分衰减后向散射、532nm 退偏振比等光学特性外,还使用了诸如地表类型、层次高度等经验信息。正是使用了地表类型作为气溶胶分类的输入,导致 CALIOP 的气溶胶分类结果存在气溶胶类型由于地表的变化而发生突变的情况[32],即使在新版本的气溶胶类型识别算法中弱化了对地表类型的依赖,但依旧需要地表类型等信息的辅助。

多波长 HSRL 可以获得更多的气溶胶光学特性观测信息,因此可以不依赖地表类型、层次高度等经验信息,而利用光学特性对气溶胶类型进行有效识别,理论上可以获得更加准确的气溶胶类型识别结果。Groß 基于德国宇航中心的机载双波长高光谱分辨率激光雷达在多次外场实验中的观测数据,开展了气溶胶类型识别的研究[33,34]。如前所述,HSRL 可以直接反演气溶胶的雷达比参数,这对气溶胶的分类具有非常重要的意义。气溶胶的雷达比是与气溶胶浓度无关的光学特性参数,而只与气溶胶的微物理特性有关,因而可以更直接地反映气溶胶的类型信息。Groß 在气溶胶类型识别中,采用了退偏比、雷达比和色比三个与气溶胶浓度无关的光学特性,根据聚类分析,设计了气溶胶分类决策树。Groß 在分类中将烟尘气溶胶的类别进行了细化,这与激光雷达系统的观测能力有关。

虽然基于决策树算法的气溶胶类型识别算法相对简单,在实际的激光雷达数据分析中得到了较为广泛的应用。但是,决策树中对各类气溶胶的光学特性进行了硬阈值分割,引入了与实际情形存在差别的人为界限。鉴于此,Burton 等在 2012 年整理了 NASA 机载双波长 HSRL 的多次综合观测实验数据集,利用这些典型事件中的种子样本集,基于对气溶胶雷达比、退偏比、后向散射色比和谱退偏比等光学特性的统计分析,提出以模型中各参量的均值中心点到待分类样本点的马氏距离(Mahalanobis distance)为判别函数的分类方法,将气溶胶分为更精确的八类:烟尘、新鲜烟尘、城市、污染海洋、海洋、沙尘混合、纯沙尘、冰晶[22]。其中,马氏距离的计算公式为

$$M_{ij} = \sqrt{(x_i - X_j)\hat{C}_j^{-1}(x_i - X_j)} \tag{8-14}$$

式中,$\hat{C}_j$ 为类型 j 的各项光学参量间的协方差矩阵;X_j 为类型 j 的多个样本按样本容量加权后得到的平均值;x_i 为待分类样本点对应的光学特性矢量。根据待分类样本点与各类别中心的马氏距离,将待分类气溶胶样本判别为具有最小马氏距离的类别。

相较于决策树算法,基于马氏距离的气溶胶类型识别算法,考虑了更加符合实际情况的气溶胶光学特性分布,理论上来说可以提升气溶胶的分类结果。基于这一研究思路,Liu 等提出了一种基于统计模式识别的气溶胶类型识别算法,如图 8-8 所示[35]。在获取了大量样本数据的条件下,为了训练获得合理的决策函数,

采用广义交叉验证的方法，首先将数据分成两部分：一部分作为类型识别数据库，用于训练模型，获得模型的具体参数；另一部分作为测试数据集(训练数据)，用于交叉验证模型的准确性。当测试数据集的交叉验证准确率较高时，可认为模式识别模型已经获得了较好的训练，进而可以对未知类型的气溶胶观测样本进行类型识别。

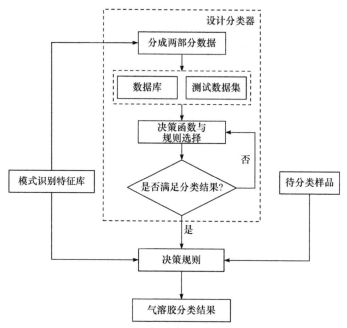

图 8-8　基于统计模式识别的大气遥感激光雷达气溶胶分类原理图

在统计模式识别理论中，常用的判别策略是贝叶斯方法，贝叶斯方法以贝叶斯理论为基础，理论上与其他分类方法相比具有最小的误差率[36]。贝叶斯分类器的核心部分是根据事件的先验概率计算出其后验概率，进而对气溶胶的类型进行识别。假设待确定样本的特征向量为 x，其属于 n 种分类中的第 i 种类型 ω_i 的概率为

$$P(\omega_i \mid x) = \frac{P(x \mid \omega_i)P(\omega_i)}{\sum\limits_{j=1}^{n} P(x \mid \omega_j)P(\omega_j)} \tag{8-15}$$

式中，$P(\omega_i)$ 为特征样本库中每种类型样本占总样本库的比例；$P(x \mid \omega_i)$ 为若待确定样本属于类型 ω_i 时其出现的概率。实际上，各种气溶胶的特征样本库均服从多维高斯分布[22,30]，即

$$P(\omega_i \mid x) = \frac{1}{(2\pi)^{d/2} \left| \hat{C}_i \right|^{1/2}} \exp\left[-\frac{1}{2}(x - \mu_i)^{\mathrm{T}} \hat{C}_i^{-1}(x - \mu_i) \right] \tag{8-16}$$

式中，$x = (x_1, x_2, \cdots, x_d)^{\mathrm{T}}$ 为 d 维特征向量；$\mu = (\mu_1, \mu_2, \cdots, \mu_d)^{\mathrm{T}}$ 为第 i 类的 d 维均值向量；$\hat{C}_i$ 为第 i 类的 $d \times d$ 维协方差矩阵，定义为 $\hat{C}_i = E\{(x - \mu_i)(x - \mu_i)\}^{\mathrm{T}}$，而 $\hat{C}_i^{-1}$ 是 $\hat{C}_i$ 的逆矩阵。可以看出，只需通过实验数据估计出上述多维高斯分布的参数，即可代入式(8-15)计算出后验概率 $P(\omega_i | x)$，即待确定样本属于第 i 种分类的相对概率，这样就可以实现对气溶胶的分类。

基于贝叶斯方法的气溶胶类型识别，需要估计不同气溶胶的光学特性的概率密度分布。但是，有些时候准确估计气溶胶的概率密度分布并不是容易的事情，因此，基于 K 近邻(K-nearest neighbor，KNN)分类算法的气溶胶类型识别也是一种选择。KNN 分类算法是一个理论上比较成熟的方法，也是最容易理解的机器学习算法之一。该方法的思路是：如果一个样本在特征空间中的 k 个最相似(特征空间中最邻近)的样本中的大多数属于某一个类别，则该样本也属于这个类别，即构造判决函数：

$$y = \arg\max_{\omega_j} \sum_{x_i \in N_k(x)} I(y_i = \omega_i), \quad i = 1, 2, \cdots, N; j = 1, 2, \cdots, K \tag{8-17}$$

式中，x 为输入实例；y 为决策函数的输出结果，即根据模型判断的输入实例的类别；I 为指示函数，即当 $y_i = \omega_i$ 时 I 为 1，否则 I 为 0；N_k 为涵盖输入实例 x 最邻近 k 个点的 x 的邻域。K 近邻分类器算法是在 K 近邻搜索到的 k 个结果中，以占比最高的类型来决定待测数据的分类类型[37]。

在 K 近邻分类算法中，理想情况下，分类结果可靠性随 k 的增大而增加。这是容易理解的，因为 k 的增加带来的是偶然误差下降，但数据量有限时，k 的增大也会导致分类结果变差，尤其是处于分布边缘的样本点。实际操作时，k 一般取 20 以内，根据具体的效果确定其取值。判断远近的距离度量一般采用 Lp 距离，当 $p=2$ 时，即为欧氏距离，在度量之前，应该将每个属性的值规范化，即

$$x_i' = (x_i - \bar{x}) / \sigma \tag{8-18}$$

式中，x_i' 为归一化后的样本点；$\bar{x}$ 为训练数据集的平均值；σ 为训练数据集的标准差。这里各参量既可以表示整个特征向量，也可以表示特征向量中某维度上的值，规范化有助于防止具有较大初始值域的属性比具有较小初始值域的属性的权重过大。

8.2.3　基于多波长激光雷达的气溶胶类型识别实验

本节在 8.2.2 节理论基础上，先介绍浙江大学自主研制的双波长偏振 HSRL 系统与标准商用仪器的比对校验结果，再结合星载 CALIOP 实测数据，介绍双波长偏振 HSRL 系统的气溶胶类型识别实验观测结果。

1. 单波长偏振 HSRL 系统数据比对校验实验

图 8-9 为 2020 年 12 月 6 日 0:00 至 12 日 19:00 浙江大学自主研制的偏振

HSRL(简称 ZJU HSRL)在北京大学(116.32 °E，39.99 °N)观测到的大气光学特性时空演变的伪彩图，其中横坐标表示时间，纵坐标表示探测高度，颜色表示大气光学特性数值。自上而下分别为 ZJU HSRL 探测的大气退偏比、气溶胶的后向散射

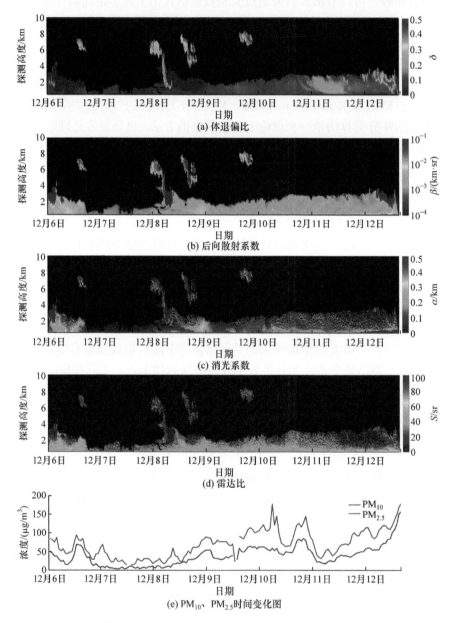

图 8-9　偏振 HSRL 观测结果及 PM$_{2.5}$、PM$_{10}$数值

系数、气溶胶消光系数、气溶胶激光雷达比及近地面 $PM_{2.5}$ 和 PM_{10} 时间变化图。选取该段时间做长时间分析是因为 12 月 6 日与 12 月 9～12 日存在两次明显的污染过程,信噪比较好,因此选择该段时间数据进行比对。其中 12 月 6 日为 $PM_{2.5}$ 污染爆发,12 月 7～8 日为相对洁净区域,12 月 9～12 日为 $PM_{2.5}$ 污染积累爆发。

北京大学购置的希腊 Raymetrics 公司(经过国际标准 ISO 9001:2008 认证)出产偏振拉曼激光雷达(型号:LR332-D400,简称 PKU RL)位于北京大学理科一号楼楼顶,两者水平距离约 489m,竖直距离约 40m。太阳光度计位于北京大学物理学院西楼楼顶,属于 AERONET 观测站点。

ZJU HSRL 和 PKU RL 均通过垂直发射激光进行大气气溶胶退偏比、消光系数及后向散射系数的测量。尽管二者分光体制不同,但其所测 532nm 波段大气光学特性产品类型相同,因此将 532nm 波段的大气光学特性输出产品直接比对即可。但由于激光雷达探测具有测量重叠区域及弱光探测的问题,需要筛选两台激光雷达重叠区域以上、信噪比高的气溶胶及云层次进行光学特性比对,因此重点比对激光雷达离地 300m 以上夜间的气溶胶层和云层的光学特性测量结果。此外,两台激光雷达探测距离分辨率均为 7.5m,由于两者的竖直高度上不匹配,因此将 ZJU HSRL 测量结果与 PKU RL 测量结果进行错位 37.5m(五个采样点)后再进行结果比对和误差分析。

太阳光度计所测气溶胶光学厚度可由激光雷达所测气溶胶消光系数随整层大气的路径积分计算得出。但由于激光雷达近地面 300m 以下为重叠因子干扰区域,近地面光学厚度可根据 300～400m 的消光系数叠加递推获取。此外,由于激光雷达探测波长为 532nm,太阳光度计探测波长为 500nm,可根据太阳光度计所测 500nm 处气溶胶的光学厚度 τ_{500} 和 440～675nm 埃指数 $\alpha_{400\sim675}$ 计算得出。计算公式为 $\tau_{532}=\tau_{500}\left(\dfrac{532}{500}\right)^{-\alpha_{440\sim675}}$。

图 8-10 为 PKU RL 与 ZJU HSRL 分别与 AERONET 的太阳光度计所测光学厚度比对的结果。其中,图(a)表示 PKU RL 与太阳光度计比对结果,图(b)表示 ZJU HSRL 与太阳光度计比对结果。太阳光度计为广泛认可的被动遥感仪器,因此先使用太阳光度计的光学厚度产品与激光雷达反演出来的光学厚度产品进行比对。根据图 8-10 可知,拉曼激光雷达白天信噪比较差,极难反演准确的光学厚度产品,而太阳光度计则主要依靠太阳光进行测量,因此主要为白天的光学厚度产品,二者可进行比对的点数极少,效果较差。HSRL 白天信噪比较高,12 月 6～12 日有 819 个点可用于光学厚度产品的比对,二者趋势与幅值吻合均较好。

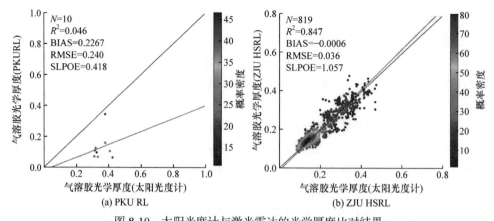

(a) PKU RL　　　　　　　　　　　　(b) ZJU HSRL

图 8-10　太阳光度计与激光雷达的光学厚度比对结果

N 表示统计有效样本数；R^2 表示统计结果相关系数平方；BIAS 表示统计结果间的偏置；RMSE 表示统计结果与预测真实线性关系间的均方根误差；SLOPE 表示根据统计结果拟合的线性度

　　由于夜间没有太阳光噪声，拉曼激光雷达夜间观测结果较为可信，可用于与 HSRL 反演的各种大气光学特性参数廓线比对。图 8-11 为 2020 年 12 月 6 日与 9～12 日两台激光雷达所探测大气光学特性有效区域内，大气退偏比、气溶胶消光系数、气溶胶后向散射系数和气溶胶光学厚度的所有结果相关性分析。其中，图(a)～(c)分别统计了 ZJU HSRL 与 PKU RL 的大气退偏比、气溶胶后向散射系数与气溶胶消光系数的结果相关性，图(d)统计了 ZJU HSRL 与 AERONET 所测气溶胶光学厚度的结果相关性。图中，黑色直线表示 1∶1 线性关系，红色直线表示根据统计结果拟合的比对数据线性关系。相比较而言，由于偏振拉曼激光雷达信号偏弱，用于计算消光系数和后向散射系统通道的信号信噪比过差而无法反演，因此用于比对的有效点数明显少于退偏比的有效点数。由于太阳光度计比对的是气溶胶消光系数的积分信息，且剔除了有云区域，其有效数据量明显少于另外三个大气剖面特性参数。

　　下面以图 8-12 为例，重点展示污染较重的 2020 年 12 月 6 日 0:00～24:00 偏振高光谱分辨率激光雷达与偏振拉曼激光雷达观测到的大气光学特性的时空分辨伪彩图比对效果。其中，图 8-12 左列分别为 ZJU HSRL 探测大气退偏比、气溶胶后向散射系数、气溶胶消光系数和气溶胶激光雷达比；右列分别为 PKU RL 探测大气退偏比、气溶胶后向散射系数、气溶胶消光系数和气溶胶激光雷达比。其中，很明显能观测到在 8:00～17:00，太阳的背景光噪声过强，偏振拉曼激光雷达探测信号明显异常，反演出的可以认为是无效数据，因而不计入比对。

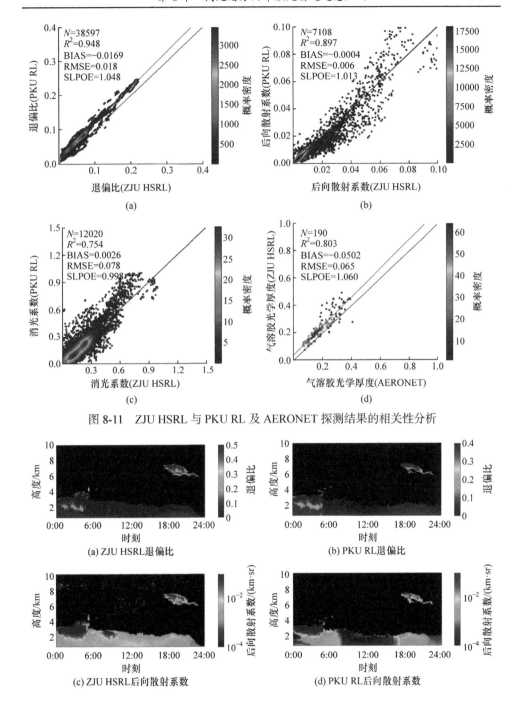

图 8-11　ZJU HSRL 与 PKU RL 及 AERONET 探测结果的相关性分析

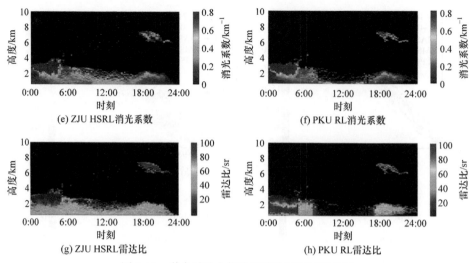

图 8-12　激光雷达大气光学特性探测结果比对

2. 双波长偏振 HSRL 系统气溶胶类型识别实验

基于 Burton 等在北美洲得到的实验数据[22]，可模拟构建出仿真实验的气溶胶光学特性样本库，依旧将气溶胶粒子分为以下八类：冰晶粒子、纯沙尘、沙尘混合物、海洋气溶胶、海洋污染物、城市气溶胶、烟尘、新鲜烟尘[22,35]。仿真样本库中考虑了四种与气溶胶浓度无关的光学特性：532nm 退偏比 δ_a、谱退偏比 R_a (1064nm/532nm)、散射颜色比 C_a (532nm/1064nm)及 532nm 雷达比 S_a，这四种光学特性基本涵盖了双波长偏振 HSRL 系统的主要测量信息。因此，这里气溶胶的特征向量即考虑为 $x = (\delta_a, R_a, C_a, S_a)^T$。仿真数据库中八类气溶胶的光学特性聚类分布情况如图 8-13 所示，图(a)～(f)分别为样本数据库在不同的光学特性投影空间的分布情况。

基于该仿真数据样本库，可以直接估计各类气溶胶的概率密度分布，因此可以采用贝叶斯算法对气溶胶进行分类。依据图 8-8 的气溶胶类型识别框架，气溶胶分类系统的操作分为两个步骤：训练(学习)和分类(测试)。在对气溶胶分类模型进行训练时，采用 K-折叠交叉验证法：首先，将仿真数据随机分为 50 个部分；其次，选择一个决策函数；最后，选取其中 1 个部分作为训练测试数据，其余 49 个部分作为模式识别数据库，对分类器进行训练。重复 50 次，每次只选取不同的部分作为训练数据。这样，通过记录和添加 50 个循环的结果，就可以计算出在这一决策规则下分类器的准确度。

在决策函数中，首先参考式(8-15)使用贝叶斯方法计算后验概率，最后的判别函数除了考虑后验概率最大外，还对是否使用判断阈值进行了实验。使用判断阈

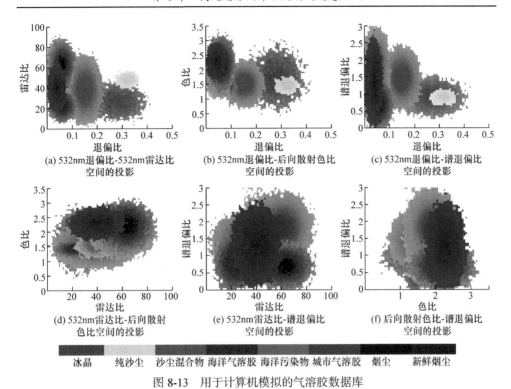

图 8-13　用于计算机模拟的气溶胶数据库

值即认为只有当最大后验概率超过判断阈值时分类才是有效的。通过对比不设判断阈值和设置判断阈值的结果，可以发现降低或取消判断阈值会增加不同种类之间的串扰，但过高的阈值会增加无效的数据点，故综合来看需根据多次实验和实际优化出一个最佳的判断阈值。通过 K-折叠交叉验证法，最终找出最适宜该数据库和分类器的阈值为 55%[38]。该模型使用阈值和不使用阈值的分类表现如图 8-14

	冰晶	纯沙尘	沙尘混合物	海洋气溶胶	海洋污染物	城市气溶胶	烟尘	新鲜烟尘
新鲜烟尘	<0.1%	<0.1%	<0.1%	<0.1%	0.7%	1.7%	1.4%	96.3%
烟尘	<0.1%	<0.1%	<0.1%	<0.1%	<0.2%	<0.7%	97.4%	1.6%
城市气溶胶	<0.1%	<0.1%	<0.1%	<0.1%	2%	94.9%	0.9%	2.1%
海洋污染物	<0.1%	<0.1%	<0.1%	0.8%	97.1%	1.5%	0.2%	0.5%
海洋气溶胶	<0.1%	<0.1%	0.2%	99.2%	0.6%	<0.1%	<0.1%	<0.1%
沙尘混合物	0.5%	<0.1%	99.2%	0.1%	<0.1%	<0.1%	<0.1%	<0.1%
纯沙尘	0.5%	99.5%	<0.1%	<0.1%	<0.1%	<0.1%	<0.1%	<0.1%
冰晶	98.3%	0.7%	1%	<0.1%	<0.1%	<0.1%	<0.1%	<0.1%

(a) 没有使用阈值情况下交叉自验证的结果

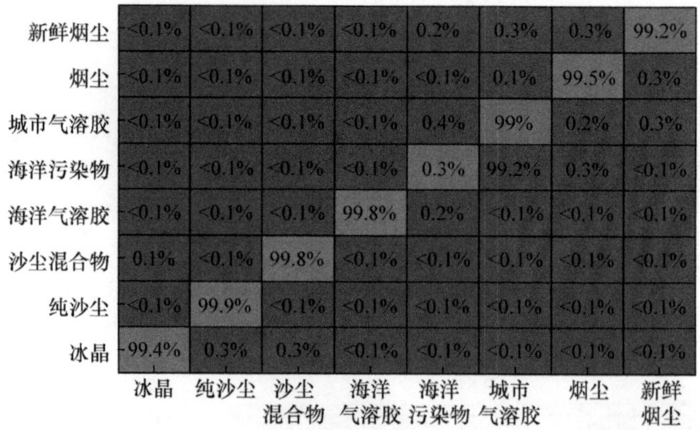

新鲜烟尘
烟尘
城市气溶胶
海洋污染物
海洋气溶胶
沙尘混合物
纯沙尘
冰晶
<0.1% <0.1% <0.1% <0.1% 0.2% 0.3% 0.3% 99.2%
<0.1% <0.1% <0.1% <0.1% <0.1% 0.1% 99.5% 0.3%
<0.1% <0.1% <0.1% <0.1% 0.4% 99% 0.2% 0.3%
<0.1% <0.1% <0.1% <0.1% 0.3% 99.2% 0.3% <0.1%
<0.1% <0.1% <0.1% 99.8% 0.2% <0.1% <0.1% <0.1%
0.1% <0.1% 99.8% <0.1% <0.1% <0.1% <0.1% <0.1%
<0.1% 99.9% <0.1% <0.1% <0.1% <0.1% <0.1% <0.1%
99.4% 0.3% 0.3% <0.1% <0.1% <0.1% <0.1% <0.1%
冰晶
纯沙尘
沙尘混合物
海洋气溶胶
海洋污染物
城市气溶胶
烟尘
新鲜烟尘

(b) 使用阈值情况下交叉自验证的结果

图 8-14　贝叶斯模型严格自验证的结果

所示，可以看出，分类器的正确率基本都超过了 90%，且对于纯沙尘粒子正确率均到达 99%以上。

分类器设计完成后，使用测试数据进行测试验证。在阈值设置为 55%的条件下，八种气溶胶测试验证准确度如图 8-15 所示。我们进行了四次仿真，计算出平均值并在图中相应标出。可以看出，测试验证的结果和交叉验证的结果非常接近，可以认为气溶胶类型识别模型具有较好的泛化能力，只要使用的数据库分布相似，样本点值的变化对再识别结果的影响不大。另外，为了检验模型的敏感性，我们对模式识别特征数据库中的每个采样点进行了 1000 次不同程度的扰动来进行测试，测试结果如图 8-15 所示。测试结果表明，扰动不确定性对冰晶、沙尘混合物、海洋气溶胶和新鲜烟尘分类准确度的影响相对较低，纯沙尘和新鲜烟尘的分类准

测试1
测试2
测试3
测试4
相对概率/%
100
99.5
99
98.5
98
99.3
99.9
99.8
99.7
99.3
99.1
99.5
99.2
冰晶
纯沙尘
沙尘混合物
海洋气溶胶
海洋污染物
城市气溶胶
烟尘
新鲜烟尘

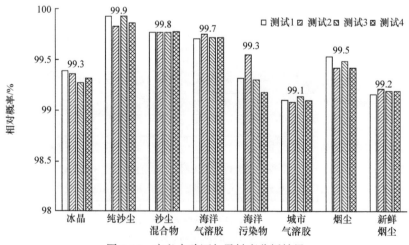

图 8-15　广义自验证与灵敏度分析结果

确度受到了较大的影响。总体来说，15%以下的扰动不确定度对模型分类造成的
影响是可以接受的。

基于浙江大学自行研制的近红外-可见双波长 HSRL 系统，开展气溶胶的类型
识别相关探测研究。图 8-16 所示为某探测案例的气溶胶类型识别结果，图中不仅
包含了对气溶胶的类型识别结果，也给出了云相的识别结果。由图可知，边界层
以下存在一层相对稳定的气溶胶，气溶胶雷达比(532nm)为 20~46sr，退偏比变化
范围为 0.05~0.08，谱退偏比(532nm/1064nm)为 0.7~1.1，该层气溶胶的光学特性
参数观测值符合海洋气溶胶的光学特性参数特征。处于 3.2~4km 的悬浮气溶胶
具有双层结构，气溶胶的雷达比为 40~80sr，退偏比为 0.1~0.2，后向散射色比
(532nm/1064nm)为 1.2~2，谱退偏比(532nm/1064nm)为 0.9~1.7，其退偏比较大，
符合混合沙尘气溶胶的光学特性。

同样，图 8-17 所示为城市气溶胶探测案例的气溶胶类型识别结果。边界层以
下存在一层相对稳定的气溶胶，气溶胶雷达比(532nm)为 37~80sr，退偏比变化范
围为 0.05~0.1，后向散射色比(532nm/1064nm)为 1.5~2，谱退偏比(532nm/1064nm)
为 0.8~1.1，该层气溶胶的光学特性参数观测值符合城市气溶胶的光学特性参数
特征。而处于 2~2.5km 的悬浮气溶胶尽管在雷达比(40~60sr)、退偏比(0.02~
0.06)、谱退偏比(0.5~2)上均与边界层以下的气溶胶有差异，但均未超过城市气溶
胶的历史观测数据范围，从色比的结果来看，在信噪比高、反演可信度高的区域，
其色比与边界层以下气溶胶均在 1.5~2km 这一较小的范围内，因此可以判断这
两层均为城市气溶胶，且性质较为相似，由于两层气溶胶距离亦非常相近，判断

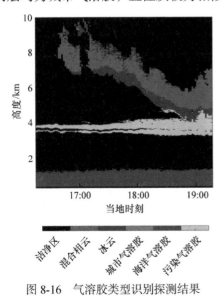

图 8-16　气溶胶类型识别探测结果
及验证(一)

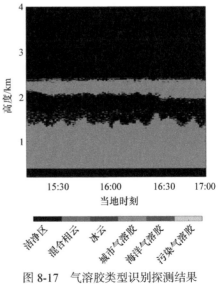

图 8-17　气溶胶类型识别探测结果
及验证(二)

2～2.5km 处的气溶胶为边界层下降过程中留下的剩余层。至于雷达比与退偏比的差异，可以考虑在重力作用下，不同形状和大小的气溶胶粒子的沉降速率不同导致的可能性。

3. 基于 CALIOP 的气溶胶类型识别实验

由于 HSRL 可以直接反演得到气溶胶的雷达比，因此基于 HSRL 系统进行气溶胶类型识别具有较大的理论优势。但是，HSRL 系统比较复杂，造价也比较昂贵，在全球范围内用于探测大气气溶胶的激光雷达目前依旧是普通米散射激光雷达居多，如星载激光雷达 CALIOP。这样，就需要对具有更少的气溶胶光学特性信息的情况进行分析。

如前所述，CALIOP 官方数据的气溶胶类型识别采用了地表类型、高度等经验信息，对气溶胶子类的识别准确率具有一定的影响。为了获得类型标识更加准确的气溶胶类型数据库，在选取 CALIOP 给出的数据产品时，通过"溯源"思想分析该类气溶胶的主要来源(空间分布或典型事件)，并避开低可靠性的、易被污染的时空范围，拾取可靠性更高的数据。由于 CALIOP 的气溶胶分类中，烟尘气溶胶和污染性大陆气溶胶的光学特性十分相似，难以有效区分，因此我们这里只考虑五个类别的气溶胶：沙尘、烟尘、干净大陆气溶胶、污染沙尘和海洋气溶胶。海洋气溶胶、沙尘、污染沙尘及干净大陆气溶胶的生成与地表的类型息息相关，对于特定地表类型且位于边界层内的气溶胶，可以较准确判断其类型，如图 8-18(a)所示；而烟尘则主要源自生物质燃烧，也就是森林/草地等大火，因此可以结合中等分辨率成像光谱仪(moderate resolution imaging spectroradiometer，MODIS)的火点监测数据获得更加准确的烟尘样本，如图 8-18(b)所示。

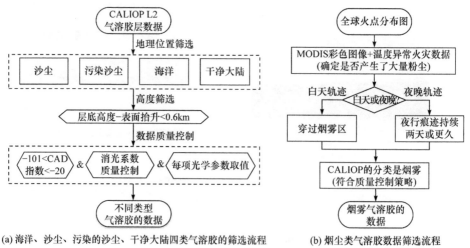

(a) 海洋、沙尘、污染的沙尘、干净大陆四类气溶胶的筛选流程　(b) 烟尘类气溶胶数据筛选流程

图 8-18　基于 CALIOP 的气溶胶样本数据库构建流程

通过上述数据处理流程，根据对 CALIOP 2015～2016 年部分数据的分析，可以构建基于 CALIOP 实际观测数据的气溶胶光学特性数据库，图 8-19 给出了各类气溶胶在部分光学特性空间的分布情况，可以看出相较于直接采用阈值进行气溶胶类型划分的情况，经过上述筛选获得的气溶胶样本在分布上更加符合实际情况。

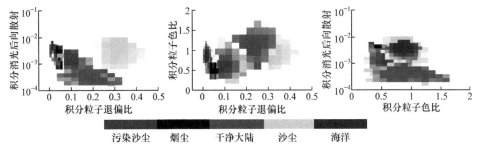

图 8-19　各类气溶胶在光学参量维度投影上的散点图和频率分布图

频率分布图仅显示了其中的最高频的 85%部分

从 CALIOP 筛选得到的气溶胶样本数据库，并不服从多维高斯分布的特点，因此采用 KNN 分类方法对气溶胶进行分类研究。在 KNN 分类器中，理想情况下，分类结果可靠性随 k 的增大而增加，但数据量有限时，k 的增大也会导致分类结果变差，尤其是处于分布边缘的样本点。实际操作时，k 一般在 20 以内，根据具体的效果确定值。从图 8-20 分析可知，在本书的情景下，k 较小时，整体分类效果较差；沙尘气溶胶和干净大陆气溶胶分类正确率随 k 增加有下降的趋势，但它们的分类准确度比较高；烟尘气溶胶和海洋气溶胶分类正确率随 k 增加而上升；平均分类正确率在 $k=9$ 之后，基本保持在 96%附近不再随 k 值的变化而变化。因此，最终选择 $k=9$ 来构建 KNN 分类器。

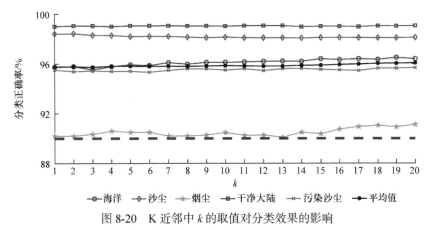

图 8-20　K 近邻中 k 的取值对分类效果的影响

由于在 K 近邻分类中采用三项光学参数的欧氏距离作为判断准则，虽然事先已经对三个光学特性进行了归一化处理，但是在实际情况中不同光学特性参数的分类准确度的贡献可能是不一致的。鉴于上述分析，在几次分类中对参量做了加权，图 8-21 给出了加权和不加权的 KNN 分类准确度识别结果。图 8-21(a)和(c)分别是在不加权和优化权值后，训练数据集交叉验证分类结果。可以看出，在不加权情况下，烟尘气溶胶的分类精度较低，其与海洋气溶胶及污染沙尘气溶胶具有较严重的串扰混叠，通过优化权值，各种气溶胶的分类准确度均可以得到较好的提升，虽然对烟尘气溶胶的类型识别依旧与海洋气溶胶及污染的沙尘气溶胶存在较大的串扰，但是对烟尘气溶胶的类型识别准确率可以达到90%以上。实际上，从前面的分析可以看出，引入雷达比的探测结果可以有效降低烟尘气溶胶与海洋气溶胶的分类串扰，但是 CALIOP 仅是普通的米散射激光雷达，难以直接反演得到气溶胶的雷达比，因此限制了气溶胶的分类精度，如果采用 HSRL 则可以进一步提升气溶胶的分类准确度。图 8-21(b)和(d)则分别给出了不加权和优化权值条件下对测试数据集进行气溶胶类型识别的准确率，可以看出，基本上与交叉自验证的结果一致，在优化权值后，对测试数据的气溶胶类型识别精度依旧可以达到90%以上。

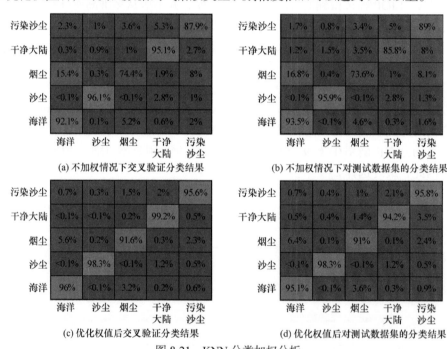

(a) 不加权情况下交叉验证分类结果　　(b) 不加权情况下对测试数据集的分类结果

(c) 优化权值后交叉验证分类结果　　(d) 优化权值后对测试数据集的分类结果

图 8-21　KNN 分类加权分析

8.3　大气气溶胶的微物理特性反演

气溶胶的类型信息反映了不同气溶胶的微物理特性的差异，对研究气溶胶的气候效应和环境效应等具有很大的促进作用。但是，如果能够通过遥感手段定量反演得到气溶胶的粒径等微物理特性参数，则会对研究气溶胶的气候效应和环境效应具有更大的促进作用。从第 7 章的分析可以看到，多波长的气溶胶光学特性对气溶胶的微物理特性变化具有不同的变化敏感性，这为多波长高光谱分辨率激光雷达反演气溶胶的微物理特性提供了可能。

8.3.1　基于多波长激光雷达的气溶胶探测基本原理和主要方法

气溶胶的微物理特性十分复杂，对于退偏比较小的气溶胶粒子体系，即便采用球形粒子近似其形状特征，其粒径的分布参数依旧十分复杂。目前大气遥感激光雷达，一般探测气溶胶粒子的后向散射系数和消光系数，而这些光学特性是由气溶胶的微物理特性参数(复折射率、粒径分布)决定的，因此，可以通过气溶胶的光学特性探测来反演气溶胶的微物理特性。由于气溶胶的微物理特性比较复杂，单波段的两个光学特性参量，显然无法实现气溶胶微物理特性的有效反演。激光雷达中常采用的波长与气溶胶粒子的粒径(尤其是积聚模态)在相当的量级上，因此其对气溶胶粒子的散射响应比较明显，而且存在较好的粒径响应关系。因此，可以通过联立多个波长的激光雷达光学特性探测结果构建一个方程组，进而对气溶胶的微物理特性进行反演研究，即

$$\begin{cases} \beta(\lambda) = \int_{r_{\min}}^{r_{\max}} K_{\beta}(m, r, \lambda; p) n(r) \mathrm{d}r + \varepsilon_i \\ \alpha(\lambda) = \int_{r_{\min}}^{r_{\max}} K_{\alpha}(m, r, \lambda; p) n(r) \mathrm{d}r + \varepsilon_i \end{cases} \tag{8-19}$$

式中，ε_i 为系统测量误差；$n(r)$ 为气溶胶粒子的数浓度随粒径的分布；m 为复折射率；λ 为激光波长；p 为形状因子；K_{α} 为气溶胶消光系数的核函数；K_{β} 为气溶胶后向散射系数的核函数，对于球形粒子可以根据米散射理论求解得到[39]，即

$$\begin{cases} K_{\beta}(m, r, \lambda) = \pi r^2 Q_{\mathrm{back}}(m, r, \lambda) \\ K_{\alpha}(m, r, \lambda) = \pi r^2 Q_{\mathrm{ext}}(m, r, \lambda) \end{cases} \tag{8-20}$$

式中，Q_{back} 和 Q_{ext} 分别为米散射的后向散射效率因子和消光效率因子。气溶胶的微物理特性十分复杂，对于退偏比较小的气溶胶粒子，往往可以将其近似为等效球形粒子，因此，本节也像多数研究一样，首先考虑退偏比较小的气溶胶粒子，采用球形粒子的米散射模型构建其微物理特性和光学特性之间的正向关联模型。

通过多波长激光雷达进行气溶胶的微物理特性求解实际上就是求解式(8-19)所示的方程组，该方程组又称为第一类 Fredholm 积分方程，其求解问题是个不适定问题，即方程的解可能不唯一或者解对噪声等十分敏感而不够稳定[40]。因此，

对该方程的有效求解就成了反演气溶胶微物理特性的关键。

采用激光雷达反演气溶胶的微物理特性的尝试很早就引起部分研究者的关注[41]，但是由于普通米散射激光雷达只能获得气溶胶的后向散射系数，早期多波长激光雷达探测反演气溶胶的微物理特性的研究多集中在特性较为单一的平流层气溶胶。Belan 等基于双波长米散射激光雷达开展了平流层气溶胶的微物理特性探测，在假定复折射率一致的情况下评估了平流层气溶胶的数浓度等微物理特性[41]。对流层气溶胶的来源、成因更加复杂，其微物理特性也相对复杂，粒径分布范围从几纳米到几微米，横跨几个数量级，单靠几个波长的后向散射系数探测难以有效反演得到其微物理特性，理论分析表明，消光系数的探测对反演气溶胶微物理特性具有明显的促进作用[42,43]。

HSRL 和拉曼激光雷达的发明和应用使得同时探测气溶胶消光系数与后向散射系数成为可能，并使得基于激光雷达探测气溶胶微物理特性的研究呈现出更有吸引力的应用前景。经过多年的发展，激光雷达探测气溶胶微物理特性的研究取得了一定的进展，多种算法已经被开发出来，如正则化方法[44]、混合正则化方法[45]、主成分分析法[46]、线性评估法[47]、排列搜索平均法(arrange and average algorithm)[43]等，这些算法应用在实际的激光雷达数据处理中，成功得到了基于激光雷达的气溶胶微物理特性探测反演结果。

线性评估法以测量核函数的线性组合表示气溶胶的粒径分布，最终可以反演气溶胶的总积分数浓度，而不能得到气溶胶的粒径分布。气溶胶的复折射率也可以通过迭代来反演，求解时假设不同的复折射率取值，并选择粒径参数使测量光学特性与预测光学特性的误差最小，最终平均一系列满足条件的单独解得到最终的解。排列搜索平均法[43]也只能反演气溶胶的积分微物理特性参数，该方法利用预先计算的查找表(look-up table，LUT)，简化了对所有可能解的正向计算，由于Chemyakin 等使用的 LUT 只有单峰对数正态尺寸分布，因此具有一定的局限性，但可以用于评估不同光学参数组合的反演结果。

不同于线性评估法和排列搜索平均法，正则化反演将气溶胶尺寸分布表示为5～8 个样条函数的组合，通过求解对应的权系数向量可以得到气溶胶粒子的粒径分布，目前在多波长激光雷达反演气溶胶微物理特性中得到了较广泛的关注和应用[48]。

8.3.2 气溶胶微物理特性反演算法

为了实现从气溶胶的光学特性反演其微物理特性参数，理论上可以通过构建一个查找表，将测得的光学特性参数与查找表中的光学特性进行对比，找出具有最小偏差的解。这种方式的反演精度受到查找表本身结构的影响，而且基于气溶胶的光学特性反演气溶胶的微物理特性是个欠定的数学问题，不同的微物理特性参数可能对应相同或者相近的光学特性参数，因此，这种方式对测量噪声十分敏感。Chemyakin 等开发了一种排列搜索平均法，通过特殊规划的数据查找顺序和对备选解的平均，使得反演结果对噪声的敏感性降低，也减小了对数据查找表的依赖[43]。但是，这种方法计算复杂度较高，尤其是随着输入光学特性参数数量的增加，计算复杂度近乎呈现指数增加，难以进一步扩展到拥有更多的光学特性参数输入的情况(如 $3\beta+3\alpha$)。

K 近邻-Monte Carlo(KNN-MC)采样气溶胶微物理特性反演算法，与排列搜索平均法类似，也是基于数据查找表匹配的气溶胶微物理特性反演算法。合理的数据查找表的构建对气溶胶微物理特性的反演具有较好的约束。考虑气溶胶的光学特性参数的探测数量有限，这里所使用的数据查找表依旧基于以下假设：①气溶胶的粒径分布为单峰对数正态分布；②气溶胶粒子的复折射率不随波长和粒子的大小变化；③假定粒子为球形粒子或者其光学特性可以等效为球形粒子。构建数据查找表所使用的气溶胶复折射率和粒径分布参数，这里沿用由 Chemyakin 等最初制作的气溶胶查找表[43](表 8-1)，表中，m_r 为折射率实部，m_i 为折射率虚部，r_m 为模式半径，s 为粒径分布的集合宽度，N_0 为气溶胶粒子的总数浓度，不同之处在于，仅考虑气溶胶的数浓度为 1/cm³ 的情形，这样查找表中共有 $N_{LUT}=755040$ 个样例。采用米散射理论，可以计算得到其在 355nm、532nm 和 1064nm 三个波段对应的光学后向散射系数和消光系数。同时，每个气溶胶案例对应的气溶胶有效粒径、表面积浓度和体积浓度也存储在查找表中。

表 8-1　气溶胶微物理特性-光学特性查找表

参数	取值范围	递增间隔
m_r	1.29～1.71	0.02
$m_i/10^{-3}$	0,0.25～50.25	1.0
r_m/nm	15～305	10
s	1.475～2.525	0.05
N_0	1,10,50,1000～40000	1000

为了说明气溶胶微物理特性反演的流程，这里以 $3\beta+3\alpha$ 系统结构为例，$3\beta+2\alpha$ 等其他系统结构的气溶胶微物理特性反演流程也可以通过类推得到。由于数据查找表中仅考虑了气溶胶数浓度为 1/cm³ 的情况，定义气溶胶的归一化光学特性量为

$$B_{355}=\frac{\beta_{355}}{\beta_3}, \quad B_{532}=\frac{\beta_{532}}{\beta_3}, \quad B_{1064}=\frac{\beta_{1064}}{\beta_3} \tag{8-21}$$

$$A_{355} = \frac{\alpha_{355}}{\alpha}, \quad A_{532} = \frac{\alpha_{532}}{\alpha_3}, \quad A_{1064} = \frac{\alpha_{1064}}{\alpha_3} \tag{8-22}$$

式中，$\beta_3 = \sqrt{\beta_{355}^2 + \beta_{532}^2 + \beta_{1064}^2}$；$\alpha_3 = \sqrt{\alpha_{355}^2 + \alpha_{532}^2 + \alpha_{1064}^2}$。同时，气溶胶的消光系数与后向散射之比也与气溶胶数浓度无关，即

$$S_{355}^{355} = \frac{\alpha_{355}}{\beta_{355}}, \quad S_{355}^{532} = \frac{\alpha_{532}}{\beta_{355}}, \quad S_{355}^{1064} = \frac{\alpha_{1064}}{\beta_{355}} \tag{8-23}$$

$$S_{532}^{355} = \frac{\alpha_{355}}{\beta_{532}}, \quad S_{532}^{532} = \frac{\alpha_{532}}{\beta_{532}}, \quad S_{532}^{1064} = \frac{\alpha_{1064}}{\beta_{532}} \tag{8-24}$$

$$S_{1064}^{355} = \frac{\alpha_{355}}{\beta_{1064}}, \quad S_{1064}^{532} = \frac{\alpha_{532}}{\beta_{1064}}, \quad S_{1064}^{1064} = \frac{\alpha_{1064}}{\beta_{1064}} \tag{8-25}$$

这样，对于 $3\beta + 3\alpha$ 系统结构，就能够得到 15 个与气溶胶浓度无关的量 $\Omega = \left(B_{355}, B_{532}, B_{1064}, A_{355}, A_{532}, A_{1064}, S_{355}^{355}, S_{355}^{532}, S_{355}^{1064}, S_{532}^{355}, S_{532}^{532}, S_{532}^{1064}, S_{1064}^{355}, S_{1064}^{532}, S_{1064}^{1064}\right)$。显然，对于任意输入的光学特性向量 $\left(\beta_{355}^*, \beta_{532}^*, \beta_{1064}^*, \alpha_{355}^*, \alpha_{532}^*, \alpha_{1064}^*\right)$，在查找表中对应的微物理特性的解，应当属于其 δ 邻域，即

$$C_\delta = \left\{ \# j \,\middle|\, d^{\# j} = \sum_{G \in \Omega} \left| \frac{G^* - G^{\# j}}{G^*} \right| < \delta \right\} \tag{8-26}$$

式中，C_δ 为属于 δ 邻域的解的集合；$\# j$ 为查找表中解的序号；$d^{\# j}$ 为查找表中 j 序号光学特性与输入光学特性的距离；$G \in \Omega$ 为上述 15 种不同的光学特性量；G^* 对应输入光学特性；$G^{\# j}$（$\# j = 1, 2, \cdots, N_{\text{LUT}}$）对应查找表中每个个体的光学特性；$\delta$ 为有限小量。也就是说，对应输入光学特性在查找表中的解，应当属于一个较小的邻域范围，从而可以把查找表的数据范围约束在较小的集合内，无须在整个数据查找表中进行。更一般地，可以取数据库中距离输入个例光学特性距离最小的 k 个个体组成邻域集合，这样就可以降低不同输入情况下对绝对阈值 δ 的依赖，这也称为 K 近邻方法。

定义输入样本与查找表中每个个体相对于各个归一化光学变量之间的距离为

$$d_G^{\# j} = \left| G^* - G^{\# j} \right|, \quad G \in \Omega, \; j = 1, 2, \cdots, N_{\text{LUT}} \tag{8-27}$$

那么，查找表中与输入变量对应的个体，同样也是属于每一个光学特性变量定义的邻域，即

$$C_{G,\delta} = \left\{ \# j \,\middle|\, d_G^{\# j} < \delta_G \right\} \tag{8-28}$$

这样，依次通过 $C_{G_1,\delta} \to C_{G_2,\delta} \to \cdots \to C_{G_{14},\delta}$ 将查找表中的个体定位到较小的

子集中，最后再通过 $\min\{d_{G_{15}}\}$ 确定最终的个体 P ，那么 P 就属于上述各个邻域，可以将其作为输入个例的一个备选解。通过改变光学变量邻域的约束应用顺序，可以得到不同的备选解，最后可以对这些备选解进行平均，得到输入变量的最终微物理特性反演结果。对于 $3\beta+3\alpha$ 系统结构，考虑 15 个归一化光学特性参量，共有 $A_{15}^{15}=15!$ 个备选解，执行这些搜索操作是非常耗时的。普通计算机难以满足实际激光雷达数据的处理速度要求。实际上，这些备选解远超过了查找表中的个体总数 $N_{\text{LUT}}=755040$ ，可见，在不同的约束应用顺序下，会得到相同的备选解，也就是说，所有 15! 个备选解中有大量的重复，其存在一个分布的概率。因此，只要通过采样，估计获得各个备选解被选中的概率，就能够估计得到最终的微物理特性反演结果。

根据 Monte Carlo 采样原理，可以得到事件 $E_{\#j}$(查找表中第 j 个个体被选为备选解)的发生概率为

$$P\left(E_{\#j}\right)=N\left(E_{\#j}\right)\big/N_{\text{total}}\approx N'\left(E_{\#j}\right)\big/N_{\text{MC}} \tag{8-29}$$

式中， $N_{\text{total}}=15!$ 为所有的可能数目； $N\left(E_{\#j}\right)$ 为事件 $E_{\#j}$ 发生的次数； N_{MC} 为 MC 采样次数； $N'\left(E_{\#j}\right)$ 为 N_{MC} 次采样中事件 $E_{\#j}$ 发生的次数。这样，也就可以通过少数次($N_{\text{MC}}<N_{\text{total}}$)的采样，得到 $P\left(E_{\#j}\right)$ 的有效估计，进而得到最终的气溶胶微物理特性参数反演结果。气溶胶有效粒径的反演结果为

$$r_{\text{eff}}^{\text{ave}}=\text{Ave}\left(r_{\text{eff}}^{\#i}\right)\approx\sum_{j=1}^{N_{\text{LUT}}}P\left(E_{\#j}\right)\cdot r_{\text{eff}}^{\#j} \tag{8-30}$$

式中， $r_{\text{eff}}^{\#j}$ 为查找表中第 j 个个体对应的气溶胶有效粒径参数。图 8-22 给出了基于 KNN-MC 的气溶胶微物理特性反演算法的流程图。

由图 8-22 可以看到，在 KNN-MC 反演算法中，采用相对阈值参数代替式(8-28)中的固定阈值，即通过选取一定比例的个体代替固定的阈值 δ ，这样可以避免固定阈值导致的邻域过大或过小的问题。因此，在 KNN-MC 反演算法中需要设置的参数有 MC 采样次数 N_{MC} 、K 近邻约束参数 k 和剪枝系数 ω ，这里对各个参数的设置做个简单的说明。对于 MC 采样次数，理论上 N_{MC} 越大，则式(8-29)的右边表达式越能准确代表该事件的概率，且 N_{MC} 越大，随机噪声也会越小，但是， N_{MC} 越大所需要的计算资源和计算时间也会越多，所以需要权衡计算时间和结果的方差之间的关系。在计算资源允许的条件下， N_{MC} 应当尽量取得大一些。值得注意的是，不同的搜索次序之间是完全独立的，因此，这里很容易采用并行计算方法加快算法的执行速度。

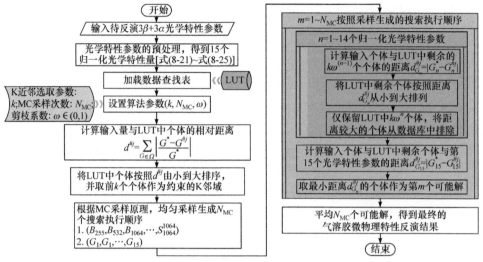

图 8-22   KNN-MC 气溶胶微物理特性反演算法流程图

对于 K 近邻约束参数 k 和剪枝系数 ω 的选取，则需要考虑更多的因素：①激光雷达系统结构，不同的激光雷达系统结构，其输入的光学特征量有差异，因此，k 和 ω 具有不同的取值；②查找表 8-1 中的气溶胶光学微物理特性取值范围、间隔有差异，或者个体总数有差异，那么 k 和 ω 的选择也会不同；③输入光学特性数据的噪声水平。输入数据的噪声越大，其本身偏离真实值的可能性就越大，则邻域的范围相对来讲应当要大一些，当然对 k 和 ω 的选取也就会有差异。

上述算法，可以较容易地推广到含有更少或者更多气溶胶光学特性输入的情况，如对于 $3\beta + 2\alpha$ 激光雷达系统结构，根据式(8-21)~式(8-25)，可以得到 11 个独立于气溶胶浓度的归一化光学特性量(缺少 α_{1064} 相关的信息)，这样只需要针对该输入光学特性结构，优化各个参量(N_{MC}, k, ω)的取值，并把图 8-22 中对 15 个光学特征量的搜索过程修改为对 11 个光学特征量的搜索过程，就可以实现依据 $3\beta + 2\alpha$ 光学特性参数反演气溶胶的微物理特性。

由于在气溶胶数据查找表中，气溶胶粒子的数浓度均考虑为 $N = 1\mathrm{cm}^{-3}$，对于与气溶胶浓度无关的微物理特性，气溶胶复折射率及有效粒径的反演，在平均过程中可以直接进行平均，如式(8-30)所示。但对于气溶胶数浓度、表面积浓度及体积浓度的反演，由于它们与气溶胶的数浓度相关，要重构它们，则需要根据光学特性的比例关系对其进行缩放。如果查找表中第 m 个个例被选为备选解，那么对应于输入个例的数浓度，可以估计为

$$n_t^{\#m} = \frac{1}{6}\left(\frac{\beta_{355}^*}{\beta_{355}^{\#m}} + \frac{\beta_{532}^*}{\beta_{532}^{\#m}} + \frac{\beta_{1064}^*}{\beta_{1064}^{\#m}} + \frac{\alpha_{355}^*}{\alpha_{355}^{\#m}} + \frac{\alpha_{532}^*}{\alpha_{532}^{\#m}} + \frac{\alpha_{1064}^*}{\alpha_{1064}^{\#m}}\right)\mathrm{cm}^{-3}, \quad 3\beta + 3\alpha \text{系统} \quad (8\text{-}31)$$

$$n_t^{\#m} = \frac{1}{5}\left(\frac{\beta_{355}^*}{\beta_{355}^{\#m}} + \frac{\beta_{532}^*}{\beta_{532}^{\#m}} + \frac{\beta_{1064}^*}{\beta_{1064}^{\#m}} + \frac{\alpha_{355}^*}{\alpha_{355}^{\#m}} + \frac{\alpha_{532}^*}{\alpha_{532}^{\#m}} \right) \text{cm}^{-3}, \quad 3\beta + 2\alpha \text{ 系统} \tag{8-32}$$

进一步将 N_{MC} 个备选解的数浓度取均值，最终作为输入个例的气溶胶数浓度反演结果。对于表面积浓度和体积浓度，其实际上与气溶胶的数浓度相关，因此，对于每一个备选解，在计算平均值前，需要对它们按照数浓度进行缩放。

$$s_t^{\#m} = (n_t^{\#m} / 1\text{cm}^{-3}) s_{t,\text{LUT}}^{\#m}, \quad v_t^{\#m} = (n_t^{\#m} / 1\text{cm}^{-3}) v_{t,\text{LUT}}^{\#m} \tag{8-33}$$

式中，带有下标 LUT 的量为查找表中备选解对应的微物理特性参数。最终，把按照估计的数浓度缩放后的表面积浓度 $s_t^{\#m}$ 和体积浓度 $v_t^{\#m}$ 进行平均，就可以得到对输入个例的相应反演结果。

8.3.3　气溶胶微物理特性反演正则化方法

KNN-MC 气溶胶微物理特性反演方法，可以快速反演气溶胶的积分微物理特性，如有效半径、数浓度、表面积浓度及体积浓度等，但是，需要对气溶胶的粒子谱分布形式进行参数化假设(如单峰/双峰对数正态分布)，且其本身并不对气溶胶粒子谱分布形式进行反演。如果能够大致反演得到气溶胶的粒子谱分布 $n(r)$，那么气溶胶的积分微物理特性也可以根据粒径分布估计得到，而且粒子谱分布的反演也可以为构建气溶胶微物理特性数据的查找表提供数据支撑。目前，根据激光雷达探测数据反演气溶胶微物理特性的方法中，线性评估法只能得到气溶胶的积分微物理特性[47]，主成分分析法虽然能反演气溶胶的粒子谱分布，但是由于需要求解高维矩阵的逆，面临病态问题，求解过程不稳定[46]。正则化反演方法无须对气溶胶粒子谱分布进行假设，反演结果能够反映气溶胶粒径分布的一定信息，因此，在实际激光雷达反演气溶胶微物理特性参数中得到了较为广泛的应用[48-50]。

基于激光雷达探测的光学特性反演气溶胶的微物理特性参数，在数学上就是要求解第一类 Fredholm 积分方程组，在数学上，正则化方法较早就被引入第一类 Fredholm 积分方程组的求解，而且在光学遥感的反问题中得到了广泛的应用。Müller 等依托莱布尼茨对流层研究所的 6 波长激光雷达系统，对正则化反演方法气溶胶的微物理特性进行了较全面的研究[49]，而后面的研究把正则化方法应用到不同的激光雷达系统反演中，进一步发展了基于正则化方法的气溶胶微物理特性反演方法。

在正则化气溶胶微物理特性反演方法中，首先要将第一类 Fredholm 积分方程组离散化，思路是将气溶胶的粒子谱分布按照一组基函数展开为

$$n(r) = \sum_j \omega_j B_j(r) + \varepsilon^{\text{math}}(r) \tag{8-34}$$

式中，$B_j(r)$ 为展开基函数；ω_j 为对应的展开系数；$\varepsilon^{math}(r)$ 为展开对应的残差。把对分布函数 $n(r)$ 的求解，转化为求解权系数 ω_j。通过选择合适的基函数，反演得到展开系数，就能够重构出气溶胶的粒子谱分布。依据式(8-34)气溶胶的光学特性就可以表述为

$$g_i(\lambda) = \sum_j A_{ij}(m,s)\omega_j + \varepsilon_{i,\text{tot}} \tag{8-35}$$

式中，i 为光学特性测量通道数，对应不同波长的消光系数和后向散射系数测量；$\varepsilon_{i,\text{tot}}$ 为光学特性探测误差和拟合残差的总和；而

$$A_{ij}(m,s) = \int_{r_{\min}}^{r_{\max}} K_i(r,m,\lambda,s) B_j(r) \mathrm{d}r \tag{8-36}$$

可以看出 A_{ij} 仅与气溶胶粒子的折射率 m 和形状相关，而与粒径无关。这样，求解气溶胶的粒径分布就转换为求解展开系数 ω_j 的线性方程组求解，即

$$A\omega + \varepsilon = g \tag{8-37}$$

也即

$$\arg\min \|\varepsilon\|_2^2 = \|A\omega - g\|_2^2 \tag{8-38}$$

式中，$\|\cdot\|_2$ 为取向量的二阶范数。

当测量光学特性参量通道数大于基函数个数时，理论上可以用最小二乘拟合法求得权系数向量。但是该线性方程组的求解往往是病态的，存在欠定(解不唯一)，而且对测量误差和拟合残差 ε 比较敏感，因此无法直接得到稳定可靠的解。经典 Tikhonov 正则化方法中，通过引入正则化因子将解空间进行平滑，将上述求解问题转化为

$$\arg\min \ e^2 = \|A\omega - g\|_2^2 + \gamma\|L\omega\|_2^2 = \|A\omega - g\|_2^2 + \gamma\omega^{\mathrm{T}} H\omega \tag{8-39}$$

式中，$H = L^{\mathrm{T}} L$，L 为平滑矩阵，可以选择为单位矩阵、一阶/二阶差分矩阵。标准 Tikhonov 正则化，选取 L 为单位矩阵，而在实际的应用过程中，对于气溶胶微物理特性求解，往往选择二阶差分算子矩阵，将相邻三个展开系数 ω_j 进行平滑约束，进而有

$$L = \begin{bmatrix} 1 & -2 & 1 & 0 & \cdots & 0 & 0 & 0 & 0 \\ 0 & 1 & -2 & 1 & \cdots & 0 & 0 & 0 & 0 \\ \vdots & \vdots & \vdots & \vdots & & \vdots & \vdots & \vdots & \vdots \\ 0 & 0 & 0 & 0 & \cdots & 1 & -2 & 1 & 0 \\ 0 & 0 & 0 & 0 & \cdots & 0 & 1 & -2 & 1 \end{bmatrix} \tag{8-40}$$

式(8-39)对应的最小值将在 $\partial\left\{\|Ax - g\|_2^2 + \gamma\|Lx\|_2^2\right\}\big/\partial x = 0$ 时取得，容易得

$$\omega = (A^{\mathrm{T}} A + \gamma H)^{-1} A^{\mathrm{T}} g \tag{8-41}$$

这样，只要选择合适的基函数和正则化参数 γ，就可以求解得到气溶胶的粒子谱分布。对于基函数 $B_j(r)$ 的选择，不同的研究者给出了不同的选择，如对数正态分布曲线[51]、一阶 B-样条曲线[44]及高阶 B-样条曲线[45]等，对于粒径分布为单峰和双峰对数正态分布的气溶胶粒子，采用 8 个一阶 B-样条曲线作为基函数均可以得到较好的结果[52]，因此，这里也采用 8 个一阶 B-样条曲线作为基函数。考虑到气溶胶粒子的粒径分布往往横跨几个数量级，这里采用对数等间隔的一阶 B 样条曲线函数：

$$B_j(r) = \begin{cases} 0, & r < r_{j-1} \\[2mm] 1 - \dfrac{\ln(r_j/r)}{\ln(r_j/r_{j-1})}, & r_{j-1} < r \leqslant r_j \\[2mm] 1 - \dfrac{\ln(r/r_j)}{1\ln(r_{j+1}/r_j)}, & r_j < r < r_{j+1} \\[2mm] 0, & r > r_{j+1} \end{cases} \qquad j = 1, 2, \cdots, N \tag{8-42}$$

图 8-23 给出了气溶胶粒子谱分布按照 B-样条函数展开的示意图，确定气溶胶粒子谱分布的范围为 $[r_{\min}, r_{\max}]$，采用对数等间隔的方式可以确定 B-样条函数的节点 r_j，从而可以将粒子谱分布函数展开。图中浅色实线为真实的粒径分布，虚线为拟合的粒径分布。

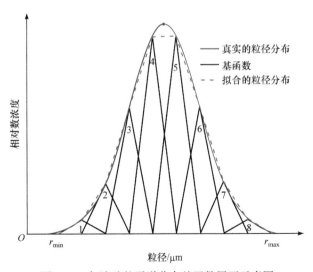

图 8-23　气溶胶粒子谱分布基函数展开示意图

确定了展开基函数，还需要对式(8-36)中的核函数 $K_i(r,m,\lambda,s)$ 做一点说明，虽然也有少数研究者对于非球形粒子的反演进行尝试，但是这里依旧像多数研究者一样，只讨论气溶胶粒子退偏比较小的情况，将粒子形状近似为球形粒子，核函数就可以按照球形粒子的米散射理论进行计算。而对于粒子谱分布函数，理论上可以采用数浓度分布函数，也可以采用体积浓度分布函数或者表面积浓度分布函数，而实际应用研究表明，采用体积浓度分布函数通常优于表面积或数浓度，因为它将核函数的最大灵敏度进一步转移到光学波段灵敏的气溶胶粒径分布范围[44]。因此，这里也采用气溶胶的体积浓度分布，它与数浓度分布之间的关系为

$$n_v(r) = \frac{4}{3}\pi r^3 \cdot n(r) \tag{8-43}$$

对应的核函数与米散射效率因子之间的关系为

$$K_i(r,m,\lambda) = \frac{3}{4}r \cdot Q_i(r,m,\lambda) \tag{8-44}$$

至此，只要知道气溶胶的复折射率和粒径分布范围为 $[r_{\min}, r_{\max}]$，选择合适的正则化参数，就可以实现气溶胶的粒子谱分布的反演。

在正则化方法中，正则化参数 γ 的大小会横跨几个数量级的大小[19]，其合理的选择对正则化反演结果具有重要的影响，正则化参数过小，可能导致最终求解结果剧烈振荡，而正则化参数过大，则可能导致结果过平滑。目前，已经发展了多种正则化参数选择方法，如最小偏差法、广义交叉验证(generalized cross validation, GCV)法及 L-曲线法等。最小偏差法最为简单直观，实现起来也比较容易，它根据重构光学特性参数与输入光学特性参数之间的相对偏差，选择偏差最小或者根据噪声水平确定偏差的阈值[53]。一般在气溶胶粒子谱反演问题中，重构光学特性量与输入光学特性的相对偏差定义为

$$\rho = \frac{1}{N}\sum_{i=1}^{N}\frac{\left\| A_{i*}|\omega| - g_i \right\|_2}{g_i} \tag{8-45}$$

式中，A_{i*} 为 A 的第 i 行元素构成的行向量，考虑 $\omega_j < 0$ 不具备物理含义，这里对其各元素取绝对值操作 $|\omega|$。虽然，最小偏差法比较简单直观，但是在实际应用中，需要对输入数据的噪声水平进行估计。而且，实际反演中，虽然可以重构出光学特性参量与输入光学特性的相对偏差定义很小的解，但是，这种解可能本身振荡严重，并不具有实际的物理意义。

GCV 函数法是从统计学角度出发得出的正则化参数选取的方法，在输入数据各项的误差不相关时，GCV 函数给出的最优正则化参数选取准则即是使得函数 P_{GCV} 取最小值 γ [54]，即

$$P_{\text{GCV}} = \frac{\left\| A\omega(\gamma) - g \right\|_2^2}{\left\{ \text{trace}\left[I_p - AA^I(\gamma) \right] \right\}^2} = \frac{\left\| \left[I_p - M(\gamma) \right] g \right\|_2^2}{\left\{ \text{trace}\left[I_p - M(\gamma) \right] \right\}^2} \tag{8-46}$$

式中，p 为光学特性通道数；$A^I(\gamma) = (A^T A + \gamma H)^{-1} A^T$；$\omega(\gamma)$ 为正则化参数为 γ 时的解，而 $M(\gamma) = A \times A^I(\gamma)$。

　　基于正则化的气溶胶微物理特性反演算法，无须对气溶胶的粒子谱分布进行假设，但是，待求解的未知量个数一般大于光学特性的测量通道数，其求解过程往往是病态的(存在欠定及对噪声敏感的问题)。因此，要求解气溶胶的粒子谱分布往往需要一些额外的辅助信息，如粒子的复折射率参数、粒径分布的范围等。图 8-24 给出了两个气溶胶粒子谱反演的实例。

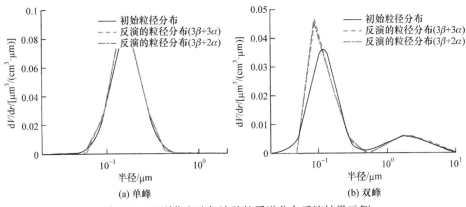

图 8-24　正则化方法气溶胶粒子谱分布反演结果示例

　　图 8-24(a)给出了一个粒径分布为单峰分布的例子，气溶胶的粒子谱假定服从对数正态分布，数浓度为 1cm^{-3}，$r_m = 0.12\mu\text{m}$，$s = 1.48$，复折射率考虑为 $m = 1.61 + 0.03\text{i}$，为吸收性较强的气溶胶个例[17]。图 8-24(b)对应的是一个粒径分布为双峰的例子，气溶胶的粒子谱分布假定服从双峰对数正态分布，数浓度约为 1cm^{-3}，两个模态的分布参数为 $r_{m,1} = 0.08\mu\text{m}$，$s_1 = 1.55$，$r_{m,2} = 0.76\mu\text{m}$，$s_2 = 2.01$，体积浓度之比为 5，复折射率 $m = 1.51 + 0.002\text{i}$ 为弱吸收性气溶胶个例。可以看出，选择合适的反演窗口，在已知复折射率的前提下，可以较好地重构气溶胶的粒子谱分布，对单峰分布的粒子谱重构能力要优于双峰分布。

　　在实际的激光雷达数据处理中，往往难以提前获取气溶胶的复折射率信息及粒径分布的相关信息，而气溶胶的输入复折射率和粒径反演窗口的选择往往会对粒径的准确反演具有重要影响。实际的数据处理发现，只有选择较为合适的复折射率和反演窗口，才能得到较为合理的粒子谱分布解，这也说明正则化方法具有反演气溶胶的复折射率的潜力。因此，在实际反演中可以考虑选择不同组合的反演窗口和复折射率组合，尝试对输入的光学特性进行粒子谱反演，得到不同的备选解，进一步从备选解中筛选合适的解并平均得到最终解，如图 8-25 所示。

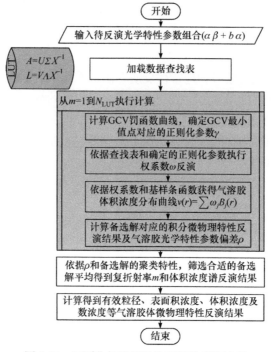

图 8-25　正则化气溶胶微物理特性反演流程

合理的数据查找表和有效的筛选约束对最终的反演结果具有重要影响。查找表中的气溶胶复折射率，依旧选择表 8-1 所使用的气溶胶微物理特性查找表中气溶胶复折射率的取值。而对于反演窗口的选择，Müller 等早期采用 50 个不同的反演窗口进行反演，而后来的反演窗口拓展至 91 个反演窗口，而且发现反演窗口的合理选择能够提升反演的结果[44,53]，这里参照 Müller 等的研究采用 110 个优化的反演窗口，相较于 Müller 考虑的反演窗口，增加了部分粒径较小的情形。这样，针对 $22 \times 52 \times 110 = 125840$ 个不同的复折射率和粒径窗口组合，就可以反演得到 125840 个备选解，而且每个备选解一般都各不相同。

从所有的备选解中选择合理的解，需要设定一定的筛选准则，这里选择重构光学特性参数与输入光学特性参数之间的相对偏差，式(8-45)作为筛选准则，选择 $\rho < 10\%$ 作为初始的筛选条件，把重构光学特性参数偏差较大的数据点排除掉，但是往往单一应用相对偏差 ρ 筛选往往难以得到满意的结果，而且对不同的气溶胶粒径分布和复折射率往往需要采用不同的阈值才能达到较好的反演结果[51,53]。考虑到合理的备选解之间应当具有相似的微物理特性参数，参考之前的研究和仿

真分析,在应用相对偏差筛选条件后,进一步应用数浓度偏差不大于 100%且有效粒径偏差不大于 25%的筛选条件,对满足条件的前 500 个备选解进行平滑得到最终的气溶胶粒子谱分布反演结果,进而可得到气溶胶的各种积分微物理特性反演结果,完整的气溶胶微物理特性正则化反演方法的算法流程如图 8-25 所示。

　　将正则化仿真程序应用到图 8-24 所示两个个例的自动化反演中,可以得到气溶胶粒子谱的反演结果如图 8-26 所示,这里考虑了光学特性参数没有噪声和含有 20%随机噪声的情况。可以看出,通过上述算法,基本可以重构气溶胶的粒子谱分布。对于气溶胶微物理特性的反演,图 8-26(a)所示的单峰气溶胶分布的个例,对有效粒径、数浓度、表面积浓度及体积浓度的相对反演误差分别为 3.3%、14.6%、2.4%和 0.8%($3\beta+3\alpha$)及 3.3%、4.8%、0.7%和 4.0%($3\beta+2\alpha$),图 8-26(b)所示的双峰气溶胶分布的个例,对有效粒径、数浓度、表面积浓度及体积浓度的相对反演误差分别为 9.3%、2.2%、6.0%和 14.7%($3\beta+3\alpha$)及 25.8%、17.7%、5.0%和 32.1%($3\beta+2\alpha$)。因此,正则化方法可以实现对气溶胶微物理特性的有效反演,但是对气溶胶粒径分布的反演仅能反演其大致形状,难以得到十分准确的反演结果[50],尤其是输入光学特性参数存在噪声的情况下。

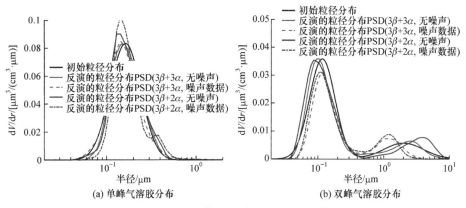

(a) 单峰气溶胶分布　　　　　　　　(b) 双峰气溶胶分布

图 8-26　气溶胶微物理特性正则化反演方法的算法流程图

8.4　水云的光学和微物理特性反演

　　相较于气溶胶的观测,大气中云的观测有相似之处,但也存在着较大的差异。如前所述气溶胶粒子的粒径和消光系数相对云一般较小,因此,激光雷达在探测气溶胶(特殊情况除外,如沙尘暴)时,多次散射效应对回波的贡献一般较小,可以忽略,所以在前面章节讨论气溶胶的光学特性探测中,均是基于单次散射近似。对于粒径较大的云粒子,粒径一般在微米量级,相较于激光雷达常采用的波段

(1064nm、532nm 和 355nm)要大，因此，其散射具有明显的前向峰值特征，且水云往往为致密的光学介质，激光雷达在探测水云时，其多次散射特性无法忽略，虽然多种多次散射效应的正向模型已经被开发出来，但是在实际反演问题中的应用却受到各种限制。

相较于气溶胶粒子的复杂多变，水云粒子可以很好地近似为球形，而且其复折射率相较于气溶胶粒子比较简单，这样看来，水云的激光雷达探测与气溶胶的光学及微物理特性探测存在着较大的不同。如何有效根据水云粒子的已知特征，采用激光雷达实现水云微物理特性的有效探测，而不是简单将其等同于气溶胶的探测一样处理，是目前急需解决的关键问题。

8.4.1　基于激光雷达的水云探测基本原理和主要方法

由于多次散射效应的影响，水云的激光雷达的后向散射回波信号相对于单次散射近似会增强，Platt 引入多次散射因子来表示激光雷达中多次散射回波的贡献[55]，将回波信号功率表示为

$$P_c = C_c \frac{O}{r^2}(\beta_m + \beta_c) \cdot \exp[-2(\eta\tau_c + \tau_m)] \tag{8-47}$$

式中，为了简洁考虑省略了距离因子 r ；C_c 为激光雷达系统常数；O 为重叠因子；β_m 和 β_c 分别为大气分子和水云的后向散射系数；η 为多次散射因子；τ_c 和 τ_m 分别为云粒子和大气分子的光学厚度。

多次散射因子 η 表征多次散射效应对总探测信号的影响，不仅与激光雷达的系统结构(如激光发散角，接收视场角)、云的高度有关，还与云的消光系数及云粒子的粒径有关，取值在[0,1]。理论上，对于 HSRL 系统中混合信号通道和分子占优通道，多次散射因子一般并不相同，这是由于多次散射信号已经偏离了180°后向散射方向，而大气分子的后向散射相函数在180°附近可以认为随着角度变化基本保持不变，而对于云粒子的后向散射相函数在180°附近则一般会随着散射角度变化而变化，如图 8-27 所示。云的光学特性的准确求解，需要对多次散射因子进行准确估计，而如果忽略多次散射的影响，云的消光系数的反演误差可能高达50%[56]。

为了估计激光雷达在云中的多次散射效应，开发了多种不同的正向分析模型，如 MC 辐射传输仿真模型、半解析模型、基于小角度近似的模型等[56-59]，在已知激光雷达系统结构参数的条件下，根据水云的粒径大小和消光等就可以正向仿真得到激光雷达的回波信号。激光雷达在云探测中的多次散射效应，一方面是准确反演云光学特性的障碍，另一方面又包含了云的微物理特性的信息，为水云的粒径等微物理特性反演提供了思路。

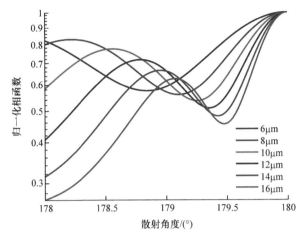

图 8-27　不同有效半径云粒子后向散射相函数各向不均一示意图

目前,激光雷达云微物理特性探测的方案中,常常是通过改变激光雷达的接收视场角,接收偏离 180°后向散射方向的多次散射回波信号,构建多个接收视场角的回方程,进而根据多次散射效应的解析/半解析模型反演云的消光系数及有效半径等信息[60,61]。多视场米散射激光雷达探测云的光学及微物理特性已取得了一定的进展,但是云粒子的后向散射相函数在 180°附近不满足各向均一,这为多视场米散射激光雷达探测云的光学及微物理特性设置了一定的障碍。考虑到分子的后向散射相函数在 180°附近基本保持不变,这就可以减少后向散射相函数在 180°附近不满足各向同性导致的不确定性,理论上可以实现云光学及微物理特性更好的探测,因此,多视场的 HSRL/拉曼激光雷达也被提出用于云的消光系数和粒径探测[62,63]。多视场的激光雷达技术方案虽然可以获取云的更多有效探测信息,为云的光学及微物理特性探测提供很好的思路,但是需要对系统的结构做较大的改进。

对于单次散射非退偏的水云,其多次散射引起的退偏振效应很早就被研究者注意到。Donovan 等基于 MC 仿真分析,构建了单波长、单视场偏振激光雷达探测绝热上升水云的回波信号与水云粒径和消光系数之间的查找表,基于最优化反演理论,实现了水云的粒径及消光的有效反演,该方法无须对激光雷达硬件系统进行升级改造就能实现水云的消光系数和有效半径的探测,在实际的应用中具有较大的推广应用潜力[64]。

8.4.2　基于偏振高光谱分辨率激光雷达的水云微物理特性反演方法

基于偏振 HSRL 的水云微物理特性反演最重要的两个参数就是消光系数和有效半径,因此反演方法也主要分为两个部分:①通过退偏比校正多次散射因子,结合 HSRL 分子通道和米通道反演水云消光系数；②两偏振通道信号结合正向分析模型，反演水云有效半径。反演的流程图如图 8-28 所示。

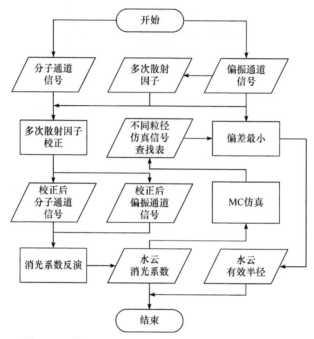

图 8-28　偏振 HSRL 的水云消光和有效半径反演流程

类似激光雷达方程，对于水云的偏振 HSRL 雷达方程，也需要考虑多次散射因子 η 的影响，第 3 章式(3-1)～式(3-3)中的双程透过率可改写为

$$T^2(z) = \exp\left[-2\int_0^r \eta(z')\alpha(z')\mathrm{d}z'\right] \tag{8-48}$$

Hu 等通过大量的 MC 仿真分析，得到了水云的多次散射因子与其退偏振信号之间存在着简单的关系[65]，即

$$\eta = \frac{\gamma'_{ss}}{\gamma'_{cloud}} = \left(\frac{1-\delta'}{1+\delta'}\right)^2 \tag{8-49}$$

式中，γ'_{ss} 为层积分的衰减单次散射后向散射信号；γ'_{cloud} 为层积分的衰减总后向散射信号；δ' 为层积分衰减退偏振比，即

$$\delta' = \int_{r_b}^{r_t}\beta'_\perp(r)\mathrm{d}r \bigg/ \int_{r_b}^{r_t}\beta'_\parallel(r)\mathrm{d}r \tag{8-50}$$

式中，$\beta'_\perp$ 和 $\beta'_\parallel$ 分别为回波信号中平行偏振分量和垂直偏振分量的衰减后向散射系数。该关系也在 CALIOP 实测水云信号中得到了验证，如图 8-29 所示。据此可

以对偏振 HSRL 回波信号中多次散射因子的影响进行校正。

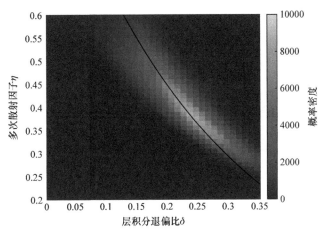

图 8-29 CALIOP 实测不透明水云层积分退偏振比与多次散射因子之间的关系

在上述讨论中，通过云层的积分衰减退偏振比和多次散射效应因子的经验关系，结合云层的积分衰减后向散射系数与云层有效雷达比的关系，根据偏振激光雷达探测结果可以对云层的雷达比及多次散射因子进行估计，进而反演得到云层的后向散射系数和消光系数。对于水云的探测，除了消光系数参数，探测获得其有效半径及数浓度等微物理特性参数，对云气溶胶相互作用的研究具有更直接的促进作用。偏振探测技术在大部分激光雷达中得到广泛应用，偏振探测信号为水云的多次散射信息提供了有效的指示，可以为水云的光学特性求解提供有效的手段，是否能够根据水云的退偏振探测进一步反演云的粒径等微物理特性参数则是应当进一步考虑的问题。

在已知激光雷达系统参数的条件下，偏振 MC 仿真就可以建立起偏振激光雷达回波信号与水云消光系数 α、有效半径 r_e 之间的关联，即

$$[\beta'_{\parallel}, \beta'_{\perp}] = F[\alpha, r_e] \tag{8-51}$$

考虑到依据退偏比信息校正多次散射因子后，如前述 HSRL 反演气溶胶消光系数的方法可以获得水云云底的消光系数廓线，那么就只需要反演水云的有效半径参数。

典型的水云粒径分布可认为符合修正的伽马分布，即

$$n(r) = \frac{N}{\Gamma(\gamma) r_m} \left(\frac{r}{r_m} \right)^{\gamma-1} \exp(-r/r_m) \tag{8-52}$$

式中，r_m 为粒径分布的模式半径；γ 为粒径分布的模式宽度。对于该分布函数，水云的有效半径参数为

$$r_e = \int n(r)r^3 \mathrm{d}r \Big/ \int n(r)r^2 \mathrm{d}r = (\gamma + 2)r_m \tag{8-53}$$

水云的有效半径不仅与粒径分布的模式半径 r_m 有关，还与粒径分布的模式宽度 γ 有关，反演的信息量可能不足以同时反演这两个参数，但是一般认为 γ 变化可能较小，对云的消光系数的影响相对较小[64]，因此本节中参考 MODIS 反演将 γ 取为定值 12.3[66]，这样水云有效半径的反演就只需要考虑一个参数的反演问题。通过正向迭代，理论上就可以计算得到水云有效半径的反演结果。这里引入代价函数(cost function，CF)用于衡量仿真结果与反演目标的偏差程度，即

$$CF = \sum \left\{ \left[\frac{\beta'_{\parallel}(r) - \beta'_{r\parallel}(r)}{\beta'_{r\parallel}(r)} \right]^2 + \left[\frac{\beta'_{\perp}(r) - \beta'_{r\perp}(r)}{\beta'_{r\perp}(r)} \right]^2 \right\} \tag{8-54}$$

即各个粒径仿真结果与实际 C1 云平行及垂直回波的相对误差的平方和。式中，角标 ∥ 和 ⊥ 分别为平行和垂直信号；β' 和 β'_r 分别为仿真总回波和反演云层实际的总回波信号。当代价函数取得最小值时，仿真取得的云滴有效半径即可视为反演得到的目标云层的有效半径值。

反演得到水云的消光系数和有效半径参数后，实际上就可以进一步推知水云的其他微物理特性参数，如云滴数浓度、云水含量等。对于液态水云，云滴粒子的半径远大于激光波长(532nm)，图 8-30 根据米散射理论，其消光效率因子 $Q_{ext} \approx 2$，因此，对于式(8-52)所描述的修正伽马分布，可以得到水云的消光效率与云滴粒子的粒径之间近似满足，即

$$\alpha \approx 2\pi \int n(r)r^2 \mathrm{d}r = 2\pi N(\gamma + 1)\gamma r_m^2 \tag{8-55}$$

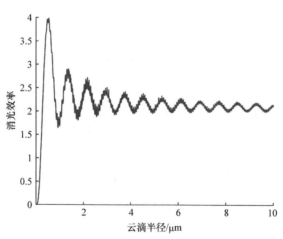

图 8-30　532nm 波长水云的消光效率随云滴半径变化的变化

进而，可以得到水云的云滴数浓度，即

$$N_{\rm d} = \frac{\alpha}{2\pi(\gamma+1)\gamma r_{\rm m}^2} = \frac{\alpha}{2\pi r_{\rm e}^2}\frac{(\gamma+2)^2}{(\gamma+1)\gamma} = N_{\rm e}\frac{(\gamma+2)^2}{(\gamma+1)\gamma} \qquad (8\text{-}56)$$

式中，$N_{\rm e} = \alpha/(2\pi r_{\rm e}^2)$ 为云滴有效数浓度；r 为形状参数。

8.5　本 章 小 结

　　本章基于激光雷达探测获得气溶胶垂直分布信息，介绍了激光雷达在大气遥感中的典型应用，包括大气边界层高度识别、气溶胶类型识别、气溶胶的微物理特性反演及水云光学和微物理特性反演。在大气边界层高度识别中，通过仿真和实测数据来检验大气边界层高度识别方法的鲁棒性，并提出 MLHI-RR 技术，消除云层和悬浮气溶胶层对识别大气边界层高度的影响。各类气溶胶具有独特的光学特性，使用气溶胶的不同光学特性参数阈值，如基于决策树算法、马氏距离和 KNN 分类的气溶胶类型识别算法，实现气溶胶的类型识别。气溶胶粒子的光学特性是由其微物理特性决定，通过气溶胶的光学特性探测来反演气溶胶的微物理特性。KNN-MC 气溶胶微物理特性反演算法可以快速反演气溶胶的积分微物理特性。正则化反演方法，无须对气溶胶粒子谱分布进行假设，反演结果能够反映气溶胶粒径分布的一定信息。云的观测须考虑多次散射效应，因此云的探测信号不仅与激光雷达的系统结构、云的高度有关，还与云的消光系数及云粒子的粒径有关。消光系数和有效半径是描述水云两个最重要的微物理特性参数，可以通过退偏比校正多次散射因子和偏振通道信号结合正向分析模型获得。随着激光雷达技术不断取得突破性成果，激光雷达在大气探测和环境监测方面有着十分广阔的发展前景。

参 考 文 献

[1] Fiocco G, Smullin L D. Detection of scattering layers in the upper atmosphere (60-140km) by optical radar. Nature, 1963, 199(490): 1275.

[2] van der Kamp D, Mckendry I. Diurnal and seasonal trends in convective mixed-layer heights estimated from two years of continuous ceilometer observations in Vancouver, BC. Boundary-Layer Meteorology, 2010, 137(3): 459-475.

[3] Stull R B. An Introduction to Boundary Layer Meteorology. Amsterdam: Springer, 1988.

[4] Sicard M, Pérez C, Rocadenbosch F, et al. Mixed-layer depth determination in the barcelona coastal area from regular lidar measurements: Methods, results and limitations. Boundary-Layer Meteorology, 2006, 119(1): 135-157.

[5] Dabberdt W F, Frederick G L, Hardesty R M, et al. Advances in meteorological instrumentation for air quality and emergency response. Meteorology and Atmospheric Physics, 2004, 87(1): 57-88.

[6]　李红, 杨毅. 激光雷达反演边界层高度方法的比较研究. 第 32 届中国气象学会年会, 天津, 2015.

[7]　Steyn D G, Baldi M, Hoff R M. The detection of mixed layer depth and entrainment zone thickness from lidar backscatter profiles. Journal of Atmospheric and Oceanic Technology, 1999, 16(7): 953-959.

[8]　Brooks I M. Finding boundary layer top: Application of a wavelet covariance transform to lidar backscatter profiles. Journal of Atmospheric and Oceanic Technology, 2003, 20(8): 1092-1105.

[9]　李霞, 权建农, 王飞, 等. 激光雷达反演边界层高度方法评估及其在北京的应用. 大气科学, 2018, 42(2): 435-446.

[10]　王琳, 谢晨波, 韩永, 等. 测量大气边界层高度的激光雷达数据反演方法研究. 大气与环境光学学报, 2012, 7(4): 241-247.

[11]　项衍, 叶擎昊, 刘建国, 等. 基于图像边缘检测法反演大气边界层高度. 中国激光, 2016, 43(7): 191-197.

[12]　Liu B, Ma Y, Liu J, et al. Graphics algorithm for deriving atmospheric boundary layer heights from CALIPSO data. Atmospheric Measurement Techniques, 2018, 11(9): 5075-5085.

[13]　Liu D, Zhou Y, Chen W, et al. Phase function effects on the retrieval of oceanic high-spectral-resolution lidar. Optics Express, 2019, 27(12): A654-A668.

[14]　Menut L, Flamant C, Pelon J, et al. Urban boundary-layer height determination from lidar measurements over the Paris area. Applied Optics, 1999, 38(6): 945-954.

[15]　李红, 马媛媛, 杨毅. 基于激光雷达资料的小波变换法反演边界层高度的方法. 干旱气象, 2015, 33(1): 78-88.

[16]　Angevine W M, White A B, Avery S K. Boundary-layer depth and entrainment zone characterization with a boundary-layer profiler. Boundary-Layer Meteorology, 1994, 68(4): 375-385.

[17]　Zhong T F, Wang N, Shen X, et al. Determination of planetary boundary layer height with lidar signals using maximum limited height initialization and range restriction (MLHI-RR). Remote Sensing, 2020, 12(14): 2272.

[18]　Baars H, Ansmann A, Engelmann R, et al. Continuous monitoring of the boundary-layer top with lidar. Atmospheric Chemistry and Physics, 2008, 8(23): 7281-7296.

[19]　王治飞, 刘东, 成中涛, 等. 基于模式识别的激光雷达遥感灰霾组分识别模型. 中国激光, 2014, 41(11): 267-276.

[20]　Omar A H, Won J G, Winker D M, et al. Development of global aerosol models using cluster analysis of aerosol robotic network (AERONET) measurements. Journal of Geophysical Research: Atmospheres, 2005, 110(10): 10-14.

[21]　Verma S, Prakash D, Ricaud P, et al. A new classification of aerosol sources and types as measured over Jaipur, India. Aerosol and Air Quality Research, 2015, 15(3): 985-993.

[22]　Burton S P, Ferrare R A, Hostetler C A, et al. Aerosol classification using airborne high spectral resolution lidar measurements-methodology and examples. Atmospheric Measurement Techniques, 2012, 5(1): 73-98.

[23]　Lolli S, Welton E J, Campbell J R. Evaluating light rain drop size estimates from multiwavelength

micropulse lidar network profiling. Journal of Atmospheric and Oceanic Technology, 2013, 30(12): 2798-2807.

[24] Dubovik O, Holben B, Eck T F, et al. Variability of absorption and optical properties of key aerosol types observed in worldwide locations. Journal of the Atmospheric Sciences, 2002, 59(3): 590-608.

[25] Papayannis A, Amiridis V, Mona L, et al. Systematic lidar observations of Saharan dust over Europe in the frame of EARLINET (2000–2002). Journal of Geophysical Research: Atmospheres, 2008, 113(D10): D10204.

[26] Tesche M, Ansmann A, Müller D, et al. Vertical profiling of Saharan dust with Raman lidars and airborne HSRL in southern Morocco during SAMUM. Tellus B: Chemical and Physical Meteorology, 2009, 61(1): 144-164.

[27] Müller D, Mattis I, Ansmann A, et al. Multiwavelength Raman lidar observations of particle growth during long-range transport of forest-fire smoke in the free troposphere. Geophysical Research Letters, 2007, 34(5): L05803.

[28] Amiridis V, Balis D S, Kazadzis S, et al. Four-year aerosol observations with a Raman lidar at Thessaloniki, Greece, in the framework of European aerosol research lidar network. Journal of Geophysical Research, 2005, 110: 21203.

[29] Mattis I, Ansmann A, Müller D, et al. Multiyear aerosol observations with dual-wavelength Raman lidar in the framework of EARLINET. Journal of Geophysical Research: Atmospheres, 2004, 109(D13): D13203.

[30] Cattrall C, Reagan J, Thome K, et al. Variability of aerosol and spectral lidar and backscatter and extinction ratios of key aerosol types derived from selected aerosol robotic network locations. Journal of Geophysical Research: Atmospheres, 2005, 110: D10S11.

[31] Kim M H, Omar A H, Tackett J L, et al. The CALIPSO version 4 automated aerosol classification and lidar ratio selection algorithm. Atmospheric Measurement Techniques, 2018, 11(11): 6107-6135.

[32] Kanitz T, Ansmann A, Foth A, et al. Surface matters: Limitations of CALIPSO V3 aerosol typing in coastal regions. Atmospheric Measurement Techniques, 2014, 7(7): 2061-2072.

[33] Groß S, Esselborn M, Weinzierl B, et al. Aerosol classification by airborne high spectral resolution lidar observations. Atmospheric Measurement Techniques, 2013, 13(5): 2487-2505.

[34] Esselborn M, Wirth M, Fix A, et al. Airborne high spectral resolution lidar for measuring aerosol extinction and backscatter coefficients. Applied Optics, 2008, 47(3): 346-358.

[35] Liu D, Yang Y, Zhang Y, et al. Pattern recognition model for aerosol classification with atmospheric backscatter lidars: Principles and simulations. Journal of Applied Remote Sensing, 2015, 9(1): 1-18.

[36] Jain A K, Duin R P W, Mao J C. Statistical pattern recognition: A review. IEEE Transactions on Pattern Analysis and Machine Intelligence, 2000, 22(1): 4-37.

[37] Webb A R. Statistical Pattern Recognition. New York: John Wiley & Sons, 2003.

[38] Stein A F, Draxler R R, Rolph G D, et al. NOAA's HYSPLIT atmospheric transport and dispersion modeling system. Bulletin of the American Meteorological Society, 2015, 96(12): 2059-2077.

[39] Bohren C F, Huffman D R. Absorption and Scattering of Light by Small Particles. New York: John Wiley & Sons, 1983.

[40] Chemyakin E, Burton S, Kolgotin A, et al. Retrieval of aerosol parameters from multiwavelength lidar: Investigation of the underlying inverse mathematical problem. Applied Optics, 2016, 55(9): 2188-2202.

[41] Belan B, El'nikov A, Zuev V, et al. Results of investigations of the optical and microstructural characteristics of stratospheric aerosol using the method of lidar measurement inversion over Tomsk in summer, 1991. Atmospheric Oceanic Optics, 1992, 5(6): 373-378.

[42] Muller H, Quenzel H. Information content of multispectral lidar measurements with respect to the aerosol size distribution. Applied Optics, 1985, 24(5): 648-654.

[43] Chemyakin E, Müller D, Burton S, et al. Arrange and average algorithm for the retrieval of aerosol parameters from multiwavelength high-spectral-resolution lidar/Raman lidar data. Applied Optics, 2014, 53(31): 7252-7266.

[44] Müller D, Wandinger U, Ansmann A. Microphysical particle parameters from extinction and backscatter lidar data by inversion with regularization: Theory. Applied Optics, 1999, 38(12): 2346-2357.

[45] Böckmann C. Hybrid regularization method for the ill-posed inversion of multiwavelength lidar data in the retrieval of aerosol size distributions. Applied Optics, 2001, 40(9): 1329-1342.

[46] Donovan D P, Carswell A I. Principal component analysis applied to multiwavelength lidar aerosol backscatter and extinction measurements. Applied Optics, 1997, 36(36): 9406-9424.

[47] Veselovskii I, Dubovik O, Kolgotin A, et al. Linear estimation of particle bulk parameters from multi-wavelength lidar measurements. Atmospheric Measurement Techniques, 2012, 5(5): 1135-1145.

[48] Müller D, Hostetler C A, Ferrare R A, et al. Airborne multiwavelength high spectral resolution lidar (HSRL-2) observations during TCAP 2012: Vertical profiles of optical and microphysical properties of a smoke/urban haze plume over the northeastern coast of the US. Atmospheric Measurement Techniques, 2014, 7(10): 3487-3496.

[49] Müller D, Böckmann C, Kolgotin A, et al. Microphysical particle properties derived from inversion algorithms developed in the framework of EARLINET. Atmospheric Measurement Techniques, 2016, 9(10): 5007-5035.

[50] Sawamura P, Moore R H, Burton S P, et al. HSRL-2 aerosol optical measurements and microphysical retrievals vs. airborne in situ measurements during DISCOVER-AQ 2013: An intercomparison study. Atmospheric Chemistry and Physics, 2017, 17(11): 7229-7243.

[51] Di H, Wang Q, Hua H, et al. Aerosol microphysical particle parameter inversion and error analysis based on remote sensing data. Remote Sensing, 2018, 10(11): 1753.

[52] Veselovskii I, Kolgotin A, Griaznov V, et al. Inversion of multiwavelength Raman lidar data for retrieval of bimodal aerosol size distribution. Applied Optics, 2004, 43(5): 1180-1195.

[53] Veselovskii I, Kolgotin A, Griaznov V, et al. Inversion with regularization for the retrieval of tropospheric aerosol parameters from multiwavelength lidar sounding. Applied Optics, 2002, 41(18): 3685-3699.

[54] Golub G H, Heath M, Wahba G. Generalized cross-validation as a method for choosing a good ridge parameter. Technometrics, 1979, 21(2): 215-223.

[55] Platt C M R. Lidar and radiometric observations of cirrus clouds. Journal of Atmospheric Sciences, 1973, 30(6): 1191-1204.

[56] Wandinger U. Multiple-scattering influence on extinction-and backscatter-coefficient measurements with Raman and high-spectral-resolution lidars. Applied Optics, 1998, 37(3): 417-427.

[57] Bissonnette L, Bruscaglioni P, Ismaelli A, et al. LIDAR multiple scattering from clouds. Applied Physics B Laser and Optics, 1995, 60: 355-362.

[58] Eloranta E. Practical model for the calculation of multiply scattered lidar returns. Applied Optics, 1998, 37: 2464-2472.

[59] Malinka A, Zege E. Analytical modeling of Raman lidar return, including multiple scattering. Applied Optics, 2003, 42: 1075-1081.

[60] Bissonnette L R, Roy G, Roy N. Multiple-scattering-based lidar retrieval: Method and results of cloud probings. Applied Optics, 2005, 44(26): 5565-5581.

[61] Bissonnette L, Roy G, Poutier L, et al. Multiple-scattering lidar retrieval method: Tests on Monte Carlo simulations and comparisons with in situ measurements. Applied Optics, 2002, 41: 6307-6324.

[62] Schmidt J, Wandinger U, Malinka A. Dual-field-of-view Raman lidar measurments for the retrieval of cloud microphysical properties. Applied Optics, 2013, 52: 2235-2247.

[63] Malinka A, Zege E. Possibilities of warm cloud microstructure profiling with multiple-field-of-view Raman lidar. Applied Optics, 2008, 46: 8419-8427.

[64] Donovan D, Baltink H K, Henzing J S, et al. A depolarisation lidar based method for the determination of liquid-cloud microphysical properties. Atmospheric Measurement Techniques, 2015, 8(1): 237-266.

[65] Hu Y X, Liu Z, Winker D, et al. Simple relation between lidar multiple scattering and depolarization for water clouds. Optics Letters, 2006, 31(12): 1809-1811.

[66] Bennartz R. Global assessment of marine boundary layer cloud droplet number concentration from satellite. Journal of Geophysical Research, 2007, 112: D02201.

第 9 章　星载高光谱分辨率激光雷达遥感及应用

星载激光雷达是 20 世纪 90 年代发展起来的一种高精度卫星探测技术。相比于地基、船载、机载等激光雷达，星载激光雷达基于卫星平台，运行轨道高，观测视野广，不受地面条件的限制，具有观测整个天体的能力。本章将详细介绍星载激光雷达的发展历程，用于测量大气结构、大气风场及温室气体的星载激光雷达典型结构、星载高光谱分辨率激光雷达信号仿真与数据处理方法、系统校验模式以及星载 HSRL 数据在大气遥感中的应用与研究。

9.1　星载激光雷达介绍

星载激光雷达在大气云-气溶胶结构[1]、大气风场[2]、冰川覆盖[3]等科学研究中取得了广泛的应用。本节主要介绍星载激光雷达的发展历史和现役星载激光雷达的典型结构，包括其与地基激光雷达的主要区别。

9.1.1　星载激光雷达发展历史

1994 年 9 月，NASA 兰利研究中心开展的空间激光雷达实验(lidar in-space technology experiment，LITE)，将一台米散射激光雷达搭载在发现号航天飞机上，进行了为期九天的大气探测任务。这台最早的星载激光雷达被用于测量大气成分，如臭氧、水蒸气、大气污染体的空间分布浓度等，还用于探测地球的云层分布并追踪大气中的气溶胶颗粒物[4]。该实验的成功论证了星载激光雷达在大气探测方面的可行性。图 9-1 为 LITE 激光雷达收发装置原理图。

2003 年 1 月，NASA 发射了第一颗用于测量极地冰量的冰、云和陆地海拔的卫星(ice，cloud，and land elevation satellite，ICESat)，星上搭载了地球激光测高系统(the geoscience laser altimeter system，GLAS)。除了测量冰面高度的主要目标之外，GLAS 激光雷达系统还能测量云和气溶胶的信息。图 9-2 为 GLAS 激光雷达示意图。

2006 年 4 月，NASA 和法国国家太空研究中心(French Centre National d'Etudes Spatiales，CNES)发射了联合研制的用于全球云与气溶胶激光雷达及红外观测的卫星。该卫星上搭载的云-气溶胶偏振星载激光雷达可以精确测量云层、气溶胶层的高度，并计算其光学厚度和种类。这些数据与其他卫星和地基仪器的观测结果相结合，帮助科学家构建大气模型，研究有关气候过程的重要问题，进而更好地了解全球气候变化。CALIOP 被认为是迄今为止最为成功的星载大气探测激光雷达，图 9-3 为其外形图。

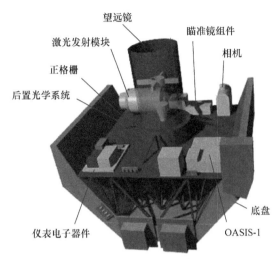

图 9-1　LITE 激光雷达收发装置原理图

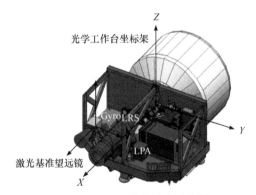

图 9-2　GLAS 激光雷达示意图

Gyro. 陀螺仪；LRS. 激光基准传感器；LPA. 激光探测阵列

　　2018 年 8 月，欧洲航天局发射了第一颗监测全球三维风况的气象卫星"风神"。"风神"卫星携带的激光雷达载荷为 ALADIN，它的设计目标是实现全球范围的大气风速和风向探测。ALADIN 不仅能够直接测量大气风场，提供实时的风场垂直分布信息，还可以对全球气溶胶进行测量。图 9-4 所示为"风神"卫星载荷中的多普勒激光雷达结构示意图。

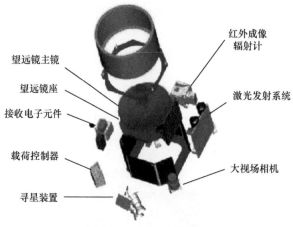

图 9-3 CALIOP 外形图

图中标注：望远镜主镜、望远镜座、接收电子元件、载荷控制器、寻星装置、红外成像辐射计、激光发射系统、大视场相机

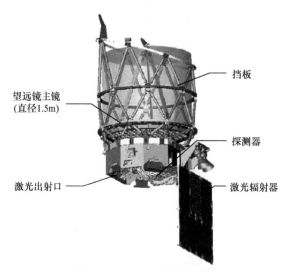

图 9-4 ALADIN 结构示意图

图中标注：望远镜主镜(直径1.5m)、激光出射口、挡板、探测器、激光辐射器

2018 年 9 月，NASA 发射了 ICESat 后续卫星 ICESat-2，星上搭载了更先进的地形激光测高系统(advanced topographic laser altimeter system，ATLAS)，主要用于测量海冰变化、地表三维信息，以及植被冠层高度(用于估计全球生物总量)。ATLAS 在 GLAS 的技术基础上进行改进，通过计算单个光子往返卫星与地球的时间来测量地表高度，可以获得比 ICESat 更加详细的冰面数据[3]。

目前，ESA 与日本宇宙航空研究开发机构(Japan Aerospace Exploration Agency，JAXA)正在联合进行地球云-气溶胶和辐射探测卫星(Earth cloud aerosol and radiation explorer，EarthCARE)的研制。该计划的主要目的是观测和表征云层与气溶胶，测量从地球表面和大气发射的红外辐射及反射的太阳辐射。该卫星的计划载荷包括大气激光雷达(atmospheric lidar，ATLID)、云廓线雷达(cloud profiling radar，CPR)、多光谱成像仪(multi-spectral imager，MSI)和宽带辐射计(broad-band radiometer，BBR)。此外，NASA 还制定了关于云和气溶胶观测的气溶胶云生态系统计划，其中高光谱分辨率激光雷达是这个计划的重要组成部分。

鉴于星载激光雷达的显著优势，我国也启动了多项星载激光雷达计划。在 2022 年发射的大气环境监测卫星，其载荷中就包括了气溶胶和二氧化碳探测激光雷达(aerosol and carbon dioxide detection lidar，ACDL)。该激光雷达由中国科学院上海光学精密机械研究所主研，采用高光谱分辨率激光雷达技术，可以提升云和气溶胶光学特性的反演精度，实现更准确的云和气溶胶探测。

总体而言，相比传统的地基激光雷达，星载激光雷达的设计及运行更加复杂。与常规气象卫星运行轨道相似，主动遥感卫星多采用太阳同步轨道。卫星以相同方向经过同一纬度时的当地时间(地方平太阳时)相同，保证卫星采集的数据有相近的光照条件，并按照一定的时间周期对全球范围的大气环境进行实时探测。星载激光雷达载荷硬件系统一般包括激光发射器、望远镜、探测器及数据采集和处理系统。相较于地基激光雷达，卫星载荷需要增加 GPS 定位系统以确定卫星实时位置和姿态，这是进一步确定激光路径的关键参数。另外，太空中的卫星载荷硬件无法实现二次维修，一般需装载备用激光器和探测器。在数据的处理方面，受到星载观测平台信噪比的限制、地面条件的不断变化等因素影响，处理卫星数据的反演算法比地基系统更加复杂。9.1.2 节将介绍几种典型的星载激光雷达系统。

9.1.2　典型星载激光雷达系统

1. 正交偏振云-气溶胶激光雷达系统

CALIOP 是一款双波长偏振敏感激光雷达，它的激光发射系统为二极管 Nd:YAG 激光器，能够同时发射 1064nm 和 532nm 两个波段的激光脉冲，发射激光脉冲重复频率为 20.16Hz，脉冲宽度为 20ns，脉冲能量为 110mJ，532nm 波段脉冲为偏振光，偏振纯度大于 1000∶1。发射激光脉冲到达地球表面时其光斑直径约 70m。CALIOP 的分辨率在 8.2km 以下为 30m，在 8.2～20km 为 60m，由激光脉冲接收装置的采样频率及平滑次数决定(10MHz)，初始水平分辨率为 333m，由激光发射频率和卫星移动速率决定。图 9-5 为 CALIOP 系统示意图[5]。

CALIOP 的接收系统由一台 1m 口径的接收望远镜和三个信号检测通道组成：一个 1064nm 信号检测通道和两个正交偏振的 532nm 信号检测通道。该系统在望远镜的主焦点处安装了视场光阑，可将望远镜的视场限制在 130μrad，而激光束的发散角为 100μrad。后面的准直和分光光路可以将 532nm 和 1064nm 的回波信号分开。其中反射光为 532nm 信号，经窄带标准具去除背景噪声后，由偏振分光器

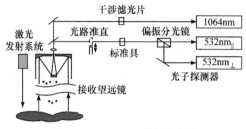

图 9-5　CALIOP 系统示意图

分为 532nm 平行光和 532nm 垂直光。1064nm 信号从分光镜透射出去，经干涉滤光片去除背景噪声后由探测器直接接收。每个信号检测通道中都安装了双重数字转换器，可以提供 22bit 的动态检测范围，保证云和分子散射信号都可被接收。表 9-1 为 CALIOP 的性能指标参数。

表 9-1　CALIOP 性能指标参数

参数	数值
波长/nm	532，1064
单脉冲能量/mJ	110
脉冲重复频率/Hz	20.16
接收望远镜孔径/m	1
偏振/nm	532
视场角/μrad	130
垂直分辨率/m	30～60
水平分辨率/m	333
数据率/kbps	316
动态检测范围/bit	22

　　CALIPSO 卫星共有四个科学目标：①对全球大气循环中的云和云的生命周期进行定量评价，从而提高通过模型进行天气预报和气候预测的准确性；②对云中液体水和冰的垂直分布与云的辐射热之间的关系进行定量评价；③对从其他科学研究或业务气象卫星上得到的云和气溶胶信息进行对比验证；④通过调查气溶胶对云的形成过程和生命周期的影响，提高人们对气溶胶与云的相互作用的认识。该卫星的设计寿命为三年，目前已经超期服役。

　　2. 大气多普勒仪激光雷达系统

　　"风神"卫星携带的 ALADIN 激光雷达不仅可以用来测量云和气溶胶的后向

散射信号,还可以分析大气分子后向散射信号。该多普勒测风激光雷达共有三个接收通道,其中,两个通道用来接收大气分子信号,一个通道用来接收云和气溶胶的信号。该仪器在技术上取得了突破性进展,由激光发射器组件、一个光机系统和一个接收器组件组成,工作波长在紫外谱段,向大气发射激光脉冲,并接收后向散射信号。由于大气激光多普勒雷达单次发射产生的信号较弱,因此在数据反演过程中,需要将对应地面观测距离 50km 内发射的 700 个激光脉冲进行累加和集成,通过平均多点光束重叠,获取更高精度的风场廓线图。表 9-2 是 ALADIN 的主要参数[6]。

表 9-2 ALADIN 的主要参数

	主要参数	数值
发射器	发射波长/nm	355
	脉冲能量/mJ	150(每个脉冲)
	脉冲重复频率和脉宽	100Hz,15ns
	线宽/MHz	30
	占空比/%	25
接收器	菲索干涉仪线宽/MHz	30(米散射)
	双 FPI 线宽/GHz	2(瑞利散射)
	双 FPI 间距/GHz	5(瑞利散射)
	米散射光谱仪光学效率/%	3.1
	瑞利散射光谱仪光学效率/%	4.6
	米/瑞利散射光谱仪探测器量子效率/%	75
信号处理能力	高度范围/km	−1～26.5(可延伸)
	垂直分辨率/km	1(可调)
	单片(on-chip)水平累加长度/km	3.5(可调),沿轨方向
	集成处理长度/km	50(采样)
光机系统	光学效率	0.8
	视场/μrad	22
	质量/kg	500
	功率/W	840(平均功率),占空比 25%
	数据率/(kbit/s)	11(最大值)

"风神"卫星的主要任务目标包括：①对高度 0～30km 的全球大气风廓线进行测量；②以 1m/s 的风速精度，对地表(高度 0～2km)的大气风场进行测量；③以 2m/s 的风速精度，对自由对流层内(高度 0～16km)的大气风场进行测量；④获得每 50km 足迹内的平均风速，每小时测量 120 个风廓线。该卫星的设计寿命为三年，目前正在轨运行。

3. 气溶胶和二氧化碳探测激光雷达系统

我国的第一台星载激光雷达是由中国科学院上海光学精密机械研究所研制的气溶胶和二氧化碳探测激光雷达，该激光雷达系统由高光谱分辨率激光雷达和积分路径差分吸收(integrated path differential absorption, IPDA)激光雷达两部分组成，搭载于大气环境监测卫星，已于 2022 年 4 月 16 日发射。ACDL 可为云-气溶胶研究提供高精度测量数据，如消光系数、混合层高度、云顶特性和二氧化碳的色谱柱平均摩尔分数 X_{CO_2}。ACDL 系统具有五个接收器通道，分别是 532nm 混合平行通道、532nm 混合垂直通道、532nm 分子通道、1064nm 米散射信号通道和 1572nm IPDA 通道，每个通道都具有备用的接收器。关于该系统中的 HSRL 和 IPDA 激光雷达，将在 9.2 节进行详细介绍。

大气环境监测卫星预计达成的科学目标有：①研究目前仍存在极大不确定性的云-气溶胶相互作用，通过对三维大气结构进行直接观测，反演云层上方的气溶胶，为云-气溶胶降水模型提供参考，增进对这一大气循环过程的理解；②分析气溶胶垂直分布，根据数据对区域传输进行建模，在分析气溶胶种类之间的相互作用的基础上，研究重度污染事件；③反演气溶胶边界层高度；④研究全球气溶胶分布；⑤反演高精度的全球二氧化碳数据。

9.2　星载激光雷达仿真

如前所述，星载激光雷达经历了从无到有的发展过程。然而，现阶段 CALIPSO 仍在超期服役，持续地提供第一手大气测量数据。2018 年，CALIPSO 为了保持与 CloudSat 卫星的协同观测，进行了降轨，同时不再与 A-Train 序列卫星同步观测。为了填补未来 CALIPSO 失效后的探测空位，并进一步提高星载激光雷达的观测精度，发展基于高光谱分辨率鉴频器的星载激光雷达是最佳选择，如欧洲 EarthCARE 计划中的 ATLID 系统与中国大气环境监测卫星计划搭载在 ACDL[7]。本节将基于我国建设中的 ACDL，对星载高光谱分辨率激光雷达，以及积分路径差分吸收激光雷达的正反演建模与仿真分析进行介绍。

9.2.1　星载高光谱分辨率激光雷达正反演仿真与去噪

1. 星载高光谱分辨率激光雷达正演仿真

在 ACDL 中,大气云-气溶胶高光谱分辨率激光雷达(aerosol-cloud high-spectral-resolution lidar, ACHSRL)采用了碘吸收池作为光谱鉴频器,其基本原理和构造与地基高光谱分辨率激光雷达差别不大, 如图 9-6 所示。

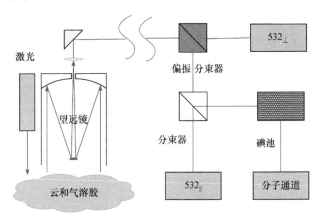

图 9-6　ACHSRL 原理示意图

但是星载激光雷达与地基激光雷达显著不同的一点是星载激光雷达的信噪比较低。ACHSRL 在高空中运行,向地球大气发射单频激光光束。激光在经过大气的过程中, 与大气中的分子、气溶胶及云粒子相互作用, 发生各个方向的散射, 其中的后向散射信号被 ACHSRL 接收, 此信号经过光学中继系统, 最终分为三个通道, 分别是混合垂直通道、混合平行通道和分子通道。信号在到达分子通道的 PMT 之前, 会经过一个光谱鉴频器, 目前 ACHSRL 采用最为稳定实用的碘分子吸收池作为光谱鉴频器, 如第 3 章所述, 经过光谱鉴频器的过滤, 分子通道的回波信号可以认为仅剩余部分瑞利散射信号, 米散射信号基本可以忽略。三个通道的信号为

$$P^{M}(r) = \frac{C^{M}O(r)}{(r-r_0)^2}\Big[f_{m}(r)\beta_{m}^{\parallel}(r) + f_{p}\beta_{p}^{\parallel}(r) \Big]T^{2}(r) \tag{9-1}$$

$$P^{\parallel}(r) = \frac{C^{\parallel}O(r)}{(r-r_0)^2}\Big[\beta_{m}^{\parallel}(r) + \beta_{p}^{\parallel}(r) \Big]T^{2}(r) \tag{9-2}$$

$$P^{\perp}(r) = \frac{C^{\perp}O(r)}{(r-r_0)^2}\Big[\beta_{m}^{\perp}(r) + \beta_{p}^{\perp}(r) \Big]T^{2}(r) \tag{9-3}$$

式中,r 为海拔; β 为后向散射系数; P 为从海拔 r 处接收的能量信号; f_{m} 为高

光谱鉴频器分子瑞利散射信号的透过率；f_p 为高光谱鉴频器米散射信号的透过率；C 为各个通道的系统效率；$O(r)$ 为重叠因子；$T(r)$ 为单向大气透过率。

$$T^2(r) = \exp\left[-2\int_0^z \alpha(r')\mathrm{d}r'\right] \tag{9-4}$$

式中，α 为消光系数。

　　为了检验设计中的 ACHSRL 的预期探测效果，我们使用 CALIOP 的历史数据及 ACHSRL 的系统参数产生 ACHSRL 的模拟信号，对其信噪比及反演结果的精确程度进行评估，从而实现卫星发射前的仿真验证。系统参数如表 9-3 所示。

表 9-3　ACHSRL 参数表

参数	数值
轨道高度/km	705
波长/nm	532.2452
频率漂移指标/MHz	<10(RMS)
脉冲能量/mJ	150
重频/Hz	40
望远镜口径/mm	1000
视场角/mrad	0.2
背景光滤光片半高全宽/pm	35
混合平行通道效率	0.16
混合垂直通道效率	0.561
分子通道效率	0.375
采样率/MHz	50

　　以 CALIOP 在 2015 年 4 月 17 日经过朝鲜半岛附近时的探测数据为例展示 CALIOP 的探测结果，如图 9-7 所示，其中图(a)为 8km 以下的衰减后向散射系数，图(b)是为了探测得到气溶胶层次而进行的平滑距离。

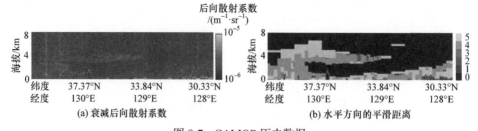

图 9-7　CALIOP 历史数据

0. 未平滑；1. 1/3km；2. 1km；3. 5km；4. 20km；5. 80km

CALIOP 的 Level 2 廓线产品在 8.2km 以下的垂直分辨率为 30m，水平分辨率为 5km，而 ACHSRL 的设计指标为，初始分辨率垂直方向 3m，水平方向 333m(双脉冲)，所以使用 CALIOP 的 Level 2 产品作为大气模型输入之前，首先将其产品样条插值到 ACHSRL 的初始分辨率，然后根据激光雷达方程产生理想的回波信号。然而，理想的回波信号并不是我们所需要的，因为在实际的探测过程中会产生各种噪声，如由光子的量子特性引起的散粒噪声、探测器(光电倍增管)的暗电流或者热噪声等。根据信噪比公式对 ACHSRL 系统探测器性能进行评估[8]，即

$$\text{SNR}^i = \frac{P^i \text{Ma} R}{B \left[2e\text{Ma}^2 FR(P^i + P^{\text{solar}}) + I_{\text{dark}}^2 + (4k_\text{B}\text{tem})/\text{res} \right]} \tag{9-5}$$

式中，SNR^i 为各个通道的 SNR；Ma 为探测器的放大倍率；R 为 PMT 的响应度；B 为电子带宽；e 为电子电荷量；F 为噪声因子；P^{solar} 为背景光的噪声；I_{dark} 为暗电流；k_B 为玻尔兹曼常量；tem 为探测器温度；res 为探测器负载电阻。经过信噪比评估之后，可以利用信噪比及高斯分布公式，从理想的回波信号出发，产生附加噪声的信号，如图 9-8(a)～(c)所示。

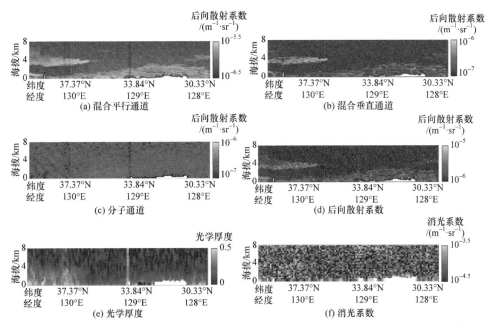

图 9-8　混合平行通道、混合垂直通道、分子通道的加噪衰减后向散射系数信号与后向散射系数、光学厚度、消光系数的反演结果

可以发现，由于噪声信号的加入，气溶胶区域以外的洁净大气区域信号变得

起伏不平。混合平行通道的信号最强，气溶胶层次最明显，混合垂直通道信号强度居中，气溶胶层次模糊可见，而分子通道滤去了米散射信号及部分瑞利散射信号，导致气溶胶层次很难发现。

得到正演信号之后，还需要对其进行反演，以评估反演的气溶胶粒子光学性质与真值的偏差大小。HSRL 的反演算法在第 3 章已经进行了详细叙述，在此不再赘述。从图 9-8(d)、(e)、(f)中可以发现，由于噪声的影响，反演结果中掺杂了很多噪点。后向散射系数的反演受到的影响较小，反演结果中层次仍能分辨出来，然而在消光系数的反演中，由于分子通道的信噪比较低，层次的分辨较难。

2. 星载高光谱分辨率激光雷达误差分析

如上所述，ACHSRL 等星载激光雷达在探测地球大气的过程中，会遇到各种各样的噪声，从而影响最终的反演结果，因此在星载激光雷达的设计过程中，要对系统以后的运行状态进行模拟评估，从而对自身系统设计做出一定优化，最大限度地减小反演误差。

对 HSRL 系统的误差分析，可以将误差分为与探测信号的噪声有关的误差，以及系统自身的不稳定性引入的误差两方面[9]，即

$$\eta_{\beta_{\mathrm{p}}} = \sqrt{\left(\eta_{\beta_{\mathrm{p}}}^{\chi}\right)^2 + \left(\eta_{\beta_{\mathrm{p}}}^{\delta}\right)^2 + \left(\eta_{\beta_{\mathrm{p}}}^{f_{\mathrm{m}}}\right)^2 + \left(\eta_{\beta_{\mathrm{p}}}^{f_{\mathrm{p}}}\right)^2} \tag{9-6}$$

$$\sigma_{\tau} = \sqrt{\left(\sigma_{\tau}^{\chi}\right)^2 + \left(\sigma_{\tau}^{B^{\mathrm{M}}}\right)^2 + \left(\sigma_{\tau}^{f_{\mathrm{p}}}\right)^2 + \left(\sigma_{\tau}^{f_{\mathrm{m}}}\right)^2} \tag{9-7}$$

式中，$\eta_{\beta_{\mathrm{p}}}$ 为后向散射系数的相对误差；σ_{τ} 为光学厚度的绝对误差，上角标 χ、f_{m}、f_{p}、δ、B^{M} 为误差的来源，其中 χ、δ、B^{M} 来源于探测噪声，分别表示了混合平行通道与分子通道信号的比值、混合垂直通道与混合平行通道的比值及分子通道的衰减后向散射系数，而 f_{m}、f_{p} 为来源于系统自身的误差影响，表示光谱鉴频器对瑞利散射及米散射的透过率，受激光频率漂移及鉴频器温控精度的影响，这两项在实际探测过程中也会发生变动。由于在实际的计算过程中，消光系数由光学厚度的差分得到，因此消光系数的绝对误差可以表示为

$$\left(\sigma_{\alpha_{\mathrm{p}}}\right)^2 = \frac{\left[\sigma_{\tau(r+\Delta r/2)}\right]^2 + \left[\sigma_{\tau(r-\Delta r/2)}\right]^2}{(\Delta r)^2} \tag{9-8}$$

式中，Δr 为差分过程中的垂直分辨率。

误差式(9-6)和式(9-7)均由误差传递法则推导出来，每一项的具体细节可参阅文献[7]与文献[9]。得到误差公式以后，为了验证其正确性，使用蒙特卡罗仿真方法，假设 ACHSRL 对此大气模型进行探测，用误差公式预测反演结果的阈值范围与蒙特卡罗仿真得到的结果相比较，结果如图 9-9 所示。

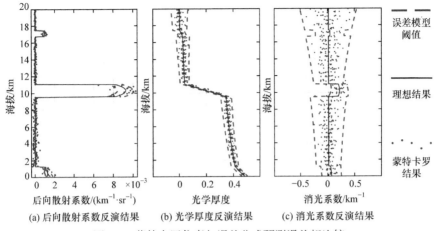

图 9-9　蒙特卡罗仿真与误差公式预测误差相比较

图 9-9 表明，误差公式与蒙特卡罗仿真结果相吻合，较好地预测了反演结果的误差范围。之后利用误差公式可以对 ACHSRL 的关键部件进行优化分析。应用式(9-8)，并改变碘分子池的碘指的温度(碘池的温度比碘指高 2℃，实现利用碘指的温度控制压强)，可以得到指定海拔的气溶胶层次后向散射系数反演相对误差，以及随碘池温度变化的光谱鉴频器参数 SDR 光谱分离比，如图 9-10 所示。

由图 9-10 可以发现，虽然在碘池温度上升的过程中，光谱分离比随温度变化指数性增大，但是反演误差没有单调减小。这是因为温度上升，对分子散射信号的吸收增强，减小了分子通道的信噪比，从而导致反演误差上升，所以要选一个适当的温度点，实现探测误差的最小化。根据图 9-10 的仿真分析，可以得到最佳温度点在 39℃左右。

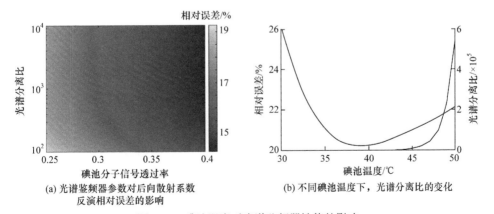

图 9-10　碘池温度对光谱鉴频器性能的影响

根据误差式(9-6)和式(9-7)，对图 9-9 所示的模拟信号反演得到的光学参数结果进行量化的误差评定，考虑日间背景光噪声，日间信号定量反演误差评估结果如图 9-11 所示。

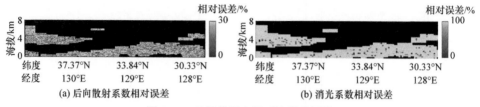

图 9-11　日间信号定量反演误差评估

可以看到，由于各种噪声的存在，消光系数及后向散射系数的反演结果均存在较大偏差，后向散射系数相对误差多数在 30%，消光系数相对误差多数在 80%。

3. 星载高光谱分辨率激光雷达去噪算法

星载 HSRL 虽然克服了普通米散射雷达的散射比假设这一缺陷，并且在云-气溶胶粒子后向散射系数的反演上取得了优势，但是受限于其与地表较远的距离及相较于米散射雷达多一个通道，星载 HSRL 信号的幅值比较微弱，尤其是分子通道的信噪比不利于消光系数的反演。为了使星载 HSRL 的使用价值得到充分利用，需要对星载 HSRL 回波信号进行去噪处理，从而提高光学参数的反演精度。目前激光雷达回波信号的噪声处理方法最基本的是脉冲累计平滑，也是其他噪声处理之前最常用到的。在此基础上滑动平均、Savitzky Golay 滤波、卡尔曼滤波[10]、小波分析滤波及经验模态分解(empirical mode decomposition，EMD)降噪也得到了较为广泛的研究与应用。但是这些方法通常都是针对地基激光雷达开发的，倾向于一维的雷达信号去噪。星载激光雷达具有运动速度快、信噪比低的特点，因此更适合于应用图像处理的思想进行去噪，从而可以充分利用相邻脉冲回波信号间的相关性。对此我们使用了三维块匹配(block matching 3D，BM3D)算法。将相连的信号看作一幅图像，使得信号处理从一维层面上升到二维层面，极大地增加了可用信息的数量，BM3D 算法流程图如图 9-12 所示。

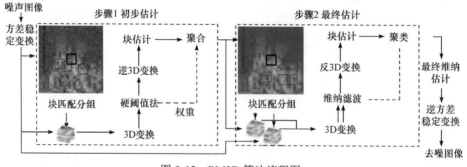

图 9-12　BM3D 算法流程图

与现有的使用未选择相邻信号进行平滑的激光雷达降噪算法不同，BM3D 算法对信号图像执行频域变换，然后在频域中搜索相似的块以进行协作滤波。该算法不仅达到了良好的去噪效果，而且还保留了云-气溶胶特征边缘细节。经过 BM3D 算法消噪后，所有通道中回波信号的峰值信噪比得以改善，ACHSRL 的反演精度也得到了提升，尤其是提高了消光系数的反演精度。使用 BM3D 算法对图 9-11 场景的模拟信号进行去噪、反演，可以统计得到日间信号的反演误差结果，如图 9-13 所示。

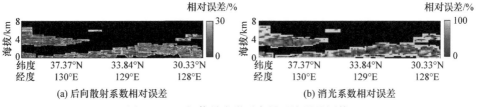

图 9-13　日间信号去噪后定量反演误差评估

图 9-11 与图 9-13 使用的是相同的模拟参数及大气场景，可以看出，对于大多数像素，在进行 BM3D 算法去噪后，后向散射系数的相对误差较小，多数小于30%，消光系数的反演误差小于 80%。该结果展现了 HSRL 的消光系数在日间阳光的背景噪声下进行反演的可能性。夜间信号去噪后定量反演误差评估如图 9-14所示，在夜间，经过去噪后，云-气溶胶颗粒的光学参数反演误差更小。夜间的背景光噪声比白天小六个数量级。噪声的主要来源是后向散射回波信号本身的散粒噪声。可以看出，去噪后后向散射系数的相对误差大部分在 20%以内，消光系数的误差大部分在 40%以内。

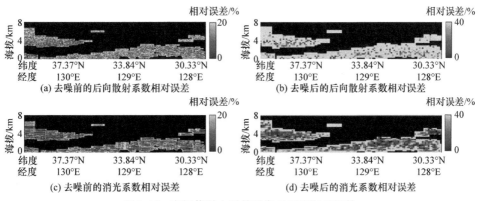

图 9-14　夜间信号去噪前后定量反演误差评估

为了量化 BM3D 算法的去噪效果，我们对后向散射系数和消光系数的反演误差进行了分段统计。为了防止意外误差，进行了 100 个模拟实验的平均值。结果表明，采用 BM3D 去噪算法后，光学参数的反演误差大大降低。

如图 9-15 所示，对于后向散射系数的反演误差，在白天背景噪声的情况下，大部分(63.65%)都在 30%以上，去噪后，67.15%的相对误差在 30%以内。对于夜间结果，因为每个通道的信噪比都已经有所提升，后向散射系数的反演精度并没有太大提高。20%以内的相对误差所占比例从 58.31%增加到 67.58%。对于消光系数，无论白天还是黑夜，反演结果都有了显著提高。通过 BM3D 算法进行去噪后，白天的消光系数小于 80%的比例达 53.90%(去噪前的比率为 6.62%)，夜间的相对误差小于 40%的比例达 53.08%，远高于去噪前 16.38%的比例。以上结果充分说明了 BM3D 算法对星载 HSRL 仿真信号的去噪能力，尤其是对消光系数反演的精度提升具有重大作用。

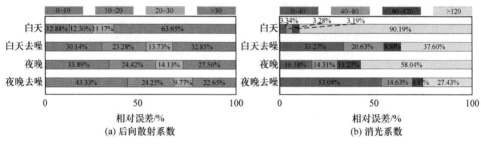

图 9-15　后向散射系数相对误差与消光系数的相对误差的水平直方图

4. 基于深度学习的层次探测

近年来，深度学习在遥感领域逐渐崭露头角，卷积神经网络非常适合被动遥感的物体探测、图像分类、目标分割。图像的语义分割是将图像中不同种类物体的像素值进行分类，从而将整幅图像中的每个像素标注其所属的类别，而星载激光雷达的层次探测任务，也是要检测出图像中属于云-气溶胶层次的后向散射信号，因此我们利用语义分割网络对 CALIOP 的层次探测结果进行学习，从而获得对 CALIOP 的原始散射信号进行分类处理的能力。

在这里，我们使用的是 Deeplab V3+网络[11]，该网络由一个编码层和一个解码层组成，编码层主要采用 Resnet18 网络为基本架构，输入图像经过 1 个卷积块和 4 个残差块，再经过四次膨胀卷积后拼接在一起，最后被 1×1 卷积块降维，它的作用是负责汇集信息，对像素进行分类，而解码层则负责上采样，将降维后的图像恢复成输入大小。图 9-16 为 Deeplab V3+的网络结构图。

由图 9-17 可以看到，相较于 CALIOP 的官方产品，利用 Deeplab V3+得到的层次探测结果更加连续，以场景中部的云为例，在 CALIOP 的官方产品中，在云中出现了很多空洞，然而事实上这是一整团云，正常来说其中应该是实心结构，就像 Deeplab V3+所给出的结果一样。

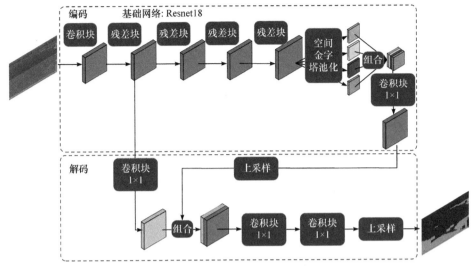

图 9-16　Deeplab V3+网络结构图

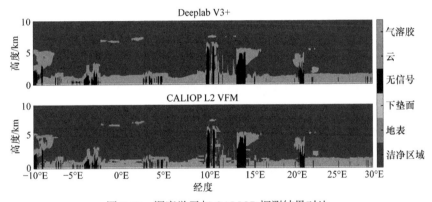

图 9-17　深度学习与 CALIOP 探测结果对比

9.2.2　星载大气 CO_2 积分路径差分吸收激光雷达

积分路径差分吸收激光雷达是基于待测分子吸收特性来测量特定分子的浓度，激光在大气中的透过率符合朗伯-比尔定律[12]。IPDA 激光雷达工作时激光器交替发射两束波长相近的激光，分别称为工作波长(on-line)和参考波长(off-line)。不同波长下 CO_2 与 H_2O 的光谱吸收特性及 IPDA 激光雷达工作波长与参考波长的选取如图 9-18 所示。

其中工作波长位于二氧化碳的吸收峰附近，其光学厚度或者大气透过率对二氧化碳浓度的变化比较敏感，而参考波长远离二氧化碳的光谱吸收峰，是位于吸收较弱位置处的参考光。由于工作波长与参考波长的波长相近，所以对于特定待测分子以外的大气分子，透过率基本相同。通过比较两个波长的激光雷达回波信号幅值的差异就可以提取出大气中的二氧化碳的浓度信息[13]。

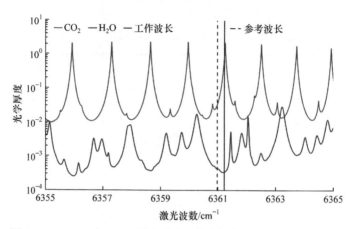

图 9-18　ACDL 中 IPDA 激光雷达工作波长与 CO_2、H_2O 光学厚度

　　IPDA 雷达是差分吸收激光雷达(differential absorption lidar，DIAL)的一种特殊应用，它使用的是来自硬目标散射信号，如地表和云。这种方式可以显著提高星载 IPDA 激光雷达的灵敏度与信噪比。星载 IPDA 激光雷达测量得到大气 CO_2分子由散射硬目标至大气层顶的光学厚度，反演可得 CO_2加权柱浓度 (X_{CO_2})，所以星载双波长 IPDA 激光雷达无法得到大气 CO_2垂直分布廓线。而地基差分吸收激光雷达利用来自气溶胶的后向散射信号反演可得近地面(0~3km)CO_2垂直分布信息。由于星载 IPDA 激光雷达两束激光脉冲的时间间隔非常小(200~250μs)，所以星载激光雷达的工作波长与参考波长光斑的重叠率非常高(接近 1)，这样在一对脉冲测量间隔内，可认为激光经过的光学路径及地表状态基本不变。

　　激光雷达回波方程为

$$P_{on/off}(R_G) = \frac{\rho}{\pi} \frac{E_{on/off}}{\Delta t_{eff}} \frac{A}{R_G^2} T_{opt} T_{atm} \exp\left[-2\int_{R_{TOA}}^{R_G} \alpha_{on/off}(r)\right] \tag{9-9}$$

式中，$P_{on/off}$ 为激光脉冲的回波信号；$E_{on/off}$ 为激光发射能量；$\alpha_{on/off}$ 为距离激光雷达 r 处的大气二氧化碳的吸收系数；ρ 为地表反射率；Δt_{eff} 为激光的有效脉冲宽度；A 为接收望远镜的面积；R_G 为星载激光雷达与地表之间的距离；R_{TOA} 为星载激光雷达与大气层顶之间的距离；T_{opt} 为激光雷达的系统光学效率；T_{atm} 为除去二氧化碳以外大气分子的透过率总和。

　　根据工作波长与参考波长处的激光雷达回波信号可得，大气中的二氧化碳差分吸收光学厚度为

$$DAOD_{CO_2} = OD_{CO_2}(\lambda_{on}) - OD_{CO_2}(\lambda_{off}) = \frac{1}{2}\ln\frac{P_{off}(\lambda_{off})E_{on}(\lambda_{on})}{P_{on}(\lambda_{on})E_{off}(\lambda_{off})} \tag{9-10}$$

式中，$OD = -\int \alpha(v)\mathrm{d}r$ 为二氧化碳在特定波长下的光学厚度；$DAOD_{CO_2}$ 为二氧化碳的差分光学厚度；P_{on}、P_{off} 为回波信号能量；E_{on}、E_{off} 为激光脉冲能量；λ_{on}、λ_{off} 为工作波长与参考波长下对应的波数。

可以看出，差分吸收光学厚度与二氧化碳气体在这两个波长上的差分吸收系数及分子数密度垂直分布有关。吸收系数的计算为

$$\alpha(v) = S(T, P, N_{gas}) \cdot \varphi(v) = N_{gas} \cdot \sigma(v) \tag{9-11}$$

式中，S 为积分吸收系数；T 为温度；P 为压强；N_{gas} 为分子数密度；$\varphi(v)$ 为归一化的吸收线型函数；$\sigma(v)$ 为吸收截面。

利用 2016 年版 HITRAN 及逐线(line-by-line)积分辐射传输模型可以计算得出各种大气分子不同波长下的透过率，如 CO_2、H_2O 等[14]。HITRAN 提供了特定大气温度及压强下分子谱线强度为 S_0，则其他温度、压强下的积分吸收系数计算可由式(9-12)计算[14]，即

$$S(T) = S_0(T_0) \frac{Q_v(T_0)Q_r(T_0)}{Q_v(T)Q_r(T)} \exp\left[\frac{hcE''}{k}\left(\frac{1}{T_0} - \frac{1}{T} \right) \right] \tag{9-12}$$

式中，$T_0 = 296\mathrm{K}$；h 为普朗克常量；k 为玻尔兹曼常量；S 为谱线强度且只与温度有关；E'' 为跃迁的低能态能级；c 为真空中的光速；Q_v 为局部振动函数；Q_r 为振动转动函数，具有温度依赖性，其计算式为

$$\frac{Q_{r0}}{Q_r} = \left(\frac{T_0}{T} \right)^j \tag{9-13}$$

式中，j 与分子结构有关，对于 CO_2，$j = 1$。

根据 HITRAN 参数及逐线积分辐射传输模型，计算得到不同温度及压强下二氧化碳的分子吸收截面结果，如图 9-19 所示。

CO_2 分子的差分吸收光学厚度的计算式为

$$DAOD_{CO_2} = \int_{R_{SF}}^{R_{TOA}} N_{CO_2}[P(r), T(r)] \times \Delta\sigma_{CO_2}[P(r), T(r)] \times \mathrm{d}r \tag{9-14}$$

式中，$\Delta\sigma_{CO_2}$ 为工作波长与参考波长吸收截面之差；N_{CO_2} 为二氧化碳的分子数密度；R_{SF} 为卫星距离地表距离；R_{TOA} 为卫星距离大气层顶的距离；$P(r)$、$T(r)$ 分别为距离 r 处的压强与温度值。二氧化碳分子的光学厚度计算结果如图 9-18 所示 [设定 CO_2 柱浓度在垂直光学路径上具有一致的分布 400ppm(1ppm=10^{-6})]。

星载 IPDA 激光雷达 CO_2 柱浓度反演所需权重函数计算如下所示[15]。由普适气体定律及流体静力学理论可得

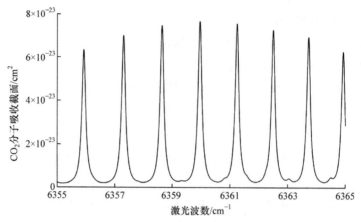

图 9-19　近地面不同波数处 CO_2 分子吸收截面

$$p(r') = p(0)\exp\left(-\frac{m_{air}gr'}{k_B T}\right) \tag{9-15}$$

式中，$p(0)$ 为地面处的压强；m_{air} 为单个空气分子质量；g 为重力加速度值；r' 为对应高度；k_B 为玻尔兹曼常量；T 为大气温度。利用式(9-15)，CO_2 差分光学厚度的计算式(9-14)可以改写为

$$DAOD_{CO_2} = \int_{P_{SFC}}^{P_{TOA}} N_{CO_2}(p)WF(p,T)dp \tag{9-16}$$

式中，WF 为权重函数；$N_{CO_2}(p)$ 为对应压强 p 处的二氧化碳分子数密度。

$$WF_{CO_2}(P,T) = \frac{\Delta\sigma_{CO_2}(P,T)}{g[m_{dry\text{-}air} + m_{H_2O}N_{H_2O}(p)]} \tag{9-17}$$

式中，N_{H_2O} 为大气中水汽湿度；$m_{dry\text{-}air}$ 与 m_{H_2O} 分别为单个空气分子质量与水分子质量；g 为重力加速度。计算得到不同工作波长下归一化权重函数如图 9-20 所示。

根据计算得出权重函数，结合 CO_2 的差分光学厚度可得 CO_2 的柱浓度为

$$XCO_2 = \frac{DAOD_{CO_2}}{\int_{P_{SFC}}^{P_{TOA}} WF_{CO_2}(p,T)dp} \tag{9-18}$$

IPDA 激光雷达误差分析主要由两部分构成：系统误差与随机误差。其中系统误差受到多种因素影响，如激光发射系统中能量稳定性、激光频率的稳定性、探测接收系统中滤光片的带宽等。系统误差主要与系统的硬件设计及参数有关，因此在全球的分布具有时间与空间上的均一性，而随机误差在全球的随机分布对于 CO_2 的浓度梯度探测具有较大影响，所以想要得到准确的二氧化碳的源汇分布，

需要对随机误差进行详细分析。

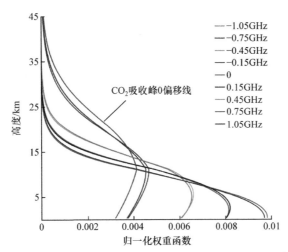

图 9-20 星载 IPDA 激光雷达不同工作波长下归一化权重函数形状

相对随机误差(relative random error,RRE)的计算公式为[16]

$$\mathrm{RRE} = \frac{\Delta\delta_{\mathrm{CO_2}}}{\delta_{\mathrm{CO_2}}} = \frac{1}{2\delta_{\mathrm{CO_2}}} \sqrt{\frac{1}{N_{\mathrm{shots}}}\left(\frac{1}{\mathrm{SNR}_{\mathrm{on}}^2} + \frac{1}{\mathrm{SNR}_{\mathrm{off}}^2} + \frac{1}{(\mathrm{SNR}_{\mathrm{on}}^{\mathrm{L}})^2} + \frac{1}{(\mathrm{SNR}_{\mathrm{off}}^{\mathrm{L}})^2}\right)} \qquad (9\text{-}19)$$

式中,$\Delta\delta_{\mathrm{CO_2}}$ 为差分光学厚度的改变量;N_{shots} 为脉冲对数目;$\mathrm{SNR}_{\mathrm{on/off}}^{\mathrm{L}}$ 为激光脉冲能量监测精度的信噪比;$\mathrm{SNR}_{\mathrm{on/off}}$ 为激光雷达回波信号的信噪比,即

$$\mathrm{SNR}_{\mathrm{on/off}} = \frac{P_{\mathrm{on/off}}MR}{\sqrt{B[2eM^2FR(P_{\mathrm{on/off}} + P_{\mathrm{back}}) + i_{\mathrm{D}}^2]}} \qquad (9\text{-}20)$$

式中,M 为探测器的内部增益系数;R 为探测器的响应度;B 为电子带宽;e 为电子的电荷量;F 为探测器的溢出噪声系数;i_{D} 为探测器的暗电流;$P_{\mathrm{on/off}}$ 为回波信号能量;P_{back} 为探测器接收到的太阳背景辐射,即

$$P_{\mathrm{back}} = \frac{\mathrm{FOV}^2 A^2 LQ}{4} \qquad (9\text{-}21)$$

式中,FOV 为视场角;L 为大气层顶的太阳辐射;A 为望远镜的有效探测面积;Q 为地表反射率。

分析不同因素对相对随机误差的影响结果如图 9-21 所示。

通过以上公式可以得到 IPDA 激光雷达的随机误差大小,系统误差则主要可以分为四类:大气参数、分子线型、激光器参数及卫星平台参数[15]。这里我们主要分析对总系统误差影响较大的大气参数、激光器参数及卫星平台参数。

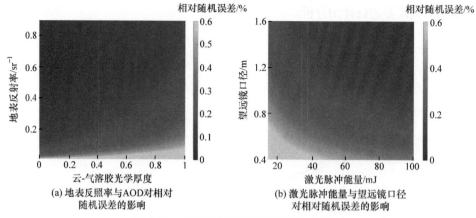

图 9-21　不同因素对相对随机误差的影响

对 IPDA 激光雷达的相对系统误差(relative systematic error，RSE)计算可得

$$RSE = \frac{\left|\Delta\delta_{CO_2}(\varepsilon) - \overline{\Delta\delta_{CO_2}}(\varepsilon + \Delta\varepsilon)\right|}{\Delta\delta_{CO_2}(\varepsilon)} \tag{9-22}$$

式中，$\Delta\delta_{CO_2}(\varepsilon)$ 为考虑因素 ε 时 CO_2 的差分光学厚度；$\overline{\Delta\delta_{CO_2}}(\varepsilon + \Delta\varepsilon)$ 为当对所考虑的因素施加一个偏移量 $\Delta\varepsilon$ 时，计算此时 CO_2 的差分光学厚度，分析结果如表 9-4 所示。

表 9-4　星载 IPDA 激光雷达系统误差的分析

系统误差参数	不确定度	RSE(380ppm)/%	绝对误差/ppm
温度	1K	0.0330	0.1265
压强	1hPa	0.0706	0.2685
水汽湿度	10%	0.0370	0.1429
能量波动	0.05%	0.0366	0.1309
频率稳定性	0.6MHz	0.0376	0.1428
光谱纯度	99.9%	0.0787	0.2992
带宽	50MHz	0.0700	0.2665
沿轨多普勒频移	140μrad	0.0375	0.1426
垂轨多普勒频移	1mrad	0.0005	0.0017
足迹不重叠误差	25μrad	0.0064	0.0243
路径长度	2m	0.0095	0.0363

经过以上的分析可知，IPDA 激光雷达具有被动 CO_2 探测卫星难以匹敌的测

量精度与准确度，并且作为主动式遥感探测方式，可以实现全球、全天时探测。因此，星载 IPDA 激光雷达作为公认的下一代主动嗅碳卫星传感器受到了广泛关注，众多航空机构及科研人员都开展了相关的观测系统仿真实验，评估星载 IPDA 激光雷达的工作性能，模拟其全球范围内测量的精度及准确度。我国于 2022 年发射的一颗主动探测卫星——大气环境监测卫星，其上搭载有主动探测载荷 ACDL。对于 AC-IPDA 激光雷达的工作性能评估也是卫星设计优化与指标论证工作的重要部分。

　　基于上述原理，首先利用云-气溶胶观测数据、地表反射率、温度、湿度、压强模式数据及地表起伏数据构建大气状态及地表状态，之后通过逐线积分辐射传输模型计算 IPDA 激光雷达工作波长下的大气透过率，结合仪器模型及探测器模型就可以正演得到激光雷达的回波数据。最终利用反演算法可以得到星载 IPDA 激光雷达测量的伪数据分布。单天全球伪数据分布如图 9-22 所示。

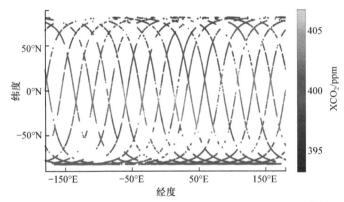

图 9-22　星载 IPDA 激光雷达模拟得到的 2016 年 9 月 1 日全球伪数据分布

　　对大气环境监测卫星一个运行周期内(16 天)的全球数据进行处理分析可得卫星测量数据精度，结果如图 9-23 所示。

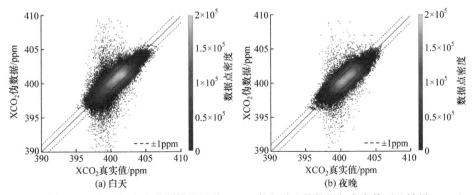

图 9-23　白天与夜晚分别模拟星载 IPDA 激光雷达伪数据与真实值对比结果

图 9-23 中昼夜间由太阳背景辐射的差异导致卫星白天与晚上的工作性能不同，因此相较于夜晚，白天背景噪声很大一定程度上降低了信号的信噪比，增大了随机误差。根据对伪数据的模拟实验可得，IPDA 激光雷达在白天测量精度约为 0.752ppm，而晚上的测量精度为 0.689ppm，昼夜测量精度虽然存在差异，但都满足大气 CO_2 通量反演、源汇分析精度要求。

9.3　星载激光雷达数据校验

为了模拟星载激光雷达在轨运行性能，进一步提高星载激光雷达数据反演算法的准确性，开展卫星在轨运行时的定标印证工作，星载激光雷达载荷在发射前、入轨后及稳定在轨期间，需要建立相应的校准算法，并与地基、机载、船载等平台开展验证实验。本节将主要以 CALIOP 为例，对 NASA 最新公开的 V4 版本的 532nm 校准算法[17]、验证实验的实施情况、设备设施与地面观测网的布置和运行进行介绍。此外，本节还将介绍 2018 年发射的星载测风激光雷达 ALADIN 开展的机载校验实验的基本情况。

9.3.1　正交偏振云-气溶胶激光雷达校准算法介绍

为了尽可能消除硬件系统参数、背景噪声信号及模型数据等因素对数据反演准确性的影响，CALIOP 在进行 Level 1 衰减后向散射系数反演之前，需要根据三个通道的回波信号进行校准系数的计算。其中，1064nm[18]通道及 532nm 垂直通道的校准系数均通过 532nm 平行通道的校准系数推导而来。本节对最新公开的 V4 版本 532nm 平行通道在夜间的校准算法进行介绍，同时对白天的校准进行概述。

夜间校准算法的原理是利用归一化的高空洁净大气稳定的分子后向散射信号，来消除硬件系统等参数对数据反演的影响。在进行校准系数计算之前，需要得到激光雷达距离矫正、增益比和能量归一化的信号，即

$$X(r) = \frac{r^2 S(r)}{E_0 G_A} \tag{9-23}$$

式中，r 为距离；$S(r)$ 为 532nm 平行通道测量的回波信号；E_0 为发射激光脉冲能量；G_A 为电子放大增益。校准系数 C 则由 $X(r)$ 推导而来，即

$$C = \frac{X(r)}{R(r)\beta_m(r)T_m^2(r)T_{O_3}^2(r)} \tag{9-24}$$

式中，$R(r)$ 为位于 r 处测量的散射比[19]；$\beta_m(r)$ 为分子后向散射系数；$T_m^2(r)$ 和 $T_{O_3}^2(r)$ 分别为考虑大气分子散射及臭氧吸收的透过率。$\beta_m(r)$、$T_m^2(r)$ 和 $T_{O_3}^2(r)$ 的

计算来自现代大气再分析产品 MERRA-2 提供的大气模型[5]。为尽可能消除气溶胶负载对算法的干扰，得到洁净区域下的校准系数，V4 版本将校准区域由 V3 版本的 30～34km 上升到 36～39km，通过分析全球的观测数据得到该高度范围的散射比分布在 1.01±0.01[20]。

随着探测高度的增加，为减少信噪比降低引起的随机误差，需要将数据进行叠加平均。V3 版本的 CALIOP 算法通过叠加沿轨方向 1485km 内的廓线数据得到平均的校准系数[21]。为了得到与 V3 版本相同的信噪比，V4 版本需要增加叠加廓线的数量。由于夜间轨道长度有限、仪器长期观测不稳定、存在高能粒子辐射等因素，CALIOP 无法保证在夜间获得连续的足够长的沿轨廓线。因此，V4 版本的夜间校准算法采用了二维区域平均的算法，分析区域为 11 条相邻的卫星轨道，每条轨道选择 605km 的沿轨廓线数据进行叠加计算[20]。

在进行叠加计算之前，需要对数据进行质量评估和筛选，以消除校准区域中的异常值。数据筛选主要包括三个部分：调整单条廓线随机误差可接受的阈值范围，每条沿轨廓线数据至少需要一个采样点位于可接受的阈值范围以内，否则该条廓线数据视为无效；调整高纬度地区噪声阈值，由于高纬度地区分子数密度会急剧下降，加上太阳光照引起辐射致噪声信号，该区域的噪声较大，如果不调整阈值，高纬度地区将会缺失大量有效数据[22]；设置自适应滤波器，如果预处理的廓线数据均值通过滤波器筛选，则将该廓线数据代入式(9-24)进行校准系数的计算。

另外，该校准算法还考虑了激光器能量变化[23]、激光指向性变化[24]、收发轴的偏离[23]等硬件参数变化引起的校准系数的变化。在得到期望的夜间 532nm 平行通道校准系数之后，可根据两个偏振通道探测器的增益比推导出 532nm 垂直通道的校准系数，进一步得到双通道白天的 532nm 校准系数。

白天校准算法基本假设为，气溶胶负载在相对较短时间保持日不变的前提下，可以识别出一个持续的"校准传递区域"，利用该区域进行校准系数的迭代计算，最终得到精确的白天校准系数。该算法依赖于夜间的校准系数计算值，以及校准区域的衰减散射比(衰减后向散射测量值与分子衰减后向散射系数模型值的比值)[19]。

9.3.2　星载激光雷达与地基激光雷达网校验方法

经过一系列校准算法得到数据产品后，还需要通过与其他仪器的观测数据对比，进一步校验和论证校准算法及数据反演算法的准确性。近年来，国际上开展了大量与机载和地面激光雷达网协同观测的对比实验，其中以 NASA 开展的一系列机载 HSRL 实验和 EARLINET 的观测实验为主[25]。这些实验的数据多为中尺度范围内的密集观测，为 CALIOP 数据产品的可靠性及论证其区域尺度观测的可行性提供了有力的证据。

　　EARLINET 和 CALIOP 的数据校验工作始于 2006 年 6 月，并且一直持续到现在[25]。EARLINET 的站点在欧洲绝大部分国家都有分布(具体内容详见第 2 章)，所用的激光雷达系统主要为多波长拉曼激光雷达，包含 1064nm、532nm 和 355nm 的弹性散射通道和两个激发波长分别为 607nm 和 387nm 的 N_2 拉曼散射通道。得益于硬件系统特点和地理位置分布，EARLINET 能够提供区域尺度内，长期、有质量保证的气溶胶光学参数、层次分布、气溶胶种类等数据[26,27]，使星载激光雷达 CALIOP 长期观测数据的校验工作开展成为可能。

　　EARLINET 与 CALIOP 的数据校验工作集中于对 CALIOP Level 1 的衰减后向散射系数、Level 2 的气溶胶廓线产品(后向散射系数和消光系数)及光学厚度的对比分析[27-29]。与星载激光雷达提供的沿轨廓线数据不同，单个地基激光雷达站点只能提供单点测量的廓线数据，且无法保证其地理位置与卫星地面轨道重合，因此需要综合考虑地基雷达站点分布与 CALIOP 当日轨道的位置关系。

　　为了使进行对比验证的数据尽可能在时间和空间上匹配，校验工作一般选取 CALIOP 地面轨迹经过 EARLINET 站点附近 100km 范围内的数据作为研究对象。这种测量方式在校验工作中称为 "case A"[25]。EARLINET 站点的数据选取则以时间代替空间，从 CALIOP 进入比较范围开始，选取 30～150min 的测量数据。这种对比方式能够最大限度地提供点对点的实时数据对比。同时，case A 测量方案选取的地基雷达站点要求至少能够提供 355nm 和 532nm 的后向散射系数及消光系数，大部分的站点还能提供 1064nm 的后向散射系数和 532nm 的退偏比(此类站点称为高性能站点)。这些站点的数据能够用于反演气溶胶的微物理特性，如粒径分布、折射率和其衍生的物理量(粒子质量和表面积浓度或单次散射反照率)，进而用于识别某些气溶胶类型，区分人为和自然产生的气溶胶来源。而对于气溶胶类型，可以与 CALIOP 的 Level 2 的 VFM 数据进行对比和校验。

　　除上述 case A 中的高性能站点，EARLINET 还有部分站点仅能提供单个波长的消光或者后向散射系数的廓线数据，这些站点一般分布在高性能站点 120～800km。虽然数据产品数量较少，但是由于其具有一定的区域性分布特征，能够为 CALIOP 研究陆地尺度的气溶胶测量数据提供校验的依据，同时也能够对气溶胶进行溯源分析(中欧洲东部的 EARLINET 站点能够对黑海区域产生的气溶胶进行观测[25])。基于这些聚类站点的观测实验称为 "case B" 测量方案。

　　除了上述观测方案，EARLINET 对于特殊案例的分析，如撒哈拉沙尘暴(图 9-24、图 9-25)和森林火灾的突发事件进行的观测称为 "case C" 方案[25]。case C 方案能够更详细地研究特定的气溶胶类型及其光学特性，并和 CALIOP 的观测结果进行校验。

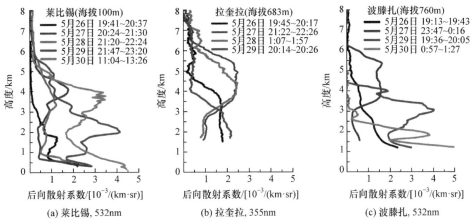

图 9-24　2008 年 5 月 25～30 日撒哈拉沙尘暴期间，EARLINET 三个站点
后向散射系数廓线数据

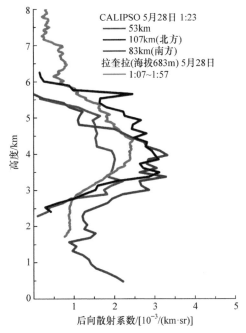

图 9-25　2008 年 5 月 28 日 CALIOP 星下轨迹距离拉奎拉站点 53km、83km、107km 的后向散
射系数廓线数据与拉奎拉站点的测量数据比对结果

　　考虑到地基激光雷达探测高度有限，而 CALIOP 观测受到云的多次散射效
应的影响较为严重，在进行数据分析时需要对廓线的范围和分辨率进行设置。
一般在无云的条件下，选择海平面以上 0～10km 的数据进行分析，而地基雷达
站点的分辨率具有较高信噪比，在进行对比分析时一般参考 CALIOP 垂直廓线

的分辨率。除根据不同的高度范围，实验还根据多种不同条件选取数据进行对比，包括观测时间差别、大气环境差别(有云、无云)、对流层气溶胶含量差别、CALIOP 轨道截取范围差别、EARLINET 测量累积时间差别等，多角度分析CALIOP 数据产品的可靠性和准确性。针对不同的星地激光雷达观测数据时空间匹配程度，Tesche 等提出基于 NOAA HYSPLIT 追迹模型的星地观测数据校验方法(图 9-26)[29]。

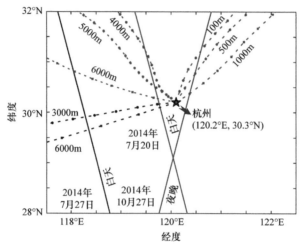

图 9-26　CALIOP 与地基激光雷达站点轨迹对比示意图

当卫星在接近时空同步的条件下经过所选择的地基站点时，以卫星过境时间为中心，选用地基站点前后共 1h 观测数据。在数据处理中，以 532nm 衰减后向散射系数为例，地基站点衰减后向散射系数首先需要修正为可与星载廓线数据对比的形式。处理过程可以酌情调整，如可以增加积分时间以提高信噪比。在观测验证期间，对相似天气条件，约取 30 次过境数据做统计分析，以最小化大气气溶胶结构变化，尤其是白天气溶胶边界层的变化造成的影响。卫星在较差的时空同步的条件下(距离百千米级，相差 12h 以内)经过所选择的地基站点时，则采用轨道追迹的形式进行对比。首先，在当天的地基观测结果中识别出特征层次，标记其出现的高度及时间。根据时间顺序，选择 NOAA HYSPLIT 前向或后向模式进行 12~24h 的轨迹预测/追迹。实验选择的气象数据来自于全球气象资料同化系统(global data assimilation system，GDAS)，分辨率为 0.5°×0.5°。此处聚类时间在1~3h，具体情况可根据总空间方差决定。将聚类后的轨迹与过境星载轨道进行对比，若两者没有相距 100km 内的临近点，建议放弃当天的对比，反之，则根据选取的特征高度及模型预测/追迹的定位进行对比。由于云及气溶胶层具有不均匀性，模型提供的印证高度也存在一定的误差，对较远距离的过境数据进行轨道追迹的方式更注重层次特征的对比，通过数据分析验证测量结果的合理性。

9.3.3　星载激光雷达与机载激光雷达校验方法

地基激光雷达站点受地理位置和移动能力的限制，在和星载激光雷达进行对比实验的过程中需要对其测量数据进行时间和空间上的匹配处理。星载激光雷达的轨道并未覆盖全球所有的区域，地基激光雷达站点可能会偏离星载激光雷达星下轨道一定距离，因此在开展数据对比工作前，需要选取地基雷达站点一定范围的星载激光雷达数据进行空间上匹配。同时为了增强对比数据的信噪比，需要对星载激光雷达和地基雷达的数据进行时间上的叠加。这种处理方式在地形复杂、气候变化较快的环境下会给对比实验的结果带来较大的偏差。此外，地基雷达站点受到近场观测盲区的限制(详见本书第 5 章内容)，该区域的气溶胶观测值往往包含较大的误差[22]。

机载激光雷达观测相较于地基观测手段，可以实现大范围测量，能够覆盖不同地形、城乡区域，并可沿星载激光雷达运行路径进行测量，数据产品不受地形因素的限制。同时，相较于地基激光雷达，机载平台的观测盲区一般位于海拔 7.5～9km，该区域几乎没有气溶胶的分布，因此，数据产品可靠性和准确性有进一步提升。

CALIOP 的机载平台校验工作始于 2006 年 6 月，以 NASA 为主的相关单位在北美洲和加勒比地区开展了大量的机载实验，开展的时间飞行次数如表 9-5 所示[30]。

表 9-5　2006～2011 年开展的机载激光雷达和 CALIOP 校对实验统计

实验名称/代码	时间	飞行架次
CCVEX	2006 年 6 月 14 日～8 月 17 日	11
TexAQS-GoMACCS	2006 年 8 月 28 日～9 月 28 日	10
CHAPS	2006 年 6 月 3 日～2007 年 6 月 26 日	8
CATZ	2007 年 7 月 19 日～8 月 11 日	4
加勒比校飞实验	2008 年 1 月 24 日～2 月 3 日	7
ARCTAS(春)	2008 年 4 月 1 日～4 月 19 日	12
ARCTAS(夏)	2008 年 6 月 14 日～7 月 10 日	11
夜间校飞实验 1	2009 年 1 月 22 日～4 月 17 日	11
RACORO	2009 年 6 月 17 日～6 月 26 日	3
夜间校飞实验 2	2010 年 4 月 10 日～4 月 22 日	5
加勒比校飞实验 2010	2010 年 8 月 11 日～8 月 27 日	8
夜间校飞实验 3	2011 年 3 月 19 日～4 月 2 日	3

续表

实验名称/代码	时间	飞行架次
DEVOTE	2011 年 10 月 4 日～10 月 8 日	2
其他	2007～2011 年	11
合计	—	106

以 2006 年 6～8 月开展的 CALIOP 和 CloudSat 验证实验(CALIOP and CloudSat validation experiment，CCVEX)为例[31]，该次飞行任务由 NASA 主持，使用的 ER-2 飞机上搭载着云物理激光雷达[32](cloud physics lidar，CPL)。CPL 为多波长偏振弹性后向散射激光雷达，主要用于 CALIOP 数据产品中卷云数据的校验工作，校验目标包括 Level 1 中衰减后向散射系数及 Level 2 的气溶胶和云的层次探测数据产品[33]，系统结构示意图如图 9-27 所示。

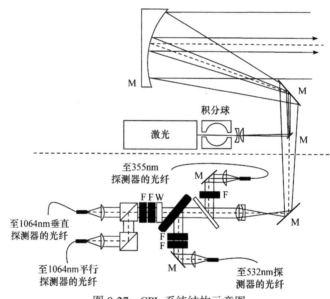

图 9-27　CPL 系统结构示意图
F. 干涉滤光片；M. 反射镜；W. 半波片

CALIOP 的运行速度为 7.5km/s，CPL 搭载的 ER-2 飞机运行速度为 0.2km/s。200km 的观测长度，CPL 需要大约 20min，而 CALIOP 只需要 30s 左右，在此期间，云的垂直运动及风廓线的变化引起的云平流等过程将导致两种仪器采集的云产品数据有所不同。如何合理地对观测时间进行平均和匹配，是机载校对实验的一项关键问题。另外，即使机载和星载的几何观测因素、选取的大气环境近似相同，不同雷达系统的定标参数、反演算法中假设的物理量(激光雷达比等)、探测器和背景光引入的噪声也会使得二者观测结果之间存在一定的误差[34]，而当观测区域存在云的情况下，也不可避免地需要考虑多次散射的影响，这些都是机载平台校对实验过程中需要考虑的因素。

HSRL 具有特有的系统结构，这使得该系统在进行光学参数反演的过程中无须假设激光雷达比，就能得到准确的后向散射系数及消光系数的廓线分布[35]。NASA 的机载实验搭载的基于碘分子吸收池的 HSRL 系统[28]，能够反演得到 532nm 波段的气溶胶消光系数、后向散射系数及 532nm 的激光雷达比廓线数据。CALIOP 反演消光系数需要的激光雷达比主要来自于场景分类算法(scene classification algorithm，SCA)的分类模型[36]。实际大气环境中不同高度、不同区域，气溶胶的含量和种类分布是极其复杂的，单靠模型数据库的假设不可避免地会给消光系数乃至其他光学参数反演带来误差。因此，机载 HSRL 实验数据除了对 CALIOP 反演的数据可靠性和准确性进行合理的校验，还能够对 CALIOP 反演中假设的激光雷达比进行校验和更新。

图 9-28 和图 9-29 为 2009 年 2 月 7 日，在美国北卡罗来纳州、弗吉尼亚州和马里兰州进行的一次夜间飞行实验结果。可以看到 CALIOP 反演的衰减后向散射系数 β' 与 HSRL 测量结果具有较好的一致性[30]。图 9-29 中 HSRL 反演的激光雷达比对 CALIOP 假设的激光雷达比进行了实时的比对[30]，可以看到，测量结果比模型假设的结果偏小。类似的大量机载实验结果，能够为 CALIOP 激光雷达模型校验提供数据支撑。

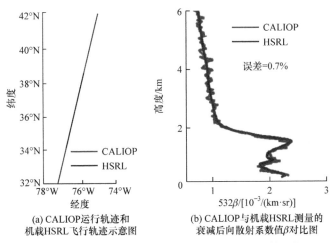

(a) CALIOP 运行轨迹和
机载 HSRL 飞行轨迹示意图

(b) CALIOP 与机载 HSRL 测量的
衰减后向散射系数值 β 对比图

图 9-28　CALIOP 与机载 HSRL 轨迹与衰减后向散射系数对比

相较于 2006 年发射的 CALIOP，ESA 于 2018 年发射的用于观测全球风场垂直分布特征的星载多普勒激光雷达 ALADIN 目前已开展两次机载校验实验，分别为 2018 年 11 月 5 日～12 月 5 日进行的 WindVal III 实验，以及 2019 年 5 月 6

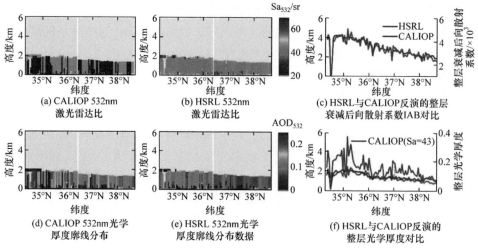

图 9-29　CALIOP 与机载 HSRL 实验数据对比结果

日～6 月 6 日的 AVATARE 实验(表 9-6)。这两次实验共获得了 10 条卫星地面轨迹，覆盖了 7500 多千米的 ALADIN 探测轨迹[37]。

表 9-6　ESA 开展的 WindVal III 与 AVATARE 机载校验实验情况介绍

实验名称	数据来源	日期	时间	飞行航线
WindVal III	"猎鹰"飞行架次	2018 年 11 月 17 日	15:14～19:14	OBF-OBF
		2018 年 11 月 22 日	14:29～17:56	OBF-OBF
		2018 年 12 月 3 日	15:48～19:31	FMM-OBF
		2018 年 12 月 3 日	14:56～18:22	OBF-OBF
	"风神"飞行轨迹	2018 年 11 月 17 日	17:01:21～17:03:56	44.7°N, 10.6°E～54.9°N, 7.80°E
		2018 年 11 月 22 日	16:34:14～16:36:02	40.0°N, 18.3°E～47.2°N, 16.5°E
		2018 年 12 月 3 日	17:27:55～17:28:51	47.1°N, 3.60°E～50.8°N, 2.60°E
		2018 年 12 月 3 日	16:23:50～16:25:02	50.2°N, 19.0°E～54.9°N, 17.5°E
AVATARE	"猎鹰"飞行架次	2019 年 5 月 17 日	15:36～18:46	OBF-OBF
		2019 年 5 月 23 日	14:30～18:08	OBF-OBF
		2019 年 5 月 24 日	15:28～19:09	OBF-OBF
		2019 年 5 月 28 日	15:54～19:13	NUE-OBF
		2019 年 5 月 29 日	15:26～19:11	OBF-OBF
		2019 年 6 月 3 日	15:26～18:46	OBF-OBF

续表

实验名称	数据来源	日期	时间	飞行航线
AVATARE	"风神"飞行轨迹	2019 年 5 月 17 日	16:48:39~16:51:01	46.3°N, 13.4°E~55.5°N, 10.7°E
		2019 年 5 月 23 日	16:34:55~16:36:55	42.9°N, 17.5°E~50.5°N, 15.6°E
		2019 年 5 月 24 日	16:50:01~16:52:18	51.2°N, 12.2°E~59.0°N, 9.40°E
		2019 年 5 月 28 日	17:40:05~17:41:10	44.0°N, 1.10°E~48.2°N, 0.10°E
		2019 年 5 月 29 日	16:24:40~16:26:12	53.5°N, 18.1°E~59.4°N, 15.9°E
		2019 年 6 月 3 日	17:27:50~17:28:48	46.8°N, 3.60°E~-50.6°N, 2.60°E

注：OBF，奥伯法芬霍芬机场；FMM，梅明根机场；NUE，纽伦堡机场。

　　WindVal III 和 VATARE 校验实验采用的机载激光雷达包括 2μm 的多普勒测风激光雷达(Doppler wind lidar，DWL)及 ALADIN 机载样机(ALADIN airborne demonstrator, A2D)，均搭载于 DLR 的"猎鹰"(Falcon)飞机上。DWL 采用 Tm:LuAG 激光器，工作波长为 2022.54nm，激光脉冲能量为 1~2mJ，脉冲重复频率为 500Hz，其水平和垂直分辨率约为 42km 和 500m。2μm DWL 由三个单元组成：①即装有激光的收发器头、11cm 焦距的望远镜、接收器光学器件、检测器和双楔形扫描仪，可将激光束转向到 30°锥角内的任何位置；②电源和激光器的冷却单元，安装在单独的机架中；③由 DLR 开发的包含数据采集单元和控制电子设备的机架。A2D 由 DLR 开发，于 2005 年投入使用的多普勒测风激光雷达，与 ALADIN 一样，该仪器由频率稳定的紫外激光发射器、卡塞格林式望远镜和双通道鉴频器组成。激光器则采用三倍频的 Nd:YAG 主振荡器功率放大器系统，实现波长为 354.89nm 的紫外激光脉冲输出，激光脉冲能量为 60mJ，脉冲重复频率为 50Hz，其水平和垂直分辨率为 3.6km 和 300~1200m。

　　由于 DWL 和 A2D 与星载激光雷达 ALADIN 的数据探测分辨率不同，在开展数据对比之前，需要借助网格数据加权平均算法，将 DWL 和 A2D 的测量数据平均到 Aeolus 的测量网格上(图 9-30)。

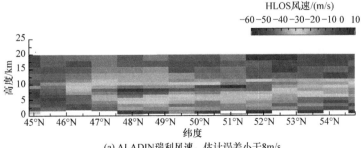

(a) ALADIN瑞利风速，估计误差小于8m/s

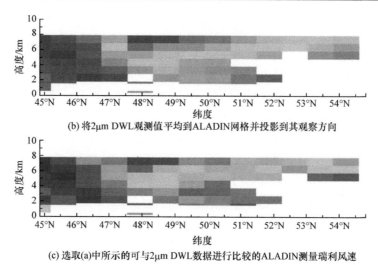

(b) 将2μm DWL观测值平均到ALADIN网格并投影到其观察方向

(c) 选取(a)中所示的可与2μm DWL数据进行比较的ALADIN测量瑞利风速

图 9-30　ALADIN 和 DWL 于 2018 年 11 月 17 日在 45°N～55°N 进行的风速观测值

结合两次机载校验实验的对比结果，考虑各激光雷达硬件的系统误差和随机误差，得到 ALADIN 的风速测量的准确度和精度分别为 1.7m/s 和 2.5m/s，这与 ALADIN 在校准阶段进行的其他校验实验的结果基本一致，进一步论证了仪器工作性能的稳定性。

我国目前暂时没有地面激光雷达协同观测网络，对于即将发射的星载高光谱分辨率激光雷达 ACDL，如何开展入轨后的数据定标和印证工作，可以参考目前已有的星载激光雷达数据校验方案，并结合国内外可利用的地基观测平台，考虑部署机载 HSRL 观测实验，以检验雷达系统稳定性及数据反演算法准确性。

9.4　星载激光雷达数据融合应用

9.4.1　星载多传感器同步理念

9.3 节阐述了利用地基遥感开展高光谱分辨率激光雷达在轨运行的数据定标和测量偏差校对的相关工作，本节与 9.4.2 节依次介绍多个星载传感器通过同步飞行进行数据融合的原理及应用典型，阐述当前利用单个和多个，主动及被动星载传感器进行数据融合取得的研究进展。

相较于依赖卫星过境数据的星载-地基遥感校验，星载传感器之间通过统一飞行轨道，可以实现较为稳定的时空同步，提供长期、大范围、即时验证和研究的可能。此外，多个传感器进行同步或近同步观测，可以进行不同来源数据的相互融合，如将以不同大气成分、地面参数为目标的传感器测量的数据联合反演、分析，对推进地球-大气系统的科学认识有极大的作用。

星载多传感器数据融合可分为被动-被动融合、主动-主动融合及主被动融合。得益于主动与被动数据的高度互补性，近年来，关于主被动融合的研究逐渐成为热点。星载主被动融合探测通过将星载主动探测手段与被动载荷测量数据充分结合，对大气成分，特别是云、气溶胶的种类、垂直分布、光谱信息、空间分布、变化规律等，实现大范围、立体化、高时空分辨率的协同观测。观测结果用于实现后续数据融合，进行协同反演，结合主动探测的垂直分辨能力和被动载荷的范围观测优势能减少各自的反演误差，提高探测结果的精度。

目前，同步飞行并具有不同探测目标的卫星序列以 A-train 序列为代表。该卫星序列包括多颗由不同国家研发的卫星，在 2002～2014 年陆续发射，其运行轨道在不同时区当地时间 13:30 左右穿过赤道，故命名为 "Afternoon Constellation"，又名 A-Train。A-Train 计划由 Aqua、Aura、PARASOL、CALIPSO、CloudSat、OCO、Glory 和 GCOM-W1 八颗卫星组成。其中，OCO 由于运载火箭技术问题发射失败，OCO-2 于 2014 年发射。Glory 也在同一次发射任务中失败，没有重新发射。PARASOL 于 2013 年退役，因此目前在轨的共有六颗卫星。

A-Train 系列卫星具有不同的发射时间和科学目的。Aqua 于 2002 年 5 月 4 日发射，其主要任务为研究地球水循环及相关信息(大气、海洋和陆地表面)和它们与地球环境变化的关系。Aura 于 2004 年 7 月 5 日发射，用于研究地球大气层(从地面到中间层)的化学变化和动力学特征，如生物活动和火山对大气层的影响。PARASOL 于 2004 年 12 月 18 日发射，于 2009 年 12 月 2 日时降轨，主要任务是提升对云和气溶胶的微观物理学和辐射特性的观测。CALIPSO 于 2006 年 4 月 28 日发射，于 2018 年 9 月降轨，得益于其搭载的正交偏振云-气溶胶激光雷达，它能够提供全球云和气溶胶垂直廓线观测。CloudSat 与 CALIPSO 同时发射，能够提供云廓线信息，研究云内部结构及其发展演变规律，于 2018 年 2 月 22 日降轨。GCOM-W1 于 2012 年 5 月 4 日发射，目的在于加强对地球水循环和气候变动的观测。OCO-2 于 2014 年 7 月 2 日发射，目的在于提高全球二氧化碳观测水平，厘清洲际尺度的分布问题。

依靠同步飞行的设计理念，A-Train 系列卫星能在相同路径下观察地球大气层和地表特征，实现对某一区域高时空分辨率的周期性观测。A-Train 系列卫星的同步飞行为不同星载传感器之间的数据融合与汇总提供了基础，并为后续卫星数据校验及进一步深入研究大气结构和成分创造了可能。

9.4.2　星载数据融合应用典型

本节将详细介绍通过融合多个星载传感器的数据，进行云层筛选和大气结构拓展两个应用典型。

1. 云层筛选

云层筛选是指为了保证数据反演的质量和效率，对所有测量得到的初始数据中有云的像素点进行快速判断，进而区分或筛除。云的散射作用对大气物理有着显著的影响[38]，所以有效地筛选出有云区域对提高大气参数反演精度具有重要的意义。例如，嗅碳卫星 OCO-2 中的 A 波段预处理器(A-band preprocessor，ABP)与基于差分吸收光学的迭代最大后验处理器(iterative maximum a posteriori differential optical absorption spectroscopy preprocessor，IDP)算法。

ABP 的云层筛选标准为

$$F_A = 1, \quad 若 \begin{cases} |p_{s1} - p_{s0}| > \Delta p_t \\ \alpha_{ave} > \alpha_t \\ \chi^2_{reduced} > \chi^2_t \end{cases} \tag{9-25}$$

式中，p_{s1} 和 p_{s0} 分别为实际和理论表面压强；Δp_t 为压强差的阈值；α_{ave} 和 α_t 为 756nm 波段的地表反照率和其阈值；$\chi^2_{reduced}$ 和 χ^2_t 分别为由信噪比造成的固定特征的拟合优度和其阈值。式(9-25)表示，当理论与实际表面压强之差、地表反照率或 χ^2 大于各自的阈值时，判定为有云。对于 IDP 算法，则是使用在 1.61μm CO_2 强吸收通道和 2.06μm 的 CO_2 弱吸收通道分别独立探测 CO_2 和 H_2O 的垂直柱密度(vertical column density，VCD)，并利用强吸收通道和弱吸收通道的测量值之比将场景分类为无云或者有云。2016 年，Taylor 等将 MODIS 中云掩码产品用于比较验证 OCO-2 中 ABP 和 IDP 算法云筛选结果的准确性，最终对比结果显示，OCO-2 和 MODIS 云筛选结果之间具有约 85%的一致性[39]。

通过数据融合，可以将 OCO-2 的两种云层筛选算法分别与 MODIS 的云掩码结果进行对比。基于 MODIS 探测通道对云的判断更为准确，因此，以调整阈值组的方式降低 OCO-2 整体通过率相对于 MODIS 晴空概率的溢出值，能减少 OCO-2 云场景错误判断，进而提升 CO_2 反演质量[40]。

在对比过程中，首先需要为每个 OCO-2 数据点分配对应 MODIS 数据点，考虑到 OCO-2 产品的分辨率为 1.3km×2.3km，而 MODIS 产品的分辨率为 1km×1km，必须先将数据进行合理的插值[41]。其次，以 MODIS 云层数据为判定真值，逐步调整云层筛选算法阈值组使得 OCO-2 卫星数据总体通过率接近区域范围内的 MODIS 云层覆盖率，据此确定最优化的阈值组数值。实验表明，优化之后的云层筛选算法阈值组可以提升 OCO-2 卫星对云场景判定的能力，对提高卫星数据与 MODIS 云掩码数据的匹配度、降低卫星数据与地基数据之间的偏差值起到了重要的作用。

2. 大气结构拓展

大气结构拓展是指结合主动观测的垂直分辨能力和被动观测的宽幅探测能力，建立云-气溶胶结构的区域三维模型。大气结构拓展的意义在于将主动遥感的垂直分布信息向被动遥感传递，在一定范围内提高相关大气参数的反演精度。

在早期研究中，Forsythe 等将地球静止操作环境卫星(geostationary operational environmental satellite，GOES)的云分类结果与地基观测到的云底高度结合起来，估算一定范围内的云底高[42]。在此基础上，Barker 等提出了一种根据光谱辐射相似性，将星载主动传感器测量得到的廓线信息与被动传感器得到的辐射信息相互匹配，从而对主动轨道附近的二维平面进行三维拓展的方法，称为光谱辐射匹配(spectral radiance matching，SRM)方法[43]。经测试，SRM 方法能够较好地利用 CloudSat、CALIPSO 和 MODIS 数据，构建出云和气溶胶的三维结构特性。

SRM 方法与同类型的主被动融合方法可总结为匹配代入法。其计算过程可概括为，从时间及空间上足够接近的一定范围的像素点中，根据多个通道的辐射强度的差值总和，将差值最接近的主动像素点上的廓线数据代入被动幅面中需要填充廓线的被动像素点上。算法的基本假设如下。如果两个时空位置彼此接近的像素点具有(几乎)相同的温度和湿度分布及表面光学特性，并且在多通道的光谱大气顶端辐射上差异极小，那么这两个像素点在云及气溶胶的廓线分布上的差异也是极小的。

该算法通过循环匹配过程，将范围内的二维平面数据转化为三维结构数据(图 9-31)。设主动轨道的像素点为 $(i,0)$，初始位置即 $(1,0)$，而待扩充的被动平面位置为 $(i,j) \in (-J,-1) \bigcup [1,J]$，$J$ 代表了拓展范围的宽幅。对待填充的像素点 (i,j)，其被动传感器观测到的多通道辐射强度为 $r_k(i,j)$，k 代表不同通道。即可用于匹配的主动轨道像素点位置为 m，主被动像素点间的匹配度评价函数 $F(i,j;m)$ 可表示为

$$F(i,j;m) = \sum_{K=1}^{K} \left[\frac{r_k(i,j) - r_k(m_2,0)}{r_k(i,j)} \right]^2 \tag{9-26}$$

式中，$m \in [i-m_1 \bigcup i+m_2]$ 为沿主动轨道的主动像素点选择范围。可匹配的主动像素点还需要满足：①与被动像素点具有相同的地表类型；②与被动像素点具有相近的太阳天顶和太阳方位角；③本身的质量评估结果较高。

调整 m 的范围可以改变相应潜在主动像素点的数量，随后，将匹配度评价函数 $F(i,j;m)$ 计算结果由大到小排列，选择其中差异最小的 $f\%$ 的结果，将这部分结果按照欧几里得距离排列，取最小值得到最佳匹配点 m^*，这一步骤可表示为

$$\underset{m^* \in [1,(m_1+m_2+1)f]}{\arg\min} \left[D(i,j;m^*) \right], \quad f \in (0,1) \tag{9-27}$$

式中，$D \in [0, m_1^2]$ 为主动与被动像素点间的距离。

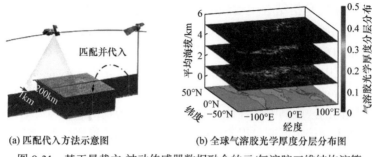

(a) 匹配代入方法示意图　　　　(b) 全球气溶胶光学厚度分层分布图

图 9-31　基于星载主-被动传感器数据融合的云/气溶胶三维结构演算

　　根据不同场景的限制条件，可以对 SRM 方法进行改进，衍生算法包括约束光谱辐射匹配(constrained spectral radiance matching，CSRM)方法和夜间光谱辐射匹配(nighttime spectral radiance matching，NSRM)方法[44,45]。当以热带风暴为研究对象时，CSRM 方法将云顶高度、云层光学厚度、云顶压强作为条件去限制筛选潜在主动像素点，有效提高了深对流云层的拓展成功率。通过引入 MODIS 近红外谱段和它们之间的亮温差，NSRM 方法能在夜间实现对云层的三维拓展[45]。当以热带风暴为研究对象时，CSRM 方法将云顶高度、云层光学厚度、云顶压强作为条件去限制筛选潜在主动像素点，有效提高了深对流云层的拓展成功率。通过引入 MODIS 近红外谱段和它们之间的亮温差，NSRM 方法能在夜间实现对云层的三维拓展(图 9-32)。

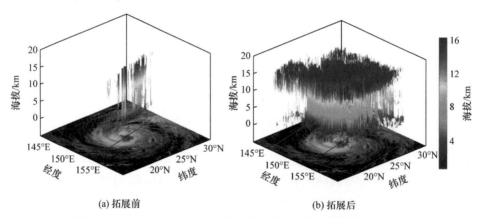

(a) 拓展前　　　　　　　　　　(b) 拓展后

图 9-32　NSRM 方法应用于热带风暴"灿鸿"的三维结构拓展结果

　　另外，Miller 等基于相同类型的云具有相似的几何和微物理特性的假设，将 CloudSat 观测结果扩展到 MODIS 的宽幅观测结果中，以此方法估算了 MODIS 观测区域中的云底高度和液态/固态水含量变化剖面，并尝试构建一个热带风暴的三

维模型[46]。该方法称为云种类匹配(cloud type matching，CTM)方法。相似地，Li
等提出了一种假设云顶压力和云光学厚度相似的云会具有相同云底高度的方法，
称为反演数据匹配(retrieved data matching，RDM)方法[47]。该方法同样在热带风暴
和天气系统的应用中证明了可行性。

与云类似，气溶胶光学特性与大气辐射之间的关系使气溶胶具有辐射匹配的
可能，利用 SRM 方法，目前能实现 100km 范围的 CALIPSO-MODIS 气溶胶数据
融合，进而能对气溶胶高度传输和种类出现频率进行分析[48]。

此外，不同种类的气溶胶，根据其高度和吸收等物理特征，对紫外波段辐射
有显著影响。对此，Lee 等提出气溶胶单次散射反照率和层高度估算法(aerosol
single-scattering albedo and layer height estimation algorithm，ASHE)[49]，对一定范
围内的气溶胶三维特性作出估计。该方法利用来自 MODIS 的 AOD、臭氧监测仪
器(ozone monitoring instrument，OMI)的紫外光谱和 CALIOP 的气溶胶层高度
(aerosol layer height，ALH)，可由以下计算式对气深胶指数 AI 进行推导，即

$$AI(\tau_a, \omega_0, z_a) = -100 \times \left\{ \lg\left[\left(\frac{I_{331}}{I_{360}}\right)_{means}\right] - \lg\left[\left(\frac{I_{331}}{I_{360}}\right)_{calc}\right] \right\} \tag{9-28}$$

式中，AI 为气溶胶指数；I_{means} 和 I_{calc} 分别为在给定波长下，使用在 360nm 处得
到的朗伯等效反射率测量和计算的大气顶端辐射；τ_a、ω_0 和 z_a 分别为 AOD、单
次散射反照率(single scattering albedo，SSA)和 ALH。通过该式及其假设，在拥有
气溶胶参数和高度信息的情况下，可以利用紫外辐射来获得气溶胶吸收系数。同
样地，在拥有气溶胶参数和吸收系数的情况下，可以计算获得气溶胶的高度。Chen
等利用这一技术计算并评估了在塔克拉玛干沙漠上观测到的春季沙尘暴事件期间
的气溶胶层高度，并结合 SRM 方法扩展三维大气结构的能力，提高了对多层气
溶胶进行计算时的性能[50]。

9.4.3　主被动数据融合提升 CO_2 反演精度

温室气体的含量增长是造成全球气温升高的主要原因。CO_2 和 CH_4 是大气中
最主要的两种温室气体，在对温室效应的贡献中，CO_2 占 70%，CH_4 占 23%，它
们对全球气候变暖的增温贡献分别是 60%和 15%。进行全球范围的 CO_2 浓度观测
有助于厘清碳源、碳汇的产生机理，对加强温室气体管控至关重要。目前，对 CO_2
的星载观测手段主要以被动遥感为主，包括欧洲空间局 2002 年发射的用于大气制
图的扫描成像吸收光谱仪(scanning imaging absorption spectro meter for atmospheric
cartograp HY，SCIMACHY)，日本 2009 年发射的温室气体观测卫星(greenhouse gases
observing satellite，GOSAT)卫星和美国 NASA 2014 年发射的 OCO-2 卫星，旨在提
供高精确度和准确度的全球 CO_2 柱平均浓度数据(column-averaged atmospheric

CO₂ dry air mole fraction，X_{CO_2}），使人类对区域尺度内 CO_2 的地表-大气相互作用有更深入的了解，X_{CO_2} 定义为 CO_2 的柱含量与干空气分子柱含量的比值，即

$$XCO_2 = \frac{\int_0^\infty N_{CO_2}(z)dz}{\int_0^\infty N_{air}(z)dz} \qquad (9-29)$$

式中，$N_{CO_2}(z)$ 为随着距离 z 变化的 CO_2 分子数密度；$N_{air}(z)$ 为随着距离 z 变化的干空气分子数密度。

OCO-2 携带三个通道的高光谱分辨率成像光栅光谱仪，中心波长分别为 0.76μm(O_2 A 吸收带通道)、1.61μm(弱吸收带通道)及 2.06μm(强吸收带通道)。短波近红外通道接收的是来自地表反射的太阳辐射，对来自地表至对流层中层的 CO_2 浓度变化敏感[51]，是 CO_2 主要的源和汇分布的区域。然而，短波近红外波段受大气相关参数影响较多，尤其是气溶胶、云的散射效应对 CO_2 的观测精度影响较为严重。云的影响可以通过云层筛选的方式去除，气溶胶的散射效应则需要在反演过程中进一步估算矫正[52]。

目前用于测量 X_{CO_2} 的被动遥感，以 OCO-2 为例，预先定义四种已知的气溶胶类型。在一定气溶胶光学厚度范围内，建立四种气溶胶按不同比例组合的查找表。反演过程中利用具有处理气溶胶多次散射的大气辐射传输模型，将气溶胶与 CO_2 浓度同时反演，实现气溶胶散射效应的估算校正。这种算法具有一定的不确定性，限制了 OCO-2 测量 CO_2 浓度的精度。

OCO-2 通过云层筛选与后续的散射粒子种类垂直扩线高斯分布进行云层、气溶胶层种类识别，不具备从本质上分辨高层(平流层)薄云及气溶胶的能力，容易对高空大气结构造成误判或错误估计其影响。数据表明，OCO-2 的云层筛选与 MODIS 云层覆盖产品有 20%左右的偏差。高层薄云和气溶胶，特别是硫化物(因火山喷发等原因进入平流层)，受高度影响，可以在较小的光学厚度(AOD<0.3)下造成较大的影响[52-54]。

OCO-2 的气溶胶模型是根据其标准产品中提供的相关 O_2A 通道数据得到的。OCO-2 在考虑气溶胶对其接收的散射光影响时，假设气溶胶的消光系数分布为高斯分布，分别给出了不同气溶胶类别的高斯分布特征参数。

变量"aerosol_aod"包含了 OCO-2 的高度分层的气溶胶光学厚度，包括柱总量及在高中低层内的分布，变量"aerosol_param"包含了气溶胶消光系数廓线分布的特征参数，包括 AOD 柱总量的自然对数、气溶胶中心高度(以压强与地表压强的比例计算)和气溶胶分布宽度(以压强比的标准差计算)。变量"aerosol_type_retrieved"共计包含六种气溶胶和两种云的种类信息，包括沙尘、海盐、黑炭、有机碳、硫化物、冰粒子、水粒子(云粒)和平流层气溶胶[5]。

　　而对于 CALIPSO 的气溶胶廓线产品数据，我们采用了 Version 4.2 版本的气溶胶廓线数据[55]。OCO-2 气溶胶廓线产品及 CALIPSO 气溶胶数据示例如图 9-33 所示。这里选择的是欧洲的碳柱总量观测网络(total carbon column observing network，TCCON)[56]比亚威斯托克站点附近 200km 范围内的 A-Train 卫星的气溶胶消光系数廓线分布的数据平均值，时间为 2016 年 9 月 8 日。从图中可以看出。OCO-2 的气溶胶廓线分布为高斯线型的叠加所得，而 CALIPSO 提供的气溶胶廓线则为实测的数据。二者提供的数据在气溶胶含量上类似，种类上虽然有所差别，但主要是由于分类的依据不同，可以通过后续的气溶胶种类匹配来消除不同气溶胶类型引起的偏差。

　　A-Train 序列卫星经过 TCCON 站点的轨道示意图如图 9-34 所示。我们分析

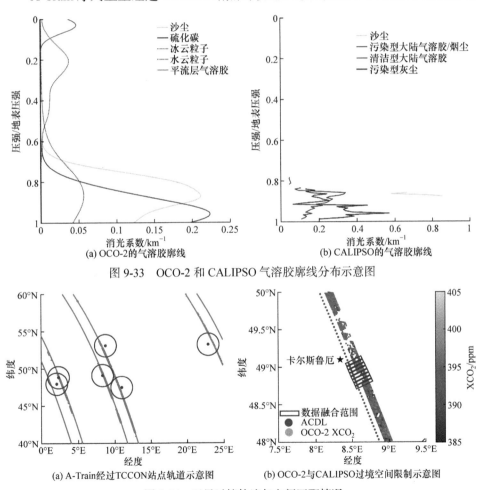

图 9-33　OCO-2 和 CALIPSO 气溶胶廓线分布示意图

(a) A-Train经过TCCON站点轨道示意图　　(b) OCO-2与CALIPSO过境空间限制示意图

图 9-34　卫星过境轨迹与空间匹配情况

绿色圆点仅表示 CALIPSO 星下轨道足印分布，不包含其他信息，OCO-2 选取的为 2016 年 9 月 7 日该区域的 CO_2 柱浓度分布数据

了欧洲六个 TCCON 站点(奥尔良、巴黎、不来梅、卡尔斯鲁厄、加尔米奇、比亚威斯托克)附近 OCO-2 的 X_{CO_2} 探测情况及气溶胶的对比情况。

　　CALIPSO、OCO-2、TCCON 站点过境的具体空间匹配情况如图 9-34 所示。空间上,我们选择单个 TCCON 站点附近 200km 范围内的卫星数据进行分析。时间上,我们选择 TCCON 站点在 A-Train 卫星过境前后共 2h 的数据均值作为对比的准确值[57]。

　　虽然 OCO-2 及 CALIPSO 同属于 A-Train 序列,但在运行期间轨道先后有过细微调整。2016 年,两颗卫星同在 nadir 模式下时,欧洲范围内星下点轨迹相距 0~10km,存在一定的地理位置差异;OCO-2 对二氧化碳测量易受到云和气溶胶的干扰,前文已经提到 OCO-2 在进行数据反演之前,会筛选掉云量较大的数据,一般在 AOD>0.3 的大气条件下,OCO-2 便不做进一步 CO_2 的浓度反演,因此在轨道覆盖上存在较大的数据缺失。

　　为了更好地匹配气溶胶种类和含量信息,我们在对比工作开展之前,对 CALIPSO 和 OCO-2 的数据进行筛选。CALIPSO 数据本身具有一定的不确定度,可以利用自身的 CAD_Score 质量因子进行筛选,这里筛选出 70<|CAD|<100 的数据。足迹匹配的原则为,利用 OCO-2 的足迹逐一去匹配最近的 CALIPSO 足迹,且满足最大距离限制为 10km,否则认为无匹配值。匹配到的 CALIPSO 值即视为气溶胶测量的真值。如图 9-35 所示,首先提取 OCO-2 的数据点分布结果,与邻近轨道的 CALIPSO 数据点进行匹配,并去除 CALIPSO 数据点中未能匹配的数据。红色轨迹代表 CALIPSO 数据信息,蓝色轨迹代表 OCO-2 有效的数据信息。前文已经提到 OCO-2 在进行数据反演之前,会筛选掉云量较大的数据,一般我们认为 AOD>0.3 的大气环境,OCO-2 便不做进一步 CO_2 的浓度反演。

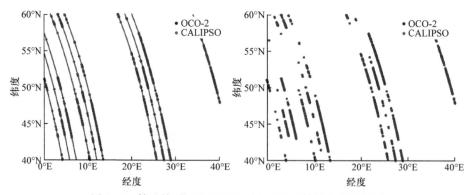

图 9-35　筛选前后的 CALIPSO 与 OCO-2 数据分布示意图

　　假设数据对比范围内的 OCO-2 与 TCCON 的 X_{CO_2} 测量偏差为 $\Delta \bar{X}_{CO_2}$,定义

$$\Delta\bar{X}_{CO_2}=\frac{\bar{X}_{CO_2,TCCON}-\bar{X}_{CO_2,OCO\text{-}2}}{\bar{X}_{CO_2,TCCON}}\times100\% \tag{9-30}$$

式中，$\bar{X}_{CO_2,TCCON}$ 为 TCCON 站点在 OCO-2 经过时刻前后 1h 的测量数据平均值；$\bar{X}_{CO_2,OCO\text{-}2}$ 为相应的 OCO-2 的数据测量平均值。设 OCO-2 与 CALIPSO 各自测量的气溶胶光学厚度比值为 $\tau_{755/532}$，τ_{755} 为 OCO-2 的气溶胶光学厚度(这里不考虑冰云、水云粒子及平流层气溶胶的影响)，τ_{532} 为 CALIPSO 测量的气溶胶光学厚度。通过分析不同 TCCON 站点，在不同季节下 $\bar{X}_{CO_2,OCO\text{-}2}$ 与 $\tau_{755/532}$ 之间的相关性，矫正 OCO-2 由气溶胶的影响造成的 $\Delta\bar{X}_{CO_2}$。

这里以比亚威斯托克站点为例，如图 9-36 所示，分别在 $0<\tau_{532}\leqslant0.1$、$0.1<\tau_{532}\leqslant0.3$ 及 $\tau_{532}>0.3$ 三种情况下，$\Delta\bar{X}_{CO_2}$ 与 $\tau_{755/532}$ 的相关性分析结果示意图，其中 $0<\tau_{532}\leqslant0.1$ 为秋季相关性结果，$0.1<\tau_{532}\leqslant0.3$ 和 $\tau_{532}>0.3$ 分别为春季相关性结果。可以看出，在不同时间、不同 AOD 条件下，$\Delta\bar{X}_{CO_2}$ 与 $\tau_{755/532}$ 具有一定的线性相关性。

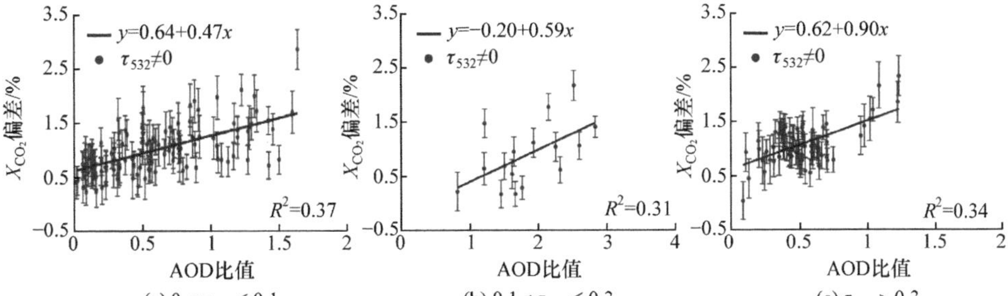

(a) $0<\tau_{532}\leqslant0.1$　(b) $0.1<\tau_{532}\leqslant0.3$　(c) $\tau_{532}>0.3$

图 9-36　比亚威斯托克站点 $\Delta\bar{X}_{CO_2}$ 与 $\tau_{755/532}$ 的相关性分析结果示意图

根据图 9-36 得出的线性回归方程，整理得到 $\Delta\bar{X}_{CO_2}$ 和 $\tau_{755/532}$ 存在如下的关系式，即

$$\Delta\bar{X}_{CO_2}=b+a\tau_{755/532} \tag{9-31}$$

式中，a 和 b 分别为线性回归方程的系数，假设矫正后的 OCO-2 测量结果记为 $\bar{X}_{CO_2,NEW}$，基于 TCCON 站点测量值为真实值的假设，理论上 $\bar{X}_{CO_2,NEW}$ 应当在数值大小上接近 $\bar{X}_{CO_2,TCCON}$，将式(9-30)代入式(9-31)，可得

$$\bar{X}_{CO_2,NEW}=\frac{\bar{X}_{CO_2,OCO\text{-}2}}{(1-b-a\tau_{755/532})/100} \tag{9-32}$$

将比亚威斯托克站点相关性分析的结论代入布来梅站点的测量数据中去，从

季节和 AOD 两个方面对布来梅的测量数据分别进行矫正。如图 9-37 所示，分别为布来梅站点在 2015 年 9 月 7 日及 2016 年 11 月 28 日两天，矫正前和矫正后的 XCO₂ 及 TCCON 站点的日均值数据，可以看出矫正后的数据与 TCCON 的差距均有减少。

　　为了进一步验证矫正算法的一般性，分析布来梅站点在 2015～2016 年共计七天的测量数据矫正情况，矫正结果如图 9-37 所示，其中，红(蓝)色散点图分别代表矫正前(后)的 OCO-2 与 TCCON 站点 X_{CO_2} 测量结果，可以看出矫正后的结果与 TCCON 站点测量结果具有更好的相关性(R^2 由 0.96 变为 0.98)，测量结果偏差统计值由(2.39 ± 2.48)ppm 降低为(0.89 ± 2.41)ppm，说明该矫正算法具有一定的精度提升效果。

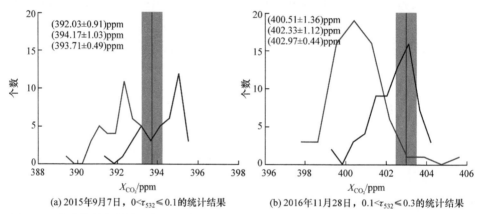

(a) 2015年9月7日，$0 < \tau_{532} \leqslant 0.1$ 的统计结果　　(b) 2016年11月28日，$0.1 < \tau_{532} \leqslant 0.3$ 的统计结果

图 9-37　布来梅站点线性回归矫正前(红色线条)和矫正后(蓝色线条)的 X_{CO_2} 结果，紫色方框为 TCCON 站点的日均值统计结果

　　上述矫正算法利用主被动数据融合，将被动探测技术时效性较好、探测范围较大、信息含量大等优点，与主动探测技术精度较高、具有垂直分辨能力、获得气溶胶复杂特性参数等优点结合起来，为综合研究大气参数对温室气体反演的影响和深入分析反演误差提供了技术支撑。该算法证明了被动反演采用的理想化模型和较为单一的种类假设，对最终得到的二氧化碳浓度数值有较大影响，同时结合相关性分析的结论在一定程度上提升了被动反演 X_{CO_2} 的精度。

参 考 文 献

[1] Clarke A, Kapustin V. Hemispheric aerosol vertical profiles: Anthropogenic impacts on optical depth and cloud nuclei. Science, 2010, 329(5998): 1488-1492.

[2] Stoffelen A, Pailleux J, Kllén E, et al. The atmospheric dynamics mission for global wind field measurement. Bulletin of the American Meteorological Society, 2005, 86(1): 73-87.

[3] Abdalati W, Zwally H J, Bindschadler R, et al. The ICESat-2 laser altimetry mission. Proceedings of the IEEE, 2010, 98(5): 735-751.

[4] Winker D M, Couch R H. An overview of LITE: NASA's lidar in-space technology experiment. Proceedings of the IEEE, 1996, 84(2): 164-180.

[5] Gelaro R, Mccarty W, Suárez M J, et al. The modern-era retrospective analysis for research and applications, version 2 (MERRA-2). Journal of Climate, 2017, 30(14): 5419-5454.

[6] Reitebuch O, Lemmerz C, Nagel E, et al. The airborne demonstrator for the direct-detection Doppler wind lidar ALADIN on ADM-Aeolus. Part I: Instrument design and comparison to satellite instrument. Journal of Atmospheric & Oceanic Technology, 2009, 26(12): 2501-2515.

[7] Liu D, Zheng Z, Chen W, et al. Performance estimation of space-borne high-spectral-resolution lidar for cloud and aerosol optical properties at 532nm. Optics Express, 2019, 27(8): A481-A494.

[8] Han G, Ma X, Liang A, et al. Performance evaluation for China's planned CO_2-IPDA. Remote Sensing, 2017, 9(8): 768.

[9] Cheng Z T, Liu D, Luo J, et al. Effects of spectral discrimination in high-spectral-resolution lidar on the retrieval errors for atmospheric aerosol optical properties. Applied Optics, 2014, 53(20): 4386.

[10] Mao F, Liu J, Wang L, et al. Denoising and retrieval algorithm based on a dual ensemble Kalman filter for elastic lidar data. Optics Communications, 2018, 433: 137-143.

[11] He K, Zhang X, Ren S, et al. Deep residual learning for image recognition. 2016 IEEE Conference on Computer Vision and Pattern Recognition, Las Vegas, 2016.

[12] Crisp D, Miller C E, Decola P L. NASA orbiting carbon observatory: Measuring the column averaged carbon dioxide mole fraction from space. Journal of Applied Remote Sensing, 2008, 2(1): 023508.

[13] Wang S, Ke J, Chen S, et al. Performance evaluation of spaceborne integrated path differential absorption lidar for carbon dioxide detection at 1572nm. Remote Sensing, 2020, 12(16): 2570.

[14] Gordon I E, Rothman L S, Hill C, et al. The HITRAN2016 molecular spectroscopic database. Journal of Quantitative Spectroscopy and Radiative Transfer, 2017, 203: 3-69.

[15] Ehret G, Kiemle C, Wirth M, et al. Space-borne remote sensing of CO_2, CH_4, and N_2O by integrated path differential absorption lidar: A sensitivity analysis. Applied Physics B, 2008, 90(3-4): 593-608.

[16] Han G, Xu H, Gong W, et al. Feasibility study on measuring atmospheric CO_2 in urban areas using spaceborne CO_2-IPDA lidar. Remote Sensing, 2018, 10(7): 985.

[17] Getzewich B J, Vaughan M A, Hunt W H, et al. CALIPSO lidar calibration at 532 nm: Version 4 daytime algorithm. Atmospheric Measurement Techniques, 2018, 11(11): 6309-6326.

[18] Vaughan M, Garnier A, Josset D, et al. CALIPSO lidar calibration at 1064nm: Version 4 algorithm. Atmospheric Measurement Techniques, 2019, 12(1): 51-82.

[19] Vernier J P, Pommereau J P, Garnier A, et al. Tropical stratospheric aerosol layer from CALIPSO lidar observations. Journal of Geophysical Research Atmospheres, 2009, 114(24): 10.

[20] Kar J, Vaughan M A, Lee K P, et al. CALIPSO lidar calibration at 532 nm: Version 4 nighttime algorithm. Atmospheric Measurement Techniques, 2018, 11(3): 1459-1479.

[21] Powell K A, Hostetler C A, Vaughan M A, et al. CALIPSO lidar calibration algorithms. Part I: nighttime 532-nm parallel channel and 532-nm perpendicular channel. Journal of Atmospheric and Oceanic Technology, 2009, 26(10): 2015-2033.

[22] Domingos J O, Jault D, Pais M A, et al. The south Atlantic anomaly throughout the solar cycle. Earth & Planetary Science Letters, 2017, 473: 154-163.

[23] Hunt W H, Winker D M, Vaughan M A, et al. CALIPSO lidar description and performance assessment. Journal of Atmospheric & Oceanic Technology, 2009, 26(7): 1214-1228.

[24] Noel V, Chepfer H. A global view of horizontally oriented crystals in ice clouds from cloud-aerosol lidar and infrared pathfinder satellite observation (CALIPSO). Journal of Geophysical Research Atmospheres, 2010, 115(4): 23.

[25] Pappalardo G, Wandinger U, Mona L, et al. EARLINET correlative measurements for CALIPSO: First intercomparison results. Journal of Geophysical Research: Atmospheres, 2010, 115(4): 19.

[26] Ansmann A, Bösenberg J, Chaikovsky A, et al. Long-range transport of Saharan dust to northern Europe: The 11-16 October 2001 outbreak observed with EARLINET. Journal of Geophysical Research Atmospheres, 2003, 108(4783): 757.

[27] Wandinger U, Mattis I, Tesche M, et al. Air mass modification over Europe: EARLINET aerosol observations from Wales to Belarus. Journal of Geophysical Research Atmospheres, 2004, 109(D24): 2601-2633.

[28] Giannakaki E, Vraimaki E, Balis D. Validation of CALIPSO level-2 products using a ground based lidar in Thessaloniki, Greece. Proceedings of SPIE - The International Society for Optical Engineering, 2011, 8182(2): 818215.

[29] Tesche M, Wandinger U, Ansmann A, et al. Ground-based validation of CALIPSO observations of dust and smoke in the Cape Verde region. Journal of Geophysical Research Atmospheres, 2013, 118(7): 2889-2902.

[30] Rogers R R, Vaughan M A, Hostetler C A, et al. Looking through the haze: Evaluating the CALIPSO level 2 aerosol optical depth using airborne high spectral resolution lidar data. Atmospheric Measurement Techniques, 2014, 7(6): 4317-4340.

[31] Mccubbin I B, Trepte C, Mace J, et al. Overview of the multi-aircraft CALIPSO-CloudSat validation experiment. AGU Fall Meeting Abstracts, San Francisco, 2006.

[32] Matthew M G, Dennis H, William H, et al. Cloud physics lidar: Instrument description and initial measurement results. Applied Optics, 2002, 41(18): 3725-3734.

[33] Mcgill M J, Vaughan M A, Trepte C R, et al. Airborne validation of spatial properties measured by the CALIPSO lidar. Journal of Geophysical Research Atmospheres, 2007, 112(20): 20201.

[34] Yorks J E, Hlavka D L, Vaughan M A, et al. Airborne validation of cirrus cloud properties derived from CALIPSO lidar measurements: Spatial properties. Journal of Geophysical Research Atmospheres, 2012, 116(19): 19207.

[35] 刘东, 杨甬英, 周雨迪, 等. 大气遥感高光谱分辨率激光雷达研究进展. 红外与激光工程, 2015, 44(9): 2535-2546.

[36] 刘东, 刘群, 白剑, 等. 星载激光雷达 CALIOP 数据处理算法概述. 红外与激光工程, 2017, 46(12): 1-12.

[37] Witschas B, Lemmerz C, Geiß A, et al. First validation of Aeolus wind observations by airborne Doppler wind lidar measurements. Atmospheric Measurement Techniques, 2020, 13(5): 2381-2396.

[38] Frankenberg C, Platt U, Wagner T. Iterative maximum a posteriori (IMAP)-DOAS for retrieval of strongly absorbing trace gases: Model studies for CH_4 and CO_2 retrieval from near infrared spectra of SCIAMACHY onboard ENVISAT. Atmospheric Chemistry & Physics, 2005, 4: 9-22.

[39] Taylor T, Cronk H Q, O'dell C, et al. Orbiting carbon observatory-2 (OCO-2) cloud screening validation: Analysis of the first two years in space. AGU Fall Meeting Abstracts, San Francisco, 2016.

[40] Chen S, Wang S, Su L, et al. Optimization of the OCO-2 cloud screening algorithm and evaluation against MODIS and TCCON measurements over land surfaces in Europe and Japan. Advances in Atmospheric Sciences, 2020, 37: 387-398.

[41] Taylor T E, O'dell C W, O'brien D M, et al. Comparison of cloud-screening methods applied to GOSAT near-infrared spectra. IEEE Transaction on Geoscience and Remote Sensing, 2012, 50(1): 295-309.

[42] Forsythe J M, Vonder H T H, Reinke D L. Cloud-base height estimates using a combination of meteorological satellite imagery and surface reports. Journal of Applied Meteorology, 2000, 39(12): 2336-2347.

[43] Barker H W, Jerg M P, Wehr T, et al. A 3D cloud-construction algorithm for the EarthCARE satellite mission. Quarterly Journal of the Royal Meteorological Society, 2011, 137(657): 1042-1058.

[44] Sun X J, Li H R, Barker H W, et al. Satellite-based estimation of cloud-base heights using constrained spectral radiance matching. Quarterly Journal of the Royal Meteorological Society, 2016, 142(694): 224-232.

[45] Chen S, Cheng C, Zhang X, et al. Construction of nighttime cloud layer height and classification of cloud types. Remote Sensing, 2020, 12(4), 668.

[46] Miller S D, Forsythe J M, Partain P T, et al. Estimating three-dimensional cloud structure via statistically blended satellite observations. Journal of Applied Meteorology and Climatology, 2014, 53(2): 437-455.

[47] Li H R, Sun X J. Retrieving cloud base heights via the combination of CloudSat and MODIS observations. Conference on Remote Sensing of the Atmosphere, Clouds, and Precipitation V, Beijing, 2014.

[48] Liu D, Chen S, Cheng C, et al. Analysis of global three-dimensional aerosol structure with spectral radiance matching. Atmospheric Measurement Techniques Discussions, 2019, 12: 6541-6556.

[49] Lee J, Hsu N C, Bettenhausen C, et al. Retrieving the height of smoke and dust aerosols by synergistic use of VIIRS, OMPS, and CALIOP observations. Journal of Geophysical Research-Atmospheres, 2015, 120(16): 8372-8388.

[50] Chen S, Tong B, Dong C, et al. Retrievals of aerosol layer height during dust events over the taklimakan and gobi desert. Journal of Quantitative Spectroscopy and Radiative Transfer, 2020, 254: 107198.

[51] O'dell C W, Connor B, Bösch H, et al. The ACOS CO_2 retrieval algorithm-Part 1: Description and validation against synthetic observations. Atmospheric Measurement Techniques, 2012, 5(1): 99-121.

[52] O'dell C W, Eldering A, Wennberg P O, et al. Improved retrievals of carbon dioxide from OCO-2 with the version8 ACOS algorithm. Atmospheric Measurement Techniques, 2018, 11(12): 6539-6576.

[53] Guerlet S, Butz A, Schepers D, et al. Impact of aerosol and thin cirrus on retrieving and validating XCO_2 from GOSAT shortwave infrared measurements. Journal of Geophysical Research: Atmospheres, 2013, 118(10): 4887-4905.

[54] Butz A, Guerlet S, Hasekamp O, et al. Toward accurate CO_2 and CH_4 observations from GOSAT. Geophysical Research Letters, 2011, 38(14): L14812.

[55] Winker D M, Pelon J, Coakley J A, et al. The CALIPSO mission: A global 3D view of aerosols and clouds. Bulletin of the American Meteorological Society, 2010, 91(9): 1211-1229.

[56] Wunch D, Toon G C, Blavier J F L, et al. The total carbon column observing network. Philosophical Transactions of the Royal Society a-Mathematical Physical and Engineering Sciences, 2011, 369(1943): 2087-2112.

[57] Liang A, Gong W, Han G, et al. Comparison of satellite-observed X_{CO_2} from GOSAT, OCO-2, and Ground-Based TCCON. Remote Sensing, 2017, 9(10): 1033.

第 10 章　多纵模高光谱分辨率激光雷达

10.1　多纵模高光谱分辨率激光雷达研究意义

　　激光雷达能够实现大气气溶胶光学参数的精确反演，其时空分辨率高、抗有源干扰能力强，是目前关注度最高的大气气溶胶主动遥感探测手段之一。而高光谱分辨率激光雷达作为个中翘楚，有别于其他激光雷达技术(如米散射激光雷达和拉曼散射激光雷达)，它既具有较高的探测精度，又具有较强的信噪比，因此成为大气气溶胶遥感探测领域极具发展前景的重要技术之一。

　　1968 年，Fiocco 和 DeWolf 模拟了大气回波信号并实现其频谱特性的测量，提出可以通过单频激光及法布里-珀罗干涉仪实现气溶胶散射与大气分子散射的光谱分离，预示着 HSRL 技术大门的开启[1,2]。自 HSRL 技术提出后，经过多年的发展演变，其技术方案已日趋同质化。HSRL 采用极窄带的光谱鉴频器实现对大气后向散射回波中气溶胶粒子散射信号与大气分子散射信号的分离，从而实现高精度的大气气溶胶光学特性探测。HSRL 系统中的核心元件是光谱鉴频器，可分为原子/分子吸收型光谱鉴频器，如碘分子吸收池等，和干涉型光谱鉴频器 (interferometric spectral discrimination filter，ISDF)，如 FPI 和视场展宽迈克耳孙干涉仪等。原子/分子吸收型光谱鉴频器利用分子/原子蒸汽对特定谱段光的吸收特性(如碘分子蒸汽在 532nm 附近具有 1109 线和 1111 线等多个吸收line)来实现光谱分离;而干涉型光谱鉴频器则基于相干光的干涉相长和相消原理来实现光谱分离。

　　虽然目前 HSRL 已经形成了较为成熟的技术方案，但从本书其他章节的介绍可以看出，大气探测 HSRL 系统对相关技术的要求极高，不易实现。技术壁垒导致大部分 HSRL 系统造价昂贵，且对实验环境的依赖较强，难以大范围推广应用。其中关键的技术壁垒之一是目前成熟的 HSRL 系统必须采用窄带单纵模激光器作为发射光源。具有代表性的是美国 NASA 研制的 HSRL 系统，其采用了种子注入的方式实现激光器的单纵模与窄线宽[3]。同时，为了获得一定的探测距离与高信噪比的回波信号，HSRL 系统激光器为达到一定的脉冲能量与峰值功率，需采用多级放大结构[4]。因此，采用上述方式实现的窄带单纵模激光器不仅体积庞大，且研制与维护成本高。特别是采用种子注入技术的 HSRL 系统光源，往往存在跳模、双模等现象，导致激光器输出频率不稳，从而影响 HSRL 对大气气溶胶光学特性参数的探测精度，降低 HSRL 系统反演得到的数据产品可靠性。因此需要对激光器谐振腔腔长及脉冲建立时间等参数进行精确控制，导致目前单纵模激光器的环境适应性较差。

现有的 HSRL 系统均采用单纵模激光器作为发射光源。以碘分子吸收池为代表的原子/分子吸收型光谱鉴频器在 532nm 波段具有稳定的吸收谱，在 20 世纪 90 年代，就已经开始应用于 HSRL 系统[5]。2001 年，Eloranta 等研发了基于碘分子吸收池的 HSRL 仪器化系统，用于北极地区的大气状况观测[2]；美国 NASA 也采用碘分子吸收池构建 HSRL 系统，用于观测气溶胶的光学特性[3]。但是，受限于原子/分子吸收型光谱鉴频器针对特定谱段的吸收特性，HSRL 系统通常只能采用窄带单纵模激光器作为发射光源。之后以 FWMI 和 FPI 为代表的 ISDF，也沿用了基于碘分子吸收池的 HSRL 的工作模式，采用窄带单纵模激光器作为发射光源。但值得注意的一点是，ISDF 具有周期性的透过率曲线，而在多纵模激光器中，各个纵模的中心谐振频率也具有周期分布的特点，这成为采用多纵模激光器构建 HSRL 系统的理论基础。图 10-1 为多纵模 HSRL 的示意图。经过国内外激光雷达研究人员长期的研究论证，在采用 FPI 或 FWMI 作为窄带光谱鉴频器的单纵模 HSRL 系统中，光谱鉴频器实际上具有多个窄带鉴频周期，在每一个透射周期带中均可实现精细光谱分离，见图 10-1(b)。因此，采用单纵模激光器作为 HSRL 发射光源的工作条件就不再必要。实际上，在测风激光雷达领域，2013 年 Bruneau 等研制了基于多纵模激光器的测风激光雷达[6]，使用 MZI 作为光谱鉴频器，将干涉仪周期性变化的透过率曲线与多纵模激光器纵模间隔相匹配实现了风速探测。2015 年，Jin 等在此基础上，提出了基于多纵模激光器的 HSRL 气溶胶探测系统的原理设想[7]，后续给出了采用 MZI 作为光谱鉴频器的多纵模 HSRL 系统的初步实验结果。2017 年，浙江大学的 Cheng 等首次提出采用 FPI 或 FWMI 作为光谱鉴频器的多纵模 HSRL 系统[8]，并进行了具体设计，对多纵模 HSRL 的数据反演、系统误差及鉴频器指标等方面都进行了定量分析。

多纵模 HSRL 系统保留了单纵模 HSRL 系统精细光谱分离的特性，同时克服了目前 HSRL 系统采用单纵模激光器体积庞大、价格昂贵等缺点。多纵模 HSRL 技术使 HSRL 技术不再依赖于系统复杂、容易受到外界环境干扰的单纵模激光器，既能提高系统的稳定性、可靠性与环境适应性，又能有效地减少 HSRL 的研制成本与系统体积。因此，多纵模 HSRL 技术对实现大气气溶胶的高精度、低成本遥感探测具有重要的推动作用，尤其适用于在复杂苛刻条件(如极地环境、船载、机载及星载)下的 HSRL 系统研制。

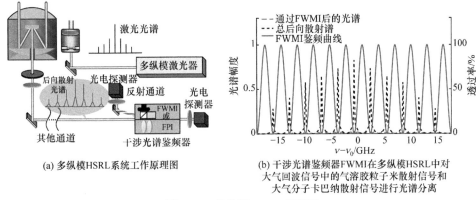

(a) 多纵模HSRL系统工作原理图

(b) 干涉光谱鉴频器FWMI在多纵模HSRL中对
大气回波信号中的气溶胶粒子米散射信号和
大气分子卡巴纳散射信号进行光谱分离

图 10-1　多纵模 HSRL 示意图

10.2　多纵模高光谱分辨率激光雷达基本原理

10.2.1　回波信号光谱特性

在单纵模 HSRL 系统中，使用的大气回波信号频谱成分主要由气溶胶粒子的米散射信号和大气分子的卡巴纳散射信号组成。由气溶胶引起的米散射光与单一频率的发射激光相互作用后，实际接收信号中的米散射光谱宽度为两者频谱相互卷积的结果，一般与发射激光谱宽相当，大约在百兆赫兹量级。而由大气分子散射的卡巴纳散射光谱谱宽主要取决于大气分子的热运动造成的多普勒效应展宽，其谱线宽度与大气温度及压强相关，大约为吉赫兹量级，较米散射光谱要宽得多。以中心波长为 532nm 的发射激光为例，在 10km 范围内，大气卡巴纳散射信号谱线的半高全宽约为 2.8GHz。米散射信号和卡巴纳散射信号的频谱都可以近似用高斯线型表示[8]，即

$$S_i(\nu - \nu_0) = \frac{1}{\gamma_i \sqrt{\pi}} \exp\left[-\frac{(\nu - \nu_0)^2}{\gamma_i^2} \right] \tag{10-1}$$

式中，ν 为散射信号光波频率；ν_0 为发射激光中心频率；γ_i 为散射信号幅值下降到 $1/e$ 时的半宽度；下标 i 为 a 或 m，分别为气溶胶粒子的米散射信号和大气分子的卡巴纳散射信号。如无特殊说明，后文中该下标的含义不变。在 HSRL 系统的后向散射回波信号中，气溶胶散射信号谱宽远小于大气分子散射信号谱宽（$\gamma_a \ll \gamma_m$），二者谱宽存在明显区别，因此可以实现光谱鉴频。

在多纵模 HSRL 系统中，不同纵模频率的激光同时入射到大气中与大气分子和气溶胶粒子发生相互作用。每个纵模频率的激光对应的大气回波信号都具有一定的光谱展宽，最后的总回波信号的频谱将是所有纵模频率展宽后的谱线叠加的

结果。根据式(10-1)，多纵模 HSRL 的总回波信号可以表示为多个不同纵模频率激光产生的回波信号的总和，其归一化的信号频谱可以表示为

$$S_{\text{Multi},i}(\nu - \nu_0) = \dfrac{\sum\limits_{q} A_q \exp\left[-\dfrac{(\nu - \nu_0 - q \cdot \Delta \nu_q)^2}{\gamma_i^2} \right]}{\sum\limits_{q} A_q \gamma_i \sqrt{\pi}} \tag{10-2}$$

式中，q 为以中心频率 ν_0 作为参考的纵模频率序数(中心频率的频率序数为 $q = 0$，规定中心频率向左的序数依次为 $q = -1, -2, -3, \cdots$；中心频率向右的序数依次为 $q = 1, 2, 3, \cdots$)；$\Delta \nu_q$ 为纵模频率间隔；A_q 为对应纵模频率的相对强度。多纵模 HSRL 回波信号频谱及鉴频特性曲线示意图如图 10-2 所示。

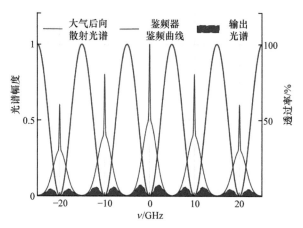

图 10-2　多纵模 HSRL 回波信号频谱及鉴频特性曲线示意图

10.2.2　反演方法

单纵模 HSRL 的反演方法，需要通过光谱鉴频器将接收到的大气后向散射回波信号中的气溶胶信号与大气分子信号分离，以便不需要先验假设即可对大气气溶胶的光学参数进行精确反演。在多纵模 HSRL 中，需要采用具有周期性鉴频曲线的 ISDF，使鉴频器的透过率周期与激光器的纵模间隔进行匹配，才能进行光谱分离。但从本质上讲，其反演方法与单纵模 HSRL 相比并没有太多改变，许多关于单纵模 HSRL 反演方法的结论仍可以应用到多纵模 HSRL 中。

如图 10-1(a)所示，多纵模 HSRL 系统在接收大气后向散射回波信号后，要实现气溶胶散射信号和大气分子散射信号的相互分离，需要在每个纵模频率处都具有良好鉴频特性的窄带鉴频器，因此必须采用同样具有周期特性的 ISDF。在采用 ISDF 的 HSRL 系统中，往往将鉴频器以一个较小的角度倾斜放置，以便于分别接

收干涉仪透射和反射的信号。透射与反射的两路信号的光谱透过率函数是互补的。一般情况下，透射信号通道用于抑制大气回波信号中的米散射信号并部分透过大气卡巴纳散射信号，因此被称为大气分子通道。反射信号通道则会让较多的气溶胶散射信号透过，同时一定程度地抑制分子信号，被称为气溶胶通道。

需要说明的是，在一些 HSRL 系统中没有设置专门的气溶胶通道，而是选择对未经鉴频器光谱分离的大气回波信号进行直接测量，测量得到的信号相当于气溶胶通道与大气分子通道的叠加。这种测量方法与上文介绍的 HSRL 探测系统中有一路气溶胶通道、一路大气分子通道处理方式本质相同。

本节介绍的针对多纵模 HSRL 系统的大气气溶胶参数的反演方法基于大气分子通道与气溶胶通道。将激光雷达回波信号导入光谱透过率函数为 $F(\nu - \nu_0)$ 的 ISDF 后，其相应的频率分量将被 ISDF 部分透过或滤除。由于 ISDF 的分子通道和气溶胶通道的接收功能互补，只需分析其中一路通道特性。对于大气分子通道，透过 ISDF 后的气溶胶或大气分子信号透过率可以表示为[8]

$$T_{i\text{-M}} = \int_{-\infty}^{\infty} S_{\text{Multi},i}(\nu - \nu_0) F(\nu - \nu_0) \mathrm{d}\nu \bigg/ \int_{-\infty}^{\infty} S_{\text{Multi},i}(\nu - \nu_0) \mathrm{d}\nu \qquad (10\text{-}3)$$

式中，$i = \mathrm{a,m}$ 分别为不同通道中的大气气溶胶与大气分子信号；$\nu - \nu_0$ 为散射光波频率相对中心激光发射频率的偏移。下文含义均相同。根据公式可以列出大气气溶胶通道 B_{A} 与分子通道 B_{M} 的激光雷达方程分别为

$$B_{\mathrm{A}} = (T_{\text{a-A}}\beta_{\mathrm{a}} + T_{\text{m-A}}\beta_{\mathrm{m}})\exp(-2\tau) \qquad (10\text{-}4)$$

$$B_{\mathrm{M}} = (T_{\text{a-M}}\beta_{\mathrm{a}} + T_{\text{m-M}}\beta_{\mathrm{m}})\exp(-2\tau) \qquad (10\text{-}5)$$

式中，B_{A} 与 B_{M} 分别为经常数因子、距离、重叠因子校正的气溶胶通道与大气分子通道的回波信号；β_{a} 与 β_{m} 分别为大气气溶胶、大气分子的后向散射系数；$T_{\text{a-A}}$ 为气溶胶通道的气溶胶信号透过率；$T_{\text{m-A}}$ 为气溶胶通道的大气分子信号透过率；$T_{\text{a-M}}$ 为大气分子通道的气溶胶信号透过率；$T_{\text{m-M}}$ 为大气分子通道的大气分子信号透过率；τ 为从激光雷达到被测大气的光学厚度。忽略光学元件对回波信号的损耗，上述四个透过率参数根据能量守恒定律，有

$$T_{\text{a-A}} + T_{\text{a-M}} = T_{\text{m-A}} + T_{\text{m-M}} = C \qquad (10\text{-}6)$$

式中，常数 C 为考虑 ISDF 的光学元件对能量的吸收效应后，回波信号的总透过率（$C = 1 - \rho$，ρ 为 ISDF 总吸收率）。

不同信号通道中不同散射成分的 ISDF 透过率可以通过式(10-3)进行理论推算或实际测量得到，根据式(10-4)及式(10-5)可以得到大气总后向散射系数 β 的反演表达式为

$$\beta = R_a \beta_m = \frac{(T_{m-A} - T_{a-A}) - K(T_{m-M} - T_{a-M})}{K T_{a-M} - T_{a-A}} \beta_m \tag{10-7}$$

式中，$R_a = (\beta_a + \beta_m)/\beta_m$ 为气溶胶后向散射比，一般用以表征气溶胶的含量分布；K 为两通道的信号强度比，即 $K = B_A / B_M$。在得到大气总后向散射系数后，根据式(10-4)及式(10-5)可以进一步计算得到光学厚度的反演表达式为[9]

$$\tau = -\frac{1}{2}\ln\left[\frac{(K T_{a-M} - T_{a-A})B_M}{(T_{a-M}T_{m-A} - T_{m-M}T_{a-A})\beta_m}\right] \tag{10-8}$$

可以看出，无论是单纵模 HSRL 还是多纵模 HSRL 均不必假设气溶胶激光雷达比，即可对大气气溶胶光学参数进行精确反演，这也是 HSRL 技术相比于其他激光雷达在反演方法上的优越之处。

10.3　多纵模高光谱分辨率激光雷达光谱鉴频器

区别于单纵模 HSRL 系统，在多纵模 HSRL 系统中实现米散射信号与卡巴纳散射信号的精细光谱分离，必须采用具有周期性光谱鉴频特性的 ISDF。该类光谱鉴频器需要满足：①鉴频器的透过率曲线自由光谱范围与激光器的纵模间隔相互匹配；②鉴频器的谐振中心频率与激光器纵模中心频率保持一致。满足以上两个条件的光谱鉴频器才能对不同纵模频率下产生的回波信号进行一致的光谱分离处理。在单纵模 HSRL 系统中常用的 FPI 和 FWMI，由于具有周期性的鉴频特性，在多纵模 HSRL 中同样可以适用，下面将分别对以这两种 ISDF 为核心的多纵模 HSRL 鉴频技术特点进行介绍。

10.3.1　法布里-珀罗干涉仪

FPI 是 HSRL 中常用的一种 ISDF。在多纵模 HSRL 中，FPI 的鉴频周期必须要与多纵模激光器的纵模间隔相等，并使 FPI 的谐振频率"锁定"于每个激光纵模的中心频率处，才能够实现激光雷达回波信号中米散射光谱和卡巴纳散射光谱的精确分离。在这种方式下，FPI 可以在每个周期内分离多纵模激光器单个纵模的激光雷达回波信号，正如前述的单纵模 HSRL 一样。FPI 对多纵模 HSRL 回波信号进行光谱分离的示意图如图 10-3 所示[8]。

对于光束入射角为 θ、频率为 ν 的入射光束，FPI 的透射通道的光谱透过率函数可表示为

$$F(\theta,\nu) = 1 - T_p\frac{1-R}{1+R}\left\{1 + 2\sum_{k=1}^{\infty}R^k\cos[k\delta(\theta,\nu)]\right\} \tag{10-9}$$

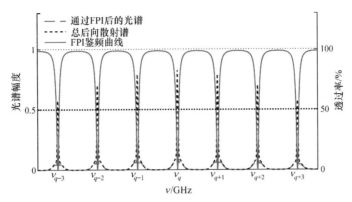

图 10-3　FPI 对多纵模 HSRL 回波信号进行光谱分离示意图

式中，R 为 FPI 腔镜镀膜内表面反射率；$T_p = \left(1 - \dfrac{A}{1-R}\right)^2$，$A$ 为光学材料的吸收系数；δ 为相位因子，是与光束入射角 θ 和光波频率 ν 相关的参数，即

$$\delta(\theta, \nu) = \frac{4\pi n d \nu}{c} \cos\theta \tag{10-10}$$

式中，n 为 FPI 两反射表面间的介质折射率；d 为 FPI 两反射表面间的厚度；c 为真空中的光速。从式(10-9)及式(10-10)可以看出，FPI 的光谱透过率是一个随频率 ν 周期性变化的函数。FPI 的自由光谱范围可由其结构参数表示为

$$\mathrm{FSR} = \frac{c}{2nd} \tag{10-11}$$

由于存在环境扰动等因素的影响，FPI 的各谐振中心频率与激光器各纵模中心频率难以完美匹配，往往会存在一定的偏差。同样地，由于实际机械加工精度所限，FPI 光谱透过率函数的鉴频周期 FSR 也难以与激光器的纵模间隔完全匹配。而且，通过望远镜接收的激光雷达大气回波信号，具有一定大小的发散角，不同角度入射的光使 FPI 的光谱透过率函数的周期特性发生一定变化，因此难以实现高精度的鉴频。为方便分析频率变化及回波信号发散角的影响，将式(10-10)改写为

$$\delta(\theta, \nu) = \delta(\theta, \nu_0) + \frac{4\pi n d}{c} \cos\theta(\nu - \nu_0) \tag{10-12}$$

式中，$\delta(\theta, \nu_0)$ 为 FPI 在 $\nu = \nu_0$ 时的参考相位；$\nu - \nu_0$ 反映了参考相位的频率偏差。按式(10-12)将 $\delta(\theta, \nu_0)$ 展开可进一步表示为

$$\delta(\theta, \nu_0) = \delta(0, \nu_0) + \frac{4\pi n d(\cos\theta - 1)}{c}\nu_0 \tag{10-13}$$

联立式(10-12)与式(10-13)即可得

$$\delta(\theta,\nu) = \delta(0,\nu_0) + \frac{4\pi nd}{c}(\nu\cos\theta - \nu_0) \tag{10-14}$$

一般大气激光雷达中回波光束的发散角均较小，可以利用小角近似$\cos\theta \approx 1 - \theta^2/2$，式(10-14)可以进一步简化为

$$\delta(\theta,\nu) \approx \delta(0,\nu_0) + \frac{4\pi nd}{c}(\nu - \nu_0) - \frac{2\pi nd\nu_0\theta^2}{c} \tag{10-15}$$

式(10-15)中忽略了与其他项相比的高阶小量$\frac{4\pi nd}{c}\frac{\theta^2}{2}(\nu - \nu_0)$。可以看到相位因子$\delta(\theta,\nu)$被分成了意义明确的三个部分。第一部分是光束入射角$\theta = 0°$，频率为谐振频率$\nu_0$时的相位因子$\delta(0,\nu_0)$，通常情况下FPI此时的光谱透过率设计为理想的最小值，即$\delta(0,\nu_0)$为定值$2m\pi$（m为任意正整数），此时表示FPI的谐振中心频率与光线垂直入射时的中心频率一致，以实现精细光谱分离。第二部分是与频率变化相关的频移项$\frac{4\pi nd}{c}(\nu - \nu_0)$，这一项是由精细光谱分离所需的频率锁定系统中环境波动、光子噪声、电噪声等引入的误差，表明了如果FPI的谐振频率与纵模频率间存在一定频率误差$\Delta\nu_L$，那么将会对FPI的光谱分离能力造成影响。第三部分是与光束入射角θ的平方成正比的角度项$\frac{2\pi nd\nu_0\theta^2}{c}$，这一项说明FPI的光谱分离效果还受到本身接收角的限制，当回波信号发散角超过FPI所能接收的视场角时，相位因子会随入射回波角度的变化而偏离中心位置，使FPI的光谱分离能力恶化[8]。

此外，还需要考虑所用的FPI在实际制备过程中光学元件存在缺陷的情况(如光学元件表面的不平整、杂质引入的材料的折射率不均匀等)。这些缺陷将导致FPI的波前发生变化，从而使FPI无法达到理想情况下的干涉加强和相消条件，也会造成FPI光谱分离能力的下降。这种由于实际加工缺陷造成理想波前的扭曲称为累积波前误差，累积波前误差同样也会使式(10-15)中的相位发生变化，从而影响FPI的光谱透过率函数。

累积波前误差可以看作是FPI孔径中的某一点的厚度$d(x,y)$发生了微小的变化Δd，所以实际FPI孔径中每一点的厚度为

$$d_{\text{reality}}(x,y) = d + \Delta d(x,y) \tag{10-16}$$

累积波前误差Δd的分布形式在不同的情况会有所不同，如回波信号光轴与FPI表面垂直方向具有一定倾角，那么将会引入一定的倾斜波前误差；而假如回波信号

在通过 FPI 之前经过透镜的准直或扩束，则可能会引入多余的离焦波前误差；还有一类是随机分布的波前变化，称为随机波前误差。累积波前误差是不同波前误差的影响总和，其对多纵模 HSRL 系统光谱鉴频器的实际鉴频效果的影响，将在10.4.3 节中详细讨论。在上文讨论的基础上，研究 FPI 的光谱透过率函数与累积波前误差 Δd 和锁频误差 $\Delta\nu_L$ 的关系。相位项 $\delta(\theta,\nu)$ 可以表示为

$$\delta(\theta,\nu) \approx \frac{2\pi}{\text{FSR}}\left(1 - \frac{\theta^2}{2}\right)\left(1 + \frac{\Delta d}{d}\right)(\nu - \nu_0) + \Delta\phi \tag{10-17}$$

式中，$\Delta\phi$ 为附加相移，忽略高阶无穷小项可以表示为

$$\Delta\phi = 2m\pi + \frac{2\pi}{\text{FSR}}\Delta\nu_L + \frac{4\pi n\nu_0}{c}\Delta d - \left(\frac{2\pi n\nu_0\Delta d}{c} + \frac{\pi\nu_0}{\text{FSR}}\right)\theta^2 \tag{10-18}$$

可以看出附加相移 $\Delta\phi$ 由锁频误差、累积波前误差和不同的光束入射角引起。根据式(10-2)、式(10-3)、式(10-9)与式(10-17)，FPI 的大气分子通道中气溶胶或大气分子通道信号透过率可以表示为

$$
\begin{aligned}
T_{i\text{-M,FPI}} &= \left\langle 1 - T_p\frac{1-R}{1+R}\left\{1 + 2\sum_{k=1}^{\infty}\sum_q R^k A_q \exp\left[-\left(\frac{k\pi\gamma_i}{\text{FSR}}\right)^2\left(1 - \frac{\theta^2}{2}\right)^2\left(1 + \frac{\Delta d}{d}\right)^2\right]\right.\right. \\
&\qquad\left.\left. \times\cos\left(k\Delta\phi + k\frac{2\pi}{\text{FSR}}q\Delta\nu\right)\Bigg/\sum_q A_q\right\}\right\rangle \\
&= \left\langle 1 - T_p\frac{1-R}{1+R}\left\{1 + 2\sum_{k=1}^{\infty}\sum_q R^k A_q \exp\left[-\left(\frac{k\pi\gamma_i}{\text{FSR}}\right)^2\left(1 - \frac{\theta^2}{2}\right)^2\left(1 + \frac{\Delta d}{d}\right)^2\right]\right.\right. \\
&\qquad\left.\left. \times\cos\left[k\left(M_\theta\theta^2 + \Delta\phi_{\text{other},q}\right)\right]\Bigg/\sum_q A_q\right\}\right\rangle
\end{aligned}
$$

$$\tag{10-19}$$

式中，$\langle\cdot\rangle$ 为采样孔径坐标上的平均算子，取 M_θ 为附加相移光束入射角部分的系数因子；$\phi_{\text{other},q}$ 为附加相移中锁频误差引起的相移、FPI 的累积波前误差相移，以及模式不匹配导致的每个纵模序数在鉴频中产生的相移，二者可以分别表示为

$$M_\theta = -\left(\frac{2\pi n\nu_0\Delta d}{c} + \frac{\pi\nu_0}{\text{FSR}}\right) \tag{10-20}$$

$$\Delta\phi_{\text{other},q} = \frac{2\pi}{\text{FSR}}\Delta\nu_L + \frac{4\pi n\nu_0}{c}\Delta d + \frac{2\pi}{\text{FSR}}q\Delta\nu \tag{10-21}$$

总体而言，FPI 要在多纵模 HSRL 上进行实际应用，除了要满足 FPI 的 FSR

与多纵模激光器的纵模间隔相互匹配，以及将 FPI 的谐振频率锁定在对应的纵模频率中心这两个基本的必要条件外，锁频误差、回波信号进入 FPI 的光束入射角及累积波前误差等因素都会对 FPI 的光谱分离效果造成影响。实际上，这对于应用于多纵模 HSRL 中的其他 ISDF 也是普遍适用的。关于 FPI 的原理、建模与优化设计，在本书第 4 章中已经有详细的论述，这里不再展开。

10.3.2 视场展宽迈克耳孙干涉仪

视场展宽迈克耳孙干涉仪是 HSRL 中的另外一种具有周期性鉴频特性的 ISDF，它是以迈克耳孙干涉仪为基础，通过对两干涉臂长度与材料的特别设计，实现更大视场角的大气回波信号接收。由于 FWMI 在单纵模 HSRL 应用中已经建立了一套完备的理论体系，因此只需要将一些重要结论扩展到多纵模 HSRL 的应用当中。图 10-4 为理想的 FWMI 作为鉴频器分离多纵模 HSRL 获得大气回波信号的示意图[8]。与 FPI 相同，FWMI 实现精细光谱鉴频的必要条件也是将干涉仪的 FSR 与多纵模激光器的纵模间隔相匹配，并将谐振中心频率锁定于每个纵模的中心频率处。与图 10-3 中 FPI 的光谱透过率函数相比，图 10-4 中 FWMI 的光谱透过率函数具有更平坦的谐振谷，因此，相比 FPI 的透射通道而言，FWMI 的透射通道对气溶胶散射信号具有更好的抑制效果。

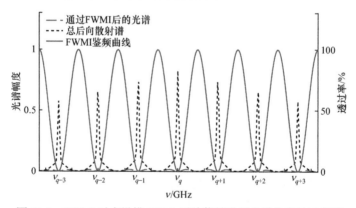

图 10-4 FWMI 对多纵模 HSRL 回波信号进行光谱分离的示意图

与普通的迈克耳孙干涉仪一样，FWMI 的光谱透过率函数也同为余弦函数，对入射光束发散角为 θ、频率为 ν 的入射光，FWMI 分子通道的光谱函数可以表示为

$$F(\theta,\nu) = I_1 + I_2 - 2\sqrt{I_1 I_2}\cos\left[\delta(\theta,\nu) + \Delta\phi\right] \tag{10-22}$$

$$\delta(\theta,\nu) = \frac{2\pi\nu}{\mathrm{FSR}} \tag{10-23}$$

式中，I_1 与 I_2 为双光束干涉的光强；FSR 为 FWMI 的自由光谱范围，与 FPI 类似；$\delta(\theta,\nu)$ 为相位因子；$\Delta\phi$ 为附加相位项。与 FPI 分析类似，附加相位项同样由入射光束的发散角、频率锁定误差、干涉仪的累积波前误差等因素产生。

定义 $\mathrm{OPD}(\theta)$ 为不同光束入射角的情况下，FWMI 两干涉臂之间的光程差。为了研究简化模型，考虑 $\theta = 0°$ 的情况，此时 FWMI 自由光谱范围与两干涉臂之间光程差关系的表达式为[10]

$$\mathrm{FSR} = \frac{c}{\mathrm{OPD}(0°)} \tag{10-24}$$

基于式(10-22)与式(10-23)，FWMI 作为 ISDF 的多纵模 HSRL 系统中大气分子通道的透过率可以表示为[8]

$$T_{i\text{-M,FWMI}} = I_1 + I_2 - 2\sqrt{I_1 I_2} \sum_q A_q \exp\left[-\left(\frac{\pi\gamma_i}{\mathrm{FSR}}\right)^2\right] \cos\left(\Delta\phi + \frac{2\pi}{\mathrm{FSR}}q\Delta\nu\right) \Bigg/ \sum_q A_q$$

$$\tag{10-25}$$

根据式(10-25)，可以对多纵模 HSRL 中 FWMI 的光谱特性进行定量评估。注意到，如果 $\Delta\nu = 0$ 且 $q = 1$，式(10-19)与式(10-25)中的所有项都可简化为单纵模 HSRL 的情况。

与 FPI 的研究方法类似，可以将 FWMI 的相位因子 $\delta(\theta,\nu)$ 近似改写为

$$\delta(\theta,\nu) \approx \delta(0,\nu_0) + \frac{2\pi\mathrm{OPD}(0)}{c}(\nu - \nu_0) - \frac{\pi\nu_0\psi\theta^4}{2c} \tag{10-26}$$

式中，$\delta(\theta,\nu)$ 同样分成了意义明确的三个相移项：第一项为光束入射角 $\theta = 0°$，激光中心频率 ν_0 处的相位因子 $\delta(0,\nu_0)$；第二项为与鉴频器谐振频率相关的相移项；第三项为与光束入射角度相关的相移项。FWMI 相位因子的相移项与两干涉臂之间的光程差密切相关，如前文所述，第二项中的 $\mathrm{OPD}(0)$ 表示以 0° 入射时，两干涉臂之间的光程差。第三项中，ψ 是与 FWMI 结构参数相关的常数，FWMI 相位因子的第三项与光束入射角 4 次方成正比。式(10-26)与式(10-15)形式类似，可用于讨论不同使用条件下，基于 FWMI 的多纵模 HSRL 回波信号的光束入射角、频率锁定误差、两干涉臂间的光程差及机械加工造成的累积波前误差对光谱鉴频的影响。

对于 FWMI 的具体理论、建模及优化设计，在第 4 章内容中已经有详细的论述，这里不再展开。关于 FPI 及 FWMI 在多纵模 HSRL 系统中的进一步研究，将会在本章后续的小节中详细讨论。

10.4 多纵模高光谱分辨率激光雷达光谱鉴频效果分析

10.3 节已经分析得出多纵模 HSRL 要实现高精度的光谱鉴频，首先需要满足的是多纵模激光器的激光回波信号与 ISDF 的特性曲线匹配。这里所说的光谱匹配有两层含义：一方面，回波信号的激光纵模间隔应与所选 ISDF 的 FSR 相同(FSR 匹配)；另一方面，ISDF 的每个谐振中心频率均应与激光器每个纵模中心频率对齐(频率锁定)。

光谱匹配是实现多纵模 HSRL 的核心考虑因素。式(10-18)与式(10-21)给出了当激光器的纵模间隔与鉴频器的 FSR 不匹配时，每个激光模式将增加传输中的附加相移 $2\pi q\Delta\nu/\text{FSR}$。只有当 FSR 完全等于激光器纵模间隔 $\Delta\nu$ 时，该项对最终光谱透过率的影响才能消失。因此，对于多纵模 HSRL 系统中 FSR 失匹配的情况而言，除中心频率的其他激光模式会产生不同程度的相位偏移，从而严重降低 ISDF 的相位鉴频特性[11]，这是当前 HSRL 技术大多使用单纵模激光的主要原因。多纵模 HSRL 的本质是通过 FSR 匹配来抑制多个激光模式带来的不利影响，因此单纵模激光不再成为探测光源的唯一选择。与单纵模 HSRL 类似，多纵模 HSRL 中 ISDF 与发射激光频率实现紧密锁定可确保气溶胶散射和分子散射实现最佳光谱分离效果。

下面的研究以 532nm 波长的多纵模 HSRL 为例，分析 ISDF 与激光器的光谱匹配、回波信号发散角、ISDF 的累积波前误差及多纵模激光器的谱线特性等因素对多纵模 HSRL 光谱鉴频效果的影响。在用于多纵模 HSRL 的 ISDF 的设计中，首先应考虑的是激光雷达回波信号中每个纵模的光谱展宽。如上文所提到的，卡巴纳散射光谱在 532nm 处的半高全宽约为 2.8GHz(γ_m 设定为 1.4GHz)，而米散射光谱的 FWHM 约为激光器一个纵模的光谱宽度[8](如这里 γ_a 设定为 50MHz)。

为了方便说明，定义 HSRL 分子通道的大气分子透过率与气溶胶透过率的比值为光谱分离比，记为 $T_{m\text{-}M}/T_{a\text{-}M}$。它的大小一定程度上反映了 HSRL 系统中鉴频器的光谱分离能力，较高的 SDR 意味着鉴频器可以更大程度地抑制气溶胶散射信号的同时，尽可能多地传输大气分子散射信号。以干涉光谱鉴频器 FPI 为例，其 FSR 和基板镀膜的反射率 R 决定了光谱透过率函数。图 10-5 给出了在假设 FPI 没有实际缺陷时，FPI 的这两个设计参数对多纵模 HSRL 中分子通道的大气分子信号透过率和光谱分离比 SDR 的影响。注意到，随着 FPI 基板镀膜反射率 R 的增大与 FSR 的减小，分子通道大气分子透过率逐渐增大；而对于 SDR 有完全相反的趋势，随着基板镀膜反射率 R 的减小与 FSR 的增大，SDR 逐渐增大。在 ISDF 的设计中，希望同时能够保证大的 SDR 和较高的分子透过率，以产生良好的光谱分离及回波信号信噪比。为了在过滤气溶胶信号和传输分子信号之间取得平衡，这里确定 FPI 的 FSR 为 13GHz，基板镀膜反射率为 0.91，对应的分子散射信号透过率理论上约为 78%，SDR 数值约为 26[8]。

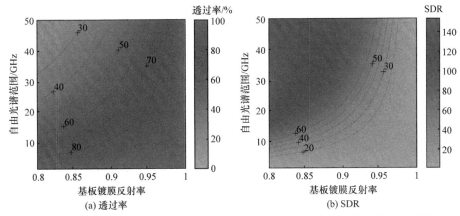

图 10-5   FPI 在不同反射率 R 及不同自由光谱范围 FSR 情况下大气分子通道的
大气分子信号透过率和 SDR 仿真分析

10.4.1   光谱匹配

实现光谱匹配是多纵模 HSRL 系统设计的关键，主要包括 ISDF 的 FSR 与激光器纵模间隔的匹配及 ISDF 与激光器的中心频率锁定。下面将分别分析 FPI 与 FWMI 的光谱匹配情况。532nm 多纵模 HSRL 系统 FPI 与 FWMI 的设计参数如表 10-1 所示。为了方便说明，定义 ISDF 的 FSR 与激光器纵模间隔失匹配引起的误差为匹配误差，ISDF 谐振频率与激光器中心参考频率锁定失匹配引起的误差为锁频误差。

表 10-1   应用于 532nm 多纵模 HSRL 的 FPI 和 FWMI 的设计参数

干涉光谱鉴频器	参数	数值
法布里-珀罗干涉仪	自由光谱范围/GHz	13
	基板镀膜反射率	0.91
	半高全宽/MHz	390.5
	空气间隙/mm	11.538
视场展宽迈克耳孙干涉仪	自由光谱范围/GHz	3
	固体臂长度/mm	37.8760
	空气臂长度/mm	20.3821

图 10-6 展示了 FPI 的鉴频特性随光谱匹配误差与锁频误差变化的具体情况。可以看出大气分子通道中，FPI 的气溶胶透过率随着锁频误差和匹配误差的增加而迅速增加，大气分子通道的大气分子信号透过率对光谱匹配的鉴频性能变化情况并不敏感。根据图 10-6(c)，当 FSR 匹配误差和锁频误差均等于零时，可以实现最大的 SDR，这与定性的推论一致。SDR 的降低主要是源于光谱失配引起的气溶胶散射信号泄漏。例如，0.05GHz 的匹配误差和 0.05GHz 的锁频误差同时存在使 FPI 的气溶胶透过率从理想值 3% 上升到 28%，将导致 SDR 下降到 3，这意味着 FPI 几乎失去了光谱鉴频能力。为了保持 SDR 大于 20，FPI 的匹配误差应当小于 0.01GHz，锁频误差应当小于 0.02GHz。

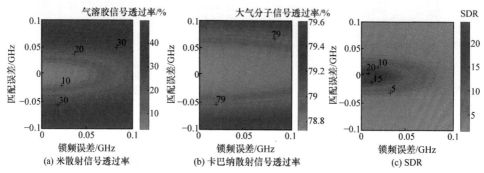

图 10-6 多纵模 HSRL 中 FPI 的光谱鉴频特性随光谱匹配误差、锁频误差变化的情况

对于 FWMI 进行光谱鉴频分析的结论与 FPI 有相似之处，通过图 10-7 的仿真结果能够得到 FWMI 在多纵模 HSRL 中频率匹配的容限要求。由式(10-17)可见，FWMI 的 FSR 与激光器纵模间隔不一致时，由光谱失配引起的匹配误差和锁频误差在 FWMI 透过率表达式中以附加相移体现。由图 10-7 可见，FWMI 同样会因为匹配误差和锁频误差的存在，在鉴频过程中对气溶胶信号抑制能力的急剧下降，这是导致 FWMI 光谱分离能力下降的主要原因。例如，当 FWMI 存在 0.1GHz

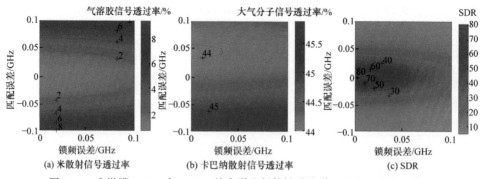

图 10-7 多纵模 HSRL 中 FWMI 的光谱鉴频特性随光谱匹配误差变化的情况

的匹配误差和 0.1GHz 的锁频误差时，其大气气溶胶透过率由理想的 0.5%上升到约 9.5%，而大气分子信号透过率变化相对较小，由理想的 44%上升到约 46%，最终造成的结果是光谱分离比从理想的 81 降低至 8，使 FWMI 几乎失去了光谱分离能力。根据仿真结果，对于 FWMI 的匹配误差要求可以放宽到 0.02GHz，而锁频误差可以放宽到 0.03GHz，此时的 SDR 仍然大于 46[8]。与 FPI 相比，FWMI 的气溶胶信号透过率对光谱匹配的敏感性低于 FPI，这表明 FWMI 对现实条件有更好的耐受性和环境适应性。

进一步的研究发现，实现激光器纵模间隔与 ISDF 的 FSR 匹配可以通过精确地设计 ISDF 的光程差 OPD 来实现。对于 FPI，其 FSR 为 $c/2nd$。将 FPI 的匹配误差控制在 0.01GHz 的精度内，要求标准具间隙的组装精度为 8.8μm，这对于 FPI 的实际制造和调整并不困难。对于 FWMI，其 FSR 为 c/OPD。要实现小于 0.02GHz 的匹配误差，FWMI 的 OPD 理论设计值与实际值偏差大约为 0.7mm，这比 FPI 的要求还要宽松得多[8]，因此在工程上，通过控制 OPD 以实现多纵模 HSRL 光谱匹配中的匹配误差精度要求是可行的。对于激光器中心频率与干涉仪谐振频率的锁定问题，浙江大学的 Cheng 等提出了一种基于多谐波外差的频率锁定方法，可以实现 FWMI 优于 0.015GHz 的锁频误差精度[12]。这种方法同样可用于锁定 FPI，原因是相较于 FWMI，FPI 的光谱透过率曲线斜率更加陡峭，因此可以更容易地锁定并获得更高的锁频精度。

10.4.2　入射光束发散角

对于多纵模 HSRL 系统的 ISDF 鉴频效果而言，入射到 ISDF 的光束发散角是必须考虑的因素，在 10.3 节中已经说明了 ISDF 的光谱透过率与激光雷达回波信号的光束入射角密切相关。对于发散光入射的情况，ISDF 对气溶胶或分子散射信号的总透过率为在发散角范围内对所有入射角透过率的加权平均值。FWMI 具有特殊的视场补偿设计，所以能将光谱鉴频性能对视场角的敏感性降到最低。要考察回波信号的光束发散角对 FWMI 鉴频特性的影响，只需要考察入射光线中不同入射角引入的附加相移并通过式(10-25)计算 FWMI 的透过率参数。

图 10-8 展示了多纵模 HSRL 应用中 FPI 和 FWMI 的 SDR 随入射光束发散角变化的变化情况[8]。可以看出，在入射光束发散半角小于 2°的情况下，FWMI 的 SDR 几乎保持不变，鉴频性能几乎不受入射光束发散角的影响；而 FPI 的 SDR 在入射光束发散半角为 1mrad 的时候，就快速下降到 1，几乎失去了光谱鉴频性能。

通常，大气 HSRL 的回波信号发散角一般不会超过 0.5°[11]，因此采用 FWMI 作为多纵模 HSRL 光谱鉴频器时，光束入射角对光谱鉴频性能的影响几乎可以忽略。FWMI 在接收角度性能方面的这种压倒性优势，来自 OPD 的补偿设计(视场展宽特性)。FPI 的视场角很小，当入射光束的发散半角控制在 0.02°以下时，FPI

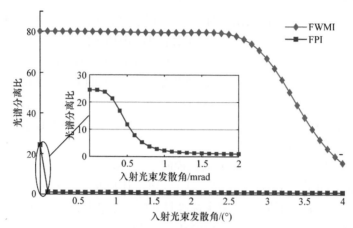

图 10-8　多纵模 HSRL 应用中 FPI 和 FWMI 的 SDR 随入射光束发散角变化的变化情况

的光谱鉴频性能下降可以忽略不计，然而这对 HSRL 应用来说是一个很大的限制和挑战[8]。由于任何光学成像系统的接收视场角与孔径乘积通常是一个固定的常数，该乘积代表了该光学系统最大的集光能力。在相同集光能力的情况下，如果要减小光束入射角，则需要考虑相应扩大输入光束的孔径。基于这一原则，对于 FPI，则应该采用较大的光学孔径(超过 100mm)来补偿其在视场角接收能力的不足。相较于 FWMI，由于其在接收视场角方面具有优异的性能，相对较小的光学孔径足以接收激光雷达的回波信号，这减轻了对 FWMI 加工材料玻璃抛光和干涉仪制造方面的严格要求，可以在一定程度上减小 FWMI 的体积[11]。关于 FPI 与 FWMI 在入射光束发散角部分的分析，本书第 4 章有更为详细的论述。

10.4.3　累积波前误差

波前精度是 ISDF 最重要的技术指标之一，它同样会影响到多纵模 HSRL 的鉴频性能。ISDF 的实际加工缺陷(如玻璃元件加工面型不平整、玻璃材料镀膜折射率不均匀等)均会造成光线通过 ISDF 发生波前扭曲，从而无法达到理想的干涉相消条件，导致光谱鉴频特性下降。这种总体波前的扭曲称为累积波前误差，它同样会在式(10-18)与式(10-21)中引入附加相移。ISDF 的干涉对比度最终由所有这些缺陷引起的累积波前误差决定。累积波前误差可以通过式(10-16)中的变量 Δd 评估其对 ISDF 光谱分离比的影响。ISDF 的波前误差项均包含在光谱透过率表达式的 $\Delta\phi$ 中。图 10-9 展示了多纵模 HSRL 应用中 FPI 和 FWMI 的 SDR 随累积波前误差 RMS 变化的影响情况[8]，研究了两种 ISDF 的 SDR 随累积波前误差均方根变化的影响情况。

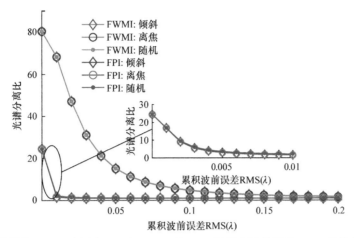

图 10-9　多纵模 HSRL 应用中 FPI 和 FWMI 的 SDR 随累积波前误差 RMS 变化的影响情况

　　两种 ISDF 均研究了更为一般情况下不同类型具有不同 RMS 的三种波前误差——倾斜波前误差、离焦波前误差和随机波前误差。由图 10-9 可知，FPI 和 FWMI 对应的这三种不同波前的 SDR 光谱鉴频曲线重叠在一起，这表明 ISDF 的光谱鉴频特性与累积波前误差 RMS 的值有关，与波前误差的类型没有显著关系。这是因为 FPI 和 FWMI 的整体传输特性是式(10-19)与式(10-25)中有效波前孔径的统计平均值。当 FWMI 累积波前误差 RMS 达到 0.2λ 时，SDR 已经降到接近 1，表明此时 FWMI 不再具有光谱鉴频能力。如果依靠精密的光学加工将 FWMI 累积波前误差控制到 0.01λ 以下，则 SDR 将大于 60。对于 FPI，为了确保 FPI 的 SDR 大于 15，累积波前误差 RMS 应小于 0.001λ，这对于玻璃抛光、面型加工和镀膜工艺是一个巨大的挑战[8]。相比之下，FWMI 对累积波前误差的性能灵敏度要低得多，通常累积波前误差 RMS 低于 0.02λ 足以保证 FWMI 令人满意的光谱鉴频性能。目前商用的玻璃研磨和抛光技术可以制造面型精度 RMS 优于 0.01λ 的大口径光学元件。研究已经表明，FWMI 需要的集光口径一般很小，因此更容易实现波前的精密控制[11]。关于 FPI 与 FWMI 在累积波前误差部分分析，本书第 4 章有更为详细的论述。

10.4.4　激光器纵模谱线宽度与纵模间隔

　　多纵模激光器是多纵模 HSRL 系统的重要组成部分。多纵模 HSRL 系统在原理上要求 ISDF 的 FSR 与多纵模激光器的纵模间隔相等，否则会因为多纵模的存在引入附加相移而造成 ISDF 鉴频能力退化，这一结论是多纵模 HSRL 实现高精度光谱鉴频的重要保证，在本章中已多次提及。为了实现精细的光谱分离，ISDF 的 FSR 不能任意选取，需要与大气回波信号谱宽相对应，即用于构建多纵模 HSRL

激光器的纵模间隔也需要与大气回波信号谱宽相匹配。

多纵模 HSRL 的激光器需要保证每条纵模的谱线宽度越窄越好，这是因为大气回波信号中气溶胶米散射信号的线宽可以由激光器的纵模谱线宽度来近似[8]。过宽的谱线宽度，会导致多纵模 HSRL 鉴频器光谱分离能力急剧下降，从而影响大气气溶胶参数的反演精度，使多纵模 HSRL 出现一定的测量误差，严重时甚至不能工作。这里以 FWMI 作为 ISDF 为例说明，图 10-10 为由纵模谱线展宽导致鉴频器光谱分离能力下降的示意图，即使经过 FWMI 进行光谱鉴频后的大气回波信号中，仍部分存在少部分米散射信号。实际情况中的激光器谱线宽度主要与谐振腔的腔内损耗有关，对于脉冲激光器，激光器的谱线宽度还与傅里叶变换极限有关。为保证激光雷达的空间分辨率，准确获得大气气溶胶参数的层次分布信息，在多纵模 HSRL 系统中建议激光器的纵模谱宽不要超过 200MHz[11]。

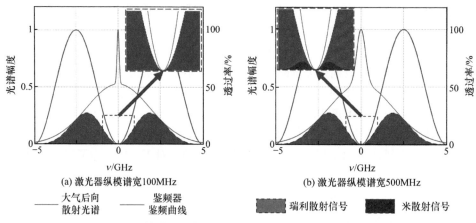

图 10-10 纵模谱线展宽导致鉴频器光谱分离能力下降的示意图

激光器纵模的数量理论上不受限制，然而，随着纵模数量的增加，激光光谱波段的分布范围将会增大，可能会超过系统限定的通光波长范围，因此要按照多纵模 HSRL 设计的最小波长带宽确定激光器纵模数量的上限。由式(10-25)可以计算不同纵模间隔的激光器对应的 FWMI 透过特性参数。图 10-11 展示了 FWMI 大气分子通道中的大气分子透过率及 SDR 随激光器纵模间隔变化的情况[11]。可以发现 FWMI 大气分子信号的透过率和其 SDR 随激光器纵模间隔变化的变化呈现相反的趋势。纵模间隔选取的依据一方面希望多纵模 HSRL 系统能有较大的 SDR 以提高反演精度；另一方面希望系统能有较大的大气分子信号透过率 $T_{\text{m-M}}$ 以保证回波信号的信噪比。

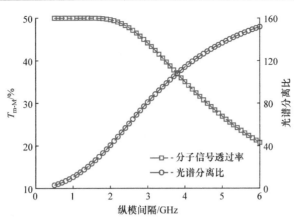

图 10-11　FWMI 光谱透过特性参数随多纵模激光器纵模间隔变化的关系

分析图 10-11 可知，随着激光器纵模间隔的增大，大气分子透过率先基本维持不变，后逐渐下降，而 SDR 的值一直逐渐上升。因此如果激光器采用较大的纵模间隔虽然会缓慢增大 SDR，但会造成分子信号透过率的严重下降。一种比较好的权衡结果是选取激光器纵模间隔为 2～3GHz，这时 SDR 不会低于 40，分子信号透过率不会低于 44%(FWMI 对分子信号的极限透过率为 50%)，二者均处在较高的水平。事实上，FWMI 获得 44%的大气分子信号透过率和单纵模基于碘分子吸收池的 HSRL 采用碘 1109 线在 532nm 波段对大气分子信号的透过率相近[11]，可使大气分子通道接收信号具备较好的信噪比。

10.4.5　激光器频率牵引效应

由谐振腔增益介质引发的频率牵引效应是多纵模激光器的激光输出特性之一，它将影响多纵模激光输出光谱特性，从而对多纵模 HSRL 系统的光谱鉴频过程产生一定的影响。

光学谐振腔是构成激光器的重要组成部分。由一对反射镜构成其中不含增益介质的谐振腔称为无源谐振腔。在无源谐振腔中，纵模频率将由谐振腔的腔长、谐振模式严格决定。如果在谐振腔中加入了激光晶体，因增益介质产生可饱和不均匀增益、双折射效应、热透镜效应，会使输出激光的实际振荡频率与无源谐振腔振荡之间产生一定频移。以洛伦兹线型增益特性曲线为例，如图 10-12 所示，根据希尔伯特变换，对应的相移系数为[13]

$$\varphi(\nu) = \frac{\nu - \nu_0}{\Delta \upsilon} g(\nu) \tag{10-27}$$

式中，ν 为激光的实际振荡频率；ν_0 为激光的中心谐振频率；$\Delta \upsilon$ 为增益介质的线宽；$g(\nu)$ 为增益介质对应的增益系数。

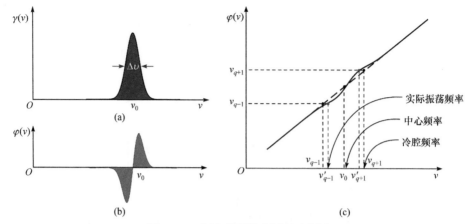

图 10-12　频率牵引效应原理示意图

图 10-12 表示的附加相移 $\varphi(\nu)$ 会对输出激光的纵模频率造成一定影响，图中蓝色虚线对应的值为理想状态下的纵模谐振频率，红色虚线对应的值为实际纵模谐振频率，其中 ν_0 为中心谐振频率。在激光器工作时，无源谐振腔频率 ν_q 会拉向激光谐振的中心频率 ν_0。在稳态腔情况下，频率牵引现象的数学表达式可以被近似写成

$$\nu_q - \nu_q' = (\nu_q - \nu_0)\frac{\delta\nu}{\Delta\upsilon} \tag{10-28}$$

式中，ν_q' 为实际谐振频率；ν_q 为无源腔的谐振频率；ν_0 为中心频率；$\delta\nu$ 为稳态腔的纵模谱线宽度；$\Delta\upsilon$ 为增益介质线宽。

结合式(10-27)与式(10-28)可以看出，附加相移将会导致多纵模激光器在实际工作时纵模频率间隔不等距，并且越靠近中心频率的谐振频率相比于无源腔相同位置的谐振频率更靠近于中心频率(图 10-12 表示的 $\nu_{q-1}' - \nu_0 < \nu_{q-1} - \nu_0$)。实际上，纵模的谱线宽度远小于增益介质线宽。以 Nd:YAG 晶体为例，其增益介质线宽 $\Delta\upsilon$ 达 120GHz[14]，假设纵模谱宽 $\delta\nu$ 为 100MHz，纵模间隔为 3GHz，总共有 21 个纵模($\nu_q - \nu_0$ 最大为 30GHz)，可以计算得到由频率牵引效应造成的最大频移为 0.025GHz。需要说明的是，在 10.4.1 节中，给出的 FWMI 的 FSR 匹配误差可以放宽到 0.02GHz，并没有考虑多纵模 HSRL 系统中激光器的频率牵引效应。因此，在实际进行多纵模 HSRL 系统设计时，需要合理设计激光器的纵模间隔、纵模数量及纵模谱宽，最大限度上减小频率牵引效应对多纵模 HSRL 光谱鉴频过程的影响。

10.4.6　激光器输出横模

多纵模激光器的出射光中包含有能够起振纵模的所有振荡频率，除纵模外，

多纵模激光器谐振腔还会产生不同的横模，横模之间除具有不同的振荡频率，光场的分布也各不相同。在激光谐振腔中若存在横模，那么除原本的纵模还会存在其他谐振频率。式(10-29)给出了激光谐振腔内不同 TEM_{plq} 模(p 表示横模径向节点数，l 表示横模角向节点数，q 表示纵模)的频率间隔为[14]

$$\Delta \nu_{plq} = \frac{c}{2L}\left[\Delta q + \frac{1}{\pi}\Delta(2p+l)\arccos\left(1-\frac{L}{\rho}\right)\right] \qquad (10\text{-}29)$$

式中，Δq 为属于单横模轴向模的轴向频率间隔(纵模间隔)；$\Delta(2p+l)$ 为不同 TEM_{pl} 的谐振频率间隔；L 及 ρ 为谐振腔腔长及两腔镜曲率半径。值得注意的是，横模谐振频率间隔取决于 $\Delta(2p+l)$ 整体而非单独的 p 和 l。因此，对于纵模相同、横模不同的两个谐振频率来说，若能具有相等的 $2p+l$，那么其谐振频率将是相同的(模式简并)。然而，对于未经预先设计的激光器很难直接实现模式简并，在多纵模激光器中要使所有的谐振频率发生模式简并更加难以实现。图 10-13 展示了多纵模激光器中产生高阶横模的产生情况及模场分布，需要说明的是，这里使用了 TEM_{pl} 的表达形式，表示横模的分布情况，用竖线则代表纵模的分布情况。下标 "0,0" 表示基横模分布，"1,1" 表示高阶横模分布[13]。由图可知，相比于高阶横模，基横模有更高的增益谱宽及更宽的谐振带宽，相同条件下，基横模工作的多纵模激光器可以获得更高的纵模增益，可以允许更多的纵模谐振。

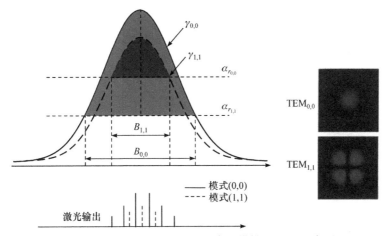

图 10-13　多纵模激光器中产生高阶横模 $TEM_{1,1}$ 示意图

理想情况下，在基横模条件下工作的多纵模激光器纵模间隔近似恒定，并且激光器能量密度大，亮度高，激光光束径向分布平滑，具有较好的光束质量因子。然而如果引入了高阶横模，多纵模激光器谐振频率的等间隔性将被破坏，使多纵模激光器与 FWMI 的 FSR 匹配造成了很大的困难。因此，高阶横模的存在会严重

降低多纵模 HSRL 中 ISDF 的光谱分离能力。此外,存在高阶横模运转的激光器往往出现无规则的局部最大值,即所谓的"热斑",可能会超过光学元件的损伤阈值而损坏激光器。为避免此类情况发生,在多纵模激光器的设计过程中抑制高阶横模尤为重要。

从式(10-29)可以看出,当谐振腔腔镜近似于平面或曲率半径较大时($\rho \gg L$),会有效减小第二项的横模谐振频率间隔的大小,谐振频率间隔主要由纵模间隔决定,这样可以从一定程度上减少横模产生的分立谱线对光谱鉴频的影响。多纵模激光器的实际搭建中,甚至会采用平行平面腔的谐振腔结构(虽然由于热透镜效应会影响腔镜并不完全保持平行,但其曲率半径 ρ 仍会很大),将横模谐振频率间隔的影响降到最低。

从横模的产生角度分析,不同横模的光束发散角、能量密度均不相同。由于空间烧孔效应,不同振荡模式将会相互竞争各自占据增益介质中的空间。基横模(TEM$_{0,0}$ 模)的光束发散角最小、模体积最小,而高阶横模占据的空间远大于基横模。激光谐振腔中有一定尺寸的系统光阑(它有时直接取决于增益介质尺寸或输出耦合镜的大小),会产生衍射损耗,高阶横模的模斑直径大于系统光阑直径,无法继续谐振,因此,可以通过加入更小尺寸的系统光阑限制高阶横模传播的方式来抑制激光谐振腔中高阶横模的振荡,进而实现输出激光为基横模振荡[14]。

由上述分析可知,若要减小高阶横模产生的分立谱线对多纵模激光器频率间隔与 FWMI 的 FSR 匹配的影响,一方面可以采用大曲率半径的谐振腔腔镜,使横模间隔的大小相对于纵模间隔可忽略不计,另一方面还可以加入较小的系统光阑抑制高阶横模谐振,最大限度地消除高阶横模的产生。

10.5 多纵模高光谱分辨率激光雷达系统仿真分析

10.5.1 仿真模型

FWMI 作为一种 ISDF,成功用于构建 532nm 单纵模 HSRL 系统以实现大气气溶胶探测[15]。而在近红外波段,FWMI 由于其特有的大视场特性和良好的光谱鉴频性能,被视为未来适用于开发近红外 HSRL 系统的光谱鉴频器之一,具有十分广阔的应用前景[8]。基于上文对多纵模 HSRL 系统光谱鉴频效果的研究与分析,在 1064nm 近红外波段采用 FWMI 作为 ISDF 构建多纵模 HSRL 系统,通过计算机仿真以进一步研究和验证上文所提技术的性能模拟大气气溶胶探测情况,对近红外 HSRL 系统研发具有推动性意义。仿真使用 1976 年美国标准大气模型来模拟大气分子散射[16],并且为了更加合理地模拟大气气溶胶分布状况,在 1.2km 以下模拟了行星边界层的大气气溶胶参数,在海拔 3～5km 处模拟了沙尘存在的情况,在海拔 8～10km 处模拟了卷云。用于仿真的大气模型参数如图 10-14 所示[11]。

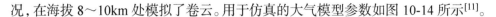

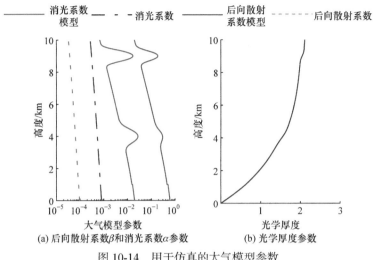

(a) 后向散射系数β和消光系数α参数　　　(b) 光学厚度参数

图 10-14　用于仿真的大气模型参数

多纵模 HSRL 系统主要分为发射系统、接收系统与探测系统三大部分。发射系统主要为激光器,激光输出能量 270mJ,选取了 11 个纵模,纵模间隔 2GHz,纵模谱宽 200MHz。接收系统主要为望远镜、滤光片与 ISDF,望远镜直径 280mm,视场 0.1mrad。滤光片带宽 1nm,ISDF 使用 FWMI,FWMI 的设计参数参考文献[17]。探测系统主要为探测器。探测器的量子效率为 0.2,探测的距离分辨率为 100m。仿真所用的多纵模 HSRL 系统设计参数如表 10-2 所示[11]。

表 10-2　仿真所用的多纵模 HSRL 系统设计参数

参数	数值
激光波长/nm	1064
单脉冲能量/mJ	270
激光纵模数	11
激光纵模间隔/GHz	2
激光纵模谱宽(半高全宽)/GHz	0.2
望远镜直径/mm	280
望远镜视场角/mrad	0.1
滤光片带宽/nm	1
总光学效率(除鉴频器)	0.4
探测器量子效率	0.2
距离分辨率/m	100

结合激光雷达方程和大气模型参数可以得到经距离校正的 HSRL 回波信号曲线，如图 10-15 所示。

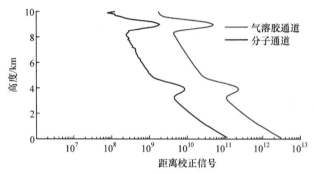

图 10-15 多纵模 HSRL 距离校正的回波信号

在图 10-15 中，加入了随机噪声模拟实际多纵模 HSRL 系统回波信号被太阳背景噪声污染的情况。假设噪声符合泊松分布，则每个通道的信噪比可以表示为

$$R_{\mathrm{SNR},i} = \frac{\sqrt{m}S_i}{\sqrt{S_i + N_b}} \tag{10-30}$$

式中，下标 $i = \mathrm{M,A}$ 可分别为多纵模 HSRL 的大气分子通道与气溶胶通道；S_i 为每个通道的信号光子数；N_b 为背景噪声引起的光子数；m 为回波信号叠加数。需要说明的是，式(10-30)忽略掉了光电探测器本身的暗电流噪声，因为它们相对于太阳背景噪声是很小的。太阳背景噪声可以按以下计算式近似估计[18]，即

$$N_b = \frac{I_b}{hv} \cdot \frac{\pi \Omega^2}{4} A \eta_o \eta_{\mathrm{QE}} \cdot \Delta\lambda \cdot \Delta t_s \tag{10-31}$$

式中，$I_b = 0.168\mathrm{W/(m^2 \cdot sr \cdot nm)}$ 为太阳背景光在 1064nm 波段处的典型辐射能密度；hv 为单光子能量；$\Delta\lambda$ 为前置滤波器带宽；Ω 为望远镜视场角；A 为望远镜接收面积；η_o 为系统的整体光学效率；η_{QE} 为探测器量子效率；Δt_s 为单点信号采集时间。

由图 10-15 不难发现，在分子通道中仍然存在显著的大气气溶胶散射特性。一方面，是由于在近红外波段，大气气溶胶米散射谱宽和大气分子卡巴纳散射谱宽差异进一步缩小，分子散射信号透过 FWMI 时有部分大气气溶胶散射信号随之透过；另一方面，在近红外波段卡巴纳散射强度较可见光波段弱一个数量级，而大气气溶胶散射强度却变化相对较小，这意味着在近红外波段大气气溶胶的后向散射比很高。由于这两个原因，在近红外波段要实现与可见光波段同等程度的光谱分离性能变得非常困难。根据 10.4 节中的分析，在多纵模 HSRL 中，使用 FWMI 作为 ISDF 相较于 FPI 更加容易实现高的 SDR，因此在未来近红外多纵模 HSRL

系统的研制中，FWMI 体现出巨大的开发潜力。

10.5.2　反演结果与分析

图 10-16 展示了根据 10.2.2 节反演理论，反演得到的大气气溶胶的后向散射系数 β 和光学厚度 τ 及其反演的相对误差。图 10-16(a)和(b)分别展示了大气气溶胶的后向散射特性与光学厚度廓线。由图 10-16(c)分析，在海拔 8km 以下，后向散射系数的相对反演误差小于 30%，而光学厚度的相对误差则在 10%之内，二者均达到了较高反演精度。需要强调的是，由于高空信噪比相对较低，反演得到的光学厚度出现了一定的波动，不再随高度增加单调上升。但是，这些波动都是在真值附近的微小抖动，在精度允许范围内。光学厚度廓线随高度升高单调上升，从侧面证明了反演结果的合理性。在海拔 8km 以上，后向散射信号强度非常弱，信噪比也很低，导致这两个参数的测量误差加大。如果在晚上进行测量，由于不存在太阳光背景噪声，测量精度主要受到光电探测器噪声的影响，测量误差将远小于白天测量值。为了突出 FWMI 在多纵模 HSRL 系统中的光谱分离表现，反演仿真中认为系统常数和重叠因子是准确已知的。在实际系统中，这两方面的定标误差会对最终反演结果造成一定的影响，但由于系统常数和重叠因子对多纵模 HSRL 和现有单纵模 HSRL 的影响相似，本书其他章节已进行了详细的分析，故此处不做展开讨论。

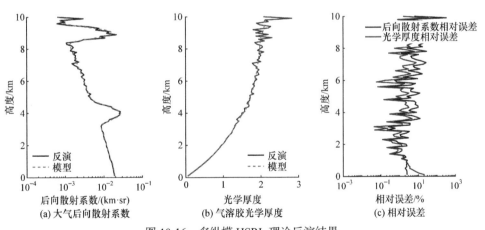

图 10-16　多纵模 HSRL 理论反演结果

本节在近红外 1064nm 波段对基于 FWMI 的多纵模 HSRL 进行了仿真，以进一步研究并验证使用 FWMI 构建多纵模 HSRL 的可行性，是 FWMI 作为光谱鉴频器应用的重要推广，为未来将 FWMI 应用于近红外多纵模 HSRL 探测提供了研究基础。

10.6　本　章　小　结

本章提出的多纵模 HSRL 概念是对 HSRL 技术的重要改进，重点阐述了多纵模 HSRL 的基本原理，介绍了应用于多纵模 HSRL 的干涉光谱鉴频器，并且基于干涉光谱鉴频器开展了多纵模 HSRL 的光谱鉴频实际效果分析，研究了近红外波段基于 FWMI 的多纵模 HSRL 系统仿真。多纵模 HSRL 技术的发展有望减少 HSRL 系统对单纵模激光器的依赖，降低激光器的研制成本，并会在一定规模上减小激光器的体积、减轻激光器的重量，极大地提高激光器乃至 HSRL 系统的稳定性和环境适应性。因此，多纵模 HSRL 技术对未来我国机载和星载 HSRL 系统的研制具有非常好的技术导向作用。

参 考 文 献

[1] Fiocco G, DeWolf J B. Frequency spectrum of laser echoes from atmospheric constituents and determination of the aerosol content of air. Journal of the Atmospheric Sciences, 1968, 25(3): 488-496.

[2] Eloranta E, Ponsardin P. A high spectral resolution lidar designed for unattended operation in the Arctic. Optical Remote Sensing, 2001, 52(4): 34-36.

[3] Hair J W, Hostetler C A, Cook A L, et al. Airborne high spectral resolution lidar for profiling aerosol optical properties. Applied Optics, 2008, 47(36): 6734-6752.

[4] Esselborn M, Wirth M, Fix A, et al. Airborne high spectral resolution lidar for measuring aerosol extinction and backscatter coefficients. Applied Optics, 2008, 47(3): 346-358.

[5] Piironen P, Eloranta E W. Demonstration of a high-spectral-resolution lidar based on a iodine absorption filter. Optics Letters, 1994, 19(3): 234.

[6] Bruneau D, Blouzon F, Spatazza J, et al. Direct-detection wind lidar operating with a multimode laser. Applied Optics, 2013, 52(20): 4941-4949.

[7] Jin Y, Sugimoto N, Nishizawa T, et al. A concept of multi-mode high spectral resolution lidar using mach-zehnder interferometer. The 27th International Laser Radar Conference, New York, 2015.

[8] Cheng Z T, Liu D, Zhang Y, et al. Generalized high-spectral-resolution lidar technique with a multimode laser for aerosol remote sensing. Optics Express, 2017, 25(2): 979-993.

[9] Liu D, Yang Y, Cheng Z, et al. Retrieval and analysis of a polarized high-spectral-resolution lidar for profiling aerosol optical properties. Optics Express, 2013, 21(11): 13084-13093.

[10] Cheng Z T, Liu D, Luo J, et al. Field-widened Michelson interferometer for spectral discrimination in high-spectral-resolution lidar: Theoretical framework. Optics Express, 2015, 23(9): 12117.

[11] 成中涛, 刘东, 刘崇, 等. 多纵模高光谱分辨率激光雷达研究. 光学学报, 2017, 37(4): 22-32.

[12] Cheng Z T, Liu D, Zhou Y, et al. Frequency locking of a field-widened Michelson interferometer based on optimal multi-harmonics heterodyning. Optics Letters, 2016, 41(17): 3916-3919.

[13] Saleh B E A, Teich M C, Slusher R E. Fundamentals of Photonics. New York: John Wiley & Sons, 1992.

[14] Koechner W. Solid-State Laser Engineering. Berlin: Springer, 2005.

[15] Cheng Z T, Liu D, Zhang Y, et al. Field-widened Michelson interferometer for spectral discrimination in high-spectral-resolution lidar: Practical development. Optics Express, 2016, 24(7): 7232-7245.

[16] Center N. U.S. standard atmosphere (1976). Planetary and Space Science, 1992, 40: 553-554.

[17] 张与鹏, 刘东, 杨甬英, 等. 近红外高光谱分辨率激光雷达光谱滤光器性能分析. 中国激光, 2016, 43(4): 227-238.

[18] 刘金涛, 陈卫标, 宋小全. 基于碘分子滤波器的高光谱分辨率激光雷达原理. 光学学报, 2010, 30(6): 1548-1553.

第 11 章　海洋遥感高光谱分辨率激光雷达

海洋遥感激光雷达是与大气遥感激光雷达同时发展起来的一种海洋观测技术，与大气激光雷达的原理类似，它主要通过激光与路径中海洋物质的相互作用获取海洋的状态信息，如海底、海水和海气界面的信息。因此，海洋激光雷达与大气激光雷达在技术上也有许多共同之处。本章主要介绍海洋激光雷达及海洋高光谱分辨率激光雷达的基本原理。

11.1　海洋激光雷达简介

海洋覆盖了地球表面积的 71%，仅为陆生植物生物量 1%的海洋浮游植物的净光合作用固碳量与所有陆生植物固碳量的总和相当，可为人类提供丰富的海洋资源[1]。加强对海洋的观测、发展新型的探测手段，对于关心海洋、认识海洋、经略海洋，并进一步推动我国海洋强国建设具有重大而深远的意义。海洋水色遥感技术能够提供全球范围的海洋信息，然而，如图 11-1 所示，水色遥感受到一些原理性的限制，如无法探测海面下水体光学特性的垂直分布，依赖于太阳光工作而无法在夜间或高纬度地区有效工作,大气气溶胶和云会严重影响水色遥感精度等。激光雷达利用主动的激光光源获取海水光学信息，因其能够获取海水光学特性垂

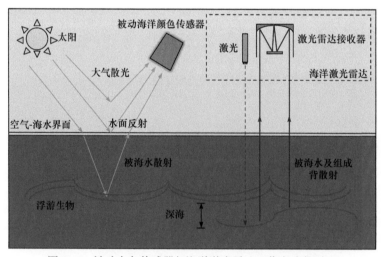

图 11-1　被动水色传感器与海洋激光雷达工作方式的对比

直剖面、具有较高的时空分辨率、对观测条件的依赖性低，且几乎不受大气和太阳高度角的影响，而成为与水色遥感互补的重要海洋遥感技术[2]。

现代激光雷达技术自 1960 年激光器的发明以来得到迅速的发展。1969 年，美国雪城大学研究公司(Syracuse University Research Corporation)的 Hickman 和 Hogg 研制出第一台用于测量水深的海洋激光雷达，首次验证蓝绿激光应用于水下探测的可行性[3]。该激光雷达搭载于飞机平台，在安大略湖沿岸进行实验观测，记录到最大 8m 的水深。该机载激光雷达采用重复频率为 1000Hz 的激光器，使其有潜力通过扫描获得大面积海底测绘信息。此后，在测量近海深度的军事需求推动下，海洋测深激光雷达经历了起步时期(20 世纪 60 年代末期至 70 年代末期)，除美国的机载水文勘测系统，第一代测深激光雷达都是没有扫描和高速数据记录功能的简单水深测量系统；经历了成熟时期(80 年代)，第二代测深激光雷达开始由实验向实用过渡，普遍增加了扫描、定位、高速数据记录等功能；最终进入实用阶段(90 年代初期至今)，增加了 GPS 功能和自动导航功能，采用更高的数据采样率，目前美国、加拿大、澳大利亚、瑞典、中国等国都已经研制成熟的测深激光雷达系统[4]。

在激光雷达对水体光学特性观测方面，Churnside[5]、Hostetler 等[2]和 Jamet 等[6]均给出全面细致的综述，介绍海洋激光雷达的发展、系统、应用和未来。虽然弹性后向散射激光雷达是最简单的技术，但第一个最成功的海洋激光雷达采用的是荧光技术，用于探测叶绿素[7]和有色可溶性有机物(colored dissolved organic matter, CDOM)[8]。美国国家航空航天局 Wallops 飞行中心的研究小组采用机载海洋激光雷达(airborne oceanographic lidar, AOL)获得了一些非常实用的测量结果[9]。他们在接收器处采用一块光栅光谱仪以分离叶绿素荧光和拉曼后向散射信号。拉曼归一化的叶绿素荧光信号得以应用于许多场景之中。例如，Yoder 等将拉曼校正测量方法用于研究叶绿素在大西洋的空间分布，并得出叶绿素在空间分布上变化很大的结论，在利用船载测量叶绿素时需要考虑这种空间分布[10]。此外，Martin 等利用 AOL 在铁富集实验中收集的数据来验证铁对赤道附近的浮游植物生产力具有限制作用这一假设[11]。之后，Hoge 等利用 AOL 所得荧光数据对中等分辨率成像光谱仪进行校正[12]。更进一步，Hoge 等利用海洋水色数据修正算法并结合船载所测叶绿素数据匹配来确定拉曼-荧光信号比，从而定量估计海洋中叶绿素这一生物量[13]。

值得注意的是，由于荧光信号位于红光波段，较大的衰减导致其难以获得水体剖面信息。可探测水体剖面信息的弹性激光雷达起步于 20 世纪 80 年代，Billard[14] 和 Hoge 等[15]分别采用澳大利亚测深激光雷达和 NASA 的 AOL 系统探测到海洋次表面散射层。近 20 年来，Churnside 等使用美国国家海洋和大气管理局的测鱼激光雷达对弹性激光雷达的研究做出巨大的贡献。这种激光雷达最初被用于探测鱼群[16,17]，随后则被用于探测水体的光学特性。其主要成果为利用激光雷达探测到海洋内波[18]，经过多次飞行实验研究海洋次表面散射层及其产生机理，并在近期将研究拓展至北冰洋的浮游生物层。他们还提出一系列反演方法以解决弹性激光雷达从一个方程中解出两个未知数的难题[19-21]。

即便 NASA 和 NOAA 已经将海洋激光雷达应用于海水光学特性观测，采用激光雷达探测海洋的报道仍然非常有限，特别是至今尚无星载海洋激光雷达发射。2006 年，NASA 和法国国家空间研究中心联合发射的云-气溶胶激光雷达和红外探测者卫星观测计划，其主要载荷是双波长正交偏振云-气溶胶激光雷达，用于大气云与气溶胶的观测。2007 年，Hu 首次将 CALIOP 数据应用从大气拓展至海洋[22]，研究展示星载激光雷达获取全球海洋表层光学参数数据的可能性。在 Hu 的研究基础上，2013 年，海洋生物学家 Behrenfeld 等报道利用 CALIOP 获得的 b_{bp} 数据计算全球碳存量的研究[23]。2016 年，Behrenfeld 等在 *Nature Geoscience* 上报道采用 CALIOP 数据探测极地浮游植物生物量的研究进展[24]。2019 年，Behrenfeld 等在 *Nature* 上报道了采用 CALIOP 获取全球昼夜数据进而研究[25]。这一系列的科研成果证明了星载激光雷达探测海洋的巨大潜力，展示了光学遥感领域的下一个技术变革点。近期，美国欧道明大学(Old Dominion University，ODU)[26]、中国浙江大学[27-29]、自然资源部第二海洋研究所[30]报道将海洋弹性激光雷达数据与原位数据对比的研究进展，进一步证明海洋激光雷达产品的可靠性。NASA 兰利研究中心于近期报道将前期大气高光谱分辨率激光雷达改造为海洋 HSRL 的研究[31,32]，此研究无须假设激光雷达比，即可高精度获取水体光学信息。浙江大学全面分析了海洋 HSRL 的机理，证明其可行性和可能存在的误差[33-35]。近期丰富的研究成果将进一步推动海洋激光雷达向着实用化、星载和更先进的 HSRL 的方向前进。

11.2　海洋激光雷达基本原理

11.2.1　海水的光学参数

海水的光学特性，可分为固有光学特性(inherent optical properties，IOP)和表观光学特性(apparent optical properties，AOP)两大类。IOP 体现自然水体的光学性质，仅依赖于水体介质本身，而与水体周围的环境光场无关，而 AOP 则与环境光场有关。

如图 11-2 所示，考虑体积为 ΔV、厚度为 Δr 的单位水体，被光谱辐射总功率为 $P_i(\lambda)$ 的单色窄光束垂直照射，其中 λ 为波长。在入射功率 $P_i(\lambda)$ 中，被水体吸收的部分为 $P_a(\lambda)$，以角度 θ 散射的部分为 $P_s(\theta,\lambda)$，不改变方向继续传播的部分

为 $P_{\mathrm{t}}(\lambda)$ 。在此，仅考虑弹性散射过程，根据能量守恒定律，有

$$P_{\mathrm{i}}(\lambda) = P_{\mathrm{a}}(\lambda) + P_{\mathrm{s}}(\lambda) + P_{\mathrm{t}}(\lambda) \tag{11-1}$$

其中，$P_{\mathrm{s}}(\lambda)$ 为所有角度散射功率的积分。

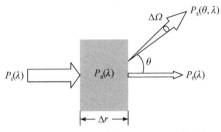

图 11-2　定义固有光学特性的几何图

光谱吸收率 $A(\lambda)$ 是被水吸收的功率与入射功率的比值，即

$$A(\lambda) = \frac{P_{\mathrm{a}}(\lambda)}{P_{\mathrm{i}}(\lambda)} \tag{11-2}$$

光谱吸收系数 $a(\lambda)$ 是指介质中每单位距离的光谱吸收率，定义为

$$a(\lambda) = \lim_{\Delta r \to 0} \frac{A(\lambda)}{\Delta r} \tag{11-3}$$

光谱散射率 $B(\lambda)$ 是光束散射的功率与入射功率的比值，即

$$B(\lambda) = \frac{P_{\mathrm{s}}(\lambda)}{P_{\mathrm{i}}(\lambda)} \tag{11-4}$$

光谱散射系数表示介质中每单位距离的光谱散射率，定义为

$$b(\lambda) = \lim_{\Delta r \to 0} \frac{B(\lambda)}{\Delta r} \tag{11-5}$$

光束衰减系数 $c(\lambda)$ 定义为

$$c(\lambda) = a(\lambda) + b(\lambda) \tag{11-6}$$

　　考虑散射功率的角分布，$B(\theta, \lambda)$ 表示被散射到角度 θ 的那部分功率占入射功率的比，角度 θ 称为散射角，它的值为 $0 \leqslant \theta \leqslant \pi$。因此，单位距离、单位立体角的角散射率 $\beta(\theta, \lambda)$，即

$$\beta(\theta, \lambda) = \lim_{\Delta r \to 0} \lim_{\Delta \Omega \to 0} \frac{B(\theta, \lambda)}{\Delta r \Delta \Omega} = \lim_{\Delta r \to 0} \lim_{\Delta \Omega \to 0} \frac{P_{\mathrm{s}}(\theta, \lambda)}{P_{\mathrm{i}}(\lambda) \Delta r \Delta \Omega} \tag{11-7}$$

激光雷达常用的 180° 体积散射系数为 $\beta(\pi, \lambda)$ 或 $\beta^{\pi}(\lambda)$。

　　由于在自然水体中，光谱体散射函数关于入射轴旋转对称，该积分通常分为

前向散射 $0 \leqslant \theta \leqslant \pi/2$ 和后向散射 $\pi/2 \leqslant \theta \leqslant \pi$ 两部分。相应的光谱前向散射系数和后向散射系数分别是

$$
\begin{cases}
b_{\mathrm{f}}(\lambda) = 2\pi \displaystyle\int_0^{\pi/2} \beta(\theta, \lambda) \sin\theta \mathrm{d}\theta \\[3mm]
b_{\mathrm{b}}(\lambda) = 2\pi \displaystyle\int_{\pi/2}^{\pi} \beta(\theta, \lambda) \sin\theta \mathrm{d}\theta
\end{cases}
\tag{11-8}
$$

光谱体散射相函数 $\tilde{\beta}(\theta, \lambda)$ 定义为

$$
\tilde{\beta}(\theta, \lambda) = \frac{\beta(\theta, \lambda)}{b(\lambda)}
\tag{11-9}
$$

上述介绍均为水体的 IOP，下面再介绍一种海洋激光雷达里常用的 AOP，光谱下行平面辐照度漫射衰减系数 $K_{\mathrm{d}}(z, \lambda)$。在典型的海洋条件下，入射光为太阳光和天空光，$K_{\mathrm{d}}(z, \lambda)$ 可写为水体下行辐照度 $E_{\mathrm{d}}(z, \lambda)$ 随深度 z 呈接近指数减少的形式，即

$$
K_{\mathrm{d}}(z, \lambda) = -\frac{\mathrm{d}\ln E_{\mathrm{d}}(z, \lambda)}{\mathrm{d}z} = -\frac{1}{E_{\mathrm{d}}(z, \lambda)} \frac{\mathrm{d}E_{\mathrm{d}}(z, \lambda)}{\mathrm{d}z}
\tag{11-10}
$$

11.2.2　基本结构

海洋激光雷达是激光、海洋光学、光机电一体化和计算机等技术相结合的产物。如图 11-3 所示，激光器发射的激光信号进入大气海水，经过吸收散射等辐射传输过程，最后通过接收系统接收，并由探测器将光信号转换为电信号，经过采集卡和信号处理系统，得到激光雷达回波信号。海洋激光雷达的硬件系统与大气激光雷达相似，因此本小节将主要介绍其与大气激光雷达相比需要特别注意的地方。

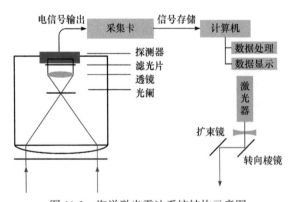

图 11-3　海洋激光雷达系统结构示意图

由于海水中的光散射较强且多次散射效应明显，因此海洋激光雷达的光学接

收系统视场角是非常重要的参数。当使用视场非常小的望远镜和带宽非常窄的干涉滤波片时，接收系统收集的背景光量固然会很低。然而，小视场下激光雷达信号的衰减也会特别大，因为多次散射信号对激光雷达信号贡献很小，探测器接收到的主要是单次散射回波信号。大视场激光雷达信号的衰减更小，但是背景光的影响也将增加，满足大视场的超窄带滤波片的制造难度也会增大。显然，海洋激光雷达采用不同的视场角探测到的信号强度和深度受多次散射的影响，根据工作平台、水体特性、探测需求等因素选择合适的视场角大小十分重要。

可探测信号的动态范围是评价激光雷达性能的一个重要指标。激光在海水中传输时的快速衰减意味着激光雷达需要具有较大的动态范围才能实现较大的探测深度。例如，对于衰减系数为 0.1m^{-1} 的海水，80dB 的系统动态范围能够探测深度 46m 的激光雷达回波信号，这需要通过控制激光能量和抑制背景光以达到一定的信噪比、具有 80dB 动态范围的光电探测器和具有 13.5 位有效数字的高速数字采集卡等共同实现。另外一种常见的方案是将信号分为两个部分，分别由高增益通道和低增益通道接收，或采用模拟信号与光子计数融合的技术，这两个信号通道单独数字化处理后再进行拼接，这样便降低了对探测器、数据采集卡等器件性能的要求。此外，还可以对原始信号的动态范围进行压缩，如采用对数放大器来压缩探测器输出的电信号的动态范围，或使光电倍增管增益随时间的增加而增加以匹配信号衰减，或使用反馈电路使光电倍增管增益具有对数响应特征。

激光雷达主要基于激光后向散射回波来探测水体光学特性。描述激光雷达信号的激光雷达方程可以写为

$$P(z) = \frac{CO(z)}{(nH+z)^2} \beta^{\pi}(z) T(z) \tag{11-11}$$

式中，$P(z)$ 为从深度 z 处接收到的回波信号功率；n 为海水折射率；H 为激光雷达工作高度；C 为激光雷达系统常数；$O(z)$ 为重叠因子；$\beta^{\pi}(z)$ 为深度 z 处水体的 180° 体积散射系数，代表海水物质将光散射回来的能力；$T(z)$ 为描述激光从发射点到深度 z 处来回过程中能量的损失，$\beta^{\pi}(z)$ 和 $T(z)$ 都是描述水体特性的光学参数。

将激光雷达方程中的每一部分具体展开，其中系统常数 C 可写为

$$C = P_0 \eta \frac{c\tau A}{2n} T_{\text{a}} \tag{11-12}$$

式中，P_0 为发射脉冲的平均功率；A 为望远镜的接收面积；η 为整体系统的效率；τ 为激光脉冲时间宽度；$P_0\tau$ 为脉冲能量；c 为光速；n 为水体的折射率。如图 11-4 所示，当发射激光脉冲后，经过时间 t 检测到海洋激光雷达回波信号，此时来自脉冲前沿的后向散射光所到达的距离为 $z_1 = ct/2n$，同时脉冲后沿到达的距离为 $z_2 = c(t-\tau)/2n$，所以 $\Delta z = z_2 - z_1 = c\tau/2n$，即激光雷达在水中的距离分辨率，称为

有效(空间)脉冲长度。T_a 为描述激光在大气来回过程中能量的损失。

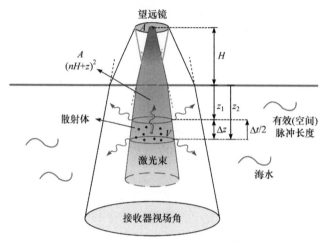

图 11-4　激光雷达几何形状示意图

式(11-12)中 $\beta^{\pi}(z)$ 表示散射角为 180° 的散射系数，可以表示为

$$\beta^{\pi}(z) = \beta_{\mathrm{m}}^{\pi}(z) + \beta_{\mathrm{p}}^{\pi}(z) \tag{11-13}$$

式中，下标 m 为水分子；p 为颗粒物质，主要包括无机悬浮颗粒物和浮游植物等。

传输项 $T(z)$ 表示激光传输过程中在水中损失光的比例，取值为 0～1，即

$$T(z) = \exp\left[-2\int_0^z \alpha(z)\mathrm{d}z\right] \tag{11-14}$$

该项由激光雷达的朗伯-比尔定律产生，$\alpha(z)$ 为激光在水中的有效衰减系数。

11.2.3　工作波长

工作波长是激光雷达的一个重要系统参数。由于激光器稳定、成熟且易于小型化，并有较好的水体穿透深度，因此 532nm 波段是当前海洋激光雷达的常用探测波段，如 NASA[32]、NOAA[36]和浙江大学[37]等先后研制出工作于 532nm 波段能够提供廓线信息的机载和船载海洋激光雷达系统。虽然 532nm 波段在近岸水体中有比较好的穿透深度，然而在清澈大洋水中的穿透能力有限。研究表明，近岸水体的最优探测波长偏向绿光，而远洋水体则偏向蓝光[38]。本节从探测深度和信噪比两方面分析星载海洋激光雷达探测全球海洋的最佳波长。利用 MODIS 10 个波段的水体光学参数数据，估算全球海水探测深度与所对应的波长，得到最佳探测波段，为星载海洋激光雷达系统的研制提供理论依据。

一般情况下激光雷达的有效探测深度为三个光学厚度[2]，即

$$z_{\max} = 3/k_{\text{lidar}} \tag{11-15}$$

对于星载激光雷达来说，由于望远镜在水面的接收半径有几十米，因此回波信号受水体多次散射效应的影响很强，k_{lidar} 约等于水体漫射衰减系数 K_d[3]。K_d 与水体固有光学参数之间的关系为[39]

$$K_d = a + 4.18b_b(1 - 0.52\exp^{-10.8a}) \tag{11-16}$$

式中，a 为海水的光束吸收系数；b_b 为光束后向散射系数。MODIS 的年平均海洋光学产品提供 a 和 b_b 的全球分布数据，利用式(11-15)和式(11-16)即可得到海洋激光雷达探测深度的全球分布情况。

利用 MODIS Level3 2017 年的年平均数据产品，包括 10 个波段(412nm、443nm、469nm、488nm、531nm、547nm、555nm、645nm、667nm 和 678nm)的后向散射系数 b_b 和吸收系数 a，所有数据的水平分辨率为 4km。通过对 MODIS 10 个波段的探测深度进行比较，得出星载激光雷达海洋探测深度和其所对应的最佳探测波长的全球分布，如图 11-5 所示。

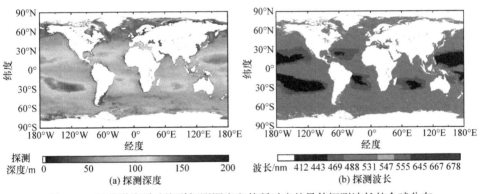

图 11-5　星载激光雷达海洋探测深度和其所对应的最佳探测波长的全球分布

从图 11-5 中可以看出，探测深度与所对应的探测波长具有明显的空间分布特性。赤道两侧的低纬度清澈大洋的探测深度较大，约在 100m 以上，最佳探测波段偏蓝光波段；近岸海域和靠近两极的水体由于浑浊度较高，探测深度较小，总体在 40m 以内，近岸水体最佳探测波长偏绿光波段。综合来看，最佳探测波长为 488nm 波段的海域面积最大，占全球海洋总面积的 70%左右。由于星载激光雷达的探测需要兼顾全球海洋，因此 488nm 是最合适的工作波段。

真光层是海洋生态系统中光合作用最活跃的区域，海洋中广泛存在的浮游植物叶绿素最大层通常分布在真光层以内[40,41]，因此真光层的探测对评价净初级生产力和浮游植物生物量具有重要意义。通常，真光层深度是指 1%表面光强的深度[42]。图 11-6 给出了 2017 年年平均海洋真光层深度的全球分布情况，数据来源于 MODIS Level3 年平均海洋数据产品。真光层深度随纬度变化的变化明显，在低纬度大洋水中，真光层深度最大可达 250m；近岸及极地海域深度较浅。

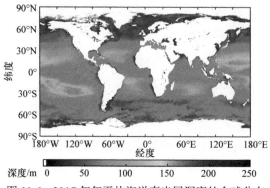

图 11-6 2017 年年平均海洋真光层深度的全球分布

为了对比全球最佳探测波段 488nm 和激光雷达常用波段 532nm 的探测深度与真光层深度 Z_{eu} 之间的差距，利用 MODIS Level3 2017 年的年平均真光层数据产品，计算 488nm 波段探测深度与真光层深度之比 $Z_{max@488nm}/Z_{eu}$ 和 531nm 波段探测深度与真光层深度之比 $Z_{max@531nm}/Z_{eu}$，因为 MODIS 的 10 个探测海洋的波段中没有 532nm，所以利用 531nm 波段的数据来代替。将这两个比值的大小分为 7 段(分别为小于 0.5、0.5~0.6、0.6~0.7、0.7~0.8、0.8~0.9 和大于 1.0)，统计每个比值段内的海洋面积占全球海洋面积的比例，如图 11-7 所示。从图中可以看出，488nm 波段探测深度与真光层深度之比在 0.8 以上的海洋面积占全球海洋总面积的 95.17%，而在 531nm 波段该比例只有 33.24%，这说明就全球海洋探测来说，488nm 波段的探测深度相对 531nm 波段更接近真光层深度。利用 488nm 波

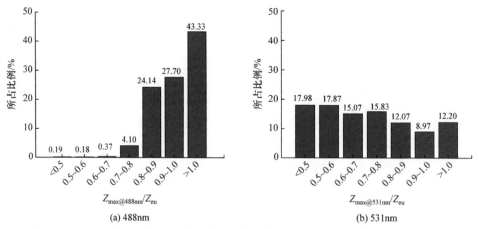

图 11-7 488nm 波段和 531nm 波段探测深度与真光层深度之比的全球海洋面积占比

段作为星载海洋激光雷达的探测波长，能更有效地探测全球海洋真光层深度内的光学特性，从而有利于评估全球海洋的浮游植物生物量和净初级生产力。

目前可以探测水体剖面的激光雷达常采用单波长进行探测，而且几乎所有的工作波长都是 532nm，这是 Nd:YAG 激光器的二次谐波波长。例如，CALIOP 发射波长分别为 532nm 和 1064nm，但后一波段在水内衰减太大，无法提供有用的信息[2]。Hair 等采用了更先进的 HSRL，能够将衰减和后向散射系数独立地区分开，其发射波长主要为 532nm[2,31]。浙江大学[27]、ODU[26]和中国科学院上海光学精密机械研究所[30]也采用 532nm 作为激光雷达的发射波长。当海水为仅有浮游植物的 I 类水体时，单波长激光雷达可以通过已有的生物光学模型获得叶绿素 a 的吸收信息。然而，如果海水中还存在 CDOM 等复杂物质，采用单波长激光雷达则无法精确获得叶绿素 a 的吸收信息。

采用多波长激光雷达是一种可同时反演叶绿素 a 和 CDOM 吸收系数的方法。Hoge 提出双波长激光雷达的思路来解决这个问题[43]。Hostetler 等提出在 355nm 和 532nm 探测水体[2]。目前，有必要通过定量分析确定最佳的双波长，这可能对海洋激光雷达的研究有利。

在本节中，将使用几个步骤来说明双波长激光雷达反演。此外，分析当 λ_1 固定在 532nm 时，λ_2 和误差的关系。最后，基于原位海水吸收系数验证双波长激光雷达反演方法。表 11-1 列出以下模拟中的输入海水光学特性。将 CDOM 吸收系数 $a_g(532)$ 设置为 $0.01\sim0.05\text{m}^{-1}$，将叶绿素浓度 C 设置为 $1.0\sim2.0\mu\text{g/L}$，将光谱吸收斜率 S 设置为 $0.014\sim0.018\text{nm}^{-1}$。这些值在海洋中常见且合理[44-47]，其中 S 值由来源确定，该值往往在近海海水中较大，而在受河流和人为因素影响的沿海海水中较小。

表 11-1 海水光学特性输入设置

组别	1	2	3	4	5	6	7
$a_g(\lambda_1)/\text{m}^{-1}$	0.03	0.01	0.05	0.03	0.03	0.03	0.03
$C/(\mu\text{g/L})$	1.50	1.50	1.50	1.00	2.00	1.50	1.50
S/nm^{-1}	0.016	0.016	0.016	0.016	0.016	0.014	0.018

双波长和相对误差之间的关系如图 11-8 所示。将误差设置为 10%，其他参数如表 11-1 中的组别 1 设置。由于图 11-8 是根据对角线对称的，为了增强图 11-8 的可读性，仅画出 $\lambda_1 > \lambda_2$ 时的情况。图 11-8(a)和(b)显示双波长选择对 C 和 $a_g(532)$ 的反演误差的影响。图中的黑线表示反演误差为 100%。

在图 11-8(a)中，当 $\lambda_1 > 560\text{nm}$ 或 $\lambda_1 < 420\text{nm}$ 时，无论 λ_2 的值是多少，C 的相对误差都大于 100%。但是，对于图 11-8(b)中的 $a_g(532)$，当将 λ_2 设置在合理范围

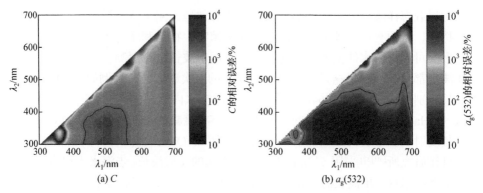

图 11-8 组别 1(表 11-1)设置下的双波长反演误差，黑线表示反演误差为 100%

内时，误差很小。总体而言，$a_g(532)$ 的相对误差小于 C。这是由于叶绿素和 CDOM 对总吸收的贡献不同。在 CDOM 的指数模型中，吸收随着波长的减小而迅速增加，在总吸收中占很大比例，使得其误差较小。当 $C=1.5\mu g/L$ 时，叶绿素吸收很小，其数值与水的吸收相近，这会导致较大的反演误差。当 $\lambda_1>600nm$ 时，C 和 $a_g(532)$ 的误差都变大，因为在这个波段，水的吸收贡献逐渐增大，C 和 $a_g(532)$ 的吸收贡献较小。可以看到随着 C 的增加，分母将变大，分子将变小，从而叶绿素的误差变小。也就是说，当实际的叶绿素浓度高于设定值时(如当水华暴发时，C 达到 189.72μg/L[48])，叶绿素的误差将大大降低。另外，两个图像之间有很多相似之处，如当 $400nm<\lambda_1<600nm$ 和 $\lambda_2<420nm$ 时，误差都很小；当 λ_1 和 λ_2 的值非常接近时，误差很大。

为了详细说明反演精度，选择一些 λ_1，然后按照表 11-1 的组别 1 设置参数，找到误差极小值所对应的 λ_2。在表 11-2 中，λ_1 在不同的情况下，获得最小误差的 λ_2 都是在 300nm 和 358nm 处。表 11-2 的结果表明，在组别 1 的参数设置下，当 $\lambda_1=496nm$ 和 $\lambda_2=300nm$ 时，叶绿素反演的最小误差可达到 60.83%，当 $\lambda_1=502nm$ 和 $\lambda_2=300nm$ 时，CDOM 的最小误差为 14.58%。将 $\lambda_2=358nm$ 时获得的最小值与 $\lambda_2=300nm$ 时获得的最小值进行比较，可以看出两者非常接近且都很小。图 11-8 和表 11-2 中的结果为波长设置提供了参考。如果仅考虑 CDOM 的反演精度，则可以将 λ_1 设置在 400~700nm 的宽范围内。如果一并考虑到叶绿素的准确性，则应将 λ_1 设置在 420~560nm 的相对较窄的波长范围内。

表 11-2 表 11-1 中组别 1 设置下固定 λ_1、改变 λ_2 时得到的误差极小值

反演	λ_1/nm	λ_2/nm	相对误差/%
C	412	300	133.36
	440		79.36

反演	λ_1/nm	λ_2/nm	相对误差/%
C	496	300	60.83
	532		74.34
	672		201.69
	412	358	141.79
	440		81.88
	496		63.92
	532		73.95
	672		201.93
$a_g(532)$	412	300	19.69
	440		16.07
	502		14.58
	532		14.60
	672		22.85
	412	358	21.21
	440		16.66
	502		14.89
	532		14.94
	672		20.27

　　考虑到目前将 532nm Nd:YAG 激光作为海洋激光雷达探测通道较为普遍，探讨在现有的 532nm 的基础上，增加另一个波长通道以提高精度更为实际。当确定 λ_1 时，误差仅受 λ_2 影响。将 $\Delta_{a(\lambda_1)}$ 和 $\Delta_{a(\lambda_2)}$ 设置为 10%，并将其他参数按照表 11-1 中组别 1 来设置，可以获得图 11-9 的结果。结果显示，当 $\lambda_2 > 420$nm 时，误差很大。另外，当两个波长均为 532nm 时，双波长反演模型并不适用，这解释了图 11-9 中的 532nm 处出现的断点。总体而言，为了减小误差，应将 λ_2 设置在比 420nm 更小的波长范围内。因此，下面的分析仅考虑将 λ_2 设置为 300～420nm 的情况。

　　在图 11-10 中，在不同情况下，反演误差通常随 λ_2 的增加而增加，在 358nm 处存在极小值。从图 11-10(a)可以看出，随着 CDOM 浓度的增加，叶绿素浓度的反演误差变大，而 CDOM 吸收系数的反演误差变小。同样，随着叶绿素浓度的增加，叶绿素浓度的反演误差变小，而 CDOM 吸收系数的反演误差几乎不变，如图 11-10(b)所示。另外，在图 11-10(c)中，随着光谱吸收斜率 S 增加，反演误差都变小。此外，可以看出，三个图中的叶绿素反演误差明显大于 CDOM。

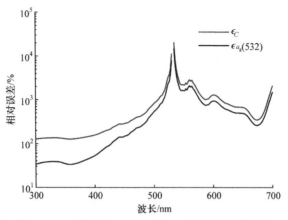

图 11-9　λ_1 固定在 532nm 时 λ_2 对反演误差的影响

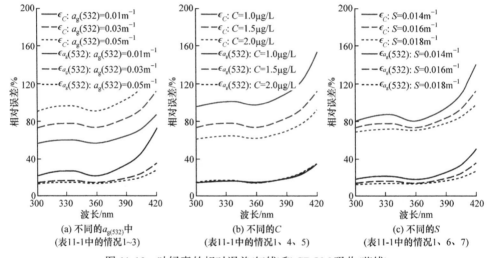

(a) 不同的 $a_{g(532)}$ 中　　　　　　(b) 不同的 C　　　　　　(c) 不同的 S
(表11-1中的情况1~3)　　　　(表11-1中的情况1、4、5)　　(表11-1中的情况1、6、7)

图 11-10　叶绿素的相对误差(红线)和 CDOM 吸收(蓝线)

11.3　海洋激光雷达与多次散射

　　海洋激光雷达回波信号与大气激光雷达回波信号相似,均来源于介质的散射。在常用的单次散射近似下,简单的激光雷达方程可以用于分析激光雷达信号和反演光学参数。然而,在浑浊介质中,多次散射效应无法忽略,如海水。本节将主要研究海洋激光雷达多次散射信号,其在单次散射模型中被忽略,但又往往能被探测器接收到。

11.3.1　多次散射仿真技术

　　激光在水中的多次散射实际上是一个辐射传递的问题,激光雷达的多次散射会对信号造成较大的影响。影响的大小不仅取决于系统参数和几何距离，也与介质的光学特性有很大的关系。一般对多次散射产生较大影响的几何和系统参数有激光雷达到散射介质的距离和激光的穿透深度，最重要的是接收系统的视场角；在介质参数方面，光束衰减系数、散射相函数、光学厚度等都是重要的参数。激光雷达辐射传输过程的复杂性对多次散射辐射传输模型的构建造成了很大困难。至今人们提出了很多对多次散射效应进行仿真和分析的方法，以探求多次散射的过程和影响。这里主要介绍近几年常用的两种方法，分别是蒙特卡罗统计方法和基于准单次散射小角度近似的解析法。

1. 蒙特卡罗仿真

以概率和统计理论方法为基础的 MC 方法常被用于模拟最接近实际的物理过程，该方法也广泛应用于激光雷达回波信号的仿真。由于在仿真过程中采用了极少的假设，所以 MC 仿真可以得到高精度的激光雷达回波信号。标准 MC 仿真将光子作为仿真对象，虽然能够最大限度地模拟实际激光雷达回波信号，但也存在仿真效率较低的明显不足。为解决仿真效率和统计误差的矛盾，Poole 将随机过程和解析模型结合起来形成半解析 MC 方法，极大地提高了仿真效率。

半解析 MC 方法将仿真的光子视为一个巨大的光子包，每次散射时均有部分光子满足接收条件参与形成激光雷达信号。在任意一次散射后，直接返回接收器的统计期望值为

$$E = \beta(\theta) \cdot \Delta\Omega \cdot \exp(-cL_0)T_s \tag{11-17}$$

式中，$\beta(\theta)$ 为进入接收器立体角 $\Delta\Omega$ 内平均散射角 θ 的体积散射函数；$\exp(-cL_0)$ 为光子从散射点经距离 L_0 到达海面时的比例；c 为光束衰减系数；T_s 为平静海面的双程透过率。仿真过程中，根据原位仪器数据将非均匀海水分为若干层，每层内的海水视为均匀水体。当光子经过多层海水时，c 会发生变化。本节涉及的 MC 仿真均为 10^{11} 个及以上光子包的仿真结果，以降低统计误差。

2. 解析模型

尽管 MC 仿真具有能够仿真最真实激光雷达回波信号的显著优势，但在计算资源和时间有限的条件下，建立在辐射传递理论基础上的解析模型更加合适。

解析模型将多次散射考虑在内，假设能够进入接收器的激光的传输过程由一段向下的多次前向散射、一次近 180° 后向散射和一段向上的多次前向散射组成，称为准小角度近似。该近似建立在水体的散射相函数在前向具有突出峰值的特征上，即激光在水体中的散射光能量主要分布于前向，具有很高的真实性。基于准小角度近似，Katsev 等在傅里叶空间采用小角度近似对辐射传输方程进行求解，

得到激光雷达信号 $P(z)$ 的解析形式为[49]

$$P(z) = W_0 \frac{b(z)}{4\pi} \frac{V}{2} \int \mathrm{d}r \int \mathrm{d}n' \int \mathrm{d}n'' \beta^b(z; |n'-n''|)$$
$$\times I_{\text{src}}(z,r,n') I_{\text{src}}^{\text{rec}}(z,r,n'') \tag{11-18}$$

式中，W_0 为激光脉冲的能量；$b(z)$ 为水深 z 处的散射系数；V 为激光在水中的传播速度；r 为散射面上的位置；n' 和 n'' 为激光传输方向在散射面上的投影；β^b 为后向散射相函数，代表了在散射位置的单次后向散射；I_{src} 和 $I_{\text{src}}^{\text{rec}}$ 为激光辐照度从出射位置到散射位置的往返变化，代表了两段前向散射过程。

11.3.2　多次散射回波信号

　　针对海水光学参数的探测需求，浙江大学研制的一套视场角可变的海洋激光雷达，于 2017 年 8 月搭乘海力号科考船在黄海进行海试。实验获得大量的走航数据和固定站点数据，在固定站点有同步进行的原位仪器测量数据，如图 11-11 所示。

图 11-11　海洋激光雷达黄海实验

　　站点 $S_1 \sim S_4$ 离海岸线较近，而 $S_5 \sim S_8$ 离海岸线较远，数据来自于美国国家地球物理数据中心。一般来说，站点离海岸线越远，水深越深，海水受陆源物质输入的影响较小，水体浑浊度降低。不同水质的多个站点数据有助于更好地验证海洋激光雷达的数据有效性和适应能力。在图 11-11 中，海洋激光雷达固定在科考船前甲板上进行走航观测和固定站点观测，原位仪器在后甲板上进行固定站位的同步观测。

研制的海洋激光雷达主要由三个部分组成：激光发射系统、光学接收系统、数据采集和控制系统,如图 11-12 所示。激光发射系统采用一台 532nm 的 Nd:YAG 调 Q 激光器，发射脉冲能量为 5mJ、脉冲宽度为 10ns、发散角为 1mrad、重复频率为 10Hz 的脉冲激光。激光经一对激光反射镜调整光轴后透过大气射入海水，第一个反射镜背面做了抛光处理使得少量激光透射，用于监测激光能量稳定性。光学接收系统包括望远镜、可调光阑、窄带干涉滤光片和光电倍增管等，接收系统望远镜口径 80mm，接收视场全角可选择 50mrad、60mrad、70mrad、80mrad、90mrad、100mrad 和 200mrad。本套海洋激光雷达系统采用非共轴结构,收发光轴间距 75mm。数据采集和控制系统由计算机、高速采集卡、光电倍增管增益控制模块、GPS 模块和温控模块等组成。高速数据采集卡的采样率为 500MHz，位数 14 位。海洋激光雷达安装高度距离海面约 9m，天底角采用 50°以避免海面强信号和船行进泡沫的干扰。对于上述工作高度和视场角，激光雷达重叠因子在海水中均为 1。在图 11-11 所示站点进行同步实验期间，海况等级为 1~3 级，变化不大，可忽略海况对激光雷达实验测量的影响。

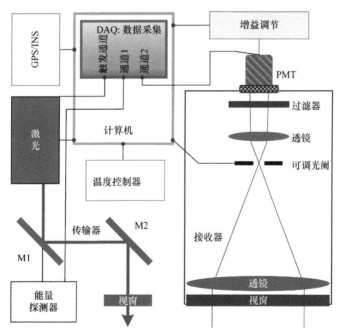

图 11-12 海洋激光雷达结构简图

原位仪器用于测量水体的 IOP，仪器包括 Wet labs 公司生产的 ac-9 吸收衰减仪、SBE 公司生产的温盐深(conductivity，temperature and depth，CTD)剖面仪、HOBI Labs 公司生产的 HS6P 后向散射测量仪。由 ac-9 可得到 532nm 处的吸收系数 a 和光束衰减系数 c，纯水的吸收和衰减根据 CTD 测量的温度和盐度数据进行校正。HS6P 在 140° 可以测量 488nm 和 550nm 的后向散射系数 b_b，由线性插值可得到 532nm 的 b_b。漫射衰减系数 K_d 由 b_b 和 a 根据 Lee 的模型计算得到。180°后向散射系数 β^{π} 由后向散射系数得到。为方便后续使用，所有原位仪器测量的光学参数被统一处理为深度分辨率 1m 的数据集。由于未配备测量相函数的原位仪器，因此需要对相函数做一定假设，后向散射假设为各向同性，前向散射采用 Dolin 的模型。因此，相函数 $\widetilde{\beta}(\theta)$ 可以表示为

$$\widetilde{\beta}(\theta) = \begin{cases} \dfrac{m}{2\pi\theta}\exp(-m\theta), & 0 \leqslant \theta < \dfrac{\pi}{2} \\ \dfrac{1}{2\pi}b_b, & \dfrac{\pi}{2} \leqslant \theta < \pi \end{cases} \tag{11-19}$$

式中，参数 m 的取值范围为 6～8，对应的散射角平均余弦为 0.86～0.96。在近岸站点 S_1～S_4，m 设为 8，在远岸站点 S_5～S_8，m 设为 6。

采用 MC 方法、解析模型、普通激光雷达方程三种仿真方法对实测的激光雷达信号进行检验。激光雷达回波信号可表示为采用准小角度近似的激光雷达方程，参考式(11-11)。MC 方法和解析模型已经在 11.3.1 节中进行了介绍。仿真参数采用了同步原位仪器测量的水体光学参数。图 11-13 对比了黄海海试中八个站点的激光雷达回波信号，点线为激光雷达仪器实验探测的回波信号，直线为 MC 方法仿真的回波信号，点划线为解析模型仿真的回波信号，虚线为普通激光雷达方程得到的回波信号，纵坐标代表深度，横坐标代表校正后的相对信号强度。

为降低系统随机误差并提高信噪比，图 11-13 中每条实测的激光雷达回波信号均由 100 发脉冲平均得到，每个站点画出 10 条激光雷达回波信号，以便观察信号波动情况。在各站点进行实验测量时，激光雷达的视场角设置为 200mrad。此外，实际激光器和光电探测器等核心部件的时间响应特性是非理想的，导致激光雷达仪器存在固有的系统响应函数。由 MC 方法、解析模型和普通激光雷达仿真得到的数据在与实测数据对比前均受到上述系统响应函数的卷积影响。实测的激光雷达回波信号的水下垂直分辨率为 0.18m，考虑到激光的脉宽和光电探测器的时间响应，实际有效的水下垂直分辨率约 1m，实测激光雷达数据在做后续数据反演前均已标准化为深度分辨率为 1m 的数据。在不同站点观测时，光电探测器的增益是可调的，以充分利用数据采集系统的动态范围，有效动态范围为 3～4 个数量级。在呈现不同站点的探测结果时，实测的激光雷达回波信号首先进行光电探测器增益的校正，然后部分站点的实测和仿真的回波信号会进行适当的缩放，以

便更好地进行不同站点的对比观察。

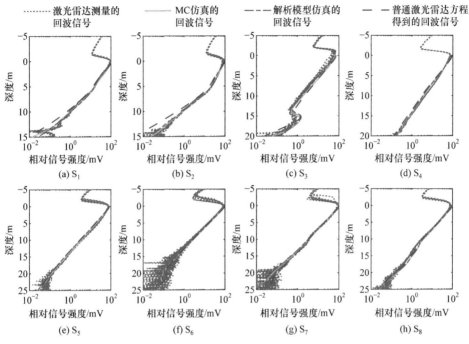

图 11-13　实测的激光雷达回波信号与 MC 方法、解析模型、
普通激光雷达方程仿真的回波信号进行对比

　　为了量化激光雷达回波信号的校验结果，在此引入两项评价指标，评价拟合
优度的可决系数 R^2 和相对误差的均方根 δ，它们的计算公式表示为

$$R^2 = 1 - \frac{\sum_{i=1}^{m}(y_i - \hat{y}_i)^2}{\sum_{i=1}^{m}(y_i - \overline{y})^2} \tag{11-20}$$

$$\delta = \sqrt{\frac{1}{m}\sum_{i=1}^{m}\left(1 - \frac{y_i}{\hat{y}_i}\right)^2} \tag{11-21}$$

式中，m 为采样点数；y_i 为原始值，即实测的激光雷达数据；$\hat{y}_i$ 为模型预测值，
包括 MC 方法、解析模型和普通激光雷达方程三种模型仿真得到的信号；$\overline{y}$ 为原
始值的均值。值得注意的是，在计算激光雷达回波信号的 R^2 时，原始值和模型值
均采用取对数后激光雷达回波信号。这是由于激光雷达回波信号呈指数衰减特性，
深水处的信号值很小，尽管此时的原始值和预测值可能已有较大的相对偏离，但
对总体的 R^2 仍影响甚微，采用对数值可以更好地同时体现浅水和深水信号的拟合

优度，这也与图 11-13 中对数坐标下呈现的数据拟合情况相符。

将三种模型对八个站点的激光雷达回波信号进行校验的结果列于表 11-3 中，采用的数据范围与图 11-13 一致，R_1^2、R_2^2、R_3^2 和 δ_1、δ_2、δ_3 分别为实测数据与 MC 方法、解析模型、普通激光方程的可决系数和相对误差均方根。

表 11-3　实测的激光雷达回波信号与仿真信号对比的可决系数 R^2 和相对偏差均方根 δ

站点	S_1	S_2	S_3	S_4	S_5	S_6	S_7	S_8	平均值
R_1^2	0.923	0.980	0.962	0.993	0.993	0.986	0.969	0.985	0.974
R_2^2	0.940	0.975	0.974	0.990	0.987	0.986	0.963	0.985	0.975
R_3^2	0.869	0.863	0.919	0.971	0.989	0.988	0.974	0.991	0.945
δ_1	1.523	0.304	0.279	0.159	0.274	0.216	1.307	0.290	0.544
δ_2	0.755	0.487	0.218	0.206	0.361	0.212	1.940	0.304	0.560
δ_3	2.893	3.202	0.626	0.370	0.318	0.195	0.906	0.254	1.095

总体来看，实测激光雷达回波信号与三种仿真模型均表现出良好的一致性，平均可决系数 R^2 大于 0.945。普通激光雷达方程未考虑多次散射的影响，相对于实测信号的偏移最大，特别是在近岸站点 S_1 和 S_2，可决系数 R_3^2 明显低于平均水平，相对误差均方根 δ_3 明显高于平均水平。站点 S_3 在水深 15m 左右存在一个强层次，校验结果仍表现出很好的一致性。站点 S_4 同属近岸，但水体浑浊度相对较低，校验结果更佳。离岸较远的站点 $S_5 \sim S_8$，可探测深度有明显的提升。站点 S_5 呈现最佳的校验结果，站点 S_6 的实测信号信噪比较低，但仍具有很好的校验结果，抗干扰能力较强，站点 S_8 在 15m 左右存在一个弱层次，校验结果不受影响。站点 S_7 在 20m 左右已接近可探测最小信号的极限，原位数据表明在 22m 左右开始出现一个强层次，这使得 MC 方法和解析模型仿真的激光雷达回波信号在 20～25m 内快速偏离实测信号，而激光雷达方程仿真的信号偏离稍缓。对站点 S_7 水深 0～20m 的信号进行校验，仍有很好的结果。上述结果表明，实测激光雷达回波信号能用三种仿真模型进行良好的校验，并且具有很好的兼容性和抗干扰能力，但需要注意普通激光雷达方程在浑浊水体中随着水深的增加误差会逐渐增大，MC 方法和解析模型在深水遇到强层次时会干扰校验结果，这可能是激光雷达信噪比降低和水体原位数据误差的原因。

11.3.3　海水多次散射对激光雷达有效衰减系数的影响

在海洋激光雷达中，为了量化多次散射对回波信号的影响，引入有效衰减系数 k_{lidar}，在激光雷达方程中，只考虑单次散射情况下，k_{lidar} 近似等于光束衰减系

数 c，为了研究多次散射情况，雷达有效衰减系数的大小，分别从解析和数值两个角度进行建模分析，本节主要介绍在多次散射与有效衰减系数方面的成果。

1. 基于蒙特卡罗方法的数值模型

1982 年 Gordon 利用 MC 仿真方法分析多次散射对雷达方程中后向散射系数 β_π 和雷达有效衰减系数 k_{lidar} 的影响。发现多次散射对后向散射系数的影响不大，但对雷达有效衰减系数有很大的影响。k_{lidar} 的取值与雷达系统参数和水体光学特性有关，当激光雷达接受望远镜在海面投影半径 R 与海水的光束衰减系数倒数 $1/c$(光子自由程)之比 cR 远小于 1 时，$k_{lidar} \approx c$；当 cR 的值大于 5 时，k_{lidar} 约等于漫射衰减系数 K_d，如图 11-14 所示。该结论目前被广泛地应用于海洋激光雷达的反演中。

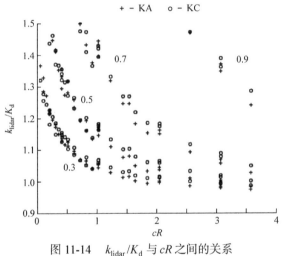

图 11-14　k_{lidar}/K_d 与 cR 之间的关系

KA 和 KC 代表两种不同的相函数

1984 年，Phillips 和 Koerber[50]从理论上推导了均匀海水中激光雷达有效衰减系数在大视场和小视场情况下的取值范围。当视场足够大的时候，$a < k_{lidar} < (a+b_b)$；当视场角很小的时候，$k_{lidar} \approx c$。文献[50]假设机载激光雷达的飞行高度为 500m，并利用接收视场角在海面的覆盖半径代表雷达视场角的大小。利用 MC 方法仿真四种不同浑浊度的海水中雷达有效衰减系数的取值。文献参考 Gordon 的结果，对比传统 MC 和半解析 MC 这两种方法的适用场景，得到当视场角大的时候(海面光斑半径=10m)，传统 MC 方法更接近 Gordon 的结果；反之，当视场角小的时候，半解析 MC 方法更接近 Gordon 的结果。但与 Gordon 不同的是，Phlillips 等的研究结果表明在视场角足够大的时候(飞行高度 500m，水面接受光斑半径 10m)，k_{lidar} 趋向于吸收系数 a 而不是漫射衰减系数 K_d。

2. 基于蒙特卡罗方法的数值模型

以上结果都是建立在机载平台和均匀海水中 k_{lidar} 均匀不变的基础上的。与机载激光雷达不同，由于星载平台通常为几百千米，激光的发散角在仿真中不可忽略。另外，研究表明，由于多次散射的影响，均匀海水中不同深度处的 k_{lidar} 值并不是常数，尤其是在刚入水的时候 k_{lidar} 表现出较明显的非均匀性。忽略 k_{lidar} 的非均匀性会给表层海水光学特性的反演带来较大的误差，进而影响浮游植物垂直分布和生产力的评估精度。2018 年，Liu 等[51]利用 MC 的方法构建星载海洋激光雷达多次散射回波仿真模型，分析不同星载平台下视场角对探测多次散射信号的影响，并在合适的雷达系统参数下，仿真不同叶绿素浓度的一类海水中多次散射对雷达回波和有效衰减系数 k_{lidar} 的影响，如图 11-15 所示在单次散射率较强的海水中，即使固有光学特性在垂直方向上均匀不变，有效衰减系数 k_{lidar} 也不是一个恒定值。k_{lidar} 随深度的变化具体表现为先减小然后趋于稳定，并且单次散射率越大，k_{lidar} 在刚入水时表现出来的不均匀性越明显。

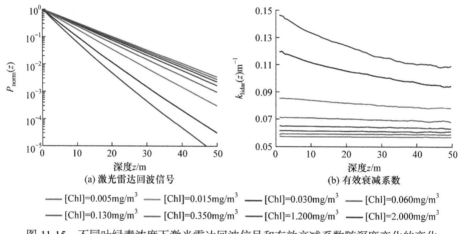

图 11-15　不同叶绿素浓度下激光雷达回波信号和有效衰减系数随深度变化的变化

$P_{norm}(z)$ 为归一化的激光雷达回波信号强度

由于在真实的海洋环境中，叶绿素浓度都不是均匀分布的。在高散射的海水中，较强的多次散射会导致 k_{lidar} 在垂直方向上由大到小的变化，这为在实际情况下通过雷达方程反演海水的光学特性带来不便，因此 Liu 等[51]对 k_{lidar} 随深度和海水 IOP 变化的变化提出如下所示的关系，即

$$k_{lidar}(z) = m\exp(-nz) + p \tag{11-22}$$

式中，参数 m、n 和 p 的值取决于海水的固有光学特性，通过探讨海水固有光学特性与参数之间的关系发现吸收系数 a 只影响 k_{lidar} 的整体大小，当 b 不变时，不

同 ω_0 的回波有效衰减系数相互平行。由于散射系数 b 和散射相函数的形状是影响 k_{lidar} 非均匀性的重要因素(图 11-16)，而后向散射系数 $b_{\text{b}} = bB$ ，可以较全面地反映两者的变化。因此可以得出 k_{lidar} 主要与吸收系数和后向散射系数相关。m 和 n 主要决定 k_{lidar} 曲线的斜率，而 p 决定 k_{lidar} 曲线的整体大小。由上述分析可知，m 和 n 主要与后向散射系数 b_{b} 相关，而 p 主要与吸收系数 a 相关。

(a) ω_0=0.3(0.1)0.6　(b) a=0.2m^{-1}, ω_0=0.3(0.1)0.6　(c) 叶绿素浓度为0.35

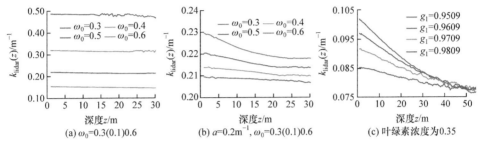

图 11-16　海水固有光学特性对激光雷达有效衰减系数 k_{lidar} 的影响

g_1 为 TTHG 相函数中的参数，决定了相函数的形状

如图 11-17 所示，通过对不同叶绿素浓度的海水进行仿真拟合得到参数 m、n 和 p 与海水吸收系数和后向散射系数之间有如下所示关系，即

$$\begin{cases} m = 4.8907b_{\text{b}} - 0.0004 \\ n = 4.2506b_{\text{b}} - 0.0055 \\ p = a + 0.3582b_{\text{b}} - 0.0042 \end{cases} \tag{11-23}$$

(a)　(b)　(c)

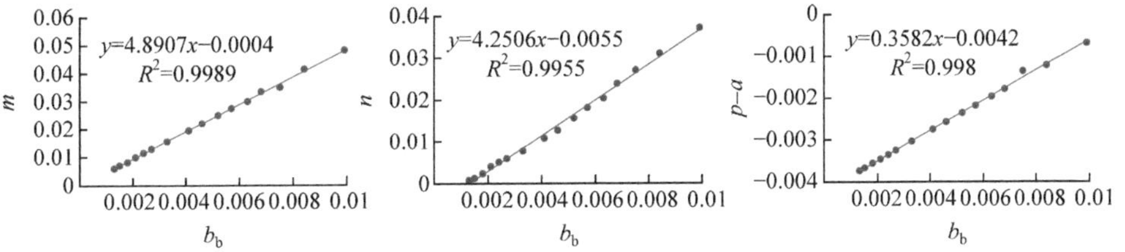

图 11-17　参数 m、n 和 p 与海水固有光学特性之间的关系

在真实的海水环境中，海水的光学特性在深度方向上不可能是均一不变的，k_{lidar} 的计算方法必须在真实海水环境中也适用。全球一类水体中叶绿素 a 的垂向浓度符合如式(11-24)所示的高斯分布，即

$$c(\zeta) = C_{\text{b}} - s\zeta + C_{\max} \exp\left\{-\left[(\zeta - \zeta_{\max})/\Delta\zeta\right]^2\right\} \tag{11-24}$$

式中，ζ 为无量纲的深度参数，定义为几何深度 z 与真光层深度 Z_{eu} 的比值；s 为下降斜率；$c(\zeta)$ 为无量纲的叶绿素浓度，定义为叶绿素浓度[Chla](ζ) 与真光层平

均浓度 $\overline{\mathrm{Chla}_{Z_{\mathrm{eu}}}}$ 的比值；$C_{\max}$ 为最高浓度；$\zeta_{\max}$ 为浓度最高的位置；$\Delta\zeta$ 为高斯峰的宽度。为了验证 k_{lidar} 拟合式(11-22)和式(11-23)在实际海水中的有效性，参照文献[52]中分层海水的测量参数，选取 S_1、S_5 和 S_9 三种不同叶绿素浓度的一类海水进行仿真分析，并计算各回波信号的有效衰减系数，其中三种海水的叶绿素浓度和固有光学特性参数的分布如图 11-18 所示。

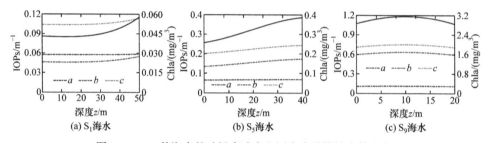

图 11-18　三种海水的叶绿素浓度和固有光学特性参数分布

对比三个光学厚度的有效探测深度内 k_{lidar} 拟合公式的适用性如图 11-19 所示。对于三种海水，实际的 k_{lidar} 均与下行辐照度衰减系数 K_d 差别较大。可以看出利用本节给出的 k_{lidar} 模型比 K_d 更能代表多次散射下有效衰减系数的变化。

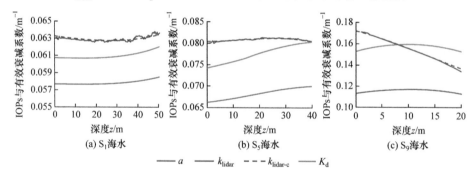

图 11-19　不同高斯分布的一类海水有效衰减系数对比

$k_{\mathrm{lidar-c}}$ 是利用式(11-22)和式(11-23)计算得来的，k_{lidar} 是回波信号中直接反演得到的

11.4　海洋高光谱分辨率激光雷达

激光雷达的回波信号包含水体的体积后向散射系数和激光雷达衰减系数的光学信息，但受到"一个方程，两个未知数"的限制，从标准后向散射激光雷达廓线中同时反演散射和衰减系数的技术，仅适用于光学性质随深度变化而变化缓慢的水体[5]。而在不均匀的海水中，则必须对激光雷达比进行假设。拉曼激光雷达利用分子拉曼散射信号作为弹性散射信号的参考，能够在不假设激光雷达比的情

况下提取海水的后向散射系数[53,54]，然而海水分子拉曼散射在单位波长上的强度很小，这会限制激光雷达的信噪比[55]。海水分子的布里渊散射与拉曼散射的总强度基本相同，但其强度集中分布于更窄的波长范围内，不容易受到太阳光、荧光等外部源的干扰，有利于基于超窄带光谱鉴频器的 HSRL 的研制[55,56]。

事实上，HSRL 技术已经在大气中得到成功的应用，1968 年，Fiocco 和 Dewolf 等模拟了大气回波信号并实现其频谱测量，预示着 HSRL 技术的开启。此后美国威斯康星大学、美国科罗拉多州立大学、NASA、美国蒙大拿州立大学、日本国立环境研究所等单位迅速开展了 HSRL 的相关研究,大气 HSRL 技术得到快速发展[57,58]。将 HSRL 概念推广至海洋将有利于海水光学参数的遥感[31]。1991 年，Sweeney 首次提出了采用 HSRL 测量水体的漫射衰减系数[59]，但直到 2016 年，Hair 才首先报道了 NASA 将 HSRL-1 改造为大气-海洋探测系统的研究成果[31]。2017 年，Zhou 等系统地评估并展示了海洋 HSRL 的理论可行性[33]，同年，Schulien 等报道了 NASA 的实验比对结果[32]。总体来看，海洋 HSRL 技术仍然是一个相对较新的领域，许多的物理过程仍然需要继续的研究。

11.4.1 基本原理

海洋 HSRL 发射一束激光脉冲进入海水中，通过望远镜接收海水的后向散射光，经过准直、滤波、分束等操作后，分别由混合通道和分子通道进行探测，用于海水光学性质的分析，获取介质的散射和衰减信息，原理如图 11-20 所示。激光雷达回波信号中包含丰富的光谱信息，如米散射(颗粒物)、瑞利散射(水分子)、布里渊散射(水分子)、拉曼散射(水分子)、荧光(CDOM 和叶绿素)等。拉曼散射和荧光发生频移，能够被干涉滤光器轻易滤除[54,60]。如图 11-21 所示，颗粒散射(点线)和瑞利散射(实线)均集中在激光光谱上，布里渊散射(划线)在后向散射角度上频移 7～8GHz@532nm。瑞利散射和布里渊散射的比值，即 Landau-Placzek 比，通常小于 2%[61]。HSRL 技术依赖于不同组分的光谱差异，利用 HSRL 鉴频器滤除颗粒的米散射分量，透过水分子的布里渊散射分量。从海水返回的激光雷达信号由望远镜收集，经准直分束后，分别采用分子通道和混合通道进行探测。具体来说，混合通道接收激光雷达返回的所有光谱信号(已滤除背景光信号)，而分子通道采用超窄带光谱鉴频器，仅接收布里渊散射分量。例如，视场展宽迈克耳孙干涉仪鉴频器(其光谱透过率特性见图 11-21 黑色实线)能够高效抑制颗粒散射和瑞利散射，但保持布里渊散射的高透过率。由于瑞利散射信号较弱，本节将略去对其的分析。

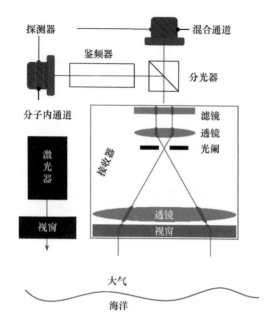

图 11-20 海洋高光谱分辨率激光雷达基本结构框图

回波信号经分束器后，一路直接被探测器接收，另一路经过理想鉴频器被探测器接收

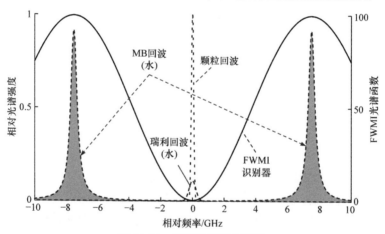

图 11-21 光谱鉴频基本原理

FWMI 鉴频器(黑色实线)抑制颗粒散射(点线)和瑞利散射(实线)，但透射布里渊散射(划线)；

阴影面积表示透射过 FWMI 的信号强度

混合通道和分子通道的信号强度 B_c 和 B_m 分别为

$$
\begin{cases}
B_c = S_p + S_m \\
B_m = T_p S_p + T_m S_m
\end{cases}
\tag{11-25}
$$

式中，下标 $i=$ m 和 $i=$ p 分别为分子布里渊散射和颗粒散射成分，S_i 为激光雷达回波信号；T_i 为 FWMI 的透射率。激光雷达回波信号常采用基于小角度准单次散射近似的方法[5,54]，激光雷达回波信号可以被描述为

$$S_i(z) = \frac{C}{(nH+z)^2} \beta_i^{\pi}(z) \exp\left[-2\int_0^z \alpha_i(z)\mathrm{d}z\right] \tag{11-26}$$

式中，C 为激光雷达系统常数；n 为水体折射率；H 为激光雷达高度；z 为深度；$\beta_i^{\pi}(z)$ 为 180° 体积散射系数；i 为下标 m 和 p，由于频移很小，可以假设布里渊散射和颗粒散射的激光雷达衰减系数 α_i 相等。然后，对 β^{π} 的反演方法可参考文献[62]。

然而，多次散射没有被包含在单次散射的近似内，多次散射在海洋遥感中是激光雷达信号的一个重要部分。因此，对于模拟多次散射激光雷达信号，常常采用基于小角度准单次散射近似的方法[53,54]，激光雷达回波信号可以被描述为

$$S_i(z) = C_i \beta_i^{\pi}(z) \int \mathrm{d}n \widetilde{\beta}_i(z, \pi - |n|) W_i(z, r = 0, n) / \widetilde{\beta}_i(z, \pi) \tag{11-27}$$

式中，C_i 为系统常数；$\widetilde{\beta}_i(z, \theta)$ 为相函数；$W_i(z, r, n)$ 为发射器和接收器在深度 z 处产生辐射的空间-角度分布，(r, n) 给出了散射面的位置及方向，$W_i(z, r, n)$ 的精确计算依赖于水体的光学性质，如相函数、光束衰减系数和散射系数。由于模型 $W_i(z, r, n)$ 忽略了前向脉冲的展宽效应，因此通常用于较大光学厚度的情况下[54]。为了更好地理解式(11-27)，对深度 z 处的激光雷达信号的传输过程进行分析，以深度 z 处的布里渊信号为例。

(1) 在激光脉冲从发射器到达深度 z 处的散射体的过程中，发生了前向多次散射，且不产生频移。

(2) 当激光脉冲从发射器到达深度 z 处的散射体时，发生单次后向散射，产生布里渊频移。

(3) 当带有布里渊频移的光子从深度 z 处返回到接收器的过程中，发生前向多次散射，且不会再次产生频移。

由于颗粒散射过程与上述过程中的步骤(1)和(3)相似，仅在步骤(2)时不存在频移，因此有

$$W_{\mathrm{m}}(z, r = 0, n) = W_{\mathrm{p}}(z, r = 0, n) \tag{11-28}$$

另外，布里渊散射和颗粒散射的相函数在后向上对散射角的依赖性较弱[63]。因此，当散射角接近 180° 时，下面的近似是可行的，即

$$\frac{\widetilde{\beta}_{\mathrm{m}}(z, \theta)}{\widetilde{\beta}_{\mathrm{m}}(z, \pi)} \approx \frac{\widetilde{\beta}_{\mathrm{p}}(z, \theta)}{\widetilde{\beta}_{\mathrm{p}}(z, \pi)} \approx 1 \tag{11-29}$$

最终，根据式(11-27)～式(11-29)可得

$$\frac{S_{\mathrm{m}}(z)}{\beta_{\mathrm{m}}^{\pi}(z)} \approx \frac{S_{\mathrm{p}}(z)}{\beta_{\mathrm{p}}^{\pi}(z)} \tag{11-30}$$

将式(11-25)和式(11-30)结合在一起，可以计算得到海水的 180°体积散射系数为

$$\beta^{\pi} \approx \beta_{\mathrm{m}}^{\pi} \frac{T_{\mathrm{p}} - T_{\mathrm{m}}}{T_{\mathrm{p}} - 1/K} \tag{11-31}$$

式中，$K = B_{\mathrm{c}}/B_{\mathrm{m}}$。将式(11-31)代回式(11-25)和式(11-26)，可以推导出激光雷达衰减系数为

$$\alpha = \frac{\mathrm{d}\ln\left[S_{\mathrm{m}}(z)(nH + z)^2\right]}{\mathrm{d}z} \tag{11-32}$$

光谱鉴频器分子散射和颗粒散射的透过率可以表示为

$$\begin{cases} T_{\mathrm{m}} = \dfrac{\displaystyle\int_{-\infty}^{+\infty}\left[I_{\mathrm{B}}(\upsilon) \otimes I_{\mathrm{L}}(\upsilon)\right]F(\upsilon)\mathrm{d}\upsilon}{\displaystyle\int_{-\infty}^{+\infty}\left[I_{\mathrm{B}}(\upsilon) \otimes I_{\mathrm{L}}(\upsilon)\right]\mathrm{d}\upsilon} \\[3mm] T_{\mathrm{p}} = \dfrac{\displaystyle\int_{-\infty}^{+\infty}I_{\mathrm{L}}(\upsilon)F(\upsilon)\mathrm{d}\upsilon}{\displaystyle\int_{-\infty}^{+\infty}I_{\mathrm{L}}(\upsilon)\mathrm{d}\upsilon} \end{cases} \tag{11-33}$$

式中，$F(\upsilon)$ 为鉴频器的光谱透过率，图 11-21 中布里渊和颗粒散射成分的光谱分布可以表示为

$$\begin{cases} I_{\mathrm{B}}(\upsilon) = I_{\mathrm{B}}'(\upsilon) \otimes I_{\mathrm{L}}(\upsilon) \\ I_{\mathrm{p}}(\upsilon) \approx I_{\mathrm{L}}(\upsilon) \end{cases} \tag{11-34}$$

式中，υ 为相对于激光的光频率；符号 $\otimes$ 为卷积；$I_{\mathrm{B}}'(\upsilon)$ 为不考虑激光线宽[64]的理想的毫米波散射精细分布；$I_{\mathrm{L}}(\upsilon)$ 为激光光谱分布。其分布可以分别表示为

$$\begin{cases} I_{\mathrm{B}}'(\upsilon) = \dfrac{1}{\pi\Delta\upsilon_{\mathrm{B}}\{1 + \left[2(\upsilon \pm \upsilon_{\mathrm{B}})/\Delta\upsilon_{\mathrm{B}}\right]^2\}} \\[3mm] I_{\mathrm{L}}(\upsilon) = \dfrac{1}{\Delta\upsilon_{\mathrm{L}}\sqrt{\pi}}\exp\left(-\dfrac{\upsilon^2}{\Delta\upsilon_{\mathrm{L}}^2}\right) \end{cases} \tag{11-35}$$

式中，$\Delta\upsilon_{\mathrm{L}}$ 为激光光谱的 $1/e$ 半宽；υ_{B} 和 $\Delta\upsilon_{\mathrm{B}}$ 分别为布里渊散射的频移[56]和半高全宽[65]。

为了指导海洋 HSRL 的设计，需要分析系统的反演误差。由于系统常数和几何重叠因子等校正误差在所有激光雷达中都很常见[31]，因此这里就不提及这些误

差。根据式(11-31)，主要考虑 K 的测量误差及 T_p 和 T_m 的校准误差，利用经典的误差传播定律可以对 β^π 的相对误差进行估计[62]：

$$\varepsilon_\beta^2 = \varepsilon_K^2 + \varepsilon_{T_p}^2 + \varepsilon_{T_m}^2 \tag{11-36}$$

式中，有

$$\begin{cases} \varepsilon_K^2 = \left(\dfrac{\partial \beta}{\beta \partial K} \right)^2 \sigma_K^2 = \left(1 + \dfrac{R}{\mathrm{SDR}-1} \right)^2 \left(\dfrac{1}{\mathrm{SNR}_c^2} + \dfrac{1}{\mathrm{SNR}_m^2} \right) \\[3mm] \varepsilon_{T_p}^2 = \left(\dfrac{\partial \beta}{\beta \partial T_p} \right)^2 \sigma_{T_p}^2 = \left(\dfrac{R-1}{T_m - T_p} \right)^2 \sigma_{T_p}^2 \\[3mm] \varepsilon_{T_m}^2 = \left(\dfrac{\partial \beta}{\beta \partial T_m} \right)^2 \sigma_{T_m}^2 = \left(\dfrac{1}{T_m - T_p} \right)^2 \sigma_{T_m}^2 \end{cases} \tag{11-37}$$

式中，σ 为各个物理量的统计标准差；$R = \beta^\pi / \beta_m^\pi$ 用于量化海洋中的颗粒含量。引入 $\mathrm{SDR} = T_m / T_p$ 来评估光谱鉴频器对米散射和布里渊散射信号的分离能力；SNR_c 和 SNR_m 分别为混合通道和分子通道的信噪比。在实际情况下，误差 ε_K 是由测量中的随机噪声造成的，主要包括光电探测器的散粒噪声、暗电流、背景涨落和过量噪声等。ε_{T_p} 和 ε_{T_m} 则是光谱鉴别的校准造成的。

根据式(11-37)可以看出，反演精度受到光谱鉴别参数如 SDR 和 FWMI 的透射率的影响[62]。特别是在浑浊水体中，较大的 SDR 可以降低 R 对 ε_K 的影响。一般来说当 SDR 约是 R 的 5 倍的时候，能够达到较好的误差抑制效果，获得较小的 ε_K。此外，较大的 SNR_m 值也有利于 ε_K 的抑制。信噪比不仅受激光能量、水衰减、仪器光学效率等因素的影响，也依赖于 T_m。因为激光雷达在散粒噪声受限模式下工作，SNR 等于信号的平方根，而一个大的 T_m 有助于增加信号强度，因此可以提升 SNR_m。同样地，较大的 T_m 和 SDR 也是减少 ε_{T_p} 和 ε_{T_m} 值的理想方法。

本节通过仿真获取 HSRL 信号，验证上文提出的反演和误差估计方法在技术上的实用性。为了更加合理地模拟水体状态，水分子的光学特性参考了文献[56]和[61]，如设置 $\beta_m^\pi = 2.4 \times 10^{-4}$。采用 Dolin 模型对相函数的小角度分量进行逼近[66]，其参数为 6。使用 Jerlov Type IB 海水类型作为测量海域的普遍光学特性[63]，在 5～9m 处模拟浮游植物层[63]，在 10～14m 模拟了 CDOM[63]，在 16～20m 模拟了生物碎屑[67]。水体的固有光学参数，包括 180°体积后向散射系数 β^π、光束衰减系数 c 和散射系数 b，均示于图 11-22(a)中。

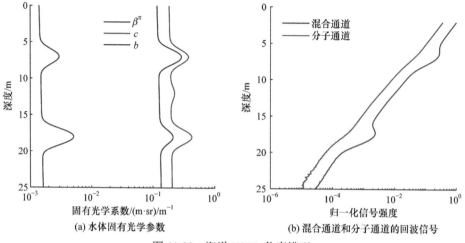

(a) 水体固有光学参数　　　　　　　　　(b) 混合通道和分子通道的回波信号

图 11-22　海洋 HSRL 仿真模型

如图 11-22(b)所示，利用准单次小角度近似理论计算一组典型的组合通道和分子通道的舰载 HSRL 信号，并对通道的最大值归一化。仿真所用的海洋 HSRL 系统参数如表 11-4 所示。引入噪声来模拟被干扰的真实信号。T_p 和 T_m 的相对不确定度分别为 5% 和 2%。同时考虑来自背景和信息信号的散粒噪声，限制两个通道的信噪比。假设白天的背景辐射为 0.14W/(m² · sr · nm)，然后从背景辐射、干涉滤波器带宽、望远镜接收面积和视场等方面计算背景信号。为了减少随机噪声，对信号进行了 10 次以上的集成。假设采用门控技术消除了 2m 以内的信号，避免了水面的干扰[16]。T_m 和 SDR 分别设置为 90% 和 200，从图 11-21 中可以看出，由于分子通道具有良好的光谱分辨性能，大部分颗粒信号被抑制。

表 11-4　仿真所用的海洋 HSRL 系统参数

参数	数值	参数	数值
激光波长/nm	532	光谱带宽/nm	1
单脉冲能量/mJ	5	组合和分子通道的总光学效率	15%/35%
激光半高全宽/GHz	0.1	分子透过率	90%
望远镜直径/mm	80	光谱分离比	200
望远镜视场角/mrad	20	PMT 量子效率	10%
望远镜放大率	4	采样间隔/m	0.1
高度/m	10	电子带宽/MHz	100

图 11-23(a)为用红点绘制 MC 方法中的 200 个 β^π 反演剖面，其中通过实线显

示出了真值随着式(11-36)的理论模型计算的 3-σ 反演误差限制(蓝色折线)。可以
看出，大部分的反演值都局限在预测范围内，这表明理论模型与 MC 方法具有很
好的一致性。将上述模拟中的条件视为 A 条件，为了比较校准和测量误差对 β^π
的总反演误差的影响，在图 11-23(b)中引入条件 B 和 C。B 条件下 T_p 和 T_m 的相对
不确定度分别为 10%和 4%，C 条件下单脉冲能量为 A 条件下的 40%，其他参数
不变。图 11-23(b)显示 MC 模拟的统计误差均方根，以及用式(11-36)直接计算的
理论误差。显然，理论模型与 MC 方法吻合较好，再次验证理论模型的正确性。
此外，在 20m 深度范围内的反演误差取决于从 A 和 B 条件的比较中 T_p 和 T_m 的校
准误差。随着深度的增加，反演误差也会变大，这是不可避免的，因为当激光雷
达信号的 SNR 在深水中低时，不能忽略散粒噪声。因此，由于单脉冲能量较低，
C 条件下反演误差的拐点比 A 条件下要浅。总之，当信噪比较好、透过率可以很
好地校准时，反演值是准确的，如条件 A。

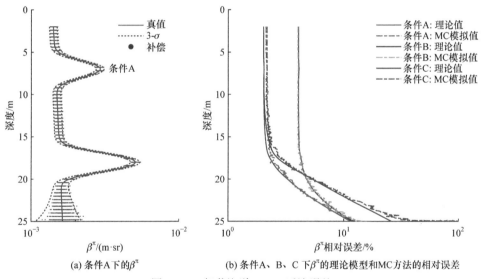

(a) 条件A下的 β^π 　　　　　(b) 条件A、B、C 下 β^π 的理论模型和MC方法的相对误差

图 11-23　舰载海洋 HSRL 反演误差

11.4.2　相函数与多次散射

　　如果粒子和分子的后向相函数是平坦的，那么反演得到的结果如图 11-23 所
示。然而，由于真实的颗粒相函数在后向上并不是完全平坦的，因此，关于 HSRL
及相函数的问题值得进一步的探索和研究。本节建立一个半解析 MC 模型来模拟
海洋 HSRL 信号，利用该模型研究相函数对 HSRL 信号及其反演的影响。

　　MC 仿真已经在 11.3.1 节中进行了描述，在模拟过程中，对颗粒散射和分子
散射进行了修正，假设频移仅发生在分子布里渊后向散射中。这一假设基于以下

两个重要事实。第一，颗粒散射不会改变频率，而布里渊散射引起的频移与 $\sin(\theta/2)$ 成正比，其中 θ 是散射角[64]。因此，布里渊散射在后向方向的频移较大，而在前向方向上的频移较小。这意味着，具有小布里渊位移的光子很容易被误认为是颗粒信号而被光谱鉴频器拒绝。第二，经历布里渊前向散射的光子很难返回到接收端，因为布里渊前向散射在角度上是均匀分布的，经历布里渊前向散射的光子很容易向外扩散和丢失。

采用修正后的半解析 MC 方法计算分子和颗粒激光雷达回波信号。下文的分析大部分是在三种典型情况下进行，可以有代表性地说明反演结果的特点。这三种情况分别为 Case A(清洁海水，视场角 50mrad)，Case B(近岸水体，视场角 50mrad)，Case C(近岸水体，视场角 200mrad)。参考 Petzold 的实验结果[67]，近岸水体吸收系数 a 为 0.179m^{-1}，散射系数 b 为 0.219m^{-1}，清洁海水吸收系数 a 为 0.114m^{-1}，散射系数 b 为 0.037m^{-1}。其余的仿真参数为工作高度为 150m、激光波长为 532nm，在 MC 仿真中，每个信号剖面采用 10^{11} 个光子。

水分子和颗粒物的相函数如图 11-24 所示。由于不同水域颗粒性质的复杂性，且在测量前向小角度和后向大角度时存在困难，水体颗粒物的相函数仍然没有被充分地理解。在众多实测结果中，Petzold 得到的测量结果得到广泛的引用[67]。Petzold 相函数的原始数值来自三次体积散射系数的测量，三次测量的地点分别是加利福尼亚的圣迭戈港的非常浑浊的水体、加利福尼亚的圣佩德罗海峡中的近岸水体和巴哈马群岛的非常干净的水体[63]，Mobley 将三次实测数据进行拟合，具体方法及数值在文献[68]中给出。人们使用 Petzold 的结果(实测相函数后向散射比 0.0183)作为参考，定义多种解析形式的相函数用于仿真，用于被动遥感的仿真与验证[69]。

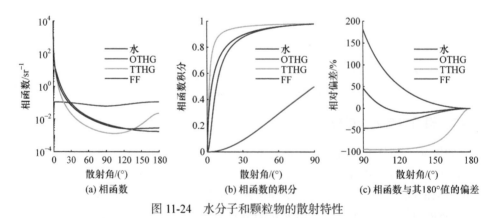

(a) 相函数　　　　　　(b) 相函数的积分　　　　　(c) 相函数与其180°值的偏差

图 11-24　水分子和颗粒物的散射特性

单项亨尼-格林斯坦(one-term Henyey-Greenstein，OTHG)相函数是一个广泛使用的相函数，其数学形式简单，可以表示为[70]

$$\tilde{\beta}_{OTHG}(\theta) = \frac{1-g^2}{4\pi(1+g^2-2g\cos\theta)^{3/2}} \tag{11-38}$$

当 $g = 0.9185$ 时，后向散射比(后向散射系数与散射系数的比值)为 0.0183，该比值与 Petzold 实测相函数的后向散射比是一致的。

由于 OTHG 相函数在较大和较小角度对颗粒物相函数的描述性较差，因此提出双项亨尼-格林斯坦(two-term Henyey-Greenstein，TTHG)相函数，即

$$\tilde{\beta}_{TTHG}(\theta) = \alpha\beta_{HG}(\theta, g_1) + (1-\alpha)\beta_{HG}(\theta, -g_2) \tag{11-39}$$

式中

$$\begin{cases} g_2 = -0.30614 + 1.0006g_1 - 0.01826g_1^2 + 0.03644g_1^3 \\ \alpha = \dfrac{g_2(1+g_2)}{(g_1+g_2)(1+g_2-g_1)} \end{cases} \tag{11-40}$$

式中，$g_1 = 0.9809$，可使得后向散射比为 0.0183。

最后一种相函数是 FF 相函数，是由 Fournier 和 Forand 针对服从 Junge 粒度分布的粒子，并且根据反常衍射，通过米散射理论近似得到，即

$$\tilde{\beta}_{FF}(\theta) = \frac{1}{4\pi(1-\delta)^2\delta^v}\left\{v(1-\delta)-(1-\delta^v)+\left[\delta(1-\delta^v)-v(1-\delta)\right]\sin^{-2}\left(\frac{\theta}{2}\right)\right\}$$
$$+ \frac{1-\delta_{180}^v}{16\pi(\delta_{180}-1)\delta_{180}^v}(3\cos^2\theta-1) \tag{11-41}$$

式中

$$\begin{cases} v = \dfrac{3-\mu}{2} \\ \delta = \dfrac{4}{3(n-1)^2}\sin^2\left(\dfrac{\theta}{2}\right) \end{cases} \tag{11-42}$$

式中，n 为颗粒折射率实部；μ 为 Junge 分布的斜率参数；δ_{180} 则为 δ 在 180°的值。为了保证后向散射比为 0.0183，在后面的仿真中，使 $n = 1.10$ 且 $u = 3.5835$。

在 5°～90°，FF 相函数、OTHG 相函数和 TTHG 相函数与 Petzold 相函数的相对误差分别为 15.9%、18.3%和 113.4%[69]。如图 11-24(a)所示，FF 相函数和 OTHG 相函数在前向非常接近，它们与 TTHG 在前向差别较大。由于三者的后向散射比例是一致的，相较于 FF 相函数和 OTHG 相函数，性质与 TTHG 相函数相似的水体，会使光束在水中的传输更加集中于小散射角。对散射光能量的概率分布进行了计算，评估从 0°～θ 角度的散射能量分布为

$$\xi(\theta) = 2\pi \int_0^\theta \tilde{\beta}(\theta)\sin\theta \mathrm{d}\theta \qquad (11\text{-}43)$$

式中，$\tilde{\beta}(\theta)$ 可以用式(11-38)、式(11-39)和式(11-41)来替代。这种形式类似于散射系数的定义。如图 11-24(b)所示，水分子散射的积分几乎与散射角成正比，展现了均匀的特性，ξ 在 90°的数值为 0.5。然而，颗粒散射的能量则集中于前向，在积分角度为 0°~1°时，TTHG 相函数和 FF 相函数的能量近似相等，但当积分角度为 10°时，FF 相函数和 OTHG 相函数的能量分别为总散射能量的 70%和 58%，而 TTHG 相函数则为 88%。这意味着在 0°~1°时 TTHG 相函数和 FF 相函数能量更加集中，而在 0~10°时，TTHG 相函数能量更加集中。在 90°~180°时，FF 相函数、OTHG 相函数和 TTHG 相函数与 Petzold 相函数的相对误差分别为 6.4%、26.1%和 88.8%[69]。如图 11-24(a)所示，FF 相函数和 OTHG 相函数在后向比较接近，而与 TTHG 相函数差别较大。由于 HSRL 相函数的工作原理是将分子后向散射作为粒子信号的参考，其信号的特性与 180°体积散射系数密切相关，定义后向相函数与其 180°的值的相对偏差为

$$\Delta = \frac{\beta(\theta) - \beta(\pi)}{\beta(\pi)} \times 100\% \qquad (11\text{-}44)$$

如图 11-24(c)所示，OTHG 的相对偏差随角度增大而减小，TTHG 随角度增大而增大，FF 则是平滑的，在角度较大时几乎为零。

1. 180°体积散射系数

根据式(11-32)从仿真的激光雷达信号中可反演得到 180°体积散射系数 $\beta_p'^{\pi}$，上标 $'$ 表示该值是由反演计算得到，不同于真值 $\beta_p^{\pi}(z)$。图 11-25(a)~(c)分别为 Case A~Case C 三种典型条件的仿真结果。真值用虚线表示，在均匀水体中，不会随深度变化发生变化。三种相函数的 $\beta_p^{\pi}(z)$ 具有一定的差别，可以归因于图 11-24(a)的相函数特性。图 11-25(a)中曲线的数值显著小于图 11-25(b)和(c)，这是因为清澈海水的散射系数显著小于近岸水体。反演值 $\beta_p'^{\pi}$ 用实线表示，它们在水面处的值始终与真值一致，然而随着深度的增加，它们都会不同程度地偏离真值。偏离程度与仿真条件和相函数密切相关，图 11-25(c)的偏离程度总是大于图 11-25(b)，可能是因为较大的视场角接收到了更多的多次散射信号。图 11-25(a)的偏离程度相对较小，可能是因为水体较为清澈。

直接根据图 11-25 来判断 $\beta_p'^{\pi}$ 的偏离程度，容易受到真值不同的影响，如 TTHG 的偏离程度总是看起来要大于另外两种相函数。为了解决这个问题，定义 $\beta_p'^{\pi}$ 的相对误差为

$$\Delta_1 = \frac{\beta_p'^\pi - \beta_p^\pi}{\beta_p^\pi} \times 100\% \tag{11-45}$$

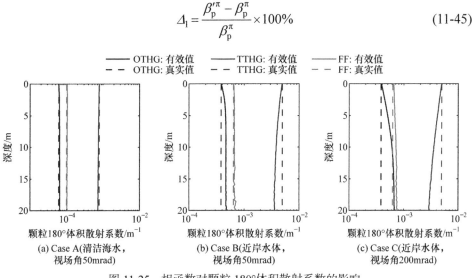

图 11-25　相函数对颗粒 180°体积散射系数的影响

如图 11-26 所示，Case A～Case C 分别采用实线、划线和点划线来表示，OTHG、TTHG 和 FF 相函数分别采用蓝、红、绿来表示。β_p^π 在水面处与真值一致，但随着深度增大总是不断偏离真值。对于 OTHG 相函数，$\beta_p'^\pi$ 随深度增加不断增大；对于 TTHG 相函数，$\beta_p'^\pi$ 随深度增加不断减小；对于 FF 相函数，$\beta_p'^\pi$ 随深度增加变化较小。此外，Case A 的相对误差总是小于 Case B，Case B 的相对误差总是小于 Case C。

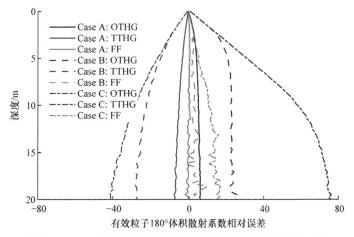

图 11-26　180°体积散射系数的反演相对误差与相函数的关系

　　根据图 11-26 中的仿真结果，后向相函数在 $\beta_p'^\pi$ 的反演中起到非常重要的作用。以 Case B 条件为例，OTHG 相函数的误差随深度增加增大至 26%，TTHG 的误差随深度增加增大至–27%，而 FF 相函数的误差则约为 7%。原因可以归结于颗粒和水分子后向相函数之间的差异。以 180° 为参考点，随着散射角度的减小，OTHG 相函数越来越大，TTHG 相函数越来越小，FF 相函数和水分子相函数几乎不变。将相函数 150° 的值与 180° 进行比较，OTHG 相函数增大了 20%，TTHG 减小了 80%，FF 相函数则几乎不变。根据准小角度近似的原理，激光刚进入水体时，大部分能量主要沿 0° 向前传输，此时发生的后向散射集中于 180°，使得在水面处反演的 $\beta_p'^\pi$ 的值与真值一致。而随着深度的增加，向前的激光能量逐渐因多次散射发生偏移，其后向散射角度不再集中于 180°，而是偏移到更小的角度，从而导致深水处的 $\beta_p'^\pi$ 受到更小角度后向相函数的影响。

　　$\beta_p'^\pi$ 的反演误差不仅要归因于后向相函数随角度变化的变化，还要考虑激光前向传输时的角度展宽。在 Case C 中的 0～10m，OTHG 相对误差的变化速率几乎等于 TTHG。然而，TTHG 相函数从 180°～150° 的变化幅度要远大于 OTHG。因此，一定有另外一种方式影响了相对误差的变化速率。根据准小角度近似的原理，可以将这种方式归结于前向传输的过程。由于 TTHG 相函数尖锐的前向峰值使得多次散射的能量更加集中于小角度，因此当发生后向散射时，其后向散射角度更加集中于 180°，从而使得相对误差的变化减缓。当相函数无限集中于小角度时，则后向散射角度可以认为始终为 180°。

2. 激光雷达衰减系数

　　激光雷达衰减系数 α 可以根据式(11-32)反演得到，由于 β_m 在后向角度非常平坦，因此可假设 $\beta_m'^\pi$ 不会因多次散射而随深度变化发生变化。图 11-27(a)～(c)分别是 Case A～Case C 三种典型条件的仿真结果。吸收系数和后向散射系数之和 $a+b_b$ 由黑色点划线表示，清洁水体的系数和小于近岸水体。$a+b_b$ 可以作为 α 的参考，在准单次散射近似下[71,72]，α 总是大于 $a+b_b$。在准小角度近似下，仅需考虑 α 受多次散射对激光前向传输的影响，可以忽略后向相函数的影响。

　　前向相函数的形状对 α 有重要的影响，如图 11-27 所示，OTHG 的 α 总是大于 FF，FF 的 α 总是大于 TTHG。在 0°～1° 内 TTHG 相函数和 FF 相函数的能量近似相等，约为 20%，但远大于 OTHG 相函数，但当积分角度为 10° 时，FF 相函数和 OTHG 相函数的能量近似相等，分别为总散射能量的 70% 和 58%，而 TTHG 相函数则为 88%。可以看到，FF 相函数在前向的集中度不如 TTHG 相函数，OTHG 相函数不如 FF 相函数。TTHG 相函数能够最大限度地将前向多次散射的激光约束在更小的区域内，进而使得大部分的多次散射激光仍然位于接收器的接收范围内。OTHG 相函数和 FF 相函数在前向的展宽会导致部分多次散射的光子溢出接收区域，使得它们的 α 均大于 TTHG 相函数，但由于 FF 相函数与 OTHG 相函数在前向差别相对较小，它们对应的 α 的差别也相对较小。

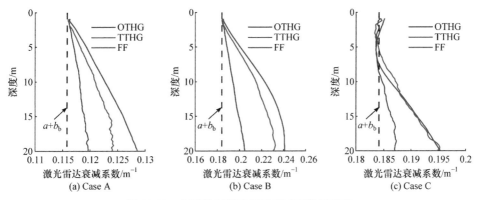

图 11-27　相函数对激光雷达衰减系数的影响

为了评估激光雷达衰减系数 α 与 $a+b_b$ 的差异，引入 α 与 $a+b_b$ 的相对偏差为

$$\Delta_2 = \frac{\alpha - (a+b_b)}{(a+b_b)} \times 100\% \tag{11-46}$$

根据图 11-27 的展示结果，计算 δ_2 与相函数的关系示于图 11-28。对于 TTHG 相函数，Case A 中总是小于 5%，Case B 中总是小于 11%，Case C 中总是小于 2%，相对于其他相函数误差很小。由于 TTHG 相函数能够将前向多次散射限制在一个小角度区域内，因此大多数多次散射光子仍在接收区域内，在准小角度近似下，

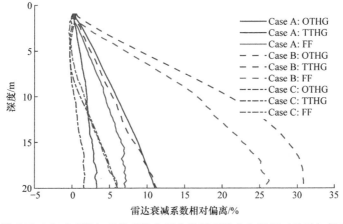

图 11-28　激光雷达衰减系数与吸收系数和后向散射系数之和的相对差异与相函数的关系

可以认为衰减仅为吸收系数和后向散射系数之和。与 TTHG 相函数相比，多次散射的光子更容易溢出 OTHG 相函数和 FF 相函数的接受区域，就会导致更大的激光雷达衰减系数。Case C 中 TTHG 相函数误差总是小于 2%，展现了大视场角下激光雷达衰减系数 α 与 $a+b_b$ 之间非常高的吻合度。

11.4.3　多次散射下的回波光谱

目前的 HSRL 理论一般是建立在 180° 的单散射光谱不变的基础上，如图 11-21 所示。然而，由于海水是光学致密介质，激光在入水后伴随着强烈的不可忽略的多次散射，导致布里渊散射角偏离 180° 且信号光谱偏离单次散射光谱。因此，有必要评估偏差大小，以及是否可以容忍或减少这些偏差。本节通过进一步改进半解析 MC 方法来模拟海洋 HSRL 的回波光谱，并研究多次散射对回波光谱和 HSRL 反演的影响。

1. MC 仿真

在 11.4.2 节中，已经介绍过利用半解析 MC 技术，将随机过程和解析估计相结合，能够大大降低方差。下文根据散射过程中是否记录光谱，将 MC 算法分为光谱法和非光谱法。

在仿真过程中，针对不同光子做不同的标记：①只发生颗粒散射 S_{op}；②只发生分子后向散射而没有分子前向散射 S_{mb}；③只发生分子前向散射而没有分子后向散射 S_{mf}；④在前向和后向方向上均发生分子散射 S_{mfmb}，这些标签有助于研究 HSRL 光谱中的多次散射效应。

光谱法定义为每一次散射后记录光谱分布。粒子散射不改变光谱，而布里渊散射导致频移[33]。布里渊单次散射的光谱分布被描述为

$$I_{B,1}(\upsilon) = \frac{1}{\pi \Delta \upsilon_{B,1}} \cdot \frac{1}{1 + \left[2(\upsilon \pm \upsilon_{B,1})/\Delta \upsilon_{B,1}\right]^2} \tag{11-47}$$

式中，下标数为散射次数，布里渊散射的频移 υ_B 和半高全宽 $\Delta \upsilon_B$ 可以分别用散射角 θ 的函数来描述，即

$$\begin{cases} \upsilon_B(\theta) = \upsilon_B^{\pi} \sin(\theta/2) \\ \Delta \upsilon_B(\theta) = \Delta \upsilon_B^{\pi} \left[\sin(\theta/2)\right]^2 \end{cases} \tag{11-48}$$

由于光子可能经历多次分子散射，因此有必要计算多次散射的光谱。两次布里渊散射的光谱可以描述为两个洛伦兹函数的卷积，即

$$I_{B,2}(\upsilon) = I_{B,1}(\upsilon) \otimes \frac{1}{\pi \Delta \upsilon_{B,2}} \cdot \frac{1}{1 + \left[2(\upsilon \pm \upsilon_{B,2}) / \Delta \upsilon_{B,2} \right]^2}$$

$$= \frac{1}{2} \frac{1}{\pi (\Delta \upsilon_{B,1} + \Delta \upsilon_{B,2})} \cdot \frac{1}{1 + \left[2(\upsilon \pm \upsilon_{B,1} \pm \upsilon_{B,2}) / (\Delta \upsilon_{B,1} + \Delta \upsilon_{B,2}) \right]^2} \qquad (11\text{-}49)$$

那么，n 次布里渊散射的光谱可以表示为

$$I_{B,n}(\upsilon) = I_{B,n-1}(\upsilon) \otimes \frac{1}{\pi \Delta \upsilon_{B,n}} \times \frac{1}{1 + \left[2(\upsilon \pm \upsilon_{B,n}) / \Delta \upsilon_{B,n} \right]^2}$$

$$= \frac{1}{2^{n-1}} \frac{1}{\pi \sum\limits_{i=1}^{n} \Delta \upsilon_{B,i}} \times \frac{1}{1 + \left[2(\upsilon \pm \upsilon_{B,1} \pm \upsilon_{B,2} \pm \cdots \pm \upsilon_{B,n}) \Big/ \sum\limits_{i=1}^{n} \Delta \upsilon_{B,i} \right]^2} \qquad (11\text{-}50)$$

式(11-47)～式(11-50)简化了卷积运算，使 MC 仿真切实可行。光谱的一个例子显示在图 11-29 中，其中第 1 次至第 4 次分子散射的散射角分别是 180°、5°、15°、25°。结果表明，经过多次散射后，谱线可能发生扩散。

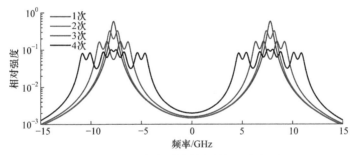

图 11-29　多次分子散射光谱的一个例子

最后，通过计算光子数来计算返回的光谱 $I(\upsilon)$，然后可以分别得到 B_c 和 B_m 为

$$\begin{cases} B_c = \displaystyle\int_{-\infty}^{+\infty} I(\upsilon) \otimes I_L(\upsilon) \mathrm{d}\upsilon \\[2mm] B_m = \displaystyle\int_{-\infty}^{+\infty} \left[I(\upsilon) \otimes I_L(\upsilon) \right] F(\upsilon) \mathrm{d}\upsilon \end{cases} \qquad (11\text{-}51)$$

而在 11.4.2 节的研究中，定义一个非光谱近似来有效地估计 HSRL 的返回。假设在 90°～180°时经历分子后向散射的返回光谱为 180°时的单散射分子谱，而在 0°～90°时的分子前向散射光谱不变。在该框架下，S_{op} 和 S_{mf} 在返回时被认为是没有频移的，而 S_{mfmb} 和 S_{mb} 在返回时被认为在 180°有单个散射分子光谱。根据式(11-25)来计算 B_c 和 B_m，可以得

$$\begin{cases} B_c = S_{op} + S_{mb} + S_{mf} + S_{mfmb} \\ B_m = T_p(S_{op} + S_{mf}) + T_m(S_{mb} + S_{mfmb}) \end{cases} \tag{11-52}$$

该方法则被定义为非光谱法，由于不记录光谱，因此可以比光谱法更快地计算激光雷达的回波。

2. 光谱变化

在仿真中，激光雷达的参数是根据实际工作条件确定的。激光雷达的工作高度为 150m，对应低空机载海洋激光雷达的工作高度。视场角是 50mrad，水型为近岸水体，参考 Petzold 的数据[67,73]，可以得到吸收系数 $a = 0.179\mathrm{m}^{-1}$ 和散射系数 $b = 0.219\mathrm{m}^{-1}$。本节中将采用在实验室中以 532nm 激光波长，在 25℃、35‰盐度下进行测量得到的频移和半高全宽 $\upsilon_B^\pi = 7.75\mathrm{GHz}$ 及 $\Delta\upsilon_B^\pi = 0.55\mathrm{GHz}$。激光光谱的半宽是 0.1GHz。输入 4×10^{10} 个光子，模拟每个 MC 的剖面。仿真中采用了 Petzold 测量的散射相函数[67]。

图 11-30 给出用对数运算来描述的混合通道回波光谱。布里渊散射信号频移至 7.75GHz，颗粒回波则以激光波长为中心。在图 11-30(a)中，颗粒和分子信号均随深度增加而衰减，但很难对彩色图的多次散射效应进行分析。在图 11-30(b)～

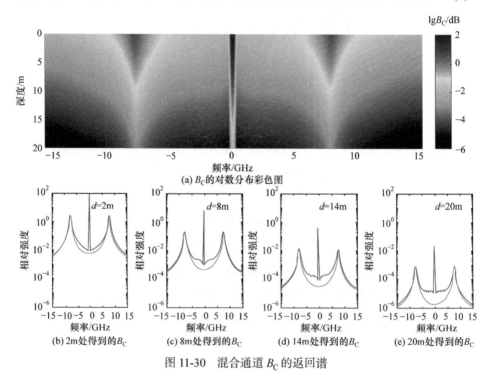

图 11-30　混合通道 B_C 的返回谱

(e)中，在 2m、8m、14m、20m 处用蓝线表示光谱信号，用橙色线表示 180°单次散射布里渊光谱作为参考。结果表明，仿真得到的水面布里渊信号与参考信号相一致，但随深度的增加而逐渐偏离。

为了进一步研究图 11-30(b)~(e)的偏差，图 11-31 给出了分子散射(如 S_{mf}、S_{mb} 和 S_{mfmb})的结果。在 180°时的单次散射回波用黑色虚线绘制以供参考。返回的信号值都按总信号的最大值(黑色实线)进行归一化。信号 S_{mb} (红线)比 S_{mf} 和 S_{mfmb} 大得多，因为颗粒正向散射保留了大部分的散射光子，而不是分子前向散射。小于 7.75GHz 的 S_{mb} 随着深度的增加而增大，因为分子后向散射角偏离 180°，导致频移较小。中心和 15GHz 处的增加可能是由于两次分子后向散射造成的。信号 S_{mf} (绿线)表现为双重态，并随深度增加逐渐增加。由于小角度的小散射概率，它在深度 2m 处随频率增加而增加。20m 时，1~5GHz 的信号变得平坦，因为小角度的正向分子散射更容易保留，使得 S_{mf} 在小频率中的比例随着深度的增加而逐渐增大。信号 S_{mfmb} (蓝线)在 7.75GHz 频移的两侧，但在 7.75GHz 左右不是对称形式，尤其是在水面。假设分子向前和向后散射在水面只发生一次，分别散射角的总和是 π 近似。通过计算分子散射引起的频移，不难发现图 11-31(a)中 S_{mfmb} 的可

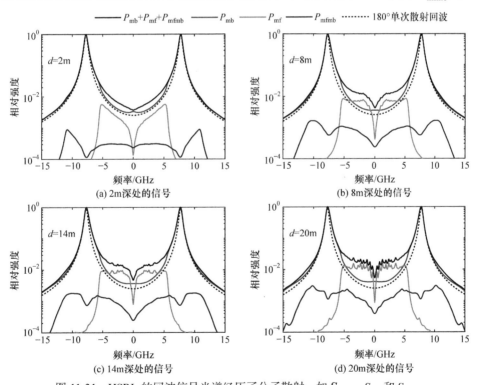

图 11-31　HSRL 的回波信号光谱经历了分子散射，如 S_{mf}、S_{mb} 和 S_{mfmb}

靠性。此外，由于小角度的正向分子散射更容易被保留，S_{mfmb} 的峰变得平坦，且 S_{mfmb} 在激光中心的位置随着深度的增加而减小。

11.4.4　典型系统及实验

美国 NASA LaRC 在 HSRL 领域有着丰富的经验和技术积累。2008 年，Hair 等报道了研制的机载 HSRL-1 系统，专门用于气溶胶和云层光学特性的测量。如图 11-32(a)所示，该系统主要由一个 1064nm 波段的偏振米散射激光雷达和基于碘分子吸收池的 532nm 波段偏振 HSRL 系统构成。如图 11-32(b)所示，碘分子吸收池通过鉴别颗粒后向散射和空气分子瑞利后向散射的光谱差别，实现其主要功能。2016 年，NASA 报道了将 HSRL 技术用于大气-海洋联合探测[31,74]。HSRL-1 探测的基本结构仍然与大气相似，如图 11-32(a)所示，但是考虑到海水对红外光的强烈衰减，海水的探测仅采用 532nm 通道，并在接收器中采用蒸汽碘分子谱线吸收技术进行频率鉴别。其中，平行通道和垂直通道同时测量分子和颗粒后向散射(混合通道)，而分子通道仅测量分子后向散射信号。与大气分子的瑞利散射不同，水分子产生频移为 7～8GHz 的布里渊散射。碘分子吸收池透过水分子信号，而滤除颗粒信号。

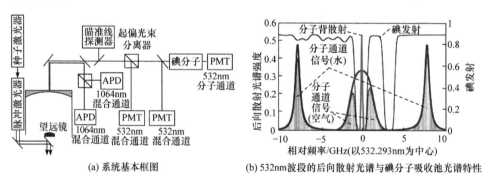

(a) 系统基本框图　　　　　(b) 532nm 波段的后向散射光谱与碘分子吸收池光谱特性

图 11-32　NASA 研制的 HSRL-1 探测海洋基本原理

HSRL-1 能够提供深度分辨率约为 1m 的数据信息(采样率 120MHz)。探测系统集成了新的混合光电探测器(hybrid photodetector，HPD)以减小瞬态响应或后脉冲效应。激光器升级为更短的激光脉冲(6ns)，并采用了更高的脉冲重复频率(4000Hz)和更高的脉冲能量(2.5mJ)。

NASA 的 HSRL-1 在 2014 年的 7 月 17 日～8 月 7 日进行了首次大气-海洋联合观测数据，项目基于船-机生物光学研究实验(ship-aircraft bio-optical research，SABOR)[31,74]。这次任务覆盖了缅因湾、靠近百慕大群岛的公海和弗吉尼亚州到罗德岛州的近岸水体。HSRL-1 安装于 NASA LaRC 空中国王飞机。飞行轨迹与科考船的航行轨迹一致，以与原位数据形成时空上的匹配。飞行实验不仅提供了大气

退偏(532nm、1064nm)、后向散射(532nm、1064nm)、消光廓线(532nm)，还首次
给出了 HSRL 在 532nm 探测的海洋后向散射系数、退偏比和漫射衰减系数的数
据。值得注意的是，如图 11-33 所示，在 19 时左右，当飞行轨迹远离马萨诸塞州
海岸线、靠近乔治海岸附近时，缅因海湾水体有非常强后向散射，这是因为该区
域的浮游植物存量和生产力非常高。

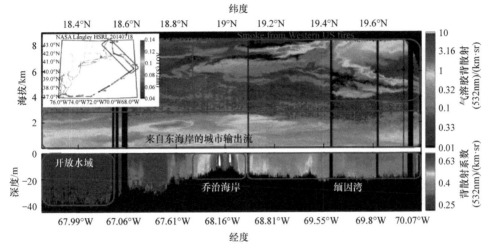

图 11-33　大气的颗粒后向散射系数和海洋的 180°体积散射系数

　　如果仅考虑海洋的光学产品，NASA 的 HSRL-1 能够提供漫射衰减系数、180°
体积散射系数、退偏比和激光雷达比四种产品，如图 11-34 所示[31,74]。漫射衰减
系数描述了水体的衰减特性，且主要代表水体的吸收特性，陆源物质会注入沿岸
水体，导致不可避免的大衰减。180°体积散射系数描述了水体颗粒物的后向散射
特性，同样呈现出沿岸水体要大于大洋水的特征。退偏比通常可以体现颗粒物的
形状，可以看到近岸的退偏比通常要大于大洋水。同时可以看到退偏比总是随深
度的增加而升高，这是因为水体中的退偏比是与多次散射直接相关[37,75]。激光雷
达比是激光雷达衰减系数与 180°体积散射系数的比值，是一个重要的表征水体特
性的参数，能够很好地抑制颗粒物浓度变化对水体特性反演的影响[19]。浮游植物
的激光雷达比在 100 左右，激光雷达比远小于 100，说明后向散射较强，此时水
中可能有散射更强的泥沙等悬浮物，对应了乔治海峡地区。而激光雷达比远大于
100，可能是因为 CDOM 含量较高，导致衰减相对较大。

　　NASA 也展示了 HSRL-1 反演数据的验证结果。根据式(11-31)可以从 HSRL
信号得到颗粒 180°体积散射系数和激光雷达衰减系数，在海洋光学中常采用颗粒
后向散射系数 b_{bp} 来表征颗粒的特性，b_{bp} 的值来自激光雷达 β_p^π 通过应用一个散射

相函数，将 HSRL 的直接结果 β_p^π 直接转化为 b_{bp} [31]。激光雷达衰减系数被认为在大视场角的情况下等于漫射衰减系数 K_d。由图 11-35 可见，b_{bp} 和 K_d 的一致性非常高，拟合优度 r 分别为 0.94 和 0.90，均方根误差分别为 27.07%和 17.19%，说明了 HSRL 具有很高的可行性。然而，可以注意到 HSRL 测得的 K_d 略微偏大，这可能是因为望远镜的视场角还不够大。

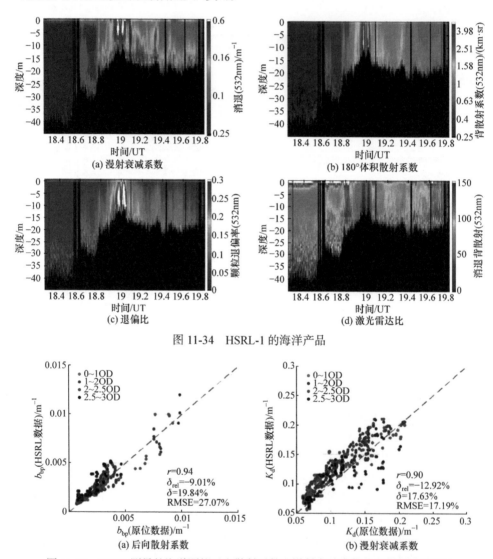

图 11-34　HSRL-1 的海洋产品

图 11-35　HSRL 测量的海洋颗粒后向散射系数和漫射衰减系数与原位数据的对比

Schulien 等[32]使用 SABOR 的原位数据和 HSRL-1 数据来量化 b_{bp} 和 K_d 的垂

直分辨率测量值，提高净初级产量估计数。对 SABOR 数据的分析表明，表面加权的海洋颜色类属性产生对水柱综合的净初级产量的估计，这些估计一直低估垂直分辨率数据计算的值，误差高达 54%[32]。在 SABOR 中，浮游生物的垂直结构最多是适度的，而先前对垂直结构范围更大的净初级生产误差的估计表明，这种误差可能超过 100%[76]。这些发现证明浮游生物垂直结构对于准确评估海洋浮游生物储量、生产力和碳循环的重要性。

在美国植物-云-气溶胶-生态系统计划的推动下，NASA 考虑设计一套升级版的星载大气海洋 HSRL 系统，如图 11-36 所示。在这个设计中，采用种子注入的单纵模稳频激光器，输出基频为 1064nm，倍频 532nm 和三倍频 355nm 共三个波长的脉冲激光。接收器中采用一个直径为 1～1.5m 的望远镜收集信号，与 CALIOP 类似。由望远镜收集到的光被聚焦到一个视场光阑上，然后被重新准直为一束 2～3cm 的小直径光束，由二色分束器对不同波长的光进行分离处理，由窄带太阳抑制滤波器抑制视野内剩余的散射太阳光的强度，由偏振光束立方体将后向散射分解为与传输的激光脉冲的线性偏振方向平行和垂直的偏振分量。HSRL 技术被用于 355nm 和 532nm 波长，两个波长均采用干涉仪进行光谱滤波。

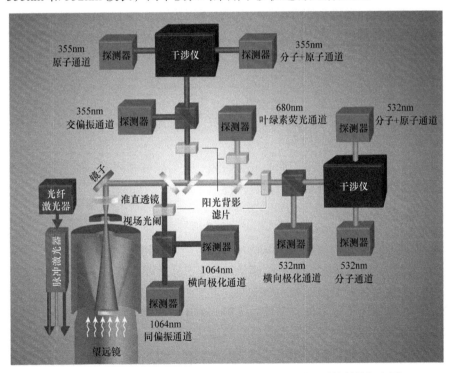

图 11-36　美国 NASA 提出的星载海洋大气激光雷达系统结构概念图

　　HSRL 的核心部件是用于分离布里渊散射和颗粒散射信号的窄带光谱鉴频器。目前 HSRL 系统常用的碘分子吸收池鉴频器只能工作于 532nm 波段[58]。然而，由于海洋中不同物质的光学性质与波长相关，如 CDOM 对入射光的吸收随波长的增大而减小[63,77]，颗粒物的粒径分布对散射和吸收的响应随波长变化而变化[78]，因此发展多波段的 HSRL 可以提升激光雷达区分不同物质的能力。例如，NASA 就提出在 355nm 处再设置一个高光谱分辨率通道。干涉型鉴频器具有工作波长可调谐的优势，如法布里-珀罗干涉仪鉴频器[79]或 FWMI 鉴频器[80,81]等。相对于 FPI，FWMI 具有更大的视场角，而为了提高探测深度，目前成熟的海洋激光雷达均采用较大的接收角[16,82]，因此大视场的 FWMI 特别适合于多波长海洋 HSRL 的光谱鉴频。

　　海洋 HSRL 是标准弹性散射激光雷达的创新性发展，从原理上解决"一个方程，两个未知数"的问题，大大提高标准激光雷达的探测精度。然而，海洋 HSRL 也大大增加系统的复杂程度，对出射激光的单纵模特性、窄带滤光器鉴频性能及两者的协同高精度锁频等均提出了异常苛刻的要求。海洋 HSRL 还需要考虑相函数形状、光谱多次散射展宽等多种额外因素的影响，可能配合多视场激光雷达进一步提高信号反演精度。相较于大气 HSRL 的发展，海洋 HSRL 才刚刚起步，仍有诸多问题留待解决。所幸的是，大气 HSRL 的研究基础可以为海洋 HSRL 的研究提供充分的参考，结合海洋研究与大气研究中的差别，海洋 HSRL 具有极其广阔的应用前景。

11.5　海洋激光雷达应用

　　海洋激光雷达可以应用于渔业资源探测、散射层分布研究、海水光学参数反演等方面，下面介绍其典型应用。

11.5.1　渔业资源探测

　　传统渔业资源调查采用的是声呐探测与拖网采样相结合的探测手段，声学探测系统广泛应用于水体的垂直分布测量，但是其工作平台局限于水面或水下，无法应用于飞机平台和卫星载荷。而拖网技术探测效率比声学更低。与之相比，机载海洋激光雷达探鱼技术具有显著的优势。采用机载海洋激光雷达进行渔业资源调查，可以有效避免对鱼群等探测目标的惊扰，并且可以在鱼群移动前覆盖足够大的探测区域，有效提高了探测效率及探测数据的准确性，此外，机载探测在成本上也要低于船载探测。

　　关于采用机载海洋激光雷达进行渔业资源调查的可行性研究始于 1974 年。

早在 1976 年，机载激光雷达技术已成功探测到了南佛罗里达海域的鱼群，次年，该系统测绘了新泽西沿岸水域鱼群的垂直分布剖面图，证明海洋激光雷达探测鱼群的可行性。Churnside[75]采用 532nm 偏振激光雷达对水箱中活体沙丁鱼的反射率进行了探测，实验结果表明，回波信号中平行偏振分量的漫反射率为 9.7%，垂直偏振分量的漫反射率为 3.1%，退偏度为 0.24。利用校正后的测量值，该研究组对南加利福尼亚海湾中沙丁鱼群的垂直剖面分布进行测绘。

　　FLOE 是美国国家海洋和大气管理局研制出的一台海洋鱼群探测激光雷达样机。该系统在北太平洋进行鱼群探测，并将雷达探测数据与声呐探测和拖网取样的实测结果进行了对比，结果表明两种技术的探测结果十分接近，如图 11-37 所示。

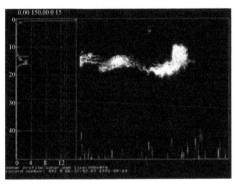 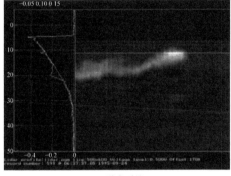

(a) 声呐　　　　　　　　　　　　　　　　　(b) 激光雷达

图 11-37　对比针对相同鱼群的声呐探测数据和激光雷达探测数据

　　通过海洋激光雷达探测特定鱼群的时空分布在平衡渔业发展和生态系统健康上有着重要的意义。以切萨皮克湾的鲱鱼为例，鲱鱼在大西洋沿岸渔业中所占比例接近 40%，而其中超过一半的鲱鱼正是来自切萨皮克湾。假如鲱鱼被过度捕捞，那么以鲱鱼为食的鲈鱼就容易营养不良，更进一步地，这些鲈鱼就容易感染分枝杆菌，自然死亡率上升，这会在很大程度上破坏海洋生态系统的平衡。然而，由于很难得到精确的鲱鱼生物量的估计值，因此很难判断鲱鱼是否被过度捕捞，相关部门也就很难抉择是否要限制对鲱鱼的捕捞量。可以看出，用海洋激光雷达探测鱼群的密度及生物量有着重大的现实意义和远大的发展前景。

　　此外，用海洋激光雷达识别不同种类的海洋生物在保护珍稀海洋生物上也有着重大意义。以金枪鱼为例，在太平洋东部的热带海域内，黄鳍金枪鱼通常生活在海豚的下面，当用拖拉围网捕捞金枪鱼时，在其上方的海豚也极有可能被捕捉，如果网中的海豚不能及时地被释放出来，就会死亡。而现在，在捕捞前，利用海洋激光雷达提前探测，就能识别金枪鱼群附近是否有海豚存在，能帮助人们选择附近无海豚存在的金枪鱼群进行捕捞，实现以"海豚安全"为前提的金枪鱼捕捞。

除对鱼群密度和生物量进行估算及识别不同种类的海洋生物外，海洋激光雷达还可以用来研究特定鱼群的行为特点。例如，通过与安装在同一平台上的红外辐射计的观测数据进行比对，激光雷达的探测数据显示沙丁鱼群在西北太平洋的热锋面处产生聚焦，这一探测结果能够证实之前的猜测。此外，结合目视观测手段，海洋激光雷达在东南白令海水域观测到了鲸、海鸟、鲱鱼及南极磷虾之间的掠食行为，并探测到海面附近的鱼群对调查船只的躲避行为，这些探测结果都得到其他探测手段的印证。

11.5.2　散射层分布研究

浮游植物层广泛存在于海洋中，浮游植物层的空间范围和强度在鱼类幼体、生物地球化学循环、营养转移过程、浮游生物多样性和有害藻类等方面有极大的研究价值。其中尤为重要的是薄浮游植物层，其营养物质和浮游植物高度集中，厚度在几十厘米到几米之间。这些薄浮游植物层可以影响上层海洋的生物地球化学过程。

无论是船载还是机载，激光雷达都能够分析上层海洋中的光学散射层。由于单个藻类细胞结构可能非常复杂，激光进入其中会导致多次散射等现象。因此，这些光学散射层在偏振激光雷达的平行通道比在垂直通道化中或在非偏振激光雷达中更易于检测。由于飞机覆盖的空间尺度大，所以机载激光雷达数据常用于研究薄层的形成过程和机制，在一些研究结果中发现薄层与海面风和涡旋等有关。薄层的发现可能为海面风和旋涡等提供重要的信息。此外，浮游生物层也会影响被动遥感的反演。对比激光雷达、原位测量和被动测量可以修正该部分可能产生的误差。Churnside 和 Marchbanks 采用扰动法算法来获得层次的信息[76]。具体步骤为，将对数处理后的回波信号采用线形回归拟合得到浮游植物层以外的背景信号，回波信号与背景信号的差值即浮游植物层信号。图 11-38 为探测到的典型散射层效应，对浮游植物层的深度进行了统计，从图中可以看出，浮游植物层在空间分布上多样，且强度也随深度和分布距离的不同而不同，一般来说，水深位置处的散射层强度比较强，而非散射层的强度则比较弱。

图 11-39 显示 2017 年 9 月和 2018 年 3 月三个机载激光雷达飞行的实测次表层浮游生物层的观测结果。图 11-39(a)、(c)和(e)展示了三个飞行轨迹激光雷达测得的次表层浮游植物层垂直分布情况，图 11-39(b)、(d)和(f)中示出了次表层浮游植物层的相应层深度和厚度。结果表明南海三亚湾的浮游生物层分布格局随时间和空间变化而变化。图 11-39(a)中，2018 年 3 月 11 日探测到的沿飞行轨迹的浮游生物层于从深度 10m 延伸至 20m，层深度在 12m 左右波动，层厚度接近 10m。图 11-39(c)中，2018 年 3 月 12 日探测到沿着飞行轨迹出现了浮游生物层的突然过渡，并且深度在 8～19m 变化，这可能是由上升流垂直混合引起的。在这种情况

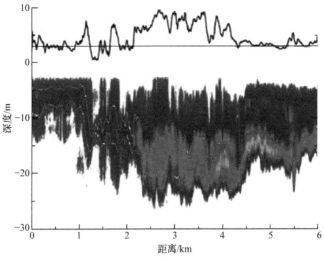

图 11-38　典型散射层效应

下，层厚度约为 5m，它比 3 月 11 日薄得多，这可能是由于 3 月 12 日的航迹更接近公海。上述分析同时表明，当飞行靠近岛屿时，层厚度变薄，这说明近岸浮游生物层往往比那些浮游生物层更浅。Churnside 得出了相同的结论，并解释为可能受风向上升事件的影响，上升流将营养物质带到水表，在风后形成了营养物质集中层，当阳光充足时，浮游植物生长迅速。图 11-39(e)中，沿着 2017 年 9 月 30 日的飞行轨迹，浮游生物层深度变化较大，范围为 9~15m，层厚约 8m。2018 年 3 月 12 日和 2017 年 9 月的飞行面积基本相同，但两者之间探测到的浮游生物层有很大差异。这表明次表层浮游生物层在南海三亚湾有季节性变化。

11.5.3　海水光学参数反演

海水光学参数的测量对研究全球气候变化和物质循环具有重要的意义。激光雷达比的准确设定对水体光学参数的反演至关重要，否则无法保证激光雷达衰减系数 α 的反演精度。图 11-40 示出所假设的不同水体悬浮物激光雷达比 S_p 下近岸和远岸水域的 Fernald 法反演激光雷达衰减系数 α 的情况，图中的红点表示原位测量的漫射衰减系数。反演程序中标定点的激光雷达衰减系数采用原位值 K_d 反演，因此参考点的 α 不随 S_p 变化而变化。考虑到水面浪花等复杂多变的状况，目前激光雷达信号无法准确用于近水面处的数据反演，因而后续分析舍弃了 0~3m 深度范围内的数据。图 11-40 表明，Fernald 法的反演精度高度依赖所选取的 S_p。随着后向不断迭代过程，较小的 S_p 偏差可能会造成反演的激光雷达衰减系数存在较大误差。如图 11-40 采用最小二乘法计算得到近岸水域和远岸水域的 S_p 分别在

120sr 和 210sr 附近值的反演效果最佳[83]。

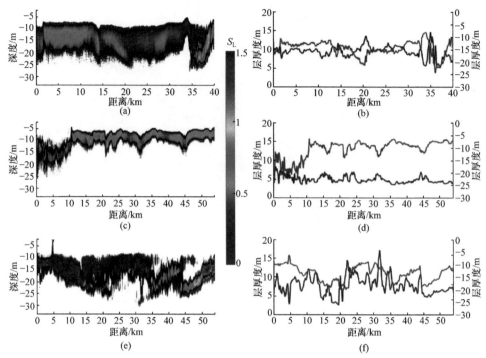

图 11-39 激光雷达测量的次表层浮游生物层的垂直分布及相应的层深度和厚度

黑线是峰值功率以上和以下的半功率点。红线是次表层浮游生物层的深度，蓝线是层的厚度。(a)、(b)为2018年3月11日的测量；(c)、(d)为2018年3月12日的测量。(e)、(f)为2017年9月30日的测量

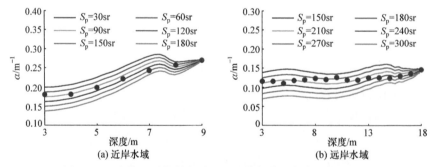

图 11-40 水体悬浮物激光雷达比对激光雷达衰减系数的影响

    上述结果表明，米散射激光雷达需要辅助方法提供精确的水体悬浮物激光雷达比，否则无法保证激光雷达衰减系数 α 的反演精度。在实际应用中，可以利用原位测量数据和 Fernald 法反演米散射激光雷达数据进行局部区域的水体悬浮物激光雷达比定标，然后采用 Fernald 法反演走航时段一定水域范围内的光学参数。图 11-41 展示了近岸和远岸作业点附近各 1h 内走航数据的反演结果，主要观察走航水域光

学性质变化及可能的分层情况。如图 11-41(a)所示，激光雷达在 11:00～11:50 观测到多次水体分层现象，分层深度在 5～9m。该深度范围内的 α 明显高于其他深度层次内的反演结果，可能原因是该深度范围内的水体悬浮物聚集并呈现不规则分布，导致反演的 α 在 5～9m 都有较大值并呈现多次分层现象。图 11-41(b)示出了远岸水域的时空分布情况，激光雷达在 14:10～14:20 观察到深度为 6m 以下的水体轻微浑浊现象，推测为浮游植物在垂直方向上的分布不同。整个走航时段内深度范围为 13m 以下观测到明显分层现象，此深度范围内的 α 明显高于其周围深度。可能是由于该深度范围存在密集的浮游植物层及水深处水体悬浮物的聚集现象。

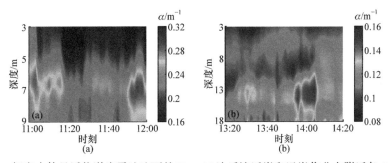

图 11-41　标定水体悬浮物激光雷达比下的 Fernald 法反演近岸和远岸作业点附近各 1h 走航时激光雷达衰减系数

11.5.4　星载海洋激光雷达蒙特卡罗仿真软件

为了给未来发射星载海洋激光雷达提供指导，构建一套星载激光雷达仿真系统，对星载激光雷达的正演和反演进行建模仿真是非常有必要的。我们利用蒙特卡罗原理来建立星载海洋激光雷达的回波信号模拟软件。本软件主要分为输入(A 蓝色矩形框)和输出(B 黑色矩形框)两个模块，如图 11-42 所示。输入模块分成雷达系统参数(C 黄色矩形框)和环境参数(D 红色矩形框)两个部分。该软件利用半解析蒙特卡罗的方法，通过随机数模拟，设置一定的大气和水体参数对真实的环境进行模拟，对光子的步长和传输方向等一系列过程进行模拟，分析光子在水中辐射传输的整个过程，以获得激光雷达回波信号。输出以图像的形式在界面展示并以文本文件的形式将数据存储。雷达系统参数主要是指激光雷达系统参数的硬件部分，包括发射端的激光脉宽、激光发散角、激光波长及接收端的视场角及探测器直径等参数。环境参数包括大气和海水两个部分的吸收系数、散射系数和相函数等，所有的散射都来自光子与分子或者原子间的相互作用，大气中主要是气溶胶和云的米散射；海水中主要是水分子散射和颗粒散射。对于大气中已经给定尺寸分布和光学性质的球形颗粒，常用米散射理论来计算相函数；但是海水中成分复杂，存在许多非球形粒子，不能像大气一样，仅用米散射理论来近似计算，在

仿真的过程中，主要使用了三种相函数，分别是 Petzold 相函数、FF 相函数和 HG
相函数[69]。

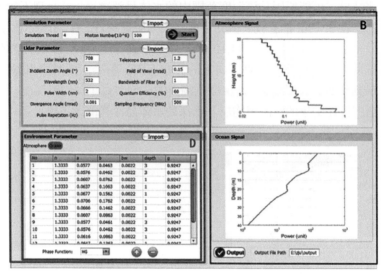

图 11-42　星载激光雷达仿真系统软件界面

在仿真过程中，采用了清洁(a=0.114m⁻¹，b=0.037m⁻¹)和近岸(a=0.179m⁻¹，
b=0.219m⁻¹)两种水体,仿真过程采用 Petzold 相函数。典型水体仿真结果见图 11-43,
由图可知清洁水体的信号衰减小于沿岸水体。

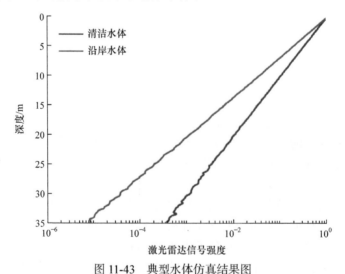

图 11-43　典型水体仿真结果图

将清洁水体的激光雷达仿真信号根据散射次数进行了统计，结果如图 11-44
所示。可以看出散射信号强度随着散射次数的增加而减小，且散射信号的峰值随

着散射次数的增加会向较深的海水偏移。海水深度越深，多次散射效果越明显，这对于进一步分析多次散射对激光雷达信号的影响有重要意义。

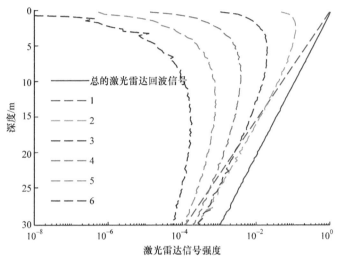

图 11-44　激光雷达信号分次统计结果

数字表示散射次数

激光雷达信号的衰减变化取决于水体的固有光学特性及激光雷达系统参数，当接收视场角较大时，需考虑多次散射的影响，激光雷达公式已在 11.2.2 节中介绍。

$$P = \frac{\mathrm{QAT}^2(v\tau / n)}{2(nH + z)^2} \beta(\pi) \exp(-2k_{\mathrm{lidar}} z) \tag{11-53}$$

式中，k_{lidar} 为激光雷达有效衰减系数。在只考虑单次散射的情况下，k_{lidar} 为常数，等于海水的总衰减系数 c。为了验证该软件模拟结果的准确性，将 $c=0.151\mathrm{m}^{-1}$ 代入式(11-53)得到单次散射的激光雷达方程(图 11-45 绿色虚线)与该软件模拟得到的激光雷达单次散射信号(图 11-45 黄色实线)进行对比，可以看出，两条线拟合较好，说明软件模拟准确性较好。

Gordon[3]提出，当 $cR \gg 1$ 时，k_{lidar} 接近漫射衰减系数 k_{d}，R 为激光雷达接收系统在海水表面光斑的半径。Lee 等[39]提出 k_{d} 的表达式

$$k_{\mathrm{d}} = a + m_1[1 - m_2 \exp(-m_3 a)]b_{\mathrm{b}} \tag{11-54}$$

式中，m_1、m_2 和 m_3 分别为 4.18、0.52 和 10.8，且这三个常数不随水体类型和激光雷达波长变化而变化；b_{b} 为水体的后向散射系数。将该方程与软件模拟得到的激光雷达总信号进行对比，k_{d} 表达式中 a 的值是 $0.114\mathrm{m}^{-1}$，经过计算 b_{b} 的值等于 $2.52 \times 10^{-5}\mathrm{m}^{-1}$，代入 k_{d} 表达式得到 k_{d} 的值为 $0.114\mathrm{m}^{-1}$。将 k_{d} 代入式(11-53)中，得到的激光雷达方程(图 11-45 红色实线)与模拟得到的激光雷达总信号(图 11-45 蓝

色虚线)对比，两条线拟合较好，进一步证明了该软件的准确性。

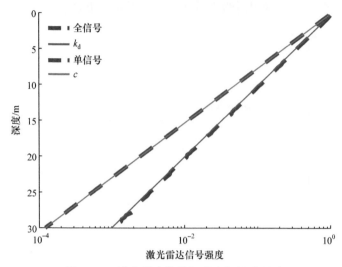

图 11-45　激光雷达信号与理论方程对比图

k_d 和 c 分别为激光雷达方程中的 k_{lidar} 取值，实线表示理论激光雷达方程计算结果，虚线表示软件模拟结果

　　采用 HG、FF 和 Petzold 三种散射相函数进行仿真，通过图 11-46 结果对比可以看出，HG 散射相函数后向散射较弱，所以激光雷达接收到的信号比另外两种散射相函数弱，Petzold 和 FF 两种散射相函数的结果比较接近。

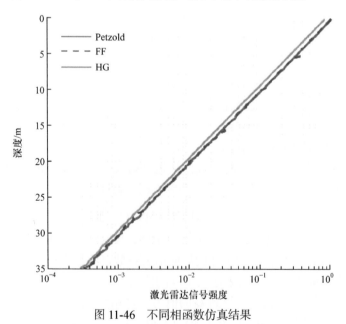

图 11-46　不同相函数仿真结果

　　该软件使用半解析蒙特卡罗方法模拟星载海洋激光雷达回波信号。通过输入激光雷达参数和环境参数，可以获得星载激光雷达返回信号，比较了具有不同条件的激光雷达回波信号(如不同类型的水体相函数、水体分层等情况)。该软件可以在多个线程中运行，以提高仿真效率。通过仿真结果，可以进一步分析多次散射对激光雷达信号的影响，并反演海水的固有光学特性，包括180°散射下的体积散射函数和激光雷达有效衰减系数。这项工作对未来发射星载海洋激光雷达有一定的指导作用。

11.6　本 章 小 结

　　本章从基本概念、主要技术和主要应用三个方面对海洋激光雷达进行了剖析，11.1节介绍了海洋激光雷达的历史，11.2节介绍了海洋激光雷达基本原理，11.3节阐述了海洋激光雷达中普遍存在的多次散射问题，这三节解读了海洋激光雷达的共性和基础性。11.4节介绍了海洋高光谱分辨率激光雷达，11.5节介绍了海洋激光雷达的主要应用。海洋激光雷达未来在局部区域乃至全球范围内拥有观测的巨大潜力。

参 考 文 献

[1] Behrenfeld M J. Climate-mediated dance of the plankton. Nature Climate Change, 2014, 4(10): 880-887.

[2] Hostetler C, Behrenfeld M, Hu Y, et al. Spaceborne lidar in the study of marine systems. Annual Review of Marine Science, 2018, 10(1): 121-147.

[3] Gordon H R. Interpretation of airborne oceanic lidar: Effects of multiple scattering. Applied Optics, 1982, 21(16): 2996-3001.

[4] 陈文革, 黄铁侠, 卢益民. 机载海洋激光雷达发展综述. 激光技术, 1998, (3): 147-152.

[5] Churnside J H. Review of profiling oceanographic lidar. Optical Engineering, 2014, 53(5): 051405.

[6] Jamet C, Ibrahim A, Ahmad Z, et al. Going beyond standard ocean color observations: Lidar and polarimetry. Frontiers in Marine Science, 2019, 6: 251.

[7] Morel A. Light and marine photosynthesis: A spectral model with geochemical and climatological implications. Progress in Oceanography, 1991, 26(3): 263-306.

[8] Hoge F E, Swift R, Yungel J. Oceanic radiance model development and validation-application of airborne active-passive ocean color spectral measurements. Applied Optics, 1995, 34(18): 3468-3476.

[9] Hoge F, Swift R. Application of the NASA airborne oceanographic lidar to the mapping of chlorophyll and other organic pigments. Langley: NASA. Langley Research Center Chesapeake Bay Plume Study, 1981.

[10] Yoder J A, Aiken J, Swift R N, et al. Spatial variability in near-surface chlorophyll a fluorescence

measured by the airborne oceanographic lidar (AOL). Deep Sea Research Part II: Topical Studies in Oceanography, 1993, 40(1): 37-53.

[11] Martin J H, Coale K H, Johnson K S, et al. Testing the iron hypothesis in ecosystems of the equatorial Pacific Ocean. Nature, 1994, 371(6493): 123-129.

[12] Hoge F E, Lyon P E, Swift R N, et al. Validation of Terra-MODIS phytoplankton chlorophyll fluorescence line height. I. initial airborne lidar results. Applied Optics, 2003, 42(15): 2767-2771.

[13] Hoge F E, Lyon P E, Wright C W, et al. Chlorophyll biomass in the global oceans: airborne lidar retrieval using fluorescence of both chlorophyll and chromophoric dissolved organic matter. Applied Optics, 2005, 44(14): 2857-2862.

[14] Billard B. Remote sensing of scattering coefficient for airborne laser hydrography. Applied Optics, 1986, 25(13): 2099-2108.

[15] Hoge F E, Wright C W, Krabill W B, et al. Airborne lidar detection of subsurface oceanic scattering layers. Applied Optics, 1988, 27(19): 3969-3977.

[16] Churnside J H, Wilson J J, Tatarskii V V. Lidar profiles of fish schools. Applied Optics, 1997, 36(24): 6011-6020.

[17] Churnside J H, Wilson J J, Tatarskii V V. Airborne lidar for fisheries applications. Optical Engineering, 2001, 40(3): 406-414.

[18] Churnside J H, Ostrovsky L A. Lidar observation of a strongly nonlinear internal wave train in the gulf of Alaska. International Journal of Remote Sensing, 2005, 26(1): 167-177.

[19] Churnside J H, Sullivan J M, Twardowski M S. Lidar extinction-to-backscatter ratio of the ocean. Optics Express, 2014, 22(15): 18698-18706.

[20] Churnside J H. Bio-optical model to describe remote sensing signals from a stratified ocean. Journal of Applied Remote Sensing, 2015, 9(1): 095989.

[21] Churnside J H, Marchbanks R D. Inversion of oceanographic profiling lidars by a perturbation to a linear regression. Applied Optics, 2017, 56(18): 5228-5233.

[22] Hu Y. Ocean color related studies using CALIPSO data. NASA Ocean Color Research Team Meeting, Seattle, 2007.

[23] Behrenfeld M J, Hu Y, Hostetler C A, et al. Space-based lidar measurements of global ocean carbon stocks. Geophysical Research Letters, 2013, 40(16): 4355-4360.

[24] Behrenfeld M J, Hu Y, O'Malley R T, et al. Annual boom-bust cycles of polar phytoplankton biomass revealed by space-based lidar. Nature Geoscience, 2016, 10: 118-122.

[25] Behrenfeld M J, Gaube P, Della Penna A, et al. Global satellite-observed daily vertical migrations of ocean animals. Nature, 2019, 576(7786): 257-261.

[26] Zimmerman R C, Hill V J. Remote sensing of optical characteristics and particle distributions of the upper ocean using shipboard lidar. Remote Sensing of Environment, 2018, 215: 85-96.

[27] Liu D, Xu P T, Zhou Y D, et al. Lidar remote sensing of seawater optical properties: Experiment and Monte Carlo simulation. IEEE Transactions on Geoscience and Remote Sensing, 2019, 57(11): 9489-9498.

[28] Liu Q, Cui X, Chen W, et al. A semianalytic Monte Carlo radiative transfer model for polarized oceanic lidar: Experiment-based comparisons and multiple scattering effects analyses. Journal of Quantitative Spectroscopy and Radiative Transfer, 2019, 237: 106638.

[29] Zhou Y, Chen W, Cui X, et al. Validation of the analytical model of oceanic lidar returns: Comparisons with Monte Carlo simulations and experimental results. Remote Sensing, 2019, 11(16): 1870.

[30] Liu H, Chen P, Mao Z H, et al. Subsurface plankton layers observed from airborne lidar in Sanya Bay. Optics Express, 2018, (26): 29134-29147.

[31] Hair J, Hostetler C, Hu Y, et al. Combined atmospheric and ocean profiling from an airborne high spectral resolution lidar. EPJ Web of Conferences, New York, 2016.

[32] Schulien J A, Behrenfeld M J, Hair J W, et al. Vertically-resolved phytoplankton carbon and net primary production from a high spectral resolution lidar. Optics Express, 2017, 25(12): 13577-13587.

[33] Zhou Y, Liu D, Xu P, et al. Retrieving the seawater volume scattering function at the 180° scattering angle with a high-spectral-resolution lidar. Optics Express, 2017, 25(10): 11813-11826.

[34] Liu D, Zhou Y, Chen W, et al. Phase function effects on the retrieval of oceanic high-spectral-resolution lidar. Optics Express, 2019, 27(12): A654-A668.

[35] Zhou Y, Chen W, Liu D, et al. Multiple scattering effects on the return spectrum of oceanic high-spectral-resolution lidar. Optics Express, 2019, 27(21): 30204-30216.

[36] Lee J H, Churnside J H, Marchbanks R D, et al. Oceanographic lidar profiles compared with estimates from in situ optical measurements. Applied Optics, 2013, 52(4): 786-794.

[37] 周雨迪, 刘东, 徐沛拓, 等. 偏振激光雷达探测大气-水体光学参数廓线. 遥感学报, 2019, 23(1): 7.

[38] 刘秉义, 李瑞琦, 杨倩, 等. 蓝绿光星载海洋激光雷达全球探测深度估算. 红外与激光工程, 2019, 48(1): 128-133.

[39] Lee Z, Darecki M, Carder K L, et al. Diffuse attenuation coefficient of downwelling irradiance: An evaluation of remote sensing methods. Journal of Geophysical Research Oceans, 2005, 110: 2.

[40] Cullen J J. Subsurface chlorophyll maximum layers: Enduring enigma or mystery solved. Annual Review of Marine Science, 2015, 7(1): 207.

[41] Morel A, Berthon J F. Surface pigments, algal biomass profiles, and potential production of the euphotic layer: Relationships reinvestigated in view of remote-sensing applications. Limnology & Oceanography, 1989, 34(8): 1545-1562.

[42] Lee Z, Weidemann A, Kindle J, et al. Euphotic zone depth: Its derivation and implication to ocean-color remote sensing. Journal of Geophysical Research Oceans, 2007, 112(C3): C03009.

[43] Hoge F E. Validation of satellite-retrieved oceanic inherent optical properties: Proposed two-color elastic backscatter lidar and retrieval theory. Applied Optics, 2003, 42(36): 7197-7201.

[44] Liu Z B, Liang W J, Qin L P, et al. Distribution and seasonal variations of chromophoric dissolved organic matter (CDOM) in the Bohai Sea and the North Yellow Sea. Environmental Science, 2019, 40(3): 1198-1208.

[45] Marrari M, Hu C, Daly K. Validation of SeaWiFS chlorophyll a concentrations in the Southern Ocean: A revisit. Remote Sensing of Environment, 2006, 105(4): 367-375.

[46] Sun J, Liu D Y, Chai X Y, et al. The chlorophyll a concentration and estimating of primary productivity in the Bohai Sea in 1998~1999. Acta Ecologica Sinica, 2003, 23(3): 517-526.

[47] 周红. 三峡水库小江回水区水体光学特征与溶解性有机物的研究. 重庆: 重庆大学硕士学位论文, 2010.

[48] Qian H Z, Zhao Q H, Qian P D, et al. Spatial-temporal characteristic and influential factors of the chlorophyll-a concentration of Taihu Lake. Environmental Chemistry, 2013, 32(5): 789-796.

[49] Katsev I L, Zege E P, Prikhach A S, et al. Efficient technique to determine backscattered light power for various atmospheric and oceanic sounding and imaging systems. Journal of the Optical Society of America, 1997, 14(6): 1338-1346.

[50] Phillips D, Koerber B. A theoretical study of an airborne laser technique for determining sea water turbidity. Australian Journal of Physics, 1984, 37(1): 75.

[51] Liu Q, Liu D, Bai J, et al. Relationship between the effective attenuation coefficient of spaceborne lidar signal and the IOPs of seawater. Optics Express, 2018, 26(23): 30278-30291.

[52] Uitz J, Claustre H, Morel A, et al. Vertical distribution of phytoplankton communities in open ocean: An assessment based on surface chlorophyll. Journal of Geophysical Research Oceans, 2006, 111(C8): C08005.

[53] Malinka A V, Zege E P. Analytical modeling of Raman lidar return, including multiple scattering. Applied Optics, 2003, 42(6): 1075-1081.

[54] Malinka A V, Zege E P. Retrieving seawater-backscattering profiles from coupling Raman and elastic lidar data. Applied Optics, 2004, 43(19): 3925-3930.

[55] Hirschberg J, Byrne J. Rapid underwater ocean measurements using Brillouin scattering. Ocean Optics VII, Monterey, 1984.

[56] Leonard D A, Sweeney H E. Remote sensing of ocean physical properties: A comparison of Raman and Brillouin techniques. Orlando Technical Symposium, Orlando, 1988.

[57] Esselborn M, Wirth M, Fix A, et al. Airborne high spectral resolution lidar for measuring aerosol extinction and backscatter coefficients. Applied Optics, 2008, 47(3): 346-358.

[58] Hair J W, Hostetler C A, Cook A L, et al. Airborne high spectral resolution lidar for profiling aerosol optical properties. Applied Optics, 2008, 47(36): 6734-6752.

[59] Sweeney H E, Titterton P J, Leonard D A. Method of remotely measuring diffuse attenuation coefficient of sea water. Deep Sea Research Part B. Oceanographic Literature Review, 1991, 38(9): 803-804.

[60] Hoge F E, Wright C W, Kana T M, et al. Spatial variability of oceanic phycoerythrin spectral types derived from airborne laser-induced fluorescence emissions. Applied Optics, 1998, 37(21): 4744-4749.

[61] O'Connor L C. Brillouin scattering in water: The Landau-Placzek ratio. Journal of Chemical Physics, 1967, 47(1): 30-31.

[62] Cheng Z T, Liu D, Luo J, et al. Effects of spectral discrimination in high-spectral-resolution lidar on the retrieval errors for atmospheric aerosol optical properties. Applied Optics, 2014, 53(20): 4386-4397.

[63] Mobley C D. Light and Water: Radiative Transfer in Natural Waters. Salt Lake City: Academic Press, 1994.

[64] Fabelinskii I L. Stimulated Molecular Scattering of Light. Boston: Springer, 1968.

[65] Xu J, Ren X, Gong W, et al. Measurement of the bulk viscosity of liquid by Brillouin scattering. Applied Optics, 2003, 42(33): 6704-6709.

[66] Kopilevich Y I, Feygels V I, Surkov A. Mathematical modeling of input signals for oceanographic lidar systems. Ocean Remote Sensing and Imaging Ⅱ, 2003, 5155: 30-39.

[67] Petzold T J. Volume scattering functions for selected ocean waters. Scripps Institution of Oceanography, 1972, 4: 72-78.

[68] Kokhanovsky A. Parameterization of the Mueller matrix of oceanic waters. Journal of Geophysical Research, 2003, 108(1): 3175.

[69] Mobley C D, Sundman L K, Boss E. Phase function effects on oceanic light fields. Applied Optics, 2002, 41(6): 1035-1050.

[70] Henyey L G, Greenstein J L. Diffuse radiation in the galaxy. The Astrophysical Journal, 1941, 93: 70-83.

[71] Bissonnette L R. Lidar Springer Series in Optical Sciences. New York: Springer, 2005.

[72] Kopilevich Y I, Surkov A G. Mathematical modeling of the input signals of oceanological lidars. Journal of Optical Technology, 2008, 75(5): 321-326.

[73] Walker R E, Mclean J W. Lidar equations for turbid media with pulse stretching. Applied Optics, 1999, 38(12): 2384-2397.

[74] Hu Y, Behrenfeld M, Hostetler C, et al. Ocean lidar measurements of beam attenuation and a roadmap to accurate phytoplankton biomass estimates. EPJ Web of Conferences, New York, 2016.

[75] Churnside J H. Polarization effects on oceanographic lidar. Optics Express, 2008, 16(2): 1196.

[76] Churnside J H, Marchbanks R D. Subsurface plankton layers in the Arctic Ocean. Geophysical Research Letters, 2015, 42(12): 4896-4902.

[77] Mannino A, Novak M G, Hooker S B, et al. Algorithm development and validation of CDOM properties for estuarine and continental shelf waters along the northeastern US coast. Remote Sensing of Environment, 2014, 152: 576-602.

[78] Kostadinov T S, Siegel D A, Maritorena S. Retrieval of the particle size distribution from satellite ocean color observations. Journal of Geophysical Research Oceans, 2009, 114(C9): 427-428.

[79] Cheng Z T, Liu D, Yang Y, et al. Interferometric filters for spectral discrimination in high-spectral-resolution lidar: Performance comparisons between Fabry-Perot interferometer and field-widened Michelson interferometer. Applied Optics, 2013, 52(32): 7838-7850.

[80] Cheng Z T, Liu D, Luo J, et al. Field-widened Michelson interferometer for spectral discrimination in high-spectral-resolution lidar: Theoretical framework. Optics Express, 2015, 23(9): 12117-12134.

[81] Cheng Z T, Liu D, Zhang Y, et al. Field-widened Michelson interferometer for spectral discrimination in high-spectral-resolution lidar: Practical development. Optics Express, 2016, 24(7): 7232-7245.

[82] Allocca A D M, London M A, Curran T P, et al. Ocean water clarity measurement using shipboard lidar systems. International Symposium on Optical Science and Technology, San Diego, 2002.

[83] 刘志鹏, 刘东, 徐沛拓, 等. 海洋激光雷达反演水体光学参数. 遥感学报, 2018, 23(5): 944-951.